現代物理学の基礎 7

物　性 II

現代物理学の基礎 7

物　性 II

素励起の物理

中嶋貞雄
豊沢 豊
阿部龍蔵

岩波書店

［監　　修］湯川秀樹
［編集委員］大沢文夫
片山泰久
久保亮五
高木修二
寺本　英
戸田盛和
豊田利幸
中嶋貞雄
早川幸男
林忠四郎
松原武生
丸森寿夫

初版への序

この第7巻の対象は，第5巻，第6巻と同様に，われわれの身辺にある巨視的物体，すなわち10^{23}個というような莫大な数の微視的粒子(原子，分子)の集団であって，これに量子論を適用しようとするのである．巨視系のとるさまざまな存在形態については，第6巻『物性I—物質の構造と性質』に詳しく述べられているから，この巻では物体の機能，つまり外部から加えた摂動にたいして物体の示す応答に注目する．

巨視的な物性を外界からの摂動にたいする応答としてとらえる一般形式は，第5巻『統計物理学』に与えられているが，この一般論だけでは具体的な物質の機能を明らかにする上で十分であるとはいえない．注目している現象を支配している基本過程を抽出し，それにふさわしい模型と近似法とを設定することが必要である．そのさい**素励起**(elementary excitation)という概念がしばしば有効な役割を果たす．巨視的物体は，とくに比較的低い励起状態が関与する場合，相互作用の弱いある種の粒子の集団として機能するのであって，この粒子を素励起とよぶのである．

素励起は，巨視的物体の基本的構成要素である原子や分子と同一視できる場合もあるが，一般にはこれと区別すべきものである．原子や分子は物体の外にとり出すこともできるが，素励起は特定の物体の特定のタイプの励起状態を表現するものとしてのみ，したがってその物体の内部においてのみ，意味をもっている．しかし，この制約さえ忘れなければ，素励起もまた原子や分子と同様に物理的実在と見なすことができる．

第6巻と同様に，この巻もある統一的視点から巨視的物性を見ようとする試みであって，その視点として素励起概念をえらんだのである．つまり，物性を素励起の物理(physics of elementary excitations)としてとらえようとするものであって，前半では主としてさまざまな素励起の種族を紹介し，後半で素励起の間の相互作用を論ずる．

いうまでもなく，すべての物性が素励起概念によって理解できるわけではなく，この巻のいくつかの場所で指摘するように適用限界が存在する．その意味でこの巻は一種の“偏り”をもつ物性論である．しかし一方，多くの基本的現象が素励起の物理として統一的に把握できるばかりでなく，量子論的自然認識というものの1つの典型をここに見出すことができるのである．現代物理学の基礎に関心をよせる一般の読者にとって，公平ではあるが平板な物性論よりも，むしろこの“偏った”物性論の方が有意義であろうと筆者たちは考える．

1972年夏

中 嶋 貞 雄

第2版への序

初版執筆から約6年を経過し，その間の物性物理の進歩にはめざましいものがある．しかし，本巻執筆の基本方針に関するかぎり，今回の改訂に際しても修正の要はないと著者たちは判断した．その後の研究の成果のうち，本巻の立場から見てごく基礎的とおもわれる事項を収録するとともに，初版で不明確のまま残されていた点をできうるかぎり明確にするよう努めた．とくに第4章は全面的に改稿した．

初版に関してご批判，ご注意を寄せられた多くの方々に，この機会を借りて感謝申上げたい．貴重なご忠告をこの第2版で十分に生かしえなかったことを畏れている．

1978年新春

中 嶋 貞 雄

目　　次

初版への序
第2版への序

第I部　素励起の種族

第1章　結晶とフォノン …… 3

§1.1　巨視的物体における秩序と素励起 …… 3
§1.2　1次元モデル …… 5
a) 1次元格子(5)　b) 格子振動(7)　c) 2原子結晶(9)
§1.3　3次元結晶 …… 10
a) 格子と逆格子(10)　b) 調和近似のハミルトニアン(13)
c) 周期結晶の振動(16)
§1.4　振動の量子化 …… 18
a) フォノン(18)　b) フォノン気体の比熱(19)　c) 生成・消滅演算子(20)　d) 運動方程式(22)
§1.5　Mössbauer効果(固体の剛体性) …… 22
a) 反跳エネルギー分布の一般式(24)　b) Bloch–De Dominicisの定理の応用(25)　c) 無反跳γ線の強度(27)
§1.6　中性子非弾性散乱とフォノン・スペクトル …… 29
a) Van Hoveの公式(29)　b) 調和近似における動的構造因子(30)
§1.7　非調和項の効果 …… 32
a) スペクトル関数の一般的定義(34)　b) 遅延Green関数(35)
§1.8　温度Green関数と摂動展開 …… 37
a) 温度Green関数(37)　b) 摂動展開(38)　c) フォノンの自己エネルギー(41)
§1.9　量子固体 …… 43
a) 固体^{3}Heの核磁性(43)　b) 量子固体中の点欠陥(44)

c) セルフ・コンシステント・フォノン(47)

第2章　分極波と誘電分散 ・・・・・・・・・・・・・・・・・・・・ 51

§2.1　光学型格子振動と誘電分散 ・・・・・・・・・・・・・・・・・ 51

a) イオン間長距離力の電場へのくりこみ(52)　b) 誘電分散(56)　c) 格子の固有振動(58)

§2.2　分極率と誘電率 ・・・・・・・・・・・・・・・・・・・・・ 61

a) 分極率の一般公式(62)　b) 誘電率と分極率の関係(65)　c) 光学型格子振動への応用(66)　d) 電子ガスのプラズマ振動と遮蔽効果(69)　e) 誘電体によるエネルギーの吸収(71)

§2.3　エクシトン ・・・・・・・・・・・・・・・・・・・・・・・ 74

a) Frenkel 型エクシトン(74)　b) Wannier-Mott 型エクシトン(78)　c) 多電子系の励起状態(80)

§2.4　エクシトンの観測 ・・・・・・・・・・・・・・・・・・・・ 89

a) 基礎吸収スペクトル(89)　b) スピン-軌道相互作用と交換相互作用(94)　c) 並進運動の観測(99)　d) エクシトン分子(102)　e) エクシトンの分裂と融合(104)

第3章　Fermi 液体 ・・・・・・・・・・・・・・・・・・・・・・ 109

§3.1　Fermi 液体のモデル ・・・・・・・・・・・・・・・・・・・ 109

a) Fermi 粒子系のハミルトニアン(109)　b) 電子ガス模型(111)　c) 電子ガスの交換エネルギー(113)　d) r_s 展開(116)　e) 短距離力の働く体系(117)

§3.2　多粒子系への問いかけとその応答 ・・・・・・・・・・・・・・ 122

a) 外場があるときの Schrödinger 方程式(122)　b) 線形応答(124)　c) 遅延 Green 関数と温度 Green 関数(126)　d) 大きなカノニカル分布の場合(130)

§3.3　電子ガス ・・・・・・・・・・・・・・・・・・・・・・・ 130

a) 外場としての試電荷(131)　b) 誘電率(133)　c) 相関エネルギー(135)　d) 動的構造因子(138)

§3.4　個別励起と集団励起 ・・・・・・・・・・・・・・・・・・・ 139

a) 外場による密度のゆらぎ(139)　b) 遅延 Green 関数に対する第0近似(140)　c) 個別励起と集団励起(143)

d) プラズマ振動 (146)　e) ゼロ音波 (148)
§3.5 Fermi 液体の性質 · 150
a) 準粒子のエネルギー (151)　b) 準粒子の寿命 (153)
c) Fermi 面の存在，低温での比熱，帯磁率 (154)　d) 液体 ^{4}He 中の ^{3}He 希薄溶液 (155)

第4章　相転移と素励起 · 159

§4.1 相転移と対称性の破れ · 159
§4.2 秩序パラメーター · 161
§4.3 マ グ ノ ン · 164
a) マグノン (165)　b) スピン波近似 (166)　c) 反強磁性体の場合 (168)
§4.4 巨視系の Hilbert 空間とコヒーレント状態 · · · · · · · · · · · 170
a) 巨視系の Hilbert 空間 (170)　b) マグノンの凝縮 (172)
c) コヒーレント状態 (173)
§4.5 物質波のコヒーレンスと超流動性 · · · · · · · · · · · · · · · · 174
a) 物質波のコヒーレント状態 (175)　b) 超伝導の Ginzburg-Landau 理論 (178)　c) Josephson 効果 (181)
§4.6 対称性の破れと素励起 · 183
a) Heisenberg 強磁性体の場合 (183)　b) 液体 ^{4}He のスピン・モデル (184)　c) 古典結晶 (186)
§4.7 Goldstone の定理 · 187
a) 定理の成立条件 (187)　b) 超伝導の場合 (189)
§4.8 ソフト・モード · 190
a) 水素結合型強誘電体 (191)　b) ソフト・モードとセントラル・ピーク (193)
§4.9 平 均 場 近 似 · 194
a) 強磁性金属の Stoner モデル (195)　b) 超伝導の BCS モデル (198)　c) エクシトニック状態 (201)　d) 電子・正孔金属 (204)
§4.10 ゆらぎの問題 · 205
a) 低次元系 (205)　b) 臨界現象 (206)　c) 超伝導体と超流動 ^{3}He (207)　d) 金属強磁性 (212)

第II部 素励起の相互作用

第5章 線形相互作用と連成波 · · · · · · · · · · · · · · · · · · · 219

§5.1 線形相互作用 · 219
§5.2 光学型格子振動とキャリヤー・プラズマの相互作用 · · · · · · · 222
§5.3 金属中の電子プラズマとイオンの振動 · · · · · · · · · · · · · · 224
§5.4 ポラリトン · 226
a) ポラリトンと誘電分散(226) b) 空間分散と光学的素過程(232)

第6章 くりこみとダンピング · 237

§6.1 イオン結晶中の電子-フォノン相互作用 · · · · · · · · · · · · 237
a) 電子が存在するときの光学型格子振動(237) b) 電子-フォノン相互作用(241)
§6.2 ポーラロン · 243
a) 質量のくりこみ(2次の摂動計算)(243) b) フォノンの雲(245) c) ダンピング(246) d) α の数値(247)
§6.3 中間結合法，経路積分の方法 · · · · · · · · · · · · · · · · · · 248
a) 中間結合法(248) b) 経路積分(252) c) フォノン変数の消去(254) d) Feynman の変分原理(258) e) ポーラロンへの応用(259)
§6.4 金属の電子-フォノン相互作用 · · · · · · · · · · · · · · · · · 265
a) ハミルトニアン(265) b) 電子の自己エネルギー(266)
§6.5 温度 Green 関数とスペクトル関数 · · · · · · · · · · · · · · · 269
§6.6 摂動展開と部分和 · 274
a) 図形と演算規則(274) b) 自己エネルギー(276)
§6.7 Migdal 近似と電子の自己エネルギー · · · · · · · · · · · · · · 279
a) Migdal 近似(279) b) 1電子スペクトル関数(281) c) Dyson 方程式の解(284) d) 準粒子像の適用限界(286)
§6.8 電子-フォノン相互作用と超伝導 · · · · · · · · · · · · · · · · 287
a) バーテックス関数の発散(287) b) 南部表示(289)

第7章　素励起の相互作用とスペクトル形状論 ········ 293

§7.1　非線形相互作用の働き ························ 293

§7.2　フォノン場における局在電子の光吸収・放出スペクトル ····· 298

a) 局在電子のさまざま (299)　b) スペクトルの母関数と能率 (300)　c) 簡単なモデルによる母関数の計算 (302)　d) フォノン・サイドバンドとゼロ・フォノン線 (306)　e) 強結合と配位座標モデル (307)　f) 相互作用強度のモデル計算と実験との比較 (309)　g) 断熱ポテンシャルの曲率差の効果 (314)

§7.3　エクシトン-フォノン相互作用と基礎吸収スペクトル ······ 316

a) エクシトン-フォノン系のハミルトニアンと基礎吸収スペクトルの母関数 (316)　b) エクシトンの並進運動によるスペクトルの尖鋭化 (319)　c) 間接遷移と直接遷移，その干渉効果 (324)　d) くりこみ理論 (328)　e) スペクトルのフォノン構造 (333)

§7.4　終状態相互作用 ························· 337

a) エクシトン-フォノン複合体 (338)　b) 金属の軟X線吸収端異常 (343)　c) 低エネルギー素励起の同時励起と終状態相互作用 (348)

§7.5　自縄自縛状態 ························· 351

a) ポーラロン状態と自縄自縛状態 (351)　b) 自由励起子と自縄自縛励起子 (357)　c) 液体ヘリウム中の電子泡と励起子泡 (359)

文献・参考書 ······························ 361

索　引 ································· 373

第Ⅰ部　素励起の種族

第1章　結晶とフォノン

この章の目的は，固体における素励起の一種であるフォノンを例にとって，素励起というものの基本的な考え方，その数学的な表現方法を説明することである．ここに述べる諸概念は物理像が描きやすく，数学的構造も比較的単純であって，第2章以下で扱うもっと複雑な系にたいするモデル・ケースと見なすことができる．なお，科学史的に見ても，フォノンは最初に登場した素励起概念である．

§1.1　巨視的物体における秩序と素励起

フォノンの話に入る前に，巨視系の励起状態がしばしば素励起という形で表現できるのはなぜか，その一般的な根拠について少し考えてみる．統計力学で知られているように，巨視的物体中の粒子の運動は一般にランダムであり，その無秩序の度合は物体のエントロピーの大きさで表示される．しかし，物体の温度が(体積その他の巨視的変数を一定に保って)絶対零度に近づくとき，エントロピーもまた0になる(熱力学の第3法則，本講座第2巻『古典物理学 II』参照)．絶対零度の物体はエネルギー最小の状態にあるから，結局，巨視的物体の最低エネルギー状態は完全秩序の状態である，という結論がえられる．ただし，具体的にどんな秩序が実現するかは，物体を構成する粒子の電荷，質量，内部自由度，粒子間相互作用，粒子密度に依存する(本講座第6巻『物性 I』参照)．

ところで，ふつう物性とよばれているものは，外から加えた摂動にたいして物体の示す応答にほかならない．たとえば，適当な熱源と接触させたときに物体の吸収する熱エネルギー(比熱)，あるいは物体内部を流れる熱エネルギー(熱伝導)を観測する．また，コンデンサーの極板の間に作った電場とかコイル中に作った磁場のような，巨視的・古典的外力の場に物体をもちこんでその応答(電気あるいは磁気モーメント，電流など)を観測する．外場が弱ければ，物体が示す応答は外場の強さに比例し，この比例定数を用いて誘電率，帯磁率，電気伝導率などの物質定数が定義される．外場は空間的，時間的に振動していてもよい．この場合，物質定数は波長，振動数に依存する(これを強調するために，たとえば誘電率を誘電関数とよぶこともある)．さらに，物体が外界との相互作用を通じて外部の系におよぼす反作用を観測し，これによって物体自身に関する情報を得る場合もある．たとえば，レーザー光，X線，電子線，中性子線などで照射したとき，物体がこれをどのように散乱あるいは吸収するかを観測する．

いずれにしても，このように外部から摂動が加えられたとき，物体は励起状態に励起され，最低状態において完全であった秩序に乱れが生じる．もしこの乱れが“小さい”ならば，さまざまな波長，振動数の乱れの1次結合がまた可能な乱れを表わす，という意味の重ね合せの原理が近似的に成立するであろう．つまり，秩序のわずかな乱れは一種の波動と見ることができるであろう．量子論における波動と粒子の等価性により，最低エネルギー状態に近い励起状態にあるとき，巨視的物体はある種の粒子の集団としてふるまうであろう，と推論することができる．この粒子がすなわち素励起である．

わかりやすい例として，固体結晶中の原子振動を考えよう．話を簡単にするため，ヘリウム，アルゴンのような不活性原子の系を考え，原子の並進運動がかりに古典力学にしたがうと仮定してみる．最低エネルギー状態は，原子がすべて静止し，しかも原子間相互作用のポテンシャル・エネルギーが最小となるように配列したものである．同種原子の巨視系の場合，相互作用ポテンシャルは原子が周期的な位置(格子点)に規則正しく並んだときに極小となるから，結局，この場合の完全秩序は結晶を意味することになる(§1.2参照)．この秩序の乱れとしてまず考えられるのは，格子点を中心としておこる原子の振動である．格子点からの変位が小さいならば，原子間相互作用ポテンシャルを変位のベキ級数に展開し，3次以上の項(非調和項)を無視してよいであろう(調和近似)．1次の項は，原子が格子点にあるときにポテンシャルが極小であるという条件があるので，消える．したがって原子に働く力は変位に比例し，運動は単振動(の重ね合せ)になる．ただし，原子は互いに力をおよぼしあって振動するのであるから，振動は1つの原子に局在していなくて，波として結晶をつたわる．これが結晶中の音波にほかならない．現実の原子は量子力学に従うのであるから，その運動をあらためて量子力学的に扱うと，つまり音波を“量子化”すると，音波は粒子性を示すことになる．この粒子を**フォノン**(phonon)とよぶのである．この事情は，電磁振動を量子化すると光子が現われてくるのに似ている．

フォノンに似た例として，強磁性結晶の**マグノン**(magnon)をあげておこう．この場合，各原子が磁気モーメントをもち，最低状態ではすべてのモーメントが交換相互作用によって一方向にそろえられているのである．磁気モーメントの方向のわずかな乱れは波として結晶をつたわるのであって，**スピン波**(spin wave)とよばれる．その運動を量子力学的に扱うことによって現われる粒子がマグノンである(§4.3参照)．

このように，巨視的物体に実現される秩序がさまざまであることに対応して，素励起のタイプもまたさまざまである．さらに，秩序の乱れに関する重ね合せの原理は近似的なものにすぎないために，素励起間には一般に相互作用が存在する．たとえば，調和近似におけるフォノンは互いに相互作用することなく運動するのであるが，非調和項を考えに入れると，フォノン間に相互作用が働くことになる．また，強磁性結晶の場合，原子の磁気モーメントを平行にそろえようとする交換相互作用の強さは，原子間距離に依存し，したがって原子振動によって変動する．このことを考えに入れると，強磁性結晶のフォノンとマグノンの間に相互作用が働くことになる．

要約すれば，素励起の種族と相互作用が素励起物理の具体的な内容である．

§1.2　1次元モデル

まず，わかりやすい1次元モデルについて固体内原子の振動を考えてみよう．実は，物質の密度を一定に保って全体積，したがって全原子数を無限に大きくした極限(熱力学的極限)を考えると，1次元，2次元結晶は安定に存在しえないのであるが，こういう立ち入った話は第4章にゆずることにする．

a) 1次元格子

N 個の同種原子が x 軸上に並んでいるとし，その座標を左から順に $x_1, x_2, \cdots, x_N$ とする．原子数 N は 10^8 というような大きな数としよう．原子間には比較的遠距離で引力，数 Å に接近すると強い反発力が働くとする．この原子間力を表わすポテンシャルを $u(r)$ と書く．r は原子間距離である．具体例として，2個の

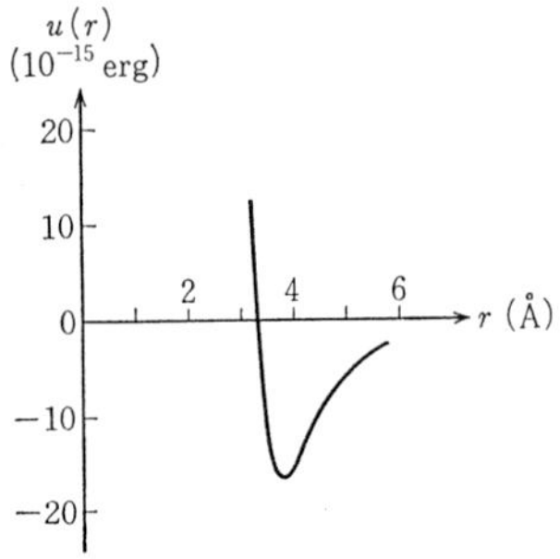

図1.1 アルゴン原子間の相互作用ポテンシャル

アルゴン原子の間に働く力のポテンシャルを図1.1に示しておく.

簡単のため隣り合った原子の相互作用だけを考えることにすると，全ポテンシャル・エネルギーは次の形になる.

$$U = u(x_2 - x_1) + u(x_3 - x_2) + \cdots + u(x_N - x_{N-1}) \qquad (1.2.1)$$

n 番目の原子にはたらく力は，u の導関数を $u', u'', \cdots$ と書くことにして，$X_n = u'(x_{n+1} - x_n) - u'(x_n - x_{n-1})$ である．ただし，両端の原子については $X_1 = u'(x_2 - x_1)$，$X_N = -u'(x_N - x_{N-1})$ となる．$X_2, X_3, \cdots, X_{N-1}$ がすべて0という釣合の条件から，$x_2 - x_1 = x_3 - x_2 = \cdots = x_N - x_{N-1}$ を得る．つまり，原子は等間隔でならんで1次元の格子を形成するわけであって，この間隔 a を格子定数とよぶ．a の大きさは両端の原子に働く力が0という条件，つまり $u'(a) = 0$ からきまる．したがって a は数Åという微視的な大きさであり，これに原子数を掛けた結晶の全長 $L = Na$ が1cmというような巨視的な大きさになるのである.

ポテンシャル(1.2.1)は原子がこのように周期的にならんだときに極小値をとるのであって，釣合の位置から原子をわずか変位させて周期性を乱すと必然的に増大する．n 番目の原子の変位を ξ_n と書き，隣り合った原子の相対変位 $\xi_n - \xi_{n-1}$ は格子定数 a にくらべて十分小さいとして，(1.2.1)をそのベキ級数に展開し2次の項までとる(調和近似)．1次の項は $u'(a) = 0$ であるから消え，(1.2.1)の極小値からの増分は

$$\Delta U = \frac{1}{2} f [(\xi_2 - \xi_1)^2 + (\xi_3 - \xi_2)^2 + \cdots + (\xi_N - \xi_{N-1})^2] \qquad (1.2.2)$$

ただし，$f = u''(a)$ であって，これは図1.1のような u の場合もちろん正である．f を力の定数とよぶ.

$|\varepsilon| \ll 1$ である定数 ε を用いて，$\xi_n - \xi_{n-1} = a\varepsilon$ と書ける場合を考える．これは原子間隔が a から $a(1+\varepsilon)$ に変化したことを意味し，弾性論でいう一様なひずみであり，ε がそのストレインである．この場合，結晶内部の原子に働く力はやはり 0 であるが，両端の原子に他の原子がおよぼす力は $X_1 = fa\varepsilon$, $X_N = -fa\varepsilon$ である．釣合を保つためには両端に外力 $\pm fa\varepsilon$ を加える必要がある．この外力とストレイン ε との比 fa が結晶のいわゆる Young 率である．

b) 格子振動

さて原子の振動を考えよう．ポテンシャルを(*1. 2. 2*)のように近似すれば，運動方程式は変位に関して線形になる．

$$M\frac{d^2\xi_n}{dt^2} = -f[2\xi_n - \xi_{n+1} - \xi_{n-1}] \tag{1.2.3}$$

M は原子の質量である．両端の原子に働く力はこの右辺と少しちがった形であるが，非常に大きな体系の内部の性質に注目しようとする場合には，境界条件のえらび方は本質的でないはずである．そこで，(*1. 2. 3*)をすべての整数 n にたいして仮定し，ただし n が原子数 N だけ増すごとに全く同じ運動がくり返されるものと考えよう．

$$\xi_{N+n} \equiv \xi_n \tag{1.2.4}$$

これを**周期的境界条件**(cyclic boundary condition)とよぶ．

図1.2　1次元格子における調和振動のモデル

(*1. 2. 3*)の解のうちで，すべての原子が同じ振動数で振動するものを**ノーマル・モード**(normal mode)あるいは固有振動とよぶ．(*1. 2. 3*)は実係数の線形微分方程式であるから，複素数解が見つかれば，その実数部分(および虚数部分)がやはり解である．このことに注意して，ノーマル・モードを表わす解が $\xi_n = A_n \exp(-i\omega t)$ の実数部分であるとしよう．$i=\sqrt{-1}$ であり，$\omega/2\pi$ が振動数である．(*1. 2. 3*)に代入して，複素定数 A_n のみたすべき方程式が次のように得られる．

$$M\omega^2 A_n = 2fA_n - fA_{n+1} - fA_{n-1} \tag{1.2.5}$$

周期的境界条件(*1. 2. 4*)をみたす解は

$$A_n = A\exp(ikna) \tag{1.2.6}$$

ただし，k は長さの逆数の次元をもつ定数であって，

$$k = \frac{2\pi l}{Na} \qquad (l = 0, \pm 1, \pm 2, \cdots) \tag{1.2.7}$$

で与えられる．隣り合った原子の振動の位相差は ka であって，$2\pi/|k|$ が波長を表わしている．(*1. 2. 6*) を (*1. 2. 5*) に代入して得られる振動数はパラメーター k の関数であって

$$\omega(k) = 2\left(\frac{f}{M}\right)^{1/2}\left|\sin\frac{1}{2}ka\right| \tag{1.2.8}$$

図1.3に示したように，$K=0, \pm(2\pi/a), \pm(4\pi/a), \cdots$ として，k を $k+K$ でおきかえても (*1. 2. 8*) は不変であり，したがって $\exp[i(kna-\omega_k t)]$ も不変である．K を (1 次元) **逆格子ベクトル** (reciprocal lattice vector) とよぶ．つまり，k はノーマル・モードのタイプを識別するパラメーターであるが，K だけ異なった2つの k は本質的には同じノーマル・モードに対応している．独立なノーマル・モードを表わすものとしては，たとえば区間

$$-\frac{\pi}{a} < k \leqq \frac{\pi}{a} \tag{1.2.9}$$

にある (*1. 2. 7*) だけを考えればよい．l でいえば $-N/2$ と $N/2$ の間にある整数値にかぎることであって，独立なモードは N 個あることになる．もともと N 個の原子からなる1次元系の振動の自由度は N であるから，それは当然といえよう．区間 (*1. 2. 9*) を (第1) **Brillouin 域**，そのなかにある k を**還元波数ベクトル** (reduced wave number vector) とよぶ．

$|ka| \ll 1$ とすると，(*1. 2. 8*) の与える振動数は波長に逆比例する．

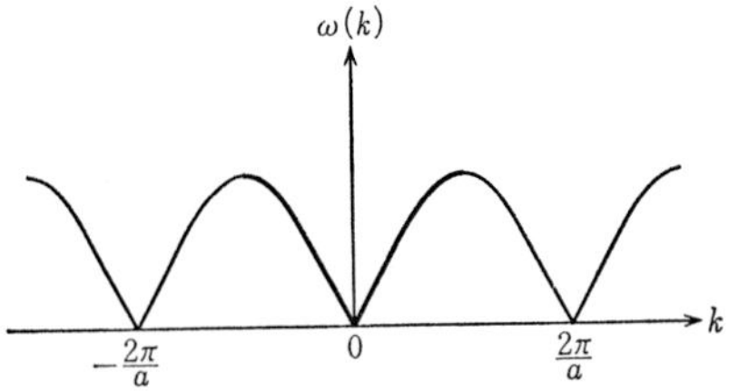

図1.3　1次元格子の振動スペクトル

$$\omega(k)=c_s|k|,\qquad c_s=\left(\frac{fa^2}{M}\right)^{1/2} \tag{1.2.10}$$

弾性論によれば，弾性定数 fa，線密度 M/a の1次元弾性体を伝わる音波の速度がちょうどこの c_s になっている．つまり原子間隔 a にくらべて波長の長い振動の場合には，当然のことながら結晶は連続的な弾性媒質のごとく振舞うのである．

c）2原子結晶

異種の原子 A, B が x 軸上に交互にならんでいるとする．この場合にも，隣り合った原子の相互作用だけを考えることにすると，相互作用のポテンシャル・エネルギーは原子が等間隔にならんだとき極小になる．この間隔を今度は $a/2$ と書くことにしよう．原子配列の周期は a であって，x 軸を長さ a の小区間に分割すると，各区間で全く同じ原子配列がくり返されることになる．各小区間を結晶の**単位胞**(unit cell)とよぶ．単位胞に左から順に番号 $n=1,2,\cdots,N$ をつける．ここでは N は単位胞の総数を表わすとするのである(原子数は $2N$)．

ノーマル・モードの振動数を求めるために，n 番目の単位胞の A 原子の変位を $A\exp[i(kna-\omega t)]$ とおき，B 原子の変位を $B\exp[i(kna-\omega t)]$ とおいて運動方程式に代入すると，振幅 A, B にたいし次の斉1次方程式を得る

$$\left.\begin{aligned}M_a\omega^2A&=2fA-f[1+\exp(-ika)]B\\ M_b\omega^2B&=2fB-f[1+\exp(ika)]A\end{aligned}\right\} \tag{1.2.11}$$

M_a, M_b はそれぞれの原子の質量，f は隣接原子間の力の定数である．(1.2.11)がトリビアルな解 $A=B=0$ 以外の解をもつ条件は，その係数の作る行列式が0となることである．これは ω^2 の2次方程式であり，1つの k にたいして2つの根 $\omega_\pm{}^2(k)$ を与える(図1.4)．とくに $|ka|\ll1$ のとき $\omega_-(k)\approx c_s|k|$，$\omega_+(k)\approx(2f/$

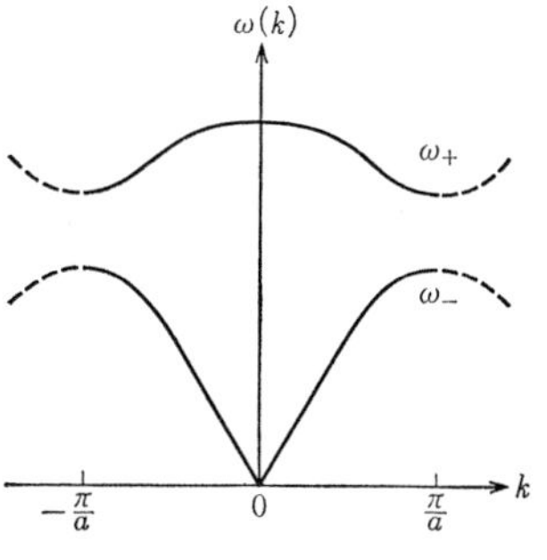

図1.4　2原子結晶の振動数スペクトル(ω_-: 音響的分枝，ω_+: 光学的分枝)

$M_r)^{1/2}$ であり，振幅についてそれぞれ $A\approx B$ および $M_aA\approx -M_bB$ が成り立つ．ただし，c_s は(1. 2. 10)で $M=M_a+M_b$ としたものであり，$M_r=M_aM_b/(M_a+M_b)$ は A, B 原子の換算質量である．つまり，ω_- 分枝の方は単位胞内の2個の原子が同じ位相で振動するモード，連続弾性体としての音波，を表わし，ω_+ 分枝は単位胞内の原子が逆相で振動するモードを表わす．前者を**音響的分枝**(acoustic branch)，後者を**光学的分枝**(optical branch)とよぶ．NaCl, CsCl のようなイオン結晶の場合，単位胞は大きさ等しく符号の反対な電荷をもった2種のイオンをふくむので，ω_+ 分枝の振動に伴って単位胞は電気的双極子モーメントをもち，適当な振動数の光をあてると強い相互作用がおこるからである(第2章参照)．また $|ka|=\pi$ のとき，$M_a>M_b$ として，$\omega_-=(2f/M_a)^{1/2}$, $\omega_+=(2f/M_b)^{1/2}$ となるから，もし $M_a\gg M_b$ であれば，光学的分枝の方はほとんど k によらない．これを誇張したのが図1.6に示したモデルである．光学的分枝は全く k によらないとしたもので，この種の近似を **Einstein モデル**とよぶ．一方，音響的分枝については結晶を連続弾性体とみなして線形関係 $\omega_-(k)=c_s|k|$ を k の大きいところまで仮定している．この種の近似を **Debye モデル**とよぶ．

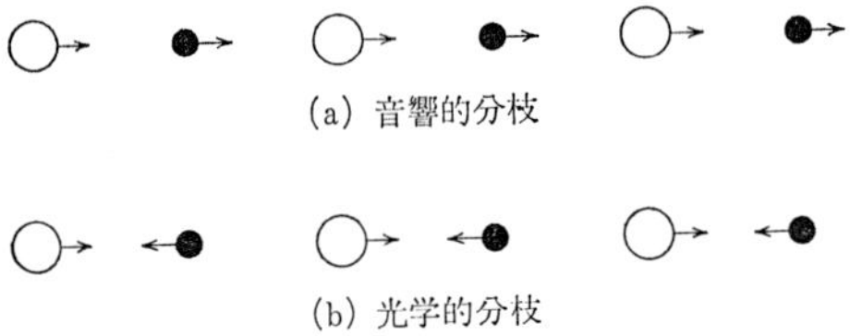

図1.5　2原子結晶における振動の位相

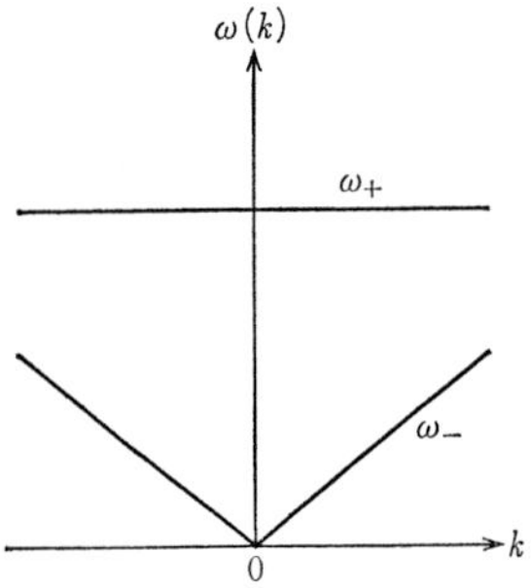

図1.6　Debye モデル (ω_-) と Einstein モデル (ω_+)

§1.3　3次元結晶

a)　格子と逆格子

3次元系の場合にも，原子間相互作用のポテンシャル・エネルギーは原子が周期配列して結晶をつくったときに極小となる．ただし基本周期を表わすのに3個のベクトルを必要とする．これを $\boldsymbol{a}_1, \boldsymbol{a}_2, \boldsymbol{a}_3$ と書こう．一般の周期は，n_1, n_2, n_3 を任意の整数として，次の形に表わされる．

$$\boldsymbol{n} = n_1\boldsymbol{a}_1 + n_2\boldsymbol{a}_2 + n_3\boldsymbol{a}_3 \tag{1. 3. 1}$$

これを**格子ベクトル** (lattice vector) とよぶ．座標原点からあらゆる格子ベクトルを引くと，その終点全体は 1 つの**空間格子** (space lattice) をつくる (図 1. 7). $\boldsymbol{a}_1, \boldsymbol{a}_2, \boldsymbol{a}_3$ によって張られる平行六面体がその単位胞である．

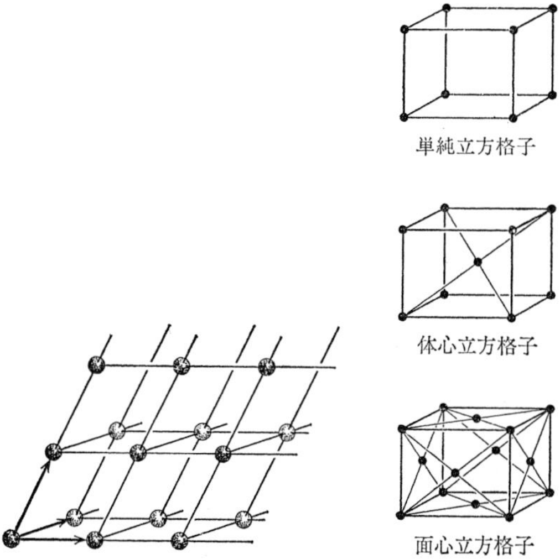

図 1.7 空 間 格 子

単位胞の 1 つに注目し，そこに s 個の原子がふくまれており，振動を無視した場合，原子の位置ベクトルは $\boldsymbol{r}_1, \boldsymbol{r}_2, \cdots, \boldsymbol{r}_s$ であるとする．すると，$\boldsymbol{n}$ を任意の格子ベクトルとして，結晶内の点 $\boldsymbol{r}_\sigma + \boldsymbol{n}$ には，点 $\boldsymbol{r}_\sigma$ にあるのと同種の原子が存在する ($\sigma = 1, 2, \cdots, s$)．つまり，原子の位置は $\boldsymbol{R}(\boldsymbol{n}, \sigma) = \boldsymbol{r}_\sigma + \boldsymbol{n}$ の形に表わされる．

結晶に原子間隔と同程度，つまり 1 Å のオーダーの波長をもった波をあてれば回折がおこり，回折像の解析から構造に関する詳細な情報が得られる．波長 1 Å は，電磁波ならばエネルギー 10^4 eV 程度の X 線を意味し，物質波ならばエネルギー 10^2 eV 程度の電子，10^{-1} eV 程度の中性子などを意味する†．例として結

† このような中性子線は原子炉から得られる．

晶による中性子線の散乱を考えてみる．この場合，中性子のエネルギーが物質内原子の運動のエネルギーと同程度であるために，中性子のエネルギーが散乱の前後で変化している非弾性散乱が観測しやすく，これによって原子の動的ふるまいに関する情報がえられる．ただし，いまは原子が格子点に固定していると考えるから，中性子は原子のつくる静的ポテンシャルによって弾性散乱されるだけである．

簡単のため，単位胞は1個の原子をふくむとする†．あとの便宜上，原子に通し番号 $j=1,2,\cdots,N$ をつけ，j 番目の原子の位置を $\boldsymbol{R}_j$，中性子の位置を $\boldsymbol{r}$ で表わし，中性子と原子の相互作用ポテンシャルを次のように書く．

$$\mathcal{H}' = \sum_{j=1}^{N} v(\boldsymbol{r}-\boldsymbol{R}_j) \tag{1.3.2}$$

運動量 $\boldsymbol{p}$ で結晶に入射した中性子がこのポテンシャルによって散乱され，運動量 $\boldsymbol{p}'$ で結晶を去ってゆく過程に注目する．ポテンシャルは弱いとして Born 近似を適用することにすると，散乱確率は次の行列要素の絶対値の平方に比例する．

$$\left.\begin{aligned} \langle \boldsymbol{p}'|\mathcal{H}'|\boldsymbol{p}\rangle &= \int d\boldsymbol{r}\mathcal{H}' \exp\left[\frac{i}{\hbar}(\boldsymbol{p}-\boldsymbol{p}')\cdot\boldsymbol{r}\right] = v_{\boldsymbol{k}}\rho_{\boldsymbol{k}} \\ \rho_{\boldsymbol{k}} &= \sum_{j=1}^{N} \exp(i\boldsymbol{k}\cdot\boldsymbol{R}_j) \end{aligned}\right\} \tag{1.3.3}$$

$v_{\boldsymbol{k}}$ は $v(\boldsymbol{r})$ の Fourier 変換，$\hbar\boldsymbol{k}=\boldsymbol{p}-\boldsymbol{p}'$ は中性子の運動量変化である．$\rho_{\boldsymbol{k}}$ が各原子から散乱されてくる波の間の干渉効果を表わしている．いまの場合，$\boldsymbol{R}_j$ は格子ベクトルそのものと考えてよいので，$\exp(i\boldsymbol{k}\cdot\boldsymbol{n})$ をすべての格子ベクトル $\boldsymbol{n}$ について加えたものが $\rho_{\boldsymbol{k}}$ である．

ところで，基本周期ベクトル $\boldsymbol{a}_j$ は一般には斜交系であるので，これに“反傾的”なベクトル $\boldsymbol{b}_1, \boldsymbol{b}_2, \boldsymbol{b}_3$ を次の定義式で導入しておくと便利である††．

$$\boldsymbol{a}_j\cdot\boldsymbol{b}_l = 2\pi\delta_{jl} = \begin{cases} 2\pi & (j=l) \\ 0 & (j\neq l) \end{cases} \tag{1.3.4}$$

$\boldsymbol{b}_j$ を基本周期とする格子をもとの格子の**逆格子**(reciprocal lattice)，また K_1, K_2, K_3 を任意の整数として

† 結晶は同位元素もふくまないとする．

†† $\boldsymbol{b}_1=(2\pi/V_0)\boldsymbol{a}_2\times\boldsymbol{a}_3$ など．$V_0=\boldsymbol{a}_1\cdot(\boldsymbol{a}_2\times\boldsymbol{a}_3)$ は単位胞の体積．

$$\boldsymbol{K} = K_1\boldsymbol{b}_1 + K_2\boldsymbol{b}_2 + K_3\boldsymbol{b}_3 \tag{1.3.5}$$

を逆格子ベクトルとよぶ．(*1.3.3*)に現われる波動ベクトル $\boldsymbol{k}$ も $\boldsymbol{b}_j$ の1次結合で表わす．

$$\boldsymbol{k} = k_1\boldsymbol{b}_1 + k_2\boldsymbol{b}_2 + k_3\boldsymbol{b}_3 \tag{1.3.6}$$

すると $\rho_{\boldsymbol{k}}$ は $L(k_1)L(k_2)L(k_3)$ の形になる．ただし $L(k_j)$ は $\exp(2\pi i k_j n_j)$ を n_j について加えたものである．いま G は 10^8 程度の大きな整数とし，結晶はベクトル $G\boldsymbol{a}_1, G\boldsymbol{a}_2, G\boldsymbol{a}_3$ で張られる平行六面体の形をしているとすると，n_j は0から G までの整数値をとる．容易に確かめられるように，$L(k_j)$ は一般には1のオーダーであり，k_j が整数に等しいときにかぎって G に等しい．したがって，1にたいして G^{-1} を無視する近似のもとでは次のように結論してよい．

$$\frac{1}{N}\sum_{\boldsymbol{n}} \exp(i\boldsymbol{k}\cdot\boldsymbol{n}) = \begin{cases} 1 & (\boldsymbol{k} = \boldsymbol{K}) \\ 0 & (\boldsymbol{k} \neq \boldsymbol{K}) \end{cases} \tag{1.3.7}$$

ただし $\boldsymbol{K}$ は(*1.3.5*)で与えられる逆格子ベクトルとする．つまり，各原子からの散乱波が干渉によってたがいに強めあう条件(**Bragg 条件**)は

$$\boldsymbol{p} = \boldsymbol{p}' + \hbar\boldsymbol{K} \tag{1.3.8}$$

弾性散乱の場合 $p=p'$ であることに注意すると，図1.8に示したように，中性子は $\boldsymbol{K}$ の垂直2等分面によって鏡に当たった光のように反射される，とみることもできる．

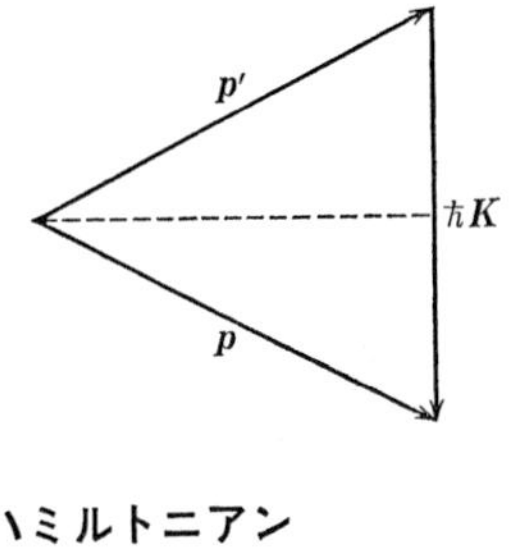

図1.8　Bragg 条件

b) 調和近似のハミルトニアン

さて，3次元結晶の振動の取扱い方も形式上は1次元モデルと同様である．釣合の位置 $\boldsymbol{R}(\boldsymbol{n},\sigma)$ にあった原子の変位を $\boldsymbol{\xi}(\boldsymbol{n},\sigma)$ とする．格子ベクトル $\boldsymbol{n}$ は単位胞の数 G^3 だけあり，σ は1から単位胞あたりの原子数 s まで動くから，変位の直交座標成分 $\xi_j(\boldsymbol{n},\sigma)$ $(j=x,y,z)$ は当然のことながら，全部で原子数 N の3倍だけある．これに通し番号 $n=1,2,\cdots,3N$ をつけて $q_1, q_2, \cdots, q_{3N}$ と書くことに

しよう．原子間ポテンシャルを q_n のベキ級数に展開して2次の項までとる．量子論への移行に便利なように正準形式を採用することにし，座標 q_n とこれに共役な運動量 p_n で系を記述する．振動のハミルトニアン，つまり U の極小値から測ったエネルギーは次の形になる．

$$\mathcal{H} = \sum_n \frac{1}{2M_n} p_n{}^2 + \sum_n \sum_{n'} \frac{1}{2} f_{nn'} q_n q_{n'} \tag{1.3.9}$$

M_n は原子質量であり，また力の定数 $f_{nn'}$ は U を変位成分で2階微分したものであるから対称性 $f_{n'n}=f_{nn'}$ をもっている．

(1.3.9) を正準運動方程式

$$\frac{dq_n}{dt} = \frac{\partial \mathcal{H}}{\partial p_n}, \qquad \frac{dp_n}{dt} = -\frac{\partial \mathcal{H}}{\partial q_n} \tag{1.3.10}$$

に代入すると，第1式は運動量の定義 $p_n = M_n \dot{q}_n$ を与え，これを第2式に代入して $M_n \ddot{q}_n = -\sum f_{nn'} q_{n'}$ が得られる．ノーマル・モードを求めるために $q_n = (V_n/M_n{}^{1/2}) \exp(-i\omega t)$ とおくと，振幅 V_n に対し次の斉1次方程式を得る．

$$\omega^2 V_n = \sum_{n'} F_{nn'} V_{n'}, \qquad F_{nn'} = \frac{f_{nn'}}{(M_n M_{n'})^{1/2}} \tag{1.3.11}$$

数学的にいえば，$F_{nn'}$ を要素とする $3N$ 次元(正値)対称行列の固有値として ω^2 がきまり，V_n は $3N$ 次元固有ベクトルの成分である．固有値は全部で $3N$ 個あるから，これを $3N$ 個の値をとるパラメーター λ で識別することにし，固有値を $\omega_\lambda{}^2$，固有ベクトルの成分を $V_{n\lambda}$ と書こう．後者は複素数であってもよいとする．固有ベクトルが完全系であり，規格化直交系にえらんであるという条件を式で書くと

$$\sum_\lambda V_{n\lambda} V_{n'\lambda}{}^* = \delta_{nn'}, \qquad \sum_n V_{n\lambda}{}^* V_{n\lambda'} = \delta_{\lambda\lambda'} \tag{1.3.12}$$

ただし V^* は V の共役複素数を意味する．もともと $F_{nn'}$ は実数であるから，$V_{n\lambda}$ が固有ベクトルであれば $V_{n\lambda}{}^*$ も同じ固有値にぞくする固有ベクトルである．後者には番号 $-\lambda$ をつけることにして $V_{n\lambda}{}^* = V_{n-\lambda}$ と書こう(λ は例えば $-\frac{3}{2}N$ と $\frac{3}{2}N$ との間の整数値をとる)．固有ベクトルとしては実数解 $V_{n\lambda}+V_{n-\lambda}$, $i(V_{n\lambda}-V_{n-\lambda})$ をえらんでもよいが，そのときには λ の動く変域を半分(たとえば $\lambda>0$)に制限する．

さて，調和近似における運動方程式は線形であるから，ノーマル・モードの1次結合がやはり解である．つまり，(1.3.10)の一般解を次のような形に仮定することができる．

$$q_n = \sum_\lambda \frac{1}{{M_n}^{1/2}} V_{n\lambda} Q_\lambda, \qquad p_n = \sum_\lambda {M_n}^{1/2} V_{n\lambda} P_\lambda \tag{1.3.13}$$

Q_λ, P_λ は(1.3.13)が(1.3.10)および与えられた初期条件をみたすようにえらぶのである．(1.3.13)の両辺に $V_{n\lambda}^*$ を掛けて n について加え，(1.3.12)を使うと

$$Q_\lambda = \sum_n V_{n\lambda}^* {M_n}^{1/2} q_n, \qquad P_\lambda = \sum_n V_{n\lambda}^* \frac{1}{{M_n}^{1/2}} p_n \tag{1.3.14}$$

q_n, p_n は実数であるから，Q_λ, P_λ が全部独立というわけではなく

$$Q_\lambda^* = Q_{-\lambda}, \qquad P_\lambda^* = P_{-\lambda} \tag{1.3.15}$$

(1.3.14)の両辺を t で微分し，運動方程式，(1.3.11)，(1.3.14)を使うことにより Q_λ, P_λ の運動方程式が得られる．あるいは

$$B_\lambda = \frac{1}{\sqrt{2}}\left(Q_\lambda + \frac{i}{\omega_\lambda} P_\lambda\right) \tag{1.3.16}$$

とおくと

$$\frac{dB_\lambda}{dt} = -i\omega_\lambda B_\lambda \tag{1.3.17}$$

となり，B_λ は $\exp(-i\omega_\lambda t)$ に比例する．あるいは

$$q_\lambda = \frac{1}{\sqrt{2}}(B_\lambda + B_\lambda^*), \qquad p_\lambda = \frac{i}{\sqrt{2}}\omega_\lambda (B_\lambda^* - B_\lambda) \tag{1.3.18}$$

とおくと

$$\frac{dq_\lambda}{dt} = p_\lambda, \qquad \frac{dp_\lambda}{dt} = -{\omega_\lambda}^2 q_\lambda \tag{1.3.19}$$

となる．これはハミルトニアンが

$$\mathcal{H} = \sum_\lambda \left(\frac{1}{2}{p_\lambda}^2 + \frac{1}{2}{\omega_\lambda}^2 {q_\lambda}^2\right) \tag{1.3.20}$$

であるときの正準運動方程式にほかならない．このハミルトニアンは(1.3.9)に順次変換(1.3.13)，(1.3.16)，(1.3.18)を施すことによっても得られる．

(1.3.20)は各モードが他のモードと独立にそれぞれの固有振動数 ω_λ で単振動

することを表わしている．これはもちろん調和近似に特有なことであって，ポテンシャルの非調和項(たとえば q_n について3次の項)を考えに入れると，1つのモードから他のモードへのエネルギーの移動をひきおこすような，**モード間相互作用**がつけ加わる．

c) 周期結晶の振動

前項で述べた一般形式は結晶の周期性をあからさまに利用していないから，不純物原子によって周期性の乱れた結晶や無定形な固体にもあてはまる．完全に周期的な結晶の場合には，力の定数は単位胞の相対的位置 $\boldsymbol{n}-\boldsymbol{n}'$ にだけ依存し，質量 M_n はパラメーター σ にだけ依存するから，$F_{nn'}=F_{\alpha\alpha'}(\boldsymbol{n}-\boldsymbol{n}')$ の形になる．ただし，添字 α は単位胞内の原子の番号 σ と変位ベクトルの成分を示す添字 $j=x, y, z$ をひとまとめにしたもので，$3s$ 個の値をとる．よって(*1.3.11*)は次の形の解をもつ．

$$V_n = v_\alpha \exp(i\boldsymbol{k}\cdot\boldsymbol{n}) \tag{1.3.21}$$

ただし，v_α は次の $3s$ 次元の固有値方程式の解である．

$$\left.\begin{aligned} \omega^2 v_\alpha &= \sum_{\alpha'} G_{\alpha\alpha'}(\boldsymbol{k})\, v_{\alpha'} \\ G_{\alpha\alpha'}(\boldsymbol{k}) &= \sum_{\boldsymbol{n}} F_{\alpha\alpha'}(\boldsymbol{n}) \exp(-i\boldsymbol{k}\cdot\boldsymbol{n}) \end{aligned}\right\} \tag{1.3.22}$$

ここでも周期的境界条件を採用し，$\boldsymbol{n}$ を $G\boldsymbol{a}_j$ だけ動かしても(*1.3.21*)が不変だとする．よって $\boldsymbol{k}$ を(*1.3.6*)のように展開したとき

$$k_j = \frac{2\pi l_j}{G} \qquad (l_j = 0, \pm1, \pm2, \cdots) \tag{1.3.23}$$

となる．$\boldsymbol{k}$ を逆格子ベクトルだけずらせても(*1.3.21*)，(*1.3.22*)は不変であるから，独立なモードを表わす $\boldsymbol{k}$ は逆格子の単位胞内に限ってよい．たとえば(*1.3.23*)の l_j を $-\frac{1}{2}G$ と $\frac{1}{2}G$ の間の整数に限る．このような $\boldsymbol{k}$ の数は全部で G^3 個，つまり結晶のふくむ単位胞の数だけある．そのおのおのにたいし，(*1.3.22*)の固有値として $3s$ 個の固有振動数がきまる．これを添字 $j=1, 2, \cdots, 3s$ で識別する．$\boldsymbol{k}$ と番号 j をあわせたものが，前項の λ であり，$-\lambda$ には $-\boldsymbol{k}$ が対応する．$s=1$，つまり単位胞が1個の原子を含む場合の $j=1, 2, 3$ は振動の**偏り** (polarization)，つまり波の進行方向 $\boldsymbol{k}$ に相対的な振動方向の自由度を表わすものであって，等方弾性体の場合に1個の縦波と2個の横波があることに対応している．図

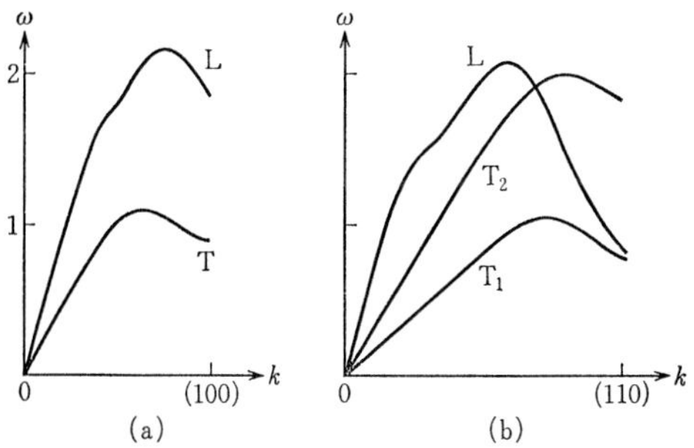

図1.9　金属鉛の振動スペクトル．ω の単位は $10^{12}\,\mathrm{s}^{-1}$, $\boldsymbol{k}$ の単位は $2\pi a^{-1}$ (最近接原子間隔 $a/\sqrt{2}$)．T は横波，L は縦波，$\boldsymbol{k}$ が (100), (110) の方向にある場合を示す

1.9 に金属鉛(面心立方格子)の場合の ω と k の関係を示しておこう．これは後述する中性子非弾性散乱の実験から得られたものである．

一般に，$3s$ 個の分枝のうちには，$k\to 0$ で $\omega\to 0$ となる音響的分枝がいつも3個ある．これは，原子間相互作用が原子の相対的位置にだけ依存し，座標系の平行移動にたいし不変であるという並進対称性に由来する．つまり，結晶を全体として x, y, あるいは z 軸方向に並進させてもエネルギーは不変であり，このような並進は(*1. 3. 22*)の $\boldsymbol{k}=0, \omega=0$ の固有解になっているのである．

なお3次元の場合の Brillouin 域の定義を述べておこう．波数ベクトルの成分 k_x, k_y, k_z を直交座標としてもつ3次元空間，いわゆる k 空間を考え，原点から逆格子ベクトルを引き，その垂直2等分面をたてる．原点から出発してどの2等分面も横切らずに到達できる点全体は原点を中心とする多面体をつくるが，これが3次元の場合の第1 Brillouin 域であり，この中にある $\boldsymbol{k}$ を還元波数ベクトルとよぶ．この Brillouin 域は逆格子の単位胞という資格をそなえており，逆格子ベクトルだけ平行移動することによって，k 空間を重なりもすき間もなく埋めつくす．わかりやすいように，図1.10に2次元の例を示しておく．

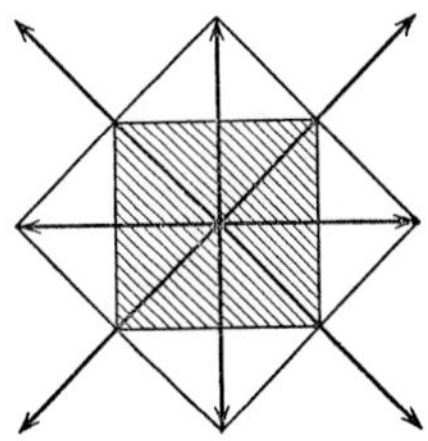

図1.10　2次元正方格子の第1 Brillouin 域(斜影)

§1.4 振動の量子化

a) フォノン

振動を量子力学的に扱うには，(1.3.9)の q_n, p_n がふつうの数でなく，状態関数(波動関数)に作用する Hermite 1次演算子であると考えなおせばよい．また，(1.3.15)の Q_λ^*, P_λ^* あるいは(1.3.16)に複素共役な B_λ^* はそれぞれ $Q_\lambda, P_\lambda, B_\lambda$ に Hermite 共役な演算子 $Q_\lambda^\dagger, P_\lambda^\dagger, B_\lambda^\dagger$ であると考えなおす．したがって(1.3.18)の q_λ, p_λ は Hermite である．これら演算子の代数的性質は乗法に関する演算規則，いわゆる交換関係で特徴づけられる．量子力学で知られているとおり，q_n どうしおよび p_n どうしは交換可能であり，$[q_n, p_{n'}] \equiv q_n p_{n'} - p_{n'} q_n = i\hbar\delta_{nn'}$ となる．ただし $2\pi\hbar$ は Planck 定数である．この交換関係と(1.3.12)とを用いて，順次(1.3.14)，(1.3.16)，(1.3.18)の交換関係を導くことができる．とくに，q_λ どうしおよび p_λ どうしは交換可能であり，$[q_\lambda, p_{\lambda'}] = i\hbar\delta_{\lambda\lambda'}$ が成立する．したがって量子力学の調和振子の理論で知られているように，演算子 $(1/2)p_\lambda^2 + (1/2)\cdot\omega_\lambda^2 q_\lambda^2$ の固有値は $\hbar\omega_\lambda(N_\lambda + 1/2)$ で与えられる．ただし $N_\lambda = 0, 1, 2, \cdots$ である．この整数 N_λ は振動に伴う粒子，つまりフォノンの個数を表わすと考えることができる．パラメーター λ はフォノンのとりうるさまざまな状態を識別するものであり，λ 番目の状態にあるときにフォノンのもつエネルギーが $\hbar\omega_\lambda$ であり，またこの状態を占領しているフォノンの個数が N_λ なのである．N_λ は勝手な整数値をとりうるから，フォノンは Bose 粒子である．(1.3.9)の固有値は

$$\sum_\lambda \frac{1}{2}\hbar\omega_\lambda + \sum_\lambda \hbar\omega_\lambda N_\lambda \tag{1.4.1}$$

この第2項は各フォノンのエネルギーの単純和になっているから，格子振動はフォノンからできた完全気体とみなすことができる．ただし，フォノンの総数は固定したものでないという点でふつうの気体とちがっており，むしろ空洞にとじ込められた光子気体に似ている．調和近似では，各ノーマル・モードのエネルギーが一定に保たれることに対応して，(1.4.1)の占領数 N_λ が一定である．非調和項を考えに入れるとモード間相互作用，フォノン概念でいえばフォノン間の衝突がおこるが，その際一般にはフォノンの生成，消滅がおこり，フォノンの総数が変化する(§1.7参照)．ふつうの気体の場合と同様，フォノン気体もまたフォノン間の衝突を通じて熱平衡分布を実現するわけであるが，その際フォノンの総数

は全自由エネルギーが極小となるような値におちつく．統計力学によれば，これはフォノンの化学ポテンシャルが0であることを意味する．したがって，絶対温度 T で熱平衡にあるフォノン気体の場合，N_λ の期待値は化学ポテンシャル0のBose分布(Planck分布)であって，k_B をBoltzmann定数として次のように与えられる．

$$\langle N_\lambda \rangle = \frac{1}{\exp(\hbar\omega_\lambda/k_B T)-1} \tag{1.4.2}$$

とくに $T=0$ では，フォノンが1個も存在しない，という意味での真空状態が実現される $(N_\lambda=0)$．そのときでも，振動のエネルギーは(1.4.1)の第1項で与えられる有限な値をもち，零点振動の存在することがわかる．

b) フォノン気体の比熱

すべての λ について $k_B T \gg \hbar\omega_\lambda$ が成り立つ高温では，(1.4.2)は古典的なエネルギー等分配則 $\hbar\omega_\lambda\langle N_\lambda\rangle \approx k_B T$ を与え，フォノン気体の熱エネルギーは $E_T \approx 3Nk_B T$，したがって比熱は $\partial E_T/\partial T \approx 3Nk_B$ となる．ただし N は固体のふくむ全原子数である．一般の温度における比熱は，振動数 ω_λ の分布に依存する．いま十分小さなエネルギー幅 dE を考えて，$\hbar\omega_\lambda$ が E と $E+dE$ の間にあるようなノーマル・モード λ の個数を $Vg(E)dE$ と書くことにし，g をノーマル・モードの分布関数あるいはフォノンの**状態密度**(state density)とよぶ．式で書くと $\delta(x)$ をDiracの δ 関数として

$$g(E) = \frac{1}{V}\sum_\lambda \delta(E-\hbar\omega_\lambda) \tag{1.4.3}$$

V は結晶の全体積である．この g を使うと

$$E_T = V\int_0^\infty dE g(E) E \frac{1}{\exp(E/k_B T)-1} \tag{1.4.4}$$

低温で E_T に寄与するのは $\hbar\omega_\lambda$ の小さいモード，つまり波長の長い音響的分枝であり，$\omega_\lambda = c_j k$ が成立する．j は3個の音響的分枝を区別するパラメーター，c_j は音速であって一般には波数ベクトル $\boldsymbol{k}$ の方向に依存する．(1.4.3)の λ に関する和のうち，波数ベクトルに関する和は，結晶が十分大きいとして，k 空間での積分でおきかえる．

$$\frac{1}{V}\sum_{k}\cdots \longrightarrow \frac{1}{(2\pi)^3}\int d\boldsymbol{k}\cdots \tag{1.4.5}$$

ただし $d\boldsymbol{k}$ は $\boldsymbol{k}$ 空間の体積素片 $dk_xdk_ydk_z$ である．こうして，E が小さいとき $g(E)=12\pi(2\pi\hbar c)^{-3}E^2$ であることがわかる．ただし c^{-3} は c_j^{-3} を $\boldsymbol{k}$ の方向および j について平均したものである．$\hbar\omega_\lambda \leqq E$ をみたすモードの数は g を E について積分したものであり，いまの場合 E^3 に比例する．一方，(1.4.4)に寄与するのは大まかにいって $E\lesssim k_BT$ をみたすモードであり，そのおのおのがおよそ k_BT の寄与をするから，結局 E_T は低温で T^4 に比例し，比熱は T^3 に比例することがわかる．実際，(1.4.4)において積分変数を E/k_BT に変換し，$g\propto E^2$ が $E=\infty$ まで成り立つとしてしまうと，比熱 $C_V=(\partial E_T/\partial T)_V$ にたいし次の表式を得る．

$$C_V=\frac{2}{5}\pi^2V\left(\frac{k_BT}{\hbar c}\right)^3k_B=\frac{12}{5}\pi^4N\left(\frac{T}{\theta}\right)^3k_B \tag{1.4.6}$$

ただし，θ は Debye 温度とよばれるパラメーターであって，$k_B\theta=\hbar ck_m$, $k_m=(6\pi^2N/V)^{1/3}$ で定義される．(1.4.5)によれば，$k<k_m$ をみたす波数ベクトルがちょうど N 個あることになる．したがって $\hbar ck_m$ はフォノン・エネルギーの最大値と同じオーダーである．通常の固体で $k_m\approx10^8\,\mathrm{cm}^{-1}$, $c\approx10^5\,\mathrm{cm\cdot s^{-1}}$ であるから，$\hbar ck_m\approx10^{-14}\,\mathrm{erg}$, $\theta\approx10^2\,\mathrm{K}$ であることに注意しておこう．(1.4.6)は $T\ll\theta$ で成立する式であり，しかしそのかぎりではどの結晶にもあてはまる一般的な法則(Debye の T^3 法則)である．

c) 生成・消滅演算子

非調和項を考えるとフォノンの生成，消滅が可能になると述べたが，これを数学的に表現するのがいわゆる第2量子化の方法である．フォノンの例についていえば，演算子 q_λ, p_λ の代りに，たがいに Hermite 共役な次の演算子を導入するのである．

$$b_\lambda=\frac{1}{(2\hbar\omega_\lambda)^{1/2}}(\omega_\lambda q_\lambda+ip_\lambda),\qquad b_\lambda^\dagger=\frac{1}{(2\hbar\omega_\lambda)^{1/2}}(\omega_\lambda q_\lambda-ip_\lambda) \tag{1.4.7}$$

q_λ, p_λ の交換関係から，次の交換関係が得られる．

$$[b_\lambda, b_{\lambda'}^\dagger]=\delta_{\lambda\lambda'},\qquad [b_\lambda, b_{\lambda'}]=[b_\lambda^\dagger, b_{\lambda'}^\dagger]=0 \tag{1.4.8}$$

ただし $[A, B] \equiv AB - BA$ である．定義から

$$\hbar\omega_\lambda b_\lambda^\dagger b_\lambda = \frac{1}{2}(p_\lambda^2 + \omega_\lambda^2 q_\lambda^2 - \hbar\omega_\lambda)$$

となるので，Hermite 演算子 $b_\lambda^\dagger b_\lambda$ の固有値がフォノン数 $N_\lambda = 0, 1, 2, \cdots$ にほかならない．対応する固有関数を Dirac の記号を使って $|N_\lambda\rangle$ と書けば，$b_\lambda^\dagger b_\lambda |N_\lambda\rangle = N_\lambda |N_\lambda\rangle$．この式と (*1. 4. 8*) から，

$$b_\lambda^\dagger b_\lambda b_\lambda^\dagger |N_\lambda\rangle = b_\lambda^\dagger \{1 + b_\lambda^\dagger b_\lambda\} |N_\lambda\rangle = (N_\lambda + 1) b_\lambda^\dagger |N_\lambda\rangle$$

つまり $b_\lambda^\dagger |N_\lambda\rangle$ は固有値 $N_\lambda + 1$ にぞくする固有関数であることがわかる．この意味で $b_\lambda^\dagger$ は λ 状態にあるフォノンを 1 個つくり出す働きをもつ演算子である．同様に，b_λ は λ 状態にあるフォノンを消す働きをもつ演算子である．

とくにフォノンが 1 個も存在しない真空を表わす状態関数を $|0\rangle$ と書くことにすると，これはフォノンを消すことがもはや不可能な状態なのであるから，すべての λ について

$$b_\lambda |0\rangle = 0 \tag{1. 4. 9}$$

が成立する．$|0\rangle$ の定義としてはこれで十分なのであって，立ち入ってその“関数形”を詮索する必要はない†．λ 状態のフォノンが N_λ 個存在する状態は $|0\rangle$ に生成演算子を N_λ 回作用させ，適当な規格化因子を掛けることによって得られる．

$$|N_\lambda\rangle = \frac{1}{(N_\lambda !)^{1/2}} (b_\lambda^\dagger)^{N_\lambda} |0\rangle \tag{1. 4. 10}$$

これと (*1. 4. 8*) とから，生成・消滅演算子の働きをもっとあからさまに書くことができる．

$$b_\lambda |N_\lambda\rangle = N_\lambda^{1/2} |N_\lambda - 1\rangle, \qquad b_\lambda^\dagger |N_\lambda\rangle = (N_\lambda + 1)^{1/2} |N_\lambda + 1\rangle \tag{1. 4. 11}$$

以上述べた b 演算子の諸性質は，数学的にいえば交換関係 (*1. 4. 8*) から代数的に導くことのできるものであり，したがってフォノン系にかぎらず，Bose 粒子の集団はいつも交換関係 (*1. 4. 8*) にしたがう演算子系で記述できるのである．

---

† これが第 2 量子化の方法の利点であるが，強いて波動関数を書けば，q_λ を対角的にする表示で

$$\prod_\lambda \exp\left(-\frac{\omega_\lambda}{2\hbar} q_\lambda^2\right)$$

に比例する．

d) 運動方程式

一般に演算子 A の量子力学的な運動は Heisenberg 表示 $A(t)=\exp[(it/\hbar)\mathcal{H}]\cdot A\exp[-(it/\hbar)\mathcal{H}]$ で与えられる．その運動方程式は

$$\frac{dA(t)}{dt}=\frac{i}{\hbar}[\mathcal{H}, A(t)] \tag{1.4.12}$$

A としてフォノン消滅演算子 b_λ を考え，ハミルトニアンとして調和近似のハミルトニアン (*1.3.20*) を採ろう．後者を $b_\lambda, b_\lambda^\dagger$ で表わすと，

$$\mathcal{H}=\sum_\lambda \hbar\omega_\lambda\left(b_\lambda^\dagger b_\lambda+\frac{1}{2}\right) \tag{1.4.13}$$

(*1.4.8*) により $[\mathcal{H}, b_\lambda]=-\hbar\omega_\lambda b_\lambda$ となることに注意すると

$$\frac{d}{dt}b_\lambda(t)=-i\omega_\lambda b_\lambda(t) \tag{1.4.14}$$

これと $b_\lambda(0)=b_\lambda$ から，$b_\lambda(t)=b_\lambda\exp(-i\omega_\lambda t)$ が得られる．この運動は (*1.3.17*) で与えられる古典的運動と同じであるが，これは調和振動に特徴的なことである．

単位胞が1個の原子だけをふくむ場合を考えることにすると，(*1.3.21*) は $(NM)^{-1/2}\boldsymbol{\varepsilon}_\lambda\exp(i\boldsymbol{k}\cdot\boldsymbol{n})$ の形になる．ただし，$\boldsymbol{\varepsilon}_\lambda=\varepsilon_j(\boldsymbol{k})$ $(j=1, 2, 3)$ は振動の偏りを表わす単位ベクトルであり，(*1.3.22*) の解である．原子の変位ベクトルの運動は，(*1.3.13*), (*1.3.16*), (*1.3.18*), (*1.4.7*) をまとめて，次の形に書ける．

$$\boldsymbol{\xi}(\boldsymbol{n}, t)=\sum_\lambda\left(\frac{\hbar}{2NM\omega_\lambda}\right)^{1/2}\boldsymbol{\varepsilon}_\lambda\varphi_\lambda(t)\exp(i\boldsymbol{k}\cdot\boldsymbol{n}) \tag{1.4.15}$$

$$\varphi_\lambda(t)=b_\lambda\exp(-i\omega_\lambda t)+b_{-\lambda}^\dagger\exp(i\omega_\lambda t) \tag{1.4.16}$$

$-\lambda$ は，前に述べたとおり，λ の $\boldsymbol{k}$ を $-\boldsymbol{k}$ におきかえたモードであり，$\omega_{-\lambda}=\omega_\lambda$ であることに注意しておこう．

§1.5 Mössbauer 効果（固体の剛体性）

古典力学の剛体という概念は，弾性率の非常に大きい固体を理想化したものであるが，現実の固体がどの程度剛体に近いかを見るには，必ずしも古典的な弾性率測定をやる必要はない．もっと微視的な現象を通じて“剛体性”を見ることもできるのであって，以下述べる Mössbauer 効果がその一例である．

結晶が放射性同位元素をふくみ，その原子核が γ 線を発射して励起状態から

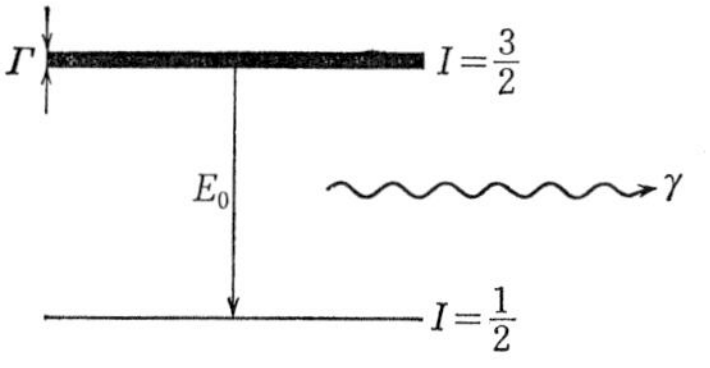

図1.11　^{57}Fe の γ 線発射．I は核スピン．
$E_0=14.4$ keV，$\hbar/\Gamma=1.45\times10^{-7}$ s

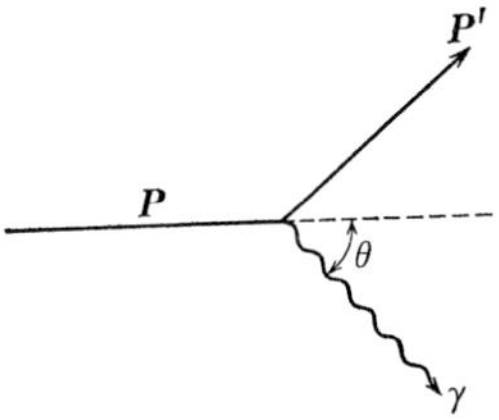

図1.12　運動量保存則

最低状態へ落ちるとする．有名な例は ^{57}Fe が $E_0=14.4$ keV だけ高い励起準位から γ 線を発射して最低準位に落ちる場合で，その平均寿命は 1.45×10^{-7} s であり，自然幅 Γ は 10^{-8} eV のオーダーで E_0 にくらべると非常に小さい．話を簡単にするためここでは Γ を無視する．まず孤立した1個の核が，その並進運動の運動量 $\boldsymbol{P}$ と角 θ をなす方向にエネルギー E の光子を発射する場合を考える．発射によって核は反跳を受け，運動量および運動エネルギーが変化する．光子の運動量の大きさが E/c であることに注意して運動量保存則を適用すると，核の運動エネルギーの変化は $\Delta E=(EP/Mc)\cos\theta-(E^2/2Mc^2)$ であることがわかる．c は真空中の光速度であり，M は核の質量である．一方エネルギー保存則により $E_0=E+\Delta E$ であるが，$P\ll Mc$ なら $\Delta E\ll E$ であり，ΔE の表式に現われる E は E_0 で近似してよい．いずれにしても，発射される光子のエネルギー E は核の反跳エネルギー ΔE だけ準位間隔 E_0 とちがい，ΔE は $\boldsymbol{P}$ に依存している．このために，たとえば温度 T で Maxwell 分布にしたがう気体中の核が発射する γ 線のスペクトルを計算してみると，中心が E_0-R にあり，幅が $R[k_BT/R]^{1/2}$ の Gauss 分布が得られる．$R=E_0^2/2Mc^2$ は初め静止していた核の受ける反跳エネルギーであり，^{57}Fe の $E_0=14.4$ keV の場合，$R\approx1.95\times10^{-3}$ eV となって自然幅よりはるかに大きい．

結晶中の原子核が γ 線を発射する場合，反跳運動量を受け持つのは結晶全体の重心運動($k=0$ の音響型モード)である．これに伴う重心の運動エネルギー変化は，上述の ΔE の表式において原子質量 M を結晶の全質量 NM でおきかえたもので与えられ，実際上無視できる．したがって，かりに結晶内の原子間隔が剛体のように一定に保たれているとすれば，発射される γ 線は E_0 を中心に，自然幅だけの，非常に鋭いスペクトルを示すことになる．これが Mössbauer 効果である．現実の固体は剛体ではないから，γ 線の発射と同時にフォノンも発射(あるいは吸収)されるような過程が可能である．一般に，γ 線発射に際し(フォノンの発射，吸収という形で)結晶に与えられる反跳エネルギーが $\hbar\omega$ と $\hbar\omega+d(\hbar\omega)$ の間にある確率を $P_\gamma(\hbar\omega)d\hbar\omega$ と書こう．絶対零度の P_γ は図1.13のような形になり，$\omega=0$ の鋭いピークが無反跳 γ 線発射，$\omega>0$ の幅広いピークはフォノン発射を伴う γ 線発射である．前者のかこむ面積が固体の剛体性を示す目安と考えることができよう．

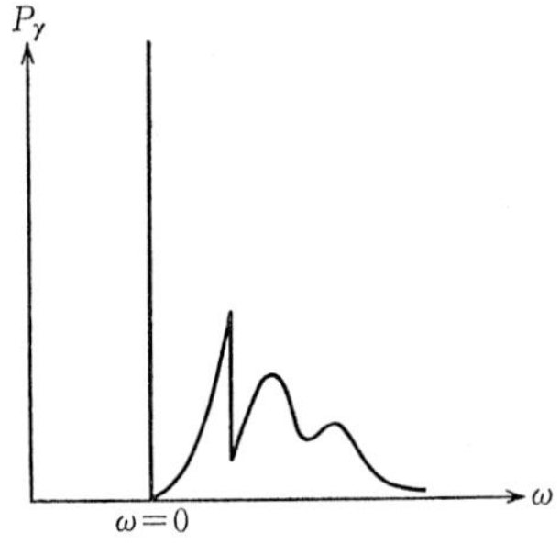

図1.13　反跳エネルギーの分布

a）反跳エネルギー分布の一般式

さて，注目する放射性原子核の重心を $\boldsymbol{R}$, これに相対的な核内粒子の座標を一括して Q と書く．これら粒子と電磁場との相互作用ハミルトニアンのうち，運動量 $\hbar\boldsymbol{q}$ の光子の発射をひきおこす項は $\nu(Q)\exp(i\boldsymbol{q}\cdot\boldsymbol{R})$ の形をしている．これを摂動と見なし，Born 近似を適用しよう．γ 線発射によって核は励起状態 i から最低状態 f に落ち，その反跳で結晶の重心運動の運動量は $\boldsymbol{P}$ から $\boldsymbol{P}'$ に変わり，またフォノン系はそのハミルトニアン $\mathcal{H}$ の1つの固有状態 a から他の固有状態 b へ転移するものとする．結晶の重心座標を $\boldsymbol{X}$ とし，$\boldsymbol{R}=\boldsymbol{X}+\boldsymbol{n}+\boldsymbol{\xi}$ とおく．$\boldsymbol{n}$ は重心から引いたある格子ベクトル，$\boldsymbol{\xi}$ は注目している放射性核の格子点からの変位である．以下 $\boldsymbol{n}=0$ としてかまわない．転移確率は行列要素

$$\langle f|\nu|i\rangle\langle \mathrm{b}|\exp(i\boldsymbol{q}\cdot\boldsymbol{\xi})|\mathrm{a}\rangle\int d\boldsymbol{X}\exp\left[\frac{i}{\hbar}(\boldsymbol{P}-\boldsymbol{P}'-\hbar\boldsymbol{q})\cdot\boldsymbol{X}\right] \qquad (1.5.1)$$

の絶対値の平方に比例するが，$P_\gamma(\hbar\omega)$ の計算には，核に関する $\langle f|\nu|i\rangle$ はあからさまに考える必要がない．また $\boldsymbol{X}$ に関する積分は運動量保存則 $\boldsymbol{P}=\boldsymbol{P}'+\hbar\boldsymbol{q}$ を与える．エネルギー保存則については，重心運動エネルギーの変化は無視してよ

いから，γ 線のエネルギーの E_0 からのシフト $\hbar\omega=E_0-\hbar cq$ がフォノン系のエネルギー変化 E_b-E_a に等しい．さらに，フォノン系は温度 T で熱平衡にあったものとすると，$|\langle b|\exp(i\boldsymbol{q}\cdot\boldsymbol{\xi})|a\rangle|^2\delta(\hbar\omega+E_a-E_b)$ を終状態 b について加え，始状態の熱平衡分布 $w_a\propto\exp(-E_a/k_BT)$ について平均したものが，$P_\gamma(\hbar\omega)$ にほかならない．これは，δ 関数の Fourier 表示†，演算子 $\boldsymbol{\xi}$ の Heisenberg 表示(*1. 4. 15*)を利用して，次の形に書ける．

$$P_\gamma(\hbar\omega) = \int_{-\infty}^{\infty}\frac{dt}{2\pi\hbar}K(t)\exp(i\omega t) \qquad (1.5.2)$$

$$K(t) = \langle\exp[-i\eta(t)]\exp[i\eta(0)]\rangle \qquad (1.5.3)$$

ただし $\boldsymbol{q}\cdot\boldsymbol{\xi}$ を η と略記した††．また $\langle A\rangle$ は物理量 A の熱平衡期待値である．つまり，$|a\rangle, |b\rangle$ を系のハミルトニアンの固有値 E_a, E_b にぞくする固有状態として，一般に

$$\begin{aligned}\langle A(t)B(t')\rangle &= \sum_a w_a\langle a|A(t)B(t')|a\rangle \\ &= \sum_a\sum_b w_a\langle a|A|b\rangle\langle b|B|a\rangle\exp\left[\frac{i}{\hbar}(E_a-E_b)(t-t')\right] \qquad (1.5.4)\end{aligned}$$

なお(*1. 5. 2*)を $\hbar\omega$ について $-\infty$ から $+\infty$ まで積分すると右辺は $K(0)=\langle 1\rangle=1$ となって，全確率は確かに 1 に等しい．

b) Bloch-De Dominicis の定理の応用

フォノン系のハミルトニアンとして調和近似(*1. 4. 13*)を採用し，(*1. 5. 3*)の具体的な表式を求めてみる．まず $C_\lambda=(\hbar/2NM\omega_\lambda)^{1/2}(\boldsymbol{q}\cdot\boldsymbol{\varepsilon}_\lambda)$ とおくと，(*1. 4. 15*)により，(*1. 5. 3*)の $\eta(t)$ は次のように書ける．

$$\eta(t) = \sum_\lambda C_\lambda\varphi_\lambda(t) \qquad (1.5.5)$$

(*1. 5. 3*)の指数関数をベキ級数に展開する．

$$K(t) = \sum_{p=0}^{\infty}\sum_{q=0}^{\infty}\frac{(-i)^p i^q}{p!q!}\langle\eta^p(t)\eta^q(0)\rangle \qquad (1.5.6)$$

---

† $2\pi\delta(x)=\int_{-\infty}^{\infty}dt\exp(ixt)$

†† η は γ 線の波長を長さの単位として測った原子変位である．

この右辺に(*1. 5. 5*)を代入して，結局 $\langle\varphi_1(t)\cdots\varphi_p(t)\varphi_{p+1}(0)\cdots\varphi_{p+q}(0)\rangle$ というタイプの期待値を計算することになる．フォノン系に限らず一般に，相互作用のない Bose 粒子系(および Fermi 粒子系)の場合，このタイプの期待値は Bloch-De Dominicis の定理によって因数分解できる．定理の証明は本講座第5巻『統計物理学』§9.7に与えられているから，本巻では結論だけを利用する．

ハミルトニアンとして(*1. 4. 13*)を採用した場合，その完全直交固有関数系 $|a\rangle$ としては，フォノン数を表わす演算子 $b_\lambda^\dagger b_\lambda$ がすべて対角線的になるものをえらぶ．一方演算子 φ_λ はフォノンを1個増減する働きをもち，$\varphi_\lambda|a\rangle$ は $|a\rangle$ とモード λ のフォノン数が ±1 だけちがう状態であるから後者と量子力学的な意味で直交し，$\langle a|\varphi_\lambda|a\rangle=0$ となる．これを $|a\rangle$ の熱平衡分布について平均した $\langle\varphi_\lambda\rangle$ ももちろん0である．これにたいし，2個の φ 演算子の積については

$$\left.\begin{aligned}\langle\varphi_\lambda(t)\varphi_\mu(t')\rangle &= \delta_{\lambda,-\mu}F_\lambda(t-t')\\ F_\lambda(t) &= (1+\langle N_\lambda\rangle)\exp(-i\omega_\lambda t)+\langle N_\lambda\rangle\exp(i\omega_\lambda t)\end{aligned}\right\}\qquad (1.5.7)$$

$\langle N_\lambda\rangle=\langle b_\lambda^\dagger b_\lambda\rangle$ はフォノンの Planck 分布である．一般に奇数個の φ の積はフォノン数を保存しないから，その期待値は0である．偶数個の φ の積については，2個ずつの φ がペアを組むと考え，ペアを組む φ が隣合せになるように φ をならべかえ，ペアをその期待値(*1. 5. 7*)でおきかえてしまう．この操作をあらゆるペアの組み方について行ない，得られる項を加え合わせよ，というのが Bloch-De Dominicis の定理の教えるところである．4個の φ の場合を例にとると

$$\langle\varphi_1\varphi_2\varphi_3\varphi_4\rangle = \langle\varphi_1\varphi_2\rangle\langle\varphi_3\varphi_4\rangle+\langle\varphi_1\varphi_3\rangle\langle\varphi_2\varphi_4\rangle+\langle\varphi_1\varphi_4\rangle\langle\varphi_2\varphi_3\rangle \qquad (1.5.8)$$

この定理を(*1. 5. 6*)に適用して得られる項のうち，まず時刻 t の φ と時刻0の φ とがペアを組まないもの，つまり $\langle\varphi(t)\varphi(0)\rangle$ というタイプの因子を1つもふくまないものに注目しよう．この場合 p も q も偶数であるからそれぞれ $2r, 2s$ と書くと，$\varphi(t)$ どうしのペアの組み方は $(2r-1)\cdot(2r-3)\cdots1$ 通り，$\varphi(0)$ どうしのペアの組み方は $(2s-1)\cdot(2s-3)\cdots1$ 通りあり，どのペアの組み方も(*1. 5. 6*)に同じ寄与を与える．よって，いま注目している項の総和は次の形になる．

$$\begin{aligned}K^{(0)}(t) &\equiv \sum_{r=0}^{\infty}\sum_{s=0}^{\infty}\frac{(-1)^{r+s}}{2^{r+s}r!s!}g^{r+s}(0)\\ &= \exp[-g(0)] \qquad (1.5.9)\end{aligned}$$

$$g(t-t') \equiv \sum_\lambda |C_\lambda|^2 F_\lambda(t-t')$$
$$= \langle \eta(t)\eta(t')\rangle \tag{1.5.10}$$

次に，因子 $g(t)$ を1個だけふくむ項に注目する．$p=1,\ q=1$ がその例で，これは $g(t)$ そのものである．$p=3, q=1$ および $p=1, q=3$ の項は $(i^2/2!)g^2(0)g(t)$ を与える．以下同様にして，このタイプの項の和は次の形になる．

$$K^{(1)}(t) \equiv \sum_{r=0}^{\infty}\sum_{s=0}^{\infty} \frac{(-1)^{r+s}}{2^{r+s}r!s!} g^{r+s}(0)\, g(t)$$
$$= g(t)\exp[-g(0)] \tag{1.5.11}$$

もっと一般に因子 $g(t)$ を n 個ふくむ項の和は $(g^n(t)/n!)\exp[-g(0)]$ となり，これを n について加えて

$$K(t) = \exp[g(t)-g(0)] \tag{1.5.12}$$

c) 無反跳 γ 線の強度

(*1.5.10*) は同じ原子の異なる時刻における位置の相関を表わすものであって，$t-t'\to\infty$ で0になる．数学的にいえば次のとおりである．$g(t)$ の Fourier 変換は

$$I(E) = \int_{-\infty}^{\infty}\frac{dt}{2\pi\hbar} g(t)\exp\left(\frac{i}{\hbar}Et\right)$$
$$= \sum_\lambda C_\lambda^2 (1+N(E))\, A_\lambda(E) \tag{1.5.13}$$

と書ける．ただし $N(E)=[\exp(E/k_{\mathrm{B}}T)-1]^{-1}$ は Planck 分布関数であり，また

$$A_\lambda(E) = \delta(E-\hbar\omega_\lambda)-\delta(E+\hbar\omega_\lambda) \tag{1.5.14}$$

である．3次元結晶では $I(E)$ は E の連続関数であり†，その Fourier 変換 $g(t)$ は $t\to\infty$ で0となる．

Mössbauer 効果を問題にする場合，(*1.5.2*) の ω が0に近いところ，したがって (*1.5.3*) の t の大きいところに注目するのであるから，(*1.5.12*) を $g(t)$ についてベキ展開し，せいぜい1次の項まで考えればよいであろう．したがって

† 1次元，2次元系ではこの条件が成立しない．

$$P_\gamma(\hbar\omega) = \exp[-g(0)]\cdot[\delta(\hbar\omega)+I(\hbar\omega)+\cdots] \qquad (1.5.15)$$

右辺第1項の δ 関数の部分が無反跳 γ 線発射の確率密度である．第2項は，(*1.5.13*)の形からもわかるように，γ 線の発射と同時にフォノンが1個発射または吸収される過程の確率密度である．第1項を $\hbar\omega$ について積分して，無反跳 γ 線発射のおこる確率が $P_0=\exp[-g(0)]=\exp[-\langle\eta^2\rangle]$ と得られる．当然のことながら(γ 線の波長を単位として測った)原子振動の振幅が小さいほど P_0 は1に近い．およその見積りを得るには

$$\langle\eta^2\rangle = \sum_\lambda \frac{\hbar}{2NM\omega_\lambda}(\boldsymbol{q}\cdot\boldsymbol{\varepsilon}_\lambda)^2(2\langle N_\lambda\rangle+1) \qquad (1.5.16)$$

を Debye モデルで計算してみればよい．波数ベクトルの大きさ，方向および振動の偏りに無関係に $\omega_\lambda=c_\mathrm{s}k$ が成り立つとする．波数ベクトルに関する和を(*1.4.5*)にしたがって積分におきかえ，積分の上限をそこで述べた k_m にとる．温度 T が Debye 温度 $\theta_\mathrm{D}=\hbar c_\mathrm{s}k_\mathrm{m}/k_\mathrm{B}$ より十分低いとすると，(*1.5.16*)は原子の零点振動の振幅できまることになり

$$\langle\eta^2\rangle = \frac{\hbar q^2 V}{4\pi^2 NMc_\mathrm{s}}\int_0^{k_\mathrm{m}} kdk = \frac{3R}{2k_\mathrm{B}\theta_\mathrm{D}} \qquad (1.5.17)$$

ただし $R=\hbar^2q^2/2M$ は自由原子の反跳エネルギーである．たとえば ^{57}Fe の場合，$R/k_\mathrm{B}\approx 24$ K, $\theta_\mathrm{D}\approx 420$ K であって，$P_0\approx 0.9$ となる．

なお，1次元結晶の場合には波数ベクトル空間の素片 $d\boldsymbol{k}$ が，3次元の場合のように $4\pi k^2dk$ でなく，単に dk となるために，(*1.5.17*)の積分は下限 $k=0$ で発散してしまう．これは(原子密度を一定に保って)結晶の長さを長くするとき，長波長の零点振動による格子点からの原子変位がいくらでも大きくなり得ることを意味し，1次元結晶が実は安定に存在しえないことを暗示している．2次元結晶の場合には $d\boldsymbol{k}=2\pi kdk$ となるので，零点振動の振幅は発散しないが，$T\neq 0$ として(*1.5.16*)の $\langle N_\lambda\rangle$ の項の寄与を考えると，やはり k に関する積分が下限で発散する†．

最後に，3次元結晶の場合，$T\gg\theta_\mathrm{D}$ における $\langle\eta^2\rangle$ は(*1.5.17*)の $2T/\theta_\mathrm{D}$ 倍となり，P_0 は熱的に励起されているフォノンのために1にくらべてずっと小さくな

---

† 第4章参照．

ってしまうことに注意しておこう．結晶の融解温度のおよその目安としては，調和近似で計算した平均振幅 $\langle\xi^2\rangle^{1/2}$ が格子定数 a にたいし無視できない大きさ（たとえば a の 30%）に達する温度をとればよいであろう（F. A. Lindemann の法則）．あるいは，q として k_m を採ったときに $\langle\eta^2\rangle\approx0.1$ となる温度であるとしてもよい．この温度が θ_D より高いとして，$k_BT\approx0.06Mc_s{}^2$ となる．

§1.6 中性子非弾性散乱とフォノン・スペクトル

a) Van Hove の公式

§1.3 で注意しておいたように，物質による中性子の非弾性散乱は物質内原子の動的ふるまい，いま問題にしている結晶についていえば“原子振動＝フォノン”，に関する情報を与える．§1.3 では，仮に原子が格子点に固定している（剛体）として弾性散乱を考えたのであるが，原子の振動を考えに入れると（*1. 3. 2*）の $\boldsymbol{R}_j=\boldsymbol{n}+\boldsymbol{\xi}(\boldsymbol{n})$ の形になり，$\rho_{\boldsymbol{q}}$ はパラメーターでなく力学変数になる．ただし，ここでは中性子の運動量変化 $\boldsymbol{p}-\boldsymbol{p}'$ を $\hbar\boldsymbol{q}$ と書くことにする．結晶内の点 $\boldsymbol{r}$ における原子密度をあらわす演算子は $\rho(\boldsymbol{r})=\sum_j\delta(\boldsymbol{r}-\boldsymbol{R}_j)$ で与えられるが，$\rho_{\boldsymbol{q}}$ はその Fourier 係数であることに注意しておこう†．中性子と物質内原子との相互作用（*1. 3. 2*）を摂動と見なし，これによって中性子が運動量 $\boldsymbol{p}$ の状態から $\boldsymbol{p}'$ の状態に転移し，他方，結晶はそれが孤立していると考えたときのハミルトニアンの1つの固有状態 a から別の固有状態 b に転移するものとし，転移確率を Born 近似で計算する．その際，前節と同様に結晶の重心運動をあからさまに考えると，中性子の失った運動量 $\boldsymbol{p}-\boldsymbol{p}'$ は重心運動量の増加に等しいことがわかる．一方，前節と同様に重心運動エネルギーの変化は無視してよく，中性子の失ったエネルギー $\hbar\omega=(2m_n)^{-1}(p^2-p'^2)$ はフォノン系のエネルギー変化 E_b-E_a に等しい††．前節と同様に，結晶の終状態は何でもよいと考えて転移確率を b について加え，また，結晶ははじめ温度 T で熱平衡にあったと考えて，始状態 a の熱平衡分布 $w_a\propto\exp(-E_a/k_BT)$ について平均する．結局，中性子が運動量 $\hbar\boldsymbol{q}$，エネルギー $\hbar\omega$ を結晶に与えて散乱されることの単位時間あたりの確率として次の表式が得

---

† $\rho_{\boldsymbol{q}}=\int d\boldsymbol{r}\rho(\boldsymbol{r})\exp(i\boldsymbol{q}\cdot\boldsymbol{r})$

†† m_n は中性子の質量．

られる.

$$W(\boldsymbol{q},\omega)=\frac{2\pi}{\hbar}|v_{\boldsymbol{q}}|^2S(\boldsymbol{q},\omega) \qquad (1.6.1)$$

ただし

$$\begin{aligned}S(\boldsymbol{q},\omega)&=\sum_{\mathrm{a}}\sum_{\mathrm{b}}w_{\mathrm{a}}|\langle\mathrm{b}|\rho_{\boldsymbol{q}}|\mathrm{a}\rangle|^2\delta(\hbar\omega+E_{\mathrm{a}}-E_{\mathrm{b}})\\&=\int_{-\infty}^{\infty}\frac{dt}{2\pi\hbar}S(\boldsymbol{q};t)\exp(i\omega t)\end{aligned} \qquad (1.6.2)$$

ここでも(*1.5.4*)および δ 関数の Fourier 表示を利用したのであって

$$S(\boldsymbol{q};t)=\langle\rho_{-\boldsymbol{q}}(t)\,\rho_{\boldsymbol{q}}(0)\rangle \qquad (1.6.3)$$

$\rho_{\boldsymbol{q}}$ は原子密度の空間的変動を記述する演算子であり，その時間的な相関を表わすものが $S(\boldsymbol{q};t)$ である．相関関数の Fourier 変換 $S(\boldsymbol{q},\omega)$ を**スペクトル関数**(spectral function)あるいは結晶の**動的構造因子**とよぶ．(*1.6.1*)は結晶を例にとって導いたが，もっと一般の物質による粒子線散乱にも(Born 近似がゆるされる限り)あてはまり，**Van Hove の公式**とよばれる．この式は，粒子線の非弾性散乱を通じて観測するものが，物質中の密度のゆらぎのスペクトルであることを示しているのである．

X 線散乱の実験でふつうやるように，散乱されてくる粒子のエネルギーを選別しない場合には，(*1.6.1*)を ω について積分したものが問題になり，これは次の形に書ける．

$$\int_{-\infty}^{\infty}W(\boldsymbol{q},\omega)\,d\hbar\omega=\frac{2\pi}{\hbar}|v_{\boldsymbol{q}}|^2NS(\boldsymbol{q}) \qquad (1.6.4)$$

$$S(\boldsymbol{q})=\frac{1}{N}\int_{-\infty}^{\infty}S(\boldsymbol{q},\omega)\,d\hbar\omega=\frac{1}{N}\langle\rho_{-\boldsymbol{q}}(0)\,\rho_{\boldsymbol{q}}(0)\rangle \qquad (1.6.5)$$

$S(\boldsymbol{q})$ がふつう構造因子とよばれているものである．

b) 調和近似における動的構造因子

調和近似のハミルトニアンを採ると，(*1.4.15*)を使って

$$\rho_{\boldsymbol{q}}(t)=\exp[i\boldsymbol{q}\cdot\boldsymbol{n}]\exp[i\boldsymbol{q}\cdot\boldsymbol{\xi}(\boldsymbol{n},t)]$$

となり，これを(*1.6.2*)に代入すると(*1.5.3*)と似た次の表式が得られる．

$$S(\boldsymbol{q}\,;t)=\sum_{\boldsymbol{n}}\sum_{\boldsymbol{m}}\exp[i(\boldsymbol{m}-\boldsymbol{n})\cdot\boldsymbol{q}]K_{\boldsymbol{nm}}(t) \tag{1.6.6}$$

$$K_{\boldsymbol{nm}}(t)=\langle\exp[-i\eta_{\boldsymbol{n}}(t)]\exp[i\eta_{\boldsymbol{m}}(0)]\rangle \tag{1.6.7}$$

$$\eta_{\boldsymbol{n}}(t)=\sum_{\lambda}C_{\lambda}\exp[i\boldsymbol{k}\cdot\boldsymbol{n}]\varphi_{\lambda}(t) \tag{1.6.8}$$

(*1.6.7*)を計算するには，(*1.5.6*)と同様に指数関数をベキ級数に展開し，Bloch-De Dominicis の定理を応用すればよい．得られる項のうち，同時刻の η だけがペアを組むものは前節と全く同じであって，その和は(*1.5.7*)で与えられる．これを(*1.6.6*)に代入し，さらに Fourier 変換すると，(*1.3.7*)により

$$\left.\begin{aligned}S_0(\boldsymbol{q}\,;t)&=N^2\delta_{\boldsymbol{q},\boldsymbol{K}}\exp[-g(0)]\\S_0(\boldsymbol{q},\omega)&=N^2\delta_{\boldsymbol{q},\boldsymbol{K}}\delta(\hbar\omega)\exp[-g(0)]\end{aligned}\right\} \tag{1.6.9}$$

ただし $\boldsymbol{K}$ は(*1.3.5*)で定義された逆格子ベクトルである．(*1.6.9*)はフォノンの発射，吸収を伴わない弾性散乱を表わしており，$\delta_{\boldsymbol{q},\boldsymbol{K}}$ は Bragg の条件(*1.3.8*)を意味し，$\delta(\hbar\omega)$ は中性子が弾性散乱されることを意味する．弾性散乱は結晶があたかも剛体のようにふるまう場合であるから，その強度が Mössbauer γ 線の強度と同じく $\exp[-g(0)]$ に比例するのは当然であろう†．

一方，中性子散乱と同時に1個のフォノンが発射，吸収される過程では，(*1.5.11*) の $g(t)$ の代りに次の相関関数が現われる．

$$\begin{aligned}g_{\boldsymbol{nm}}(t)&=\langle\eta_{\boldsymbol{n}}(t)\,\eta_{\boldsymbol{m}}(0)\rangle\\&=\sum_{\lambda}C_{\lambda}^2F_{\lambda}(t)\exp[i\boldsymbol{k}\cdot(\boldsymbol{n}-\boldsymbol{m})]\end{aligned} \tag{1.6.10}$$

$\boldsymbol{k}$ はノーマル・モードを識別する還元波数ベクトルであり，ω_{λ}, $\langle N_{\lambda}\rangle$ は $\boldsymbol{k}$ を $-\boldsymbol{k}$ にかえても不変である．(*1.6.7*)のうち，1個のフォノンの発射，吸収を伴う散乱に対応するものは $g_{\boldsymbol{nm}}(t)\exp[-g(0)]$ となり，これを(*1.6.6*)に代入して Fourier 変換すると

$$S_1(\boldsymbol{q},\omega)=N\exp[-g(0)]\sum_{\lambda}C_{\lambda}^2\delta_{\boldsymbol{q},\boldsymbol{k}+\boldsymbol{K}}\{1+N(\hbar\omega)\}A_{\lambda}(\hbar\omega) \tag{1.6.11}$$

任意の波数ベクトル $\boldsymbol{q}$ は還元波数ベクトルと逆格子ベクトルの和として一意に

† $\exp[-g(0)]$ は Debye-Waller 因子の名で X 線回折学では古くから知られていた．

表わされる.

$$\boldsymbol{q} = \boldsymbol{k}+\boldsymbol{K} \tag{1.6.12}$$

$\boldsymbol{q}$ を固定して(1.6.11)を ω の関数と見ると，右辺の λ に関する和のうち(1.6.12)を満足する $\boldsymbol{k}$ をもつモードだけが残り，その偏りを添字 $r=1,2,3$ で区別すると†，フォノン発射に対応する3個のピークが $\omega=\omega_{kr}$ に現われ，フォノン吸収に対応するピークが $\omega=-\omega_{kr}$ に現われる(図1.14)．ただし後者は $T\to 0$ で消える．最低状態にある結晶から中性子がエネルギーを貰うわけにゆかないからである．いずれにしても，これらピークの観測によってフォノンのエネルギー・スペクトルを知ることができる．なお，弾性散乱の強度(1.6.9)にくらべて，(1.6.11)は N^{-1} 倍になっていることに注意しておこう．

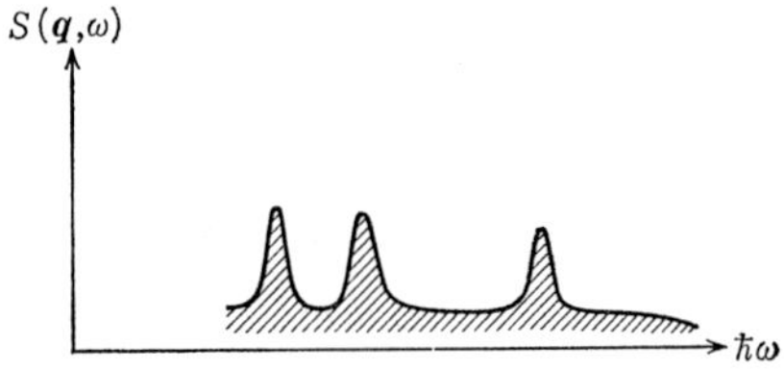

図1.14 中性子非弾性散乱の断面積に現われる単一フォノン・ピーク(q=const)

(1.6.6)には2個以上のフォノンの発射，吸収を伴う過程も寄与するが，これら多重フォノン過程は単一フォノン過程のような孤立したピークにはならない．たとえば2個のフォノンの発射を伴う散乱の場合，波数ベクトルの保存則 $\boldsymbol{q}=\boldsymbol{k}_1+\boldsymbol{k}_2+\boldsymbol{K}$ において，$\boldsymbol{q}$ を与えたとき一意にきまるのは和 $\boldsymbol{k}_1+\boldsymbol{k}_2$ であり，$\boldsymbol{k}_1, \boldsymbol{k}_2$ のどちらか一方はある領域を連続的に動くことができ，エネルギー保存則 $\hbar\omega=\hbar\omega_1+\hbar\omega_2$ をみたす ω も連続スペクトルを形成する．

§1.7 非調和項の効果

原子間相互作用の非調和項は，古典力学でいえばモード間相互作用を意味し，はじめある特定のモードだけ励起しておいても，そのエネルギーは次第に他のモードへ散逸してゆき，注目したモードは減衰振動を行なう．モードの数が巨視的

† 単位胞が1個の原子をふくむ場合を考えているから，与えられた $\boldsymbol{k}$ にたいし独立な偏りの方向 $\boldsymbol{\varepsilon}$ が3個ある．

であるために，1度散逸したエネルギーが再びはじめのモードに集中する確率は0としてよいのである．つまり，注目したモードに対して他のモードは“散逸的”な媒質の役割を果たすのであって，簡単なモデルとしては速度に比例した抵抗を受けて振動する振子の方程式 $\ddot{x}-2\gamma\dot{x}-\omega_0{}^2x=0$ を思い出してみるとよい．この解は $x\propto\exp(-\gamma t)\sin(\omega_0-\varDelta\omega)t$ の形をもち，γ^{-1} 程度の時間で減衰してしまい，また $\omega_0\gg\gamma$ として $\varDelta\omega=\gamma^2/2\omega_0$ だけ振動数がシフトする．

量子力学でいえば，非調和項はフォノン間の衝突をひきおこす．たとえば変位 ξ の3次の項は次の形をもつ．

$$\mathscr{H}_1=\sum B(\lambda_1,\lambda_2,\lambda_3)\varphi_{\lambda_1},\varphi_{\lambda_2},\varphi_{\lambda_3} \tag{1.7.1}$$

B は $\lambda_1,\lambda_2,\lambda_3$ について対称な係数であり，また $\boldsymbol{K}$ を逆格子ベクトルとして，波数ベクトル保存則

$$\boldsymbol{k}_1+\boldsymbol{k}_2+\boldsymbol{k}_3=\boldsymbol{K} \tag{1.7.2}$$

が成り立つときにだけ0でない．(1.7.1)の右辺にはたとえば $b_1{}^\dagger b_2b_3$ というタイプの項が現われるが，これは2個のフォノンが衝突して消滅し，新たに1個のフォノンが生まれる過程を表わす．このようなフォノン間の衝突を考えに入れると，フォノンのエネルギーは調和近似の値からいくらかシフトし，また有限の寿命をもつことになる．(1.5.13)や(1.6.11)に現われるスペクトル関数は(1.5.14)の δ 関数で表わされる無限に鋭いピークをもつが，非調和項を考えに入れると，ピークはその位置がいくらかシフトし，また有限な幅をもつことになる．この幅 Γ はフォノンの平均寿命 τ と不確定関係 $\Gamma\tau\approx\hbar$ でむすばれている．

非調和項はまたフォノン気体を熱平衡に接近させるメカニズムでもある．その際，(1.7.2)に逆格子ベクトルの現われていることが重要である．(1.7.1)において $\boldsymbol{K}=0$ の項を**正常過程**(normal process)，$\boldsymbol{K}\neq0$ の項を**反転過程**(umklapp process)とよぶ．後者を無視すると，フォノンの衝突に際して $\boldsymbol{P}=\sum\hbar\boldsymbol{k}N_\lambda$ が保存されることになる．フォノン気体内にマクロなエネルギー流が存在する場合に N_λ は k 空間で中心対称でなく，$\boldsymbol{P}\neq0$ であり，他方熱平衡を表わす Planck 分布にたいしてはもちろん $\boldsymbol{P}=0$ である．したがって，正常過程だけを考えたのではフォノン気体のエネルギー流は熱平衡値0に接近することができず，熱伝導率は無限大である．(この場合，温度のゆらぎは，いわゆる熱伝導方程式でなく波動方程式にしたがう．この温度の波を通常の弾性波と区別して**第2音波**(second sound)とよぶ.) フォノン気体の熱伝導度は反転過程を考えてはじめて有限になる.

a) スペクトル関数の一般的定義

非調和項の効果全体を論ずる余裕はないので，フォノンのエネルギー・シフトと寿命に話をしぼろう．これが中性子非弾性散乱の単一フォノン・ピークのシフトおよび幅として観測の対象となるものであることはすでに述べた通りである．以下その数学的表現について説明しよう．調和近似のハミルトニアン(*1. 4. 13*)を改めて $\mathscr{H}_0$ と書き，これに非調和項 $\mathscr{H}_1$ を加えた全ハミルトニアンを $\mathscr{H}$ と書く.

$$\mathscr{H} = \mathscr{H}_0 + \mathscr{H}_1 \tag{1.7.3}$$

混乱を避けるために，この全ハミルトニアンによって定義された Heisenberg 運動を大文字で表わし，調和近似の Heisenberg 運動を小文字で表わして両者を区別することにする.

$$\left.\begin{aligned} \Phi_\lambda(t) &= \exp\left(\frac{i}{\hbar}\mathscr{H}t\right)\varphi_\lambda \exp\left(-\frac{i}{\hbar}\mathscr{H}t\right) \\ \varphi_\lambda(t) &= \exp\left(\frac{i}{\hbar}\mathscr{H}_0 t\right)\varphi_\lambda \exp\left(-\frac{i}{\hbar}\mathscr{H}_0 t\right) \end{aligned}\right\} \tag{1.7.4}$$

さて，非調和項を考えに入れた場合には，中性子散乱の単一フォノン・ピークを決める相関関数(*1. 6. 10*)の F_λ として(*1. 5. 7*)の代りに次のものをとればよいであろう†.

$$F_\lambda(t-t') = \langle \Phi_\lambda(t)\Phi_{-\lambda}(t')\rangle \tag{1.7.5}$$

ここに熱平衡期待値 $\langle\cdots\rangle$ は，全ハミルトニアン $\mathscr{H}$ で定義された熱平衡分布に関する平均であって，(*1. 5. 4*)の $|a\rangle$, $|b\rangle$ は $\mathscr{H}$ の固有状態である．(*1. 7. 5*)を(*1. 5. 4*)の形に書いておいて Fourier 変換してみると

$$\int_{-\infty}^{\infty}\frac{dt}{2\pi\hbar}F_\lambda(t)\exp\left(\frac{i}{\hbar}Et\right) = \{1+N(E)\}A_\lambda(E) \tag{1.7.6}$$

となる．ただし

---

† 非調和項の効果が大きいときには，$\langle\Phi_\lambda\Phi_{-\mu}\rangle$ $(\lambda\neq\mu)$ というタイプの相関関数を考えることが必要になる.

$$\left.\begin{aligned} A_\lambda(E) &\equiv \sum_{\mathrm{a}}\sum_{\mathrm{b}} w_{\mathrm{a}}\langle \mathrm{a}|\varphi_{-\lambda}|\mathrm{b}\rangle\langle \mathrm{b}|\varphi_\lambda|\mathrm{a}\rangle\delta(E+E_{\mathrm{b}}-E_{\mathrm{a}}) \\ &\quad\cdot\left[\exp\left(\frac{E}{k_{\mathrm{B}}T}\right)-1\right] \\ &= \int_{-\infty}^{\infty}\frac{dt}{2\pi\hbar}\langle[\Phi_\lambda(t),\Phi_{-\lambda}(0)]\rangle\exp\left(\frac{i}{\hbar}Et\right) \end{aligned}\right\} \quad (1.7.7)$$

したがって，フォノンのスペクトル関数を(*1.7.7*)で定義しておけば，(*1.6.11*)がそのまま成立する．$\varphi_\lambda{}^\dagger=\varphi_{-\lambda}$，$\langle \mathrm{a}|\varphi_{-\lambda}|\mathrm{b}\rangle=\langle \mathrm{b}|\varphi_\lambda|\mathrm{a}\rangle^*$ であるから，(*1.7.7*)は $E>0$ で正，$E<0$ で負である†．調和近似のもとでこの定義が(*1.5.14*)に帰着することも容易に確かめられる．

b) 遅延 Green 関数

§1.1で述べたように，巨視系の素励起を知るには，外力に対する応答を見てもよい．たとえば，結晶の一端に超音波発振器をあてて表面付近の原子に強制振動をあたえ，振動の波が結晶中をどのように伝播するかを見るのである．外力を加えた弾性体，外部電流の存在する場合の電磁場などの古典的な波動方程式の解が，Green 関数とよばれる積分核を用いて積分形に書けることは微分方程式論でよく知られている．以下に述べる Green 関数はその一般化と見なすことができる．

いま結晶に加えられた外力のポテンシャルを原子変位 ξ のベキ級数に展開してその1次の項に注目すると，(*1.7.3*)につけ加えるべき摂動ハミルトニアンは $\mathscr{H}_{\mathrm{ex}}(t)=\sum_\lambda f_\lambda(t)\varphi_{-\lambda}$ の形になる．外力 $f_\lambda(t)$ は弱いものとして，その1次の効果に注目する(線形応答)．そうすると特定のモードにだけ外力が作用する場合の応答を求めておけば，一般の応答はその1次結合で与えられる．同様に，外力の時間依存性についても，パルス $f_\lambda(t)=f\delta(t)$ の場合を考えておけばよい††．f は定数である．パルスの働く前$(t<0)$，フォノン系は(*1.7.3*)の固有状態 $|\mathrm{a}\rangle$ にあったものとして，$t>0$ における状態関数 $|t\rangle$ を Schrödinger 方程式の解として求める．

† ハミルトニアンが時間反転にたいして不変であることを利用して $A_\lambda(E)=-A_\lambda(-E)$ が証明できる．

†† 一般の外力はパルスの1次結合である．

$$i\hbar\frac{\partial}{\partial t}|t\rangle \approx \mathscr{H}|t\rangle+\mathscr{H}_{\rm ex}(t)\,|{\rm a}\rangle \tag{1.7.8}$$

外力の1次の効果を考えるので，右辺第2項の $|t\rangle$ は第0近似の $|{\rm a}\rangle$ でおきかえてある．$\mathscr{H}_{\rm ex}$ は $\delta(t)$ に比例するとしているから $t<0$ で $|t\rangle=\exp[-(itE_{\rm a}/\hbar)]|{\rm a}\rangle$ である．パルスの働く時刻より無限小だけ過去の $t=0^-$ から無限小だけ未来の $t=0^+$ まで(1.7.8)を t について積分すると，$|0^+\rangle=|{\rm a}\rangle-(if/\hbar)\,\varphi_{-\lambda}|{\rm a}\rangle$ が得られる(右辺第2項は $|{\rm a}\rangle$ にモード λ のフォノンを1個加えた状態とモード $-\lambda$ のフォノンを1個消した状態の1次結合である)．$t>0$ で再び $\mathscr{H}_{\rm ex}=0$ となるから，$|t\rangle=\exp[-(it/\hbar)\,\mathscr{H}]|0^+\rangle$ である．

こうして得られた $|t\rangle$ を使って演算子 φ_λ の量子力学的期待値 $\langle t|\varphi_\lambda|t\rangle$ を作る．初期条件を少し一般化して，$t<0$ で系は熱平衡にあったとし，状態 a の熱平衡分布についても平均する．するとフォノン場の期待値の第0近似は外力のないときの φ_λ の熱平衡期待値 $\langle\varphi_\lambda\rangle$ となるが，これは0と考えてよい．もし0でなければ，結晶は“自発的に”変形していて，はじめに考えた結晶構造が安定でないことになる†．$\langle t|\varphi_\lambda|t\rangle$ の外力に比例する部分は $(f/\hbar)\,D_{\rm r}(\lambda\,;t)$ の形であり

$$D_{\rm r}(\lambda\,;t) = -i\theta(t)\langle[\Phi_\lambda(t),\,\Phi_{-\lambda}(0)]\rangle \tag{1.7.9}$$

と書くことができる．$\theta(t)$ は $t>0$ で1に等しく，$t<0$ で0に等しい階段関数である．(1.7.9)は $t=0$ に単位の強さのパルスを結晶に加えたとき，その効果が以後どのように伝わるかを表わすものであって，フォノン場の遅延 Green 関数あるいはフォノンの伝播関数とよばれる．調和近似における $D_{\rm r}$ を $D_{\rm r}^{(0)}$ と書くことにすると，(1.4.16)を(1.7.9)に代入して，$D_{\rm r}^{(0)}=-2\theta(t)\sin\omega_\lambda t$ が得られる．これは非斉次波動方程式

$$\left(\frac{\partial^2}{\partial t^2}-\omega_\lambda^{\,2}\right)D_{\rm r}^{(0)}(\lambda\,;t) = -2\omega_\lambda\delta(t) \tag{1.7.10}$$

の($t\to-\infty$ で0となる)解であることに注意しておこう．

(1.7.9)を(1.5.4)の形に書いて Fourier 変換し，(1.7.7)と比較すると

$$D_{\rm r}(\lambda, E) \equiv \lim_{\delta\to+0}\int_{-\infty}^{\infty}\frac{dt}{\hbar}D_{\rm r}(\lambda\,;t)\,\exp\left[\frac{i}{\hbar}(E+i\delta)\,t\right]$$

---

† 第4章参照．

$$= \int_{-\infty}^{\infty} \frac{A_\lambda(x)}{E-x+i0^+} dx \tag{1.7.11}$$

E に $i\delta$ を加えたのは，$t\to+\infty$ での積分の収束を保証するためである．(*1.7.11*) の虚数部分をとると†

$$A_\lambda(E) = -\frac{1}{\pi} \operatorname{Im} D_{\mathrm{r}}(\lambda, E) \tag{1.7.12}$$

したがって，D_{r} がわかればスペクトルが求まる．

調和近似の $D_{\mathrm{r}}^{(0)}$ から推測して，非調和項を考えに入れたときの D_{r} はおそらく次のような減衰振動で近似できるものと期待される ($\Gamma_\lambda>0$)．

$$\left.\begin{aligned} D_{\mathrm{r}}(\lambda;t) &\approx -2\theta(t)\exp\left(-\frac{1}{\hbar}\Gamma_\lambda t\right)\sin\left(\omega_\lambda+\frac{1}{\hbar}\varDelta_\lambda\right)t \\ D_{\mathrm{r}}(\lambda, E) &\approx \frac{1}{E-\hbar\omega_\lambda-\varDelta_\lambda+i\Gamma_\lambda}-\frac{1}{E+\hbar\omega_\lambda+\varDelta_\lambda+i\Gamma_\lambda} \end{aligned}\right\} \tag{1.7.13}$$

これを (*1.7.12*) に代入して

$$A_\lambda(E) \approx \frac{1}{\pi}\left\{\frac{\Gamma_\lambda}{(E-\hbar\omega_\lambda-\varDelta_\lambda)^2+\Gamma_\lambda^2}-\frac{\Gamma_\lambda}{(E+\hbar\omega_\lambda+\varDelta_\lambda)^2+\Gamma_\lambda^2}\right\} \tag{1.7.14}$$

スペクトル関数は $E=\pm(\hbar\omega_\lambda+\varDelta_\lambda)$ に幅 Γ_λ の Lorentz 型ピークをもち，$\varDelta_\lambda$ がフォノンのエネルギー・シフト，$\hbar/\Gamma_\lambda$ が平均寿命という意味をもつことになる．

§1.8　温度 Green 関数と摂動展開

(*1.7.13*) の妥当性を裏づけ，$\varDelta_\lambda$, Γ_λ の具体的な表式を求める方法の 1 つは，(*1.7.3*) の $\mathscr{H}_1$ を摂動と見なして摂動論を適用することである．有限温度における摂動展開を系統的に行なうには，遅延 Green 関数の代りに温度 Green 関数とよばれるものを考える方がずっと簡単であるので，まず後者について説明しよう．

a) 温度 Green 関数

考える温度を T とし，パラメーター τ は 0 と $\beta=(k_{\mathrm{B}}T)^{-1}$ の間を動くとする．通常の Heisenberg 表示 (*1.7.4*) の代りに

$$\Phi_\lambda(\tau) = \exp(\tau\mathscr{H})\varphi_\lambda\exp(-\tau\mathscr{H}) \tag{1.8.1}$$

---

† $\dfrac{1}{x+i0^+} = \dfrac{\mathrm{P}}{x} - i\pi\delta(x)$　　(P は x についての積分の主値をとれという記号)

とおき，(1.7.9)の代りに温度 Green 関数

$$\mathscr{D}(\lambda;\tau-\tau') = -\langle \mathrm{T}_\tau \Phi_\lambda(\tau)\Phi_{-\lambda}(\tau')\rangle \tag{1.8.2}$$

を考える．T_τ は Wick の記号とよばれ，次にくる演算子をパラメーター τ の大きさの順序にならべよという命令を表わす．(1.8.2)の場合，$\tau>\tau'$ ならば演算子の積の順序はそこに書いてあるままでよく，$\tau<\tau'$ ならば $\Phi_{-\lambda}(\tau')\Phi_\lambda(\tau)$ とならべかえる．(1.5.4)の $it/\hbar$ を τ でおきかえた式を使うことにより，(1.8.2)が差 $\tau-\tau'$ の関数であり，周期性 $\mathscr{D}(\lambda;\tau-\tau'+\beta)=\mathscr{D}(\lambda;\tau-\tau')$ をもつことがわかる．よって次のように Fourier 級数に展開できる．

$$\left.\begin{aligned} \mathscr{D}(\lambda;\tau) &= \frac{1}{\beta}\sum_{l=-\infty}^{+\infty}\mathscr{D}(\lambda, i\nu_l)\exp(-i\nu_l\tau) \\ \nu_l &= \frac{2\pi l}{\beta} \end{aligned}\right\} \tag{1.8.3}$$

Fourier 係数はスペクトル関数を使って

$$\begin{aligned} \mathscr{D}(\lambda, i\nu_l) &\equiv \int_0^\beta d\tau\, \mathscr{D}(\lambda;\tau)\exp(i\nu_l\tau) \\ &= \int_{-\infty}^{\infty}\frac{A_\lambda(E)}{i\nu_l-E}dE \end{aligned} \tag{1.8.4}$$

と表わされる．これと(1.7.11)とくらべて，温度 Green 関数と遅延 Green 関数の関係が明らかになる．関数論によると，$A_\lambda(E)$ が E の連続関数であるとき，

$$D(\lambda, z) = \int_{-\infty}^{\infty}\frac{A_\lambda(E)}{z-E}dE \tag{1.8.5}$$

は複素 z 平面の上半面および下半面でそれぞれ解析関数を定義する．これらの関数は虚数軸上の点 $z=i\nu_l$ で(1.8.4)と一致し，後者の解析接続となっている．とくに z が実数軸上の一点 E に上から近づくときの極限値 $D(\lambda, E+i0^+)$ が(1.7.11)にほかならない．

b) 摂動展開

(1.8.2)の Φ は(1.8.1)の $\mathscr{H}$ に $\mathscr{H}_1$ をふくみ，また熱平衡期待値 $\langle\cdots\rangle$ の定義に現われる Boltzmann 因子 $\exp(-\mathscr{H}/k_\mathrm{B}T)$ が $\mathscr{H}_1$ をふくむから，$\mathscr{H}_1$ についてのベキ展開は多重級数展開になりそうに見える．実際には次の単純な展開が成立するのである．

$$\mathscr{D}(\lambda;\tau-\tau') = -\sum_{n=0}^{\infty}\frac{(-1)^n}{n!}\int_0^{\beta}d\tau_1\cdots\int_0^{\beta}d\tau_n\langle \mathrm{T}_{\tau}\mathscr{H}_1(\tau_1)\cdots\mathscr{H}_1(\tau_n)$$
$$\cdot\varphi_{\lambda}(\tau)\varphi_{-\lambda}(\tau')\rangle_{0\mathrm{c}} \qquad (1.8.6)$$

右辺の演算子は調和近似の運動 $A(\tau)=\exp(\tau\mathscr{H}_0)A\exp(-\tau\mathscr{H}_0)$ を代入する(これを A の相互作用表示とよぶ). また $\langle\cdots\rangle_0$ は $\exp(-\mathscr{H}_0/k_{\mathrm{B}}T)$ を Boltzmann 因子とする熱平衡期待値である. 記号 c の意味はすぐ後で説明する. やや抽象的な温度 Green 関数を考えるのは, 摂動展開が(*1. 8. 6*)のように単純な形になるからであって, 遅延 Green 関数ではこうはならない. 展開定理の証明は本講座第 5 巻『統計物理学』にゆずる.

(*1. 8. 6*)の $\langle\cdots\rangle_0$ は Bloch-De Dominicis の定理で因数分解できるが, その際 φ 演算子のペアの組み方を以下のように図形で表示するとわかりやすい. 紙上に $n+2$ 個の点 $\tau_1, \cdots, \tau_n, \tau, \tau'$ をとり, n 次の $\langle\cdots\rangle_0$ のふくむ $3n+2$ 個の φ 演算子に対応して, 頂点 τ, τ' からそれぞれ 1 本の波線, 頂点 $\tau_1, \cdots, \tau_n$ からそれぞれ 3 本の波線を引いておく. 演算子のペアの組み方を, これら波線を 2 本ずつ結びつけることで表示するのである. $n=0$ の項は 2 個の φ 演算子しかふくまないから, ペアの組み方はもちろん 1 通りしかなく, 次の図形で表示される.

(*1. 8. 7*)

これを**フォノン線**(phonon line)とよび, 解析的には $\langle \mathrm{T}_{\tau}\varphi_{\lambda}(\tau)\varphi_{-\lambda}(0)\rangle_0 = -\mathscr{D}^{(0)}(\lambda;\tau-\tau')$ を表わすと考えておくと便利である. $n=$奇数 の項は奇数項の φ をふくみ, その期待値は 0 になるから考える必要がない. $n=2$ の項は 8 個の φ をふくみ, 因数分解によって多数の項が現われるが, その 1 つを書いてみると

$$-\frac{1}{2}\sum|B(-\lambda,\mu,\nu)|^2\int_0^{\beta}d\tau_1\int_0^{\beta}d\tau_2\mathscr{D}^{(0)}(\lambda;\tau-\tau_1)\mathscr{D}^{(0)}(\mu;\tau_1-\tau_2)$$
$$\cdot\mathscr{D}^{(0)}(\nu;\tau_1-\tau_2)\mathscr{D}^{(0)}(\lambda;\tau_2-\tau')$$

このペアの組み方は次の図形で表示できる.

(*1. 8. 8*)

(*1. 8. 8*)で τ_1 と τ_2 を交換した項もあるが, 積分してしまえば寄与は同じであり, (*1. 8. 8*)に加えて因子 1/2 が落ちる. 上の図形はこの和を表わすと考えておこう. つまり, 図形のふくむフォノン線には因子 $-\mathscr{D}^{(0)}$ を対応させ, 内部の頂点 τ_1, τ_2

には相互作用定数 $-B$ を対応させ，これら因子全部の積を作って τ_1, τ_2 について積分したものが，$-\mathscr{D}$ への寄与である．さらに，λ 添字の組合せ方により，同じタイプの図形で表示される項が全部で18個現われるが，係数 B の対称性を考えに入れると，どれも同じ寄与を与える．

$n=2$ の項には，もう1つ別のタイプのペアの組み方があり，これは次のような図形で表わされる．

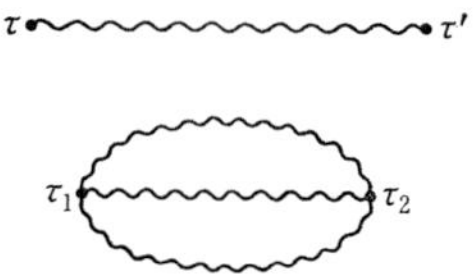

このような“連結されていない”2つ，あるいはそれ以上の部分から成る図形に対応する項はすべて無視せよ，というのが展開定理(*1. 8. 6*)の添字 c の意味なのである．

τ_1, τ_2 に関する積分を実行するには，Fourier 展開(*1. 8. 3*)を代入するとよい．自由フォノンの $\mathscr{D}^{(0)}(\lambda, i\nu_l)$ は，(*1. 5. 13*)を(*1. 8. 4*)に代入して

$$\mathscr{D}^{(0)}(\lambda, i\nu_l) = -\frac{2\hbar\omega_\lambda}{{\nu_l}^2+(\hbar\omega_\lambda)^2} \tag{1.8.9}$$

となる．これを使って，(*1. 8. 6*)の $n=2$ の項を Fourier 変換したものは次の形に書ける．

$$\mathscr{D}^{(2)}(\lambda, i\nu_l) = \mathscr{D}^{(0)}(\lambda, i\nu_l)\,\Pi^{(1)}(\lambda, i\nu_l)\,\mathscr{D}^{(0)}(\lambda, i\nu_l) \tag{1.8.10}$$

ただし

$$\Pi^{(1)}(\lambda, i\nu_l) = -\left(\frac{18}{\beta}\right)\sum_{n=-\infty}^{+\infty}\sum_{\mu,\rho}|B(-\lambda, \mu, \rho)|^2\mathscr{D}^{(0)}(\mu, i\nu_n)\cdot\mathscr{D}^{(0)}(\rho, i\nu_l-i\nu_n) \tag{1.8.11}$$

(*1. 8. 10*)も(*1. 8. 8*)と同じ形をした図形で表わす．ただし，フォノン線は因子 $-\mathscr{D}^{(0)}(\lambda, i\nu_l)$ などを表わすものとし，τ_1, τ_2 に関する積分の代りに“エネルギー” ν_n に関する和をとることになる．相互作用を表わす頂点に集まる3本のフォノン線の ν の和は0である，という意味の“エネルギー保存則”が成立すること，および左右両端のフォノン線(外線)の ν は固定して考え，和は内部のフォノン線(内線)の ν についてとることに注意しておこう．

同様に $n=4$ の場合，次の 4 個の図形が現われる．

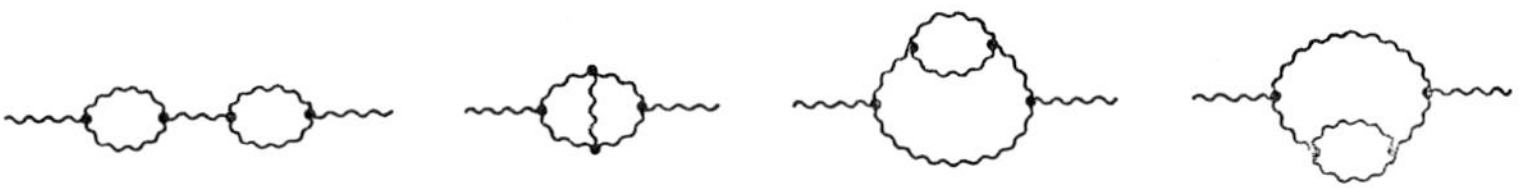

最初の図形は 2 次のくり返しで $\mathscr{D}^{(4)}(\lambda, i\nu_l)$ への寄与は $\mathscr{D}^{(0)}\Pi^{(1)}\mathscr{D}^{(0)}\Pi^{(1)}\mathscr{D}^{(0)}$ となる．残りの 3 個の図形からの寄与の和は，両端のフォノン線を除いた部分の寄与を $\Pi^{(2)}$ と書いて，$\mathscr{D}^{(0)}\Pi^{(2)}\mathscr{D}^{(0)}$ の形になる．

c) フォノンの自己エネルギー

一般に $\mathscr{D}(\lambda, i\nu_l)$ の摂動展開の $2n$ 次の項は $\mathscr{D}^{(0)}S_n\mathscr{D}^{(0)}$ の形をもち，S_n を構成する図形は，フォノン線の 1 本に鋏を入れることによって 2 つの部分に切り離せるものと，それのできないものとに分類される．後者の図形の寄与の和を $\Pi^{(n)}$ としよう．これを n について加えて $\Pi=\Pi^{(1)}+\Pi^{(2)}+\cdots+\Pi^{(n)}+\cdots$ をフォノンの自己エネルギーとよぶ．$\mathscr{D}$ の摂動展開はこの Π を使って次のようにまとめ直すことができる．

$$\begin{aligned}\mathscr{D} &= \mathscr{D}^{(0)}+\mathscr{D}^{(0)}\Pi\mathscr{D}^{(0)}+\mathscr{D}^{(0)}\Pi\mathscr{D}^{(0)}\Pi\mathscr{D}^{(0)}+\cdots \\ &= \mathscr{D}^{(0)}+\mathscr{D}^{(0)}\Pi\mathscr{D} \qquad (1.8.12)\end{aligned}$$

これを **Dyson 方程式**とよぶ．$\mathscr{D}^{(0)}$ として(1.8.9)を代入し，また $i\nu_l$ を一般の複素数 z でおきかえた形で解を書くと

$$D(\lambda, z) = \frac{2\hbar\omega_\lambda}{z^2-(\hbar\omega_\lambda)^2-2\hbar\omega_\lambda\Pi(\lambda, z)} \qquad (1.8.13)$$

非調和項の効果は小さいとして，Π として摂動展開の最初の項(1.8.11)をとろう．(1.8.12)の Π として $\Pi^{(1)}$ をとるのであるから，$\mathscr{D}$ の摂動展開のうちから特定のタイプの項を無限個えらび出して部分和をとったことになる．(1.8.11)の ν_n に関する和は，級数論の公式

$$\frac{1}{\beta}\sum_{n=-\infty}^{+\infty}\frac{1}{(i\nu_n-a)(i\nu_n-b)} = -\frac{N(a)-N(b)}{a-b} \qquad (1.8.14)$$

によって求められる．ただし $N(x)$ は Planck 分布関数である．和をとった上で $i\nu_l$ を複素数 z でおきかえ，さらに z を実数軸の一点 E に上から近づけると，

$$\Pi^{(1)}(\lambda, E+i0^+) = \Delta_\lambda(E)-i\Gamma_\lambda(E) \qquad (1.8.15)$$

の形になる．$\hbar\omega_1=x_1$，$N(x_1)=N_1$ と略記すると

$$\Delta_\lambda(x) = 18\sum |B|^2\left\{(1+N_1+N_2)\left(\frac{1}{x-x_1-x_2}-\frac{1}{x+x_1+x_2}\right)\right.$$
$$\left.+\frac{2(N_1-N_2)}{x+x_1-x_2}\right\} \tag{1.8.16}$$

$$\Gamma_\lambda(x) = 18\pi\sum |B|^2\{(1+N_1+N_2)(\delta(x-x_1-x_2)-\delta(x+x_1+x_2))$$
$$+2(N_1-N_2)\delta(x+x_1-x_2)\} \tag{1.8.17}$$

$\Delta_\lambda(x)=\Delta_\lambda(-x)$, $\Gamma_\lambda(x)=-\Gamma_\lambda(-x)$, $x>0$ で $\Gamma_\lambda(x)>0$ である．

(*1. 8. 13*) で $z\to E+i0^+$ とし，(*1. 8. 17*) を代入すると，遅延 Green 関数の近似式が得られる．

$$D_{\mathrm{r}}(\lambda, E) = \frac{2\hbar\omega_\lambda}{E^2-(\hbar\omega_\lambda)^2-2\hbar\omega_\lambda\Delta_\lambda(E)+2\hbar\omega_\lambda\Gamma_\lambda(E)i} \tag{1.8.18}$$

Δ, Γ は小さいと考えているから，この関数が大きな値をもつのは $E=\pm\hbar\omega_\lambda$ の近くであり，E が $\hbar\omega_\lambda$ に近いときには $\Delta_\lambda(E)\approx\Delta_\lambda(\hbar\omega_\lambda)\equiv\Delta_\lambda$, $\Gamma_\lambda(E)\approx\Gamma_\lambda(\hbar\omega_\lambda)\equiv\Gamma_\lambda$ と近似し，E が $-\hbar\omega_\lambda$ に近いところでは $\Delta_\lambda(E)\approx\Delta_\lambda$, $\Gamma_\lambda(E)\approx-\Gamma_\lambda$ と近似してよいであろう．つまり D_{r} は $E=\pm(\hbar\omega_\lambda+\Delta_\lambda)-i\Gamma_\lambda$ に1次の極をもつと考えてよく，極の近くで近似式(*1. 7. 13*)が成立することになる．

絶対零度で $N_1=N_2=0$ であるが，このときも(*1. 8. 17*)は0でない Γ_λ を与える．これは，外力によって励起された1個のフォノンが，2個のフォノンに自然崩壊することによって有限な寿命をもつことを意味している．その際，もちろん波数ベクトル保存則(*1. 7. 2*)とエネルギー保存則がみたされる必要があるが，これはフォノン・スペクトルの形による．

$T\gg\theta_{\mathrm{D}}$ の成立する高温では Planck 分布 N_1, N_2 は T に比例して増大し，1よりずっと大きい．したがって Δ_λ も Γ_λ も T に比例して増大する．もし Γ_λ が $\hbar\omega_\lambda$ と同程度の大きさになれば，調和近似で考えたフォノンは素励起としての意味を失う．この場合には，非調和項の効果は決して小さいとはいえないから，そもそも自己エネルギーの計算を摂動展開の最初の項でとめてよい理由はない．中性子非弾性散乱の実験によれば，融点近い温度，つまり明らかに非調和項が小さな摂動と見なせない領域でも†，単一フォノン・ピークの存在が認められる．

† $BaTiO_3$ 結晶は 380 K で強誘電状態へ転移するが，温度がこの転移点に近づくとき，ある光学型モードの振動数が0に近づき，このモード(soft mode)に関して非調和的になる．

§1.9 量子固体

ヘリウム原子は質量が小さく，原子間の van der Waals 引力も弱いため，量子力学的な零点運動の効果が大きく現われる(本講座第6巻『物性 I』参照). このため，常圧下でいくら液体ヘリウムを冷しても固体にならない. 固体 ^{4}He, 固体 ^{3}He はそれぞれ約25気圧および約30気圧以上の外圧下でのみ存在する. 固体ヘリウム中の原子の零点振動はその平均振幅が格子定数の30%にも達するほど激しく，外圧を取り去ると結晶は絶対零度でも融けてしまう. 液体ヘリウム，固体ヘリウムがそれぞれ**量子液体**(quantum liquid), **量子固体**(quantum solid)とよばれるのは，そのためである. これに対し，零点振動の小さい通常の固体を**古典的固体**(classical solid)とよぶことがあるが，これはもちろん原子の運動が古典力学にしたがうという意味ではない.

a) 固体 ^{3}He の核磁性

固体ヘリウムが量子固体であることを端的に示す実験事実として，固体 ^{3}He の低温における核磁性を挙げることができる. ^{3}He 原子は大きさ $(1/2)\hbar$ の核スピンをもち，固体 ^{3}He を十分低温に冷せば，外部磁場を加えなくても核スピン間の相互作用によって，スピンは自発的に秩序配向するはずである. 事実，超低温における最近の実験によれば，固体 ^{3}He の核スピンは(融解圧下) $T_N=1.2\,\mathrm{mK}$ $(=1.2\times10^{-3}\,\mathrm{K})$ で磁気的秩序状態(隣り合ったスピンが反平行にならぶ**反強磁性状態**と一応考えられている)へ転移する. この転移温度は一見すると非常に低いが，かりに固体 ^{3}He が古典的固体であるとした場合に予想される値の 10^4 倍もあるのである.

かりに固体 ^{3}He が古典的固体であるとすると，原子は各格子点の近傍に十分よく局在し，同種粒子であるにもかかわらず識別可能となり，^{3}He 原子が Fermi 粒子であることを忘れることができる. したがって，核スピン間の相互作用としては核磁気モーメントの間の双極子相互作用だけ考えればよい. モーメントの大きさを μ_N, 格子定数を a とすると，双極子相互作用のエネルギーは核スピン1個あたり $\mu_N{}^2/a^3$ に隣接原子数の半分を掛けた程度であり，これを Boltzmann 定数で割ったものが転移点 T_N の目安をあたえる. 核磁気モーメントが小さい $(\mu_N\cong10^{-23}\,\mathrm{ergs\cdot gauss^{-1}})$ ため，T_N は $0.1\,\mu\mathrm{K}(=10^{-7}\,\mathrm{K})$ というような超低温になってしまうのである.

実際の固体 ^{3}He は量子固体であり，零点振動の振幅が異常に大きい．隣り合った原子が相互に識別できないほど接近する確率を全く無視してしまうわけにはいかないのである．つまり，^{3}He 原子が Fermi 粒子であり，全系の状態関数が原子の交換に対して反対称的であることを考えに入れる必要がある．その結果，量子力学で知られているとおり，核スピンの間にいわゆる交換相互作用が働くことになる．通常の磁性体で問題になる交換相互作用は，近接する原子がたがいに電子を交換することによって生ずるものであるのに対し，ここでは ^{3}He 原子核そのものの交換が問題となっていることを強調しておきたい．

さしあたり隣り合った原子の交換相互作用のみ考えることにし，そのエネルギーを J と書こう．J が上述の双極子相互作用のエネルギーよりずっと大きくて，T_{N} は J で決まっていると考えられる．つまり，$J/k_{\mathrm{B}}\cong 10^{-4}$ K ということになる．量子力学によると，原子交換の頻度は $J/\hbar$ であたえられるから，これと原子振動の周波数 ω との比をとると，$J/\hbar\omega\sim T_{\mathrm{N}}/\theta_{\mathrm{D}}\sim 10^{-4}$ である（ただし，θ_{D} は固体 ^{3}He の Debye 温度であって 10 K 程度の大きさである）．つまり，原子が 10^4 回振動するうち1回ぐらいの割合で，原子交換がおこることになる．

b）量子固体中の点欠陥

結晶の周期性を破る要因としては，原子振動のほかに，**不純物原子**（impurity atom），**空格子点**（vacancy），**格子間原子**（interstitial atom）のような点状欠陥，**転位**（dislocation）のような線状欠陥，結晶粒の界面のような2次元的欠陥その他が考えられる．ここでは点欠陥に注目しよう．

完全結晶から1個原子を抜きとるとそこに空格子点を生じ，抜きとった原子を正規の格子点以外の位置にわり込ませると格子間原子になる．結晶内にこのような点欠陥を作るには，原子間の結合エネルギーと同程度の大きさの励起エネルギーを必要とする．これを ε_0 と書くと，

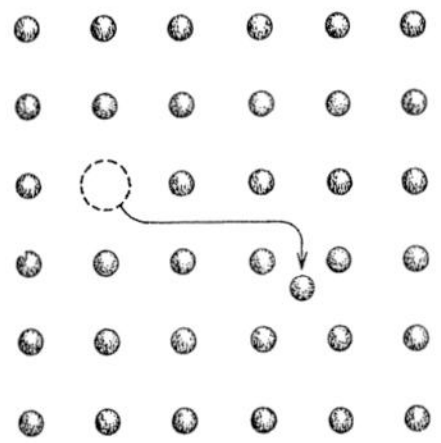

図 1.15 空格子点と格子間原子

欠陥濃度の熱平衡値は $\exp(-\varepsilon_0/k_{\mathrm{B}}T)$ に比例する．欠陥の生ずる位置がランダムであることによるエントロピーを考えに入れると，$T>0$ ではいくらか欠陥の存在する方が，自由エネルギーは低いのである．とくに融点近い高温では，欠陥

濃度は無視できない大きさに達する．

ところで，空格子点のすぐ右隣りの原子が左に動いて空格子点を埋めたとすると，空格子点は1格子定数だけ右に動いたことになる．ただし，その途中でポテンシャル・エネルギーの高い状態を経由しなければならない．熱的ゆらぎの結果として，この“峠”をこえるのに十分なエネルギー $\Delta\varepsilon$ がたまたま原子に集中したとき，実際に原子の移動がおこる．その確率は $\exp(-\Delta\varepsilon/k_B T)$ に比例し，温度の低下とともに空格子点の拡散速度は指数関数的に小さくなってしまう．格子間原子や不純物原子についても同様である．したがって，結晶を急冷すると，高温で励起されていた点欠陥がそのまま凍りついて生き残ることになる．これは本当の熱平衡状態とはいえないが寿命が非常に長い．

以上は古典的固体中の点欠陥の話である．固体ヘリウム中の原子は激しい零点振動を行なっているから，たまたま隣接格子点が空席になれば，熱的励起なしに量子力学的零点運動でそこへ動いてゆく(トンネル効果)．外圧を取り去って密度が小さくなることを許せば，多数の空格子点が発生し，しかもそれが零点運動によって動きまわり，結晶は $T=0$ でも融けてしまう．外圧下にある結晶内に1個空格子点を作った場合にも，これは結晶内を零点運動するにちがいない．つまり，空格子点は古典的固体の場合のような静的，構造的欠陥と見なすべきものでなく，一種の素励起であると考えることができる．格子間原子や不純物原子についても同様であって，これらを総称して**デフェクトン**(defecton)とよぶ．

数学的表現を簡単にするために，1次元モデルで考える．単位胞に番号 $n=1, 2, \cdots, N$ をつけ，完全結晶では各単位胞に1個の原子がふくまれるものとする．これにたいし，n 番目の単位胞が空になっているときの結晶の状態を $|n\rangle$ で表わそう．これはもちろん $N-1$ 個の原子の座標をふくむ多体系の状態関数であり，

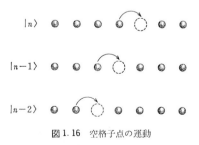

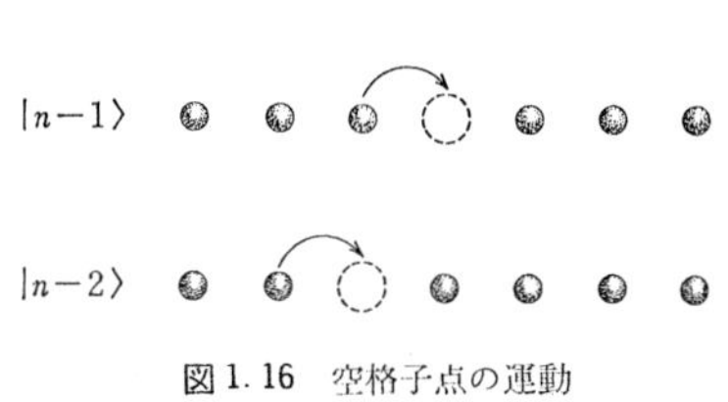

図1.16 空格子点の運動

空格子点のまわりに生ずるひずみの効果も考えに入れてあるものとする．ハミルトニアンの期待値 $\langle n|\mathscr{H}|n\rangle$ は完全結晶のエネルギーにくらべて ε_0 だけ高いとする．このエネルギーは空格子点をどこに作るかには無関係であって，n によらない．

空格子点が量子力学的に動くという意味は，ハミルトニアンの非対角線的行列要素 $\langle n\pm1|\mathscr{H}|n\rangle=v$ が無視できなくて，励起状態を表わす状態関数として $|n\rangle$ の1次結合を考える必要がある，ということである．1次結合の係数 c_n は，縮退のある場合の摂動論で知られているように，次の永年方程式をみたす．

$$\eta c_n = v(c_{n+1}+c_{n-1}) \tag{1.9.1}$$

ただし，η は非対角線的要素を考えたことによっておこるエネルギーのシフトであり，また，非直交性 $\langle n\pm1|1|n\rangle$ は小さいとして無視した．(*1.9.1*)は1次元結晶のノーマル・モードを決める式とおなじ形であり，周期的境界条件のもとでの解は $c_n\propto\exp(ikna)$ となる．a は格子定数，k は還元波数ベクトルである．エネルギー・シフトは

$$\eta(k) = 2v\cos ka \tag{1.9.2}$$

となり，対応する固有関数は

$$|k\rangle = \frac{1}{N^{1/2}}\sum_n \exp(ikna)|n\rangle \tag{1.9.3}$$

これは波数ベクトル k のデフェクトンが1個存在する状態を表わし，デフェクトンの励起エネルギーは $\varepsilon(k)=\varepsilon_0+\eta(k)$ であたえられる．つまり，はじめ N 重に縮退していた ε_0 が N 個の密接した準位に分裂し，デフェクトン・バンドを形成する．

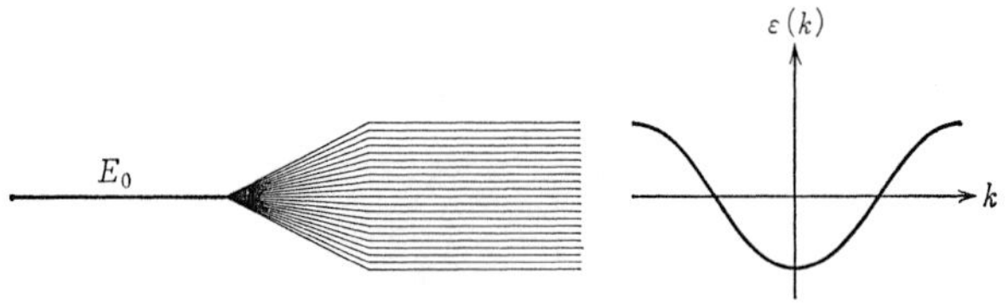

図1.17 デフェクトンのエネルギー・スペクトル

デフェクトンは ^{3}He の核スピン緩和現象，たとえば固体 ^{3}He に不純物原子としてふくまれる ^{4}He の効果，あるいは逆に固体 ^{4}He に不純物としてふくまれる

^{3}Heの核スピン緩和，で重要な役割を演ずるが，詳細は割愛する．

なお原理上の可能性として，(*1.9.2*)で$2|v|>\varepsilon_0$の場合が考えられる．このとき，デフェクトンの励起エネルギーは負の最小値$\varepsilon_0-2|v|$をもち，完全結晶の状態は実は安定でないことになる．つまり$k=0$または$k=\pm\pi/a$付近の負の励起エネルギーをもつデフェクトンを巨視的な数つくった方がエネルギー的に得であって，結晶は絶対零度でも有限濃度の欠陥をふくむことになる．これは，本当の最低エネルギー状態で存在する点で，急冷された古典的固体中の欠陥とちがう．この区別を強調して前者を**零点欠陥**(zero-point defect)とよぶ．ただし，現実の固体ヘリウム中に零点欠陥が存在するかどうかは明らかでない．現在までの実験結果は否定的である．

c) セルフ・コンシステント・フォノン

固体ヘリウムの原子振動に素朴な調和近似を適用することはできない．たとえば固体^{4}Heは六方最密構造(hcp)，つまり同一半径の剛体球をできるだけ密につみ上げたときにえられる構造のひとつ，をもっているが，しかし隣接原子間の距離はHe原子自身の剛体芯直径の1.5倍程度もある．固体^{4}Heの構造は，原子間相互作用のポテンシャル・エネルギーが極小値よりかなり大きな値をもつものであって，ポテンシャルの極小点のまわりに小さな振動がおこっているという調和近似のイメージはあてはまらない．それにもかかわらず，中性子非弾性散乱の実験を行なってみると，固体^{4}Heでも鋭い“フォノン”ピークが観測され，図1.9に類似の振動スペクトルを決定することができるのである．つまり，素朴な調和近似の枠をこえてフォノン概念を基礎づける必要にせまられる．この要求に対す

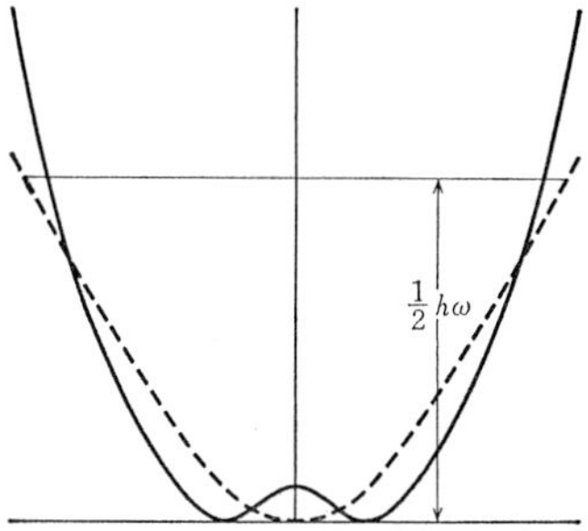

図1.18

るひとつの回答が，セルフ・コンシステント・フォノンの方法である．

話をわかりやすくするために，1次元の Einstein モデルで考えよう．1個の He 原子に注目し，他の原子は格子点に固定したまま注目した原子を格子点から変位させると，図1.18のようなポテンシャル $V(x)$ がえられる．格子点 $x=0$ で $V(x)$ が極小でなく極大である理由は上述のとおりである．$V(x)$ を x のベキ級数に展開するという素朴な調和近似は明らかに意味がない．しかし一方，He 原子の零点振動のエネルギーは，$x=0$ 付近でポテンシャル $V(x)$ の示す凸凹にくらべるとずっと大きく，したがってその状態関数は比較的に滑らかで x のかなり広い区間にひろがっている．これを点線で示したような滑らかな調和ポテンシャル $V^*(x)=(f/2)x^2$ における調和振動の状態関数

$$|0\rangle = [\kappa^2/2\pi]^{1/4}\exp(-\kappa^2x^2/4) \tag{1.9.4}$$

で近似しよう．$\hbar\kappa$ は運動量のゆらぎをあらわし，力の定数とは $f=(\hbar^2\kappa^4/4m)$ という関係にある．実際，運動エネルギーの期待値は

$$\left\langle 0\left|-\frac{\hbar^2}{2M}\frac{d^2}{dx^2}\right|0\right\rangle = \frac{\hbar^2\kappa^2}{8M} \tag{1.9.5}$$

であたえられる．

ポテンシャル・エネルギーの期待値を計算するためには，$V(x)$ が Fourier 展開できると仮定するとよい．

$$V(x) = \int_{-\infty}^{\infty}\frac{dk}{2\pi}V_k\exp(ikx) \tag{1.9.6}$$

これと

$$\langle 0|\exp(ikx)|0\rangle = \exp\left(-\frac{k^2}{2\kappa^2}\right) \tag{1.9.7}$$

から

$$\langle 0|V(x)|0\rangle = \int_{-\infty}^{\infty}\frac{dk}{2\pi}V_k\exp\left(-\frac{k^2}{2\kappa^2}\right) \tag{1.9.8}$$

κ，したがって f，を変分法で決めることにし，(1.9.5) に (1.9.8) を加えてえられる全エネルギーの期待値が κ に関し極小であることを要求する．すると，(1.9.6) に注意して

$$f=\frac{\hbar^2\kappa^2}{4M}=\left\langle 0\left|\frac{d^2V(x)}{dx^2}\right|0\right\rangle \tag{1.9.9}$$

つまり，素朴な調和近似の力の定数は $V''(0)$ であたえられるのにたいし，セルフ・コンシステント・フォノンの方法では状態関数(*1.9.4*)に関する $V''(x)$ の期待値であたえられ，しかも状態関数自身が f をパラメーターとしてふくんでいるのである．

この方法を3次元 Debye モデルに拡張することは容易である．最低エネルギー値やフォノン・スペクトルの実際の計算は，数値的に行なわれる．その際，He 原子間の相互作用ポテンシャルは図1.1と同様に剛体芯の部分をもつから，2体相関を適当に考えに入れて剛体芯をソフトな有効反発力でおきかえる必要がある．それには原子核理論で知られた Jastrow 関数や K マトリックス法が利用されるが，詳細は省略する．

なお，セルフ・コンシステント・フォノンの方法は，量子固体だけでなく，非調和性の大きい古典的固体に対しても有効である．

第2章　分極波と誘電分散

本章では，物質内の集団運動を，特に電気分極という側面からながめ，それが振動電場または電磁波に対してどのように応答するかを考えよう．この応答係数，すなわち分極率および誘電率は，マクロな物質の電気的，光学的性質を記述する最も基本的な量であり，われわれの日常生活にも深いかかわりをもっている．一方この応答係数の周波数依存性は，その物質内のミクロな運動様式に関するさまざまの情報をふくんでおり，そのような運動のエネルギー量子として，光学型フォノン，プラズモン，エクシトンなどの準粒子が登場する．

本章前半では，まず光学型格子振動という具体例について誘電分散の最も基本的な性質をのべた後，一般の系について分極率および誘電率の量子論を展開する．電荷間の長距離型相互作用をいかに取り扱うべきかという，誘電体論の古くて新しい問題が，ここではさまざまの形をとって登場する．分極波量子であるとともに複合粒子でもあるエクシトンについては，本章後半でやや詳しく述べて，素励起概念の立体的構造を明らかにしてみよう．

§2.1　光学型格子振動と誘電分散

格子振動は，固体内の集団運動として最も基本的なものの1つであるが，ここでは特に，電気分極を伴う光学型格子振動について考えることにしよう．

前章でのべたように，単位胞に σ 個のイオンを含む結晶の格子振動は 3σ 個の分枝から成り，それは波数 $\boldsymbol{k}\to 0$ で周波数 $\omega_{\boldsymbol{k}}^{(s)}\to 0$ となる3個の音響的分枝($s=1,2,3$)と，一般に $\omega_0^{(s)}\neq 0$ である $3(\sigma-1)$ 個の光学的分枝 ($s=4,5,\cdots,3\sigma$) とに分けられる(§1.3で s,j と書いたものを本節では便宜上 σ,s と書く)．光学型格子振動では，$\boldsymbol{k}\approx 0$ でも単位胞内のイオンが相対的に変位するので，一般には電気分極を伴い，電磁波と相互作用して光学的吸収と分散に寄与する．格子振動と同程度の周波数をもつ光の波長は，結晶の原子間距離にくらべてはるかに大きいから，本節では逆格子ベクトル $\boldsymbol{K}_l$ よりずっと小さい波数 $\boldsymbol{k}$ をもつ電磁波と光学型格子振動を考えることにする(長波長近似)．簡単のため，伝導電子をもたない絶縁体結晶に話を限るが，対称性に関しては最も一般的な非等方的結晶を考えることによって，分極波の縦・横成分と反電場の関係を明らかにしてみたい．

a) イオン間長距離力の電場へのくりこみ

結晶格子内の任意のイオン(かりにこれを中央イオンとよぶ)に他のすべてのイオンから働く力の総和を考えよう．各イオンがそれぞれの平衡位置から変位すると，この力のバランスはくずれる．さてイオン間の力には，各イオンを理想的な点電荷と考えた場合の Coulomb 力と，van der Waals 引力，斥力などの量子力学的起源のものとがある．遠い格子点にあるイオンからは長距離型の Coulomb 力しか働かないから，そのイオンが微小変位することにより中央イオンの受ける力のアンバランスは，その遠い格子点に電気双極子があると考えて求めることができる．この双極子電場は，距離の3乗に比例してゆっくりと減少するから，力を総和する際の収束性の問題には特に注意しなければならない．

後でのべるように，遠くのイオンからくる力を有効電場 $\boldsymbol{E}$ の中にくりこむことにより，この収束の問題をさけて通ることができる．しかしくりこみは，そのような消極的または技術的意味だけをもつのではなく，くりこまれた電場 $\boldsymbol{E}$ が，Maxwell 方程式にも現われ，われわれが媒質内の“マクロな電場”として理解している $\boldsymbol{E}$ にほかならないという意味で，ミクロとマクロとを結びつけるさい不可欠な物理的概念なのである．このくりこみの，より一般的な意味づけについては，§2.2(b)でのべるが，ここではまず，最も簡単な系である光学型格子振動について，くりこみを実行してみよう．

波数 $\boldsymbol{k}$，周波数 ω をもつ格子振動と，これと同調するマクロな電場 $\boldsymbol{E}(\boldsymbol{r},t)\propto\exp(i\boldsymbol{k}\cdot\boldsymbol{r}-i\omega t)$ とを考える．$\boldsymbol{E}$ の起源が外部(電磁波)にあるか内部(格子振動)にあるか，また格子振動が強制振動か自発振動かは，しばらく問わないことにしよう．マクロな微小領域——波長 $2\pi/k$ よりずっと小さいが原子間距離よりははるかに大きい広がりをもつ領域をこのようによぶ——を考えると，その内部では $\boldsymbol{E}(\boldsymbol{r},t)$ は $\boldsymbol{r}$ によらず，またその内部の n 番目の単位胞内の ν 番目のイオンの変位 $\boldsymbol{\xi}_{n\nu}$ も，n によらず一定 $(=\boldsymbol{\xi}_\nu)$ とみなすことができる．したがって，この微

小領域での局所的な電気分極(単位体積当りの双極子能率)は，線形近似で

$$\boldsymbol{P}(\boldsymbol{E}\,;\boldsymbol{\xi}_1,\cdots,\boldsymbol{\xi}_\sigma)=\frac{\epsilon_\infty-1}{4\pi}\boldsymbol{E}+N_0\sum_{\nu=1}^{\sigma}e_\nu\boldsymbol{\xi}_\nu \tag{2.1.1}$$

と書くことができる．ここで ϵ_∞ は，$\boldsymbol{E}$ の周波数 ω が格子の固有振動数よりはるかに大きい場合の誘電率(簡単のため“対称”テンソルとする)で，§2.3 でのべるような束縛電子の波動関数の変形による分極の寄与だけを含んでいる．N_0 は単位体積中に含まれる単位胞の数であり，また係数 e_ν は**有効電荷**とよばれる対称テンソルで，電気的中性の条件

$$\sum_\nu e_\nu=0 \tag{2.1.2}$$

をみたす．各イオンを一様に変位させても (*2.1.1*) の $\boldsymbol{P}$ は変化しないからである．$\boldsymbol{E}$ は，外からかけた電場と，格子振動によってひき起こされた内部電場との和である．

一方，格子力学的に考えると，外場がないときの，質量 M_ν の (n,ν) イオンに対する運動方程式は，調和近似で

$$M_\nu\ddot{\boldsymbol{\xi}}_{n\nu}=-\sum_{m\mu}U_{n\nu,\,m\mu}\boldsymbol{\xi}_{m\mu}\qquad\begin{pmatrix}n=1,2,\cdots,N\\ \nu=1,2,\cdots,\sigma\end{pmatrix} \tag{2.1.3}$$

と書ける．$U_{n\nu,m\mu}$ は力の定数とよばれる対称テンソルである．図 2.1 のように，(n,ν) イオンを中心とするマクロな微小球を考え，(m,μ) イオンが球内にあるか球外にあるかによって，和を 2 つの領域 (I), (II) にわけると，(*2.1.3*) は

$$M_\nu\ddot{\boldsymbol{\xi}}_\nu=-\sum_{\mu=1}^{\sigma}U_{\nu,\mu}{}^{(\mathrm{I})}\boldsymbol{\xi}_\mu-\sum_{m'\mu'}^{(\mathrm{II})}U_{n\nu,m'\mu'}\boldsymbol{\xi}_{m'\mu'} \tag{2.1.4}$$

$$U_{\nu,\mu}{}^{(\mathrm{I})}\equiv\sum_{m}^{(\mathrm{I})}U_{n\nu,m\mu} \tag{2.1.5}$$

と書くことができる．(I)の中では $\boldsymbol{\xi}_{m\mu}$ は m によらないので $\boldsymbol{\xi}_{m\mu}=\boldsymbol{\xi}_\mu$ とおいた．

まず物質が領域(I)の球内だけをみたし，(II)は真空である場合を考えよう．(I)内の各種イオンごとの一様な変位 $\boldsymbol{\xi}_\nu$ によってひき起こされる一様な分極を $\boldsymbol{P}'$ とすると，その結果球の表面に現われる電荷によって反電場 $\boldsymbol{E}'=-(4\pi/3)\boldsymbol{P}'$ ができるから，これを (*2.1.1*) に入れ $\boldsymbol{P}'$ について解くと，

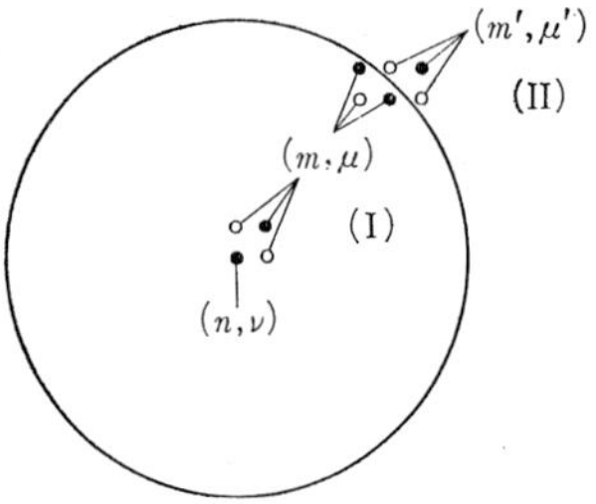

図2.1　マクロな微小球

$$\boldsymbol{P}'(\boldsymbol{\xi}_1, \cdots, \boldsymbol{\xi}_\sigma) = N_0 \sum_{\nu=1}^{\sigma} e_\nu' \boldsymbol{\xi}_\nu \qquad (2.1.6)$$

$$e_\nu' = \frac{3}{\epsilon_\infty + 2} e_\nu \qquad (2.1.7)$$

が得られる．e_ν' は必ずしも対称テンソルではないので，その転置テンソルを $\tilde{e}_\nu'$ $(=3e_\nu(\epsilon_\infty+2)^{-1})$ と記そう．外からかけた電場 $\boldsymbol{F}$ がこのような誘電体球に対してなす仕事は，単位体積当り

$$\boldsymbol{F}\cdot\delta\boldsymbol{P}' = N_0 \sum_\nu \boldsymbol{F}\cdot e_\nu'\delta\boldsymbol{\xi}_\nu = N_0 \sum_\nu \delta\boldsymbol{\xi}_\nu\cdot\tilde{e}_\nu'\boldsymbol{F} \qquad (2.1.8)$$

で与えられるから，各イオンに働く力は $\tilde{e}_\nu'\boldsymbol{F}$ となる．

次に領域(II)にも物質があり，さらに外から電場 $\boldsymbol{E}^{(0)}$ がかかっているとしよう．われわれはマクロな球を考えているから，(2.1.4)の右辺第2項には，イオン間力の長距離型部分——Coulomb 力の変化分である双極子電場——しか残されておらず，したがってこの項を，(II)の分極が球内に作る有効電場でおきかえることができる．これと外電場から来る力とを合わせて，(I)以外から (n, ν) イオンに働く力を

$$-\sum^{(\mathrm{II})} + \tilde{e}_\nu'\boldsymbol{E}^{(0)} = \tilde{e}_\nu'\left(\boldsymbol{E} + \frac{4\pi}{3}\boldsymbol{P}\right) \qquad (2.1.9)$$

と書くことができる．マクロな微小球のすぐ外側にも局所的には球内と同じ分極 $\boldsymbol{P}$ が存在し，$\boldsymbol{F}=\boldsymbol{E}+(4\pi/3)\boldsymbol{P}$ の空洞電場を球内に及ぼしているからである．

(2.1.9), (2.1.1)を用いると，運動方程式は，外場 $\boldsymbol{E}^{(0)}$ の有無にかかわらず

$$M_\nu \ddot{\boldsymbol{\xi}}_\nu + \sum_{\mu=1}^{\sigma} U_{\nu,\mu}' \boldsymbol{\xi}_\mu = e_\nu \boldsymbol{E} \qquad (\nu = 1, 2, \cdots, \sigma) \qquad (2.1.10)$$

$$U_{\nu,\mu}' \equiv U_{\nu,\mu}^{(\mathrm{I})} - \frac{4\pi}{3} N_0 e_\nu \frac{3}{\epsilon_\infty + 2} e_\mu \tag{2.1.11}$$

の形に書けることがわかる．(2.1.10)では電場 $\boldsymbol{E}$ に対する有効電荷として再びもとの e_ν が登場すること，(2.1.11)では力の定数に対する遠隔イオンの寄与が，右辺第2項のような具体的な形で与えられていることに注意されたい．マクロな球を考える限り，(2.1.9)の両辺は球の半径によらず，したがってイオン間相互作用の球内での和(2.1.5)の収束も保証されたことになる．

特別な場合として，ν イオンが立方格子中の立方対称の位置を占めていると考えよう．このとき(2.1.5)の長距離型部分，すなわち球内双極子からくる電場の和は0になるという定理がある(証明は読者に任せる)．したがって，(2.1.5)の $U_{n\nu,m\mu}$ としては，双極子間力以外の，短距離力だけを考えればよい．一方 e_ν ま

表2.1　立方対称2原子型イオン結晶の静的および光学的誘電率，光学型横波フォノンのエネルギーおよび Szigeti の有効電荷

	$\epsilon(0)$	$\epsilon(\infty)$	$\hbar\omega_t$ (meV)	e'/e
LiF	9.3	1.92	38.0	0.83
NaF	6.0	1.74	30.5	0.94
NaCl	5.6	2.25	20.3	0.76
NaBr	6.0	2.62	16.6	0.85
NaI	6.6	2.91	14.5	0.71
KCl	4.7	2.13	17.5	0.80
KBr	4.8	2.33	14.0	0.76
KI	4.9	2.69	12.2	0.69
RbCl	5.0	2.19	14.6	0.86
RbBr	5.0	2.33	10.9	0.88
RbI	5.0	2.63	9.6	0.78
CsCl	7.2	2.60	12.2	0.88
CsBr	6.5	2.78	9.2	0.81
TlCl	32	5.10	10.6	1.11
CuCl	10	3.57	23.4	1.10
CuBr	8	4.08	21.8	1.0
MgO	10	2.95	71.6	2×0.88
CaO	12	3.28	45.2	2×0.76
SrO	13	3.31	26.4	2×0.60

Frölich, H.: *Theory of Dielectrics*, Oxford Univ. Press (1949) より

たは e_ν' は，ν イオンが一様に $\boldsymbol{\xi}_\nu$ だけ変位するとき，イオンの電子雲がそれに固定されたまま動くのではなく，$\boldsymbol{\xi}_\nu$ に比例した変形を受けると考えて，それをもくりこんだ有効電荷である．電子雲変形の原因には色々あるが，他種イオンが相対的に $-\boldsymbol{\xi}_\nu$ だけ変位したことによる双極子電場は球形試料に対して0となるから，(2.1.6)の e_ν' には，近傍イオンからの短距離力の電子雲変形に対する影響だけがくりこまれており，ミクロな立場からは e_ν よりも理解しやすいという利点がある(ただし，非等方的結晶ではこのような簡単な意味づけはできないし，また一般に非対称テンソルになるので，e_ν よりかえって不便である)．e_ν' は B. Szigeti により導入された有効電荷であるが，実際彼は，多くの等方的イオン結晶で，誘電分散から求めた e_ν' はそのイオンの電荷として通常考えられている値に近いこと(表2.1参照)，したがって短距離力による電子雲変形が比較的小さいことを示した．

b) 誘 電 分 散

非等方的な一般の場合にかえり，(2.1.10)を解くため，まず仮想的に $\boldsymbol{E}=0$ とおいた斉次方程式で

$$\boldsymbol{\xi}_\nu(t) = \boldsymbol{\xi}_\nu \exp(-i\Omega t) \tag{2.1.12}$$

の形の固有振動を求める　ベクトルの成分を i または j で表わすと，(2.1.10)は

$$-M_\nu\Omega^2\xi_{\nu i}+\sum_{\mu=1}^{\sigma}\sum_{j=1}^{3}U_{\nu i,\mu j}'\xi_{\mu j}=0 \qquad \begin{pmatrix}\nu=1,2,\cdots,\sigma\\ i=1,2,3\end{pmatrix} \tag{2.1.13}$$

となる．これは 3σ 個の固有値 Ω_s^2 と固有ベクトル $\boldsymbol{\xi}_\nu^{(s)}$ $(s=1,2,\cdots,3\sigma)$ をもち，適当に規格化すれば

$$\sum_{\nu,i} M_\nu\xi_{\nu i}^{(s)}\xi_{\nu i}^{(s')}=\delta_{ss'} \qquad (\text{規格直交性}) \tag{2.1.14}$$

$$\sum_{s}\sqrt{M_\nu M_\mu}\,\xi_{\nu i}^{(s)}\xi_{\mu j}^{(s)}=\delta_{\nu\mu}\delta_{ij} \qquad (\text{完全性}) \tag{2.1.15}$$

$$\sum_{\nu i,\mu j}\xi_{\nu i}^{(s)}U_{\nu i,\mu j}'\xi_{\mu j}^{(s')}=\delta_{ss'}\Omega_s^2 \qquad (\text{対角性}) \tag{2.1.16}$$

を満足する．すべてのイオンが同じ長さだけ平行移動しても力が働かないこと $\sum_{\mu} U_{\nu,\mu}^{(\mathrm{I})}=0$ と(2.1.2)，(2.1.11)とから $\sum_{\mu} U_{\nu,\mu}'=0$ が得られ，(2.1.13)は3つの独立な音響型振動：$\boldsymbol{\xi}_\nu^{(s)}=\boldsymbol{\xi}^{(s)}$ (ν によらない)，$\Omega_s=0$ $(s=1,2,3)$ を解として

含むことがわかる．

次に(2. 1. 10)で $\boldsymbol{E}(t)=\boldsymbol{E}\exp(-i\omega t)$ が与えられたとして，それに対する強制振動解

$$\boldsymbol{\xi}_\nu(t) = \boldsymbol{\xi}_\nu{}^{(\omega)} \exp(-i\omega t) \tag{2. 1. 17}$$

を求めてみよう．(2. 1. 17)を(2. 1. 10)に代入し，成分で書くと

$$-M_\nu\omega^2\xi_{\nu i}{}^{(\omega)}+\sum_{\mu j} U_{\nu i,\mu j}{}'\xi_{\mu j}{}^{(\omega)} = \sum_j e_{\nu ij}E_j \tag{2. 1. 18}$$

が得られる．$\xi_{\nu i}{}^{(\omega)}$ は，斉次式(2. 1. 13)の固有解である完全系 $\xi_{\nu i}{}^{(s')}$ ($s'=1, 2, \cdots, 3\sigma$) を用いて

$$\xi_{\nu i}{}^{(\omega)} = \sum_{s'} a^{(s')}(\omega)\xi_{\nu i}{}^{(s')} \qquad \begin{pmatrix}\nu = 1, 2, \cdots, \sigma \\ i = 1, 2, 3\end{pmatrix} \tag{2. 1. 19}$$

と展開することができる．これを(2. 1. 18)に代入し，両辺に $\xi_{\nu i}{}^{(s)}$ をかけて (ν, i) に関する和をとり，(2. 1. 14), (2. 1. 16) を用いると，係数 a をきめる式

$$(\Omega_s{}^2-\omega^2)a^{(s)}(\omega) = \boldsymbol{p}^{(s)}\cdot\boldsymbol{E} \tag{2. 1. 20}$$

が得られる．ただし

$$\boldsymbol{p}^{(s)} \equiv \sum_{\nu=1}^{\sigma} e_\nu\boldsymbol{\xi}_\nu{}^{(s)} \tag{2. 1. 21}$$

は s 番目の固有解に対する分極ベクトルである．

マクロな電気分極は(2. 1. 1)で与えられるから，結局 $\boldsymbol{D}=\boldsymbol{E}+4\pi\boldsymbol{P}$ と $\boldsymbol{E}$ とを結びつける誘電率として

$$\epsilon(\omega) = \epsilon_\infty+4\pi N_0 \sum_s \frac{\boldsymbol{p}^{(s)}\boldsymbol{p}^{(s)}}{\Omega_s{}^2-\omega^2} \tag{2. 1. 22}$$

が得られる．右辺で $\boldsymbol{p}^{(s)}\boldsymbol{p}^{(s)}$ は，(i, j) 成分が $p_i{}^{(s)}p_j{}^{(s)}$ で与えられるテンソルであって，(2. 1. 21)および(2. 1. 15)により**総和則**(sum rule)

$$\sum_s p_i{}^{(s)}p_j{}^{(s)} = \left[\sum_\nu \frac{e_\nu{}^2}{M_\nu}\right]_{ij} \tag{2. 1. 23}$$

がなり立つ．等方的結晶では，両辺は $i\neq j$ のとき0となり，(i, i) 成分は3つとも等しい．しかし個々の e_ν は必ずしもスカラーではなく，そのイオンが立方対称の位置を占める場合に始めてスカラーとなる(たとえば等方的結晶 $BaTiO_3$ で O イオンの占める位置は立方対称性をもたない)．

c) 格子の固有振動

上に求めた $\boldsymbol{D}$ と $\boldsymbol{E}$ の関係は $\boldsymbol{E}$ の起源を問わずになり立つが，ここでは特に外場がないとして，格子が自発的に行なう固有振動

$$\boldsymbol{\xi}_{n\nu}(t) = \boldsymbol{\eta}_\nu \exp(i\boldsymbol{k}\cdot\boldsymbol{r}_n - i\omega t) \tag{2.1.24}$$

を考えてみよう．ここで $\boldsymbol{r}_n$ は n 番目の単位胞の位置を表わす．自発振動の場合，$\boldsymbol{E}$ としては分極波自身がひき起こす反電場をとればよい．$k \ll K_i$ なら $\boldsymbol{E}$ も $\boldsymbol{P}$ も $\exp(i\boldsymbol{k}\cdot\boldsymbol{r} - i\omega t)$ で振動すると考えてよく，Maxwell 方程式で遅延を無視して得られる

$$0 = \mathrm{rot}\,\boldsymbol{E} = i\boldsymbol{k}\times\boldsymbol{E} \tag{2.1.25}$$

と，$\boldsymbol{D}$ の源となる実電荷がないこと，すなわち

$$0 = \mathrm{div}\,\boldsymbol{D} = i\boldsymbol{k}\cdot(\boldsymbol{E}+4\pi\boldsymbol{P}) \tag{2.1.26}$$

とから，分極による反電場として

$$\boldsymbol{E} = -4\pi\bar{\boldsymbol{k}}(\bar{\boldsymbol{k}}\cdot\boldsymbol{P}), \qquad \bar{\boldsymbol{k}} \equiv \frac{\boldsymbol{k}}{k} \tag{2.1.27}$$

が得られる．$\boldsymbol{E}$ は縦波であるが $\boldsymbol{P}$ は一般に縦横両成分をもつ．$\boldsymbol{P}$ と $\boldsymbol{E}$ とは $4\pi\boldsymbol{P} = (\epsilon(\omega)-1)\boldsymbol{E}$ で結ばれているから，これと (2.1.27) とから，分極に対する方程式

$$[1+\{(\epsilon(\omega)-1)\bar{\boldsymbol{k}}\}\bar{\boldsymbol{k}}\cdot]\boldsymbol{P} = 0 \tag{2.1.28}$$

が得られる．$\boldsymbol{k}$ 方向に z' 軸をとると，テンソル［　］の行列式は

$$\begin{vmatrix} 1 & 0 & \epsilon_{x'z'} \\ 0 & 1 & \epsilon_{y'z'} \\ 0 & 0 & \epsilon_{z'z'} \end{vmatrix} = \epsilon_{z'z'} \equiv \epsilon_{/\!/} \tag{2.1.29}$$

となるから，(2.1.28) が $\boldsymbol{P}\neq 0$ の解をもつためには

$$\epsilon_{/\!/}(\omega) = \epsilon_{/\!/\infty} + 4\pi N_0 \sum_s \frac{(p_{/\!/}{}^{(s)})^2}{\Omega_s{}^2-\omega^2} = 0 \tag{2.1.30}$$

でなければならない((2.1.22) 参照)．この解 ω が分極波の固有振動数を与える．

さて $\boldsymbol{p}^{(s)}\neq 0$ であるような s を，Ω_s が増す順に $1', 2', \cdots, a, \cdots, g$ $(g \leqq 3\sigma-3)$ と書くと，$\epsilon_{/\!/}(\omega)$ の極 Ω_a と零点 ω_a とは，図 2.2(a) に示すように交互に現われる．$\boldsymbol{E}=0$ としたときの解 Ω_a は $\bar{\boldsymbol{k}}$ によらないが，反電場 $\boldsymbol{E}$ を考慮した分極波の固有振動数 ω_a は，当然ながら伝播方向 $\bar{\boldsymbol{k}}$ に依存する．(2.1.30) を通分し，その零

点が ω_a で与えられること，$\omega\to\infty$ で $\epsilon_{/\!/}(\omega)\to\epsilon_{/\!/\infty}$ であることに注意すると，誘電分散式は

$$\frac{\epsilon_{/\!/}(\omega)}{\epsilon_{/\!/\infty}}=\prod_a \frac{{\omega_a}^2-\omega^2}{{\Omega_a}^2-\omega^2} \tag{2.1.31}$$

のように因数分解できる．したがって，図2.2(b)に示すように，$-1/\epsilon_{/\!/}(\omega)$ も $\epsilon_{/\!/}(\omega)$ とよく似た分散を示す．

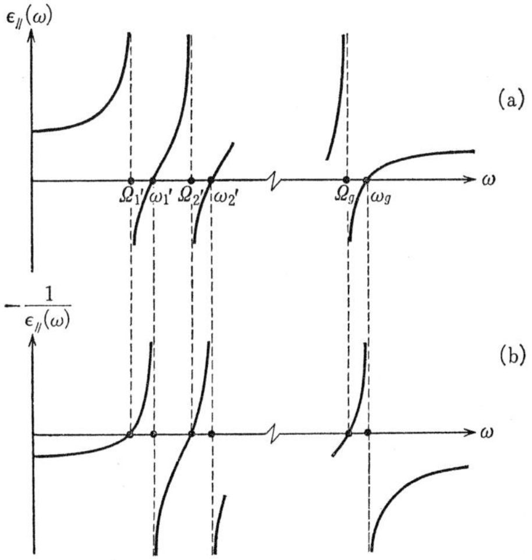

図2.2　誘電分散

Ω_s の意味を調べるため，まずすべての Ω_a が互いに異なる場合を考えてみよう．ある分極ベクトル $\boldsymbol{p}^{(a)}$ の方向に x 軸をとり，これにほとんど垂直な方向 $\bar{\boldsymbol{k}}$ に伝播する波を考える(図2.3参照)．$\bar{\boldsymbol{k}}$ 方向に z' 軸をとり，xz' 面内に x' 軸をとることにする．$p_{/\!/}{}^{(a)}\equiv p_{z'}{}^{(a)}$ が極めて小さいから，(2.1.30)は Ω_a の近傍すなわち $\omega_{a'}=\Omega_a+O[(p_{/\!/}{}^{(a)})^2]$ に解をもつ($\omega_{a'}\gtrless\Omega_a$ に応じて $a'=a$ または $a'=a-1$)．この解に対する $\epsilon_{x'z'}(\omega_{a'})$ は，分母に ${\Omega_a}^2-{\omega_{a'}}^2=O[(p_{/\!/}{}^{(a)})^2]$，分子に $p_{x'}{}^{(a)}p_{z'}{}^{(a)}=O(p_{/\!/}{}^{(a)})$ をもつ項のため極めて大きくなるが，$\epsilon_{y'z'}(\omega_{a'})$ には，$p_{y'}{}^{(a)}=0$ であるためこのように大きい項はない．したがって，(2.1.28), (2.1.29)により，$\boldsymbol{P}$ は x' 軸にほとんど平行であることがわかる．このように，自発固有振動として，周波数が Ω_a に等しく分極 $\boldsymbol{P}$ が $\boldsymbol{p}^{(a)}$ に平行で，伝播方向 $\bar{\boldsymbol{k}}$ が $\boldsymbol{p}^{(a)}$ に垂直な面内にある横波分極波が(無数に)存在することがわかった(個々のイオンの振動べ

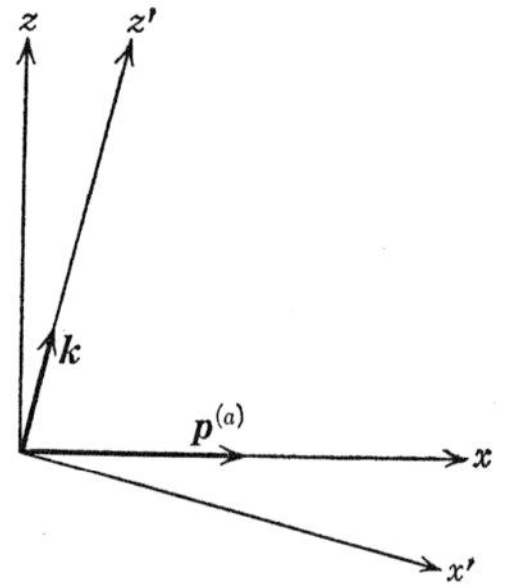

図 2.3

クトル $\boldsymbol{\eta}_\nu{}^{(a)}$ は必ずしも $\boldsymbol{k}$ に垂直ではない).

(2.1.13)の 3σ 個の固有解の中，$\boldsymbol{\xi}_\nu{}^{(s)}=\boldsymbol{\xi}^{(s)}$ $(s=1,2,3)$ の音響型振動に対しては，(2.1.2), (2.1.21)により当然 $\boldsymbol{p}^{(s)}=0$ であるが，光学的分枝の中にも，対称性の理由から $\boldsymbol{p}^{(s)}=0$ になるものもある．そのようなものは，上記の考察で $\boldsymbol{p}^{(s)}\to 0$ の極限と考えればよく，$\omega_{s'}=\Omega_s$, $\boldsymbol{\eta}_\nu{}^{(s')}=\boldsymbol{\xi}_\nu{}^{(s)}$ であって，$\bar{\boldsymbol{k}}$ にはよらない．$\boldsymbol{p}^{(s)}=0$ に対応する解 $\boldsymbol{\eta}_\nu{}^{(s')}$ は分極を伴わないため，最初から $\boldsymbol{E}=0$ として求めた解 $\boldsymbol{\xi}_\nu{}^{(s)}$ が，そのまま固有振動になっているのである．これに対し，$\boldsymbol{p}^{(a)}\neq 0$ のものは一般に分極波による反電場を伴い，格子振動の復元力がかわるため，$\omega_{a'}\neq\Omega_a$ となる．ただ $\boldsymbol{p}^{(a)}$ に垂直に進む横波だけは，反電場が0になるため $\omega_{a'}=\Omega_a$ となる．$\boldsymbol{p}^{(a)}\neq 0$ に対応する固有振動 $\boldsymbol{\eta}_\nu{}^{(a')}$ を**赤外活性モード**，$\boldsymbol{p}^{(s)}=0$ に対するものを**赤外不活性モード**とよぶ．われわれは長波長の極限を考えてきたのであるが，一般に $\boldsymbol{k}$ の関数としての $\omega_s(\boldsymbol{k})$ は，赤外活性の場合，$\boldsymbol{k}$ がどの方向から0に近づくかによってその極限値が異なっているのである．これはイオン間相互作用が長距離型であることにもとづいている．イオン性のない単体結晶でも，対称性が十分低ければ赤外活性モードが現われることがある．たとえば，単位胞に2原子をふくむ立方晶系のダイヤモンド型結晶格子では，光学型格子振動は赤外不活性であるが，単位胞に3原子をふくむ三方晶系のセレン型結晶格子は，赤外活性の光学型格子振動をもっている．

等方的結晶では，3つの主軸が同等であるから，Ω_s が3つずつ組になって縮重している．赤外活性の場合，縮重した $\Omega_a, \Omega_{a+1}, \Omega_{a+2}$ に対応する3つの分極ベクトル $\boldsymbol{p}^{(a)}, \boldsymbol{p}^{(a+1)}, \boldsymbol{p}^{(a+2)}$ は等長で直交し，任意の直交軸方向にとることができる．Ω と ω の関係は，図2.2からも明らかなように $\Omega_a=\omega_a=\Omega_{a+1}=\omega_{a+1}=\Omega_{a+2}<$

ω_{a+2} となる．ここで縮重した Ω にはさまれた ω_a と ω_{a+1} とが横波分極波に対応することは，その振動が Ω_s の振動と同じく反電場をもたないことから明らかであり，また ω_{a+2} が縦波に対応することは，(2.1.28) で $\epsilon(\omega_{a+2})=0$ とおけば直ちにわかる．1組の横波と縦波の振動数を $\omega_{\alpha t}, \omega_{\alpha l}$ とおくと，(2.1.31) は

$$\frac{\epsilon(\omega)}{\epsilon_\infty} = \prod_\alpha \frac{{\omega_{\alpha l}}^2-\omega^2}{{\omega_{\alpha t}}^2-\omega^2} \tag{2.1.32}$$

と書くことができる．

特に，NaCl 型，CsCl 型，ZnS 型結晶のような“2原子型”の等方的イオン結晶では，赤外活性の α は1組だけ現われる．正負イオンの有効電荷を $e_+, e_-(=-e_+)$，両イオンの還元質量を $M_r\,({M_r}^{-1}\equiv {M_+}^{-1}+{M_-}^{-1})$ とすると，(2.1.23) の総和則を用いて $|\boldsymbol{p}^{(\alpha)}|=e_+/\sqrt{M_r}$ が得られるから，(2.1.22) は

$$\epsilon(\omega) = \epsilon_\infty + \frac{4\pi N_0 {e_+}^2}{M_r({\omega_t}^2-\omega^2)} \tag{2.1.33}$$

$$= \epsilon_\infty + \frac{(\epsilon_0-\epsilon_\infty){\omega_t}^2}{{\omega_t}^2-\omega^2} \tag{2.1.33'}$$

と書くことができる．ただし $\epsilon_0\equiv\epsilon(0)$ は静的誘電率である．(2.1.33) および (2.1.33′) からそれぞれ

$${\omega_l}^2 = {\omega_t}^2 + \frac{4\pi N_0 {e_+}^2}{\epsilon_\infty M_r} \tag{2.1.34}$$

$$\frac{{\omega_l}^2}{{\omega_t}^2} = \frac{\epsilon_0}{\epsilon_\infty} \tag{2.1.35}$$

が得られる．(2.1.34) の右辺第2項は，正負イオンの相対変位の分極波による反電場に由来し，§2.2 でのべる電子のプラズマ振動と同じ機構のものである．(2.1.35) は，縦波と横波の振動数を関係づける Lyddane-Sachs-Teller の関係式である．これを多原子分子の場合に一般化した Cochran-黒沢の関係式は，(2.1.32) で $\omega=0$ とおいて得られる．

§2.2 分極率と誘電率

前節では光学型格子振動を例にとって，誘電率を古典力学的に求めた．このような調和振動子系をとる限り，誘電率に関しては量子力学も古典力学と同じ結果

を与え，またその誘電率は温度によらない．一般の系についてはこのようなことはもはや成り立たないが，前節で得られた誘電分散に関する基本的性質はそのまま成り立つ．これらのことを示すために，本節では一般の系に対する分極率と誘電率の量子論的表式を求めてみよう．線形応答の一般理論は本講座第5巻『統計物理学』第8章にくわしくのべられているが，ここでは誘電体で常に問題となる長距離相互作用の取扱いについて，前節の考察とも対比しながら，やや詳しくのべることにする．

a）分極率の一般公式

ハミルトニアン $\mathcal{H}$ をもつ系に，外から時間的空間的に変化する電場 $\boldsymbol{E}^{(0)}(\mathbf{r},t)$ をかけると，系は摂動エネルギー

$$\mathcal{H}_{\rm ex}(t) = -\int \boldsymbol{P}(\mathbf{r})\,\boldsymbol{E}^{(0)}(\mathbf{r},t)\,d\mathbf{r} \qquad (2.2.1)$$

を受ける．ここで $\boldsymbol{P}(\mathbf{r})$ は系の“分極密度”演算子である．$\mathbf{r}$ はマクロなスケールでの位置をあらわすパラメーターであって，演算子ではない．この電場によって系内に生ずる分極密度の期待値を求めるには，§1.7(b) の (1.7.8) から (1.7.9) を求める手続をそのままふめばよい．位置 $\mathbf{r}'$，時刻 t' における $j\,(=x, y$ または $z)$ 方向の電場 $E_j^{(0)}(\mathbf{r}',t')$ $(\leftrightarrow f_\lambda)$ と，それによって位置 $\mathbf{r}$，時刻 t に生ずる i 方向の分極の期待値 $\langle P_i(\mathbf{r})\rangle_t$ とを結びつける線形応答係数は，(1.7.9) により ($\varphi_{-\lambda}\to -P_j(\mathbf{r}')$，$\varphi_\lambda \to P_i(\mathbf{r})$ とおきかえればよい)，

$$\alpha_{ij}(\mathbf{r},\mathbf{r}',t-t') = \frac{i}{\hbar}\theta(t-t')\langle[P_i(\mathbf{r},t), P_j(\mathbf{r}',t')]\rangle \qquad (2.2.2)$$

で与えられる．ここで

$$P_i(\mathbf{r},t) \equiv \exp\left(\frac{i}{\hbar}\mathcal{H}t\right)P_i(\mathbf{r})\exp\left(-\frac{i}{\hbar}\mathcal{H}t\right) \qquad (2.2.3)$$

であり，$\langle\cdots\rangle$ は熱平衡における期待値である．また前章におけると同様に，自発分極 $\langle\boldsymbol{P}(\mathbf{r})\rangle$ が 0 であると仮定している．あらゆる時空点 $(\mathbf{r}',t')$ において働いた外力に対する線形応答を重ね合わせることにより，

$$\langle P(\mathbf{r})\rangle_t = \int d\mathbf{r}'\int dt'\alpha(\mathbf{r},\mathbf{r}',t-t')\,\boldsymbol{E}^{(0)}(\mathbf{r}',t') \qquad (2.2.4)$$

が得られる．分極率 α は，(2.2.2) を (i,j) 成分とするテンソルである

系が空間的に均質，すなわち並進対称性をもつとすると，応答係数 $\alpha(\boldsymbol{r}, \boldsymbol{r}', t-t')$ は，距離 $\boldsymbol{r}-\boldsymbol{r}'$ を通してだけ $\boldsymbol{r}, \boldsymbol{r}'$ に依存する．すなわち

$$\alpha(\boldsymbol{r}, \boldsymbol{r}', t-t') = \alpha(\boldsymbol{r}-\boldsymbol{r}', t-t') \tag{2.2.5}$$

以後単位体積を考えることとし，Fourier 分解

$$\boldsymbol{P}(\boldsymbol{r}) = \sum_{k} \boldsymbol{P}_{\boldsymbol{k}} \exp(i\boldsymbol{k}\cdot\boldsymbol{r}) \tag{2.2.6}$$

$$\boldsymbol{E}^{(0)}(\boldsymbol{r}, t) = \sum_{k} \int_{-\infty}^{+\infty} \frac{d\omega}{2\pi} \boldsymbol{E}_{\boldsymbol{k}\omega}{}^{(0)} \exp(i\boldsymbol{k}\cdot\boldsymbol{r}-i\omega t) \tag{2.2.7}$$

を行なう．これらの成分を用いると，(2.2.4) は

$$\langle \boldsymbol{P}_{\boldsymbol{k}} \rangle_t = \int_{-\infty}^{+\infty} \frac{d\omega}{2\pi} \alpha(\boldsymbol{k}, \omega) \boldsymbol{E}_{\boldsymbol{k}\omega}{}^{(0)} \exp(-i\omega t) \tag{2.2.8}$$

と書かれる．ただし

$$\alpha(\boldsymbol{k}, \omega) \equiv \int d\boldsymbol{r} \int_{-\infty}^{+\infty} dt\, \alpha(\boldsymbol{r}, t) \exp(-i\boldsymbol{k}\cdot\boldsymbol{r}+i\omega t) \tag{2.2.9}$$

は，成分波 $\boldsymbol{E}_{\boldsymbol{k}\omega}{}^{(0)} \exp(-i\omega t)$ に対する応答係数である．

(2.2.6) を (2.2.2) に入れると

$$\alpha_{ij}(\boldsymbol{r}, \boldsymbol{r}', t) = \frac{i}{\hbar} \theta(t) \sum_{k} \sum_{k'} \langle [P_{\boldsymbol{k}i}(t), P_{-\boldsymbol{k}'j}] \rangle \exp[i(\boldsymbol{k}\cdot\boldsymbol{r}-\boldsymbol{k}'\cdot\boldsymbol{r}')] \tag{2.2.2$'$}$$

と書けるが，(2.2.5) の均質性を仮定すると，上式右辺の $\langle\cdots\rangle$ は $\boldsymbol{k}' \neq \boldsymbol{k}$ のとき 0 となる（(2.2.8) で外場と同じ波数の分極成分だけが応答として現われたのはこのためである）．これを (2.2.9) に入れて

$$\alpha_{ij}(\boldsymbol{k}, \omega) = \int_{-\infty}^{+\infty} dt \left(\frac{i}{\hbar}\right) \theta(t) \langle [P_{\boldsymbol{k}i}(t), P_{-\boldsymbol{k}j}] \rangle \exp(i\omega t) \tag{2.2.10}$$

が得られる．系のハミルトニアン $\mathcal{H}$ の固有値を $\varepsilon_m, \varepsilon_n, \cdots$ とし，遷移周波数 $\omega_{nm} \equiv (\varepsilon_n-\varepsilon_m)/\hbar$ を定義すると，(2.2.3) により

$$\begin{aligned}\langle [P_{\boldsymbol{k}i}(t), P_{-\boldsymbol{k}j}] \rangle = \underset{m}{\mathrm{Av}} \sum_{n} \{&(P_{\boldsymbol{k}i})_{mn} (P_{-\boldsymbol{k}j})_{nm} \exp(-i\omega_{nm} t) \\ &-(P_{\boldsymbol{k}i})_{nm} (P_{-\boldsymbol{k}j})_{mn} \exp(+i\omega_{nm} t)\}\end{aligned}$$

となる．この各項ごとに (2.2.10) の積分を行なうと，$t\to+\infty$ で振動して収束し

ないが，$\langle\cdots\rangle$ 全体は一種の相関関数であり，散逸系では $t\to+\infty$ で0に近づくと期待されるから，項別積分の収束性を保証するため，(2. 2. 10) の被積分関数に便宜上収束因子 $\exp(-\eta t)$ をかけておき，後で $\eta\to+0$ の極限をとることにしよう．このようにして結局

$$\alpha(\boldsymbol{k},\omega)=\operatorname*{Av}_m\sum_n\left[\frac{(\boldsymbol{P_k})_{mn}(\boldsymbol{P_{-k}})_{nm}}{\hbar(\omega_{nm}-\omega-i\eta)}+\frac{(\boldsymbol{P_k})_{nm}(\boldsymbol{P_{-k}})_{mn}}{\hbar(\omega_{nm}+\omega+i\eta)}\right]_{\eta\to+0} \tag{2.2.11}$$

が得られる．ここでベクトルの積 $\boldsymbol{PP}'$ は，(i,j) 成分が P_iP_j' であるようなテンソルを意味し，また $\operatorname*{Av}_m$ は Boltzmann 因子 $\exp(-\beta\varepsilon_m)$ を重率とする統計平均を意味する．

分極に寄与するものが，たとえば金属内電子のように自由に動きまわる荷電粒子である場合には，分極密度 $\boldsymbol{P}(\boldsymbol{r})$ のかわりに，電荷密度 $\rho(\boldsymbol{r})=-\operatorname{div}\boldsymbol{P}(\boldsymbol{r})$ を用いる方がわかりやすい．その Fourier 成分は $\rho_{\boldsymbol{k}}=-i\boldsymbol{k}\cdot\boldsymbol{P_k}$ で与えられるから，分極率テンソルの縦成分は

$$\alpha_{/\!/}(\boldsymbol{k},\omega)=\frac{1}{k^2}\operatorname*{Av}_m\sum_n\left[\frac{|(\rho_{-\boldsymbol{k}})_{nm}|^2}{\hbar(\omega_{nm}-\omega-i\eta)}+\frac{|(\rho_{\boldsymbol{k}})_{nm}|^2}{\hbar(\omega_{nm}+\omega+i\eta)}\right]_{\eta\to+0} \tag{2.2.11'}$$

で与えられる．これはさらに，第1章で導入した動的構造因子と関係づけることができるのであるが，それについては§3. 3(d)を参照されたい．

一様な気体や液体は並進対称性をもち，均質性の仮定 (2. 2. 5) が成り立つことは明らかであるが，結晶の場合は離散的な格子ベクトルに対してのみ並進対称性をもつから，(2. 2. 5) は一見なり立たない．しかし巨視系での分極密度 $\boldsymbol{P}(\boldsymbol{r})$ および応答係数 $\alpha(\boldsymbol{r},\boldsymbol{r}',t-t')$ は，もともと多数の原子をふくむ“マクロな微小領域” $\boldsymbol{r}$（または $\boldsymbol{r}'$）に対してだけ定義できるものである．$\boldsymbol{k}$ 空間でいえば外場もそれに対する応答も $k\ll K_i$ の長波長成分だけを問題にすべきであり，この限りにおいて (2. 2. 2′) の $\langle\cdots\rangle$ は $\boldsymbol{k}\neq\boldsymbol{k}'$ のとき0となり，(2. 2. 5) がなり立つのである．

(2. 2. 2) の因子 $\theta(t-t')$ は，結果（応答）が原因（外力）に先立つことはないという**因果律** (causality) を表わしている．このことを利用し，t の正の側でだけ収束因子として働く $\exp(-\eta t)$ $(\eta\to+0)$ を (2. 2. 10) で補うことによって，(2. 2. 11) を得たのである．η が正であることは，(2. 2. 11) が“複素平面 ω の上半部 (Im ω

>0) で解析的" であることを意味する．これが因果律の ω 空間での表現である．この性質を利用して，$\alpha(\boldsymbol{k}, \omega')/(\omega'-\omega)$ を複素平面 ω' 上で図 2.4 の経路沿いに積分することにより

$$\alpha(\boldsymbol{k}, \omega) = \frac{1}{i\pi} \mathrm{P} \int_{-\infty}^{+\infty} \frac{d\omega'}{\omega'-\omega} \alpha(\boldsymbol{k}, \omega')$$

が得られる．P は主値をとることを示す．これを実数部と虚数部にわけて書けば

$$\mathrm{Re}\,\alpha(\boldsymbol{k}, \omega) = \frac{1}{\pi} \mathrm{P} \int_{-\infty}^{+\infty} \frac{d\omega'}{\omega'-\omega} \mathrm{Im}\,\alpha(\boldsymbol{k}, \omega') \qquad (2.2.12)$$

$$\mathrm{Im}\,\alpha(\boldsymbol{k}, \omega) = -\frac{1}{\pi} \mathrm{P} \int_{-\infty}^{+\infty} \frac{d\omega'}{\omega'-\omega} \mathrm{Re}\,\alpha(\boldsymbol{k}, \omega') \qquad (2.2.12')$$

となる．これを**分散公式**，または **Kramers-Kronig の関係式**とよぶ．因果律に従う応答係数がみたすべき，きわめて一般的な関係式である．

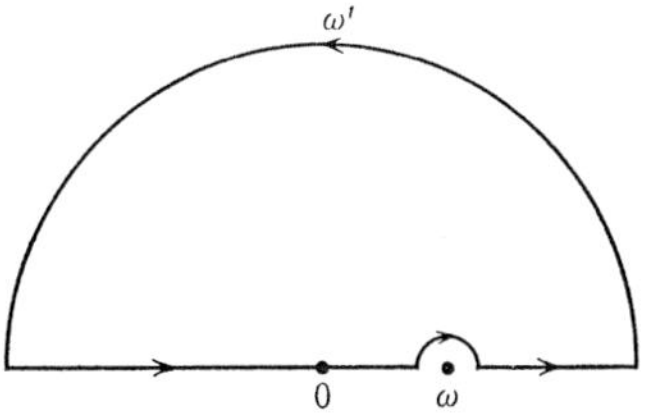

図 2.4 複素 ω' 面での積分経路

b) 誘電率と分極率の関係

物質を構成する荷電粒子は，外からの電場 $\boldsymbol{E}^{(0)}$ によって再配置し，新たに電場 $\boldsymbol{E}^{(i)}$ を誘起する．Maxwell の方程式に現われる電場 $\boldsymbol{E}=\boldsymbol{E}^{(0)}+\boldsymbol{E}^{(i)}$ は純粋の外場ではない．それゆえ，$\boldsymbol{E}$ を $\boldsymbol{D}=\boldsymbol{E}+4\pi\boldsymbol{P}$ に関係づける誘電率 ϵ を上記の分極率 α から求める際には，注意を要する．ここでは，よく用いられる 2 つの典型的な考え方をのべ，その間の関係を後で 2, 3 の例について考察することにする．

(I) 第 1 の方法では，外場 $\boldsymbol{E}^{(0)} \propto \exp(i\boldsymbol{k}\cdot\boldsymbol{r}-i\omega t)$ が，縦波の場合を考える ($\boldsymbol{E}^{(0)} /\!/ \boldsymbol{k}$)．これは $\mathrm{div}\,\boldsymbol{E}^{(0)}=4\pi\rho^{(0)}$ で与えられる実電荷分布 $\rho^{(0)}$ があることと同じである．一方 $\mathrm{div}\,\boldsymbol{D}=4\pi\rho^{(0)}$ であるから，電気変位の縦成分は $D_{/\!/} \equiv \bar{\boldsymbol{k}}\cdot\boldsymbol{D}=\bar{\boldsymbol{k}}\cdot\boldsymbol{E}^{(0)}=E_{/\!/}{}^{(0)}$ であって外場そのものである．分極は $\boldsymbol{P}=\alpha(\boldsymbol{k}, \omega)\boldsymbol{E}^{(0)}$ で与えられるが，$\boldsymbol{E}^{(0)} /\!/ \boldsymbol{k}$ であるから，$\boldsymbol{P}$ の縦成分は $P_{/\!/}=\alpha_{/\!/}(\boldsymbol{k}, \omega)E_{/\!/}{}^{(0)}$ で与えられる．ただし $\alpha_{/\!/} \equiv \bar{\boldsymbol{k}}\cdot\alpha\bar{\boldsymbol{k}}$ である．一方，$D_{/\!/}=\epsilon_{/\!/}(\boldsymbol{k}, \omega)E_{/\!/}$ であるから，$D_{/\!/}-E_{/\!/}=4\pi P_{/\!/}$ と

$E_{/\!/}{}^{(0)}=D_{/\!/}$ の比として

$$1-\frac{1}{\epsilon_{/\!/}(\boldsymbol{k},\omega)}=4\pi\alpha_{/\!/}(\boldsymbol{k},\omega) \tag{2.2.13}$$

が得られる.

(2.2.13)からは誘電率テンソルの縦成分だけしかわからない. しかし, $\boldsymbol{k}$ が小さいとき, $\boldsymbol{k}$ の方向にはよらない誘電率テンソル $\epsilon(\boldsymbol{k},\omega)$ が存在するとすれば, 幾つかの $\boldsymbol{k}$ 方向について(2.2.13)から $\epsilon_{/\!/}(\boldsymbol{k},\omega)=\bar{\boldsymbol{k}}\cdot\epsilon(\boldsymbol{k},\omega)\bar{\boldsymbol{k}}$ を求めることにより, $\epsilon(\boldsymbol{k},\omega)$ の対称部分は求められる(磁場がかかっている場合や光学活性の物質では ϵ は反対称部分をもつが, それは(2.2.13)からは求められない). 等方的な系で α も ϵ もスカラーとなる場合(たとえば $k\to 0$ のとき)は, (2.2.13)がそのまま ϵ を与える.

(II) 第2の考え方では, $\boldsymbol{E}$ 自身を外場とみなすのであるが, すでにのべたように $\boldsymbol{E}$ の中には誘起電場 $\boldsymbol{E}^{(i)}$ が含まれている. したがって, $\boldsymbol{E}$ に対する応答を力学的に追跡する際, "系の真のハミルトニアン" $\mathcal{H}$ から, $\boldsymbol{E}^{(i)}$ にとり入れられた相互作用部分を "適当な方法" で引き去った "有効ハミルトニアン" $\mathcal{H}_{\rm eff}$ を用いなければならない. そのようにして求めた分極率(2.2.11)を $\alpha_{\rm eff}(\boldsymbol{k},\omega)$ とすると

$$\epsilon(\boldsymbol{k},\omega)-1=4\pi\alpha_{\rm eff}(\boldsymbol{k},\omega) \tag{2.2.14}$$

がなり立つ. これは一種の分子場理論である. 誘電率が定義できる限り, (2.2.14)の ϵ と(2.2.13)のそれとは同じものである. それに対し, $\alpha_{\rm eff}$ と α とは, 見かけ上同じ表式(2.2.11)で与えられるが, 用いるべきハミルトニアンが異なっているのである.

(II)の方法は, $\mathcal{H}_{\rm eff}$ をいかに求めるかが明らかでない場合には, ある程度推測的, 近似的なものとならざるを得ない. Hamilton 方式をとる限り, (I)の方が厳密であって曖昧さがない. しかし(I)の方法では ϵ の反対称部分が求まらないし, また(II)の方法で簡単に, しかもよい近似で得られる結果が, (I)の方法では技巧を凝らした高次の計算によって始めて得られる, という場合もある.

c) 光学型格子振動への応用

前節でのべた光学型格子振動の誘電分散理論は, 古典力学的取扱いではあるが, $\alpha_{\rm eff}$ と α との関係をみる上で教育的である. (2.1.10)に至る考察によって, われわれは上記(II)の方法での $\mathcal{H}_{\rm eff}$ を得たのであり, それによって(2.2.14)に相

当する表式(*2. 1. 22*)を求めたことになる．$\alpha_{\text{eff}}(\omega)$ の極である振動数 Ω_s とそれに対応する分極ベクトル $\boldsymbol{p}^{(s)}$ は，振動に伴う反電場 $\boldsymbol{E}$ を 0 とおいた“仮想的系”における固有振動を表わしていた．現実の系での，内部電場をとり入れた固有振動数 ω_s は，(*2. 1. 30*)に示すように $\epsilon_{/\!/}(\omega)$ の零点であり，したがって(*2. 2. 13*)により $\alpha_{/\!/}(\omega)$ の極となっている．Ω_s および ω_s は，それぞれの場合について(*2. 2. 11*)の ω_{nm} に対応しているが，系のハミルトニアンは異なっているのである．

特に 2 原子型の等方的なイオン結晶では，(*2. 1. 33*)と(*2. 2. 14*)とを見くらべて

$$4\pi\alpha_{\text{eff}}(\omega)=(\epsilon_\infty-1)+\frac{4\pi N_0 {e_+}^2}{M_{\text{r}}({\omega_{\text{t}}}^2-\omega^2)} \qquad (2.\,2.\,15)$$

が得られるが，一方(*2. 1. 33*)を(*2. 2. 13*)の形に書くと

$$4\pi\alpha_{/\!/}(\omega)=\left(1-\frac{1}{\epsilon_\infty}\right)+\frac{4\pi N_0(e_+/\epsilon_\infty)^2}{M_{\text{r}}({\omega_l}^2-\omega^2)} \qquad (2.\,2.\,16)$$

が得られる．$\alpha_{/\!/}(\omega)$ (等方的であるから $\alpha(\omega)$ に等しい)は縦成分であるから，(*2. 2. 11*)で $\bar{\boldsymbol{k}}\cdot\boldsymbol{P}_{kmn}\neq 0$ であるような縦波の振動数だけが登場する．また(*2. 2. 15*)に現われる有効電荷 e_+ が，(*2. 2. 16*)では e_+/ϵ_∞ に遮蔽されている．実際，縦波の反電場が $\boldsymbol{E}=-4\pi\boldsymbol{P}$ であることを(*2. 1. 1*)で考慮して，(*2. 1. 6*)で登場したのと同様な有効電荷を導入すると，それは e_+/ϵ_∞ であることがわかる．

さて(II)の考え方にそって誘電率を量子力学的に計算してみよう．内部電場 $\boldsymbol{E}=0$ と“仮想”した場合の格子振動は，(*2. 1. 14*)で規格化された固有関数 $\boldsymbol{\xi}_\nu{}^{(s)}(\boldsymbol{k})$ と(*1. 4. 15*)を用いて

$$\boldsymbol{\xi}_{n\nu}=\sum_{s,\boldsymbol{k}}\left(\frac{\hbar}{2N_0\Omega_{sk}}\right)^{1/2}\boldsymbol{\xi}_\nu{}^{(s)}(\boldsymbol{k})[b_{sk}\exp(i\boldsymbol{k}\cdot\boldsymbol{R}_n)+b_{sk}{}^\dagger\exp(-i\boldsymbol{k}\cdot\boldsymbol{R}_n)] \qquad (2.\,2.\,17)$$

と書ける．(*2. 1. 1*)と(*2. 1. 21*)により，$\boldsymbol{k}$ が小さいときの分極の Fourier 成分((*2. 2. 6*)の定義参照)は

$$\boldsymbol{P}_k=\sum_s\left(\frac{\hbar N_0}{2\Omega_s}\right)^{1/2}\boldsymbol{p}^{(s)}(b_{sk}+b_{s,-k}{}^\dagger) \qquad (2.\,2.\,18)$$

で与えられる．生成・消滅演算子 $b^\dagger, b$ はそれぞれフォノンの数を 1 つ増減する行列要素だけをもつ((*1. 4. 11*)参照)から，(*2. 2. 11*)の ω_{nm} としては $\pm\Omega_s$ だけが

現われ，また $\sum_n[\cdots]$ は差し引きの結果として m（フォノン数）によらなくなり，$4\pi\alpha_{\rm eff}$ として直ちに(2. 1. 22)の第2項が得られる．

次に，格子振動によって結晶内部に生ずる揺動電場を求めてみよう．揺動散逸定理により，これは誘電率を用いて書き表わすことができるはずである．内部電場 $\boldsymbol{E}$ を考慮した"真の格子振動"の固有ベクトル $\boldsymbol{\eta}_\nu{}^{(s)}(\boldsymbol{k})$ ((2. 1. 24)参照)に対し，(2. 1. 14)の $\boldsymbol{\xi}_\nu{}^{(s)}$ と同じ規格化条件をおき，(2. 1. 21)の $\boldsymbol{p}^{(s)}$ に対応する分極ベクトル $\boldsymbol{q}^{(s)}(\boldsymbol{k})$ を定義すると，分極の Fourier 成分として，(2. 2. 18)のかわりに

$$\boldsymbol{P}_{\boldsymbol{k}}=\sum_s\left(\frac{\hbar N_0}{2\omega_s}\right)^{1/2}\boldsymbol{q}^{(s)}(\boldsymbol{k})(b_{s\boldsymbol{k}}+b_{s,-\boldsymbol{k}}{}^\dagger) \qquad (2.\ 2.\ 19)$$

が得られる(b の内容も(2. 2. 18)とは異なるが，便宜上同じ記号を用いる)．これによって結晶内に生ずる電場のポテンシャル $\varphi(\boldsymbol{r})$ は，Poisson 方程式 $\Delta\varphi(\boldsymbol{r})=4\pi\,{\rm div}\,\boldsymbol{P}(\boldsymbol{r})$ の解

$$\varphi(\boldsymbol{r})=\sum_{\boldsymbol{k}}\left(-\frac{4\pi i}{k}\right)\bar{\boldsymbol{k}}\cdot\boldsymbol{P}_{\boldsymbol{k}}\exp(i\boldsymbol{k}\cdot\boldsymbol{r}) \qquad (2.\ 2.\ 20)$$

で与えられる．したがって固有振動の分極ベクトルの縦成分 $\bar{\boldsymbol{k}}\cdot\boldsymbol{q}^{(s)}(\boldsymbol{k})\equiv q_{/\!/}{}^{(s)}(\boldsymbol{k})$ がわかれば，$\varphi(\boldsymbol{r})$ が求まる．そこで誘電率に対する(I)の考え方を用い，その分散式から逆に $q_{/\!/}{}^{(s)}(\boldsymbol{k})$ を求めてみよう．(2. 2. 19)を(2. 2. 11)に入れ，(2. 2. 13)を用いると，(II)の方法で得た(2. 1. 22)に対応して

$$\frac{1}{\epsilon_{/\!/}(\boldsymbol{k},\infty)}-\frac{1}{\epsilon_{/\!/}(\boldsymbol{k},\omega)}=\sum_s\frac{4\pi N_0[q_{/\!/}{}^{(s)}(\boldsymbol{k})]^2}{\omega_s{}^2-\omega^2} \qquad (2.\ 2.\ 21)$$

が得られるが，$\omega^2\approx\omega_s{}^2$ では，右辺で s の項が支配的となるから，

$$\left[\frac{\partial\epsilon_{/\!/}(\boldsymbol{k},\omega)}{\partial(\omega^2)}\right]_{\omega=\omega_s}=\frac{1}{4\pi N_0 q_{/\!/}{}^{(s)2}} \qquad (2.\ 2.\ 22)$$

が得られる．(2. 2. 22), (2. 2. 19)を(2. 2. 20)に入れて

$$\varphi(\boldsymbol{r})=\sum_{\boldsymbol{k}}\left[\frac{4\pi\hbar}{\partial\epsilon_{/\!/}(\boldsymbol{k},\omega_s)/\partial\omega_s}\right]^{1/2}\left(\frac{-i}{k}\right)(b_{s\boldsymbol{k}}e^{i\boldsymbol{k}\cdot\boldsymbol{r}}-b_{s\boldsymbol{k}}{}^\dagger e^{-i\boldsymbol{k}\cdot\boldsymbol{r}}) \qquad (2.\ 2.\ 23)$$

が得られる．横波分極波 $\omega_s=\Omega_s$ は ϵ の微係数が ∞ になるためポテンシャルには寄与しないが，これは当然である．

イオン結晶内を自由に運動する伝導帯電子を考え，その位置座標を $\boldsymbol{r}$ とすると，電子と光学型格子振動の相互作用エネルギーは $(-e)\varphi(\boldsymbol{r})$ で与えられる．特に2

原子型等方的イオン結晶の場合，(*2. 1. 33′*), (*2. 1. 35*) を (*2. 2. 23*) に入れると Fröhlich 型の相互作用が得られるが，くわしくは§6. 1 (特に (*6. 1. 15*) ～ (*6. 1. 17*)) を参照されたい．

d) 電子ガスのプラズマ振動と遮蔽効果

別な例として，Coulomb 斥力を及ぼし合っている数密度 $\boldsymbol{n}$ の電子ガスを考えよう．これは金属，または濃くドープした半導体中の伝導電子に対してしばしば用いられるモデルである．その舞台となる媒質は，束縛電子による誘電率 ϵ_∞ をもち，また伝導電子の電荷を平均として中和する一様な固定正電荷 $+ne$ をもつものとする．この系の誘電率を求めるため，(b) 項の (II) の考え方をとり，ある伝導電子に対する他のすべての電子と固定正電荷とからの力をマクロな $\boldsymbol{E}$ に完全にくりこむことができると仮定すると，(*2. 2. 11*) により分極率 α_{eff} を求めるための仮想系としては，相互作用のない電子の集りを考えればよい (実際には Coulomb 相互作用のうち遮蔽されずに残る短距離型部分だけは H_{eff} に含ませておかなければならないのであるが今はそれを無視する)．

以下縦波に対する応答だけを求めよう．伝導電子の電荷密度演算子は

$$\rho(\boldsymbol{r}) = (-e)\sum_i \delta(\boldsymbol{r}-\boldsymbol{r}_i) \tag{2.2.24}$$

で，その Fourier 成分は

$$\rho_{-\boldsymbol{q}} = (-e)\sum_i \exp(i\boldsymbol{q}\cdot\boldsymbol{r}_i) \tag{2.2.25}$$

で与えられる (個々の電子の波数 $\boldsymbol{k}$ と区別するため $\boldsymbol{q}$ を用いた)．これは 1 電子演算子の和であるから，たとえばある電子を $\boldsymbol{k}$ から $\boldsymbol{k}+\boldsymbol{q}$ に移すような行列要素をもつ．電子の Fermi 分布を $f(\boldsymbol{k})$ とすると，移される先の状態は空いていなければならないから，(*2. 2. 11′*) (ただし $\boldsymbol{k}\to\boldsymbol{q}$ と書きかえる) の [　] 内の第 1 項の和は

$$\sum_{\boldsymbol{k}} \frac{e^2 f(\boldsymbol{k})[1-f(\boldsymbol{k}+\boldsymbol{q})]}{\varepsilon(\boldsymbol{k}+\boldsymbol{q})-\varepsilon(\boldsymbol{k})-\hbar\omega}$$

を与える．ただし $\varepsilon(\boldsymbol{k})=\hbar^2k^2/2m$ は電子の運動エネルギーである．第 2 項からは $\boldsymbol{q}, \omega$ の符号をかえたものが得られるが，その中で $\boldsymbol{k}\to-\boldsymbol{k}$, または $\boldsymbol{k}\to\boldsymbol{k}+\boldsymbol{q}$ とおきかえることによって，それぞれ次の表式が得られる．

$$\alpha_{\rm eff}(\boldsymbol{q},\omega)_{/\!/}=\frac{e^2}{q^2}\sum_{\boldsymbol{k}}\frac{2f(\boldsymbol{k})[\varepsilon(\boldsymbol{k})-\varepsilon(\boldsymbol{k}+\boldsymbol{q})]}{(\hbar\omega)^2-[\varepsilon(\boldsymbol{k})-\varepsilon(\boldsymbol{k}+\boldsymbol{q})]^2} \tag{2.2.26}$$

$$=\frac{e^2}{q^2}\sum_{\boldsymbol{k}}\frac{f(\boldsymbol{k})-f(\boldsymbol{k}+\boldsymbol{q})}{\varepsilon(\boldsymbol{k}+\boldsymbol{q})-\varepsilon(\boldsymbol{k})-\hbar\omega} \tag{2.2.26'}$$

$q\to 0$ の極限では $\alpha_{\rm eff}$ は等方的であり，(2.2.26) は温度によらず

$$\alpha_{\rm eff}(\omega)=-\frac{ne^2}{m\omega^2} \tag{2.2.27}$$

を与える．これは自由電子系の分極率としてよく知られた表式である．誘電率に対する2つの式 $\epsilon(\omega)=\epsilon_\infty+4\pi\alpha_{\rm eff}(\omega)$ と $\epsilon(\omega)^{-1}=\epsilon_\infty{}^{-1}-4\pi\alpha(\omega)$ とから α を求めると

$$4\pi\alpha(\omega)=\frac{\omega_{\rm p}{}^2/\epsilon_\infty}{\omega_{\rm p}{}^2-\omega^2} \tag{2.2.28}$$

が得られる．ただし

$$\omega_{\rm p}{}^2=\frac{4\pi ne^2}{\epsilon_\infty m} \tag{2.2.29}$$

である．(2.2.28) は，Coulomb 相互作用をもつ現実の電子系は振動数 $\omega_{\rm p}$ の固有振動をもつことを意味する．これは電荷密度 $\rho_{\boldsymbol{q}}$ の振動であって**プラズマ振動** (plasma oscillation) とよばれる．対応論により，これをエネルギー $\hbar\omega_{\rm p}$ の準粒子と考えることもできるが，この粒子を**プラズモン** (plasmon) とよぶ．(2.2.29) の復元力は，縦波の光学型格子振動に現われたもの ((2.1.34) の第2項参照) と同じく，分極の反電場によるものである．

次に (2.2.26′) で $\omega=0$ とし，q が小さい場合を考えよう．分布関数 f は本来 $\varepsilon(\boldsymbol{k})$ の関数であるから，この和は $\sum_{\boldsymbol{k}}(-\partial f/\partial\varepsilon)$ と書くことができ，静的誘電率は

$$\epsilon(\boldsymbol{q},0)=\epsilon_\infty\left(1+\frac{q_0{}^2}{q^2}\right) \tag{2.2.30}$$

$$q_0{}^2=\frac{4\pi e^2}{\epsilon_\infty}\sum_{\boldsymbol{k}}\left(-\frac{\partial f}{\partial\varepsilon}\right) \tag{2.2.31}$$

となる．f が完全縮退の場合は，Fermi エネルギーを $\varepsilon_{\rm F}$ として $-\partial f/\partial\varepsilon=\delta(\varepsilon-\varepsilon_{\rm F})$ であり，また Boltzmann 分布の場合は，Boltzmann 定数を $k_{\rm B}$，温度を T として $-\partial f/\partial\varepsilon=f/k_{\rm B}T$ であるから，それぞれの場合に

$$q_0{}^2 = \frac{4\pi ne^2}{\epsilon_\infty(2\varepsilon_F/3)} \quad \text{(Fermi 縮退)} \tag{2.2.32}$$

$$= \frac{4\pi ne^2}{\epsilon_\infty k_B T} \quad \text{(Boltzmann 分布)} \tag{2.2.32'}$$

が得られる．

q_0 の物理的意味は次の考察からわかる．$\boldsymbol{r}=0$ に大きさ Q の点電荷を挿入すると，$\mathrm{div}\,\boldsymbol{D}(\boldsymbol{r})=4\pi Q\delta(\boldsymbol{r})$ によって $\boldsymbol{D}_{\boldsymbol{q}}=4\pi Q\boldsymbol{q}/iq^2$ の電気変位を生じ，電子ガスの再配置による遮蔽効果によって，内部電場は $\boldsymbol{E}_{\boldsymbol{q}}=\boldsymbol{D}_{\boldsymbol{q}}/\epsilon(\boldsymbol{q},0)$ となる．ϵ として (2.2.30) を用い，$\boldsymbol{E}_{\boldsymbol{q}}=-i\boldsymbol{q}\varphi_{\boldsymbol{q}}$ から静電ポテンシャル $\varphi(\boldsymbol{r})=\sum\varphi_{\boldsymbol{q}}\exp(i\boldsymbol{q}\cdot\boldsymbol{r})$ を求めると

$$\varphi(\boldsymbol{r}) = \frac{Q}{\epsilon_\infty r}\exp(-q_0 r) \tag{2.2.33}$$

が得られる．これは，電子ガスの遮蔽効果によって，長距離型の Coulomb ポテンシャルが $q_0{}^{-1}$ 程度の距離で減衰して短距離型になってしまうことを意味する．q_0 を遮蔽定数とよび，特に (2.2.32) を Thomas-Fermi 型の，(2.2.32′) を Debye-Hückel 型の遮蔽という．

Fermi 縮退した電子ガスのより詳しい取扱いは第3章で行なうので，ここではこれ以上立ち入らないことにする．

e) 誘電体によるエネルギーの吸収

物質内の誘電的素励起——分極波——を直接観測するには，分極波と相互作用する“探針”を外から入れて，そのエネルギー損失をはかればよい．探針としては高速荷電粒子および電磁波が考えられる．この両者は，誘電性を観測するための代表的な手段であるばかりでなく，それぞれが，本節(b)項でのべた誘電率の2つのとらえ方ともよく対応しているのである．

振動電場に対する物質の電気伝導率 $\sigma(\omega)$ と誘電率 $\epsilon(\omega)$ との間には

$$\mathrm{Re}\,\sigma(\omega) = \frac{\omega}{4\pi}\mathrm{Im}\,\epsilon(\omega) \tag{2.2.34}$$

の関係がある(電流密度が $\boldsymbol{j}=\partial\boldsymbol{P}/\partial t$ であることから導かれる)．等方的物質中で，電場振幅 $\boldsymbol{E}_\omega$ の電磁波が単位時間に失うエネルギーは，単位体積当り

$$\mathrm{Re}\,\sigma(\omega)\cdot\frac{E_\omega{}^2}{2}=\frac{\omega}{4\pi}\,\mathrm{Im}\,\epsilon(\omega)\cdot\frac{E_\omega{}^2}{2} \qquad (2.2.35)$$

で与えられる．ただし電磁波の波数 $\boldsymbol{k}$ は小さいと考えて，σ, ϵ の $\boldsymbol{k}$ 依存性を無視した．

同じ物質に，外から電荷 Ze，質量 M，運動量 $\hbar\boldsymbol{K}$ の粒子が入射するとしよう．この粒子の位置座標を $\boldsymbol{R}$ とすると，それは $v(\boldsymbol{r}-\boldsymbol{R})=Ze/|\boldsymbol{r}-\boldsymbol{R}|$ のポテンシャルを作るから，物質は

$$\mathcal{H}_{\mathrm{ex}}=\int\rho(\boldsymbol{r})v(\boldsymbol{r}-\boldsymbol{R})\,d\boldsymbol{r}=\sum_{\boldsymbol{k}}v_{\boldsymbol{k}}\rho_{-\boldsymbol{k}}e^{-i\boldsymbol{k}\cdot\boldsymbol{R}} \qquad (2.2.36)$$

の摂動を受ける．$\rho(\boldsymbol{r})$ は物質の電荷密度演算子であり，$\rho_{\boldsymbol{k}}, v_{\boldsymbol{k}}=4\pi Ze/k^2$ はそれぞれ $\rho(\boldsymbol{r}), v(\boldsymbol{r})$ の Fourier 成分である((2.2.6)参照)．この相互作用により，荷電粒子が，運動量 $\hbar\boldsymbol{k}$，エネルギー $\hbar\omega=\hbar^2\boldsymbol{K}^2/2M-\hbar^2(\boldsymbol{K}-\boldsymbol{k})^2/2M$ を失う散乱確率(単位時間，単位エネルギー当り)を Born 近似で計算すると

$$W(\boldsymbol{k},\omega)=\frac{2\pi}{\hbar}\underset{m}{\mathrm{Av}}\sum_{n}|v_{\boldsymbol{k}}|^2|(\rho_{-\boldsymbol{k}})_{nm}|^2\delta(\hbar\omega_{nm}-\hbar\omega)$$

となる．簡単のため，物質は温度 0 K，すなわち基底状態にあるとすると，(2.2.11′)，(2.2.13)により，上式は

$$W(\boldsymbol{k},\omega)=\frac{2\pi}{\hbar}|ev_{\boldsymbol{k}}|^2\left[\frac{k^2}{4\pi^2e^2}\,\mathrm{Im}\left(-\frac{1}{\epsilon(\boldsymbol{k},\omega)}\right)\right] \qquad (2.2.37)$$

と書くことができる†．以後 k が無視できる場合(入射粒子が十分高速であればよい)に話を限ることにする．

(2.2.35)，(2.2.37)により，電磁波の吸収スペクトルは $\mathrm{Im}\,\epsilon(\omega)$ に，荷電粒子のエネルギー損失スペクトルは $\mathrm{Im}[-1/\epsilon(\omega)]$ に関係づけられることがわかった．§2.1 でのべた格子振動の例では，散逸を無視して ϵ の実数部だけを求めた．(2.2.12)と同様の分散公式が $\epsilon(\omega)-1=4\pi\alpha_{\mathrm{eff}}(\omega)$ についても成り立つことを利用して，ϵ の実数部(2.1.22)から直ちに虚数部が求められる．すなわち

$$\mathrm{Im}\,\epsilon(\omega)=\frac{1}{\omega}2\pi^2N_0\sum_{a}(p_x{}^{(a)})^2[\delta(\omega-\Omega_a)+\delta(\omega+\Omega_a)] \qquad (2.2.38)$$

---

† 有限温度の場合 $W(\boldsymbol{k},\omega)$ は(1.6.1)で与えられる．(2.2.37)の[ ]は絶対零度での動的構造因子である(§3.3 参照)．

((2.1.22)右辺で ω の代りに $\omega+i\eta$ $(\eta\to+0)$ を入れておけば，実数部と虚数部が同時にえられる.) (2.1.31) または図2.2(b) からわかるように，$-1/\epsilon(\omega)$ も $\epsilon(\omega)$ とよく似た形の分散をもち，$\mathrm{Im}[-1/\epsilon(\omega)]$ は $\omega=\pm\omega_a$ で δ 関数型のスペクトルをもつ．したがって電磁波では素励起 $\hbar\Omega_a$ が，荷電粒子では素励起 $\hbar\omega_a$ が励起されることがわかる．§2.1 でのべたように等方的物質では Ω_a は横波，ω_a は縦波であるから，前者が電磁波で，後者が荷電粒子の Coulomb 場(縦波成分だけをもっている)で励起されるのは当然である．光学型フォノンのエネルギーは 10^{-2}～10^{-1} eV 程度であって，赤外線吸収スペクトルから光学型横波フォノンのエネルギーがわかるが，特に2原子型立方結晶の場合，$\epsilon_0, \epsilon_\infty$ も同時に知られていれば，(2.1.35) を用いて縦波フォノンのエネルギーを求め，さらに(2.1.34), (2.1.7) から有効電荷 e' を求めることもできる．前出の表2.1はこのようにして得られたものである．

本節(d)項でのべた電子ガスの例では，(2.2.27) により $\epsilon(\omega)$ には虚数部がないが，(2.2.28) により $-1/\epsilon(\omega)$ は $\omega=\pm\omega_\mathrm{p}$ で δ 関数型の虚数部をもつ($\omega\to\omega+i\eta$ とおく)．すなわち電子ガスでは，電磁波の吸収は起こらないが，荷電粒子を入射させてプラズモンを励起することはできる．実際アルミニウムはじめ多くの金属で，高速電子線のエネルギー損失スペクトルに，プラズモン励起による顕著なピーク(10 eV 程度のエネルギーをもつ)が観測されている．電磁波の方は，周波数 $\omega<\omega_\mathrm{p}$ のものは($\epsilon(\omega)<0$ であるため)全反射を受け，$\omega>\omega_\mathrm{p}$ のものは媒質中を(吸収されずに)透過する．このことを利用して，光学的測定から ω_p を求めることもできる．

しかしながら，以上の考察をふりかえって次のようにいうこともできる．これらの観測でわれわれが直接相手にしているのは，素励起というよりむしろ誘電関数 $\epsilon(\boldsymbol{k},\omega)$ である．後者は，刺激と応答を結びつける係数として明確に定義され測定される量であるのに対して，前者は後者の内容を解釈するための補助的概念であり，有効な場合もあるがそうでない場合もある．たとえば上記の例で，格子振動の $\mathrm{Im}\,\epsilon(\omega)$ や電子ガスの $\mathrm{Im}[-1/\epsilon(\omega)]$ にあらわれる線スペクトル——それは素励起の“あかし”となるものであるが——は，実際には種々の原因(格子振動の非調和項，電子の集団運動と個別運動の相互作用，電子-フォノン相互作用など)による減衰効果のため，有限の幅をもつ．場合によってはピークの痕跡すら留めないこともあろうが，このような状況の下では，われわれは素励起概念に頼ることをひとまずあきらめて，直接測定される量に立ちもどらなければならない．実際，誘電関数 $\epsilon(\boldsymbol{k}, \omega)$ には，“均質”系の“線形”応答という枠内でのすべての誘電的情報がふくまれており，素励起概念では単純に説明できない $\epsilon(\boldsymbol{k}, \omega)$ の奇妙な形状が，素励起以外の新しい概念またはモデルで説明できるかも知れないからである．

§2.3 エクシトン

§2.1では，絶縁体結晶の光学型格子振動による誘電分散を考察したが，そこでは電磁波の周波数 ω は十分小さく，電子的分極——各イオン内での電子雲変形——は電磁波に遅滞なく追随できると考えて，その誘電率への寄与 $\epsilon_\infty-1$ を ω に依存しない定数と考えた．しかし ω が電子的分極の固有振動数域に入ると，電子的誘電率自体が分散と吸収を示す．格子振動がそうであったように，電子的分極も結晶内を波動として伝わるが，それでは，フォノンに対応する，電子的分極波のエネルギー量子とは何であろうか．本節ではまず，そのような量子の両極端のモデルとして，Frenkel 型エクシトンおよび Wannier-Mott 型エクシトンをとりあげた後，それらを統一的に扱う理論についてのべる．

a) Frenkel 型エクシトン

まず孤立した原子に電場をかけると，電子雲が反対方向にずれて原子全体として分極するが，これを波動関数で表わすと，たとえばエネルギー ε_s の s 型基底状態 $\phi_s(\boldsymbol{r})$ に，エネルギー ε_p の p 型励起状態 $\phi_p(\boldsymbol{r})$ がわずかにまじることを意味する．電場を突然とり去ると，このまじりの係数，したがってそれに比例する分極は，振動数 $\omega=(\varepsilon_p-\varepsilon_s)/\hbar$ で振動する．対応論的にいえば，原子の電子的分極の量子とは，原子を(偶奇性の異なる)励起状態へ上げること，またはその励起エネルギーを意味する．

並進対称性をもつ結晶の場合には，ある原子(分子性結晶の場合は分子を意味するものとする．以下同様)だけを励起しても，原子間相互作用による共鳴効果によって，その励起は原子から原子へと伝わって動いてゆくだろう．このように結晶内を伝播する電子的励起エネルギーを，粒子のようにみなして**エクシトン**(exciton)または**励起子**とよぶ．

絶縁体結晶の全電子系の波動関数を Ψ または Φ で表わすと，その基底状態は

$$\Psi^{(\mathrm{g})}(\boldsymbol{r}_1, \cdots, \boldsymbol{r}_N) = \prod_m \phi_{\mathrm{s}}(\boldsymbol{r}_m - \boldsymbol{R}_m) \tag{2.3.1}$$

で表わされる．異なる原子間の波動関数の重なりを無視し，波動関数の反対称化は行なわないことにする．一方，n 番目の原子だけを励起した状態は

$$\Phi_n(\boldsymbol{r}_1, \cdots, \boldsymbol{r}_N) = \phi_{\mathrm{p}}(\boldsymbol{r}_n - \boldsymbol{R}_n) \prod_{m(\neq n)} \phi_{\mathrm{s}}(\boldsymbol{r}_m - \boldsymbol{R}_m) \tag{2.3.2}$$

で与えられる(図 2.5 参照)．系のハミルトニアンは，各原子のハミルトニアン h_n と，原子間相互作用 v_{nm} の和

$$\mathcal{H} = \sum_n h_n + \sum_{n<m}\sum v_{nm} \tag{2.3.3}$$

で表わせるが，Φ_n 状態でのエネルギー期待値 $\mathcal{H}_{nn} = (\Phi_n, \mathcal{H}\Phi_n)$ は，結晶の並進対称性により，n によらず一定である．その値は，基底状態のエネルギー $E^{(\mathrm{g})}$ からはかって，$\varepsilon \approx \varepsilon_{\mathrm{p}} - \varepsilon_{\mathrm{s}}$ のところにある．一方 (2.3.3) は，原子間相互作用のため，異なる Φ_n の間にも行列要素をもつ．すなわち

$$\mathcal{H}_{nm} = (\Phi_n, \mathcal{H}\Phi_m) = \int d\boldsymbol{r}_n \int d\boldsymbol{r}_m \phi_{\mathrm{p}}(\boldsymbol{r}_n - \boldsymbol{R}_n)\, \phi_{\mathrm{s}}(\boldsymbol{r}_m - \boldsymbol{R}_m) \cdot v_{nm} \phi_{\mathrm{s}}(\boldsymbol{r}_n - \boldsymbol{R}_n)\, \phi_{\mathrm{p}}(\boldsymbol{r}_m - \boldsymbol{R}_m) \tag{2.3.4}$$

右辺に示した項以外はすべて，ϕ_{p} と ϕ_{s} の直交性により消える．v_{nm} は，格子点 n にある原子心および電子と，m にあるそれとの相互作用であるが，ϕ_{p} と ϕ_{s} との直交性により，(2.3.4) の積分では v_{nm} の中 n にある電子と m にある電子との Coulomb 相互作用 $e^2/|\boldsymbol{r}_n - \boldsymbol{r}_m|$ だけが残る．$\phi_{\mathrm{p}}(\boldsymbol{r}), \phi_{\mathrm{s}}(\boldsymbol{r})$ の空間的広がりが原子間距離にくらべて十分小さいとすると，この Coulomb ポテンシャルを $\boldsymbol{r}_n = \boldsymbol{R}_n$, $\boldsymbol{r}_m = \boldsymbol{R}_m$ のまわりで多重極展開して，(2.3.4) の積分を行なうことができる．その結果あらわれる最初の項が双極子間相互作用であることは明らかであろう．

図 2.5 局所励起状態((2.3.2) 参照)

すなわち原子内遷移の双極子能率を

$$\boldsymbol{\mu} \equiv \int \phi_{\mathrm{p}}(\boldsymbol{r})(-e\boldsymbol{r})\phi_{\mathrm{s}}(\boldsymbol{r})\,d\boldsymbol{r} \tag{2.3.5}$$

とすると，(2.3.4)は格子点 $\boldsymbol{R}_n$ と $\boldsymbol{R}_m$ とに同じモーメント $\boldsymbol{\mu}$ をもつ電気双極子がある場合の，双極子間相互作用とみなすことができる．すなわち

$$\mathscr{H}_{nm} \approx \frac{\boldsymbol{\mu}^2}{{R_{nm}}^3} - \frac{3(\boldsymbol{\mu}\cdot\boldsymbol{R}_{nm})^2}{{R_{nm}}^5} \equiv D(\boldsymbol{R}_{nm}) \tag{2.3.6}$$

(2.3.4)または(2.3.6)は，$\boldsymbol{R}_{nm} \equiv \boldsymbol{R}_n - \boldsymbol{R}_m$ だけの関数であるから，1体近似のバンド理論における原子軌道関数の1次結合モデルと同じようにして，ハミルトニアン $\mathscr{H}$ は，局所的励起の波動関数(2.3.2)の進行波的1次結合

$$\Psi_{\boldsymbol{K}}{}^{(\mathrm{e})} = \frac{1}{\sqrt{N}}\sum_n \exp(i\boldsymbol{K}\cdot\boldsymbol{R}_n)\Phi_n \tag{2.3.7}$$

により対角化されること，またそのエネルギー $(\Psi_{\boldsymbol{K}}{}^{(\mathrm{e})}, \mathscr{H}\Psi_{\boldsymbol{K}}{}^{(\mathrm{e})})$ は，基底状態のエネルギー $(\Psi^{(\mathrm{g})}, \mathscr{H}\Psi^{(\mathrm{g})})$ からはかって

$$E_{\boldsymbol{K}} = \varepsilon + \sum_{n(\neq 0)} D(\boldsymbol{R}_n)\exp(-i\boldsymbol{K}\cdot\boldsymbol{R}_n) = \varepsilon + D_{\boldsymbol{K}} \tag{2.3.8}$$

で与えられることがわかる．(2.3.7)の波動関数は，電子的励起のエネルギーが一定の波数 $\boldsymbol{K}$ で原子から原子へと伝わってゆく波動を表わしている．励起“エネルギー”は伝播しても，励起された“電子”はそれぞれの原子内にとどまっていると考えてよい．このようなものを特に **Frenkel 型エクシトン**という．いまの近似では，エクシトン・バンド(励起子帯)(2.3.8)のエネルギー幅は，もっぱら双極子間相互作用によっている．

(2.3.6)は R^{-3} で減少するかなり長距離的な相互作用であり，さらに方向依存性をもつので，(2.3.8)の和をとるさい，$\boldsymbol{K}=0$ 近傍での収束性には特に注意を要する．単位胞の体積を $v_0=d^3$ として，$Kd \ll 1$ をみたす小さな波数 $\boldsymbol{K}$ を考えよう．原点 $\boldsymbol{R}_n=0$ にある原子を中心として，半径 R_{c} が $d \ll R_{\mathrm{c}} \ll K^{-1}$ をみたす“マクロな微小球”を考え，(2.3.8)の和をとるさい，球の内側の原子に対しては $\exp(-i\boldsymbol{K}\cdot\boldsymbol{R}_n)\approx 1$ とおき，外側の原子に対しては和を積分 $N_0\int d\boldsymbol{R}$ でおきかえよう($N_0 = {v_0}^{-1}$ は単位体積当りの単位胞の数)．図2.6のように $\boldsymbol{K}$ を極方向に，$\boldsymbol{\mu}$ を基準経度面内にとった極座標を用いると，この積分は

$$I = N_0\mu^2\int_{R_c}^{\infty}\frac{dR}{R}\int_0^{\pi}\exp(-iKR\cos\theta)\sin\theta\,d\theta\int_{-\pi}^{+\pi}(1-3\cos^2\theta')\,d\phi$$

で与えられる．公式 $\cos\theta'=\cos\theta_0\cos\theta+\sin\theta_0\sin\theta\cos\phi$ を用いると，ϕ に関する積分は $-\pi(1-3\cos^2\theta_0)(1-3\cos^2\theta)$ を与える．$\cos\theta\equiv t$, $KR\equiv\lambda$ とおいて t, λ に関する積分を行ない，$\lambda_c\equiv KR_c\ll 1$ に注意すると，

$$I = -\frac{4\pi}{3}N_0\mu^2(1-3\cos^2\theta_0)+O(\lambda_c{}^2)$$

が得られる．球内の原子についての和を加えて，結局

$$D_{\boldsymbol{K}} = \sum_{R_n<R_c} D(\boldsymbol{R}_n)-\frac{4\pi}{3}N_0[\mu^2-3(\boldsymbol{\mu}\cdot\bar{\boldsymbol{K}})^2] \qquad (Kd\ll 1) \qquad (2.3.9)$$

が得られる．$\bar{\boldsymbol{K}}$ は $\boldsymbol{K}$ 方向の単位ベクトルである．したがって $D_{\boldsymbol{K}}$ は，$\boldsymbol{K}$ をどの方向から 0 に近づけるかによって異なる値に収束する．これは§2.1 で光学型格子振動の振動数を求めたときと全く同じ事情であって，分極波による反電場に由来する．実際(2.3.9)で $\boldsymbol{K}/\!/\boldsymbol{\mu}$ の縦波は，$\boldsymbol{K}\perp\boldsymbol{\mu}$ の横波よりも $4\pi N_0\mu^2$ だけ高いエネルギーをもっている．

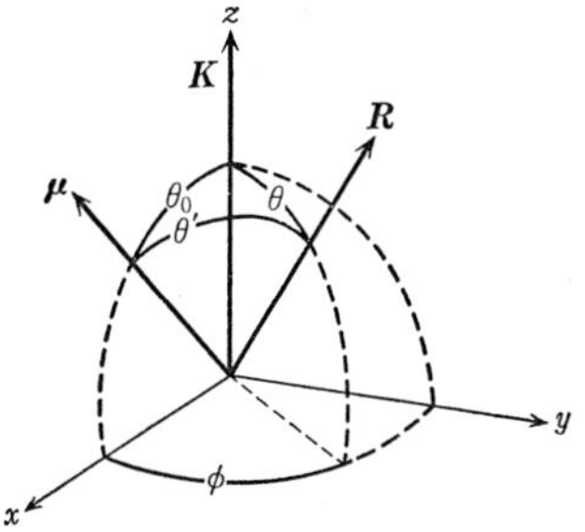

図 2.6

等方的結晶内で立方対称の位置を占める原子の場合，3 つの p 型励起状態 p_x, p_y, p_z は縮重している(x, y, z 軸は，結晶のどの方向にとってもよい)から，(2.3.7)の $\Psi_{\boldsymbol{K}}{}^{(e)}$ としても，分極ベクトル $\boldsymbol{\mu}$ がそれぞれ x, y, z 方向を向いた 3 種の波を考えなければならない．したがって(2.3.9)の第 2 項に対応するものは，3 行 3 列の行列となり，

$$-\frac{4\pi}{3}N_0\mu^2[\delta_{ij}-3\bar{K}_i\bar{K}_j] \qquad (2.3.10)$$

で与えられる((2.3.9)の第1項に相当するものは，§2.1(a)でのべたのと同様にして立方対称性のため消える)．1つの座標軸 z を $\boldsymbol{K}$ 方向にとれば，この行列は対角形となる．結局任意の伝播方向に対し，エネルギー行列(2.3.10)は，分極ベクトル $\boldsymbol{\mu}$ が $\boldsymbol{K}$ に平行な縦波エクシトンと，$\boldsymbol{\mu}$ が $\boldsymbol{K}$ に垂直な2つの横波エクシトンによって対角化され，その対角要素はそれぞれ $(8\pi/3)N_0\mu^2$，および $-(4\pi/3)N_0\mu^2$ で与えられることがわかる．横波に対する値は(2.1.11)の右辺第2項に相当することを注意しておく．

b) Wannier-Mott 型エクシトン

前項の Frenkel 型エクシトンでは，励起された電子はもとと同じ原子にとどまっていると考えた．しかし結晶の励起状態としては，このような原子内励起 $\phi_s(\boldsymbol{r}-\boldsymbol{R}_m)\to\phi_p(\boldsymbol{r}-\boldsymbol{R}_m)$ のほかに，励起電子を他の原子に移したイオン化状態または電荷移動状態 $\phi_s(\boldsymbol{r}-\boldsymbol{R}_m)\to\phi_p(\boldsymbol{r}-\boldsymbol{R}_n)$ $(n\neq m)$ をも考えるべきであろう(いまスピン自由度は考えないので n 原子の s 状態にはもうはいれない)．これによって m 原子は正イオンに，n 原子は負イオンになるが，中性の原子を基準として考えれば，前者は“電子のぬけ穴”として $+e$ の電荷をもち，後者は“余分の電子”として $-e$ の電荷をもつ．

前には無視した異なる原子間の波動関数の重なりを考えると，“電子のぬけ穴”と“余分の電子”とはそれぞれ，原子から原子へと動くことができる．これをバンド模型でいえば，ϕ_s からつくられる価電子帯(充満帯)に“**正孔**”(positive hole)が，ϕ_p からつくられる伝導帯(空帯)に“電子”が，それぞれ1つある状態である．この“電子”と“正孔”(それぞれの位置座標を $\boldsymbol{r}_e, \boldsymbol{r}_h$ とする)とは，十分遠い距離にあれば，それぞれのバンドの中を自由に独立に運動するが(図2.7参照)，それらの間には当然 Coulomb 引力が働く．このように，絶縁体結晶の励起状態を電子と正孔の2体問題としてとらえることもできる．結晶の並進対称性により，電子・正孔対の重心運動は波数 $\boldsymbol{K}$ の関数として連続的エネルギーをもつが，相対運動としては，Coulomb 引力により束縛された離散的状態(エクシトン)とイオン化された連続的状態とが現われる．束縛が十分強く，相対運動の軌道半径が格子定数と同程度以下の場合は，電子と正孔とは同一原子内にあるとみてよいから，前項でのべた Frenkel 型エクシトンに帰着する．

逆に相対運動の軌道半径 a が格子定数 d よりはるかに大きいときは，電子・

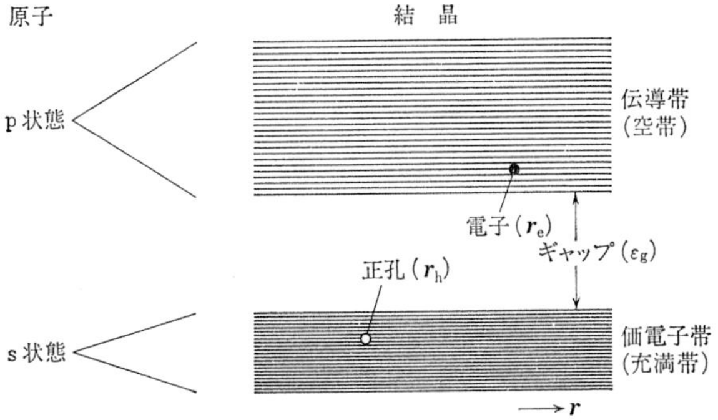

図 2.7　絶縁体のバンド模型と電子・正孔対

正孔間には

$$V(\boldsymbol{r}_e-\boldsymbol{r}_h) = -\frac{e^2}{\epsilon|\boldsymbol{r}_e-\boldsymbol{r}_h|} \tag{2.3.11}$$

の Coulomb ポテンシャルが働いていると考えてよい．ここで ϵ はマクロな結晶の誘電率である．さらに，電子および正孔をそれぞれ有効質量 m_e, m_h (バンド構造できまるパラメーターで，電子の真質量 m_0 と一般に異なっている)をもつ粒子とみなす，いわゆる**有効質量近似** (effective mass approximation) が許されるとすると，この 2 体問題は水素原子の問題と相似型になり，相対運動の量子数が λ，並進運動の波数が $\boldsymbol{K}$ であるエクシトンのエネルギーは

$$E_{\lambda\boldsymbol{K}} = \varepsilon_g+\frac{\hbar^2K^2}{2M}+\bar{E}_\lambda \tag{2.3.12}$$

で与えられる．ここで ε_g は伝導帯と価電子帯の間のエネルギー・ギャップ(図 2.7 参照)であり，また相対運動のエネルギー $\bar{E}_\lambda$ は，束縛状態においては

$$\bar{E}_n = -\frac{R}{n^2} \qquad (n = 1, 2, 3, \cdots) \tag{2.3.13}$$

で与えられる離散値を，イオン化状態においては

$$\bar{E}_k = \frac{\hbar^2k^2}{2\mu} \tag{2.3.14}$$

で与えられる連続値をとる．n は主量子数，$\boldsymbol{k}$ は相対運動の波数であり，また $M\equiv m_e+m_h$ および $\mu^{-1}=m_e^{-1}+m_h^{-1}$ は重心質量および還元質量である．有効

Rydberg 定数 R および 1s 状態($n=1,\ l=m=0$)のエクシトンの軌道半径 a は

$$R=\frac{\mu e^4}{2\epsilon^2\hbar^2}=\frac{e^2}{2\epsilon a}=\frac{1}{\epsilon^2}\left(\frac{\mu}{m_0}\right)R_{\mathrm{H}} \tag{2.3.15}$$

$$a=\frac{\epsilon\hbar^2}{\mu e^2}=\epsilon\left(\frac{m_0}{\mu}\right)a_{\mathrm{H}} \tag{2.3.16}$$

で与えられる．ϵ が 1 よりずっと大きい結晶では，R は水素原子の $R_{\mathrm{H}}=13.6\ \mathrm{eV}$ よりはるかに小さく，a は水素原子の $a_{\mathrm{H}}=0.53$ Å に比して大きくなる．

電子・正孔間の軌道半径 a が格子定数 d にくらべて十分大きく，また並進および相対運動が十分緩慢である ($\hbar^2K^2/2M\ll\varepsilon_{\mathrm{g}},\ R\ll\varepsilon_{\mathrm{g}}$) 場合にだけ，上記の連続媒質モデル(*2.3.11*)および有効質量近似が許され，エクシトンは水素原子類似の系となるのである．このようなエクシトンを **Wannier-Mott 型エクシトン**とよぶ．

このようにエクシトンは，原子内励起のエネルギーが結晶格子内を次々と伝播してゆくものと考えてもよいし，また電子・正孔からなる複合粒子と考えてもよい．これらのモデルはそれぞれ $a\lesseqgtr d$ の両極限における状況を最も端的にいい表わしたものであるが，同じエクシトンが合せもつ 2 つの側面であるともいえる．この両側面を統一的に記述する理論を次項で紹介する．

c) 多電子系の励起状態

絶縁体結晶を，剛体格子として周期的に配列した原子核と，すべての核外電子とに分けて考える．1 電子ハミルトニアン——電子の運動エネルギーと，剛体格子による周期的ポテンシャル(各原子核からの Coulomb 引力ポテンシャルの和)との和——を $h(\boldsymbol{p},\boldsymbol{r})$，2 電子間の Coulomb 斥力ポテンシャルを $v(\boldsymbol{r}-\boldsymbol{r}')=e^2/|\boldsymbol{r}-\boldsymbol{r}'|$ とおこう．このような多電子系の波動関数は，適当な 1 電子準位のある 1 組を電子が占めていることを表わす Slater 行列，またはその占め方を種々にかえたものの 1 次結合で表わすことができる．G. Wannier はこのような表示によって絶縁体の 1 電子励起状態を記述し，エクシトンに対する波動方程式を導き出した．しかし Slater 行列による表示は説明が冗長となり実際の計算にも便利なものではないので，ここでは Wannier の理論を第 2 量子化法で書きかえて†

† 第 2 量子化法に慣れない読者は Wannier の原論文 *Phys. Rev.*, 52, 191 (1937) を参照されたい．また先を急ぐ読者は本項の主要結果である(*2.3.41*)または(*2.3.51*)から先を読まれたい．

紹介する．

位置 $\boldsymbol{r}$ における電子の消滅・生成演算子を $\Psi(\boldsymbol{r})$, $\Psi^{\dagger}(\boldsymbol{r})$ とすると，上記の多電子系のハミルトニアンは

$$\mathcal{H} = \mathcal{H}^{(1)} + \mathcal{H}^{(2)} = \int d\boldsymbol{r}\Psi^{\dagger}(\boldsymbol{r})h(\boldsymbol{p}, \boldsymbol{r})\Psi(\boldsymbol{r})$$

$$+\frac{1}{2}\int\int d\boldsymbol{r}d\boldsymbol{r}'\Psi^{\dagger}(\boldsymbol{r})\Psi^{\dagger}(\boldsymbol{r}')v(\boldsymbol{r}-\boldsymbol{r}')\Psi(\boldsymbol{r}')\Psi(\boldsymbol{r}) \qquad (2.3.17)$$

で与えられる．$\Psi(\boldsymbol{r})$ を展開するベースとしての1電子関数には，Bloch 関数 $\phi_{\nu\boldsymbol{k}}(\boldsymbol{r}) = u_{\nu\boldsymbol{k}}(\boldsymbol{r})\exp(i\boldsymbol{k}\cdot\boldsymbol{r})$，またはそれから直交変換で得られる **Wannier 関数**

$$\phi_{\nu}(\boldsymbol{r}-\boldsymbol{R}_n) = \frac{1}{\sqrt{N}}\sum_{\boldsymbol{k}}\exp(-i\boldsymbol{k}\cdot\boldsymbol{R}_n)\phi_{\nu\boldsymbol{k}}(\boldsymbol{r}) \qquad (2.3.18)$$

を用いる．ここで $\boldsymbol{\nu}$ はバンドの番号，$\boldsymbol{k}$ は波数であって，(2.3.18) の和は第1 Brillouin 域の中で行なう．Bloch 関数のきめ方については後にのべるが，当面はその規格直交性 $(\phi_{\nu\boldsymbol{k}}^{*}, \phi_{\nu'\boldsymbol{k}'}) = \delta_{\nu\nu'}\delta_{\boldsymbol{k}\boldsymbol{k}'}$，完全性 $\sum_{\nu\boldsymbol{k}}\phi_{\nu\boldsymbol{k}}^{*}(\boldsymbol{r})\phi_{\nu\boldsymbol{k}}(\boldsymbol{r}') = \delta(\boldsymbol{r}-\boldsymbol{r}')$，および並進対称性だけを仮定する．最後の点，すなわち $u_{\nu\boldsymbol{k}}(\boldsymbol{r})$ が格子の周期をもつ周期関数であることから，(2.3.18) が $\boldsymbol{r}-\boldsymbol{R}_n$ だけの関数であることは明らかだが，(2.3.18) の逆変換式からもわかるように $\phi_{\nu}(\boldsymbol{r}-\boldsymbol{R}_n)$ は原子軌道関数に似た局在関数であって，Bloch 関数と同じく規格直交性

$$\int d\boldsymbol{r}\phi_{\nu}^{*}(\boldsymbol{r}-\boldsymbol{R}_n)\phi_{\nu'}(\boldsymbol{r}-\boldsymbol{R}_{n'}) = \delta_{\nu\nu'}\delta_{nn'} \qquad (2.3.19)$$

および完全性をみたす．$\Psi(\boldsymbol{r})$ を完全系で展開して

$$\Psi(\boldsymbol{r}) = \sum_{\nu\boldsymbol{k}}a_{\nu\boldsymbol{k}}\phi_{\nu\boldsymbol{k}}(\boldsymbol{r}) = \sum_{\nu n}a_{\nu n}\phi_{\nu}(\boldsymbol{r}-\boldsymbol{R}_n) \qquad (2.3.20)$$

とおくと，(2.3.18) により関係式

$$a_{\nu\boldsymbol{k}} = \frac{1}{\sqrt{N}}\sum_{n}\exp(-i\boldsymbol{k}\cdot\boldsymbol{R}_n)a_{\nu n} \qquad (2.3.21)$$

が成り立つ．$a_{\nu\boldsymbol{k}}$ と $a_{\nu\boldsymbol{k}}^{\dagger}$（または $a_{\nu n}$ と $a_{\nu n}^{\dagger}$）は状態 $(\nu, k$（または n））における電子の消滅・生成演算子であり，Fermi の交換関係をみたす：

$$a_{\nu\boldsymbol{k}}a_{\mu\boldsymbol{k}'} + a_{\mu\boldsymbol{k}'}a_{\nu\boldsymbol{k}} = 0, \qquad a_{\nu\boldsymbol{k}}a_{\mu\boldsymbol{k}'}^{\dagger} + a_{\mu\boldsymbol{k}'}^{\dagger}a_{\nu\boldsymbol{k}} = \delta_{\nu\mu}\delta_{\boldsymbol{k}\boldsymbol{k}'} \qquad (2.3.22)$$

（または $\boldsymbol{k}, \boldsymbol{k}'$ を n, n' でおきかえたもの）

以後，一般に充満帯を μ で，空帯を ν で表わし，両方あわせて考えるときは λ を用いることにしよう．電子のない状態を $|0\rangle$ と書くと，1電子近似での結晶の基底状態は

$$|\mathrm{g}\rangle = \prod_{\mu'\boldsymbol{k}} a_{\mu'\boldsymbol{k}}{}^{\dagger}|0\rangle \tag{2.3.23}$$

で与えられる．ここで μ' はすべての充満帯をとるものとする．次に1電子励起状態として，たとえば $(\mu, \boldsymbol{k}')$ の充満帯電子を，空帯準位 $(\nu, \boldsymbol{k})$ に上げたものを考える．この状態での全電子系の波数 $\boldsymbol{K}$ は $\boldsymbol{k}-\boldsymbol{k}'$ で与えられる．ハミルトニアン(2.3.17)の並進対称性により $\boldsymbol{K}$ は量子数であるから，1電子励起の枠内で励起固有状態を求めるには，まず $\boldsymbol{K}$ の値を指定し，$\boldsymbol{k}-\boldsymbol{k}'=\boldsymbol{K}$ をみたすような $(\boldsymbol{k}, \boldsymbol{k}')$ の組だけを考えて1次結合をとればよい．(ν, μ) の組についての1次結合をとることは後の項にゆずり，ここでは1組の (ν, μ) だけを考えることにする．このようにして1電子励起の固有状態は

$$|\mathrm{e}\rangle = B^{\dagger}|\mathrm{g}\rangle \equiv \sum_{\boldsymbol{k}} f(\boldsymbol{k})\, a_{\nu\boldsymbol{k}}{}^{\dagger} a_{\mu\, \boldsymbol{k}-\boldsymbol{K}}|\mathrm{g}\rangle \tag{2.3.24}$$

$$= \frac{1}{\sqrt{N}} \sum_{m,l} \exp(i\boldsymbol{K}\cdot\boldsymbol{R}_m)\, F(\boldsymbol{R}_l)\, a_{\nu\, m+l}{}^{\dagger} a_{\mu m}|\mathrm{g}\rangle \tag{2.3.24'}$$

と書かれる．ここで

$$f(\boldsymbol{k}) = \frac{1}{\sqrt{N}} \sum_{l} \exp(-i\boldsymbol{k}\cdot\boldsymbol{R}_l)\, F(\boldsymbol{R}_l) \tag{2.3.25}$$

であり，係数 $f(\boldsymbol{k})$ および $F(\boldsymbol{R}_l)$ はともに規格化されている．すなわち

$$\sum_{\boldsymbol{k}} |f(\boldsymbol{k})|^2 = \sum_{l} |F(\boldsymbol{R}_l)|^2 = 1 \tag{2.3.26}$$

(2.3.24′)は，ν バンドにある電子と μ バンドにある正孔とが，波動関数 $F(\boldsymbol{R}_l)$ で相対運動しながら波数 $\boldsymbol{K}$ で並進する状態を意味し，はじめにのべた電子・正孔の複合粒子に対する2体的記述になっている．それゆえ，相対運動の波動関数 $F(\boldsymbol{R}_l)$ または $f(\boldsymbol{k})$ に対する方程式を求めることが，次の課題である．

一般に多体系のハミルトニアン $\mathcal{H}$ が与えられ，その基底状態 $|\mathrm{g}\rangle$ がわかっているとき，励起状態 $|\mathrm{e}\rangle$ およびその励起エネルギー $E \equiv E_{\mathrm{e}} - E_{\mathrm{g}}$ を求めるには，次のような方法がある．$|\mathrm{e}\rangle$ が，たとえば(2.3.24)のように $|\mathrm{g}\rangle$ にある演算子 $B^{\dagger}$

を作用させて得られるとすると，$|\mathrm{e}\rangle$ に対する固有方程式は

$$0=(\mathcal{H}-E_{\mathrm{e}})|\mathrm{e}\rangle=(\mathcal{H}B^{\dagger}-E_{\mathrm{e}}B^{\dagger})|\mathrm{g}\rangle=([\mathcal{H},B^{\dagger}]+B^{\dagger}\mathcal{H}-E_{\mathrm{e}}B^{\dagger})|\mathrm{g}\rangle$$

と書ける．$\mathcal{H}|\mathrm{g}\rangle=E_{\mathrm{g}}|\mathrm{g}\rangle$ であるから，$B^{\dagger}$ をきめる式は

$$[\mathcal{H},B^{\dagger}]|\mathrm{g}\rangle=EB^{\dagger}|\mathrm{g}\rangle \tag{2.3.27}$$

となる．

(2.3.24)の $B^{\dagger}$ を(2.3.27)に入れ，左から $\langle\mathrm{g}|a_{\mu\,\boldsymbol{k}'-\boldsymbol{K}}{}^{\dagger}a_{\nu\boldsymbol{k}'}$ をかけると，$f(\boldsymbol{k})$ に対する方程式

$$\sum_{\boldsymbol{k}}H_{\boldsymbol{k}'\boldsymbol{k}}f(\boldsymbol{k})=Ef(\boldsymbol{k}') \tag{2.3.28}$$

が得られる．ここで有効ハミルトニアン H の行列要素は

$$H_{\boldsymbol{k}'\boldsymbol{k}}\equiv\langle\mathrm{g}|a_{\mu\,\boldsymbol{k}'-\boldsymbol{K}}{}^{\dagger}a_{\nu\boldsymbol{k}'}[\mathcal{H},a_{\nu\boldsymbol{k}}{}^{\dagger}a_{\mu\,\boldsymbol{k}-\boldsymbol{K}}]|\mathrm{g}\rangle \tag{2.3.29}$$

で与えられる．これを計算するのが次の課題である．

(2.3.22), (2.3.20)から得られる交換関係

$$\left.\begin{aligned}[\Psi(\boldsymbol{r}),a_{\nu\boldsymbol{k}}{}^{\dagger}a_{\mu\,\boldsymbol{k}-\boldsymbol{K}}]&=\phi_{\nu\boldsymbol{k}}(\boldsymbol{r})a_{\mu\,\boldsymbol{k}-\boldsymbol{K}}\\ [\Psi^{\dagger}(\boldsymbol{r}),a_{\nu\boldsymbol{k}}{}^{\dagger}a_{\mu\,\boldsymbol{k}-\boldsymbol{K}}]&=-\phi_{\mu\,\boldsymbol{k}-\boldsymbol{K}}{}^{*}(\boldsymbol{r})a_{\nu\boldsymbol{k}}{}^{\dagger}\end{aligned}\right\} \tag{2.3.30}$$

を用いると，(2.3.29)の交換子[,]の中，1体ハミルトニアン $\mathcal{H}^{(1)}$ による部分は

$$[\mathcal{H}^{(1)},a_{\nu\boldsymbol{k}}{}^{\dagger}a_{\mu\,\boldsymbol{k}-\boldsymbol{K}}]=\sum_{\lambda}(h_{\lambda\nu\boldsymbol{k}}a_{\lambda\boldsymbol{k}}{}^{\dagger}a_{\mu\,\boldsymbol{k}-\boldsymbol{K}}-h_{\mu\lambda\,\boldsymbol{k}-\boldsymbol{K}}a_{\nu\boldsymbol{k}}{}^{\dagger}a_{\lambda\,\boldsymbol{k}-\boldsymbol{K}}) \tag{2.3.31}$$

となる．ただし h は並進対称性をもち，その Bloch 関数についての行列要素は $\boldsymbol{k}$ について対角形になるので，$h_{\lambda\boldsymbol{k}',\nu\boldsymbol{k}}=\delta_{\boldsymbol{k}\boldsymbol{k}'}h_{\lambda\nu\boldsymbol{k}}$ などとおいた．基底状態では充満帯がすべて電子でつまり，空帯には電子がないことを考えると，(2.3.29)を計算する場合，(2.3.31)第1項では $\lambda=\nu$，第2項では $\lambda=\mu$ とおいたものだけが残り，結局

$$H_{\boldsymbol{k}'\boldsymbol{k}}{}^{(1)}=\delta_{\boldsymbol{k}'\boldsymbol{k}}(h_{\nu\nu\boldsymbol{k}}-h_{\mu\mu\,\boldsymbol{k}-\boldsymbol{K}}) \tag{2.3.32}$$

が得られる．

次に2体のハミルトニアン $\mathcal{H}^{(2)}$ と $a_{\nu\boldsymbol{k}}{}^{\dagger}a_{\mu\,\boldsymbol{k}-\boldsymbol{K}}$ の交換子を計算しよう．まず(2.3.17)の $\mathcal{H}^{(2)}$ の中の $\Psi(\boldsymbol{r})$ との交換子と，$\Psi(\boldsymbol{r}')$ との交換子とが同じ寄与をすること(積分変数 $\boldsymbol{r}$ と $\boldsymbol{r}'$ を入れかえればすぐわかる)，$\Psi^{\dagger}(\boldsymbol{r}')$ と $\Psi^{\dagger}(\boldsymbol{r})$ についても同様であることに注意すると，(2.3.30)を用いて

$$[\mathscr{H}^{(2)}, a_{\nu\boldsymbol{k}}{}^{\dagger}a_{\mu\,\boldsymbol{k}-\boldsymbol{K}}] = \iint d\boldsymbol{r}d\boldsymbol{r}'\Psi^{\dagger}(\boldsymbol{r})\Psi^{\dagger}(\boldsymbol{r}')v\Psi(\boldsymbol{r}')\phi_{\nu\boldsymbol{k}}(\boldsymbol{r})a_{\mu\,\boldsymbol{k}-\boldsymbol{K}}$$
$$-\iint d\boldsymbol{r}d\boldsymbol{r}'\Psi^{\dagger}(\boldsymbol{r})\phi_{\mu\,\boldsymbol{k}-\boldsymbol{K}}{}^{*}(\boldsymbol{r}')a_{\nu\boldsymbol{k}}{}^{\dagger}v\Psi(\boldsymbol{r}')\Psi(\boldsymbol{r}) \qquad (2.3.33)$$

が得られる．これから行列要素

$$H_{\boldsymbol{k}'\boldsymbol{k}}{}^{(2)} = \langle \mathrm{g}|a_{\mu\,\boldsymbol{k}'-\boldsymbol{K}}{}^{\dagger}a_{\nu\boldsymbol{k}'}[\mathscr{H}^{(2)}, a_{\nu\boldsymbol{k}}{}^{\dagger}a_{\mu\,\boldsymbol{k}-\boldsymbol{K}}]|\mathrm{g}\rangle \qquad (2.3.34)$$

を求めればよい．(2.3.33)の右辺第1項で，$\Psi^{\dagger}(\boldsymbol{r})$, $\Psi^{\dagger}(\boldsymbol{r}')$, $\Psi(\boldsymbol{r}')$ のおのおのを(2.3.20)によって展開すると，(2.3.34)への寄与は

$$\sum_{\lambda_1\boldsymbol{k}_1\lambda_2\boldsymbol{k}_2\lambda_3\boldsymbol{k}_3} v_{\lambda_1\boldsymbol{k}_1\lambda_2\boldsymbol{k}_2\lambda_3\boldsymbol{k}_3\nu\boldsymbol{k}}\langle \mathrm{g}|a_{\mu\,\boldsymbol{k}'-\boldsymbol{K}}{}^{\dagger}a_{\nu\boldsymbol{k}'}a_{\lambda_1\boldsymbol{k}_1}{}^{\dagger}a_{\lambda_2\boldsymbol{k}_2}{}^{\dagger}a_{\lambda_3\boldsymbol{k}_3}a_{\mu\,\boldsymbol{k}-\boldsymbol{K}}|\mathrm{g}\rangle \qquad (2.3.35)$$

と書くことができる．ただし

$$v_{\lambda_1\boldsymbol{k}_1\lambda_2\boldsymbol{k}_2\lambda_3\boldsymbol{k}_3\lambda_4\boldsymbol{k}_4} \equiv \iint d\boldsymbol{r}d\boldsymbol{r}'\phi_{\lambda_1\boldsymbol{k}_1}{}^{*}(\boldsymbol{r})\phi_{\lambda_2\boldsymbol{k}_2}{}^{*}(\boldsymbol{r}')v(\boldsymbol{r}-\boldsymbol{r}')\phi_{\lambda_3\boldsymbol{k}_3}(\boldsymbol{r}')\phi_{\lambda_4\boldsymbol{k}_4}(\boldsymbol{r}) \qquad (2.3.36)$$

である．以下 $\boldsymbol{k}'=\boldsymbol{k}$ の場合と $\boldsymbol{k}'\neq\boldsymbol{k}$ の場合とに分けて考えよう．

まず $\boldsymbol{k}'=\boldsymbol{k}$ の場合，(2.3.35)の $\langle \mathrm{g}|\cdots|\mathrm{g}\rangle$ のうち消えずに残るのは，(2.3.23)により次の2種の場合であり，それぞれ $+1$ および -1 を与える．

(i) $(\lambda_1\boldsymbol{k}_1) = (\nu\boldsymbol{k})$, $(\lambda_2\boldsymbol{k}_2) = (\lambda_3\boldsymbol{k}_3) \equiv (\mu'\boldsymbol{k}'')$

(ii) $(\lambda_2\boldsymbol{k}_2) = (\nu\boldsymbol{k})$, $(\lambda_1\boldsymbol{k}_1) = (\lambda_3\boldsymbol{k}_3) \equiv (\mu'\boldsymbol{k}'')$

ただし $(\mu'\boldsymbol{k}'')$ は，$(\mu, \boldsymbol{k}-\boldsymbol{K})$ を除く任意の充満帯準位である．(2.3.33)の第2項からの(2.3.34)への寄与も同様に計算できて，結局

$$H_{\boldsymbol{k}\boldsymbol{k}}{}^{(2)} = \sum_{\mu'\boldsymbol{k}''(\neq\mu, \boldsymbol{k}-\boldsymbol{K})}[(v_{\nu\boldsymbol{k}\mu'\boldsymbol{k}''\mu'\boldsymbol{k}''\nu\boldsymbol{k}} - v_{\mu'\boldsymbol{k}''\nu\boldsymbol{k}\mu'\boldsymbol{k}''\nu\boldsymbol{k}})$$
$$-(v_{\mu'\boldsymbol{k}''\mu\,\boldsymbol{k}-\boldsymbol{K}\,\mu\,\boldsymbol{k}-\boldsymbol{K}\,\mu'\boldsymbol{k}''} - v_{\mu'\boldsymbol{k}''\mu\,\boldsymbol{k}-\boldsymbol{K}\,\mu'\boldsymbol{k}''\mu\,\boldsymbol{k}-\boldsymbol{K}})] \qquad (2.3.37)$$

が得られる．$\boldsymbol{k}'\neq\boldsymbol{k}$ の場合，(2.3.35)で残るのは

(i) $(\lambda_1\boldsymbol{k}_1) = (\nu\boldsymbol{k}')$, $(\lambda_2\boldsymbol{k}_2) = (\mu\,\boldsymbol{k}-\boldsymbol{K})$, $(\lambda_3\boldsymbol{k}_3) = (\mu\,\boldsymbol{k}'-\boldsymbol{K})$

(ii) $(\lambda_1\boldsymbol{k}_1) = (\mu\,\boldsymbol{k}-\boldsymbol{K})$, $(\lambda_2\boldsymbol{k}_2) = (\nu\boldsymbol{k}')$, $(\lambda_3\boldsymbol{k}_3) = (\mu\,\boldsymbol{k}'-\boldsymbol{K})$

の2項だけであり，また(2.3.33)の第2項からの寄与はないので，

$$H_{\boldsymbol{k}'\boldsymbol{k}}{}^{(2)} = -v_{\nu\boldsymbol{k}'\mu\,\boldsymbol{k}-\boldsymbol{K}\,\mu\,\boldsymbol{k}'-\boldsymbol{K}\,\nu\boldsymbol{k}} + v_{\mu\,\boldsymbol{k}-\boldsymbol{K}\,\nu\boldsymbol{k}'\mu\,\boldsymbol{k}'-\boldsymbol{K}\,\nu\boldsymbol{k}} \qquad (\boldsymbol{k}'\neq\boldsymbol{k}) \qquad (2.3.38)$$

が得られる．

さて，1電子の Bloch 関数 $\phi_{\nu \boldsymbol{k}}(\boldsymbol{r})$ を，方程式

$$h_{\mathrm{H.F.}}\phi_{\lambda k}(\boldsymbol{r}) \equiv h(\boldsymbol{p}, \boldsymbol{r})\phi_{\lambda k}(\boldsymbol{r}) + \sum_{\mu' \boldsymbol{k}''} \int d\boldsymbol{r}' v(\boldsymbol{r}-\boldsymbol{r}')\phi_{\mu' \boldsymbol{k}''}{}^{*}(\boldsymbol{r}')$$
$$\cdot[\phi_{\mu' \boldsymbol{k}''}(\boldsymbol{r}')\phi_{\lambda k}(\boldsymbol{r}) - \phi_{\mu' \boldsymbol{k}''}(\boldsymbol{r})\phi_{\lambda k}(\boldsymbol{r}')] = \varepsilon_{\lambda}(\boldsymbol{k})\phi_{\lambda k}(\boldsymbol{r}) \qquad (2.3.39)$$

の解であるようにえらんだとしよう．これは，基底状態(2.3.23)における充満帯電子 ($\lambda=\mu'$) の Hartree-Fock の解を与えるが，そのほかに，充満帯が完全にみたされているときの空帯準位 ($\lambda=\nu$) をも与える．いずれも共通の Hermite 演算子 $h_{\mathrm{H.F.}}$ の固有解であるから，互いに直交していることはいうまでもない．1電子準位のエネルギーは，(2.3.36)を用いて

$$\varepsilon_{\lambda}(\boldsymbol{k}) = h_{\lambda\lambda k} + \sum_{\mu' \boldsymbol{k}''}(v_{\lambda k \mu' \boldsymbol{k}'' \mu' \boldsymbol{k}'' \lambda k} - v_{\mu' \boldsymbol{k}'' \lambda k \mu' \boldsymbol{k}'' \lambda k}) \qquad (2.3.40)$$

と書ける．(2.3.40)を用いると，(2.3.32)，(2.3.37)，(2.3.38) をまとめて次の形に書くことができる．

$$H_{\boldsymbol{k}'\boldsymbol{k}} = \delta_{\boldsymbol{k}'\boldsymbol{k}}\{\varepsilon_{\nu}(\boldsymbol{k}) - \varepsilon_{\mu}(\boldsymbol{k}-\boldsymbol{K})\}$$
$$-v_{\nu \boldsymbol{k}' \mu\, \boldsymbol{k}-\boldsymbol{K}\, \mu\, \boldsymbol{k}'-\boldsymbol{K}\, \nu \boldsymbol{k}} + v_{\mu\, \boldsymbol{k}-\boldsymbol{K}\, \nu \boldsymbol{k}' \mu\, \boldsymbol{k}'-\boldsymbol{K}\, \nu \boldsymbol{k}} \qquad (2.3.41)$$

これは，エネルギー $\varepsilon_{\nu}(\boldsymbol{k})$ の空帯内電子と，エネルギー $\varepsilon_{\mu}(\boldsymbol{k}'')$ の充満帯正孔とが，全波数 $\boldsymbol{k}-\boldsymbol{k}''=\boldsymbol{K}$ を一定に保ち，Coulomb 引力(第2行の第1項)と交換相互作用(同第2項)とを及ぼし合いながら相対運動することを示している．Coulomb 引力，交換相互作用ともに，電子間相互作用と符号が逆になっているのは，一方が正孔だからである．

$f(\boldsymbol{k})$ に対する方程式(2.3.28)の両辺に(2.3.25)を入れ，$N^{-1}\exp(i\boldsymbol{k}'\cdot\boldsymbol{R}_l)$ をかけて l について加えると，$F(\boldsymbol{R}_l)$ に対する方程式

$$\sum_{l'} H_{ll'}F(\boldsymbol{R}_{l'}) = EF(\boldsymbol{R}_l) \qquad (2.3.42)$$

が得られる．(2.3.24′)からわかるように，$\boldsymbol{R}_l$ は正孔に対する電子の相対座標であり，またそれに関する行列要素は

$$H_{ll'} = \frac{1}{N}\sum_{\boldsymbol{k},\boldsymbol{k}'} \exp(i\boldsymbol{k}'\cdot\boldsymbol{R}_l) H_{\boldsymbol{k}'\boldsymbol{k}} \exp(-i\boldsymbol{k}\cdot\boldsymbol{R}_{l'}) \qquad (2.3.43)$$

で与えられる．$H_{ll'}$ を求めるため，まず $v(\boldsymbol{r}-\boldsymbol{r}')$ の，Wannier 関数を基底とする行列要素

$$v_{\lambda_1 n_1 \lambda_2 n_2 \lambda_3 n_3 \lambda_4 n_4} \equiv \iint d\boldsymbol{r} d\boldsymbol{r}' \phi_{\lambda_1}{}^*(\boldsymbol{r}-\boldsymbol{R}_{n_1}) \phi_{\lambda_2}{}^*(\boldsymbol{r}'-\boldsymbol{R}_{n_2}) v(\boldsymbol{r}-\boldsymbol{r}') \cdot \phi_{\lambda_3}(\boldsymbol{r}'-\boldsymbol{R}_{n_3}) \phi_{\lambda_4}(\boldsymbol{r}-\boldsymbol{R}_{n_4}) \quad (2.3.44)$$

を考える．Wannier 関数の局在性を考慮して，$n_1=n_4$, $n_2=n_3$ の場合以外はこの積分を無視することにしよう．特に $\lambda_1=\lambda_4=\nu$, $\lambda_2=\lambda_3=\mu$ の場合を

$$\iint d\boldsymbol{r} d\boldsymbol{r}' |\phi_\nu(\boldsymbol{r}-\boldsymbol{R}_1)|^2 v(\boldsymbol{r}-\boldsymbol{r}') |\phi_\mu(\boldsymbol{r}'-\boldsymbol{R}_2)|^2 \approx v(\boldsymbol{R}_1-\boldsymbol{R}_2) \quad (2.3.45)$$

と近似し，$\lambda_1=\lambda_3=\nu$, $\lambda_2=\lambda_4=\mu$ の場合を

$$\iint d\boldsymbol{r} d\boldsymbol{r}' \phi_\nu{}^*(\boldsymbol{r}-\boldsymbol{R}_1) \phi_\mu(\boldsymbol{r}-\boldsymbol{R}_1) v(\boldsymbol{r}-\boldsymbol{r}') \phi_\mu{}^*(\boldsymbol{r}'-\boldsymbol{R}_2) \phi_\nu(\boldsymbol{r}'-\boldsymbol{R}_2) \equiv w(\boldsymbol{R}_1-\boldsymbol{R}_2) \quad (2.3.46)$$

と書くことにすると，(2.3.41) の最後の 2 項は，(2.3.43) に

$$-\delta_{ll'} v(\boldsymbol{R}_l) + \delta_{l0}\delta_{l'0} w_{\boldsymbol{K}} \quad (2.3.47)$$

の寄与をすることがわかる．ただし

$$w_{\boldsymbol{K}} = \sum_m \exp(-i\boldsymbol{K}\cdot\boldsymbol{R}_m) w(\boldsymbol{R}_m) \quad (2.3.48)$$

である．

(2.3.41) の初項を (2.3.43) に入れたもの

$$\frac{1}{N}\sum_{\boldsymbol{k}} \varepsilon_\nu(\boldsymbol{k}) \exp[i\boldsymbol{k}\cdot(\boldsymbol{R}_l-\boldsymbol{R}_{l'})] \equiv E_\nu(\boldsymbol{R}_l-\boldsymbol{R}_{l'}) \quad (2.3.49)$$

を F に演算させると，

$$\begin{aligned}\sum_{l'} E_\nu(\boldsymbol{R}_l-\boldsymbol{R}_{l'}) F(\boldsymbol{R}_{l'}) &= \sum_m E_\nu(\boldsymbol{R}_m) F(\boldsymbol{R}_l-\boldsymbol{R}_m) \\ &= \sum_m E_\nu(\boldsymbol{R}_m) \sum_{p=0}^{\infty} \frac{1}{p!} (-\boldsymbol{R}_m\cdot\nabla_l)^p F(\boldsymbol{R}_l) \\ &= \sum_m E_\nu(\boldsymbol{R}_m) \exp[-\boldsymbol{R}_m\cdot\nabla_l] F(\boldsymbol{R}_l) \\ &= \varepsilon_\nu(-i\nabla_l) F(\boldsymbol{R}_l) \end{aligned} \quad (2.3.50)$$

が得られる．上式ではまず，$F(\boldsymbol{R}_{l'})$ をなめらかな関数と考えて $\boldsymbol{R}_l$ のまわりで Taylor 展開し，そのさい現われる無限級数演算子を形式的に指数関数で表わし，

最後にこれを(2. 3. 49)の逆変換と比較した．$\varepsilon_\nu(-i\nabla_l)$ は，$\varepsilon_\nu(\boldsymbol{k})$ の変数 $\boldsymbol{k}$ を演算子 $-i\nabla_l$ におきかえて得られる演算子を意味し，具体的には，たとえば $\varepsilon_\nu(\boldsymbol{k})$ を $\boldsymbol{k}$ のベキ級数に展開し，その各項で $\boldsymbol{k}$ を $-i\nabla_l$ におきかえればよい．(2. 3. 50)と(2. 3. 47)により，相対運動に対する有効ハミルトニアン(2. 3. 43)として

$$H_{ll'} = [\varepsilon_\nu(-i\nabla_l)-\varepsilon_\mu(-i\nabla_l-\boldsymbol{K})-v(\boldsymbol{R}_l)]\delta_{ll'}+\delta_{l0}\delta_{l'0}w_{\boldsymbol{K}} \tag{2. 3. 51}$$

が得られる．

(2. 3. 51)が，$a \gtrless d$ の両極限でそれぞれ，本節(b)項でのべた Wannier-Mott 型エクシトンおよび(a)項でのべた Frenkel 型エクシトンを与えることを示そう．この式は，最終項を無視すると，運動エネルギー $\varepsilon_\nu(\boldsymbol{k})$ の電子と $-\varepsilon_\mu(\boldsymbol{k}')$ の正孔とが，指定された並進波数 $\boldsymbol{K}=\boldsymbol{k}-\boldsymbol{k}'$ で，Coulomb 引力 $-v(\boldsymbol{R})$ を及ぼし合って相対運動することを示している．運動エネルギーを，指定された $\boldsymbol{K}$ の下での極小点 $\boldsymbol{k}_{\mathrm{m}}(\boldsymbol{K})$ のまわりで展開して

$$\varepsilon_\nu(\boldsymbol{k})-\varepsilon_\mu(\boldsymbol{k}-\boldsymbol{K}) = \varepsilon^{(\mathrm{m})}(\boldsymbol{K})+(\boldsymbol{k}-\boldsymbol{k}_{\mathrm{m}})\frac{\hbar^2}{2\mu(\boldsymbol{K})}(\boldsymbol{k}-\boldsymbol{k}_{\mathrm{m}})+\cdots \tag{2. 3. 52}$$

とおく．ここで $\mu(\boldsymbol{K})$ は局所的な還元質量テンソルである．(2. 3. 52)を(2. 3. 51)に入れると，相対運動の方程式(2. 3. 42)は

$$\left[-\nabla\frac{\hbar^2}{2\mu(\boldsymbol{K})}\nabla-v(\boldsymbol{R})\right]\bar{F}(\boldsymbol{R}) = \bar{E}\bar{F}(\boldsymbol{R}) \tag{2. 3. 53}$$

と書かれる．ここで

$$\bar{E} \equiv E-\varepsilon^{(\mathrm{m})}(\boldsymbol{K}) \tag{2. 3. 54}$$

$$\bar{F}(\boldsymbol{R}) \equiv F(\boldsymbol{R})\exp(-i\boldsymbol{k}_{\mathrm{m}}\cdot\boldsymbol{R}) \tag{2. 3. 55}$$

である．(2. 3. 53)を導くさい，(2. 3. 52)右辺の高次の展開項は省略したが，これは $\bar{F}(\boldsymbol{R})$ が $\boldsymbol{R}$ の十分なだらかな関数であれば許される．このような近似を有効質量近似という．単位胞の体積を v_0 とすると，(2. 3. 26)の規格化条件は

$$\frac{1}{v_0}\int|\bar{F}(\boldsymbol{R})|^2d\boldsymbol{R} = 1 \tag{2. 3. 56}$$

で与えられる．

バンド構造として最も簡単な標準型モデル，すなわち価電子帯，伝導帯がともに，$\boldsymbol{k}=0$ を頂点として等方的な有効質量 $m_{\mathrm{h}}, m_{\mathrm{e}}$ をもつもの

$$\varepsilon_\mu(\boldsymbol{k}) = \varepsilon_\mu(0) - \frac{\hbar^2 k^2}{2m_{\rm h}}, \qquad \varepsilon_\nu(\boldsymbol{k}) = \varepsilon_\mu(0) + \varepsilon_{\rm g} + \frac{\hbar^2 k^2}{2m_{\rm e}} \tag{2.3.57}$$

を考えてみよう．(*2.3.52*)より $\boldsymbol{k}_{\rm m}(\boldsymbol{K}) = (\mu/m_{\rm h})\boldsymbol{K}$ および

$$\varepsilon^{({\rm m})}(\boldsymbol{K}) = \varepsilon_{\rm g} + \frac{\hbar^2 K^2}{2M} \tag{2.3.58}$$

が得られる．ただし $M = m_{\rm e} + m_{\rm h}$, $\mu(\boldsymbol{K})^{-1} = \mu^{-1} = m_{\rm e}^{-1} + m_{\rm h}^{-1}$ である．(*2.3.53*)と(*2.3.13*)，および(*2.3.54*), (*2.3.58*)と(*2.3.12*)との比較から明らかなように，これは Wannier-Mott 型エクシトンを表わしている．1s 状態 $\bar{F}_{1{\rm s}}(\boldsymbol{R}) = (d^3/\pi a^3)^{1/2}\exp(-R/a)$ (規格化条件(*2.3.56*)参照)における(*2.3.51*)右辺最終項の期待値は $|\bar{F}_{1{\rm s}}(0)|^2 w_{\boldsymbol{K}} = \pi^{-1}(d/a)^3 w_{\boldsymbol{K}}$ となり，軌道半径 a が格子定数 d に比して十分大きいときは，この項を最初から無視してもよいことがわかる．また(*2.3.57*)のような標準型でなくても，$a \gg d$ でありさえすれば，(*2.3.52*)の高次の項を無視する有効質量近似(*2.3.53*)が正当化されるのである．ただしそこで用いられる局所的還元質量 $\mu(\boldsymbol{K})$ は一般に $\boldsymbol{K}$ に依存する．

(*2.3.51*)では電子と正孔の間に“なま”の Coulomb 引力 $-v(\boldsymbol{R}) = -e^2/R$ が働くことになっているが，実際には両者は誘電体中で相互作用しているのであるから，$a \gg d$ のときは，誘電率 ϵ で遮蔽されたポテンシャル $-e^2/\epsilon R$ を用いなければならない．この遮蔽効果を，現象論でなく，いま考えている多電子問題の一環として第1原理から導き出すためには，伝導帯電子および充満帯正孔が，それぞれ，つねに自己のまわりに分極を伴っていることを考慮しなければならない．この分極の着物は，当の電子・正孔対以外に，さらに他の電子・正孔対が励起された状態をまぜることによって得られる．すなわち電子・正孔間 Coulomb 引力の遮蔽は，多電子励起の部分空間までも考慮することによって始めて得られる．しかしここではその問題に深く立ち入る余裕はないので，現象論的に $1/\epsilon$ の遮蔽因子をつけておくことにする．

電子・正孔間の束縛がきわめて強い状態では，$|F(\boldsymbol{R}_l)|^2 \sim \delta_{l0}$ とおいてよいから，(*2.3.50*), (*2.3.48*)により，エネルギー(*2.3.51*)の期待値は

$$H_{00} = [E_\nu(0) - E_\mu(0) - v(0) + w(0)] + \sum_{m(\neq 0)} w(\boldsymbol{R}_m)\exp(-i\boldsymbol{K}\cdot\boldsymbol{R}_m) \tag{2.3.59}$$

で与えられる．このような強い束縛は，原子間の相互作用が小さく，ν, μ バンドともエネルギー幅が小さい場合に起こる（m_e, m_h したがってその還元質量 μ も大きいため軌道半径 a が小さくなる）．さて原子間相互作用が小さいときは，（*2.3.59*）の第1項と第2項が，（*2.3.8*）の第1項 ε（原子内励起エネルギー）と第2項 $D_{\boldsymbol{K}}$（原子間相互作用による共鳴伝達のエネルギー）に対応することは明らかであろう．$E_\nu(0)$ は原子の μ 準位に電子がつまっているときの ν 準位のエネルギーであるから，電子を μ から ν に励起するためのエネルギー ε は，$E_\nu(0)-E_\mu(0)$ から，ν 電子と μ 電子の Coulomb 相互作用 $v(0)$ および交換相互作用 $-w(0)$ を差し引いたものに等しいのである．このようにして，束縛の強い極限では Frenkel 型エクシトンが得られることがわかった．

§2.4 エクシトンの観測

前節でのべたように，エクシトンは内部自由度（電子・正孔の相対運動など）と外部自由度（並進運動）とをもつ複合粒子であるが，一方それは分極波の量子であり，電磁波との相互作用によって生成または消滅する．したがって光吸収または放出スペクトルにおいて，種々の状態のエクシトンのエネルギーが直接観測される．本節(a)および(b)ではエクシトンの内部運動（相対運動およびスピン）が，また(c)ではその並進運動が，これらの光学スペクトルにどのように反映するかをのべる．また粒子としての離合集散および相互転換性を示すものとして，(d)ではエクシトン分子，(e)ではエクシトンの分裂および融合についてのべることにしよう。

a) 基礎吸収スペクトル

絶縁体結晶の基底電子状態から励起電子状態への遷移に相当する光吸収スペクトルを，基礎吸収スペクトルとよぶ．§2.2(e)でのべたように，ある事情の下では光吸収スペクトルは誘電率の虚数部分とほぼ比例関係にあるので，ここでは後者を求めてみよう．§2.2(b)の(II)の考え方に従い，励起エネルギー $E_{\lambda\boldsymbol{K}}$（$\lambda, \boldsymbol{K}$ は1電子励起状態の内部量子数と並進波数をあらわす）を求める有効ハミルトニアン H の中で，$v(\boldsymbol{R}_l), w(\boldsymbol{R}_l)$ $(\boldsymbol{R}_l \neq 0)$ としては誘電遮蔽されたものを用いることにする．光の波数を $\boldsymbol{q}$，振動数を ω とすると，（*2.2.14*），（*2.2.11*）により次の式が得られる†．

$$\mathrm{Im}\,\epsilon(\boldsymbol{q},\omega)=\mathrm{Im}\,4\pi\alpha_{\mathrm{eff}}(\boldsymbol{q},\omega)=4\pi^2\sum_{\lambda\boldsymbol{K}}(\boldsymbol{P}_{\boldsymbol{q}})_{g,\lambda\boldsymbol{K}}(\boldsymbol{P}_{-\boldsymbol{q}})_{\lambda\boldsymbol{K},g}\delta(E_{\lambda\boldsymbol{K}}-\hbar\omega) \tag{2.4.1}$$

電子による電流密度演算子を $\boldsymbol{j}(\boldsymbol{r})$ とすると

$$\dot{\boldsymbol{P}}(\boldsymbol{r})=\boldsymbol{j}(\boldsymbol{r})=\frac{-e}{m_0}\sum_i\frac{1}{2}(\delta(\boldsymbol{r}-\boldsymbol{r}_i)\boldsymbol{p}_i+\boldsymbol{p}_i\delta(\boldsymbol{r}-\boldsymbol{r}_i))$$

であるから，その Fourier 成分の行列要素をとって

$$\frac{iE_{\lambda\boldsymbol{K}}}{\hbar}(\boldsymbol{P}_{-\boldsymbol{q}})_{\lambda\boldsymbol{K},g}=\frac{-e}{m_0}\left[\sum_i\frac{1}{2}(e^{i\boldsymbol{q}\cdot\boldsymbol{r}_i}\boldsymbol{p}_i+\boldsymbol{p}_ie^{i\boldsymbol{q}\cdot\boldsymbol{r}_i})\right]_{\lambda\boldsymbol{K},g} \tag{2.4.2}$$

が得られる．最右辺の［　］は1電子演算子の和であるから第2量子化法では

$$[\ \ ]\longrightarrow\int d\boldsymbol{r}\,\Psi^{\dagger}(\boldsymbol{r})\frac{1}{2}(e^{i\boldsymbol{q}\cdot\boldsymbol{r}}\boldsymbol{p}+\boldsymbol{p}e^{i\boldsymbol{q}\cdot\boldsymbol{r}})\Psi(\boldsymbol{r})$$

$$\approx\sum_{\lambda'\lambda''\boldsymbol{k}}\boldsymbol{p}_{\lambda'\lambda''}(\boldsymbol{k})\,a_{\lambda'\boldsymbol{k}}{}^{\dagger}a_{\lambda''\boldsymbol{k}-\boldsymbol{q}} \tag{2.4.3}$$

$$\boldsymbol{p}_{\lambda'\lambda''}(\boldsymbol{k})\equiv\int\phi_{\lambda'\boldsymbol{k}}{}^*(\boldsymbol{r})(-i\hbar\nabla)\phi_{\lambda''\boldsymbol{k}}(\boldsymbol{r})\,d\boldsymbol{r} \tag{2.4.4}$$

と書くことができる．(2.4.3)の最右辺を導くさい，光の波数 $\boldsymbol{q}$ が逆格子ベクトルよりはるかに小さいことを用いた．(2.4.3), (2.3.24)により，(2.4.2)右辺の行列要素は

$$[\ \ ]_{\lambda\boldsymbol{K},g}=\delta_{\boldsymbol{K},\boldsymbol{q}}\sum_{\boldsymbol{k}}\boldsymbol{p}_{\nu\mu}(\boldsymbol{k})f^*(\boldsymbol{k}) \tag{2.4.5}$$

となる．これは光の波数と励起されるエクシトンの波数が等しいこと，すなわち波数保存則を意味する．以下 $\boldsymbol{q}=\boldsymbol{K}$ は小さいとして無視することにする．

有効ハミルトニアン(2.3.41)で，後の2項，すなわち電子・正孔間相互作用を無視すると，(2.3.28)により $E=E_{\lambda\boldsymbol{K}}=\varepsilon_\nu(\boldsymbol{k})-\varepsilon_\mu(\boldsymbol{k})$, $f_{\lambda\boldsymbol{K}}(\boldsymbol{k}')=\delta_{\boldsymbol{k}'\boldsymbol{k}}$ ($\boldsymbol{K}=\boldsymbol{q}\to 0$, $\lambda\to\boldsymbol{k}$) が得られ，(2.4.1)は

$$\mathrm{Im}\,\epsilon(\omega)=\frac{4\pi^2e^2}{m_0{}^2\omega^2}\sum_{\boldsymbol{k}}\boldsymbol{p}_{\mu\nu}(\boldsymbol{k})\boldsymbol{p}_{\nu\mu}(\boldsymbol{k})\,\delta(\varepsilon_\nu(\boldsymbol{k})-\varepsilon_\mu(\boldsymbol{k})-\hbar\omega) \tag{2.4.6}$$

---

† 絶縁体の電子的励起エネルギー $E_{\lambda\boldsymbol{K}}$ は通常熱エネルギーよりはるかに大きいから，(2.2.11)で絶対零度の場合を考えればよい．

となる．これは1電子近似でのバンド間遷移の光吸収を表わす．$\boldsymbol{p}_{\mu\nu}(\boldsymbol{k})$ の $\boldsymbol{k}$ 依存性を別にすれば，スペクトルは2つのバンドの**連結状態密度**(joint density of states)に比例し，特に $\varepsilon_\nu(\boldsymbol{k})-\varepsilon_\mu(\boldsymbol{k})$ が最小値 $\varepsilon^{(\mathrm{m})}(0)$ をとる点((*2. 3. 52*)参照)に対応する，いわゆる吸収端付近では，吸収スペクトルは $(\hbar\omega-\varepsilon^{(\mathrm{m})}(0))^{1/2}$ に比例して立ち上る．電子・正孔間相互作用を考慮した場合に，この吸収端付近でのスペクトルがどのようになるかをしらべるのが，本項の主題である．

相対運動の波動関数 $\bar{F}(\boldsymbol{R})$ が，ゆるやかに変化する関数であれば，$\bar{F}(\boldsymbol{R})\cdot\exp(i\boldsymbol{k}_{\mathrm{m}}(0)\cdot\boldsymbol{R})$ の Fourier 変換 $f(\boldsymbol{k})$ ((*2. 3. 55*)，(*2. 3. 25*)参照)は $\boldsymbol{k}_{\mathrm{m}}(0)$ 付近に鋭いピークをもつから，(*2. 4. 5*)で $\boldsymbol{p}_{\nu\mu}(\boldsymbol{k})$ を $\boldsymbol{k}_{\mathrm{m}}(0)$ のまわりで展開して

$$\boldsymbol{p}_{\nu\mu}(\boldsymbol{k})=\boldsymbol{p}_{\nu\mu}{}^{(\mathrm{m})}+(\boldsymbol{k}-\boldsymbol{k}_{\mathrm{m}}(0))\cdot\nabla\boldsymbol{p}_{\nu\mu}{}^{(\mathrm{m})}+\cdots \tag{2. 4. 7}$$

とおき，次の2つの場合に分けて考察する．

(i) バンド端許容型，すなわち $\boldsymbol{p}_{\nu\mu}{}^{(\mathrm{m})}\neq 0$ の場合には，第1近似として(*2. 4. 7*)右辺の第1項だけをとればよいから，これを(*2. 4. 5*), (*2. 4. 2*), (*2. 4. 1*)に入れ，(*2. 3. 25*)を用いると

$$\mathrm{Im}\,\epsilon(\omega)=\frac{4\pi^2N_0e^2}{m_0{}^2\omega^2}\boldsymbol{p}_{\mu\nu}{}^{(\mathrm{m})}\boldsymbol{p}_{\nu\mu}{}^{(\mathrm{m})}\sum_\lambda|\bar{F}_\lambda(0)|^2\delta(E_{\lambda0}-\hbar\omega) \tag{2. 4. 8}$$

が得られる．電子・正孔相対運動のうち原点で振幅をもつもの($F_\lambda(0)\neq 0$)，すなわち s 状態だけが吸収スペクトルに寄与することがわかる．

特に Wannier-Mott 型エクシトンの場合は，離散スペクトル線の位置は

$$E_{n0}=\varepsilon^{(\mathrm{m})}(0)-\frac{R}{n^2}\qquad (n=1,2,3,\cdots) \tag{2. 4. 9}$$

で与えられ，その強度は

$$|\bar{F}_n(0)|^2=\frac{v_0}{\pi a^3}\frac{1}{n^3} \tag{2. 4. 10}$$

に比例する．連続状態に対しては

$$E_{\boldsymbol{k}0}=\varepsilon^{(\mathrm{m})}(0)+\frac{\hbar^2k^2}{2\mu} \tag{2. 4. 11}$$

$$|\bar{F}_{\boldsymbol{k}}(0)|^2=\frac{v_0\pi\alpha\exp(\pi\alpha)}{\sinh(\pi\alpha)},\qquad \alpha\equiv\frac{1}{ak} \tag{2. 4. 12}$$

であるから，そのスペクトルは，$\hbar\omega\to\varepsilon^{(\mathrm{m})}(0)$ ($k\to 0$) のとき，次の有限値に収束

する．

$$\sum_{\boldsymbol{k}} |\bar{F}_{\boldsymbol{k}}(0)|^2 \delta(E_{\boldsymbol{k}0}-\hbar\omega) \longrightarrow \frac{v_0}{2\pi Ra^3} \tag{2.4.13}$$

$\varepsilon^{(\mathrm{m})}(0)$ より下の離散スペクトルも実際には有限の線幅をもち(§7.3参照)，n の大きいものはそれぞれの線幅により重なり合って分離できなくなるから，線の強度と密度をかけてこの準連続スペクトルの強度を求めると

$$|\bar{F}_n(0)|^2 \left|\frac{dE_n}{dn}\right|^{-1} = \frac{v_0}{2\pi Ra^3} \tag{2.4.13$'$}$$

となり，(2.4.13)の連続スペクトルになめらかにつながることがわかる．このような吸収スペクトルの $\varepsilon^{(\mathrm{m})}(0)$ 付近での様子を，図2.8(a)に示した．

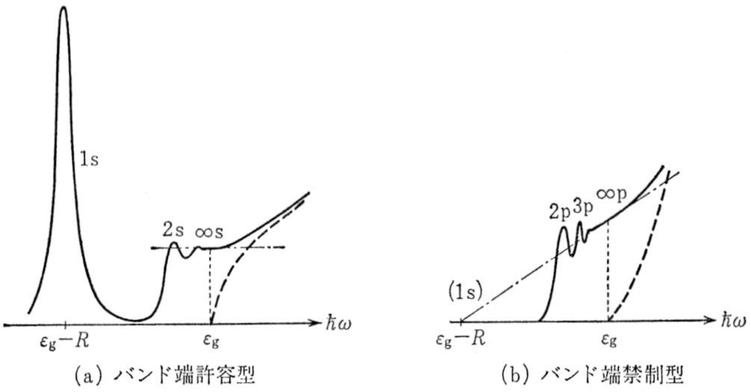

図2.8　基礎吸収端に対する Coulomb 効果(破線は Coulomb 効果を無視した場合のバンド間遷移)

(ii) バンド端禁制型，すなわち $\boldsymbol{p}_{\nu\mu}{}^{(\mathrm{m})}=0$ の場合は，(2.4.7)の第2項をとらなければならない．前と同様にして計算すると，結局，(2.4.8)で $\boldsymbol{p}_{\nu\mu}{}^{(\mathrm{m})}$ を $\nabla_{\boldsymbol{k}}\boldsymbol{p}_{\nu\mu}{}^{(\mathrm{m})}$ に，$\bar{F}_\lambda(0)$ を $\nabla_{\boldsymbol{R}}\bar{F}_\lambda(0)$ におきかえた式が得られる．$\nabla_{\boldsymbol{R}}\bar{F}(0)\neq 0$ のものは p 状態だけであるから，図2.8(b)に示すように，離散スペクトルは $n=2$ から始まる Bohr 系列(2p, 3p, …)である．その強度は

$$|\nabla_x \bar{F}_{np_x}(0)|^2 = \frac{v_0}{\pi a^5}\left(\frac{1}{n^3}-\frac{1}{n^5}\right) \tag{2.4.14}$$

に比例するため，n の大きい準連続スペクトルの強度は

$$|\nabla_x \bar{F}_{np_x}(0)|^2 \left|\frac{dE_n}{dn}\right|^{-1} = \frac{v_0}{2\pi Ra^5}\frac{\hbar\omega-(\varepsilon^{(\mathrm{m})}(0)-R)}{R} \qquad (2.4.15)$$

に比例し，外插すれば禁じられた $n=1$ の位置を切るが，$E=\varepsilon^{(\mathrm{m})}(0)$ でこれが連続スペクトルになめらかにつながることも前と同様にして示すことができる．

$\nabla_k \boldsymbol{p}_{\nu\mu} : \boldsymbol{p}_{\nu\mu}$ が $K_i^{-1} \approx d$ 程度であること，また $\nabla_R \bar{F}_n(0) : \bar{F}_n(0)$ が a^{-1} 程度であることを考えると，$\varepsilon^{(\mathrm{m})}(0)$ 付近での (ii) の型のスペクトルは，(i) の型にくらべて $(d/a)^2$ 程度に小さいことがわかる．

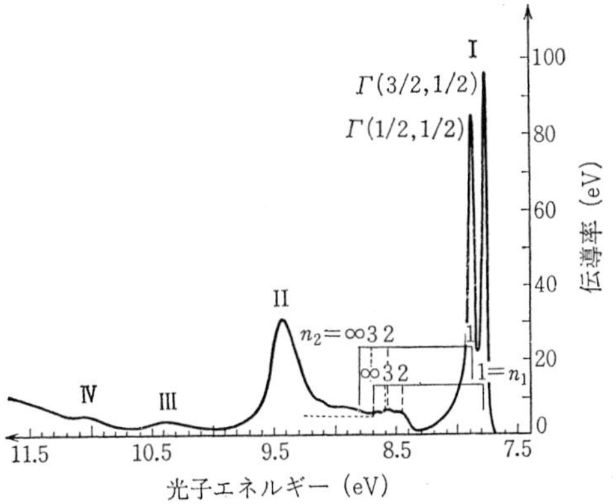

図 2.9　10 K における KCl 結晶の基礎吸収．縦軸は (*2.2.34*) に $\hbar$ を掛けたものを eV で表わしてある (Tomiki, T.: *J. Phys. Soc. Japan*, **26**, 738 (1969) による)

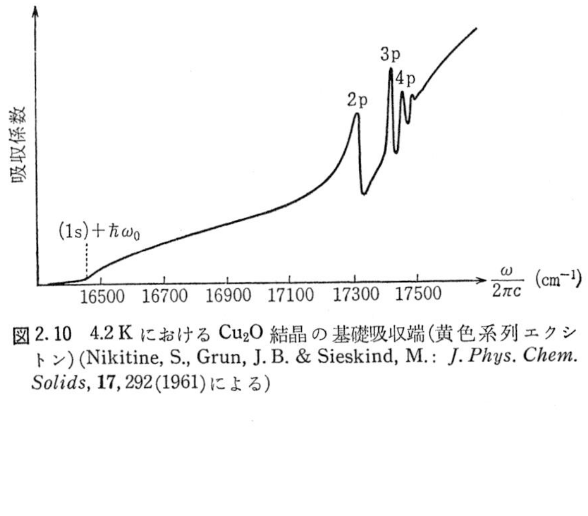

図 2.10　4.2 K における Cu_2O 結晶の基礎吸収端（黄色系列エクシトン）(Nikitine, S., Grun, J. B. & Sieskind, M.: *J. Phys. Chem. Solids*, **17**, 292 (1961) による)

上記(i), (ii)それぞれの場合の代表的な例として，図2.9, 図2.10に，KCl結晶およびCu_2O結晶で観測された基礎吸収端付近のスペクトルを示した．

b）スピン-軌道相互作用と交換相互作用

これまではν, μとしてそれぞれ1重のバンドを考えてきた．しかし実際にはスピンおよび軌道の縮重があり，ν, μとしてはそれぞれ幾つかのものを1組として考えなければならない．したがって1電子励起状態としては，(2.3.24)を拡張した$|e\rangle=\sum_{\nu,\mu,\boldsymbol{k}} f_{\nu\mu}(\boldsymbol{k})a_{\nu\boldsymbol{k}}^{\dagger}a_{\mu\,\boldsymbol{k}-\boldsymbol{K}}|g\rangle$を用い，(2.3.51)に対応する有効ハミルトニアンとしては

$$H_{\nu\mu l,\,\nu'\mu' l'}=[\delta_{\mu\mu'}\varepsilon_{\nu\nu'}(-i\nabla_l)-\delta_{\nu\nu'}\varepsilon_{\mu\mu'}(-i\nabla_l-\boldsymbol{K}) -\delta_{\nu\nu'}\delta_{\mu\mu'}v(\boldsymbol{R}_l)]\,\delta_{ll'}+\delta_{l0}\delta_{l'0}w_{\boldsymbol{K},\,\nu\mu,\,\nu'\mu'} \qquad (2.4.16)$$

を用いねばならない．ただし$w_{\boldsymbol{K},\nu\mu,\nu'\mu'}$は，(2.3.46)で左辺の添字$(\nu, \mu, \mu, \nu)$を$(\nu, \mu, \mu', \nu')$でおきかえたものを，(2.3.48)の右辺に入れたものである(wの添字のつけ方は(2.3.44)のvの添字のつけ方と順序が異なることに注意されたい)．また$\varepsilon_{\nu\nu'}(\boldsymbol{k})$は$\nu$をベースとする伝導帯のエネルギー行列で，この行列の固有値を$\boldsymbol{k}$の関数として求めれば，幾つかの分枝からなるエネルギー帯が得られる．

まずスピン縮重だけがある場合を考えよう．ただし結晶の基底状態では全スピンは打ち消し合って，1重項になっているものとする．価電子帯電子および伝導帯電子のスピン角運動量を，$\hbar$を単位としてそれぞれ$\boldsymbol{\sigma}$および$\boldsymbol{\tau}$で，またそのz成分の固有値をσおよびτであらわし，(2.4.16)のμ, νのかわりに$\mu\sigma, \nu\tau$と書けばよい．新しいμ, νは軌道運動をあらわし，それぞれ1つしかないが，σ, τはともに$\pm 1/2$ ($\uparrow, \downarrow$で表わす)の値をとる．スピン-軌道相互作用がなければ，バンドのエネルギーはスピンによらず，単に$\varepsilon_\mu(\boldsymbol{k}), \varepsilon_\nu(\boldsymbol{k})$と書くことができる．また$\delta_{\mu\mu'}, \delta_{\nu\nu'}$はそれぞれ$\delta_{\sigma\sigma'}, \delta_{\tau\tau'}$と書きなおせばよい．

電子と正孔の合成スピンは$\boldsymbol{S}=\boldsymbol{\tau}-\boldsymbol{\sigma}$で与えられ，$S=1$の3重項と$S=0$の1重項を与える．4種の励起状態$|\tau\sigma\rangle\equiv\sum_{\boldsymbol{k}} f(\boldsymbol{k})a_{\nu\boldsymbol{k}\tau}^{\dagger}a_{\mu\,\boldsymbol{k}-\boldsymbol{K}\,\sigma}|g\rangle$から，それぞれの多重項に属する状態をつくると，

$$\begin{aligned} S=1 \quad &\begin{cases} S_z=+1: & -|\uparrow\downarrow\rangle \\ S_z=0: & (|\uparrow\uparrow\rangle-|\downarrow\downarrow\rangle)/\sqrt{2}\ ^{\dagger} \\ S_z=-1: & |\downarrow\uparrow\rangle \end{cases} \\ S=0: \quad & \qquad\qquad (|\uparrow\uparrow\rangle+|\downarrow\downarrow\rangle)/\sqrt{2}\ ^{\dagger} \end{aligned} \qquad (2.4.17)$$

となる．(*2. 3. 46*)で $\boldsymbol{r}$ に関する積分がスピン変数に関する和も含んでいることを考慮すると，(*2. 4. 16*)の交換項，すなわち $w_{\boldsymbol{K},\nu\tau\mu\sigma,\nu\tau'\mu\sigma'}$ は $\delta_{\tau\sigma}\delta_{\tau'\sigma'}w_{\boldsymbol{K}}$ で与えられる．これは上記の3重項では0となり，1重項では $2w_{\boldsymbol{K}}$ を与える．したがって(*2. 4. 16*)の最終項は

$$2\delta_{S0}\delta_{l0}\delta_{l'0}w_{\boldsymbol{K}} \qquad (2.4.18)$$

で与えられる．

(*2. 3. 48*)の和では，$\boldsymbol{R}_m=0$ の項が符号を支配するが，(*2. 3. 46*)によれば $w(0)$ は正である．したがって1重項エクシトンは3重項エクシトンより高いエネルギーをもつ．Frenkel 型エクシトンのモデルが成り立つ分子性結晶ではこれらは分子の1重項および3重項励起状態に対応している．アントラセンなどいわゆる芳香族化合物の分子および結晶では，1重項励起のエネルギーは3重項のそれの2倍近い値をもっている．

重い元素をふくむ結晶では，スピン-軌道相互作用が重要になる．それで，軌道縮重があり，スピン-軌道相互作用と交換相互作用とが共存する場合のエクシトンをしらべてみよう．最も典型的な場合としてアルカリハライドをとる．アルカリハライド(ただし Li および Cs 化合物は除いておく)の伝導帯の底は $\boldsymbol{k}=0$ にあって軌道縮重はなく，波動関数は全対称的(s 型)である．それは主としてアルカリの s 軌道からできている．価電子帯の頂上もやはり $\boldsymbol{k}=0$ にあるが，(スピン-軌道相互作用がなければ)3重に縮重している(p_x, p_y, p_z 型)．それはほとんどハロゲンの p 軌道からできていると考えてよい．

スピン-軌道相互作用 $(\hbar/2m^2c^2)(\boldsymbol{\sigma}\times\nabla V(\boldsymbol{r}))\cdot\boldsymbol{p}$ は，結晶の周期的ポテンシャル $V(\boldsymbol{r})$ の勾配が特に大きくなる各原子核の近傍で $V(\boldsymbol{r})$ がほぼ球対称になるため，$(\hbar^2/2m^2c^2)(dV/rdr)\boldsymbol{\sigma}\cdot\boldsymbol{l}$ と書いてよい．ただし，$\hbar\boldsymbol{l}\equiv\boldsymbol{r}\times\boldsymbol{p}$ はその原子核を中心と

---

† 1次結合の係数の符合が，通常の2電子系での3重項，1重項と反対になっているが，これは次の理由による．$\boldsymbol{\sigma}$ の z 成分 σ_z は，電子の生成・消滅演算子 $a_\sigma{}^\dagger, a_\sigma$ (σ は σ_z の固有値で $\pm1/2$ の値をとる)を用いて $\sum_\sigma \sigma a_\sigma{}^\dagger a_\sigma$ で，また σ_z を1だけ増減させる演算子 $\sigma_x\pm i\sigma_y$ は $a_\sigma{}^\dagger a_{-\sigma}$ ($\sigma=\pm1/2$) で与えられる．これらは，$a_\sigma\equiv2\sigma b_{-\sigma}{}^\dagger$ により定義される正孔の生成・消滅演算子 $b_\sigma{}^\dagger, b_\sigma$ ($a_\sigma{}^\dagger, a_\sigma$ と同じ交換関係をみたす)を用いても，同じ形に書くことができる．結晶の励起状態を伝導帯電子と価電子帯正孔の2体問題としてとらえると，3重項(ただし $S_z=0$) と1重項はそれぞれ

$$\frac{1}{\sqrt{2}}(a_{\nu\uparrow}{}^\dagger b_{\mu\downarrow}{}^\dagger \pm a_{\nu\downarrow}{}^\dagger b_{\mu\uparrow}{}^\dagger)|\mathrm{g}\rangle = \frac{1}{\sqrt{2}}(a_{\nu\uparrow}{}^\dagger a_{\mu\uparrow} \mp a_{\nu\downarrow}{}^\dagger a_{\mu\downarrow})|\mathrm{g}\rangle$$

で与えられる．

する電子の軌道角運動量である．孤立原子の場合と同様，立方型結晶のp型価電子帯の $\boldsymbol{k}=0$ の点も，全角運動量 $\boldsymbol{j}_{\mathrm{v}}=\boldsymbol{l}+\boldsymbol{\sigma}$ が $j_{\mathrm{v}}=3/2$ の状態と $j_{\mathrm{v}}=1/2$ の状態とに分裂する．$2\boldsymbol{\sigma}\cdot\boldsymbol{l}=[\boldsymbol{j}_{\mathrm{v}}{}^2-\boldsymbol{l}^2-\boldsymbol{\sigma}^2]=[j_{\mathrm{v}}(j_{\mathrm{v}}+1)-2-3/4]$ であるから，それぞれの状態でスピン-軌道相互作用のエネルギーは $+\lambda/3$, $-2\lambda/3$ となる．ただし，$\lambda\ (>0)$ は分裂のエネルギーであり，アルカリハライドではハロゲン原子のスピン-軌道分裂に近い値をもつ．伝導帯の底は $l=0$ に対応し，$j_{\mathrm{c}}=1/2$ だけで分裂はない．

j-j 結合方式で書くと，励起状態 $|j_{\mathrm{c}}, j_{\mathrm{v}}\rangle$ には $|1/2, 3/2\rangle$ と $|1/2, 1/2\rangle$ とがある．それぞれに対して(2. 4. 16)の[　]は

$$\left\{-\frac{\hbar^2}{2m_{\mathrm{c}}}\Delta_l-v(\boldsymbol{R}_l)+\varepsilon_{\mathrm{g}}\right\}+\begin{cases}-\dfrac{1}{3}\lambda & \left(j_{\mathrm{v}}=\dfrac{3}{2}\right)\\[2ex] +\dfrac{2}{3}\lambda & \left(j_{\mathrm{v}}=\dfrac{1}{2}\right)\end{cases} \tag{2. 4. 19}$$

で与えられる．ただし価電子帯エネルギーの $\boldsymbol{k}$ 依存性は無視し，伝導帯の有効質量を m_{c} とした．ε_{g} は $\lambda=0$ の場合のギャップの大きさである．さて j-j 結合方式で電子・正孔の全角運動量を合成すると $\boldsymbol{J}=\boldsymbol{j}_{\mathrm{c}}-\boldsymbol{j}_{\mathrm{v}}$ であるから，$|1/2, 3/2\rangle$ からは $J=2, 1$ が，$|1/2, 1/2\rangle$ からは $J=1, 0$ が得られる．一方 L-S 結合方式では $\boldsymbol{J}=\boldsymbol{L}+\boldsymbol{S}$ であり，$L=1$ ($l_{\mathrm{c}}=0$, $l_{\mathrm{v}}=1$) であることを考えると，$J=2$ および 0 はともに3重項 $S=1$ に対応することがわかる．3重項に対しては交換相互作用(2. 4. 18)はきかないから，(2. 4. 19)をそのまま用いればよい．

一方2組の $J=1$ は3重項と1重項の1次結合になっている．j-j 結合方式と L-S 結合方式との間の変換式により，$|1/2, 3/2\rangle$ から得られる $J=1$ の状態は $\sqrt{1/3}|3\text{重項}\rangle+\sqrt{2/3}|1\text{重項}\rangle$ で，$|1/2, 1/2\rangle$ から得られる $J=1$ の状態は $-\sqrt{2/3}|3\text{重項}\rangle+\sqrt{1/3}|1\text{重項}\rangle$ で与えられる．(2. 4. 19)の1s状態の解 $F(\boldsymbol{R}_l)$ を用い，(2. 4. 18)の交換相互作用の1次摂動エネルギーを計算し，(2. 4. 19)のスピン-軌道相互作用と加えると，エネルギー行列

$$\begin{matrix}\left\langle\dfrac{1}{2},\dfrac{3}{2}\right| \\[2ex] \left\langle\dfrac{1}{2},\dfrac{1}{2}\right|\end{matrix}\quad\begin{bmatrix}-\dfrac{1}{3}\lambda+\dfrac{2}{3}\Delta & \dfrac{\sqrt{2}}{3}\Delta\\[2ex] \dfrac{\sqrt{2}}{3}\Delta & +\dfrac{2}{3}\lambda+\dfrac{1}{3}\Delta\end{bmatrix} \tag{2. 4. 20}$$

が得られる．ただし交換相互作用 Δ は

$$\Delta = 2|F(0)|^2 w_0 \qquad (2.4.21)$$

で与えられる．(*2.3.46*) で ϕ_ν として s 型の Wannier 関数 ϕ_s を，ϕ_μ として p_x 型の Wannier 関数 ϕ_x を用い，それから得られる (*2.3.48*) の $w_{\boldsymbol{K}}$ で，光励起可能な横波エクシトンを考えることにして $K \to 0$ ($\boldsymbol{K} \perp x$) の極限をとったものが w_0 である．双極子能率の遷移行列要素 $\int \phi_x(\boldsymbol{r}) e\boldsymbol{r} \phi_s(\boldsymbol{r}) d\boldsymbol{r} = \boldsymbol{\mu}$ は x 軸に平行であるから，(*2.3.9*) を用いると

$$w_0 = \int\int \phi_s(\boldsymbol{r}) \phi_x(\boldsymbol{r}) v(\boldsymbol{r}-\boldsymbol{r}') \phi_x(\boldsymbol{r}') \phi_s(\boldsymbol{r}') d\boldsymbol{r} d\boldsymbol{r}' - \frac{4\pi}{3} N_0 \mu^2 \qquad (2.4.22)$$

が得られる．

(*2.4.20*) から得られる固有エネルギー（ともに $J=1$）を Δ の関数として示したのが図 2.11(a) の実線 C, A であり，そこには純 3 重項である $J=2$ および 0 の状態のエネルギーも破線 B, D で示してある．また (*2.4.20*) の対角化によって得られた固有状態 C, A の 1 重項成分だけが基底状態と光学的に結合することを考慮して，C, A への振動子強度の配分を示したのが同図 (b) である．$\Delta=0$ (j-j 結

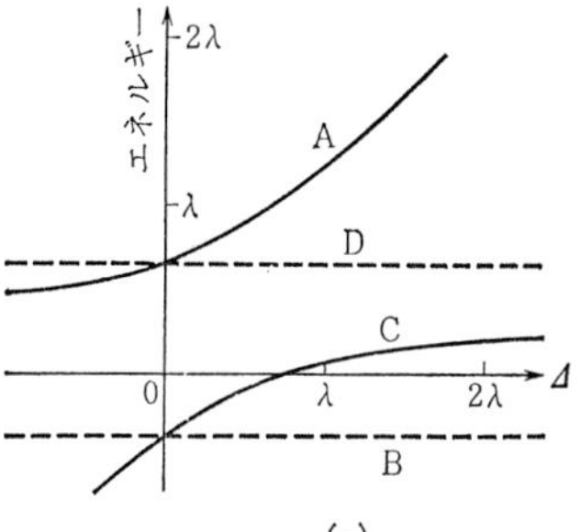

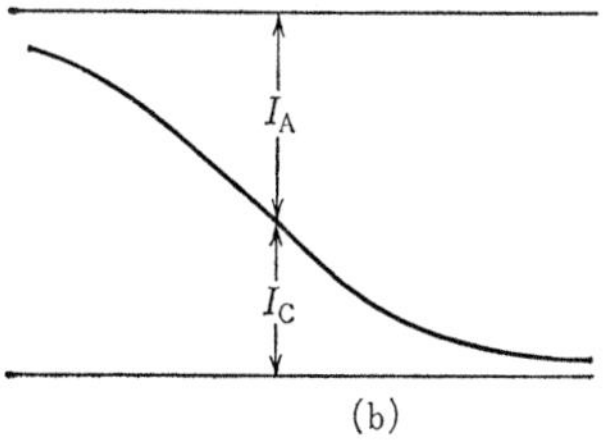

図 2.11 スピン-軌道相互作用 (λ) と交換相互作用 (Δ) を考慮したアルカリハライドの Γ 点 1s エクシトンのエネルギー準位 (a) と吸収強度比 (b) (Onodera, Y. & Toyozawa, Y.: *J. Phys. Soc. Japan*, **22**, 833 (1967) による)

合) のときは多重度 $2j_v+1$ を反映して，C ($j_v=3/2$) : A ($j_v=1/2$) = 2 : 1 であるが，$\varDelta\to\infty$ の極限 ($\lambda\to 0$ と考えてもよい) では，C と A はそれぞれ純粋の 3 重項と 1 重項になるため，C の強度は 0 になる (L-S 結合).

図 2.9 の基礎吸収スペクトルで最初のピーク (1s エクシトン) が 2 つにわかれているのは，価電子帯のスピン-軌道分裂によるものであるが，第 1 ピークと第 2 ピークの強度 (面積) 比が 2 : 1 より小さくなっているのは，交換相互作用 $\varDelta(>0)$ が存在する証拠である．2 つのピークの間隔と強度比から，図 2.11 を用いて逆に λ と $\varDelta$ の値を知ることもできる.

混晶の成分比をかえることにより，パラメーター $\lambda/\varDelta$ (図 2.11 の横軸の逆数) を連続的に変化させて，2 つの吸収ピークの強度比の移りゆきをしらべた実験を，ここで紹介しよう．CuCl, CuBr はいずれも等方的な ZnS 型結晶で，伝導帯の底と価電子帯の頂点はともに $\boldsymbol{k}=0$ にあり，軌道縮重がそれぞれ 1 重，3 重 (スピン-軌道相互作用がない場合) になっている点で，アルカリハライドに似ている．しかし価電子帯は，ハロゲンの p 軌道だけでなく，Cu の 3d 軌道も著しくまじるため，スピン-軌道相互作用でわかれた価電子帯 $Z_{1,2}$ (アルカリハライドの $j=3/2$ に相当) と Z_3 ($j=1/2$) とのエネルギー差 λ は，CuBr では正だが CuCl では負である．これらの物質ではエクシトンの半径が大きいため，(*2.4.21*) の交換相互作用 $\varDelta$ は $|\lambda|$ に比して小さく，したがって吸収の第 1 ピークと第 2 ピークの強度比は，CuCl で 1 : 2 に，CuBr で 2 : 1 に近い.

さてこの 2 つの物質は全率固溶体 $CuCl_{1-x}Br_x$ $(0<x<1)$ をつくり，混晶も ZnS 型の格子を作る．この混晶で観測された第 1 ピークおよび第 2 ピークの位置および強度比を図 2.12 (a), (b) に示した．混晶のバンド構造が両成分の平均的ポテンシャルできまるとすると，x が 0 から 1 まで増すにつれて，λ は負から正に連続的にかわるであろう．またこの間，$\varDelta$ は小さいながらも常に正で，x にそれ程強く依存するとは思われない．これを $\varDelta/\lambda$ の変化として追うと，図 2.11 の横座標で 0 より少し左から出発して左に進み，負の無限大 ($\lambda=-0$) から正の無限大 ($\lambda=+0$) に出て再び左に進み，0 より少し右までもどることに対応する．ただし $\lambda<0$ の間は，図 2.11 (a) の縦軸の符号，したがって第 1 ピークと第 2 ピークを入れかえる必要がある．このようにして，図 2.12 の観測は図 2.11 とよく対応していることがわかる．特に $x\fallingdotseq 0.23$ では $\lambda=0$ となるため，第 1 ピークは純

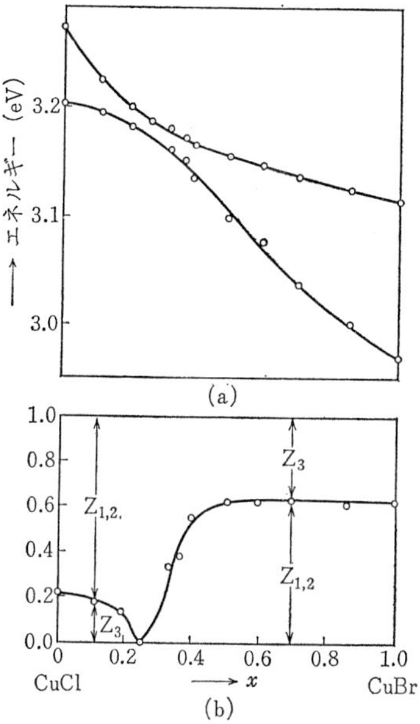

図 2.12　$CuCl_{1-x}Br_x$ 混晶の $Z_{1,2}$ および Z_3 エクシトンのエネルギー(a)と吸収強度比(b) (Kato, Y., Yu, C. I. & Goto, T.: *J. Phys. Soc. Japan*, 28, 104 (1970) による)

粋の 3 重項となって強度が 0 になるのである．

スピンおよび軌道による縮重のほかに，同種原子(または分子)が単位胞に σ $(\geqq 2)$ 個ふくまれる場合，それによる縮重もある．この縮重は，これら原子の双極子間相互作用によってとり除かれ((*2. 3. 8*)の $D_{\boldsymbol{K}}$ が σ 次の行列になったと思えばよい)，分裂のエネルギーは振動子強度 $(\propto \mu^2)$ が大きいほど大きい．この種の分裂を **Davydov 分裂**とよび，アントラセンなど芳香族化合物の結晶で数多くの観測と解析が行なわれていることをつけ加えておこう．

c) 並進運動の観測

すでにのべたように，光で作られた電子・正孔対の並進波数 $\boldsymbol{K}$ は逆格子ベクトルに比べて小さく，したがって基礎吸収スペクトルには，電子・正孔対の相対運動だけが反映され，並進運動を直接観測するのは難しい．しかし $\boldsymbol{K}$ が小さいながらも有限であることを利用してエクシトンの並進運動を観測した実験があるので，それをまず紹介しよう．

エクシトンの重心質量を M とすると，光子からエネルギーとともに運動量 $\hbar\boldsymbol{K}$ を受けとってできたエクシトンは，$\boldsymbol{v}=\hbar\boldsymbol{K}/M$ の速度をもつ．さて，一様な磁場

$\boldsymbol{H}$ の中に結晶をおいて光吸収を観測する場合，創られた電子・正孔対は磁場の中で運動するから，励起状態のエネルギーと波動関数，したがって吸収スペクトルが変化する (磁気光学効果 (magneto-optical effect))．磁場の効果は3つある．第1は電子・正孔のそれぞれのスピンおよび相対軌道角運動量の Zeeman エネルギーであり，第2は軌道の反磁性エネルギーである．第3が，これからのべる電子・正孔対の並進運動に関するものである．エクシトン中の電子および正孔は，平均的には共通の速度 $\boldsymbol{v}$ で運動する．速度 $\boldsymbol{v}$ で運動する荷電粒子 $\mp e$ には，$\mp e\boldsymbol{v}\times\boldsymbol{H}/c$ の Lorentz 力が働く．すなわち Lorentz 電場 $\boldsymbol{E}_{\mathrm{L}}=\boldsymbol{v}\times\boldsymbol{H}/c$ が電子と正孔を互いに反対方向に引こうとする．これは，電子・正孔の相対運動に対し，$\boldsymbol{E}_{\mathrm{L}}$ の電場が働くことと同等である．さて相対運動のエネルギーに対する静電場 $\boldsymbol{E}$ の効果 (Stark effect) は E^2 に比例する ($\boldsymbol{H}\neq 0$ でも)．したがって磁場 $\boldsymbol{H}$ のもとでさらに電場 $\boldsymbol{E}$ を外からかける (magneto-Stark effect) と，吸収スペクトルの各エクシトン線は，$(\boldsymbol{E}+\boldsymbol{E}_{\mathrm{L}})^2$ に比例するシフトを示すはずである．したがって外電場をかえてこのシフトをはかれば，それが極値をとる電場 $\boldsymbol{E}=-\boldsymbol{E}_{\mathrm{L}}$ から，エクシトンの速度 $\boldsymbol{v}=\hbar\boldsymbol{K}/M$ がわかる．入射光のエネルギーとそれに対する結晶の屈折率から $\boldsymbol{K}$ がわかるから，エクシトンの重心質量 M もわかる．

原理的にはこのような考え方にもとづく実験が D. G. Thomas および J. J. Hopfield によって行なわれた．$\boldsymbol{K}$ したがって $\boldsymbol{v}$ は極めて小さいから，この実験は，わずかなエネルギー・シフトでも観測できるような鋭いエクシトン線で始めて可能となる．この理由で彼らはウルツ鉱型 CdS の A エクシトン系列の $n=2$ の線をえらび，実際に $(\boldsymbol{E}+\boldsymbol{E}_{\mathrm{L}})^2$ に比例するシフトを観測した．このようにして得られたエクシトンの質量は $M\approx 0.92m_0$ であり，これは他の実験から求められた電子および正孔の質量 $m_{\mathrm{e}}, m_{\mathrm{h}}$ の和とほぼ一致する．

以上は，入射光子のきわめて小さい運動量を利用するきわどい実験であるが，フォノンの運動量も利用すれば自由度はずっと広がる．第7章でのべるように，エクシトンは格子振動と相互作用する結果，たとえば波数 $\mp\boldsymbol{K}$ のフォノンを放出または吸収して $\boldsymbol{K}'$ から $\boldsymbol{K}'+\boldsymbol{K}$ へ散乱される行列要素をもつ．光子 $(\boldsymbol{K}'\approx 0)$ 吸収に際し，エクシトンが創られると同時にフォノンが放出または吸収されるような2次摂動過程——いわゆる間接遷移——では，エネルギー・波数保存則により，吸収スペクトルは $\varepsilon_{\boldsymbol{K}}\pm\hbar\omega_{\mp\boldsymbol{K}}$ が値をとり得る範囲に広がっている．通常，フォノンのエネルギー $\hbar\omega_{\boldsymbol{K}}$ よりエクシトンのエネルギー $\varepsilon_{\boldsymbol{K}}$ の方が分散($\boldsymbol{K}$ による変化)が大きいから，間接遷移のスペクトルの広がりが，終状態でのエクシトンの並進運動エネルギー(反跳エネルギー $\varepsilon_{\boldsymbol{K}}-\varepsilon_0$)を反映していることになる．

間接遷移による吸収スペクトルについては§7.3の(c)項でくわしくのべるが，ここではその逆過程，すなわちフォノンの同時放出または吸収を伴うエクシトン消滅によって光子が放出される2次摂動過程を考えよう．始状態におけるエクシトンの波数を $\boldsymbol{K}$ とすれば，エネルギー・波数保存則により，放出光子は $\varepsilon_{\boldsymbol{K}}\mp\hbar\omega_{\pm\boldsymbol{K}}$ のエネルギーをもつことがわかる．図2.13は，光励起によりCdS結晶中につくられた電子・正孔対がやがて結合してエクシトンとなり，そのエクシトンが消滅する際の光放出スペクトルであるが，光学型フォノンを1つ(図で1と記されたピーク)または2つ(同2)同時放出する間接遷移のスペクトルが，フォノンを伴わない直接遷移のスペクトル(同0)とともに観測されている．ここで重要なことは，後者が鋭いスペクトルであるのに対し，前者は高エネルギー側に尾をひき，それが温度上昇と共に広がってゆくことである．

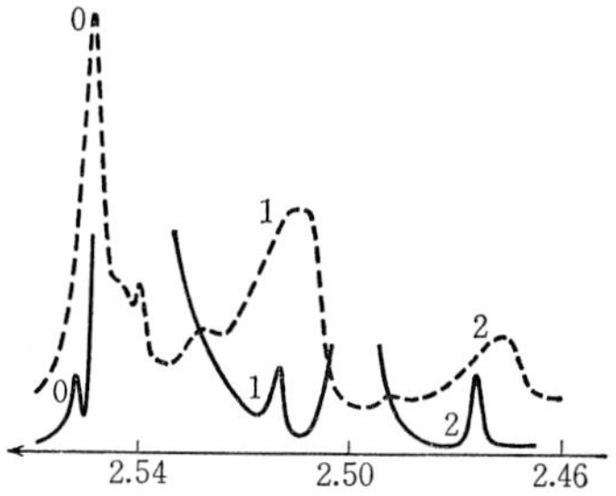

図2.13 CdS結晶のエクシトン消滅による発光スペクトル．実線は4.2 K，破線は42 K (Gross, E., Permogorov, S. & Razbirin, B.: *J. Phys. Chem. Solids*, 27, 1647 (1966) による)

波数保存則により，直接遷移では $K\approx0$ のエクシトンだけが消滅可能なため，放出光は ε_0 に線スペクトルをもつだけだが，間接遷移では上にのべたように任意の $\boldsymbol{K}$ をもつエクシトンが消滅可能である．光学型フォノンのエネルギーの $\boldsymbol{K}$ 依存性を無視すると，1つまたは2つのフォノンの同時放出を伴う放出光子は，それぞれ $\varepsilon_{\boldsymbol{K}}-\hbar\omega_0$, $\varepsilon_{\boldsymbol{K}}-2\hbar\omega_0$ のエネルギーをもつ．図2.13のスペクトルの温度依存性は，光放出前のエクシトンの並進運動エネルギーが，Maxwell 分布 $\exp[-(\varepsilon_{\boldsymbol{K}}-\varepsilon_0)/k_{\mathrm{B}}T]$ に従っていたことを示している．実際高エネルギー側の広がりは $k_{\mathrm{B}}T$ 程度の幅をもっている．この実験は，エクシトンが原子や分子，あるいは結晶中の電子や正孔と同様の“自由粒子”であり，結晶格子内をほぼ自由に走りまわりながらそれと熱平衡を保っていることを物語っている．

d) エクシトン分子

強い光照射によって多数のエクシトン(X と略記)をつくると，その一部が結合して**エクシトン分子**(excitonic molecule)になる ($X+X\rightarrow X_2$) ことが，多くの結晶で見いだされている．Wannier-Mott 流に考えると，エクシトン分子 X_2 は，有効質量がそれぞれ $m_{\mathrm{e}}, m_{\mathrm{h}}$ で与えられる 2 つの伝導帯電子と 2 つの価電子帯正孔とが，Coulomb ポテンシャル $\pm e^2/\epsilon r$ を媒介として結びついた複合粒子である．$m_{\mathrm{e}}\lesseqgtr m_{\mathrm{h}}$ の場合には，X および X_2 は水素原子および水素分子と相似の系であるが，質量比 $m_{\mathrm{e}}/m_{\mathrm{h}}$ のいかなる値に対してもエクシトン分子が安定であること，すなわち分子の結合エネルギー B ($X+X\rightarrow X_2$ のさい放出されるエネルギー)が正であることがわかっている．図 2.14 には変分法によって計算された分子の結合エネルギー B が，エクシトンの結合エネルギー R ((*2. 3. 15*)参照)を単位として示されている．

§2.3(b) でのべた Wannier-Mott モデルによると，並進運動波数 $\boldsymbol{K}$ をもつエクシトンおよびエクシトン分子のエネルギーは，それぞれ

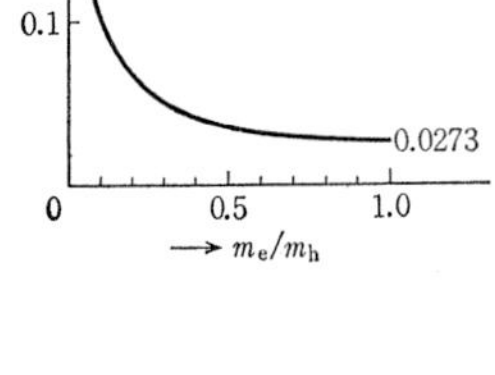

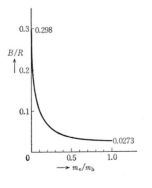

図 2.14 変分計算によるエクシトン分子の結合エネルギー(Akimoto, O. & Hanamura, E.: *J. Phys. Soc. Japan*, 33, 1537(1972)による)

$$\left.\begin{aligned} E_{\mathrm{X}}(\boldsymbol{K}) &= (\varepsilon_{\mathrm{g}}-R)+\frac{\hbar^2K^2}{2M} \\ E_{\mathrm{X_2}}(\boldsymbol{K}) &= 2(\varepsilon_{\mathrm{g}}-R)-B+\frac{\hbar^2K^2}{4M} \end{aligned}\right\} \qquad (2.4.23)$$

で与えられる．エクシトン分子の重心質量はエクシトンのそれの2倍だからである．

レーザー光照射を受けたCuCl結晶では，エクシトン分子がエクシトン(原子)に転換することによる光放出スペクトルが観測されている($X_2 \to X + h\nu$)．図2.15でMと記されたものがそれである．このバンドは，図2.14とは逆に，低エネルギー側に尾をひく奇妙な非対称性を示すが，それは次のように説明されている．すなわち光子放出前後の粒子の波数$\boldsymbol{K}$は不変と考えてよい(放出光子波数は無視できる)から，(2.4.23)により光子エネルギーは

$$h\nu = E_{\mathrm{X_2}}(\boldsymbol{K})-E_{\mathrm{X}}(\boldsymbol{K}) = (\varepsilon_{\mathrm{g}}-R-B)-\frac{\hbar^2K^2}{4M}$$

で与えられる．初期状態におけるX_2の運動エネルギー$\hbar^2K^2/4M$がMaxwell分布に従うとすると，この放出光はMaxwell分布を裏返しにした形状

$$E^{1/2}\exp\left(-\frac{E}{k_{\mathrm{B}}T}\right), \qquad E \equiv (\varepsilon_{\mathrm{g}}-R-B)-h\nu > 0 \qquad (2.4.24)$$

をもち，確かに低エネルギー側に尾をひくことがわかる．ただしこの式を図2.15のMバンドと合わせるためには，$T=26\,\mathrm{K}$とおく必要があり，これは結晶の温度4.2Kより高い．レーザー光照射によって作られたエクシトンは格子温度より高いエネルギーをもつ(熱いエクシトン)のである．実際には，レーザー光強度

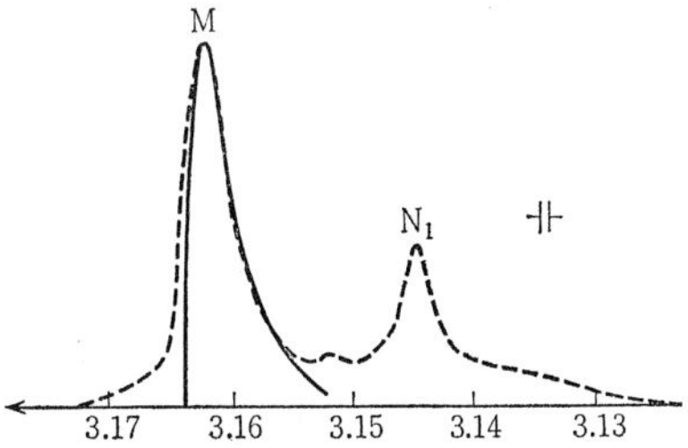

図2.15 CuCl結晶をレーザー光で照射したとき観測される発光スペクトル．実線は(2.4.24)の裏返しMaxwell分布(Souma, H., Goto, T., Ohta, T. & Ueta, M.: *J. Phys. Soc. Japan*, **29**, 697 (1970)による)

への依存性もふくめた詳しい実験と解析から，逆に上記のような素過程の存在が示されたのである．

なお前項(c)および本項でのべた実験は，エクシトンもエクシトン分子も，結晶中を走りまわる自由粒子の状態にあることを示している．しかしすべての物質でエクシトンがそのようにふるまうとは限らない．それについては§7.5でくわしくのべる．

e) エクシトンの分裂と融合

(b)項でのべたように，芳香族分子の結晶では，強い分子内交換相互作用のため，1重項エクシトン(singlet exciton, 以後Sと略記する)は3重項エクシトン(triplet exciton, Tと略記)の倍近いエネルギーをもっている．分子の，したがって結晶の基底状態はもちろん1重項であるから，Tを創る光吸収係数は極めて小さい(芳香族分子は炭素，水素のように軽い元素だけから成り，スピン-軌道相互作用が極めて小さい)が，いったん創られるとその寿命は極めて長い．これに対しSは，それを創る光吸収係数も大きいかわりに，短時間の中に青色光を出して消滅する．この放出光を**即時発光**(prompt luminescence)とよぶ．

さて，強い赤色光(または近赤外光)照射によりTだけを創っても，即時発光と同じスペクトル成分をもつ発光，すなわちS消滅による発光が現われることが，アントラセン，テトラセンなどで見いだされた．これは長時間持続するため，**遅延発光**(delayed luminescence)とよばれるが，励起光強度と発光強度の関係，発光強度の時間的変化の解析から，2つのTが合体して1つのSを創る反応過程が働いているものと推定されていた．このような**エクシトンの融合**(fusion)およびその逆過程である**エクシトンの分裂**(fission) $\mathrm{T}+\mathrm{T}\rightleftarrows\mathrm{S}+$(熱エネルギー)の存在は，遅延および即時発光強度の磁場依存性の実験により，疑う余地のないものとなった．

図2.16は，テトラセン結晶に，青色光を照射して観測される即時発光と，近赤外光を照射して得られる遅延発光とのそれぞれの強度が，磁場$\boldsymbol{H}$とともにいかに変化するかを示したものであり，ともに$H=0$の場合を1に規格化してある．図(a)は$\boldsymbol{H}$の方向を一定にしてその大きさをかえたもの，図(b)は$\boldsymbol{H}$の大きさを一定(4 kOe)にしてその方向をかえたものである．上述の融合と分裂両過程の反応速度係数は，詳細平衡の原理により，温度だけできまる比例定数で結ばれ，温

度以外の原因(たとえば磁場)で一方が増大すれば他方も比例して増大するであろう．さて2種の発光は“Sの消滅”という共通の起源をもつ．磁場印加が反応速度を増大させるとすれば，青色光照射の実験では磁場により分裂が促進されて即時発光が減少し，近赤外光照射の実験では融合が促進されて遅延発光が増大するであろう．図2.16(a), (b)で，即時発光と遅延発光の増減が全くうらはらになっているのは，このためである．それでは何故，反応速度がこのような磁場依存性を示すのであろうか．

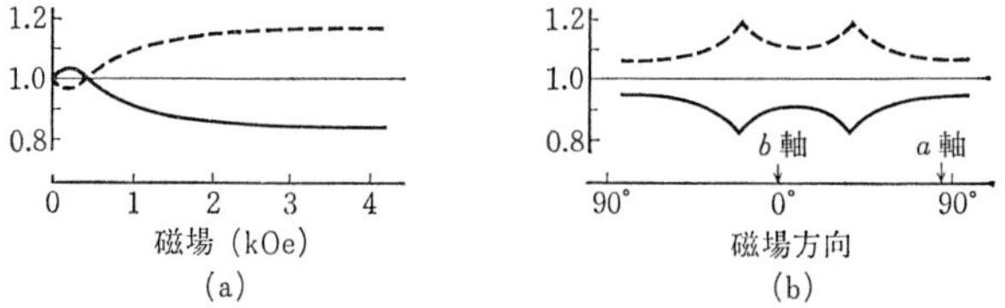

図2.16 238Kにおけるテトラセン結晶の延引発光強度(実線)と即時発光強度(破線)の磁場依存性 (Groff, R. P., Avakian, P. & Merrifield, R. E.: *Phys. Rev.*, **B 1**, 815(1970)による)

いまTの濃度を n とすると，2つのTが衝突する頻度は k_1n^2 で与えられる．この衝突複合体(2つのTが最隣接分子にあるものを考えればよい)には $3\times3=9$ 個のスピン状態 (ψ_l, $l=1, 2, \cdots, 9$) があり，高温では，そのいずれが形成される頻度も互いに等しく，$k_1n^2/9$ で与えられる．この複合体は，再び分離してTどうしの単なる散乱に終るか，融合してSとなるかのいずれかであろう．前者の相対的確率 k_{-1} はスピン状態 l によらないが，後者のそれは，状態 l にふくまれる1重項成分の振幅を $S_l\equiv|\langle S|\psi_l\rangle|$ として，$k_2S_l^2$ で与えられる．したがって融合過程の頻度は

$$\gamma=\frac{k_1n^2}{9}\sum_{l=1}^{9}\frac{k_2S_l^2}{k_{-1}+k_2S_l^2} \qquad (2.4.25)$$

で与えられる．

γ がスピン状態 ψ_l の構造にどのように依存するかをみるには，次の両極限を考えるとよい．(1) すべての l が1重項を等しい振幅で含む場合；(2) ただ1つの l だけが1重項である場合．$\sum_l S_l^2=1$ であるから，2つの場合の γ の比は $\gamma_1/\gamma_2=(k_{-1}+k_2)/(k_{-1}+k_2/9)$ となり，1重項成分が多くの l にばらまかれるほど γ が大きくなることがわかる．

さて1つのTのスピン・ハミルトニアンは，Zeeman項と，(分子内での電子・正孔間の)磁気双極子相互作用とから成っている．磁場がないときは後者だけで，3重項分子の磁気的主軸を x, y, z とすると，エネルギー固有状態でのスピン関数は $|x\rangle, |y\rangle, |z\rangle$ で与えられる(S_z の固有関数は $(|x\rangle \pm i|y\rangle)/\sqrt{2}$ $(S_z=\pm 1)$ および $|z\rangle$ $(S_z=0)$ で与えられる)．これを用いると，2つのTの複合体の1重項は $(|xx\rangle+|yy\rangle+|zz\rangle)/\sqrt{3}$ で与えられる．したがって $H=0$ のときは，9個の ψ_l の中3個だけが1重項成分を1/3ずつ含んでいる．磁場をかけるにつれて ψ_l のくみかえが起こり，1重項成分はより多くの ψ_l にばらまかれるため，上述によって γ が増大する．図2.16(a)で，弱磁場印加に対し，遅延発光が増大するとともに即時発光が減少するのはこのためである．

Zeeman項が磁気双極子相互作用をはるかに上まわるような強磁場では，Tのスピンは磁場方向に量子化され，エネルギー固有状態は $|0\rangle$ および $|\pm\rangle$ となる．2つのTの複合体では，$|00\rangle, |+-\rangle$ および $|-+\rangle$ の3つが1重項成分をもつ．このうち，後の2つは，磁気双極子相互作用があっても縮重しているが，さらに分子間相互作用を考慮すれば，その対称的および反対称的1次結合の状態に分裂する．反対称的状態は純3重項であるから，1重項成分を含む状態は2つだけである．ただし $|00\rangle, |+-\rangle, |-+\rangle$ のすべてが縮重するような特別の磁場方向に対しては，純1重項状態 $(|00\rangle-|+-\rangle-|-+\rangle)/\sqrt{3}$ がエネルギー固有状態となるため，これ以外の固有状態は1重項成分をふくまない(これは(*2.4.25*)が最小になる(2)の極限状況に対応する)．いずれにしても，強磁場での γ はゼロ磁場でのそれより逆に小さくなり，$H\to\infty$ で一定値($\boldsymbol{H}$ の方向にはよる)に近づくことがわかる．このようにして，図2.16(a)の強磁場のふるまいが説明できる．また同図(b)で遅延発光と即時発光がそれぞれ鋭い極小と極大を示すのは，上述の特別な磁場方向に対応するものとして理解できる．

Bohr磁子を μ_B $(\approx 10^{-20}$ erg/gauss)，分子の半径を r $(\approx 3\times 10^{-8}$ cm)とすると，磁気双極子相互作用およびZeemanエネルギーは，それぞれ $\mu_B{}^2/r^3$ および $\mu_B H$ の程度であるから，両者が同程度となる磁場は $H\approx\mu_B/r^3\approx 0.4$ kOeで与えられる．この値は，図2.16(a)で弱磁場域と強磁場域の境界，すなわち $\gamma(H)>\gamma(0)$ から $\gamma(H)<\gamma(0)$ に移る磁場と大体一致している．このことは，図2.16に示された磁場依存性を，Zeemanエネルギーと磁気双極子相互作用の競合による複合

体(2T)スピン関数の組替えに帰着させる上記の説明が，まったく妥当なものであることを示している．

このようにして，エクシトンの融合および分裂過程 T+T⇄S の存在は疑う余地のないものとなったが，これはエクシトン分子(前項(d)参照)の形成と分解 X+X⇄X_2 と似て非なることに注意すべきである．後者が2つのエクシトンの，いわば化学結合と解離であるのに対し，前者は，核融合と核分裂のように，まったく別種の粒子への転換であるといえよう．このことは，構成要素である電子・正孔対の数が，後者では保存するのに対し前者では保存しないことからも明らかである．

固体物理学においてはいわば2次的概念である素励起——準粒子——のふるまいが，その舞台となる“静的な固体”を忘れ去る限り，より基本的な粒子である原子，原子核ないしは素粒子のふるまいと多くの面で酷似していることを，われわれは幾つかの例で学んできたのであるが，それは単なる偶然であろうか．“素励起”概念が相対的，便宜的なものに過ぎないこと，それには種々の適用限界があること(たとえば巨視系の比較的低い励起状態しか記述できないこと，したがってまた素励起濃度はあまり高くてはならないこと，2つの素励起が極めて接近した場合にはおのおのは個別性を失うことなど)は，もとの舞台を知るものにとっては別段驚くべきことではない．それでは“素粒子”の舞台となる“真空”はどのような仕組をもち，“素粒子”概念はどのような限界をもつのであろうか，将来におけるその解明の手がかりとして，“素励起の物理”が役立てば幸いである．

第3章　Fermi 液体

物性物理学では，液体 ^{3}He，固体中の電子など，Fermi 粒子の凝縮体を取り扱う場合が多い．このような Fermi 粒子の集団を **Fermi 液体** (Fermi liquid) という．Fermi 液体なる言葉は，L. D. Landau の Fermi 液体理論 (Fermi liquid theory) から由来する．この理論の基本的な概念については，本講座第6巻『物性 I』第3章で述べたが，この章では素励起概念に重点をおいて Fermi 液体の問題を論じていく．

§3.1　Fermi 液体のモデル

Fermi 液体の一般的な性質を論ずる前に，簡単なモデルをやや初等的な方法で調べ，Fermi 液体の多体問題的な特徴について考察する．以下の議論では第2量子化法は既知のものとして話を進めるが，この方法に慣れていない読者は，本講座第3巻『量子力学 I』の第9章を参照されたい．

a) Fermi 粒子系のハミルトニアン

質量 m，スピン 1/2 の Fermi 粒子が N 個，体積 V の容器中に閉じこめられているとする．容器は簡単のため，1辺の長さが L の立方体であるとし ($V=L^3$)，また周期的な境界条件を用いるとする．i 番目の粒子と j 番目の粒子との間の相互作用ポテンシャルを $v(\boldsymbol{r}_i-\boldsymbol{r}_j)$ と書けば，全粒子系のハミルトニアンは，第2量子化法の形式で

$$\mathcal{H}=\int\Psi^\dagger(x)\left(-\frac{\hbar^2\Delta}{2m}\right)\Psi(x)\,dx+\frac{1}{2}\int\Psi^\dagger(x)\,\Psi^\dagger(x')\,v(\boldsymbol{r}-\boldsymbol{r}')\cdot\Psi(x')\,\Psi(x)\,dxdx' \tag{3.1.1}$$

と表わされる．ここで，$\Psi(x)$, $\Psi^\dagger(x)$ は場の演算子，x は空間座標 $\boldsymbol{r}$ とスピン座標 s を表わし，また x に関する積分は $\boldsymbol{r}$ についての積分と s に関する和を意

味する．ただし，$\boldsymbol{r}$ での積分は体積 V の容器中にわたって行なわれる．

(3. 1. 1) を見やすい形にするため，$\Psi(x)$, $\Psi^\dagger(x)$ を

$$\left.\begin{aligned}\Psi(x) &= \frac{1}{\sqrt{V}}\sum_{k\sigma} a_{k\sigma}\exp(i\boldsymbol{k}\cdot\boldsymbol{r})\,\delta(s,\sigma)\\ \Psi^\dagger(x) &= \frac{1}{\sqrt{V}}\sum_{k\sigma} a_{k\sigma}^\dagger\exp(-i\boldsymbol{k}\cdot\boldsymbol{r})\,\delta(s,\sigma)\end{aligned}\right\} \tag{3. 1. 2}$$

と平面波で展開する．上式で σ はスピン状態を表わし，たとえば上向きのスピンは $\sigma=1$，また下向きのスピンは $\sigma=-1$ で記述される．さらに，$a_{k\sigma}$, $a_{k\sigma}^\dagger$ は波数 $\boldsymbol{k}$，スピン σ をもつ粒子に対する消滅・生成演算子で，これらの間には

$$[a_{k\sigma}, a_{k'\sigma'}]_+ = [a_{k\sigma}^\dagger, a_{k'\sigma'}^\dagger]_+ = 0, \qquad [a_{k\sigma}, a_{k'\sigma'}^\dagger]_+ = \delta(\boldsymbol{k},\boldsymbol{k}')\,\delta(\sigma,\sigma') \tag{3. 1. 3}$$

の反可換関係がなりたつ ($[A,B]_+=AB+BA$)．(3. 1. 2) を (3. 1. 1) に代入すると，この式の第1項すなわち運動エネルギーの部分は

$$\sum_{k\sigma}\varepsilon(\boldsymbol{k})\,a_{k\sigma}^\dagger a_{k\sigma}, \qquad \varepsilon(\boldsymbol{k}) = \frac{\hbar^2k^2}{2m} \tag{3. 1. 4}$$

となる．ただし，この式を導くとき規格直交の条件

$$\frac{1}{V}\int\exp[i(\boldsymbol{k}-\boldsymbol{k}')\cdot\boldsymbol{r}]d\boldsymbol{r} = \delta(\boldsymbol{k},\boldsymbol{k}')$$

を用いた．同じようにして，(3. 1. 1) の第2項すなわち相互作用を表わす部分は

$$\frac{1}{2V^2}\sum_{k_1k_2k_3k_4}\sum_{\sigma_1\sigma_2\sigma_3\sigma_4} a_{k_1\sigma_1}^\dagger a_{k_2\sigma_2}^\dagger a_{k_4\sigma_4}a_{k_3\sigma_3}\sum_{ss'}\delta(s,\sigma_1)\,\delta(s',\sigma_2)\,\delta(s,\sigma_3)\,\delta(s',\sigma_4)$$
$$\cdot\int\exp(-i\boldsymbol{k}_1\cdot\boldsymbol{r}-i\boldsymbol{k}_2\cdot\boldsymbol{r}')\,v(\boldsymbol{r}-\boldsymbol{r}')\exp(i\boldsymbol{k}_3\cdot\boldsymbol{r}+i\boldsymbol{k}_4\cdot\boldsymbol{r}')\,d\boldsymbol{r}d\boldsymbol{r}'$$

と書ける．この式で，s, s' に関する和は

$$\sum_{ss'}\delta(s,\sigma_1)\,\delta(s',\sigma_2)\,\delta(s,\sigma_3)\,\delta(s',\sigma_4) = \delta(\sigma_1,\sigma_3)\,\delta(\sigma_2,\sigma_4)$$

と計算される．また，$\boldsymbol{r}, \boldsymbol{r}'$ についての積分を行なうため，重心座標 $\boldsymbol{r}_1$，相対座標 $\boldsymbol{r}_2$ を導入し

$$\boldsymbol{r}_1 = \frac{\boldsymbol{r}+\boldsymbol{r}'}{2}, \qquad \boldsymbol{r}_2 = \boldsymbol{r}-\boldsymbol{r}', \qquad \therefore\quad \boldsymbol{r} = \boldsymbol{r}_1+\frac{\boldsymbol{r}_2}{2}, \qquad \boldsymbol{r}' = \boldsymbol{r}_1-\frac{\boldsymbol{r}_2}{2}$$

とおく(図 3.1). そうすると, $\boldsymbol{r}_1$ に関する積分を実行し $V\delta(\boldsymbol{k}_1+\boldsymbol{k}_2, \boldsymbol{k}_3+\boldsymbol{k}_4)$ の項がえられる. また, $\boldsymbol{r}_2$ での積分は

$$\int v(\boldsymbol{r}_2)\exp\left[i\frac{\boldsymbol{r}_2}{2}\cdot(\boldsymbol{k}_2-\boldsymbol{k}_1+\boldsymbol{k}_3-\boldsymbol{k}_4)\right]d\boldsymbol{r}_2$$

と表わされる. ここで, $\boldsymbol{k}_2-\boldsymbol{k}_4=\boldsymbol{k}_3-\boldsymbol{k}_1$ の関係に注意し, また $v(\boldsymbol{r})$ の Fourier 変換を

$$v(\boldsymbol{r})=\frac{1}{V}\sum_{\boldsymbol{q}}\nu(\boldsymbol{q})\exp(i\boldsymbol{q}\cdot\boldsymbol{r}), \qquad \nu(\boldsymbol{q})=\int v(\boldsymbol{r})\exp(-i\boldsymbol{q}\cdot\boldsymbol{r})\,d\boldsymbol{r} \tag{3.1.5}$$

で定義すれば, $\boldsymbol{r}_2$ での積分は $\nu(\boldsymbol{k}_1-\boldsymbol{k}_3)$ となる. さらに

$$\boldsymbol{k}_1-\boldsymbol{k}_3=\boldsymbol{q}, \qquad \boldsymbol{k}_1=\boldsymbol{k}_3+\boldsymbol{q}, \qquad \boldsymbol{k}_2=\boldsymbol{k}_4-\boldsymbol{q}$$

とおき, $\boldsymbol{k}_3, \boldsymbol{k}_4, \boldsymbol{q}$ を独立変数とすれば, ハミルトニアン $\mathcal{H}$ は

$$\mathcal{H}=\sum_{\boldsymbol{k}\sigma}\varepsilon(\boldsymbol{k})a_{\boldsymbol{k}\sigma}{}^{\dagger}a_{\boldsymbol{k}\sigma}+\frac{1}{2V}\sum_{\substack{\boldsymbol{q}\boldsymbol{k}\boldsymbol{k}'\\ \sigma\sigma'}}\nu(\boldsymbol{q})a_{\boldsymbol{k}+\boldsymbol{q},\sigma}{}^{\dagger}a_{\boldsymbol{k}'-\boldsymbol{q},\sigma'}{}^{\dagger}a_{\boldsymbol{k}'\sigma'}a_{\boldsymbol{k}\sigma} \tag{3.1.6}$$

で与えられる. 上式の第2項は, $\boldsymbol{k}, \sigma$ と $\boldsymbol{k}', \sigma'$ の粒子が消えて $\boldsymbol{k}+\boldsymbol{q}, \sigma$ と $\boldsymbol{k}'-\boldsymbol{q}, \sigma'$ の粒子が生まれる過程を表わす. あるいは, この過程を図示すると図 3.2 のように, $\boldsymbol{k}'$ の粒子が $\boldsymbol{q}$ を吐きだしこれを $\boldsymbol{k}$ の粒子が吸うという形に書ける. ただし, そのさい, 粒子のスピン σ, σ' は変化をうけない. また, $\boldsymbol{k}$ の粒子が $\boldsymbol{q}$ をうけると波数が $\boldsymbol{k}+\boldsymbol{q}$ となるように, 波数の保存則がなりたつ点に注意せよ.

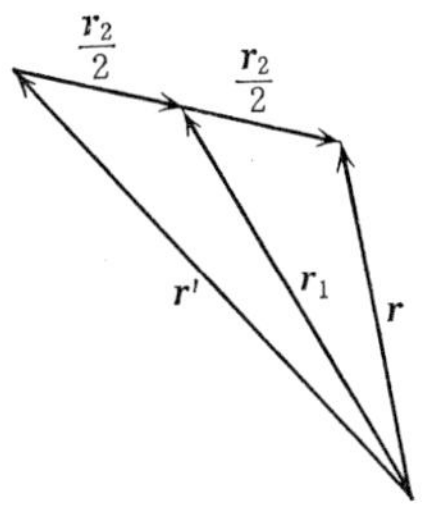

図 3.1

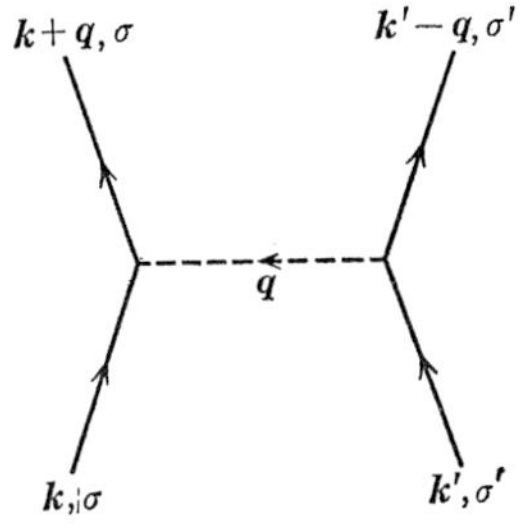

図 3.2

b) 電子ガス模型

金属中の電子を取り扱うとき, 問題を簡単にするため, 金属イオンの電荷を塗りつぶして一様な媒質とみなし, その中で電子が Coulomb 相互作用を及ぼしあ

うという模型を用いることがある．ただし，全体として電気的には中性であるとする．この模型を**電子ガス模型**(electron gas model)といい，Fermi 液体の1つの典型的な例である．この節では，簡単な摂動計算を使って電子ガスの問題を論ずる．

電子の電荷を $-e$ とすればポテンシャル $v(\boldsymbol{r})$ は

$$v(\boldsymbol{r}) = \frac{e^2}{r}, \qquad r \equiv |\boldsymbol{r}|$$

で与えられる．いまの電子ガスでは電気的な中性を考慮すると，ポテンシャルと電荷密度との関係(Poisson の式)は

$$\varDelta v(\boldsymbol{r}) = -4\pi e^2\left[\delta(\boldsymbol{r}) - \frac{1}{V}\right]$$

となる．右辺の δ 関数は原点にある点電荷を，$1/V$ は一様な正電荷を表わす．ここで

$$\delta(\boldsymbol{r}) = \frac{1}{V}\sum_{\boldsymbol{q}} \exp(i\boldsymbol{q}\cdot\boldsymbol{r})$$

の関係に注意すれば，(3. 1. 5)を用いて

$$-\frac{1}{V}\sum_{\boldsymbol{q}} \nu(\boldsymbol{q})q^2 \exp(i\boldsymbol{q}\cdot\boldsymbol{r}) = -4\pi e^2 \frac{1}{V}\sum_{\boldsymbol{q}\neq 0} \exp(i\boldsymbol{q}\cdot\boldsymbol{r})$$

となる．したがって，$\nu(\boldsymbol{q})$ は両辺の $\exp(i\boldsymbol{q}\cdot\boldsymbol{r})$ の係数を比較して

$$\nu(\boldsymbol{q}) = \frac{4\pi e^2}{q^2} \qquad (\boldsymbol{q} \neq 0) \tag{3. 1. 7}$$

と表わされる．ただし，$\nu(0)$ は不定であるが，これを便宜上0とおく．その理由は次のとおりである．

いま，仮に $\nu(0)$ が0でないとして(3. 1. 6)の第2項で $\boldsymbol{q}=0$ の部分を拾うと

$$\begin{aligned}
&\frac{1}{2V}\sum_{\boldsymbol{k}\boldsymbol{k}'\sigma\sigma'} \nu(0)\, a_{\boldsymbol{k}\sigma}{}^\dagger a_{\boldsymbol{k}'\sigma'}{}^\dagger a_{\boldsymbol{k}'\sigma'} a_{\boldsymbol{k}\sigma} \\
&\quad = \frac{1}{2V}\sum_{\boldsymbol{k}\boldsymbol{k}'\sigma\sigma'} \nu(0)[a_{\boldsymbol{k}\sigma}{}^\dagger a_{\boldsymbol{k}\sigma} a_{\boldsymbol{k}'\sigma'}{}^\dagger a_{\boldsymbol{k}'\sigma'} - \delta(\boldsymbol{k}, \boldsymbol{k}')\delta(\sigma, \sigma')\, a_{\boldsymbol{k}\sigma}{}^\dagger a_{\boldsymbol{k}'\sigma'}] \\
&\quad = \frac{1}{2V}\nu(0)(N^2 - N)
\end{aligned}$$

となる．ただし，電子の総数 N は

$$N=\sum_{k\sigma} a_{k\sigma}{}^{\dagger}a_{k\sigma} \tag{3.1.8}$$

で与えられることを用いた．上式からわかるように，$\boldsymbol{q}=0$ の項は定数になる．ハミルトニアンに加わる定数はエネルギーの原点をずらすだけであるから，この定数を 0 ととってもよい．これが $\nu(0)=0$ とおく理由である．

c) 電子ガスの交換エネルギー

(b)項で説明したように，電子ガスのハミルトニアンは

$$\mathcal{H}=\mathcal{H}_0+\mathcal{H}' \tag{3.1.9 a}$$

$$\mathcal{H}_0=\sum_{k\sigma}\frac{\hbar^2k^2}{2m}a_{k\sigma}{}^{\dagger}a_{k\sigma} \tag{3.1.9 b}$$

$$\mathcal{H}'=\frac{1}{2V}\sum_{\boldsymbol{q}\neq 0}\sum_{kk'\sigma\sigma'}\frac{4\pi e^2}{q^2}a_{k+q,\sigma}{}^{\dagger}a_{k'-q,\sigma'}{}^{\dagger}a_{k'\sigma'}a_{k\sigma} \tag{3.1.9 c}$$

と表わされる．以下，$\mathcal{H}_0$ を非摂動項，$\mathcal{H}'$ を摂動項とみなして 1 次の摂動計算を行なう．現実の金属に対して必ずしもそのような摂動計算は適用できないが，Fermi 液体の特徴はある程度摂動論により理解しうるであろう．

Coulomb 相互作用がないとき，すなわち自由電子では絶対零度で Fermi 球(半径 k_{F})の内部に電子がつまりその外では空になる(図 3.3)．したがって，$\mathcal{H}_0$ の基底状態を $|0\rangle$ で表わせば

$$n_{k\sigma}|0\rangle=\begin{cases}|0\rangle & (k<k_{\mathrm{F}})\\ 0 & (k>k_{\mathrm{F}})\end{cases}$$

がなりたつ．ただし，$n_{k\sigma}\equiv a_{k\sigma}{}^{\dagger}a_{k\sigma}$ は $\boldsymbol{k}\sigma$ の状態を占める電子数に対する演算子である．Fermi 波数 k_{F} は，Fermi 球内の電子数が N であるという条件からきめられる．k に関する和は $V\to\infty$ の極限で

$$\sum_{k}\longrightarrow\frac{V}{(2\pi)^3}\int d\boldsymbol{k}$$

と $\boldsymbol{k}$ 空間での積分になることを使い，またスピンの縮退度 2 を考慮すれば

$$N=\frac{2V}{(2\pi)^3}\frac{4\pi k_{\mathrm{F}}{}^3}{3}$$

がえられ，これから

$$k_{\mathrm{F}} = (3\pi^2 n)^{1/3}, \qquad n \equiv \frac{N}{V} \tag{3. 1. 10}$$

と表わされる．同じようにして，$|0\rangle$ に対する $\mathcal{H}_0$ のエネルギー固有値 E_0 は

$$E_0 = \sum_{k<k_{\mathrm{F}},\sigma} \frac{\hbar^2 k^2}{2m} = \frac{2V}{(2\pi)^3}\frac{\hbar^2}{2m}\int_{k<k_{\mathrm{F}}} k^2 d\boldsymbol{k} = \frac{\hbar^2}{2m}\frac{Vk_{\mathrm{F}}{}^5}{5\pi^2}$$

と計算される．あるいは，$k_{\mathrm{F}}{}^3 = 3\pi^2 n$ の関係を代入すると

$$E_0 = \frac{3}{5}N\frac{\hbar^2 k_{\mathrm{F}}{}^2}{2m} \tag{3. 1. 11}$$

となる．

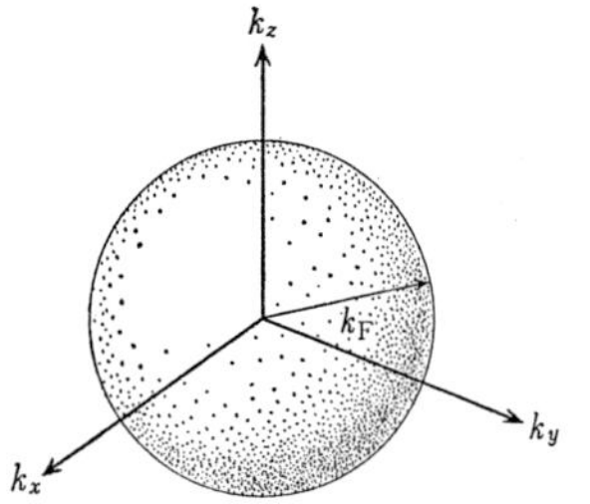

図 3. 3 自由電子の体系だと絶対零度で Fermi 球(半径 k_{F})の内部に電子がつまって，その外では空になる

以上説明してきたように，状態 $|0\rangle$ は $\mathcal{H}_0$ の固有状態であり $\mathcal{H}_0|0\rangle = E_0|0\rangle$ がなりたつ．しかし，Coulomb 相互作用 $\mathcal{H}'$ を考慮するとエネルギー固有値に補正が加わり，その1次の補正項 E_1 は量子力学の摂動論により

$$\begin{aligned} E_1 &= \langle 0|\mathcal{H}'|0\rangle \\ &= \frac{1}{2V}\sum_{q\neq 0}\sum_{kk'\sigma\sigma'}\frac{4\pi e^2}{q^2}\langle 0|a_{k+q,\sigma}{}^\dagger a_{k'-q,\sigma'}{}^\dagger a_{k'\sigma'}a_{k\sigma}|0\rangle \end{aligned}$$

で与えられる．上式からわかるように，$\boldsymbol{k}, \boldsymbol{k}'$ の電子が消えるので $a^\dagger$ によりもとの状態に戻るためには次の2つの条件

(i) $\boldsymbol{k}+\boldsymbol{q} = \boldsymbol{k}, \quad \boldsymbol{k}'-\boldsymbol{q} = \boldsymbol{k}'$

(ii) $\boldsymbol{k}+\boldsymbol{q} = \boldsymbol{k}', \quad \boldsymbol{k}'-\boldsymbol{q} = \boldsymbol{k}, \quad \sigma = \sigma'$

のどちらかが要求される．(i)の条件は，$\boldsymbol{q}\neq 0$ だから許されない．したがって，スピン状態 σ を省略すると，(ii)の条件に対応して

$$\langle 0|a_{k+q}{}^\dagger a_k{}^\dagger a_{k+q}a_k|0\rangle = -n_{k+q}n_k$$

となる．こうして E_1 は

$$E_1 = -\frac{1}{2V}\sum_{q\neq 0}\frac{4\pi e^2}{q^2}\sum_{k\sigma} n_{k+q,\sigma}n_{k\sigma}$$
$$= -\sum_{q\neq 0}\frac{4\pi e^2}{q^2}\frac{1}{(2\pi)^3}\int_{|k+q|<k_F,\ k<k_F} dk$$

と表わされる．上式の $\boldsymbol{k}$ に関する積分を $I(q)$ と書けば，これは図 3.4 のように半径 k_F の 2 つの球の中心が q だけ離れているとき，その共通部分(図の薄黒い部分)の体積に等しい．あるいは，半径 k_F の球の中心から h の距離をもつ平面で球を切ったとき，中心を含まない部分(図 3.5 の薄黒い部分)の体積を $\Omega(h)$ とすれば

$$I(q) = 2\Omega\left(\frac{q}{2}\right)$$

となる．h と $h+dh$ とにはさまれた部分の体積 $d\Omega$ は，h が増加すると Ω は減少する点に注意して

$$d\Omega = -\pi(k_F{}^2 - h^2)\,dh$$

である．この微分方程式を解くと

$$\Omega(h) = -\pi k_F{}^2 h + \frac{\pi h^3}{3} + A$$

となり，任意定数 A は $h=0$ の場合を考え $(2\pi/3)k_F{}^3 = A$ ときめられる．その結果 $I(q)$ は

$$I(q) = 2\pi\left(\frac{2k_F{}^3}{3} - \frac{k_F{}^2 q}{2} + \frac{q^3}{24}\right)$$

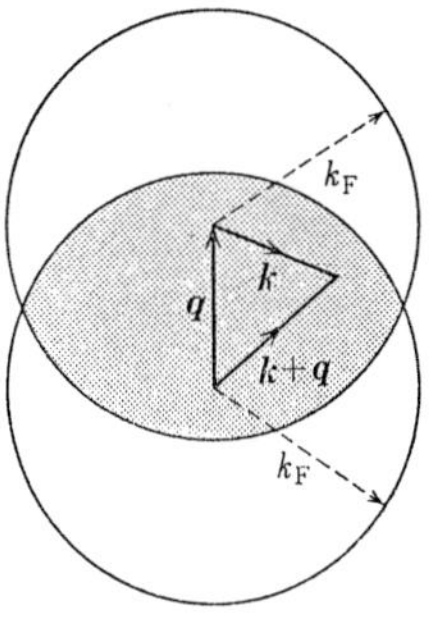

図 3.4

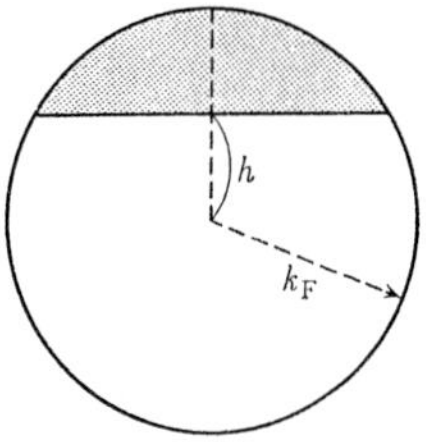

図 3.5

と計算される．また，明らかに $q\geqq 2k_{\mathrm{F}}$ では $I(q)=0$ となる．

このようにして，E_1 の式で $\boldsymbol{k}$ に関する積分ができたから，$\boldsymbol{q}$ についての和を積分で表わし

$$E_1=-\frac{Ve^2}{\pi}\frac{4\pi}{(2\pi)^3}\int_0^{2k_{\mathrm{F}}}\left(\frac{2k_{\mathrm{F}}{}^3}{3}-\frac{k_{\mathrm{F}}{}^2q}{2}+\frac{q^3}{24}\right)dq$$
$$=-\frac{Ve^2k_{\mathrm{F}}{}^4}{4\pi^3}$$

と計算される．さらに $k_{\mathrm{F}}{}^3=3\pi^2n$ を代入すれば

$$E_1=-\frac{3e^2Nk_{\mathrm{F}}}{4\pi} \tag{3.1.12}$$

となる．

以上の計算からわかるように，E_1 は Fermi 球内の $\boldsymbol{k}$ の電子が $\boldsymbol{q}$ を吸って $\boldsymbol{k}'$ になり，また逆に $\boldsymbol{k}'$ の電子が $\boldsymbol{q}$ を失って $\boldsymbol{k}$ になる，という過程から生ずる．すなわち，2つの電子間で波数の交換が行なわれるわけで，このため E_1 を**交換エネルギー** (exchange energy) という．

d) $\boldsymbol{r_s}$ 展開

上で述べた電子ガスの結果は，無次元の量を導入するともっとみやすい形に直すことができる．とくに，展開のパラメーターが何であるかが明らかになる．このため $(4\pi/3)r_0{}^3=1/n$ とおく．r_0 は電子1個がしめる球の半径である．r_0 は長さの次元をもつので，これを無次元にするため，Bohr 半径 a で割り

$$r_s=\frac{r_0}{a},\qquad a=\frac{\hbar^2}{me^2}\ (=\text{Bohr 半径})$$

の式で r_s を定義する．また，電子1個あたりのエネルギーを Rydberg

$$\frac{me^4}{2\hbar^2}=13.6\ \text{eV}$$

で測ることにしよう．そうすると，交換エネルギーは

$$\varepsilon_x=\frac{E_1/N}{me^4/2\hbar^2}=-\frac{3}{2\pi}\left(\frac{9\pi}{4}\right)^{1/3}\frac{1}{r_s}\approx-\frac{0.916}{r_s} \tag{3.1.13}$$

と表わされる．この式を導くとき，$m=1/2$, $\hbar=1$, $e^2=2$ という単位系を用いる

と便利である．Bohr 半径，Rydberg はこの単位系で 1 になり，したがって長さとエネルギーはそれぞれ Bohr 半径と Rydberg を単位にして測られることになる．この単位系を用いると，Fermi 波数は $k_F{}^3=3\pi^2 n=3\pi^2(3/4\pi r_0{}^3)$ の関係から

$$k_F=\left(\frac{9\pi}{4}\right)^{1/3}\frac{1}{r_s} \tag{3.1.14}$$

となる．

同じようにして，(*3.1.11*)をいまの単位系で表わすと

$$\varepsilon_0=\frac{3}{5}\left(\frac{9\pi}{4}\right)^{2/3}\frac{1}{r_s{}^2}\approx\frac{2.21}{r_s{}^2} \tag{3.1.15}$$

となり，電子 1 個あたりのエネルギー ε は Rydberg を単位としたとき

$$\varepsilon=\frac{2.21}{r_s{}^2}-\frac{0.916}{r_s}+\cdots \tag{3.1.16}$$

と展開される．この展開は **r_s 展開**とよばれ，$r_s \ll 1$ のとき，すなわち電子の数密度が大きいときに近似のよい結果を与える．(*3.1.16*)で右辺第 3 項以下の部分は**相関エネルギー** (correlation energy) とよばれるもので通常 ε_c と書かれる．相関エネルギーは，ここで述べたような単純な摂動論では計算できないが†，相関エネルギーについては§3.3で再び説明する．

e) 短距離力の働く体系

Fermi 液体のもう 1 つの典型的な例である液体 ^{3}He の場合には，粒子間の相互作用は電子ガスとまったく異なった性質をもつ．すなわち，電子ガスでは Coulomb 相互作用が e^2/r というふうに長距離に及ぶのに反して，液体 ^{3}He では，$v(r)$ はたとえば Lennard-Jones 型ポテンシャル

$$v(r)=v_0\left[\left(\frac{\sigma}{r}\right)^{12}-2\left(\frac{\sigma}{r}\right)^{6}\right]$$

の形に表わされ，Coulomb 力と違って短距離力である．あるいはこのポテンシャルを簡単化して

$$v(r)=\begin{cases}0 & (r>a)\\ \infty & (r<a)\end{cases}$$

† たとえばエネルギーに対する 2 次の摂動項は ∞ になる．

の剛体球ポテンシャルを用いる場合もある．

このような短距離力の性格をもっとも簡単に表わすには

$$v(\boldsymbol{r}) = \nu\delta(\boldsymbol{r}) \tag{3.1.17}$$

というように，δ 関数型のポテンシャルを仮定することである．実際，適当な条件下で剛体球ポテンシャルを上の形に表わすことができるが，その点は後回しにして，さしあたり(3.1.17)を用いて基底状態のエネルギーを摂動計算で求めてみる．(3.1.5)から(3.1.17)の $v(\boldsymbol{r})$ に対して，$\nu(\boldsymbol{q})=\nu$ であることがわかる．すなわち，今の場合，ポテンシャルの Fourier 変換は $\boldsymbol{q}$ によらない定数になる．したがって，エネルギーに対する1次の補正項は

$$E_1 = \frac{\nu}{2V}\sum_{\substack{qkk' \\ \sigma\sigma'}} \langle 0|a_{k+q,\sigma}{}^\dagger a_{k'-q,\sigma'}{}^\dagger a_{k'\sigma'}a_{k\sigma}|0\rangle$$

と表わされる．電子ガスでは $\boldsymbol{q}\neq 0$ のため，(ii)の条件だけが許されたが，上式では(i)，(ii)の2つとも可能になる．この2つの可能性を考慮すると，簡単な計算の結果

$$E_1 = \frac{\nu}{2V}\left[\sum_{kk'\sigma\sigma'} n_{k\sigma}n_{k'\sigma'} - \sum_{kk'\sigma} n_{k\sigma}n_{k'\sigma}\right] \tag{3.1.18}$$

となる．

(3.1.18)を計算するさい，上向きのスピンの数と下向きのスピンの数とは等しく，ともに $N/2$ であるとする．そうすると，上式の［　］内の第2項は，上向きスピンのとき $N^2/4$，下向きスピンのとき $N^2/4$ で全体として $N^2/2$ である．また，第1項は明らかに N^2 となり，結局 E_1 は

$$E_1 = \frac{\nu N^2}{4V} = \frac{N\nu n}{4} \tag{3.1.19}$$

と書ける．この場合には，補正項が n に比例するので体系の数密度が小さいほど，摂動計算がよい結果を与える．すなわち，電子ガスの場合と全く逆の事情になる．この違いは，ポテンシャルが長距離力であるかあるいは短距離力であるかの差に起因するのである．

以上，ポテンシャルが δ 関数型であると仮定して話を進めてきたが，ここで剛体球ポテンシャルは適当な条件下でそのような形に表わされることを示す．今，直径 a の剛体球を考えると，それらは互いに重なることはないので $r<a$ で $v(r)$

は無限大となる(図3.6). あるいは, 量子力学的には波動関数が $r \leqq a$ で 0 になる. ところで, この剛体球ポテンシャルをそのまま(3. 1. 5)に代入すると $\boldsymbol{\nu}(\boldsymbol{q})$ は無限大になってしまい, 物理的に意味のある結果がえられない. このような困難を除く 1 つの方法は, 剛体球ポテンシャルをそれと数学的には同等な“ポテンシャルのようなもの”でおき代えることで, これを**擬ポテンシャル**(pseudopotential)という. 以下, この方法について説明する.

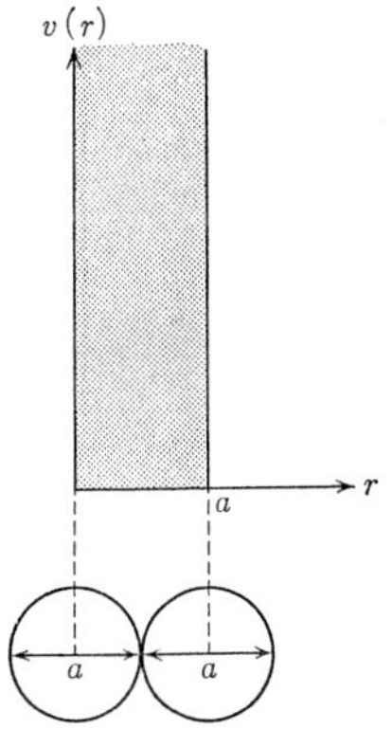

図 3. 6　剛体球ポテンシャル

質量 m の 2 個の剛体球があると, 相対運動に対する Schrödinger 方程式は, 換算質量が $m/2$ である点に注意し

$$-\frac{\hbar^2}{m}\varDelta\varphi = E\varphi, \qquad \varphi = 0 \qquad (r \leqq a) \tag{3. 1. 20}$$

と表わされる. あるいは $k^2 = Em/\hbar^2$ とおけば

$$(\varDelta + k^2)\varphi = 0, \qquad \varphi = 0 \qquad (r \leqq a)$$

となる. ここで, 簡単のため, 波動関数は球対称であるとすれば, つまり S 波を考えれば, Schrödinger 方程式は

$$\frac{1}{r}\frac{d^2}{dr^2}(r\varphi) + k^2\varphi = 0$$

と書ける. この方程式を $r=a$ で $\varphi=0$ の境界条件の下で解くと

$$r\varphi = A\sin k(r-a) \qquad (r \geqq a)$$

の解がえられる(A は任意定数). φ は $r \leqq a$ で 0 であるから, この解を図示すると図 3. 7 の (a) のようになる.

さて, 上の $r \geqq a$ における解をそのまま図 3. 7 の (b) のように剛体球の内部に延長すると考えよう. そうすると, $\varDelta(1/r) = -4\pi\delta(\boldsymbol{r})$ の関係を用いて, 延長した φ に対して

$$(\varDelta + k^2)\varphi = 4\pi A\delta(\boldsymbol{r})\sin ka$$

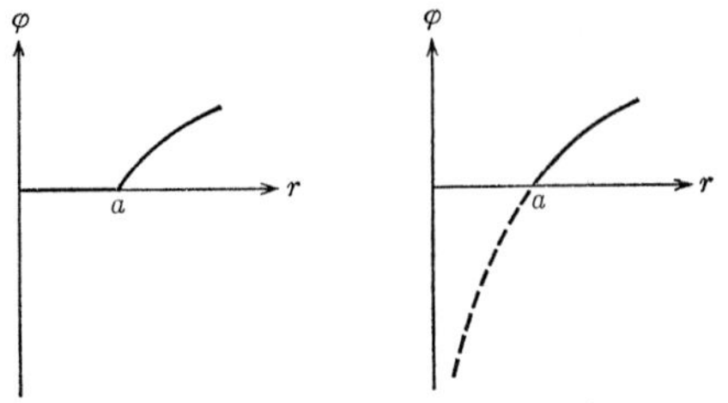

図 3.7 剛体球の外部における φ を，そのまま剛体球の内部に延長すると (b) の点線のようになる

の関係がなりたつ．すなわち，解を剛体球内に延長すると，原点に δ 関数的な異常性が生ずる．この物理的な理由は次のように考えれば容易に理解できよう．完全導体の球に Q の電荷を与えると，この電荷は球面上に一様に分布し，球の外部での電位 φ は Q/r と表わされる．一方，球の内部では電場は 0 であるから φ は一定値をとる．ところで，球の外部における電位に注目する限り，あたかも原点に Q の電荷が集中したと考えてよい．すなわち，外部の電位は $Q\delta(\boldsymbol{r})$ の電荷分布から生ずるとしてよい．上式右辺の $\delta(\boldsymbol{r})$ はこのような電荷分布に対応しているのである．

上式では A という任意定数が含まれているが，これを消去するため

$$\delta(\boldsymbol{r})\frac{\partial}{\partial r}(r\varphi) = \delta(\boldsymbol{r})\,Ak\cos ka$$

の関係を用いる．そうすると，a が十分小さいとき ($ka \ll 1$ のとき)

$$(\varDelta+k^2)\varphi = 4\pi\frac{\tan ka}{k}\delta(\boldsymbol{r})\frac{\partial}{\partial r}(r\varphi) \approx 4\pi a\delta(\boldsymbol{r})\frac{\partial}{\partial r}(r\varphi)$$

がえられる．これを (*3. 1. 20*) の Schrödinger 方程式の形に直すと

$$-\frac{\hbar^2}{m}\varDelta\varphi+\frac{4\pi a\hbar^2}{m}\delta(\boldsymbol{r})\frac{\partial}{\partial r}(r\varphi) = E\varphi$$

となる．この式は，粒子間のポテンシャル $v(\boldsymbol{r})$ が

$$v(\boldsymbol{r}) = \frac{4\pi a\hbar^2}{m}\delta(\boldsymbol{r})\frac{\partial}{\partial r}r$$

という演算子で表わされることを意味し，これが剛体球に対する擬ポテンシャル

である．

以上の議論では簡単のため S 波 ($l=0$) だけを考えてきたが，P 波 ($l=1$)，D 波 ($l=2$) などについても同様な取扱いが可能である．一般に，l 次の部分波から生ずる擬ポテンシャルは a が小さいとき a^{2l+1} に比例することが証明される．したがって，a が小さいときには，S 波だけを考慮すれば十分である．

上の擬ポテンシャルに対する式で，もし波動関数が $r=0$ で微分可能であれば

$$\delta(\boldsymbol{r})\frac{\partial}{\partial r}(r\varphi)=\delta(\boldsymbol{r})\varphi$$

がなりたつ．すなわち，$(\partial/\partial r)r$ という演算子を 1 と考えてよい．エネルギーの 1 次の摂動項を計算する場合，波動関数は正にそのような性質をもつので，擬ポテンシャルは (3.1.17) で表わされ，ν は

$$\nu=\frac{4\pi a\hbar^2}{m} \tag{3.1.21}$$

で与えられる．

摂動計算の近似を進めて，2 次の摂動項を求めるときには，波動関数の 1 次の摂動項に $1/r$ の部分が含まれるので $(\partial/\partial r)r$ を簡単に 1 とおくことはできない．この点を考慮すると，複雑な計算の結果，粒子 1 個あたりの基底状態エネルギーは

$$\frac{E}{N}=\frac{3\hbar^2k_{\mathrm{F}}{}^2}{10m}+\frac{\pi\hbar^2n}{m}a+\frac{6\hbar^2nk_{\mathrm{F}}}{35m}(11-2\ln 2)a^2+\cdots$$

と表わされる．この式は a^2 の項まで厳密な結果で，T. D. Lee-C. N. Yang[*Phys. Rev.*, **105**, 1119 (1957)] により導かれた．もちろん，a のオーダーの項は，(3.1.21) を (3.1.19) に代入すれば計算できる．上式を少し整理すれば，展開パラメーターは $(na^3)^{1/3}$ であることが容易にわかる．すなわち，上の展開式は低密度の極限 ($na^3\ll 1$) で正しい結果を与えるのである．

以上説明してきた Fermi 液体のモデル的な計算結果は，残念ながらそのまま現実の物理体系に適用することはできない．金属中の電子の場合に $r_s\ll 1$ でもないし，また液体 ^{3}He で $na^3\ll 1$ でもない．しかし，だからといって，ここで求めた結果が全く無意味であるというわけではない．現実の物理体系を取り扱うには，多かれ少なかれ，近似を含んだ理論を展開せざるをえないが，そのとき，近似の

程度を判断するのにこの節での結果を使うことができる．すなわち，ある理論を高密度なりあるいは低密度の極端な場合に適用し，その理論から導かれる結果と厳密なものとを比較し近似の妥当性が推測しうるのである．

§3.2 多粒子系への問いかけとその応答

Fermi 液体の性質を論ずるとき，体系内にどんな種類の素励起が存在しうるか，またその素励起はどんな性格をもつかが重要な問題となる．一般に，ある物理体系の性質を知りたいとき，なんらかの方法でその体系に“問いかけ”を行なうことが必要である．たとえば，第1章で述べたように，フォノンを実験的に観測するのに中性子散乱や Mössbauer 効果などを利用するが，中性子や γ 線を体系にあてることはそれらを問いかけの手段として用いるわけである．このような，われわれの問いかけに対して体系はなんらかの応答を示す．この節では，問いかけと応答との関係を論じ，それを通じて体系内の素励起に関して有用な知見がえられることを説明する．以下の議論は，§2.2 の誘電率に対する理論を拡張した一般論であり，別に Fermi 液体に限らずどんな物理体系にも応用しうるものである．

a) 外場があるときの Schrödinger 方程式

注目している物理体系のハミルトニアンを $\mathscr{H}$，その n 番目のエネルギー固有値，固有関数をそれぞれ ε_n, ϕ_n とする．問いかけの手段として適当な外場を加えるとし，それを表わすハミルトニアンを $\mathscr{H}'(t)$ とする†．§2.2 と同じく無限の過去，すなわち $t=-\infty$ で $\mathscr{H}'(t)$ は 0 であると考え，$\mathscr{H}'(t)$ は $\exp(\delta t)$ $(\delta>0)$ の因子を含むとする．そうして，最後に $\delta\to+0$ の極限をとる．また，$t=-\infty$ で体系は ϕ_m の状態にあるとする．

体系には $\mathscr{H}'(t)$ のハミルトニアンが加わるから，波動関数の時間的変化は時間に依存する Schrödinger 方程式

$$i\hbar\frac{\partial\psi}{\partial t}=[\mathscr{H}+\mathscr{H}'(t)]\psi \tag{3.2.1}$$

により記述される．ここで

† $\mathscr{H}'(t)$ の具体的な例については次節で述べる．

$$\psi(t)=\exp\left(-\frac{i}{\hbar}\mathcal{H}t\right)\varphi(t) \tag{3.2.2}$$

とおき，ψ から φ へ変換を行なう．そうすると，$i\hbar\dot{\psi}=\mathcal{H}\psi+\exp(-i\mathcal{H}t/\hbar)i\hbar\dot{\varphi}$ の関係を用いて

$$\frac{\partial\varphi}{\partial t}=\frac{1}{i\hbar}\mathcal{H}''(t)\varphi,\qquad \mathcal{H}''(t)=\exp\left(\frac{i}{\hbar}\mathcal{H}t\right)\mathcal{H}'(t)\exp\left(-\frac{i}{\hbar}\mathcal{H}t\right) \tag{3.2.3}$$

がえられる．$t=-\infty$ で $\varphi(t)=\phi_m$ の条件を使うと†，上式を形式的に積分し

$$\varphi(t)=\phi_m+\frac{1}{i\hbar}\int_{-\infty}^{t}\mathcal{H}''(t')\varphi(t')dt' \tag{3.2.4}$$

と表わされる．

さて，ここで外場に対する体系の応答をみるため，体系に付随した物理量 A（たとえば体系の電流，電気的分極，数密度など）を観測すると考えよう．量子力学の一般原理により，時刻 t における A の期待値 $\bar{A}$ は

$$\bar{A}=\int\psi^*A\psi d\tau=\int\left[\exp\left(-\frac{i}{\hbar}\mathcal{H}t\right)\varphi\right]^*A\left[\exp\left(-\frac{i}{\hbar}\mathcal{H}t\right)\varphi\right]d\tau$$

と表わされる．ただし，τ の積分は，体系に含まれる全粒子の空間座標に関する積分とスピン座標についての和を意味する．また(3.2.2)を用いた．上式を簡単な形に直すため，任意の2つの関数 f,g と，任意の演算子 P に対して

$$\int(Pf)^*gd\tau=\left(\int g^*(Pf)d\tau\right)^*=\int f^*P^\dagger gd\tau$$

の等式がなりたつ点に注意する．ここで $P^\dagger$ は P に Hermite 共役な演算子である．$f\to\varphi$, $P\to\exp(-i\mathcal{H}t/\hbar)$, $g\to A\exp(-i\mathcal{H}t/\hbar)\varphi$ とおけば，$P^\dagger=\exp(i\mathcal{H}t/\hbar)$ であるから

$$\bar{A}=\int\varphi^*\exp\left(\frac{i}{\hbar}\mathcal{H}t\right)A\exp\left(-\frac{i}{\hbar}\mathcal{H}t\right)\varphi d\tau=\int\varphi^*A(t)\varphi d\tau \tag{3.2.5}$$

---

† 厳密にいうと，$t=-\infty$ で(3.2.2)から

$$\varphi(t)=\exp\left(\frac{i}{\hbar}\varepsilon_m t\right)\phi_m$$

となるが，この指数関数の因子は物理的に無意味なので $\varphi(t)=\phi_m$ としてよい．

となる．ただし，$A(t)$ は Heisenberg 表示における演算子で

$$A(t)=\exp\left(\frac{i}{\hbar}\mathcal{H}t\right)A\exp\left(-\frac{i}{\hbar}\mathcal{H}t\right) \tag{3.2.6}$$

と定義される．

b) 線形応答

外場に対する体系の応答に注目したとき，外場 $\mathcal{H}'(t)$ に関して1次の項がとくに重要な意味をもつ．このような応答を**線形応答** (linear response) という†．(3.2.4) から $\varphi(t)=\phi_m+O(\mathcal{H}'')$ と書けることがわかるので，$\mathcal{H}'(t)$ の1次までを考える限り，この式の積分中に含まれる $\varphi(t')$ を ϕ_m とおいてもよい．すなわち

$$\varphi(t)=\phi_m+\frac{1}{i\hbar}\int_{-\infty}^{t}\mathcal{H}''(t')\phi_m dt'+O(\mathcal{H}''^2) \tag{3.2.7}$$

と表わされる．したがって，線形応答の理論では (3.2.5) から

$$\begin{aligned}\bar{A}=&\int\phi_m{}^*A(t)\phi_m d\tau+\frac{1}{i\hbar}\int_{-\infty}^{t}dt'\int\phi_m{}^*A(t)\mathcal{H}''(t')\phi_m d\tau\\&-\frac{1}{i\hbar}\int_{-\infty}^{t}dt'\int(\mathcal{H}''(t')\phi_m)^*A(t)\phi_m d\tau\end{aligned}$$

となる．上式の第1項は $\exp(-i\mathcal{H}t/\hbar)\phi_m=\exp(-i\varepsilon_m t/\hbar)\phi_m$ を使うと

$$\begin{aligned}&\int\phi_m{}^*\exp\left(\frac{i}{\hbar}\mathcal{H}t\right)A\exp\left(-\frac{i}{\hbar}\mathcal{H}t\right)\phi_m d\tau\\&=\int\left[\exp\left(-\frac{i}{\hbar}\mathcal{H}t\right)\phi_m\right]^*A\left[\exp\left(-\frac{i}{\hbar}\mathcal{H}t\right)\phi_m\right]d\tau\\&=\int\phi_m{}^*A\phi_m d\tau\end{aligned}$$

に等しく，また第3項の τ に関する積分は，$\mathcal{H}''(t')$ が Hermite 演算子である点に注意すると

$$\int(\mathcal{H}''(t')\phi_m)^*A(t)\phi_m d\tau=\int\phi_m{}^*\mathcal{H}''(t')A(t)\phi_m d\tau$$

と書ける．このようにして，Dirac の記号を用い任意の演算子 Q に対して

---

† 線形応答については本講座第5巻『統計物理学』第8章に詳しい説明があるが，ここではやや初等的な方法で線形応答の問題を取り扱う．

$$\int \phi_m{}^* Q \phi_m d\tau \equiv \langle m|Q|m\rangle$$

とおけば

$$\bar{A} = \langle m|A|m\rangle + \frac{1}{i\hbar}\int_{-\infty}^{t} dt' \langle m|A(t)\mathcal{H}''(t') - \mathcal{H}''(t')A(t)|m\rangle$$

がえられる.

以上, $t=-\infty$ で体系は量子力学的な純粋状態にあると仮定してきたが, 統計力学の立場ではその状態がある確率分布をもつ. そこで, $t=-\infty$ で体系は熱平衡にあると仮定し, 状態 ϕ_m の実現する確率は w_m であるとする. このような熱平衡に対する統計力学的な平均値を求めるには, 上式に w_m をかけすべての m に関して加えればよい. 記号を簡単にするため, この平均値を $\langle\cdots\rangle$ で表わす. すなわち

$$\sum_m w_m \langle m|\cdots|m\rangle \equiv \langle\cdots\rangle$$

とおく. さらに, 熱平衡における物理量 A の平均値は 0 であると仮定しよう. そうすると, 時刻 t における A の統計力学的な平均値は

$$\langle A\rangle_t = -\frac{i}{\hbar}\int_{-\infty}^{t} dt' \langle[A(t), \mathcal{H}''(t')]\rangle \tag{3.2.8}$$

と表わされる. ただし, $[A, B]\equiv AB-BA$ である.

ここで外場のハミルトニアン $\mathcal{H}'(t)$ は

$$\mathcal{H}'(t) = B\exp(-i\omega t+\delta t) \tag{3.2.9}$$

という形をもつと仮定する. B は適当な演算子であるが, 上式は外場が角振動数 ω で時間的に振動することを意味する. (3.2.3)を思いだすと, B の Heisenberg 表示を用いて(3.2.8)は

$$\langle A\rangle_t = -\frac{i}{\hbar}\int_{-\infty}^{t} dt' \exp(-i\omega t'+\delta t')\langle[A(t), B(t')]\rangle \tag{3.2.10}$$

と書ける. この式は線形応答の理論における基礎的な関係で, いくたの問題に応用しうる. たとえば, 外場として金属に電場をかけたとし, また物理量 A として電流密度をとると, 上式から電流密度と電場とを1次で結ぶ係数, すなわち電気伝導度が求まることになる. このような問題については第6章で説明する.

c) 遅延 Green 関数と温度 Green 関数

上述の線形応答に対する結果は，形式的にもまた実用的にも Green 関数で表わすと便利である．Green 関数については本講座第5巻『統計物理学』第9章で詳しく述べたし，また本巻の第1章でフォノンの問題と関連して説明したが，復習もかねてこれからの議論に必要な範囲内で簡単な説明を加えておく．まず，A, B に対する遅延 Green 関数

$$G_{\mathrm{r}}[t,t'] = -\frac{i}{\hbar}\theta(t-t')\langle[A(t),B(t')]\rangle \tag{3.2.11}$$

を導入する．ただし，$\theta(t-t')$ は階段関数で，$\theta(t)$ は $\theta(t)=1\ (t>0)$，$\theta(t)=0\ (t<0)$ を表わす．(3.2.11) を使うと (3.2.10) は

$$\langle A\rangle_t = \int_{-\infty}^{\infty}\exp(-i\omega t'+\delta t')G_{\mathrm{r}}[t,t']dt'$$

と書ける．後で述べるように，$G_{\mathrm{r}}[t,t']$ は $t-t'$ の関数であるから，$G_{\mathrm{r}}[t,t']$ を $G_{\mathrm{r}}[t-t']$ と表わす．また

$$G_{\mathrm{r}}(\omega) = \int_{-\infty}^{\infty}G_{\mathrm{r}}[t]\exp(i\omega t-\delta t)\,dt \tag{3.2.12}$$

で $G_{\mathrm{r}}[t]$ の Fourier 変換を定義すれば，$\langle A\rangle_t$ の式で $t-t'$ を新たに積分変数にとり

$$\langle A\rangle_t = G_{\mathrm{r}}(\omega)\exp(-i\omega t+\delta t) \tag{3.2.13}$$

がえられる．すなわち，$\langle A\rangle_t$ は $\mathcal{H}'(t)$ と同じ時間依存性をもつ．

(3.2.13) から $G_{\mathrm{r}}(\omega)$ は $\langle A\rangle_t$ が時間的に振動するときの振幅であることがわかる．それと同時に，$G_{\mathrm{r}}(\omega)$ は体系の素励起に関する重要な知見を含んでいるが，これを示すため絶対零度の場合を考えてみよう．$G_{\mathrm{r}}[t,t']$ が $t-t'$ の関数である点に注意し，(3.2.11) で $t'=0$ とおき体系の基底状態を $|0\rangle$ とすれば，絶対零度では

$$\begin{aligned}\langle[A(t),B]\rangle &= \langle 0|A(t)B-BA(t)|0\rangle \\ &= \sum_n\left\{\langle 0|A|n\rangle\langle n|B|0\rangle\exp\left[-\frac{i}{\hbar}(\varepsilon_n-\varepsilon_0)t\right]\right. \\ &\quad \left.-\langle 0|B|n\rangle\langle n|A|0\rangle\exp\left[\frac{i}{\hbar}(\varepsilon_n-\varepsilon_0)t\right]\right\}\end{aligned}$$

がなりたつ．したがって，簡単のため $\omega_{n0}=(\varepsilon_n-\varepsilon_0)/\hbar$ とおくと

$$G_{\rm r}[t] = -\frac{i}{\hbar}\theta(t)\sum_n [\langle 0|A|n\rangle\langle n|B|0\rangle \exp(-i\omega_{n0}t) - \langle 0|B|n\rangle\langle n|A|0\rangle \exp(i\omega_{n0}t)]$$

と表わされる．上式を(*3.2.12*)に代入し t に関する積分を実行すると，簡単な計算の結果

$$G_{\rm r}(\omega) = \frac{1}{\hbar}\sum_n\left[\frac{\langle 0|A|n\rangle\langle n|B|0\rangle}{\omega-\omega_{n0}+i\delta}-\frac{\langle 0|B|n\rangle\langle n|A|0\rangle}{\omega+\omega_{n0}+i\delta}\right] \tag{3.2.14}$$

がえられる．

(*3.2.14*)で $\delta\to 0$ の極限をとると，$\omega=\omega_{n0}$ あるいは $\omega=-\omega_{n0}$ は $G_{\rm r}(\omega)$ の極になる．逆にいうと，$G_{\rm r}(\omega)$ を ω の関数とみなしたとき，それが発散する点を求めれば，ω_{n0} がわかることになる．ω_{n0} は体系の励起状態と基底状態とのエネルギー差に比例するので，$G_{\rm r}(\omega)$ の極から原理的には素励起のエネルギーが計算される．この具体例については§3.4で述べる．以上のことは物理的にいえば，外から加える振動数が体系固有の値に等しいと振幅が ∞ になること，すなわち共鳴現象を表わすのである．

さて，上で説明した遅延 Green 関数は

$$\mathcal{G}[\tau,\tau'] = -\langle {\rm T}\, A(\tau)B(\tau')\rangle \tag{3.2.15}$$

で定義される温度 Green 関数と密接な関係をもつ．ただし，τ, τ' は $0\leqq\tau, \tau'\leqq\beta$ $(\beta=1/k_{\rm B}T)$ の範囲内の実数，$A(\tau)$ は

$$A(\tau) = \exp(\tau\mathcal{H})\, A \exp(-\tau\mathcal{H})$$

で与えられる．また，(*3.2.15*)の T は§1.8(a)で説明した Wick の記号であるが，Bose 型の意味で用いる．すなわち，${\rm T}\, A(\tau)B(\tau')$ は $\tau>\tau'$ なら $A(\tau)B(\tau')$ に，$\tau'>\tau$ なら $B(\tau')A(\tau)$ に等しい．

ここで話を少し前に戻し，(*3.2.14*)に相当する表式を有限温度の場合に求める．このため，熱平衡状態で体系はカノニカル分布にしたがうと仮定し

$$w_n = \frac{\exp(-\beta\varepsilon_n)}{Z}, \qquad Z = \sum_n \exp(-\beta\varepsilon_n)$$

であるとする．Z は体系の状態和である．前の絶対零度のときと同様な計算を行

なうと

$$G_{\rm r}[t,t'] = -\frac{i}{\hbar}\theta(t-t')\frac{1}{Z}\sum_{nn'}\exp(-\beta\varepsilon)\Big[\langle n|A|n'\rangle\langle n'|B|n\rangle \cdot\exp\Big\{\frac{i}{\hbar}(\varepsilon-\varepsilon')(t-t')\Big\} - \langle n|B|n'\rangle\langle n'|A|n\rangle\exp\Big\{\frac{i}{\hbar}(\varepsilon-\varepsilon')(t'-t)\Big\}\Big]$$

がえられる．ただし，記号を簡単にするため，$\varepsilon=\varepsilon_n$, $\varepsilon'=\varepsilon_{n'}$ とおいた．上式から直ちにわかるように，$G_{\rm r}[t,t']$ は $t-t'$ の関数である．そこで，$t-t'$ を新たに t とおき，また上式右辺の［ ］内の第1項で $n\rightleftarrows n'$ の変数変換を行なうと

$$G_{\rm r}[t] = -\frac{i}{\hbar}\theta(t)\frac{1}{Z}\sum_{nn'}\exp(-\beta\varepsilon)\langle n|B|n'\rangle\langle n'|A|n\rangle \cdot\exp\Big[-\frac{i}{\hbar}(\varepsilon-\varepsilon')t\Big]\{\exp[\beta(\varepsilon-\varepsilon')]-1\}$$

となり，これを(*3. 2. 12*)に代入し t の積分を実行すれば，簡単な計算を行なうことにより $G_{\rm r}(\omega)$ は

$$G_{\rm r}(\omega) = \frac{1}{Z}\sum_{nn'}\exp(-\beta\varepsilon)\langle n|B|n'\rangle\langle n'|A|n\rangle\frac{\exp[\beta(\varepsilon-\varepsilon')]-1}{\hbar\omega-(\varepsilon-\varepsilon')+i\delta}$$

と表わされる．ただし $\hbar\delta$ を新たに δ とおいた．上式はスペクトル関数

$$A(\omega) = \frac{1}{Z}\sum_{nn'}\exp(-\beta\varepsilon)\langle n|B|n'\rangle\langle n'|A|n\rangle[\exp(\beta\omega)-1]\delta[\omega-(\varepsilon-\varepsilon')]$$

を導入すると

$$G_{\rm r}(\omega) = \int_{-\infty}^{\infty}\frac{A(\omega')}{\hbar\omega+i\delta-\omega'}d\omega' \qquad (3.\,2.\,16)$$

と書ける．

一方，(*3. 2. 15*)で与えられる温度 Green 関数は，全く同様の計算で $\tau-\tau'$ の関数であることが示される．そこで，$\tau-\tau'$ を新たに τ とおく．τ の変域は $-\beta\leqq\tau\leqq\beta$ となる．(*3. 2. 15*)で $\tau'=0$ とおけば，$\tau>0$ のとき

$$\mathcal{G}[\tau] = -\langle A(\tau)B\rangle = -\frac{1}{Z}{\rm tr}[\exp(-\beta\mathcal{H})\exp(\tau\mathcal{H})A\exp(-\tau\mathcal{H})B]$$

$$= -\frac{1}{Z}\sum_{nn'}\exp[-\beta\varepsilon'+\tau(\varepsilon'-\varepsilon)]\langle n'|A|n\rangle\langle n|B|n'\rangle \qquad (3.\,2.\,17\,a)$$

となり†, また $\tau<0$ のとき

$$\mathcal{G}[\tau] = -\langle BA(\tau)\rangle = -\frac{1}{Z}\mathrm{tr}[\exp(-\beta\mathcal{H})B\exp(\tau\mathcal{H})A\exp(-\tau\mathcal{H})]$$

$$= -\frac{1}{Z}\sum_{nn'}\exp[-\beta\varepsilon+\tau(\varepsilon'-\varepsilon)]\langle n|B|n'\rangle\langle n'|A|n\rangle \qquad (3.2.17\,b)$$

となる．この方程式から $\mathcal{G}[\tau]$ に対する重要な関係

$$\mathcal{G}[\tau+\beta] = \mathcal{G}[\tau] \qquad (3.2.18)$$

が導かれる．上式を証明するため，$-\beta<\tau<0$ と仮定すれば，$0<\beta+\tau<\beta$ となり，$\mathcal{G}[\tau+\beta]$ は(3.2.17 a)で τ を $\tau+\beta$ とおいたものになる．これはちょうど(3.2.17 b)に等しくなり，(3.2.18)のなりたつことがわかる．

ここで $\mathcal{G}[\tau]$ を§1.8と同様に Fourier 級数で展開し

$$\mathcal{G}[\tau] = \frac{1}{\beta}\sum_{l}\mathcal{G}(i\nu_l)\exp(-i\nu_l\tau) \qquad (3.2.19)$$

とおく．(3.2.18)の性質のため，ν_l は

$$\nu_l = \frac{2l\pi}{\beta} \qquad (l=0, \pm1, \pm2, \cdots) \qquad (3.2.20)$$

という値をもつ．また，上の Fourier 級数の両辺に $\exp(i\nu_{l'}\tau)$ をかけ，τ に関して 0 から β まで積分すると

$$\mathcal{G}(i\nu_l) = \int_0^\beta \mathcal{G}[\tau]\exp(i\nu_l\tau)\,d\tau \qquad (3.2.21)$$

と表わされる．この式に(3.2.17 a)を代入し τ に関する積分を実行すると，前に述べたスペクトル関数を用いて次のようになる．

$$\mathcal{G}(i\nu_l) = \int_{-\infty}^{\infty}\frac{A(\omega')}{i\nu_l-\omega'}d\omega' \qquad (3.2.22)$$

上式は(1.8.4)に対応する関係であり，したがって解析接続という考え方がそのまま今の場合にも使える．すなわち，$i\nu_l$ を一般の複素数 z に拡張し $\mathcal{G}(z)$ という関数を考えると

$$G_{\mathrm{r}}(\omega) = \mathcal{G}(\hbar\omega+i\delta) \qquad (3.2.23)$$

---

† $\displaystyle\sum_n w_n\langle n|X|n\rangle = \frac{1}{Z}\sum_n\exp(-\beta\varepsilon_n)\langle n|X|n\rangle = \frac{1}{Z}\mathrm{tr}[\exp(-\beta\mathcal{H})X]$

がなりたつ．この関係は実用上，非常に便利な性質である．というのは，§1.8でみたように，たとえば摂動論を用いる場合，遅延 Green 関数より温度 Green 関数の方が計算は容易だからである．とにかく，なんらかの近似法で温度 Green 関数が求まればそれを解析接続して $G_{\mathrm{r}}(\omega)$ が計算できることになり，体系の素励起に関する知見がえられる．その具体的な応用例を§3.4で論ずる．

d) 大きなカノニカル分布の場合

以上，カノニカル分布を仮定して話を進めてきたが，同じことが大きなカノニカル分布でもなりたつ．議論の進め方はカノニカル分布のときと全く同じなので，簡単に結果だけをまとめておく．遅延 Green 関数はこの分布でも (*3.2.11*) と同じ式で表わされる．ただし，統計平均 $\langle\cdots\rangle$ は

$$\langle\cdots\rangle = \frac{\mathrm{tr}\{\exp[-\beta(\mathcal{H}-\mu N)]\cdots\}}{\mathrm{tr}\{\exp[-\beta(\mathcal{H}-\mu N)]\}}$$

で，また $A(t)$ は

$$A(t) = \exp\left[\frac{i}{\hbar}(\mathcal{H}-\mu N)t\right]A\exp\left[-\frac{i}{\hbar}(\mathcal{H}-\mu N)t\right]$$

で定義される (μ は化学ポテンシャル)．同様に，温度 Green 関数は (*3.2.15*) で与えられ，ただ統計平均を上のようにとり，また

$$A(\tau) = \exp[\tau(\mathcal{H}-\mu N)]A\exp[-\tau(\mathcal{H}-\mu N)]$$

とおけばよい．要するに，カノニカル分布から大きなカノニカル分布にうつるには，これまで $\mathcal{H}$ と書いてきたところを $\mathcal{H}-\mu N$ と直せばよい．このため，(c) 項で $\mathcal{H}$ の固有関数で展開した代りに $\mathcal{H}-\mu N$ の固有関数で展開したと思えば，今までの結果がそのまま成立する．したがって，大きなカノニカル分布でも (*3.2.23*) の性質がなりたつのである．

§3.3 電子ガス

前節でやや抽象的に，問いかけと応答との関連について述べたが，それを物理的にもう少し具体的な形でみるために，ふたたび電子ガスの問題をとりあげる．いうまでもなく電子は電荷をもっているので，電子系に適当な外場を作用させることは容易である．たとえば，外部から電場あるいは磁場を加えればよい．しかし，ここでは後の都合も考えて，少し違った形式の外場をとり扱うことにする．

a) 外場としての試電荷

いま，仮に，考えている電子ガスに外から適当な電荷をつけ加えたとしよう．そうして，この電荷は時間，空間的に変化していると考える．もちろん，現実の金属に電荷を思うようにうめこむことは不可能であるが，考えの上でそのようなことは可能である(思考実験)．この電荷は電子と相互作用し，したがって外場としてふるまうことになる．いわば，外から加える電荷は“さぐり”としての機能をもつわけで，このような電荷を**試電荷**(test charge)という．

さて，試電荷の電荷密度は，場所 $\boldsymbol{r}$，時間 t の関数として

$$-er_{\boldsymbol{q}}\exp(i\boldsymbol{q}\cdot\boldsymbol{r}-i\omega t+\delta t) \qquad (3.3.1)$$

の形をもつと仮定する．ここで，$-e$ は電子の電荷，また $r_{\boldsymbol{q}}$ は定数である．電子ガス中の i 番目の電子の位置ベクトルを $\boldsymbol{r}_i$ $(i=1,2,\cdots,N)$ とすれば，試電荷と電子との間の Coulomb 相互作用は

$$\mathscr{H}'(t)=\sum_i\int\frac{e^2r_{\boldsymbol{q}}}{|\boldsymbol{r}-\boldsymbol{r}_i|}\exp(i\boldsymbol{q}\cdot\boldsymbol{r}-i\omega t+\delta t)\,d\boldsymbol{r}$$

と表わされる．この $\mathscr{H}'(t)$ が電子ガスに働く外場のハミルトニアンであるが，これは(3.2.9)の形をもち，B は

$$B=\sum_i\int\frac{e^2r_{\boldsymbol{q}}\exp(i\boldsymbol{q}\cdot\boldsymbol{r})}{|\boldsymbol{r}-\boldsymbol{r}_i|}d\boldsymbol{r} \qquad (3.3.2)$$

で与えられる．ここで Fourier 変換の式(3.1.5)および Coulomb 相互作用に対する(3.1.7)を使うと

$$\frac{e^2}{|\boldsymbol{r}-\boldsymbol{r}_i|}=\frac{1}{V}\sum_{\boldsymbol{q}'}\frac{4\pi e^2}{q'^2}\exp[i\boldsymbol{q}'\cdot(\boldsymbol{r}-\boldsymbol{r}_i)]$$

である．上式を(3.3.2)に代入し $\boldsymbol{r}$ に関する積分を実行すると

$$B=\frac{4\pi e^2r_{\boldsymbol{q}}}{q^2}\sum_i\exp(i\boldsymbol{q}\cdot\boldsymbol{r}_i)$$

と書ける．場所 $\boldsymbol{r}$ における電子の数密度 $\rho(\boldsymbol{r})$ は $\rho(\boldsymbol{r})=\sum_i\delta(\boldsymbol{r}-\boldsymbol{r}_i)$ であるから，Fourier 変換

$$\rho(\boldsymbol{r})=\frac{1}{V}\sum_{\boldsymbol{q}}\rho_{\boldsymbol{q}}\exp(i\boldsymbol{q}\cdot\boldsymbol{r}),\qquad \rho_{\boldsymbol{q}}=\int\rho(\boldsymbol{r})\exp(-i\boldsymbol{q}\cdot\boldsymbol{r})\,d\boldsymbol{r}$$

を使えば

$$\rho_{\boldsymbol{q}}=\sum_{i}\exp(-i\boldsymbol{q}\cdot\boldsymbol{r}_i)$$

と表わされる．したがって，B は

$$B=\frac{4\pi e^2 r_{\boldsymbol{q}}}{q^2}\rho_{-\boldsymbol{q}}=\nu(\boldsymbol{q})r_{\boldsymbol{q}}\rho_{-\boldsymbol{q}} \tag{3.3.3}$$

となる．ただし，$\nu(\boldsymbol{q})$ は(*3. 1. 7*)で与えられる Coulomb 相互作用の Fourier 変換である．

上で述べたような試電荷のために，電子ガスに付随した物理量は時間的に変化する．前節の(*3. 2. 13*)によると，線形応答の範囲内で，時刻 t における物理量 A の平均値は

$$\langle A\rangle_t=A(\omega)\exp(-i\omega t+\delta t)$$

と表わされる．(*3. 2. 13*)では $A(\omega)$ を $G_{\mathrm{r}}(\omega)$ と書いたが，いまの場合には遅延 Green 関数を定義するとき，$\nu(\boldsymbol{q})r_{\boldsymbol{q}}$ の因子をとり除いておく方が便利である．このため上式のように $A(\omega)$ という記号を用いた．$A(\omega)$ に対する式は(*3. 2. 11*)，(*3. 2. 12*)から

$$A(\omega)=-\frac{i}{\hbar}\int_0^{\infty}\langle[A(t),B]\rangle\exp(i\omega t-\delta t)\,dt$$

となる．ただし，(*3. 2. 11*)で $t'=0$ とおいた．

物理量 A としてはいろいろなものが考えられるが，とくに数密度の Fourier 変換 $\rho_{\boldsymbol{q}}$ をえらぶのが便利である．その理由は次のとおりである．試電荷がないとき，電子は一様に分布し，このため $\boldsymbol{q}\neq0$ だと $\rho_{\boldsymbol{q}}$ の平均値は0になる．逆にいうと $\rho_{\boldsymbol{q}}\,(\boldsymbol{q}\neq0)$ は数密度のゆらぎを表わすことになる．試電荷が電子ガスに加わると，電子の分布はもはや一様ではなくなり，空間的に変動すると期待される．A として $\rho_{\boldsymbol{q}}$ をとるのは，このような空間的な変動，すなわち数密度のゆらぎに注目することになるのである．時刻 t における $\rho_{\boldsymbol{q}}$ の平均値は

$$\langle\rho_{\boldsymbol{q}}\rangle_t=\rho_{\boldsymbol{q}}(\omega)\exp(-i\omega t+\delta t)$$

となるが，(*3. 3. 3*)を用いると

$$\rho_{\boldsymbol{q}}(\omega)=\nu(\boldsymbol{q})r_{\boldsymbol{q}}G_{\mathrm{r}}(\boldsymbol{q},\omega) \tag{3.3.4}$$

と書ける．ただし，$G_{\mathrm{r}}(\boldsymbol{q},\omega)$ は遅延 Green 関数

$$G_{\mathrm{r}}[\boldsymbol{q}, t] = -\frac{i}{\hbar}\theta(t)\langle[\rho_{\boldsymbol{q}}(t), \rho_{-\boldsymbol{q}}]\rangle \qquad (3.3.5)$$

の Fourier 変換である．

b) 誘　電　率

電子ガス中に試電荷を入れると，上で述べたように電子の数密度は熱平衡状態の値からずれる．物理的にいえば，試電荷のために誘導電荷が生ずることになる．このような事情を数式で表わすために Maxwell の方程式を適用しよう．体系の電気変位ベクトルを $\boldsymbol{D}$ とすれば

$$\operatorname{div}\boldsymbol{D} = 4\pi\times(\text{試電荷密度})$$

である．体系は電気的に中性としたのであるから，外から入れた試電荷が真の電荷であり，これを表わしたのが上式である．一方，電場のベクトル $\boldsymbol{E}$ については

$$\begin{aligned}\operatorname{div}\boldsymbol{E} &= 4\pi\times(\text{自由電荷密度})\\ &= 4\pi\times(\text{試電荷密度}+\text{誘導電荷密度})\end{aligned}$$

がなりたつ．ここで

$$\boldsymbol{D}(\boldsymbol{r}, t) = \frac{1}{V}\sum_{\boldsymbol{q}'}\boldsymbol{D}(\boldsymbol{q}', \omega)\exp(i\boldsymbol{q}'\cdot\boldsymbol{r}-i\omega t)$$

と Fourier 変換したと考えれば，現在の問題では $\exp(i\boldsymbol{q}\cdot\boldsymbol{r}-i\omega t)$ という時間，空間的な依存性を考えているので

$$\boldsymbol{D}(\boldsymbol{r}, t) = \frac{1}{V}\boldsymbol{D}(\boldsymbol{q}, \omega)\exp(i\boldsymbol{q}\cdot\boldsymbol{r}-i\omega t)$$

となる．上式を Maxwell の式に代入し，簡単のため (3.3.1) で $\delta=0$ とおけば

$$iqD(\boldsymbol{q}, \omega) = -4\pi Ver_{\boldsymbol{q}}$$

となる．ただし，D は $\boldsymbol{D}$ の $\boldsymbol{q}$ 方向の成分 (縦成分) を意味する．

一方，誘導電荷密度は，前述の Fourier 変換の式を用い

$$\frac{1}{V}\langle\rho_{\boldsymbol{q}}\rangle_t\exp(i\boldsymbol{q}\cdot\boldsymbol{r}) = \frac{1}{V}\rho_{\boldsymbol{q}}(\omega)\exp(i\boldsymbol{q}\cdot\boldsymbol{r}-i\omega t)$$

から求まる†．ただし，$\delta=0$ とおいた．この式を使うと，$\boldsymbol{E}$ に対する Maxwell

† この式は誘導電荷の数密度である．したがって，誘導電荷密度を計算するにはこれを $-e$ 倍すればよい．

の式は上と同様な議論で

$$iqE(\boldsymbol{q},\omega) = -4\pi Ver_{\boldsymbol{q}} - 4\pi e\rho_{\boldsymbol{q}}(\omega)$$

となる．D と E との比が誘電率 ϵ であるから，すなわち

$$\epsilon(\boldsymbol{q},\omega) = \frac{D(\boldsymbol{q},\omega)}{E(\boldsymbol{q},\omega)}$$

であるから，上の2つの方程式から，(*3.3.4*)を使って

$$\frac{1}{\epsilon(\boldsymbol{q},\omega)} = 1 + \frac{\nu(\boldsymbol{q})}{V} G_{\mathrm{r}}(\boldsymbol{q},\omega) \tag{3.3.6}$$

がえられる．すなわち，波数 $\boldsymbol{q}$，角振動数 ω に依存する誘電率(あるいは誘電関数)は，(*3.3.5*)の遅延 Green 関数によって表わされることがわかった．この関係自身は厳密なものであり，なんらの近似も含まれていない．

とくに，適当な $\boldsymbol{q},\omega$ に関して $\epsilon(\boldsymbol{q},\omega)=0$ が成立すると，その定義からわかるように $D=0$ でも $E\neq 0$ でありうる．すなわち，試電荷がなくても体系中に振動電場が発生することになり，この振動は体系に固有なものとなる．そういう点で，これは体系におこりうる素励起を表わすと考えられる．どういう種類の素励起がおこるかを知るには，もちろん $G_{\mathrm{r}}(\boldsymbol{q},\omega)$ の具体的な形が必要となる．この点については§3.4で改めて述べることにする．さしあたり，誘電率の零点から体系中に発生しうる素励起についての知見がえられると理解しておけばよい．

前節で遅延 Green 関数に対する一般的な表式を導いたが，その結果はそのまま現在の問題にも適用できる．簡単のため，絶対零度の場合を考え(*3.2.14*)で $A\to\rho_{\boldsymbol{q}}$, $B\to\rho_{-\boldsymbol{q}}$ とおけば，(*3.3.5*)の Fourier 変換は

$$G_{\mathrm{r}}(\boldsymbol{q},\omega) = \frac{1}{\hbar}\sum_n\left[\frac{\langle 0|\rho_{\boldsymbol{q}}|n\rangle\langle n|\rho_{-\boldsymbol{q}}|0\rangle}{\omega-\omega_{n0}+i\delta} - \frac{\langle 0|\rho_{-\boldsymbol{q}}|n\rangle\langle n|\rho_{\boldsymbol{q}}|0\rangle}{\omega+\omega_{n0}+i\delta}\right]$$

と表わされる．$\rho_{\boldsymbol{q}}{}^* = \rho_{-\boldsymbol{q}}$ であるから，$\langle 0|\rho_{-\boldsymbol{q}}|n\rangle = \langle n|\rho_{\boldsymbol{q}}|0\rangle^*$ の関係がなりたつ．また，考えている体系は空間的に等分であるから，$-\boldsymbol{q}$ と $\boldsymbol{q}$ とは全く同等でこのため $|\langle n|\rho_{-\boldsymbol{q}}|0\rangle|^2 = |\langle n|\rho_{\boldsymbol{q}}|0\rangle|^2$ としてよい．これらの関係に注意すると，上式を(*3.3.6*)に代入し

$$\frac{1}{\epsilon(\boldsymbol{q},\omega)} = 1 - \frac{\nu(\boldsymbol{q})}{V\hbar}\sum_n |\langle n|\rho_{\boldsymbol{q}}|0\rangle|^2\left[\frac{1}{\omega+\omega_{n0}+i\delta} - \frac{1}{\omega-\omega_{n0}+i\delta}\right] \tag{3.3.7}$$

となる．この式は，§2.2で求めた結果と本質的に同じものである．

c) 相関エネルギー

(b)項で述べたように，電子ガスの場合には，問いかけと応答との関係は誘電率という物理量によって有効に表現される．いわば，誘電率 $\epsilon(\boldsymbol{q}, \omega)$ は波数 $\boldsymbol{q}$，角振動数 ω のゆさぶりに対する電子ガスの動的なふるまいを記述すると考えてよいであろう．ところで，この $\epsilon(\boldsymbol{q}, \omega)$ はまた体系の静的な性質についても重要な知見を与える．その1例として相関エネルギーの問題をとりあげよう．

まず最初に電子間に働く Coulomb 相互作用 $\mathcal{H}'$ に注目する．Fourier 変換の式を利用すると，$\mathcal{H}'$ は次のように書ける．

$$\mathcal{H}' = \frac{1}{2}\sum_{i\neq j}\frac{e^2}{|\boldsymbol{r}_i-\boldsymbol{r}_j|} = \frac{1}{2V}\sum_{\boldsymbol{q}, i\neq j}\nu(\boldsymbol{q})\exp[i\boldsymbol{q}\cdot(\boldsymbol{r}_i-\boldsymbol{r}_j)]$$

上式中で $i\neq j$ という制限は，電子が自分自身とは相互作用をもたないことに起因する．しかし，$\sum_{i\neq j}=\sum_{i,j}-\sum_{i=j}$ と書換え，$\rho_{\boldsymbol{q}}$ の定義式を使うと

$$\mathcal{H}' = \frac{1}{2V}\sum_{\boldsymbol{q}}\nu(\boldsymbol{q})(\rho_{-\boldsymbol{q}}\rho_{\boldsymbol{q}}-N) \qquad (3.3.8)$$

がえられる．ここで体系の基底状態を $|0\rangle$ とし，この状態における $\mathcal{H}'$ の平均値を考えると

$$\langle 0|\mathcal{H}'|0\rangle = \frac{1}{2V}\sum_{\boldsymbol{q}}\nu(\boldsymbol{q})(\langle 0|\rho_{-\boldsymbol{q}}\rho_{\boldsymbol{q}}|0\rangle-N) \qquad (3.3.9)$$

である．ただし，$|0\rangle$ は規格化されていると仮定した．ところで，この式中に現われる $\langle 0|\rho_{-\boldsymbol{q}}\rho_{\boldsymbol{q}}|0\rangle$ という量は誘電率と密接な関係をもっているのである．

この関係を見るために，話を(3.3.7)に戻し

$$\lim_{\delta\to+0}\frac{1}{x\pm i\delta} = \mathrm{P}\left(\frac{1}{x}\right)\mp i\pi\delta(x)$$

の公式に注意する．ただし，P の記号は積分の主値をとることを意味する．上の公式を(3.3.7)に適用し，同式の虚数部分をとると P を含む部分は消えてしまい，結局

$$\mathrm{Im}\left[\frac{1}{\epsilon(\boldsymbol{q}, \omega)}\right] = \frac{\pi\nu(\boldsymbol{q})}{V\hbar}\sum_n |\langle n|\rho_{\boldsymbol{q}}|0\rangle|^2[\delta(\omega+\omega_{n0})-\delta(\omega-\omega_{n0})]$$

$$(3.3.10)$$

と表わされる．さらに上式を ω に関し0から ∞ まで積分すると，ω_{n0} は定義により $\omega_{n0}=(\varepsilon_n-\varepsilon_0)/\hbar$ と書け，このため $\omega_{n0}>0$ であるから右辺第1項の δ 関数は寄与を与えない．したがって

$$\int_0^\infty \mathrm{Im}\left[\frac{1}{\epsilon(\boldsymbol{q},\omega)}\right]d\omega = -\frac{\pi\nu(\boldsymbol{q})}{V\hbar}\sum_n |\langle n|\rho_{\boldsymbol{q}}|0\rangle|^2$$

の関係がえられる．あるいは

$$\sum_n |\langle n|\rho_{\boldsymbol{q}}|0\rangle|^2 = \sum_n \langle 0|\rho_{-\boldsymbol{q}}|n\rangle\langle n|\rho_{\boldsymbol{q}}|0\rangle = \langle 0|\rho_{-\boldsymbol{q}}\rho_{\boldsymbol{q}}|0\rangle$$

を使えば

$$\nu(\boldsymbol{q})\langle 0|\rho_{-\boldsymbol{q}}\rho_{\boldsymbol{q}}|0\rangle = -\frac{V\hbar}{\pi}\int_0^\infty \mathrm{Im}\left[\frac{1}{\epsilon(\boldsymbol{q},\omega)}\right]d\omega \tag{3.3.11}$$

となる．上式を(3.3.9)に代入し

$$\langle 0|\mathcal{H}'|0\rangle = -\sum_{\boldsymbol{q}}\left\{\frac{\hbar}{2\pi}\int_0^\infty \mathrm{Im}\left[\frac{1}{\epsilon(\boldsymbol{q},\omega)}\right]d\omega + \frac{\nu(\boldsymbol{q})}{2}n\right\} \tag{3.3.12}$$

をうる．ただし，n は電子の平均的な数密度 N/V である．

このようにして Coulomb 相互作用の平均値は誘電率と密接に関係していることがわかった．しかし，体系の全エネルギーを求めるには，運動エネルギーの平均値を知る必要がある．この平均値は残念ながら直接，誘電率と結びつかない．だが，やや間接的な方法で全エネルギーと誘電率との関係を導くことができる．これを示すには，Feynman の定理を使うと便利なので，以下この定理の説明をしておく．いま，ハミルトニアンがあるパラメーター λ を含むとし，それを $\mathcal{H}(\lambda)$ と書く．波動関数，エネルギー固有値も当然 λ に依存するから，これらを $\psi(\lambda)$，$E(\lambda)$ とする．Schrödinger 方程式はしたがって

$$\mathcal{H}(\lambda)\psi(\lambda) = E(\lambda)\psi(\lambda)$$

と書ける．これを λ で偏微分すると

$$\frac{\partial\mathcal{H}}{\partial\lambda}\psi + \mathcal{H}\frac{\partial\psi}{\partial\lambda} = \frac{\partial E}{\partial\lambda}\psi + E\frac{\partial\psi}{\partial\lambda}$$

で，この式から

$$\int\psi^*\frac{\partial\mathcal{H}}{\partial\lambda}\psi d\tau + \int\psi^*\mathcal{H}\frac{\partial\psi}{\partial\lambda}d\tau = \frac{\partial E}{\partial\lambda} + E\int\psi^*\frac{\partial\psi}{\partial\lambda}d\tau$$

がえられる†．ただし，ψ は規格化されているとした．ここで $\mathcal{H}$ が Hermite 演算子である点に注意し

$$\int \psi^* \mathcal{H} \frac{\partial \psi}{\partial \lambda} d\tau = \left(\int \frac{\partial \psi^*}{\partial \lambda} \mathcal{H} \psi d\tau \right)^* = E \int \psi^* \frac{\partial \psi}{\partial \lambda} d\tau$$

の関係を使えば，次の **Feynman の定理**が導かれる．

$$\frac{\partial E}{\partial \lambda} = \int \psi^* \frac{\partial \mathcal{H}}{\partial \lambda} \psi d\tau \qquad (3.3.13)$$

この定理を電子ガスの問題に適用するさい，ハミルトニアンを $\mathcal{H} = \mathcal{H}_0 + e^2 \mathcal{H}''$ と書いておくと便利である．$\mathcal{H}_0$ は運動エネルギー，$e^2 \mathcal{H}''$ は Coulomb 相互作用を表わす．パラメーター λ として e^2 を選べば，(3.3.13) の右辺はちょうど (3.3.12) を e^2 で割ったものである．$\lambda=0$，すなわち Coulomb 相互作用がないときには，(3.1.11) により

$$E(0) = \frac{3}{5} N \frac{\hbar^2 k_{\mathrm{F}}{}^2}{2m}$$

である．したがって，(3.3.12) の右辺が e^2 の関数としてわかれば，上式を初期条件として (3.3.13) を e^2 で積分することにより，原理的には全エネルギーが計算できるのである．

以上，電子ガスの全エネルギーと誘電率との関係について論じてきたが，相関エネルギーの具体的な計算は必ずしもこのような手続きで行なわれるとは限らない．歴史的にいうと，摂動論を高次の項まで適用し，その中から適当な部分を加えるという方法で相関エネルギーが計算された．すでに§3.1 で 1 次の摂動計算について述べたが，近似をあげて 2 次の摂動項を計算すると，その中には発散してしまう項がある．同様に，高次の摂動項中には発散する項が含まれ，中間状態の様子によって発散の程度が違ってくる．これらの項のうち，発散のいちばん強い項 (most divergent terms) を加えるとその結果は有限になる．たとえていうと，$\infty - \infty + \infty - \infty + \cdots$ という加え算をやった後，最終的に有限な結果がえられるのである．あるいは，この種の計算法は，本講座第 5 巻『統計物理学』の§3.3 で述べた古典的な電子ガスの問題で輪クラスターを加えるという方法を量

---

† τ に関する積分は，全構成粒子の空間座標に関する積分とスピン座標に対する和を表わすとする．

子力学的に拡張したものと考えてよい．いずれにせよ，その結果は(3. 1. 16)と同じ形式で表わすと

$$\varepsilon=\frac{2.21}{r_s^{\,2}}-\frac{0.916}{r_s}+0.0622\ln r_s-0.096+\cdots \qquad (3.3.14)$$

で与えられる．右辺第3項以下が相関エネルギーである．この式中には $\ln r_s$ というふうに，対数的な異常性をもつ項が現われる．これは摂動計算が発散することを示している．なぜなら，もし摂動の各項が有限なら相関エネルギーは r_s のベキ級数になるはずだからである．ところで，(3. 3. 14)は高密度極限 ($r_s\ll 1$) で正しい結果である．しかし，現実の金属(たとえばアルカリ金属)では r_s は 2～6 の数値をとるので，上式をそのまま適用することはできない．現実の体系に使えるような相関エネルギーを求めることは難しい問題である．しかし，現在でもこの問題に対していくつかの試みがなされていることを付記しておこう．

d) 動的構造因子

すでに§1. 6 で，中性子の非弾性散乱を論ずるさい，動的構造因子という量が重要であることを示した．この量はまた誘電率とも密接な関係をもっている．これを示すため，§1. 5 でやったように δ 関数に対する積分表示

$$\delta(x)=\frac{1}{2\pi}\int_{-\infty}^{\infty}\exp(ixt)\,dt=\frac{1}{2\pi}\int_{-\infty}^{\infty}\exp(-ixt)\,dt$$

を用いる．定義により $\omega_{n0}=(\varepsilon_n-\varepsilon_0)/\hbar$ であるから

$$\sum_n|\langle n|\rho_{\boldsymbol q}|0\rangle|^2\delta(\omega+\omega_{n0})=\frac{1}{2\pi}\sum_n\int_{-\infty}^{\infty}\langle 0|\rho_{-\boldsymbol q}|n\rangle\langle n|\rho_{\boldsymbol q}|0\rangle$$
$$\cdot\exp\left[-i\omega t-\frac{i}{\hbar}(\varepsilon_n-\varepsilon_0)t\right]dt=\frac{1}{2\pi}\int_{-\infty}^{\infty}\exp(-i\omega t)\langle 0|\rho_{-\boldsymbol q}(t)\,\rho_{\boldsymbol q}|0\rangle dt$$

であり，同様に

$$\sum_n|\langle n|\rho_{\boldsymbol q}|0\rangle|^2\delta(\omega-\omega_{n0})=\frac{1}{2\pi}\int_{-\infty}^{\infty}\langle 0|\rho_{-\boldsymbol q}(t)\,\rho_{\boldsymbol q}|0\rangle\exp(i\omega t)\,dt$$

となる．したがって，(3. 3. 10)から

$$\mathrm{Im}\left[\frac{1}{\epsilon(\boldsymbol q,\omega)}\right]=\frac{\nu(\boldsymbol q)}{2V\hbar}\int_{-\infty}^{\infty}\langle 0|\rho_{-\boldsymbol q}(t)\,\rho_{\boldsymbol q}|0\rangle[\exp(-i\omega t)-\exp(i\omega t)]dt \qquad (3.3.15)$$

がえられる．§1.6で述べたように，$S(\boldsymbol{q};t)=\langle 0|\rho_{-\boldsymbol{q}}(t)\rho_{\boldsymbol{q}}|0\rangle$ とし(*(1.6.3)*参照)その Fourier 変換を考えたとき(*(1.6.2)*参照)

$$S(\boldsymbol{q},\omega)=\int_{-\infty}^{\infty}\frac{dt}{2\pi\hbar}S(\boldsymbol{q};t)\exp(i\omega t)$$

で与えられる $S(\boldsymbol{q},\omega)$ が動的構造因子である．上式を使うと*(3.3.15)*は

$$\mathrm{Im}\left[\frac{1}{\epsilon(\boldsymbol{q},\omega)}\right]=\frac{\pi\nu(\boldsymbol{q})}{V}[S(\boldsymbol{q},-\omega)-S(\boldsymbol{q},\omega)] \qquad (3.3.16)$$

と表わされる．この式から $\langle 0|\mathcal{H}'|0\rangle$ を求めるのに必要な $\mathrm{Im}[1/\epsilon(\boldsymbol{q},\omega)]$ は動的構造因子から計算されることがわかる．すなわち，中性子散乱という問いかけは，体系の動的な性質だけでなく静的な性質をも記述しうるわけである．問いかけと応答との関係により体系の素励起に関する重要な知見がえられることは既に§3.2で説明したが，それのみならず同じ手段が基底状態についての知見も与えうるのである．

§3.4　個別励起と集団励起

Fermi 液体中におこりうる素励起には大別して**個別励起**(individual excitation)と**集団励起**(collective excitation)の2種類がある．各粒子の個性が反映されるのが個別励起であり，粒子全体の集団に関連したものが集団励起である．自由粒子の体系では各粒子が独立に運動するので前者の励起だけがおこる．逆のいい方をすれば，集団励起が生ずるためには粒子間に相互作用の働くことが不可欠である．この集団励起の具体的な形は相互作用の性質——とくにそれが長距離力であるかあるいは短距離力であるか——によって異なる．この節では，主として集団励起を中心に話を進めるが，一般の Fermi 液体に対し統一的な取扱いをするには前節の電子ガスに関する議論を拡張しておくのが便利である．そこで，まずこの点から始めよう．

a)　外場による密度のゆらぎ

電子ガスでは構成粒子が電荷をもつため，外場を加えるということが直観的に理解しやすい．しかし，液体 ^{3}He のように粒子が電荷をもたないときには，外部からたとえば電場をかけるといった形で外場を表わすことができない．それでも前節(a)項で述べた考え方はつぎのようにして一般の体系に拡張しうる．いま，

注目している Fermi 液体にその構成粒子と同じ粒子を意識的に外から加えたと考え，その数密度は (3. 3. 1) と同じように

$$R_{\boldsymbol{q}} \exp(i\boldsymbol{q}\cdot\boldsymbol{r}-i\omega t+\delta t)$$

で与えられるとする．この粒子は Fermi 液体中の粒子に相互作用を及ぼし，したがって外場としての働きをもつ．すなわち，外場のハミルトニアン $\mathcal{H}'(t)$ は

$$\mathcal{H}'(t) = \sum_i \int v(\boldsymbol{r}-\boldsymbol{r}_i) R_{\boldsymbol{q}} \exp(i\boldsymbol{q}\cdot\boldsymbol{r}-i\omega t+\delta t)\,d\boldsymbol{r}$$

と表わされる．ここで v は粒子間のポテンシャルであるが，Fourier 変換の式を利用すると (3. 3. 3) に対応して $B=\nu(\boldsymbol{q}) R_{\boldsymbol{q}} \rho_{-\boldsymbol{q}}$ となる．一方，外場によって誘導される数密度のゆらぎは，§3. 3 と同じ議論により

$$\frac{1}{V}\nu(\boldsymbol{q}) R_{\boldsymbol{q}} G_{\mathrm{r}}(\boldsymbol{q}, \omega) \exp(i\boldsymbol{q}\cdot\boldsymbol{r}-i\omega t)$$

と書け，これに外からいれた粒子の数密度を加えたものが，外場中でのネットな数密度を与える．したがって，ネットな数密度をいれた粒子の数密度で割ったものを電子ガスとの類比で $1/\epsilon(\boldsymbol{q}, \omega)$ とおけば (3. 3. 6) と同じ関係

$$\frac{1}{\epsilon(\boldsymbol{q}, \omega)} = 1+\frac{\nu(\boldsymbol{q})}{V} G_{\mathrm{r}}(\boldsymbol{q}, \omega) \tag{3. 4. 1}$$

をうる．前と同じく，$\epsilon(\boldsymbol{q}, \omega)=0$ なら粒子を外から加えなくても体系内に密度のゆらぎが生ずる．したがって，これは体系固有の素励起に対応すると考えられる．

b) 遅延 Green 関数に対する第 0 近似

(3. 4. 1) を用いて $\epsilon(\boldsymbol{q}, \omega)$ の零点を求めるには，もちろん $G_{\mathrm{r}}(\boldsymbol{q}, \omega)$ の具体的な形が必要である．いま問題としている遅延 Green 関数は，(3. 3. 5) により

$$G_{\mathrm{r}}[\boldsymbol{q}, t] = -\frac{i}{\hbar}\theta(t)\langle[\rho_{\boldsymbol{q}}(t), \rho_{-\boldsymbol{q}}]\rangle \tag{3. 4. 2}$$

であるが，§3. 2 で述べたように，上の Green 関数に対応して温度 Green 関数

$$\mathcal{G}[\boldsymbol{q}, \tau] = -\langle \mathrm{T}\, \rho_{\boldsymbol{q}}(\tau) \rho_{-\boldsymbol{q}}\rangle \tag{3. 4. 3}$$

を導入すると便利である．上式を第 2 量子化の形式で表わすため，粒子の数密度は場の演算子により

$$\rho(\boldsymbol{r}) = \sum_s \Psi^{\dagger}(x)\, \Psi(x)$$

と書ける点に注意する．これに(3.1.2)を代入すると

$$\rho(\boldsymbol{r})=\frac{1}{V}\sum_{\boldsymbol{k}_1\boldsymbol{k}_2\sigma}a_{\boldsymbol{k}_1\sigma}{}^{\dagger}a_{\boldsymbol{k}_2\sigma}\exp[i(\boldsymbol{k}_2-\boldsymbol{k}_1)\cdot\boldsymbol{r}]$$

となり，したがって Fourier 変換して

$$\rho_{\boldsymbol{q}}=\int\rho(\boldsymbol{r})\exp(-i\boldsymbol{q}\cdot\boldsymbol{r})\,d\boldsymbol{r}=\sum_{\boldsymbol{k}\sigma}a_{\boldsymbol{k}-\boldsymbol{q},\sigma}{}^{\dagger}a_{\boldsymbol{k}\sigma} \tag{3.4.4}$$

がえられる．上式を(3.4.3)に代入すれば

$$\mathcal{G}[\boldsymbol{q},\tau]=-\sum_{\boldsymbol{k}\boldsymbol{k}'\sigma\sigma'}\langle\mathrm{T}\,a_{\boldsymbol{k}-\boldsymbol{q},\sigma}{}^{\dagger}(\tau)\,a_{\boldsymbol{k}\sigma}(\tau)\,a_{\boldsymbol{k}'+\boldsymbol{q},\sigma'}{}^{\dagger}a_{\boldsymbol{k}'\sigma'}\rangle \tag{3.4.5}$$

と表わされる．

ここまでは，単なる書き換えであり別に近似はない．しかし，(3.4.5)を実際に計算するためにはなんらかの近似をとらざるをえない．もっとも系統的な方法は摂動展開であるが，ここではそのうちの最低次の項を考察する．このようなあらい近似でも Fermi 液体の素励起に関する特徴的な性質を導くことができる．

まず，(3.4.5)に現われる統計平均〈 〉を自由粒子に対する平均〈 $\rangle_0$で近似する．大きなカノニカル分布を考えれば，この近似のもとでハミルトニアンから μN をひいたものは

$$\mathcal{H}_0=\sum_s\varepsilon_s a_s{}^{\dagger}a_s,\qquad \varepsilon_s=\frac{\hbar^2k^2}{2m}-\mu \tag{3.4.6}$$

と書ける．ただし，s の記号は波数 $\boldsymbol{k}$，スピン状態 σ の両者を表わすとする．つぎに，$a_r(\tau)$ の定義中に現われるハミルトニアンを自由粒子のもので近似する．すなわち

$$a_r(\tau)=\exp(\tau\mathcal{H}_0)\,a_r\exp(-\tau\mathcal{H}_0)$$

とおく．この式を τ で微分し Fermi 演算子に対する反可換関係を用いると

$$\frac{da_r(\tau)}{d\tau}=\exp(\tau\mathcal{H}_0)(\mathcal{H}_0a_r-a_r\mathcal{H}_0)\exp(-\tau\mathcal{H}_0)$$

$$\mathcal{H}_0a_r-a_r\mathcal{H}_0=\sum_s\varepsilon_s(a_s{}^{\dagger}a_sa_r-a_ra_s{}^{\dagger}a_s)=-\varepsilon_ra_r$$

となり，結局つぎの式がえられる．

$$\frac{da_r(\tau)}{d\tau} = -\varepsilon_r a_r(\tau)$$

上の微分方程式を $\tau=0$ で $a_r(\tau)=a_r$ の初期条件のもとで解くと

$$a_r(\tau) = \exp(-\varepsilon_r\tau)\,a_r$$

と表わされる．同じようにして

$$a_r^\dagger(\tau) = \exp(\varepsilon_r\tau)\,a_r^\dagger$$

が導かれる．

上のような近似は摂動展開のいわば第0近似に対応するので，それを明確にするため以後 (0) という添字をつける．そうすると $\tau>0$ として (3.4.5) から

$$\mathcal{G}^{(0)}[\boldsymbol{q}, \tau] = -\sum_{\boldsymbol{k}\boldsymbol{k}'\sigma\sigma'} \exp[(\varepsilon_{\boldsymbol{k}-\boldsymbol{q}}-\varepsilon_{\boldsymbol{k}})\tau]\langle a_{\boldsymbol{k}-\boldsymbol{q},\sigma}{}^\dagger a_{\boldsymbol{k}\sigma} a_{\boldsymbol{k}'+\boldsymbol{q},\sigma'}{}^\dagger a_{\boldsymbol{k}'\sigma'}\rangle_0 \tag{3.4.7}$$

である．この式中の $\langle\ \rangle_0$ を計算するには Bloch-De Dominicis の定理を用いて因数分解すればよい．すなわち，生成・消滅演算子の中から2つずつペアをえらび，それらの平均値の積をつくって可能なペアのとり方について和をとればよい．ただし，ペアをつくるとき演算子を奇数回いれかえるときは $-$，偶数回のときは $+$ の符号をつける．いまの場合，$\boldsymbol{q}\neq 0$ とすれば $\langle a_{\boldsymbol{k}-\boldsymbol{q},\sigma}{}^\dagger a_{\boldsymbol{k}\sigma}\rangle_0$ は0になるから $a_{\boldsymbol{k}-\boldsymbol{q},\sigma}{}^\dagger$ と $a_{\boldsymbol{k}'\sigma'}$ とのペア，$a_{\boldsymbol{k}\sigma}$ と $a_{\boldsymbol{k}'+\boldsymbol{q},\sigma'}{}^\dagger$ とのペアだけが残る．これらのペアが0にならないためには $\boldsymbol{k}-\boldsymbol{q}=\boldsymbol{k}'$, $\sigma=\sigma'$ の条件が要求される．したがって，スピン状態 σ を省略し

$$\begin{aligned}\langle a_{\boldsymbol{k}'}{}^\dagger a_{\boldsymbol{k}'+\boldsymbol{q}} a_{\boldsymbol{k}'+\boldsymbol{q}}{}^\dagger a_{\boldsymbol{k}'}\rangle_0 &= \langle a_{\boldsymbol{k}'}{}^\dagger a_{\boldsymbol{k}'}\rangle_0 \langle a_{\boldsymbol{k}'+\boldsymbol{q}} a_{\boldsymbol{k}'+\boldsymbol{q}}{}^\dagger\rangle_0 \\ &= f_{\boldsymbol{k}'}(1-f_{\boldsymbol{k}'+\boldsymbol{q}})\end{aligned}$$

と計算される．ただし，$f_{\boldsymbol{k}}$ は Fermi 分布関数 $f_{\boldsymbol{k}}=[\exp(\beta\varepsilon_{\boldsymbol{k}})+1]^{-1}$ である．このようにして，$\boldsymbol{k}'$ のかわりに $\boldsymbol{k}$ とおけば，(3.4.7) は

$$\mathcal{G}^{(0)}[\boldsymbol{q}, \tau] = -\sum_{\boldsymbol{k}\sigma} \exp[(\varepsilon_{\boldsymbol{k}}-\varepsilon_{\boldsymbol{k}+\boldsymbol{q}})\tau] f_{\boldsymbol{k}}(1-f_{\boldsymbol{k}+\boldsymbol{q}}) \tag{3.4.8}$$

と表わされる．

さて，$\mathcal{G}[\boldsymbol{q}, \tau]$ の Fourier 係数 $\mathcal{G}(\boldsymbol{q}, i\nu_l)$ は (3.2.21) により

$$\mathcal{G}(\boldsymbol{q}, i\nu_l) = \int_0^\beta \mathcal{G}[\boldsymbol{q}, \tau] \exp(i\nu_l\tau)\,d\tau$$

で与えられる．上式の右辺に(3. 4. 8)を代入し τ について積分すると

$$\mathcal{G}^{(0)}(\boldsymbol{q}, i\nu_l) = -\sum_{k\sigma}\frac{f_{\boldsymbol{k}}(1-f_{\boldsymbol{k}+\boldsymbol{q}})\{\exp[\beta(\varepsilon_{\boldsymbol{k}}-\varepsilon_{\boldsymbol{k}+\boldsymbol{q}})]-1\}}{\varepsilon_{\boldsymbol{k}}-\varepsilon_{\boldsymbol{k}+\boldsymbol{q}}+i\nu_l}$$

がえられる．この式の分子は，Fermi 分布関数の式を代入すると

$$(1-f_{\boldsymbol{k}})f_{\boldsymbol{k}+\boldsymbol{q}}-f_{\boldsymbol{k}}(1-f_{\boldsymbol{k}+\boldsymbol{q}}) = f_{\boldsymbol{k}+\boldsymbol{q}}-f_{\boldsymbol{k}}$$

に等しいことがわかる．ここで解析接続の結果を使い，$i\nu_l$ を一般の複素数 z に拡張し，さらに $z=\hbar\omega+i\delta$ とおけば(3. 2. 23)により $G_{\mathrm{r}}(\boldsymbol{q}, \omega)=\mathcal{G}(\boldsymbol{q}, \hbar\omega+i\delta)$ であるから $G_{\mathrm{r}}(\boldsymbol{q}, \omega)$ の第 0 近似として

$$G_{\mathrm{r}}^{(0)}(\boldsymbol{q}, \omega) = \sum_{k\sigma}\frac{f_{\boldsymbol{k}+\boldsymbol{q}}-f_{\boldsymbol{k}}}{\varepsilon_{\boldsymbol{k}+\boldsymbol{q}}-\varepsilon_{\boldsymbol{k}}-\hbar\omega-i\delta} \tag{3. 4. 9}$$

をうる．

c) 個別励起と集団励起

(3. 4. 1)で $G_{\mathrm{r}}(\boldsymbol{q}, \omega)$ を第 0 近似のものでおきかえ，1 に比べて補正項が小さいと仮定すれば

$$\epsilon(\boldsymbol{q}, \omega) = \left[1+\frac{\nu(\boldsymbol{q})}{V}G_{\mathrm{r}}^{(0)}(\boldsymbol{q}, \omega)\right]^{-1} \approx 1-\frac{\nu(\boldsymbol{q})}{V}G_{\mathrm{r}}^{(0)}(\boldsymbol{q}, \omega)$$

となる．あるいは，このことをもう少し正確にいうとつぎのようになる．(b)項で述べた計算を高次の摂動項に拡張すると $X=\nu(\boldsymbol{q})G_{\mathrm{r}}^{(0)}(\boldsymbol{q}, \omega)/V$ とおいたとき，高次の項中に $X^2, X^3, \cdots$ などの項が含まれることがわかる．これらの寄与を総和すると $1/\epsilon(\boldsymbol{q}, \omega)=1+X+X^2+X^3+\cdots=1/(1-X)$ となり上述の結果がえられる．電子ガス，液体 ^{3}He などでは，粒子のスピンは 1/2 である．したがって，スピンの自由度 2 を考慮し $\epsilon(\boldsymbol{q}, \omega)=0$ とおけば，素励起の角振動数をきめるべき方程式として

$$\frac{2\nu(\boldsymbol{q})}{V}\sum_{k}\frac{f_{\boldsymbol{k}+\boldsymbol{q}}-f_{\boldsymbol{k}}}{\varepsilon_{\boldsymbol{k}+\boldsymbol{q}}-\varepsilon_{\boldsymbol{k}}-\hbar\omega} = 1 \tag{3. 4. 10}$$

がえられる($\delta=0$ とおいた)．

(3. 4. 10)を解けば ω が q の関数として求まり，分散関係 $\omega=\omega(q)$ が導かれる．この式を定量的に解く前に，まず分散関係の定性的な様子を調べよう．励起状態を考えているから当然 $\omega>0$ である．そこで，(3. 4. 10)の分母が 0 になるところを考えると $\hbar\omega=\varepsilon_{\boldsymbol{k}+\boldsymbol{q}}-\varepsilon_{\boldsymbol{k}}$ で，これから $\varepsilon_{\boldsymbol{k}+\boldsymbol{q}}>\varepsilon_{\boldsymbol{k}}$ となる．ところで，(3. 4.

10) 中には $f_{k+q}-f_k$ の項があるから，絶対零度(あるいは $kT \ll \mu$)の場合を考えると，$\boldsymbol{k}+\boldsymbol{q}$, $\boldsymbol{k}$ の両方が Fermi 波数 k_F よりともに大きいか，ともに小さいときには上の項は 0 になってしまう．したがって，$|\boldsymbol{k}+\boldsymbol{q}|>k_F$, $|\boldsymbol{k}|<k_F$ となりこのとき $f_{k+q}-f_k=-1$ となる．この点に注意し，仮に体系の大きさが有限であるとすれば，ε_k は離散的な値をとるので(3. 4. 10)の左辺を $\hbar\omega$ の関数として図示すると図3. 8のようになる．この左辺は $\omega\to\infty$ の極限で $1/\omega$ に比例することに注意せよ．縦軸に 1 の値をとり，図のように実線との交点を求めれば ω が求まる．

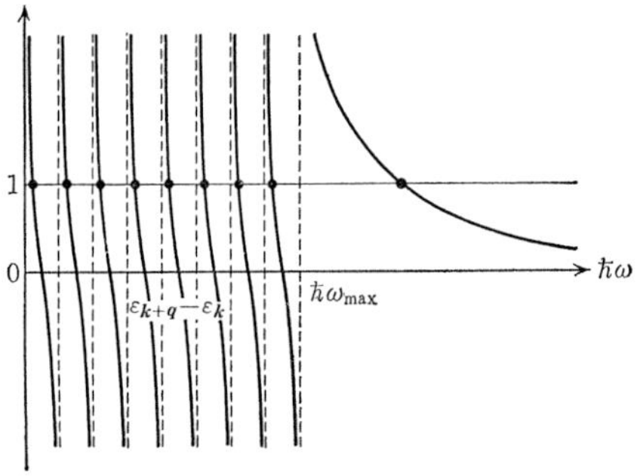

図 3. 8 縦軸は(3. 4. 10)の左辺を表わす

この場合の解としてつぎの 2 種類がある．体系の体積が ∞ になると，図3. 8の $\hbar\omega$ 軸上のきざみは無限小になり，したがって $\hbar\omega=\varepsilon_{k+q}-\varepsilon_k$ は(3. 4. 10)の事実上の解である．この解は体系の個別励起を与える．すなわち，図3. 9のように Fermi 面内の $\boldsymbol{k}$ にいる粒子を Fermi 面外の $\boldsymbol{k}+\boldsymbol{q}$ の状態に励起するときの励起エネルギーが上式で与えられる．これに反して $1/\omega$ で減少していく曲線との交点は，個別励起とは違った種類の励起を記述する．これが集団励起である．この素励起は電子ガスでは**プラズマ振動**(plasma oscillation)，液体 ^{3}He では**ゼロ音波**(zero sound)とよばれるが，その詳しい話は(d)，(e)項で論ずる．

上で述べた個別励起のエネルギーに(3. 4. 6)を代入すると化学ポテンシャルは消え

$$\omega = \frac{\hbar}{m}\boldsymbol{k}\cdot\boldsymbol{q}+\frac{\hbar}{2m}\boldsymbol{q}^2$$

と表わされる．体系の体積が ∞ だと，$\boldsymbol{q}$ を固定していても $\boldsymbol{k}$ が連続的に変わる

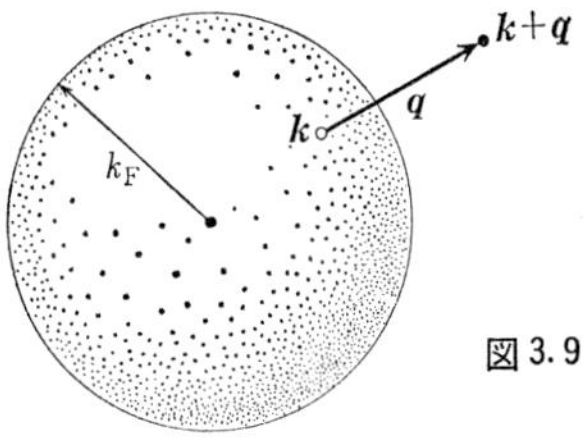

図 3.9

ので ω も連続的な分布をする．しかし，この場合，$0 \leqq \omega \leqq \omega_{\rm max}(q)$ であることがわかる．すなわち，ω の大きさには上限がある．この上限を求めるにはつぎのようにすればよい．上式の右辺をなるべく大きくするため $\boldsymbol{k}$ と $\boldsymbol{q}$ とを平行にとる．さらに $k \leqq k_{\rm F}$ の不等式に注意すると

$$\omega_{\rm max}(q) = \frac{\hbar}{m}k_{\rm F}q + \frac{\hbar q^2}{2m} = v_{\rm F}q + \frac{\hbar q^2}{2m} \qquad (3.\ 4.\ 11)$$

がえられる．ただし，$v_{\rm F}$ は Fermi 速度 $v_{\rm F} = \hbar k_{\rm F}/m$ である．以上のことから，個別励起に対する分散関係は図 3.10 のような連続スペクトル(図の薄黒い部分)で表わされる．ここで参考のためプラズマ振動，ゼロ音波の分散関係を付記しておいた．第1章で論じたように，フォノンの場合には，1つの波数に対して高々有限個の素励起がきまるだけである．これに反して，1つの波数に対し連続無限個の素励起が存在するということは Fermi 液体の大きな特徴である．なお，図 3.8 からわかるように，$\nu(\boldsymbol{q}) < 0$，すなわち相互作用が引力の場合には集団励起に相当する解が求まらない．このときには，Fermi 液体中に Cooper ペアができ体系は超伝導状態となる．

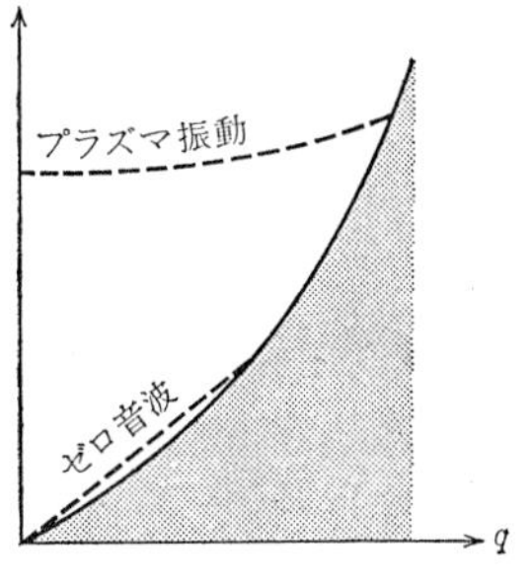

図 3.10　個別励起と集団励起

d) プラズマ振動

電子ガスでは(3. 4. 10)からきまる集団励起の ω は，$q\to 0$ の極限で温度によらないある一定の値に近づく．この場合の集団励起はすでに§2. 2でも述べたようにプラズマ振動とよばれる．(3. 4. 10)の $f_{\boldsymbol{k}+\boldsymbol{q}}$ をふくむ項で $\boldsymbol{k}+\boldsymbol{q}\to-\boldsymbol{k}'$ とおき $\boldsymbol{k}$ から $\boldsymbol{k}'$ へ変数変換を行ないその後で $\boldsymbol{k}'$ を新たに $\boldsymbol{k}$ とおけば，簡単な計算の結果

$$\frac{2\nu(\boldsymbol{q})}{V}\sum_{\boldsymbol{k}}\frac{2(\varepsilon_{\boldsymbol{k}+\boldsymbol{q}}-\varepsilon_{\boldsymbol{k}})}{(\hbar\omega)^2-(\varepsilon_{\boldsymbol{k}+\boldsymbol{q}}-\varepsilon_{\boldsymbol{k}})^2}f_{\boldsymbol{k}}=1 \tag{3. 4. 12}$$

がえられる．ここで

$$\varepsilon_{\boldsymbol{k}+\boldsymbol{q}}-\varepsilon_{\boldsymbol{k}}=\frac{\hbar^2}{2m}(2\boldsymbol{k}\cdot\boldsymbol{q}+q^2) \tag{3. 4. 13}$$

であるが，後で示すように $q\to 0$ の極限で ω は有限なので(3. 4. 12)中の分母にある $(\varepsilon_{\boldsymbol{k}+\boldsymbol{q}}-\varepsilon_{\boldsymbol{k}})^2$ はこの極限で $(\hbar\omega)^2$ に比べて無視できる．したがって

$$\frac{2\nu(\boldsymbol{q})}{V}\sum_{\boldsymbol{k}}\frac{(\hbar^2/m)(2\boldsymbol{k}\cdot\boldsymbol{q}+q^2)}{(\hbar\omega)^2}f_{\boldsymbol{k}}=1 \tag{3. 4. 14}$$

の関係が $q\to 0$ のときなりたつ．この式中，$\boldsymbol{k}\cdot\boldsymbol{q}$ を含む項は，それにかかる項が $\boldsymbol{k}$ に関し球対称なので $\boldsymbol{k}$ の和をとったとき0になる．Coulomb 相互作用に対する $\nu(\boldsymbol{q})=4\pi e^2/q^2$ を代入し，また

$$2\sum_{\boldsymbol{k}}f_{\boldsymbol{k}}=N$$

の関係を使うと，(3. 4. 14)からきまる ω は

$$\omega^2=\frac{4\pi ne^2}{m}={\omega_{\mathrm{p}}}^2 \tag{3. 4. 15}$$

と計算される．ω_{p} はプラズマ振動数である．通常のアルカリ金属では $n\approx 10^{23}$ cm^{-3}, $m\approx 10^{-27}$ g，また e^2 は CGS 静電単位系で $e^2\approx 10^{-19}$ の程度であるから $\omega_{\mathrm{p}}\approx 10^{16}\,\mathrm{s}^{-1}$ となる．これをエネルギーに換算すると $\hbar\approx 10^{-27}$ erg·s を用い $\hbar\omega_{\mathrm{p}}\approx 10^{-11}$ erg ≈ 10 eV となる．したがって，プラズマ振動に対応した素励起——**プラズモン**(plasmon)——のエネルギーはおおざっぱにいって数 eV の程度になる．

実験的にプラズマ振動を観測するには，通常つぎのような手段を用いる．すなわち，試料を薄膜にしてこれに既知のエネルギー(数十 keV)の電子線をあて，

透過した電子線のエネルギーを測定する．入射した電子線は試料中でプラズモンを励起しこのためエネルギー損失をうける．したがって，逆にエネルギー損失を測定すればプラズモンのエネルギーあるいはプラズマ振動数が測定できるのである．このような方法により，各種の金属，半導体，合金，アルカリハライドなどのプラズマ振動数が実測されている．

さて，(3.4.15)を導くとき，$q\to 0$ の極限を考えたが，q^2 まで正しい結果を導くことも可能である．それには(3.4.12)で $(\varepsilon_{k+q}-\varepsilon_k)^2$ が $(\hbar\omega)^2$ に比べ十分小さいとしてつぎのように展開する．

$$\frac{2\nu(\boldsymbol{q})}{V}\sum_{\boldsymbol{k}}\left\{\frac{2(\varepsilon_{\boldsymbol{k}+\boldsymbol{q}}-\varepsilon_{\boldsymbol{k}})}{(\hbar\omega)^2}+\frac{2(\varepsilon_{\boldsymbol{k}+\boldsymbol{q}}-\varepsilon_{\boldsymbol{k}})^3}{(\hbar\omega)^4}+\cdots\right\}f_{\boldsymbol{k}}=1$$

(3.4.13)を上式に代入し $\boldsymbol{k}$ に関する対称性を利用して

$$\omega^2=\frac{8\pi e^2}{mV}\sum_{\boldsymbol{k}}\left[1+\frac{3\hbar^2(\boldsymbol{k}\cdot\boldsymbol{q})^2}{m^2\omega^2}+O(q^4)\right]f_{\boldsymbol{k}}$$

がえられる．さらに

$$\sum_{\boldsymbol{k}}(\boldsymbol{k}\cdot\boldsymbol{q})^2 f_{\boldsymbol{k}}=\sum_{\boldsymbol{k}}(k_x{}^2q_x{}^2+k_y{}^2q_y{}^2+k_z{}^2q_z{}^2)f_{\boldsymbol{k}}=\frac{q^2}{3}\sum_{\boldsymbol{k}}k^2 f_{\boldsymbol{k}}$$

$$2\sum_{\boldsymbol{k}}k^2 f_{\boldsymbol{k}}=\frac{3k_{\mathrm{F}}{}^2}{5}N$$

の関係を使えば

$$\omega^2=\omega_{\mathrm{p}}{}^2+\frac{3\hbar^2k_{\mathrm{F}}{}^2}{5m^2}q^2$$

と表わされる．この式中の q^2 に相当する項は実験的にも測定されている．

ここで(3.4.15)のプラズマ振動数に対する物理的な考察を加えておく．この式中には Planck 定数が含まれないから同じ結果が古典力学の立場で導かれるはずである．そこで以下，Newton の運動方程式を用いて話を進める．まず $\rho_{\boldsymbol{q}}=\sum\exp(-i\boldsymbol{q}\cdot\boldsymbol{r}_j)$ を時間で微分すれば

$$\dot{\rho}_{\boldsymbol{q}}=-i\sum_j \boldsymbol{q}\cdot\boldsymbol{v}_j\exp(-i\boldsymbol{q}\cdot\boldsymbol{r}_j)$$

となる．ただし，$\boldsymbol{v}_j$ は j 番目の電子の速度である．電子間の Coulomb ポテンシャルは

$$U=\frac{1}{2}\sum_{j\neq k}\frac{e^2}{|\boldsymbol{r}_j-\boldsymbol{r}_k|}=\frac{1}{2V}\sum_{j\neq k,\boldsymbol{q}'}\frac{4\pi e^2}{q'^2}\exp[i\boldsymbol{q}'\cdot(\boldsymbol{r}_j-\boldsymbol{r}_k)]$$

であるから j 番目の電子に働く力は

$$-\frac{\partial U}{\partial \boldsymbol{r}_j}=-\sum_{k,\boldsymbol{q}'}\frac{4\pi e^2}{q'^2V}i\boldsymbol{q}'\exp[i\boldsymbol{q}'\cdot(\boldsymbol{r}_j-\boldsymbol{r}_k)]$$

と表わされる．したがって，$\dot{\rho}_{\boldsymbol{q}}$ に対する式をもう1回時間で微分し，Newtonの式 $m\dot{\boldsymbol{v}}_j=-\partial U/\partial \boldsymbol{r}_j$ を使えば

$$\ddot{\rho}_{\boldsymbol{q}}=-\sum_j(\boldsymbol{q}\cdot\boldsymbol{v}_j)^2\exp(-i\boldsymbol{q}\cdot\boldsymbol{r}_j)-\sum_{jk\boldsymbol{q}'}\frac{4\pi e^2}{mq'^2V}\boldsymbol{q}\cdot\boldsymbol{q}'\exp[i\boldsymbol{q}'\cdot(\boldsymbol{r}_j-\boldsymbol{r}_k)-i\boldsymbol{q}\cdot\boldsymbol{r}_j]$$

がえられる．上式右辺の第2項には $\exp[i(\boldsymbol{q}'-\boldsymbol{q})\cdot\boldsymbol{r}_j]$ という項が含まれる．もし $\boldsymbol{q}'\neq\boldsymbol{q}$ だと j に関する和をとったとき，この指数関数は適当にうち消し合って0になると期待される．このように仮定してしまうことを，**乱雑位相近似**(random phase approximation)あるいは **RPA** という．この近似下で $q\to 0$ の極限を考えると

$$\ddot{\rho}_{\boldsymbol{q}}=-\omega_{\mathrm{p}}{}^2\rho_{\boldsymbol{q}}$$

となる．すなわち，$\rho_{\boldsymbol{q}}$ は角振動数 ω_{p} で調和振動する．上のような導き方からもわかるように，プラズマ振動は古典的な電子ガス中にも存在する．歴史的にいうと，固体中電子のプラズマ振動が観測されるよりずっと以前に電離気体におけるものが発見されていたのである．

e) ゼロ音波

液体 ^{3}He のように短距離力の働く系では，集団励起の分散関係がプラズマ振動と異なった性質をもつ．すでに§3.1の(e)項で示したように，短距離力に対する $\nu(\boldsymbol{q})$ は $\boldsymbol{q}$ によらない定数と考えてよい．すなわち(*3. 1. 17*)に対応して $\nu(\boldsymbol{q})=\nu$ とおいてよい．このようにおくと，(*3. 4. 14*)からわかるように $\omega\propto q$ となる．したがって，集団励起はフォノン型の分散関係を示す．これを**ゼロ音波**という．以下，この集団励起の分散関係を具体的に求めるが，最初に注意すべきことは，(*3. 4. 12*)の分母で $\hbar\omega$ と $\varepsilon_{\boldsymbol{k}+\boldsymbol{q}}-\varepsilon_{\boldsymbol{k}}$ とは同じ程度の量であるという点で，このためプラズマ振動のときのようにこの分母を展開するわけにはいかない．そこで，(*3. 4. 10*)にさかのぼり，この式を出発点とする．

(*3. 4. 10*)で $f_{\boldsymbol{k}+\boldsymbol{q}}$ を $\boldsymbol{q}$ に関し Taylor 展開すれば

$$f_{k+q}=f_k+\frac{\partial f_k}{\partial \boldsymbol{k}}\cdot \boldsymbol{q}+O(q^2)$$

となる．簡単のため，絶対零度の場合を考えると $\partial f_{\boldsymbol{k}}/\partial \varepsilon_{\boldsymbol{k}}=-\delta(\varepsilon_{\boldsymbol{k}})$ である．したがって

$$\frac{\partial f_k}{\partial \boldsymbol{k}}=\frac{\partial f_k}{\partial \varepsilon_k}\frac{\partial \varepsilon_k}{\partial \boldsymbol{k}}=-\frac{\hbar^2\boldsymbol{k}}{m}\delta\left(\frac{\hbar^2k^2}{2m}-\mu\right)$$

である．化学ポテンシャル μ は絶対零度で $\mu=\hbar^2k_{\mathrm{F}}{}^2/2m$ とおけるから，δ 関数に対する性質 $\delta(ax)=\delta(x)/a$ を利用すると，q^2 以上の程度の項を無視し

$$f_{k+q}-f_k=-2\boldsymbol{k}\cdot\boldsymbol{q}\delta(k^2-k_{\mathrm{F}}{}^2)$$

と表わされる．上式を(3.4.10)に代入し，さらに(3.4.13)でやはり q^2 の項を無視すれば，ω をきめるべきつぎの式がえられる．

$$\frac{2\nu}{V}\sum_k\frac{2\boldsymbol{k}\cdot\boldsymbol{q}\delta(k^2-k_{\mathrm{F}}{}^2)}{\hbar\omega-(\hbar^2\boldsymbol{k}\cdot\boldsymbol{q}/m)}=1 \qquad (3.4.16)$$

上式を計算するため，$\boldsymbol{k}$ についての和を積分になおし，$\boldsymbol{q}$ 方向を z 軸にとって極座標を導入する．$\boldsymbol{q}$ と $\boldsymbol{k}$ とのなす角を θ とすれば $\boldsymbol{k}\cdot\boldsymbol{q}=kq\cos\theta$ である．また，$\delta(k^2-k_{\mathrm{F}}{}^2)=\delta(k-k_{\mathrm{F}})/2k_{\mathrm{F}}$ がなりたつ．これらの点を考慮し，積分変数として $t=\cos\theta$ とおけば(3.4.16)は

$$\frac{2\nu k_{\mathrm{F}}{}^2}{(2\pi)^2}\int_{-1}^{1}\frac{qt}{\hbar\omega-(\hbar^2k_{\mathrm{F}}qt/m)}dt=1 \qquad (3.4.17)$$

と表わされる．ここで

$$\gamma=\frac{\omega}{qv_{\mathrm{F}}} \qquad (3.4.18)$$

とおき(v_{F}=Fermi 速度$=\hbar k_{\mathrm{F}}/m$)，また Fermi 面における単位体積あたりの状態密度

$$N(0)=\frac{mk_{\mathrm{F}}}{\pi^2\hbar^2}$$

を導入すると，(3.4.17)は

$$\frac{\nu N(0)}{2}\int_{-1}^{1}\frac{t}{\gamma-t}dt=1$$

と書ける．この積分は初等的な方法で計算でき，結局，γ をきめるべきつぎの方

程式をうる．

$$\frac{\gamma}{2}\ln\frac{\gamma+1}{\gamma-1}-1=\frac{1}{\nu N(0)} \qquad (3.4.19)$$

さて，(*3.4.18*)を $\omega=\gamma v_{\mathrm{F}}q$ と書けばわかるように，γv_{F} はゼロ音波の音速である．(*3.4.19*)の左辺を γ の関数として図示すれば，図3.11のような曲線で表わされる．縦軸に $1/\nu N(0)$ の値をとり図のように曲線との交点を求めれば(*3.4.19*)の解がえられる．この解法から ν が正で0でない限り必ず γ は1より大きいことがわかる．したがって，ゼロ音波は図3.10で示したように，q が小さいとき必ず個別励起の連続スペクトルより上方に生ずる．また，$\nu<0$ だと，電子ガスのときと同様，集団励起は存在しない．

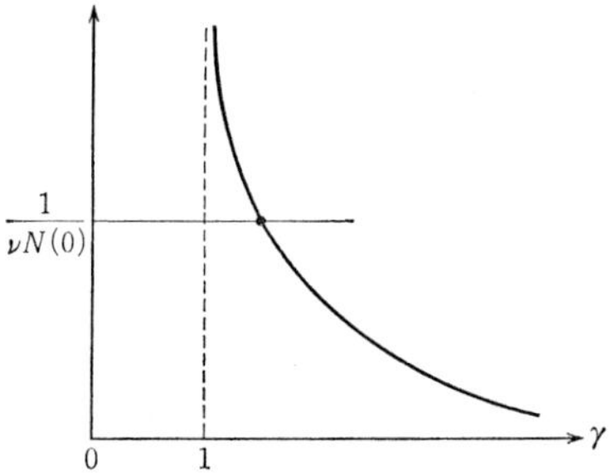

図3.11 (*3.4.19*)の図による解法(縦軸は同式の左辺を意味する)

ここで，上の(*3.4.19*)は本講座第6巻『物性I』§3.4で導いた式と非常に類似している点に注意しよう．ゼロ音波は，最初，Landau のやや現象論的な Fermi 液体理論から導かれた概念であるが，以上説明してきたことは，かなりあらい近似ではあるがその存在に対する1つの第1原理的な説明であるといえよう．

§3.5 Fermi 液体の性質

本章で今まで述べてきた事項を要約すると，だいたいつぎのようになる．(1) Fermi 液体に適当な外場を加えそれに対する応答をみることにより，体系内の素励起について有用な知見がえられる．(2) この応答を調べるとき，数学的な手段として Green 関数を用いるのが便利である．

ところで，Green 関数の具体的な計算には前節で述べたように簡単な摂動計算を用いた．しかし，これまで何回か注意したように，現実の金属内電子とか液体 ^{3}He に単純な摂動計算を適用するわけにはいかない．そのため，実際の Fermi 液体を取り扱うにはどうすればよいかが問題となる．1つの考え方は，本講座第6巻『物性 I』で説明した Landau の Fermi 液体理論を使うことである．この理論に現われるパラメーター (Landau パラメーター) は実験からきまる量であると考えれば，観測値間の相互関係といった実験データの整理が可能になる．もう1つの考え方は，摂動論の近似をつぎつぎにあげていくという方法であろう．具体的な計算はできないとしても，すべての摂動項に共通する一般的な性質が存在するのではなかろうか．そうして，それがどんな物理的な性質として現われるか．さらに，簡単な摂動計算が適用しうるような理想的な Fermi 液体が現実に存在しうるか，といった疑問もわく．本節ではこれらの疑問に答えることを中心として話を進める．ただし，詳細な議論に立ち入ることは本書の範囲をやや越えると思えるので，話の概略を述べるのにとどめる．

a) 準粒子のエネルギー

Landau の Fermi 液体理論において準粒子という物理的概念は重要な意味をもつ．Fermi 液体を構成する各粒子は他の粒子からの相互作用をうけながら運動するが，その相互作用を全部考慮するとあたかも自由粒子かのようにふるまう．このいわば相互作用の着物を着た粒子が準粒子で，体系の素励起を記述するさい重要な役割を演ずる．質量 m，波数 $\boldsymbol{k}$ の自由粒子のエネルギーは，いうまでもなく $\hbar^2k^2/2m$ と表わされるが，それでは準粒子のエネルギーはどうしてきめればよいか．

上の問題を論ずるため，まず絶対零度における自由粒子の $\boldsymbol{k}$ 空間中での分布を考えよう．波数 $\boldsymbol{k}$ をもつ粒子数の平均値を $\langle n_k \rangle$ と書けば，この場合

$$\langle n_k \rangle = \begin{cases} 1 & (\varepsilon_k < 0) \\ 0 & (\varepsilon_k > 0) \end{cases} \tag{3.5.1}$$

となる．ただし，$\varepsilon_k = (\hbar^2k^2/2m) - \mu$ である．上式は

$$\langle n_k \rangle = \frac{1}{2\pi i}\int_{-i\infty}^{i\infty} \frac{\exp(z0^+)}{z-\varepsilon_k} dz \tag{3.5.2}$$

という複素積分の形で表わされる点に注意する．ここで 0^+ と書いたのは正の微

小量で計算の最後に0とおくことを意味する．$\exp(z0^+)$ の項のため図3.12のように，十分大きな半径 R をもつ半円の積分路をつけ加えても積分値は変わらない．もし $\varepsilon_k>0$ であれば，積分路の領域内に関数の特異点がないから Cauchy の定理により積分値は0となる．逆に，$\varepsilon_k<0$ だと留数の定理によって(*3.5.2*)の右辺は1となり，(*3.5.2*)と(*3.5.1*)とは同等であることがわかる．

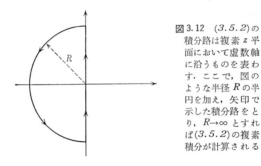

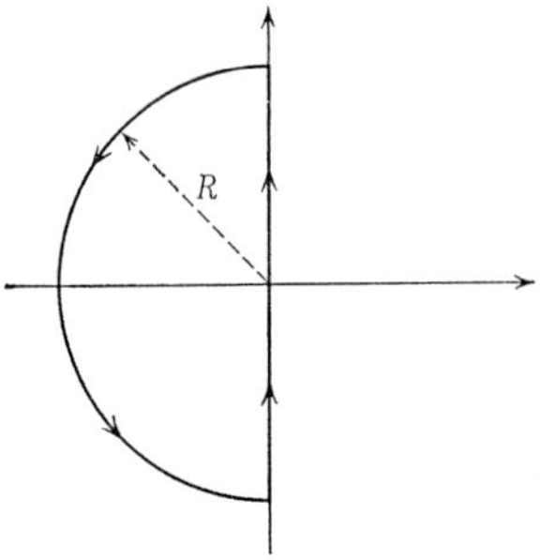

図3.12　(*3.5.2*)の積分路は複素 z 平面において虚数軸に沿うものを表わす．ここで，図のような半径 R の半円を加え，矢印で示した積分路をとり，$R\to\infty$ とすれば(*3.5.2*)の複素積分が計算される

電子ガスや液体 ^{3}He のように粒子間に相互作用の働く系では，(*3.5.2*)に対応して

$$\langle n_k\rangle=\frac{1}{2\pi i}\int_{-i\infty}^{i\infty}\frac{\exp(z0^+)}{z-\varepsilon_k-\sum(\boldsymbol{k},z)}dz \qquad (3.5.3)$$

と書けることが証明されている．上式中の $\sum(\boldsymbol{k},z)$ は自己エネルギー部分(本講座第5巻『統計物理学』§9.8参照)で，適当な Feynman 図形を用いて摂動展開の形で表わされる．この問題に限らず，一般に摂動展開を無限次まで考慮したとき，展開がはたして収束するかどうかという数学的な疑問が残る．形式的にいえば，摂動の展開パラメーターを λ としたとき物理量が λ の関数として正則であれば，λ のベキ級数はその収束半径内で正しい答をあたえる．しかし，もしも $\lambda=0$ が関数の特異点であれば，λ のベキ級数すなわち摂動展開は無意味である．Fermi 液体では，体系が超伝導になるとき $\exp(-1/\lambda)$ という形の特異性が現われ，したがって摂動展開を適用することができない．だが，超伝導にならないような，つまり正常な Fermi 液体では摂動展開が収束すると期待される．逆にいって，摂動展開の収束するということが，正常 Fermi 液体に対する数学的表現であると考えてよいだろう．以下，このような前提に立って議論を進める．

ここで(*3.5.2*)に話を戻し，この式中の被積分関数は $1/(z-\varepsilon_k)$ という項を含む点に注意する．この関数の極を求めると $z=\varepsilon_k$ となり，化学ポテンシャル μ を差し引いた粒子のエネルギーがえられる．これに対応して，(3.5.3)の被積分関数の極，すなわち

$$z-\varepsilon_k-\sum(\boldsymbol{k}, z)=0 \tag{3.5.4}$$

の方程式からきまる z の値が，波数 $\boldsymbol{k}$ の準粒子のエネルギーから化学ポテンシャルを差し引いたものになる．後で述べるが，Fermi 液体の低温における比熱はこのような準粒子のエネルギーによってきまる．

b) 準粒子の寿命

(3.5.4)から求まる準粒子のエネルギーを調べるには，$\sum(\boldsymbol{k}, z)$ がどんな数学的性質をもつかを知る必要がある．$\sum(\boldsymbol{k}, z)$ を複素数 z の関数と考えたとき，つぎのような性質のあることがわかっている．

(1) $\sum(\boldsymbol{k}, z)$ は実軸上以外で解析的である．

(2) 実軸は関数の分岐枝になっている．すなわち，実軸の上方から近づくときと下方から近づくときとでは関数の値が異なり

$$\sum(\boldsymbol{k}, x\pm i\delta)=K(\boldsymbol{k}, x)\mp iJ(\boldsymbol{k}, x) \qquad (x\text{: 実数,}\ \delta\to 0)$$
$$J(\boldsymbol{k}, x)\geqq 0$$

と表わされる．

(3) 上式中の虚数部分 $J(\boldsymbol{k}, x)$ は $x\to 0$ のとき 0 となる．つまり

$$J(\boldsymbol{k}, x)=C(\boldsymbol{k})x^2, \quad C(\boldsymbol{k})>0 \quad (x\to 0)$$

以上の性質のうち，(1), (2)は一般的なものであるが，(3)は摂動展開の各次数の項で証明されている性質である．上の(2)から $\sum(\boldsymbol{k}, z)$ は一般に虚数部分をもつことがわかるので，(3.5.4)の解としてきまる準粒子のエネルギーも一般に虚数部分を含む．これは準粒子が有限な寿命を有することを意味する．この現象を準粒子の**ダンピング**(damping)ともいうが，ダンピングについては第6章で再び詳しく説明する．

準粒子が有限な寿命 τ をもつと，量子力学の不確定性原理により $\Delta E\approx\hbar/\tau$ の程度のエネルギーのぼけを生ずる．上記の(3)は Fermi 面の近傍で準粒子の寿命が非常に長いことを表わし，したがってエネルギーのぼけもそこでは小さい．これが準粒子という素励起的な考え方を有効にしている1つの理由である．この点をもう少し詳しく述べるとつぎのようになる．すでに本講座第6巻『物性 I』の

Fermi 液体のところで説明したが，準粒子のエネルギーのぼけが熱運動によるぼけ $k_{\mathrm{B}}T$ より小さい場合に，準粒子は素励起としての明確な意味をもつ．液体 ^{3}He では，粘性係数，拡散係数，熱伝導率などの実験結果から逆に準粒子の平均寿命を評価すると，T を絶対温度 K で表わしたときおおざっぱにいって

$$\tau \approx 10^{-12}/T^{2} \quad (\mathrm{s})$$

と書ける．したがって，上述の条件は $10^{12}\hbar T^{2} < k_{\mathrm{B}}T$ となり，これから $T<0.1$ K がえられる．すなわち，液体 ^{3}He の場合，準粒子という概念は約 0.1 K 以下という極低温で有効になる．逆にこれ以上の温度だと，準粒子のぼけが熱運動のぼけと同じか，あるいはそれ以上になり粒子という物理的な性格が失われてしまう．このことが素励起概念に対する1つの限界を与える．一方，本講座第6巻『物性I』補章 A で説明したように，1972 年以来，液体 ^{3}He は約 2 mK 以下の極低温で超流動状態になることが実験的にわかってきた．液体 ^{3}He が超流動になると，本節の (a) で述べたように，もはやそれは正常 Fermi 液体と考えることはできない．したがって，以上の温度が Fermi 液体理論の低温側の限界を与える．

c）Fermi 面の存在，低温での比熱，帯磁率

自由粒子の Fermi 面は球面であるが，固体内電子のそれは結晶を構成する格子点の周期ポテンシャルのため一般に球面からずれる．しかし，そもそも Fermi 面という概念は，1体近似の下で導かれたものである．それでは，粒子間の相互作用を考慮したとき，Fermi 面は存在するのであろうか，またそれはどんな物理的意味をもつのであろうか．これらの疑問に対する解答のうち，現在わかっているのはつぎのような諸点である．

まず，電子ガス，液体 ^{3}He のように，等方的で空間並進に対してハミルトニアンが不変な場合を考える．このとき $\sum(\boldsymbol{k}, z)=\sum(k, z)$ と書ける（ただし，$k=|\boldsymbol{k}|$）．前項 (b) で述べた (1), (2), (3) の性質を認めると，つぎのような事柄が証明される．

(1) $\varepsilon_{k}+\sum(k, 0)=0$ すなわち $\varepsilon_{k}+K(k, 0)=0$ により Fermi 面がきまる．そのとき (3.5.3) で与えられる $\langle n_{k}\rangle$ は k の関数として不連続になり，これがおこるのは $k=k_{\mathrm{F}}$ のところである．ただし，k_{F} は自由粒子の Fermi 波数，$k_{\mathrm{F}}=(3\pi^{2}n)^{1/3}$ である（n：数密度）．

(2) 低温 ($k_{\mathrm{B}}T \ll \mu$) における Fermi 液体の比熱は，Fermi 面近傍における準

粒子のエネルギーによってきまる．たとえば，$k \approx k_F$ で準粒子のエネルギー E_k が $E_k = (\mathrm{const}) + \hbar^2 k^2/2m_t$ と表わされると，低温での比熱 C は

$$C = \frac{k_B{}^2 m_t k_F V}{3\hbar^2} T$$

となる(V: 体系の体積)．上式は自由粒子に対する式で粒子の質量を**熱的質量**(thermal mass) m_t でおき代えたものである．

(3) 磁場 H をかけたときの準粒子のエネルギーは，磁気能率を μ_B としたとき，一般に

$$E_{k\sigma} = E_k - \mu_B \gamma(k) H\sigma$$

という形をもつ．低温における帯磁率は，自由粒子に対する式で質量 m を有効質量 m_s でおき代えた表式で与えられる．また，m_s と m_t との比は，Fermi 面における $\gamma(k)$ の値によってきまり

$$\frac{m_s}{m_t} = \gamma(k_F)$$

となる．たとえば，液体 ^{3}He のとき，上の比はだいたい 4 位の数値をとる．

以上述べた(1), (2), (3)は体系が等方的かつ空間並進に対し不変な場合に適用できるが，固体内電子では少々事情が異なる．このときには相互作用を無視した近似，すなわち 1 体近似の下で電子がバンド構造をつくることが知られているが，(1), (2), (3)を導いたのと同じ方法によりつぎの点が証明される．

(4) 固体内電子の場合，相互作用があっても Fermi 面は存在する．"Fermi 面とは，電子の分布が不連続的になる面である"と定義される．この，すべての相互作用を考慮した Fermi 面を真の Fermi 面という．真の Fermi 面の形は，一般に 1 体近似で求めたものとずれてくる．しかし形は変わってもその体積は変わらない．さまざまな実験手段(de Haas-van Alphen 効果など)から実験的にえられる Fermi 面は，この真の Fermi 面である．

d) 液体 ^{4}He 中の ^{3}He 希薄溶液

ここで話題を少し変え，理想的な Fermi 液体と考えられる体系の一例について簡単に説明しよう．純粋な液体 ^{4}He の温度をさげていくと，$T_\lambda = 2.2$ K の近傍でいわゆる λ 転移をおこし，これ以下の温度で体系は超流動状態になる(本講座第 6 巻『物性 I』§3.2 参照)．このような温度を λ 点というが，純粋な液体 ^{4}He に

^{3}He を意識的に混ぜると，^{3}He の濃度が増加するにしたがい λ 点の温度はさがっていく．この ^{4}He-^{3}He 混合液中の ^{4}He 原子の数を N_4，^{3}He 原子の数を N_3 とし $x=N_3/(N_3+N_4)$ とおく．x は ^{3}He のモル濃度であるが，λ 点を x の関数として図示すると，図 3.13 の曲線 AB(λ 線)のようになる．B 点は以下に述べる 2 相分離の始まるところであり，そこでの絶対温度 T_B，^{3}He のモル濃度 x_B は，それぞれ

$$T_B = 0.87\,\mathrm{K}, \qquad x_B = 0.66$$

と測定されている．

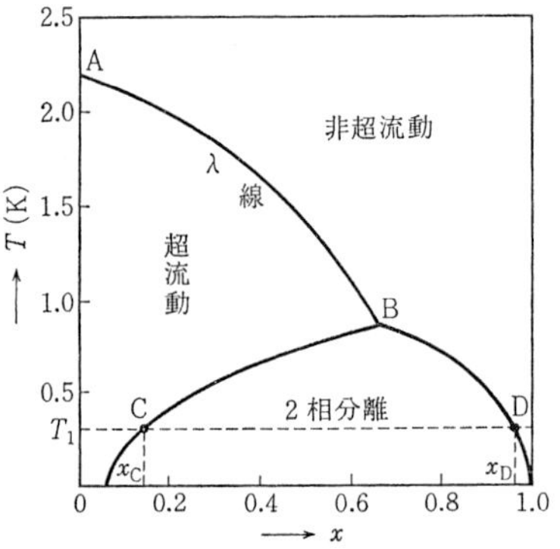

図 3.13 ^{4}He-^{3}He 系における相分離曲線および λ 線

さて，温度が T_B 以下になると **2 相分離**(phase separation)という現象がおこる．いま，図 3.13 の点線で示した T_B 以下の温度 T_1 を考え，^{3}He のモル濃度が x_C と x_D との間にあるような ^{4}He-^{3}He の混合液をつくったとする．このとき実験結果によると，^{3}He と ^{4}He とは均質に混じりあわず，x_C のモル濃度をもつ ^{4}He が多く含まれる部分と，x_D のモル濃度をもつ ^{3}He を多く含む部分とにわかれてしまう．^{3}He の多い部分は ^{4}He の多い部分より軽いので上に浮び，両者の間に明瞭な境界が観測される．この現象が 2 相分離である．しかし，^{3}He のモル濃度が x_C より小さいと ^{3}He は ^{4}He 中に均質に混じり ^{3}He の希薄溶液ができる．

最近の研究によると，T_1 が絶対零度に近づくとき，x_C はほぼ 0.06 という数値に近づく．したがって，絶対零度の近くで ^{4}He の中にわずかな ^{3}He を溶かした ^{3}He 希薄溶液をつくることが実験的に可能である．この ^{3}He 希薄溶液はある

意味で理想的な Fermi 液体としてふるまうと考えられる．なぜなら，^{3}He 原子だけに注目すると，^{3}He の数密度は純粋な液体 ^{3}He に比べてずっと小さく，いわば ^{3}He は低密度の状態にあり，このため§3.1の(e)項で述べた摂動論的な方法が適用できると期待されるからである．もっとも，実際には体系中に ^{3}He 原子だけでなく ^{4}He 原子も存在するため，事情はそれほど簡単でない．このような問題を取り扱う1つの方法は，^{3}He 原子は Fermi 液体理論の意味での準粒子になっていると仮定し，この準粒子の間に適当な相互作用が働くという考え方である．この相互作用については，適当な形を仮定し，その中に含まれるパラメーターはある種の実験データからきめられている．

^{3}He 希薄溶液で1つの興味ある点は，溶液中の ^{3}He 濃度を変えれば Fermi 温度を自由に調節しうることである．純粋な液体 ^{3}He ではもちろんこのような調節は不可能であり，^{3}He 希薄溶液はそれに対して自由に変化しうるパラメーターを1つ余計に含むことになる．その結果，Fermi 液体に関してえられる知見も豊富になるわけで，^{3}He 希薄溶液は最近，実験的にも理論的にも活発に研究されている．

第4章　相転移と素励起

第6巻『物性I』に示されているように，巨視的物質は温度，圧力などの条件によってさまざまな相を示す．ある相から別の相への転移は，巨視的物質の示す最も劇的な現象のひとつといえよう．この章の目的は，相転移を量子力学の立場，とくに素励起の立場から見ることである．相転移に際して当然素励起が変るし，一方からいえば相転移のメカニズムを素励起の働きとしてとらえることもできる．まず，巨視系の対称性と素励起の関連という定性的な側面からはじめる．

§4.1　相転移と対称性の破れ

巨視系の相転移は，液相⇄気相(沸とう)のように，量的な区別しかない2つの相の間でおこるものもあるが，多くの場合対称性の変化を伴っており，たとえば異方的な結晶状態から等方的な気体状態へ転移する場合(昇華)のように，2つの相は対称性のちがいによって定性的にも区別できる．対称性の変化のうちで理解しやすいのは，昇華や結晶の構造転移のように，原子の空間的配列状態が変化する結果として対称性が変化する場合である．転移点における原子配列の変化は不連続な場合(1次相転移)もあるし，連続的な場合(2次相転移)もある．

しかし，対称性の変化はいつも原子配列の変化にむすびつくとは限らない．たとえば強磁性結晶の場合であれば，原子のもつ磁気モーメントの方向が問題になる．いわゆるCurie点以上の温度で結晶は常磁性状態にあり，その巨視的モーメント，つまり全磁気モーメントの期待値は，外部から巨視的磁場を加えない限り，0である．Curie点以下の温度になると，原子間相互作用によって磁気モーメントは一方向にそろいはじめ，結晶は外部磁場なしに有限な巨視的モーメント，いわゆる**自発磁化**(spontaneous magnetization)をもつようになる．自発磁化はベクトルであり，その出現によって空間に特権的な方向が生ずる．この場合，実は時間反転，つまり力学法則において時間 t を形式的に $-t$ にかえる変換，に対する対称性も問題になる．磁気モーメントは時間反転で符号を変えるからである．もっと抽象的な対称性が問題になる例は，液体 ^{4}He がいわゆる λ 点で示す**超流動**状態への転移や金属中の電子流体が低温で示す**超伝導**状態への転移である．この場合には量子力学でいうゲージ変換，つまり状態関数の位相の変換，に関する対称性が問題になる．

巨視系といえども，これを構成する微視的粒子の運動は力学法則に従い，そのハミルトニアンは系が巨視的な大きさをもつか否かに無関係ないくつかの基本的対称性をもっている．たとえば，力学法則の可逆性の反映としてハミルトニアンは時間反転に対し不変である†．また，原子の運動する真空が一様であることの反映として，原子系のハミルトニアンは任意の並進(座標系の平行移動)に対し不変であり，原子間相互作用がポテンシャルで記述される場合なら，ポテンシャルは原子の相対的位置にのみ依存する．このような原子の巨視系，たとえば1モルのアルゴン，が気相あるいは液相にあるならば，原子密度の期待値は(表面近くを除いて)空間的に一様であり，ハミルトニアンの並進対称性がそのまま巨視的物性に反映している．しかし原子が結晶をつくっている場合には，原子密度の期待値は空間座標の周期関数であり，その周期と一致する並進に対してのみ不変である．数学的にいうなら，ハミルトニアンを不変にする並進操作の全体は1つの群をつくっており，結晶の原子密度の期待値を不変にする並進操作はその部分群をつくっている．このような場合，巨視的状態に**対称性の破れ**(broken symmetry)がおこっているという．

相転移に際して巨視系の対称性が，たとえば1つの結晶構造から別の結晶構造へ変化することによって，変化する場合にも，微視的粒子の運動を支配するハミルトニアンが変るわけではない．したがって，かりに対称性の高い方の相がハミルトニアンの対称性を完全に反映するものであっても，もう一方の，対称性の低い方の相は部分的にしか反映しない．つまり，相転移に際して対称性が変化する場合には，いつも対称性の破れがおこっているのである．

以下実例をいくつか挙げ，素励起との関連を論ずることにする．

---

† ここでは素粒子論で問題になるような基本的対称性の破れは無視する．

§4.2 秩序パラメーター

相転移に際しておこる対称性の変化は，通例ある種の**秩序パラメーター**(order parameter)の出現とむすびついている．巨視系の物理量 f を適当にえらんだとき，その熱平衡における期待値 $\langle f\rangle$ が，いま問題にしている2つの相の一方においては0，もう一方において0でないならば，後者の相を特徴づける秩序パラメーターとして $\langle f\rangle$ を採用することができる．強磁性結晶の自発磁化はその一例である．

別の例として，結晶における原子の周期配列を特徴づける秩序パラメーターを考えてみよう．結晶は N 個の原子をふくむとし，その位置ベクトルを $\boldsymbol{r}_1, \boldsymbol{r}_2, \cdots, \boldsymbol{r}_N$ と書くと，空間の点 $\boldsymbol{r}$ における原子密度は次の演算子で表わされる．

$$\rho(\boldsymbol{r}) = \sum_{j=1}^{N} \delta(\boldsymbol{r}-\boldsymbol{r}_j) \tag{4.2.1}$$

あるいは，$\boldsymbol{r}$ に関する Fourier 係数

$$\rho_{\boldsymbol{q}} = \sum_{j=1}^{N} \exp(-i\boldsymbol{q}\cdot\boldsymbol{r}_j) \tag{4.2.2}$$

で表わしてもよい．気相，液相の場合，$\langle\rho(\boldsymbol{r})\rangle$ は(表面付近を除いて)$\boldsymbol{r}$ によらないのであるから，$\langle\rho_{\boldsymbol{q}}\rangle$ は $\boldsymbol{q}=0$ の場合にのみ0でない．これに対して結晶の特徴は，$\langle\rho_{\boldsymbol{q}}\rangle\neq 0$ であるようなベクトル $\boldsymbol{q}$ が $\boldsymbol{q}=0$ のほかに少なくも1個存在することである．このような $\boldsymbol{q}$ ベクトルを $\boldsymbol{Q}$ と書くと，§1.6で問題にした密度のゆらぎの相関関数は $\boldsymbol{q}=\boldsymbol{Q}$ のとき $\langle\rho_{\boldsymbol{Q}}(t)\rho_{-\boldsymbol{Q}}(0)\rangle\cong\langle\rho_{\boldsymbol{Q}}\rangle\langle\rho_{-\boldsymbol{Q}}\rangle$ となり，X線や中性子線の弾性散乱に Bragg 反射のピークをあたえる．逆にいうと，Bragg 反射は結晶を特徴づける秩序パラメーター $\langle\rho_{\boldsymbol{Q}}\rangle$ の存在を実験的に示すものである．

以上述べた結晶の一般的定義は，“各格子点の近傍に原子が局在している”という結晶の素朴なイメージをどこにも利用していない．このイメージが固体ヘリウム(および融点近い高温にある古典的固体)にあてはまらないことは，§1.9で述べた．したがってまた，周期ベクトル $\boldsymbol{Q}$ がただ1組の基本周期ベクトル $\boldsymbol{b}_j$ を使って(*1.3.5*)の形に表わされるという必然性もない．実例として，ある種の層状導体(Nb, Ta のカルコゲナイド)や線状有機導体(TTF-TCNQ)の示す**荷電密度波**(**CDW**——charge density wave)状態がある．導体中の伝導電子系の密度 $\langle\rho^{(e)}{}_{\boldsymbol{Q}}\rangle$ が，ホストの結晶の逆格子ベクトル $\boldsymbol{K}$ とは異なる波数ベクトル $\boldsymbol{Q}$ に対

して0でない値をもち，電子・フォノン相互作用を通じて原子配列にも新しい波数 $\boldsymbol{Q}$ をもつ変動を誘起するのである．新しい周期を表わす波数ベクトル $\boldsymbol{Q}$ と，もとの逆格子ベクトル $\boldsymbol{K}$ の間には，簡単な整数比の関係が成立している場合(commensurate CDW)もあり，そうでない場合(incommensurate CDW)もある．

もう1つ別の例として，磁気的秩序を挙げておこう．格子点 $\boldsymbol{R}_j$ にある原子が，$\hbar$ を単位にして測って大きさ S のスピン角運動量 $\boldsymbol{S}_j$ と，これに比例する磁気モーメント $\beta\boldsymbol{S}_j$ をもっているとしよう．原子間の交換相互作用によってスピンの秩序状態が実現すると考える．そのハミルトニアンとして，次の **Heisenberg モデル**を仮定しよう．

$$\mathcal{H}_{\mathrm{ex}} = -\frac{1}{2}\sum_{j\neq l}\sum J_{jl}\boldsymbol{S}_j\cdot\boldsymbol{S}_l \tag{4.2.3}$$

交換積分 J_{jl} がすべて正であれば，最低エネルギー状態はスピンが一方向にそろった強磁性状態である．一般の場合の磁気的秩序は次のように定義する．

以下単位胞が1個の原子をふくむ結晶を考え，原子数を N，還元波数ベクトルを $\boldsymbol{k}$ と書くと，結晶の(4.2.2)に対応するものは

$$\boldsymbol{S}(\boldsymbol{k}) = N^{-1/2}\sum_j \boldsymbol{S}_j \exp(i\boldsymbol{k}\cdot\boldsymbol{R}_j) \tag{4.2.4}$$

であり，その逆変換は

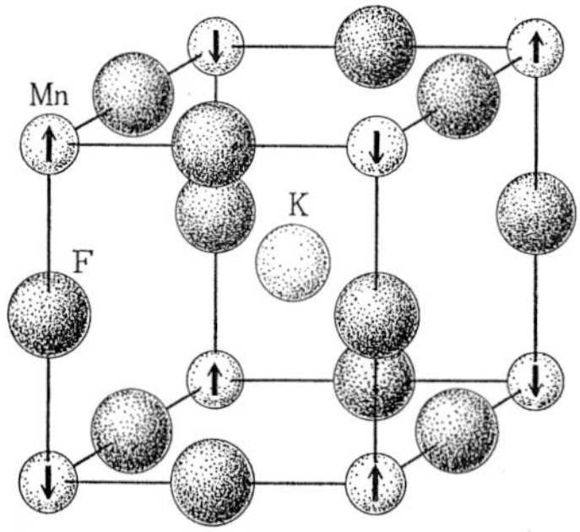

図4.1　$KMnF_3$ 結晶の反強磁性スピン配列

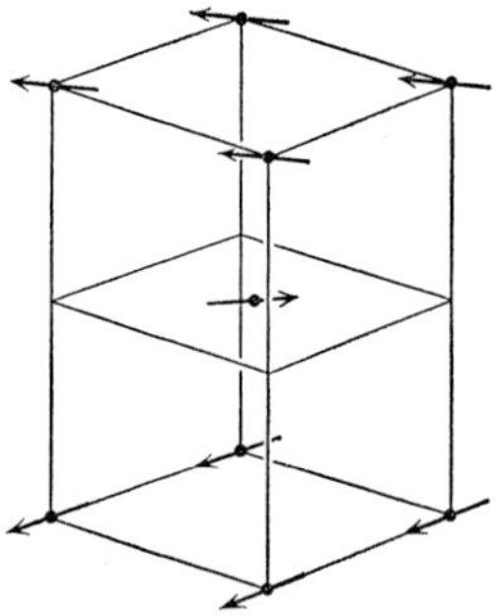

図4.2　スピンのらせん配列(ルチル型結晶)

$$\boldsymbol{S}_j = N^{-1/2} \sum_{\boldsymbol{k}} \boldsymbol{S}(\boldsymbol{k}) \exp(-i\boldsymbol{k}\cdot\boldsymbol{R}_j) \qquad (4.2.5)$$

還元波数ベクトルは全部で N 個あり，$\boldsymbol{k}$ についての和はそのすべてにおよぼす．スピン系の秩序状態というのは，ある $\boldsymbol{k}=\boldsymbol{Q}$ および $\boldsymbol{k}=-\boldsymbol{Q}$ に対して熱平衡期待値 $\langle\boldsymbol{S}(\boldsymbol{k})\rangle$ が 0 でない値をもつことを意味し，$\langle\boldsymbol{S}(\boldsymbol{Q})\rangle=\langle\boldsymbol{S}(-\boldsymbol{Q})\rangle^*$ がその秩序パラメーターである．強磁性状態は $\boldsymbol{Q}=0$ という特別の場合にほかならない．

図 4.1 は $KMnF_3$ 結晶の反強磁性スピン配列であって，隣り合った Mn 原子の $\langle\boldsymbol{S}_j\rangle$ が大きさ等しく，向きが反対になっている．Mn 原子は単純立方格子をつくっていて，その格子ベクトルは $\boldsymbol{R}_j=(n_1a, n_2a, n_3a)$ の形であり，この場合の $\boldsymbol{Q}$ ベクトルは逆格子ベクトル $\boldsymbol{K}=(2\pi/a, 2\pi/a, 2\pi/a)$ の 1/2 に等しい．$\exp(i\boldsymbol{Q}\cdot\boldsymbol{R}_j)$ は整数の和 $n_1+n_2+n_3$ が偶数である格子点に対して $+1$ に等しく，奇数である格子点に対して -1 に等しいからである．$\langle\boldsymbol{S}(\boldsymbol{Q})\rangle$ が z 軸に平行であるとして，スピンの期待値は

$$\langle S_{jz}\rangle = A\cos(\boldsymbol{Q}\cdot\boldsymbol{R}_j) = \pm A \qquad (4.2.6)$$

であたえられる．

もし $\boldsymbol{Q}$ が $(1/2)\boldsymbol{K}$ よりわずかに短く，$\boldsymbol{Q}=(1/2)\boldsymbol{K}-\boldsymbol{q}$, $\boldsymbol{q}=(2\pi/pa, 0, 0)$, $p\gg1$ の形であるならば，

$$\langle S_{jz}\rangle = \pm A\cos(2\pi n_1/p) \qquad (4.2.7)$$

となって $(4.2.6)$ の振幅が波長 pa で変調される．この種のスピン配列は**スピン密度波**(**SDW**——spin density wave) とよばれる．その実例として金属 Cr が有名であるが，ただしその場合のスピンのにない手は伝導電子であり，ここで考えている局在スピン・モデルはあてはまらない．

図 4.2 は**らせん型スピン構造** (screw spin structure) とよばれるものであって，$S_{j\pm}=S_{jx}\pm iS_{jy}$ あるいはその Fourier 変換 $S_\pm(\boldsymbol{k})=S_x(\boldsymbol{k})\pm iS_y(\boldsymbol{k})$ について，たとえば $\langle S_+(\boldsymbol{Q})\rangle=\langle S_-(-\boldsymbol{Q})\rangle^*\neq0$, $\langle S_-(\boldsymbol{Q})\rangle=\langle S_+(-\boldsymbol{Q})\rangle^*=0$ が成立する場合である．スピンの期待値は

$$\langle S_{jx}\rangle = A\cos(\boldsymbol{Q}\cdot\boldsymbol{R}_j), \qquad \langle S_{jy}\rangle = A\sin(\boldsymbol{Q}\cdot\boldsymbol{R}_j) \qquad (4.2.8)$$

の形になる．ハミルトニアン $(4.2.3)$ において $\boldsymbol{S}_j$ の非可換性を無視して古典的ベクトルとみなし，また交換積分 J_{jl} が相対位置 $\boldsymbol{R}_{jl}=\boldsymbol{R}_j-\boldsymbol{R}_l$ にのみ依存すると仮定すれば，らせん構造が最低エネルギーをあたえることを証明できる．その

$\boldsymbol{Q}$ ベクトルは，交換積分の Fourier 変換

$$J(\boldsymbol{q}) = \sum_j J_{jl} \exp(i\boldsymbol{q}\cdot\boldsymbol{R}_{jl}) \tag{4.2.9}$$

が最大となる $\boldsymbol{q}$ であたえられる．ただし $J(\boldsymbol{q})$ が $\boldsymbol{q}=0$ あるいは $(1/2)\boldsymbol{K}$ で最大になるときは例外で，それぞれ強磁性あるいは反強磁性状態が最低エネルギーをあたえる．$\boldsymbol{Q}$ は交換積分が $\boldsymbol{R}_{jl}$ の関数としてどのように変動するかで決まるのであって，ホストの結晶の逆格子ベクトルと簡単な整数比の関係にある必要はない．いずれにしても，強磁性以外の磁気的秩序が出現すれば，結晶の並進対称性は低下する．

結晶や磁石はありふれた存在であり，その秩序は直観的に理解しやすいので，以上の定義に問題はなさそうに見える．しかし統計力学の周知の原理を単純に適用すると，たとえば磁性体の場合，熱平衡期待値 $\langle \boldsymbol{S}_j \rangle$ は外部磁場を加えないかぎり一般に 0 である，という結論がえられるのである．つまり，中性子散乱に磁気的 Bragg ピークは現われないことになる．

実際，時間反転に際してスピン角運動量は符号を変えるがハミルトニアンは不変であるから，ハミルトニアンのある固有状態で $\boldsymbol{S}_j$ の量子力学的期待値が $\boldsymbol{M}$ であるなら，これを時間反転した状態は同じエネルギーをもち，$\boldsymbol{S}_j$ の期待値として $-\boldsymbol{M}$ をあたえる．熱平衡系においてエネルギーの等しい状態は等しい出現確率をもつという統計力学の原理をみとめるならば，$\langle \boldsymbol{S}_j \rangle = 0$ という結論になる．これはもちろん現実に磁石が存在することと矛盾する．

§4.3 マグノン

このパラドックスを解く準備として，Heisenberg モデル，つまりハミルトニアン (4.2.3) で記述されるスピン系について少し詳しく考えておくことにしよう．

ただし (4.2.9) が $\boldsymbol{q}=0$ で最大となる強磁性の場合を考え，また，さしあたって z 軸方向に一様な外部磁場 H が存在するとして，これによる Zeeman エネルギー

$$\mathcal{H}_{\mathrm{Z}} = -\sum \beta H S_{jz} \tag{4.3.1}$$

を (4.2.3) に加えたハミルトニアン $\mathcal{H} = \mathcal{H}_{\mathrm{ex}} + \mathcal{H}_{\mathrm{Z}}$ を考える．最低エネルギー状態は各スピンがすべて z 軸方向にそろった状態であり，これを Dirac の記法で

$|0\rangle$ と書くと，$S_{j\pm}$ は S_{jz} の固有値を ± 1 だけ増減する働きをもった演算子であることに注意して

$$S_{jz}|0\rangle = S|0\rangle, \qquad S_{j+}|0\rangle = 0 \tag{4.3.2}$$

これは，$|0\rangle$ が各 S_{jz} の最大固有値 S に属する固有関数であることを示している．全スピン角運動量 $\boldsymbol{S}^{\rm tot}=\sum \boldsymbol{S}_j$ の期待値 $\langle \boldsymbol{S}^{\rm tot}\rangle$，つまりこの場合の秩序パラメーターは z 軸に平行で大きさ NS のベクトルである．実際(4.3.2)の第2式により，$\langle 0|S_{j+}|0\rangle=\langle 0|S_{j-}|0\rangle^*=0$ であって S_{jx}, S_{jy} の期待値は0である．また，(4.3.2)と

$$\boldsymbol{S}_j\cdot\boldsymbol{S}_l \equiv S_{jz}S_{lz}+\frac{1}{2}\{S_{j+}S_{l-}+S_{j-}S_{l+}\} \tag{4.3.3}$$

を使って，$\mathcal{H}$ の最低固有値が次のようにえられる．

$$E_0 = -\frac{1}{2}NS^2J(0)-NS\beta H \tag{4.3.4}$$

a) マグノン

次にスピン系の低い励起状態を考えよう．他のスピンはそのままにして j 番目の S_{jz} の固有値を S から $S-1$ に変えた状態は，規格化因子もふくめて，$|j\rangle=(2S)^{-1/2}S_{j-}|0\rangle$ と表わされる．角運動量演算子のよく知られた交換関係を使って

$$\begin{aligned}\mathcal{H}|j\rangle &= [2S]^{-1/2}\{[\mathcal{H}, S_{j-}]+S_{j-}\mathcal{H}\}|0\rangle \\ &= \{E_0+SJ(0)+\beta H\}|j\rangle-S\sum_{l\neq j}J_{jl}|l\rangle\end{aligned} \tag{4.3.5}$$

右辺最後の項を無視すれば $|j\rangle$ は $\mathcal{H}$ の固有関数となり，この状態の励起エネルギーは $\langle j|\mathcal{H}|j\rangle-E_0=SJ(0)+\beta H$ であたえられる．結晶の点欠陥とのアナロジーでいえば，これは局在した“スピン欠陥”の生成エネルギーである．あるいは次のように考えてもよい．(4.2.3)の交換相互作用は，$\boldsymbol{S}_j$ に等価磁場 $\beta^{-1}\sum J_{jl}\boldsymbol{S}_l$ が働くと考えてもよいが，いわゆる**分子場近似(平均場近似)**はこの等価磁場をその期待値でおきかえる．これに外部磁場を加えて，$\boldsymbol{S}_j$ には z 方向の有効磁場 $\beta H+\beta^{-1}SJ(0)$ が働いていることになり，S_{jz} の固有値を1だけ減少させるのに必要なエネルギーは $\beta H+SJ(0)$ である．

(4.3.5)の右辺最後の項はハミルトニアンの非対角項 $\langle l|\mathcal{H}|j\rangle=-SJ_{jl}$ をあたえ，これを考えに入れると，ちょうど量子固体の点欠陥がデフェクトンとなるよ

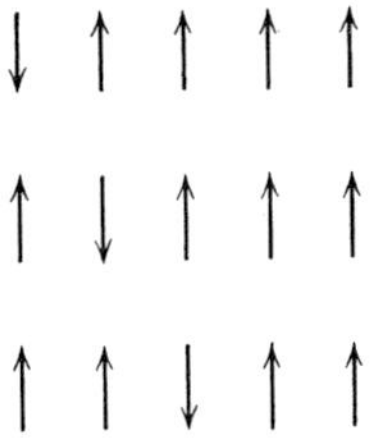

図 4.3　スピン欠陥と　その伝播

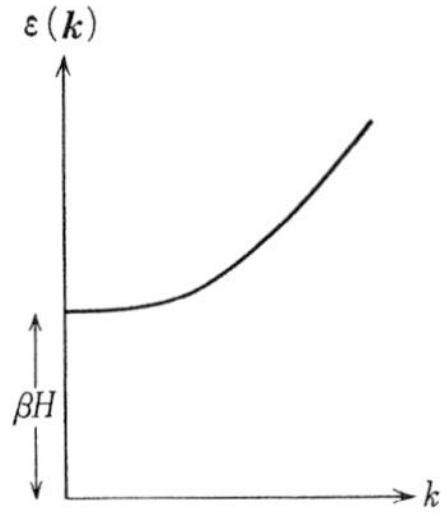

図 4.4　マグノンの　エネルギー・スペクトル

うに，スピン欠陥も結晶中をマグノンとして動くことになる．実際，Fourier 変換 (4.2.4) を使って $|\boldsymbol{k}\rangle = S_-(\boldsymbol{k})|0\rangle$ とおくと，これは $\mathcal{H}$ の固有関数であり，固有値を $E_0+\varepsilon(\boldsymbol{k})$ と書くと，容易に確められるように

$$\varepsilon(\boldsymbol{k}) = \beta H + S[J(0)-J(\boldsymbol{k})] \tag{4.3.6}$$

$|\boldsymbol{k}\rangle$ は還元波数ベクトル $\boldsymbol{k}$ のマグノンが1個存在する状態をあらわし，$\varepsilon(\boldsymbol{k})$ がこのマグノンの励起エネルギーである(図 4.4)．

$\boldsymbol{k}=0$ のモードは，すべてのスピンが同じ位相で外部磁場のまわりを歳差運動する場合である．交換エネルギー (4.2.3) はスピンの相対方位のみによるから，この一様な歳差運動には寄与せず，$\varepsilon(0)$ は1個のスピンが外部磁場のまわりを歳差運動しているときの励起エネルギーと一致している．交換エネルギーは，隣り合ったスピンの歳差運動に位相差があるとき ($\boldsymbol{k}\neq 0$) はじめて励起エネルギーに寄与する．格子が点対称性をもつので，(4.3.6) の右辺第2項は，k が小さいとき k^2 に比例して増大する．J_{jl} が目立って小さくなる $|\boldsymbol{R}_j-\boldsymbol{R}_l|$，つまり交換力のレンジを r_0 とすると，$k \gtrsim r_0^{-1}$ で $\varepsilon(\boldsymbol{k})$ の増加が頭打ちする．

b) スピン波近似

多くのマグノンが励起されているときにも，その密度が小さければ，スピン系の励起状態はマグノンの気体と見てよく，励起エネルギーは (4.3.6) の和で近似できる．とくに $\boldsymbol{k}=0$ のマグノンを n 個励起するためのエネルギーは厳密に $n\beta H$ に等しく，その規格化された固有関数は，${}_mC_n$ を2項係数として，次のようにあたえられる．

$$|n\rangle = [{}_{2NS}C_n(n!)^2]^{-1/2}(S_-{}^{\mathrm{tot}})^n|0\rangle \tag{4.3.7}$$

一般のモードを扱うのには近似法が必要であるが，その1つとして Holstein-Primakoff 法がある．スピン演算子を Bose 粒子の生成・消滅演算子で表わすのである．$B_j^\dagger, B_j$ は通常の Bose 型交換関係をみたす生成・消滅演算子とし

$$\left.\begin{aligned} S_{jz} &= S-B_j^\dagger B_j, \qquad S_{j+} = [2S-B_j^\dagger B_j]^{1/2}B_j \\ S_{j-} &= B_j^\dagger[2S-B_j^\dagger B_j]^{1/2} \end{aligned}\right\} \tag{4.3.8}$$

とおく．ただし，$B_j^\dagger B_j$ の固有値はもともと $0, 1, 2, \cdots$ と任意の整数値をとりうるのであるが，いまはこの固有値が0から $2S$ までの整数であるような固有関数およびその1次結合だけ考える．すると(4.3.8)はスピン演算子と同じ代数的性質をもつ．実際上は平方根をベキ展開して $S_{j+}=(2S)^{1/2}\{B_j-(4S)^{-1}B_j^\dagger B_j B_j+\cdots\}$ の形で使う．平均のスピン欠陥 $\langle B_j^\dagger B_j\rangle$ が $2S$ にくらべて小さいなら，この展開を低次で打切ってよかろう．

(4.3.8)をハミルトニアン $\mathcal{H}_{\mathrm{ex}}+\mathcal{H}_{\mathrm{Z}}$ に代入し，B 演算子4個以上の積を無視したものを $\mathcal{H}_0$ と書く．これはフォノンの場合の調和近似に対応するもので，Fourier 変換で対角化できる．

$$B_j = N^{-1/2}\sum_{\boldsymbol{k}} b_{\boldsymbol{k}} \exp(-i\boldsymbol{k}\cdot\boldsymbol{R}_j) \tag{4.3.9}$$

$b_{\boldsymbol{k}}^\dagger, b_{\boldsymbol{k}}$ も Bose 型交換関係をみたす生成・消滅演算子であって，$b_{\boldsymbol{k}}^\dagger b_{\boldsymbol{k}}$ の固有値 $0, 1, 2, \cdots$ は還元波数ベクトル $\boldsymbol{k}$ のマグノンの個数と考えることができる．実際，(4.3.6)を使って $\mathcal{H}_0$ は次のように書ける．

$$\mathcal{H}_0 = E_0+\sum_{\boldsymbol{k}} \varepsilon(\boldsymbol{k}) b_{\boldsymbol{k}}^\dagger b_{\boldsymbol{k}} \tag{4.3.10}$$

この調和近似のもとにおけるマグノン数の熱平衡期待値は，フォノンと同様，Planck 分布であたえられる．

$$\langle b_{\boldsymbol{k}}^\dagger b_{\boldsymbol{k}}\rangle = \frac{1}{\exp[\varepsilon(\boldsymbol{k})/k_{\mathrm{B}}T]-1} \tag{4.3.11}$$

ある格子点におけるスピン欠陥の期待値は

$$\begin{aligned} \langle B_j^\dagger B_j\rangle &= N^{-1}\sum_{\boldsymbol{k}} \langle b_{\boldsymbol{k}}^\dagger b_{\boldsymbol{k}}\rangle \\ &= \left(\frac{V}{N}\right)\frac{1}{(2\pi)^3}\int\frac{d\boldsymbol{k}}{\exp[\varepsilon(\boldsymbol{k})/k_{\mathrm{B}}T]-1} \end{aligned} \tag{4.3.12}$$

この積分は，外部磁場 $H\neq 0$ なら $\exp(-\beta H/k_{\mathrm{B}}T)$ に比例し，また $H=0$ なら $T^{3/2}$ に比例して，低温で小さくなる．いずれにしても，(*4. 3. 12*)が $2S$ より小さいような低温で調和近似がゆるされるわけである．

c）反強磁性体の場合

スピン波近似は一般の波数ベクトル $\boldsymbol{Q}(\neq 0)$ で特徴づけられる磁気的秩序の乱れを記述する場合にも適用できる．例として反強磁性体を考えよう．図4.1のように単純立方格子の格子点にスピンがあって，隣り合ったスピンの間に負の交換積分 J を仮定すると，$J(\boldsymbol{q})=2J[\cos aq_x+\cos aq_y+\cos aq_z]$ は $\boldsymbol{q}$ が逆格子ベクトル $\boldsymbol{K}=(2\pi/a, 2\pi/a, 2\pi/a)$ の1/2のとき最大値 $6|J|$ をとる（a は格子定数）．したがって，$\boldsymbol{S}_j$ を大きさ S の古典的ベクトルと見なしたとき，最低エネルギー状態は図4.1のような反強磁性的スピン配列である．格子点を $\boldsymbol{K}\cdot\boldsymbol{R}_j$ が 2π の偶数倍であるA格子点と奇数倍であるB格子点とに分類し，前者を添字 j，後者を添字 l で示すことにする．古典的反強磁性スピン配列に対応する量子力学的状態を $|0\rangle$ で表わすと，

$$\left.\begin{array}{ll} S_{jz}|0\rangle = S|0\rangle, & S_{lz}|0\rangle = -S|0\rangle \\ S_{j+}|0\rangle = 0, & S_{l-}|0\rangle = 0 \end{array}\right\} \qquad (4.3.13)$$

強磁性の場合との重要な違いは，(*4. 3. 13*)で定義される $|0\rangle$ は $\mathcal{H}_{\mathrm{ex}}$ の固有関数でないことである．$\mathcal{H}_{\mathrm{ex}}$ を作用させると，S_{jz}, S_{lz} の固有値がそれぞれ $S-1, -S+1$ であるような状態がえられる．$\mathcal{H}_{\mathrm{ex}}$ をくり返し作用させることによって得られる状態の適当な1次結合をとって $|0\rangle$ に加えたものが，反強磁性体の最低状態 $|\ \rangle$ である．直観的にいえば，古典的反強磁性状態のまわりにスピンは零点歳差運動する．いまの場合，秩序パラメーター $\boldsymbol{S}(\boldsymbol{K}/2)$ は部分格子Aの全スピン $\boldsymbol{S}_{\mathrm{A}}=\sum \boldsymbol{S}_j$ と部分格子Bの全スピン $\boldsymbol{S}_{\mathrm{B}}=\sum \boldsymbol{S}_l$ の差に比例しているが，これが $\mathcal{H}_{\mathrm{ex}}$ と交換可能でない．$S_{\mathrm{A}z}-S_{\mathrm{B}z}$ は $|0\rangle$ において最大値 $2NS$ をもつが，零点歳差運動のために，最低状態 $|\ \rangle$ における期待値は最大値よりいくらか小さくなる．

最低状態を求めるひとつの方法は，$|0\rangle$ から出発して零点歳差運動をスピン波近似で扱うことである．ここではスピンの方向を z 軸にむけようとする異方性のエネルギーがあるとし，次のハミルトニアンでこれを表わしておこう（$S>1/2$, $D>0$ とする）．

$$\mathscr{H}_{\mathrm{A}} = -\frac{1}{2}D\{\sum S_{jz}{}^2+\sum S_{lz}{}^2\} \tag{4.3.14}$$

格子点 j, l におけるスピン欠陥の消滅演算子 A_j, B_l を考え，(*4.3.13*)からのゆらぎを次のように表わす．

$$\left.\begin{array}{ll} S_{jz} = S-A_j{}^\dagger A_j, & S_{lz} = -S+B_l{}^\dagger B_l \\ S_{j+} \cong (2S)^{1/2}A_j, & S_{l-} \cong (2S)^{1/2}B_l \end{array}\right\} \tag{4.3.15}$$

ただし(*4.3.8*)の平方根を展開して最初の項だけ残した．(*4.3.9*)に対応する変換は

$$\left.\begin{array}{l} A_j = (2/N)^{1/2}\sum a_{\boldsymbol{k}} \exp(i\boldsymbol{k}\cdot\boldsymbol{R}_j) \\ B_l = (2/N)^{1/2}\sum b_{\boldsymbol{k}} \exp(i\boldsymbol{k}\cdot\boldsymbol{R}_l) \end{array}\right\} \tag{4.3.16}$$

j, l がそれぞれ部分格子 A, B に限られることに対応して，$\boldsymbol{k}$ の動く領域も，はじめ考えた単純立方格子の第 1 Brillouin 域の半分(たとえば $-(\pi/2a)<k_x<(\pi/2a)$ など)に限られる．調和近似のハミルトニアンは

$$\begin{aligned} \mathscr{H} = E_0+\sum\{&(\xi+\beta H)a_{\boldsymbol{k}}{}^\dagger a_{\boldsymbol{k}}+(\xi-\beta H)b_{\boldsymbol{k}}{}^\dagger b_{\boldsymbol{k}} \\ &+\eta_{\boldsymbol{k}}(a_{\boldsymbol{k}}{}^\dagger b_{\boldsymbol{k}}{}^\dagger+b_{\boldsymbol{k}}a_{\boldsymbol{k}})\} \end{aligned} \tag{4.3.17}$$

E_0 は古典的反強磁性配列のエネルギーであり，

$$\xi = D-J(0)S, \qquad \eta_{\boldsymbol{k}} = -J(\boldsymbol{k})S \tag{4.3.18}$$

(*4.3.17*)は次の 1 次変換(Bogoliubov 変換)によって対角化される．$u_{\boldsymbol{k}}=\cosh(\theta_{\boldsymbol{k}}/2)$，$v_{\boldsymbol{k}}=\sinh(\theta_{\boldsymbol{k}}/2)$，$\theta_{\boldsymbol{k}}=\tanh^{-1}(\eta_{\boldsymbol{k}}/\xi)$ として

$$a_{\boldsymbol{k}} = u_{\boldsymbol{k}}\alpha_{\boldsymbol{k}}-v_{\boldsymbol{k}}\beta_{\boldsymbol{k}}{}^\dagger, \qquad b_{\boldsymbol{k}} = u_{\boldsymbol{k}}\beta_{\boldsymbol{k}}-v_{\boldsymbol{k}}\alpha_{\boldsymbol{k}}{}^\dagger \tag{4.3.19}$$

とおくと

$$\begin{aligned} \mathscr{H} = E_0&+\sum(\varepsilon_{\boldsymbol{k}}-\xi) \\ &+\sum\{(\varepsilon_{\boldsymbol{k}}+\beta H)\alpha_{\boldsymbol{k}}{}^\dagger\alpha_{\boldsymbol{k}}+(\varepsilon_{\boldsymbol{k}}-\beta H)\beta_{\boldsymbol{k}}{}^\dagger\beta_{\boldsymbol{k}}\} \end{aligned} \tag{4.3.20}$$

$$\varepsilon_{\boldsymbol{k}} = [\xi^2-\eta_{\boldsymbol{k}}{}^2]^{1/2} \tag{4.3.21}$$

となる．$\alpha_{\boldsymbol{k}}{}^\dagger\alpha_{\boldsymbol{k}}, \beta_{\boldsymbol{k}}{}^\dagger\beta_{\boldsymbol{k}}$ がマグノンの個数を表わし，$\varepsilon_{\boldsymbol{k}}\pm\beta H$ がその励起エネルギーである．最低状態はマグノンが 1 個も存在しない状態であって

$$\alpha_{\boldsymbol{k}}|\ \rangle = 0, \qquad \beta_{\boldsymbol{k}}|\ \rangle = 0 \tag{4.3.22}$$

で定義される．ただし，マグノンの励起エネルギーは正でなくてはいけない．$\varepsilon_{\boldsymbol{k}}$ は $\boldsymbol{k}=0$ で最小値 $[D(D+12S|J|)]^{1/2}$ をとるので，これを βH_{f} と書くと，外部磁場の強さ H が H_{f} 以下ならよい．H が H_{f} を超えると $\beta_{\boldsymbol{k}}$ で記述されるマグ

ノンの励起エネルギーが負になり，巨視的な数のマグノンが存在する状態の方がかえって低いエネルギーをもつことになる．これは，H が H_f を超えるとき，新しいタイプの状態(スピンが z 軸に垂直な方向に反強磁性配列した状態)へ相転移がおこることを意味する．

(4.3.20)の右辺第2項はスピンの零点運動によって，最低エネルギーが古典的な値よりいくらか低くなることを表わしている．零点運動の大きさは，(4.3.22)により

$$\langle B_l^\dagger B_l\rangle=(2/N)\sum\langle b_k^\dagger b_k\rangle=(2/N)\sum v_k^2 \qquad (4.3.23)$$

$D\neq0$ のとき $\varepsilon_{\boldsymbol{k}}, v_{\boldsymbol{k}}^2$ は $\boldsymbol{k}\to0$ でも有限である．これは異方性エネルギーが零点運動を抑制し，反強磁性配列を安定化することを表わすわけである．

$D=0$ の場合，$\boldsymbol{k}\to0$ で $\varepsilon_{\boldsymbol{k}}$ は $6|J|Sak$ の形で0になり，$u_{\boldsymbol{k}}^2, v_{\boldsymbol{k}}^2$ はともに $(2ak)^{-1}$ の形で発散する．しかし，(4.3.23)の $\boldsymbol{k}$ に関する和を積分でおきかえたものは3次元系(および2次元系)で収束する．いま考えているモデルの場合，その値は約1％である．

§4.4 巨視系の Hilbert 空間とコヒーレント状態

§4.2で提起したパラドックスを解くためには，巨視系を量子力学の対象とするとき，その Hilbert 空間が少数粒子系の場合と違う特異な構造を示すことに注意する必要がある．前節の Heisenberg 強磁性体を例にとって説明しよう．

a) 巨視系の Hilbert 空間

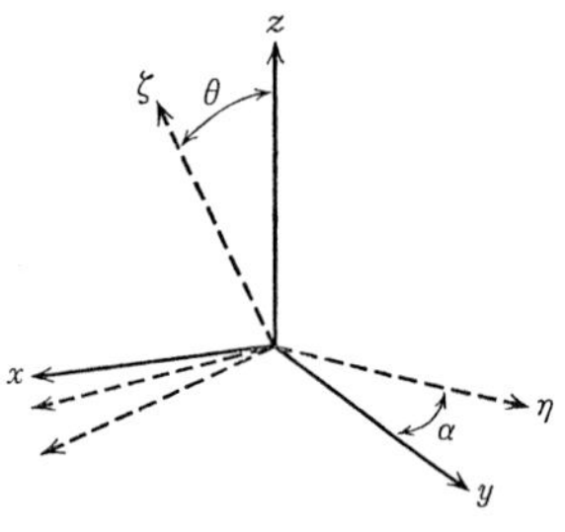

図4.5 座標回転

外部磁場 $H\to0$ の極限をとることにすると，ハミルトニアンは等方的な $\mathcal{H}_{ex}$ に帰着し，z 軸は特権的意味を失う．z 軸とは別の方向にスピンのそろった状態を考えると，これが(4.3.2)の $|0\rangle$ と同じエネルギーをもつ．つまり，最低エネルギーに縮退があるわけだが，これは少数粒子系の場合のエネルギー縮退といささか違う．

座標系を z 軸のまわりに角 α だけ回転して y 軸を η 軸に移し，η 軸のまわりに座標系を θ だけ回転して z 軸を ζ 軸に移す(図4.5)．ζ 軸方向にすべてのス

ピンのそろった状態を $|\theta\alpha\rangle$ と書こう．この状態は，量子力学で知られているように，演算子 $U_\eta(\theta)U_z(\alpha)$ を $|0\rangle$ に作用させることによってえられる．ただし $U_\mu(\theta)=\exp(-i\theta\sum S_{j\mu})$ は μ 軸のまわりにスピンを一斉に角 θ だけ回転させる演算子である．$\mathscr{H}_{\rm ex}$ は等方的であり，U 演算子と交換可能で，$|\theta\alpha\rangle$ は $|0\rangle$ と同じエネルギーをもつ．にもかかわらず，たとえば $|0\rangle$ と $|\theta\alpha\rangle$ の1次結合を考えることは，猫の生存状態と死亡状態の1次結合を考えるのと同じくらい非現実的である．$|0\rangle$ と $|\theta\alpha\rangle$ とは自発磁化の方向によって**巨視的に区別される**状態なのである．

あるいは次のように考えてもよい．そもそも孤立した磁石の方位を語るのは無意味であって，方位を決めるには別の磁石(たとえば地磁気)と磁気的相互作用を行わせる必要がある．相互作用によって2個の磁石の相対的方向は固定されるが，全系の方位を決めようとすれば第3の磁石が必要になる．巨視的世界は，すべての磁石の相対的方位が決まっている，という意味で対称性の破れた状態にある．“孤立”した磁石というのは，他の磁石の作る磁場を適当な方法で弱くした極限と考えるべきである．

この物理的考察を数学的に定式化したものが Bogoliubov の**準平均**(quasi-average)とよばれる概念である．これによると，§4.2で述べた磁気的秩序パラメーターは次のように定義される．まず，ハミルトニアンの対称性を破る外場として，波数ベクトル $\boldsymbol{Q}$ で空間的に変動する磁場 $\boldsymbol{H}(\boldsymbol{r})=\boldsymbol{H}_0\cos\boldsymbol{Q}\cdot\boldsymbol{r}$ がスピン系に加えてあると考える．このとき通常の統計力学的熱平衡期待値 $\langle\boldsymbol{S}(\boldsymbol{Q})\rangle$ も一般に0でない．次に熱力学的極限，いまの場合でいえば格子定数を一定にしたまま格子点の数 $N\to\infty$ の極限をとり，しかるのちに $H_0\to0$ とする．このとき

$$\lim_{H_0\to0}\lim_{N\to\infty}\langle\boldsymbol{S}(\boldsymbol{Q})\rangle \tag{4.4.1}$$

が0でないならば，スピン系に磁気的長距離秩序が存在するといい，この極限値を秩序パラメーターとよぶのである．

$N\to\infty$ の意味を見るために，$S=1/2$ の場合について強磁性状態 $|\theta\alpha\rangle$ を書き下そう．$U_z(\alpha)$ は $|0\rangle$ にたいし定数位相因子をあたえるだけだから省略する．$U_\eta(\theta)$ については指数関数をベキ展開して

$$|\theta\alpha\rangle = \prod_{j=1}^{N}\left\{\cos\frac{\theta}{2}+\exp(i\alpha)\sin\frac{\theta}{2}S_{j-}\right\}|0\rangle \qquad (4.4.2)$$

これと $|0\rangle$ との内積，つまり恒等演算子の行列要素 $\langle 0|\theta\alpha\rangle=\langle 0|1|\theta\alpha\rangle$ を作ると，$\langle 0|S_{j-}|0\rangle=0$ に注意して

$$\langle 0|\theta\alpha\rangle = \left(\cos\frac{\theta}{2}\right)^{N} = \exp\left(N\ln\cos\frac{\theta}{2}\right) \qquad (4.4.3)$$

$0<\theta<\pi$，$\ln\cos(\theta/2)<0$ であり，N は 10^{22} というような巨大な数であるから，(4.4.3) は途方もなく小さな数，氷の上の湯沸しが沸とうする確率と同程度の数である．後者の確率を 0 と見る常識からすれば，(4.4.3) でも $N\to\infty$ とすべきで，すると θ がどんなに小さくても $|0\rangle$ と $|\theta\alpha\rangle$ とは直交してしまい，スピン系を回転する演算子 $U(\theta)$ は無限小変換でありえない．$|0\rangle$ と $|\theta\alpha\rangle$ を同じ Hilbert 空間のエレメントと見るわけにゆかないのである(本講座第4巻『量子力学II』第18章参照)．

いま $|0\rangle$ から出発して，これにマグノンを励起させた状態およびその1次結合全体を $\Omega(0)$ と名づけると，これは自発磁化が z 軸方向にむいている強磁性体の最低状態および熱的励起を記述する Hilbert 空間である．同様に，$|\theta\alpha\rangle$ から出発して，これにマグノンを励起させた状態およびその1次結合全体を $\Omega(\theta)$ と名づけると，これは自発磁化が θ 方向をむいている強磁性体を記述する Hilbert 空間である．ただし，この場合のマグノンは θ 方向からのスピンの乱れを表わすものであって，その生成・消滅演算子も θ が変るたびに新しく定義しなければならない．

b) マグノンの凝縮

N は巨大であるにちがいないが実際は有限である，と考えれば，$|\theta\alpha\rangle$ も $\Omega(0)$ のエレメントである．実際 (4.4.2) の無限積を $\exp(i\alpha)$ のベキに展開すると，$S=1/2$ のとき $S_{j-}{}^2=0$ であるから，

$$|\theta\alpha\rangle = \sum_{n=0}^{N}\exp(in\alpha)w_n{}^{1/2}|n\rangle \qquad (4.4.4)$$

ただし，$|n\rangle$ は $\boldsymbol{k}=0$ のマグノンが n 個励起された状態 (4.3.7) であり，w_n は確率論の2項分布である．

$$w_n = {}_N C_n \cos^{2(N-n)}\frac{\theta}{2}\sin^{2n}\frac{\theta}{2} \tag{4.4.5}$$

N が巨視的な数であって $N \gg N^{1/2} \gg 1$ が成立するから，(4.4.5) は n が $N_\mathrm{m} = N\sin^2(\theta/2)$ に等しいところに鋭いピークをもち，その近傍で幅 $\Delta n = N^{1/2}\sin(\theta/2)\cos(\theta/2)$ の Gauss 分布で近似できる．つまり，$|\theta\alpha\rangle$ は $\boldsymbol{k}=0$ のマグノンの数が巨視的な期待値 N_m をもち，期待値のまわりのゆらぎは ${N_\mathrm{m}}^{1/2}$ のオーダーにしかならない状態である．このようなとき，$\boldsymbol{k}=0$ のマグノンが凝縮をおこしているという．凝縮(condensation)といっても，$\boldsymbol{k}$ 空間(または運動量空間)における凝縮であって**量子凝縮**とよぶこともある．なお，熱的に励起されているマグノンの数(4.3.11)は，各 $\boldsymbol{k}$ の値にたいしては 1 のオーダーであり，$\boldsymbol{k}$ について加えあわせてはじめて N のオーダーになることに注意しておこう．

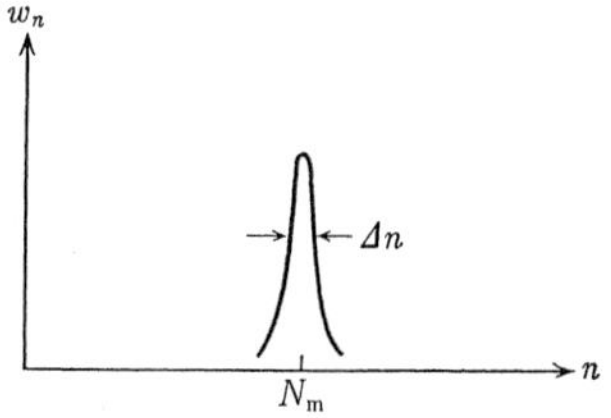

図 4.6　マグノン数の分布

ところで(4.3.7)により

$$\begin{aligned}\langle n+1|S_-^{\mathrm{tot}}|n\rangle &= [(n+1)(N-n)]^{1/2} \\ &\cong (1/2)N\sin\theta \end{aligned} \tag{4.4.6}$$

2 行目は n が N_m の近傍にあるときの値である．(4.4.6) と (4.4.4) とから

$$\begin{aligned}\langle\theta\alpha|S_-^{\mathrm{tot}}|\theta\alpha\rangle &= \sum \exp[-i\alpha](w_{n+1}w_n)^{1/2}\langle n+1|S_-^{\mathrm{tot}}|n\rangle \\ &\cong (1/2)N\sin\theta\exp[-i\alpha]\sum_n w_n \\ &= (1/2)N\sin\theta\exp[-i\alpha] \end{aligned} \tag{4.4.7}$$

これは，大きさ $N/2$ の古典的ベクトルが ζ 軸方向にむいているとしたときの値にほかならない．結局 (a) 項で述べたのと実質上同じ結論に達したわけであるが，(4.4.7) は 1 にたいして N^{-1} のオーダーを無視する漸近評価であるので，これは当然なのである．

c) コヒーレント状態

(4.4.4) はいわゆる**コヒーレント表示**の一例と見ることができる．いうまでもなく量子力学的体系はすべて粒子・波動の 2 重性をもつが，ある対象を粒子系と

見たときの粒子数 n と，波動と見たときの位相 α とはたがいに正準共役で，そのゆらぎについて不確定性原理 $\Delta n\cdot\Delta\alpha\gtrsim 1$ が成立する．しかし，粒子数の期待値 N が $N\gg N^{1/2}\gg 1$ をみたす巨視的な数であるなら，N に近い粒子数をもつ状態を重ね合せて波束を作ることにより，$\Delta n\approx N^{1/2}$, $\Delta\alpha\approx N^{-1/2}$ であるような状態を作ることができる．巨視的精度で見れば粒子数のみならず位相も確定しているのであって，これを**コヒーレント状態**(coherent state)とよぶ．

最もわかりやすい例は，ある運動量と偏りをもった光子の集団であろう．そのコヒーレント状態は，とりも直さずコヒーレントな古典的平面電磁波と見なしてよい状態である．光子の生成・消滅演算子を $b^\dagger, b$ とし，光子数の演算子 $b^\dagger b$ の固有値 $n=0, 1, 2, \cdots$ にぞくする規格化固有関数を $|n\rangle$ と書こう．

$$|n\rangle=[n!]^{-1/2}(b^\dagger)^n|0\rangle \qquad (4.4.8)$$

これを共通の位相 α で重ねあわせた波束

$$|\alpha\rangle=\sum_{n=0}^{\infty}\exp(in\alpha)w_n{}^{1/2}|n\rangle \qquad (4.4.9)$$

がコヒーレント状態である．ただし，w_n は図4.6と同様 n がある巨視的な数 N のところに幅 $N^{1/2}$ 程度の鋭いピークをもつ確率分布とする．(*4.4.7*)と同様，1にたいして N^{-1} を無視する漸近式として

$$\langle\alpha|b|\alpha\rangle\cong N^{1/2}\exp(i\alpha) \qquad (4.4.10)$$

がえられる．

(*4.4.9*)のようなコヒーレント表示は，レーザー光の状態を表わすものとして量子光学に利用されているが，光子にかぎらず一般のBose粒子系に応用できる．たとえば，$BaTiO_3$ のような**変位型強誘電体**とよばれる結晶は，ある転移温度以下で単位胞内の正負イオンが外部電場なしに相対変位をおこし，電気モーメントを生ずる(自発分極)．これは $\boldsymbol{k}=0$ の光学型モードのフォノンが凝縮をおこし，(*1.4.15*)の熱平衡期待値が0でない値をもつようになった，と考えることができる．この考えは，強誘電体にかぎらず，一般に結晶が**自発変形**をおこすときにはいつでも応用できる．

§4.5　物質波のコヒーレンスと超流動性

相転移で問題になる対称性のうちで最も抽象的なものは，多粒子系の状態関数

の位相のシフト，いわゆる第1種ゲージ変換に関するものであろう．(b)項で示すように，この場合，転移点以下の温度の相，つまり“ゲージ対称性の破れた”状態は，その超流動性——荷電粒子系ならば超伝導性——によって特徴づけられる．圧力も温度も一様な熱平衡系において，物質の流動がおこりうるのである．

実例として知られているものに，液体 ^{4}He および液体 ^{3}He の超流動状態および多くの金属において電子系の示す超伝導状態がある．このほか，液体 ^{4}He にわずか溶けた(6% 以下) ^{3}He の系が超流動を示すものと予想されており，また中性子星内部の中性子流体が超流動状態にあるだろうと推定されている．

a）物質波のコヒーレント状態

^{4}He 原子はスピン0の Bose 粒子であり，運動量 $\hbar\boldsymbol{k}$ の ^{4}He 原子の生成・消滅演算子を $b_{\boldsymbol{k}}^{\dagger}, b_{\boldsymbol{k}}$ と書くと，フォノンの場合と同じ形の Bose 型交換関係が成立する．ただし，物性物理の対象とするエネルギー領域では現実に原子が生成，消滅することはない．つまり，ハミルトニアンは全原子数をあらわす演算子

$$\mathcal{N} = \sum_{\boldsymbol{k}} b_{\boldsymbol{k}}^{\dagger} b_{\boldsymbol{k}} \qquad (4.5.1)$$

と交換可能である．あるいは γ を実数として，第1種ゲージ変換

$$b_{\boldsymbol{k}} \longrightarrow b_{\boldsymbol{k}} \exp(i\gamma), \qquad b_{\boldsymbol{k}}^{\dagger} \longrightarrow b_{\boldsymbol{k}}^{\dagger} \exp(-i\gamma) \qquad (4.5.2)$$

に対してハミルトニアンが不変である．

^{4}He 原子の集団は de Broglie の物質波と見なすこともできる．ただし，この波は量子化された波であり，空間の各点 $\boldsymbol{r}$ で定義された演算子 $\psi(\boldsymbol{r})$ で記述される．波動像と粒子像の関係は Fourier 変換

$$\psi(\boldsymbol{r}) = V^{-1/2} \sum_{\boldsymbol{k}} b_{\boldsymbol{k}} \exp(i\boldsymbol{k}\cdot\boldsymbol{r}) \qquad (4.5.3)$$

であたえられる．V は全系の体積であり，ψ は周期的境界条件をみたすものとしておく．

さて，光子やフォノンの場合と同様に，N を全原子数の期待値として，ある特定の $\boldsymbol{k}$ にたいして $\langle b_{\boldsymbol{k}} \rangle$ が $\sqrt{N}$ のオーダーであるようなコヒーレント状態の可能性がある．$\langle b_{\boldsymbol{k}}^{\dagger} b_{\boldsymbol{k}} \rangle$ はこのとき N のオーダーであって，これを **Bose 凝縮**がおこっているといい表わす．あるいは少し一般化して $\langle \psi(\boldsymbol{r}) \rangle$ が1のオーダーになる状態を考えてもよい．これは de Broglie の物質波がコヒーレント状態になっ

ていると考えるのがわかりやすいであろう．この状態を特徴づける秩序パラメーターとしては，$\langle\psi\rangle$ そのもの，あるいはこれに比例する量を採用できる．

$$\Psi(\boldsymbol{r}) \propto \langle\psi(\boldsymbol{r})\rangle \tag{4.5.4}$$

Ψ は演算子ではなく，巨視的・熱力学的変数なのであるが，一般に複素数であって，その位相は物質波のコヒーレントな位相を表わす．したがって，強磁性体の場合自発磁化の出現が空間回転や時間反転の対称性を破るように，Ψ の出現はゲージの対称性を破るのである．

物質波のコヒーレント状態が，結晶状態や強磁性状態，あるいは光子やフォノンのコヒーレント状態にくらべて理解しにくいのは，ゲージの対称性が抽象的であるばかりでなく，通常巨視系といえども孤立しているかぎり原子数は確定していると考えるからである．実際，ψ は粒子の消滅演算子であり，粒子数確定の状態に関する量子力学的期待値(対角線的行列要素)は0である．(4.5.4)の期待値が0でないためには，光子やフォノンのコヒーレント状態と同様，粒子数が期待値 N のまわりに($\sqrt{N}$ 程度の)ゆらぎをもつことをゆるし，粒子数について波束を考える必要がある．つまり，統計力学でいうグランド・アンサンブルに対応して，注目している系は“大きな”粒子源と粒子のやりとりができると考える．あるいは，系は“大きな”系の部分系であると考えてもよい．

レーザーによって光子分布を制御するのとちがい，気体あるいは液体ヘリウム中の原子分布を制御することはむずかしい．温度，圧力を変えてみるより仕方ないが，幸い液体 ^{4}He は(飽和蒸気圧下) $T_\lambda=2.17$ K で **λ 転移**とよばれる2次相転移をおこし，それ以下の温度で超流動を示す．T_λ 以下の温度で Bose 凝縮がおこり，コヒーレント状態が出現すると考えられる(相互作用を無視した完全 Bose 気体が低温で Bose 凝縮をおこすことは，ふるく Einstein が指摘している)．

ところで第3章で扱った液体 ^{3}He や金属中の電子流体，あるいは液体 ^{4}He に低温でわずか溶けた ^{3}He のような Fermi 粒子系の場合には，どの1粒子状態も2個以上の粒子が占領できない(Pauli 原理)から，Bose 凝縮に対応する現象はおこらない．しかし，ペアの凝縮，したがって

$$\Psi(x_1, x_2) \propto \langle\psi(x_1)\psi(x_2)\rangle \tag{4.5.5}$$

というタイプの秩序パラメーターが0でない値をもつことは可能である．ただし，$\psi(x)=\psi(\boldsymbol{r},\sigma)$ は空間の点 $\boldsymbol{r}$ でスピンの向き σ の粒子を消滅させる演算子であ

る．以下，スピンの大きさが $\hbar/2$ の粒子を考えるので，向きは2通りあり，これを ↑,↓ で区別する．また，凝縮したペアを **Cooper ペア**とよぶ．

(*4.5.5*)が0でない実例として，**BCS**(Bardeen-Cooper-Schrieffer)**状態**がある．$\psi(x)$ の Fourier 変換，つまり運動量 $\hbar\boldsymbol{k}$，スピンの向き σ の粒子の消滅演算子を $a_{\boldsymbol{k}\sigma}$ と書くと，$B_{\boldsymbol{k}}^\dagger = a_{-\boldsymbol{k}\downarrow}^\dagger a_{\boldsymbol{k}\uparrow}^\dagger$ は逆向きの運動量およびスピンをもつペアの生成演算子である．異なる $\boldsymbol{k}$ をもつ $B^\dagger$ 演算子は交換可能であり，また $(B_{\boldsymbol{k}}^\dagger)^2=0$ である点，スピン角運動量成分 S_{j-} に似ている．そこでマグノンの凝縮状態(*4.4.2*)をまねて次のようにおく．

$$|\alpha\rangle = \prod[u_k + \exp(i\alpha)v_k B_k^\dagger]|\mathrm{vac}\rangle \tag{4.5.6}$$

α は実数，$u_k=\cos(\theta_k/2)$，$v_k=\sin(\theta_k/2)$，$|\mathrm{vac}\rangle$ は電子が1個もない真空をあらわす規格化状態関数である．したがって $\langle B_{\boldsymbol{k}}\rangle = \langle\alpha|B_{\boldsymbol{k}}|\alpha\rangle = u_k v_k \exp(i\alpha)$ であり

$$\langle\psi(\boldsymbol{r}_1\uparrow)\psi(\boldsymbol{r}_2\downarrow)\rangle = V^{-1}\sum_{\boldsymbol{k}} u_k v_k \exp(i\boldsymbol{k}\cdot(\boldsymbol{r}_1-\boldsymbol{r}_2)-i\alpha) \tag{4.5.7}$$

相互作用を無視した Fermi 気体の最低状態も(*4.5.6*)の形に表わすことはできるが，k_{F} を Fermi 面の半径として，θ_k は $k<k_{\mathrm{F}}$ で π，$k>k_{\mathrm{F}}$ で0に等しく，$u_k v_k\equiv 0$ であるから，これはもちろんコヒーレント状態ではない．粒子間に適当な相互作用が働くとき，$k=k_{\mathrm{F}}$ における θ_k の変化が滑らかなものとなり，コヒーレント状態が出現する(図4.7)．気体状態は粒子の運動エネルギーが最小となるものであるから，系をコヒーレント状態に移したとき，相互作用によるエネルギー利得が運動エネルギーの損失を上まわっている必要がある．

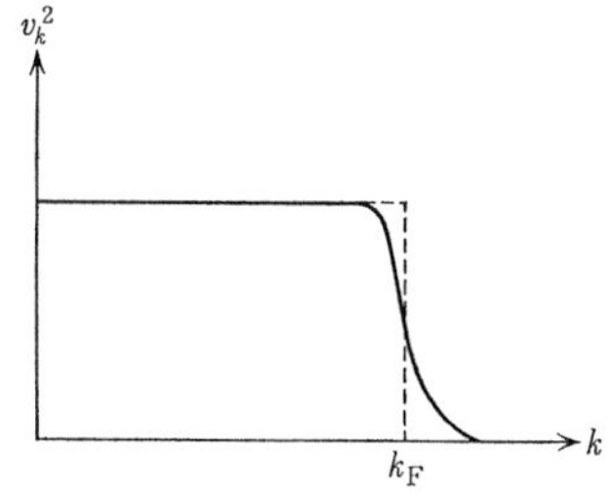

図4.7 Bogoliubov パラメーター

金属電子系の場合，電子間にはフォノンの発射・吸収による相互作用が働くが，Fermi 面付近の電子に対してこれは引力であり，強さは電子間の Coulomb 反発

力と同じオーダーである．フォノンを仲介とする引力の方が強いときに，電子系は低温で BCS タイプのコヒーレント状態に転移する．これが超伝導状態であり，電位差なしに定常電流が流れうるようになる．

(*4.5.7*)は $|\boldsymbol{r}_1-\boldsymbol{r}_2|$ にのみよるから，2粒子の相対軌道角運動量は0であり，またスピンはもちろん1重項の状態，つまりスペクトル記号で ^{1}S と書かれる状態にある．この場合の Cooper ペアは内部自由度をもたないのである．しかし一般的にいえば，(*4.5.5*)は($\hbar$ を単位として)合成スピン $S=0$(1重項)で相対軌道角運動量 $L=0, 2, 4, \cdots$ か，$S=1$(3重項)で $L=1, 3, 5, \cdots$ のペア状態を表わすものであってよい．実際，液体 ^{3}He が約 2 mK$=2\times10^{-3}$ K 以下の超低温で超流動状態に転移することが最近発見され，この場合の Cooper ペアは ^{3}P($S=1$, $L=1$)の状態にあることが知られている．He 原子間には近距離で強い反発力(剛体芯．図1.1参照)が働くから，$L\neq0$——古典力学のイメージでいえば遠心力が働いて反発力を避けうるような状態がペア凝縮に有利なことは予想できるが，とくに ^{3}P がえらばれる理由は現在のところあまりよくわかっていない(§4.10参照)．いずれにしても，^{4}He や超伝導の場合の最低状態はゲージ変換(Abel 群)で表わされる縮退をもつのに対し，^{3}He はこのほかに相対軌道角運動量およびスピン角運動量の(スピン・軌道相互作用を無視すればそれぞれ独立の)空間回転(非 Abel 群)で表わされる縮退をもっている(本講座第6巻『物性 I』補章 A 参照)．

b) 超伝導の Ginzburg-Landau 理論

物質波のコヒーレンスと超流動または超伝導との関係を端的に示すものとして，超伝導の **GL**(Ginzburg-Landau) **理論**がある．(*4.5.5*)のタイプの秩序パラメーターの存在と，転移点近傍でその絶対値が小さいことだけを仮定して熱力学を適用するから，特定の微視的モデルには依存しない現象論である．以下見るように，いわゆる“ゲージ理論”(本講座第10巻『素粒子論』第5章)のひな型と見ることもできる．また，2次相転移点付近の臨界現象のモデルとして，統計物理学でも最近活用されている(本講座第5巻『統計物理学』第4章)．

さて，GL 理論の秩序パラメーターは，(*4.5.7*)で $\boldsymbol{r}_1=\boldsymbol{r}_2$ とおいたもの，つまり Cooper ペアの重心運動の状態関数に比例するものであって，これを Ψ と書くことにする．(*4.5.7*)は重心運動量が0の状態に対応しているが，一般には Ψ は重心の位置 $\boldsymbol{r}$ の関数である．GL 理論は実はペア凝縮の場合にかぎるものではなく，たとえば荷電 Bose 粒子系を考えて Ψ を(4.5.4)であるとしてもよい(その電荷 0 の極限をとって液体 ^{4}He にあてはめることもできる)．重要なことは，いま定常磁場が存在するとして，そのベクトル・ポテンシャルにゲージ変換

$$\boldsymbol{A} \longrightarrow \boldsymbol{A}+(\partial \Lambda/\partial \boldsymbol{r}) \tag{4.5.8}$$

を施したときに，秩序パラメーターが“局所的”ゲージ変換

$$\Psi \longrightarrow \Psi \exp((ie^*/\hbar c)\Lambda) \tag{4.5.9}$$

を受けることである．以下超伝導電子系を考えることにすると，$e^*=2e$(e は電子の電荷)である．

いま演算子 $\psi(\boldsymbol{r}\uparrow)\psi(\boldsymbol{r}\downarrow)$ の期待値がある関数形 $\Psi(\boldsymbol{r})$ をもつという副条件の下で系の自由エネルギー F が計算できたものとすると，F は Ψ および Ψ の空間的微係数の汎関数である(空間的微係数は空間の異なる点における Ψ に F が非局所的に依存することを意味する)．超伝導状態への転移は 2 次相転移であるから，転移点の近傍で Ψ の絶対値は小さく，その空間的変化はゆるやかである．このことと，F が実数であり，ゲージ変換にたいして不変であることを考えに入れて，GL 理論は F の Ψ 依存性を次の形に仮定する．

$$F=\int d\boldsymbol{r}\left\{a|\Psi|^2+\frac{1}{2}b|\Psi|^4+\frac{\hbar^2}{4m}\left|\left(\frac{\partial}{\partial \boldsymbol{r}}-\frac{2ie}{\hbar c}\boldsymbol{A}\right)\Psi\right|^2+\frac{1}{8\pi}(\mathrm{rot}\,\boldsymbol{A})^2\right\} \tag{4.5.10}$$

第 3 項の係数は，(4.5.5)の比例定数が任意であることを利用して，勝手に$(\hbar^2/4m)$とえらんだ(m は電子質量)．$\boldsymbol{A}$ の係数はもちろんゲージ変換(4.5.9)に由来する．$\phi_0=(\pi\hbar c/|e|)$は磁束量子とよばれ，超伝導回路にトラップされた磁束は ϕ_0 の整数倍にかぎられるのである(**磁束量子化**)．定常磁場の Maxwell 方程式も熱力学的に導けるよう，(4.5.10)の最後の項として磁場のエネルギーが加えてある．なお，a, b は微視的理論によって算出さるべきパラメーターであるが，ここでは転移点 T_c の近傍で b は正の定数，a は $T>T_c$ で正，$T<T_c$ で負となることだけを仮定しておく．

温度 T で秩序パラメーター，ベクトル・ポテンシャルがそれぞれ $\Psi(\boldsymbol{r}), \boldsymbol{A}(\boldsymbol{r})$ という関数形をとることの確率は $\exp(-F/k_BT)$ に比例し，これをあらゆる関数形について“積分”したものがいわゆる状態和である．ただし，$\boldsymbol{A}$ をどれかひとつのゲージに限定しておかないと，状態和は発散してしまう．実用上便利なの

は Coulomb ゲージ

$$\operatorname{div} \boldsymbol{A} = 0 \tag{4.5.11}$$

であって，磁場が存在しなければ $\boldsymbol{A}$ 自身も 0 になる．

熱力学的極限で F は系の体積 V に比例する量だから，$\Psi, \boldsymbol{A}$ は F を極小(確率でいえば極大)とするような関数形をほとんど確実にとる．とくに $\boldsymbol{A}\equiv 0$ の場合，F は $T>T_c$ のとき $\Psi\equiv 0$(正常状態)に対して極小となり，$T<T_c$ のとき $|\Psi|=\Psi_0\equiv(-a/b)^{1/2}$(超伝導状態)に対して極小となる．$\alpha$ を実定数として，$\Psi=\Psi_0\exp(i\alpha)$ であらわされる状態はすべて縮退している．この α は(4.5.6)に現れているものと同じである．いま $\alpha=0$ とえらぶことにしよう．

次に $\boldsymbol{A}\neq 0$ であるが，しかし十分小さい場合を考える．適当な境界条件のもとで，$\boldsymbol{A}$ は $\operatorname{div} \boldsymbol{A}_t=0$ をみたす横成分 $\boldsymbol{A}_t$ と $\operatorname{rot} \boldsymbol{A}_l=0$ をみたす縦成分の和として一意に表わされる．縦成分は適当なスカラー Λ を使って $\boldsymbol{A}_l=\partial\Lambda/\partial\boldsymbol{r}$ と表わされる．秩序パラメーターも $\Psi-\Psi_0$ を実数部分と虚数部分にわけて，$\Psi_1+i\Psi_2$ と書くことにする．$\boldsymbol{A}$ を加えたことによる F の増加は，2次のオーダーまで考えるとき

$$\Delta F = \int d\boldsymbol{r}\left[\frac{\hbar^2}{4m}(\nabla\Psi_1)^2-2a\Psi_1{}^2+\frac{\hbar^2}{4m}\left(\nabla\Psi_2-\frac{2e}{\hbar c}\Psi_0\boldsymbol{A}_l\right)^2 + \frac{e^2}{mc^2}\Psi_0{}^2A_t{}^2+\frac{1}{8\pi}(\operatorname{rot}\boldsymbol{A}_t)^2\right] \tag{4.5.12}$$

まず $\boldsymbol{A}_t$ について変分すれば Euler 方程式として磁場の Maxwell 方程式がえられるわけであるが，これは $[\lambda^{-2}-\nabla^2]\boldsymbol{A}_t=0$ の形になり，有限なレンジ $\lambda=[mc^2/8\pi\Psi_0{}^2e^2]^{1/2}$ が現れる．磁場は超伝導体の表面から深さ λ しか浸みこむことができない(**Meissner 効果**)．場の量子論の語法でいえば，物質場の凝縮 Ψ_0 が磁場に有限な“質量”をあたえたのである．秩序パラメーターの実数部分 Ψ_1 も同様な形の Euler 方程式をみたすが，そのレンジは $\xi=[\hbar^2/4m|a|]^{1/2}$ であって，これをコヒーレンスの長さとよぶ．λ, ξ にくらべて十分大きい寸法の超伝導体内部では，$\boldsymbol{A}_t$ も Ψ_1 も 0 である．最後に Ψ_2 については，あきらかに $\Psi_2=(2e/\hbar c)\cdot\Psi_0\Lambda$ とえらんだときに ΔF は極小である．これはゲージ変換(4.5.9)の右辺を Λ について展開した1次の項にほかならない．結局，弱い磁場を加えても，秩序パラメーターの位相がベクトル・ポテンシャルの縦成分によって変化するだけで

あって，$|\Psi|$ は不変である．これを“巨視的波動関数の剛性”とよぶことがある．

ベクトル・ポテンシャルの縦成分は，次のような場合に“物理的”意味をもつことに注意しておく．ドーナツ形の超伝導体を考え，ドーナツの穴に磁束がトラップされているとする．超伝導体の表面から λ 以上深くはいった内部を走って穴のまわりを一周するループを考えると，上述のようにその上で $\boldsymbol{A}_t=0$ である．しかし $\boldsymbol{A}_l$ は 0 でないばかりでなく，これをループに沿って積分したものはループ内の磁束に等しいという物理的意味をもつ．このことと，秩序パラメーターが 1 価であるという要請から，前述の磁束量子化が結論できる．磁束量子化は，物質の波動性とベクトル・ポテンシャルの実在性を巨視的スケールで示すものといえよう．

ドーナツ形超伝導体の特徴は穴のある 2 重連結構造で，穴のまわりで Ψ の位相は無限多価になりうる．第 2 種とよばれる超伝導体 $(\sqrt{2}\,\lambda>\xi)$ の場合には，導体が 1 重連結であっても外部磁場がある程度強くなると，内部に**渦糸**が発生して自発的に多重連結の Ψ を示す．渦糸は Ψ 場の特異線であって，線上で $\Psi=0$，そのまわりで Ψ の位相は無限多価である．中心から半径 λ 程度の領域に磁束量子 ϕ_0 の整数倍の磁束が存在し，主としてその電磁エネルギーが渦糸に張力をあたえる．

c) Josephson 効果

超伝導体が孤立しているかぎり，Ψ の位相 α は任意にえらべる．しかし，2 つの磁石の相対的方位が双極子相互作用によって固定されるのと同様に，2 つの超伝導体が接触して電子の往来が可能になると，両者の相対的位相が固定される．GL 理論でいえば，接触によって両者の秩序パラメーターの積 $\Psi_1{}^*\Psi_2+\Psi_2{}^*\Psi_1$ に比例するような界面エネルギーを生じ，2 つの超伝導体をあわせた全系のコヒーレント状態が確立されるのである．この場合，秩序パラメーターの絶対値に変化はなく，位相 α_1, α_2 だけが調節しあうと考えてよい．位相差を $\alpha=\alpha_2-\alpha_1$，界面エネルギーを

$$\Delta E = -E_0 \cos\alpha \tag{4.5.13}$$

と書こう．

量子力学の言葉でいえば次のようになる．絶縁薄膜を同種金属ではさんだトンネル接合を絶対零度で考えることにする．トンネル効果による電子の絶縁膜透過

は摂動と見なすと，無摂動エネルギーは両金属のバルクなエネルギーの和であって $E(N_1+n)+E(N_2-n)$ の形になる．N_1, N_2 はそれぞれの金属の平均電子数，n はトンネル効果によって生ずるそのゆらぎである．バルクなエネルギーが n に関して極小であるという条件から，化学ポテンシャル $\mu=(\partial E/\partial N)$ が両金属で等しい値をもつ，というよく知られた熱力学の平衡条件がえられる．通常，この平衡条件下で2つの系の間の巨視的な粒子の流れは0であるが，超流体や超伝導体にはこの常識があてはまらない．さまざまな n の値に対応する無摂動状態を一定の相対位相 α で(4.4.9)のように重ねあわせたコヒーレント状態が実現し，コヒーレンス・エネルギー(4.5.13)が現れる．α は Cooper ペアの位相であるから，$n/2$ と $\hbar\alpha$ とが正準共役であり，正準運動方程式は次の形をとる．

$$\frac{dn}{dt}=\frac{2}{\hbar}\frac{\partial \Delta E}{\partial \alpha}=\frac{2}{\hbar}E_0\sin\alpha \qquad (4.5.14)$$

つまり，α が確定した値をもつコヒーレント状態では，化学ポテンシャルの等しい2つの系の間に巨視的粒子流が存在しうるのであって，これを直流 **Josephson 効果**とよぶ．バルクな超流体，超伝導体内部でも本質的にはこれと同じことがおこると考えられる．ただし，隣接する各部分の間の位相差は小さいから，粒子流はこれに比例する．実際 GL 理論でも，(4.5.10)を $\boldsymbol{A}$ で変分してえられる Maxwell 方程式の電流は，$\Psi=|\Psi|\exp(i\alpha)$ とおくと，次の形になる．

$$\boldsymbol{j}=\frac{e}{m}|\Psi|^2\left(\hbar\frac{\partial\alpha}{\partial\boldsymbol{r}}-\frac{2e}{c}\boldsymbol{A}\right) \qquad (4.5.15)$$

これは電流が位相の空間的勾配に比例することをゲージ不変な形で表わしている．

ついでに(4.5.14)と組合わすべきもうひとつの正準運動方程式を書いておくと

$$\frac{1}{2}\hbar\frac{\partial\alpha}{\partial t}=\mu_1-\mu_2 \qquad (4.5.16)$$

これを交流 Josephson 効果とよぶ．右辺は2つの超伝導体の化学ポテンシャルの差で，バイヤス電圧を V とすると，通例 eV に等しい．このとき，(4.5.16)は普遍定数 $\hbar/e$ のみをふくんで物質定数によらない．とくに V が直流電圧の場合，α は時間の1次関数となり，(4.5.14)は周波数$(\mathrm{eV}/\pi\hbar)$で振動する．

§4.6　対称性の破れと素励起

最低状態が対称性の破れた状態である場合，破れた対称性を回復しようとして巨視系の行う集団運動である，と見なせるような素励起のモードが存在する．抽象的な議論は後にまわして，まず実例をいくつか挙げよう．

a）Heisenberg 強磁性体の場合

最も簡単な例は外部磁場を0とした Heisenberg 強磁性体モデル(*4. 2. 3*)である．モデルが等方的であるから，スピンが z 軸方向にそろった状態 $|0\rangle$ から出発してすべてのスピンを別の方向に倒しても，スピン系のエネルギーは不変である．§4.4では，これを $\boldsymbol{k}=0$ のマグノンの励起エネルギーが0であるといい表わしたわけであるが，論理的にいえば，ハミルトニアンの等方性にもとづく最低状態の縮退をいいかえたにすぎない．このいいかえは，交換相互作用の Fourier 変換(*4. 2. 9*)が $\boldsymbol{q}=0$ で連続であること，つまり交換相互作用がショート・レンジであること，を仮定することによって，はじめて積極的な意味をもつ．波数ベクトル $\boldsymbol{k}$ のマグノンの励起エネルギー $\varepsilon(\boldsymbol{k})$ が $k\to 0$ の極限で0になることを，具体的な表式(*4. 3. 6*)を見るまでもなく，結論できるからである．

この場合，マグノン数の熱平衡期待値(*4. 3. 11*)は $k\to 0$ で発散する．この発散は，状態 $|0\rangle$ において破れた空間回転に関する対称性を回復すべくスピンの秩序配列にはげしい熱的ゆらぎがおこる，と解釈できる．幸い3次元系の場合には，各格子点におけるスピン欠陥を表わす積分(*4. 3. 12*)は，k 空間の体積素片が k^2dk となるために，収束する．1次元系，2次元系の場合には，k 空間の"体積"素片がそれぞれ dk, kdk となり，(*4. 3. 12*)は $k=0$ で発散してしまう．つまり，状態 $|0\rangle$ のスピン秩序が熱的ゆらぎのために破壊されてしまうのである．厳密にいえば，積分の発散は，スピン欠陥が小さいとするスピン波近似がコンシステントでないことを示すだけで，有限温度の Heisenberg モデルが1次元，2次元で強磁性的長距離秩序をもたないことの証明にはならない．いわゆる Bogoliubov 不等式(Schwartz 不等式の一種)を使って，有限温度の1次元，2次元系で準平均(*4. 4. 1*)が0であることを証明できるのであるが，ここでは立入らない．

(*4. 2. 3*)を異方的な交換相互作用に一般化して

$$\mathcal{H}_{\mathrm{ex}} = -\frac{1}{2}\sum_{j\neq l}\sum_{\mu=x,y,z} J_{jl}{}^{(\mu)} S_{j\mu} S_{l\mu} \qquad (4.6.1)$$

を考えてみる．とくにスピンの大きさが1/2でしかも $J^{(x)}=J^{(y)}=0$ とおくと，いわゆる **Ising モデル**に帰着する(本講座第5巻『統計物理学』第4章)．スピンの z 成分だけが問題となるから，これを値 $\pm1/2$ をとる c 数と見ることができる．Heisenberg モデルはスピンの空間回転という連続群で表わされる対称性をもつのにたいし，Ising モデルは時間反転に対する対称性しかもたないので，最低状態も，スピンが上向きにそろった状態か，下向きにそろった状態か，2つしかない．いま，スピンは1次元の格子点にならんでいて，隣り合ったスピンの間にのみ交換相互作用 $J^{(z)}=J>0$ が働くものとする．最低状態としてたとえばスピンが上向きにそろった状態を考え，あるスピンをえらんで，それより右側のスピンを全部反転すると，系は反対向きスピンをもつ2個の**ドメイン**に分割される．これに必要なエネルギーは，ドメインの境界に反平行スピンを生じたためのエネルギー増加 $(1/2)J$ に等しく，スピンの総数 N にはよらない．1次元系の場合には，ドメインの境界は"点欠陥"なのである．そのランダムな分布にともなうエントロピーを考えに入れると，Np 個の境界が存在するときの自由エネルギーはスピン1個あたり $(1/2)Jp+k_{\mathrm{B}}T[p\ln p+(1-p)\ln(1-p)]$ となる．これは $p=[\exp(J/2k_{\mathrm{B}}T)+1]^{-1}$ のとき極小であり，極小値として統計力学でよく知られた結果 $-k_{\mathrm{B}}T\ln[1+\exp(-J/2k_{\mathrm{B}}T)]$ がえられる．1次元系では，どんなに低温でもドメインが有限濃度で存在し，スピンの長距離秩序は不可能である．2次元系になると，ドメインの境界エネルギーは境界曲線の長さに比例し，長距離秩序を破壊するようなドメインを熱的ゆらぎによって作ることはできない．実際，2次元 Ising モデルは有限温度で相転移を示し，これについて有名な Onsager の厳密解が知られている．

b) 液体 ^{4}He のスピン・モデル

(*4.6.1*) でスピンの大きさ1/2で $J^{(x)}=J^{(y)}\,(=J>0)$, $J^{(z)}=0$ としてみよう．これはいわゆる ***XY* モデル**であるが，超流動 ^{4}He の格子モデルと見てもよい．^{4}He 原子の位置を空間の任意の点ではなく格子点に制限してしまい，原子が剛体芯をもつから同一の格子点を2個以上の原子が占領することはないと考える．j 番目の格子点における原子の存在，不在の状態をそれぞれスピンの上向き，下向き ($S_{jz}=\pm1/2$) で表わすことにすると，$S_{j\pm}=S_{jx}\pm iS_{jy}$ は原子の生成・消滅演算子，z 軸のまわりのスピンの回転はゲージ変換，を表わす．スピンの XY 交換

相互作用は $S_{j+}S_{l-}+S_{j-}S_{l+}$ に比例し，原子が格子点から格子点へトンネル効果で動くことを表わし，相互作用が z 軸のまわりのスピン回転にたいして不変であること $([\mathscr{H}_{\rm ex}, \sum S_{jz}]=0)$ は，原子数保存則を表わす．

最低状態はスピンが xy 面内のある方向(x 軸と角 α をなすとしよう)にそろった状態である．Heisenberg モデルとちがって，全スピンの x 成分，y 成分はハミルトニアンと交換可能ではなく，最低状態は全スピンの α 成分 $S_\alpha=\sum S_{j\alpha}$ の固有状態ではない．スピンは α 軸のまわりに"零点歳差運動"している．しかし，とにかく期待値 $\langle S_\alpha\rangle$，したがって $\langle S_{j\pm}\rangle$ が 0 でなく，液体 ^{4}He はコヒーレント状態にある．角 α は物質波の位相という意味をもち，最低状態は α について縮退している．交換相互作用はショート・レンジと仮定しているので，波数ベクトル $\boldsymbol{k}\to 0$ の極限で励起エネルギー $\varepsilon(\boldsymbol{k})$ が 0 となるような素励起の存在が期待される．

最低状態としてスピンが x 軸方向にそろった状態$(\alpha=0)$をとろう．x 軸のまわりのスピンのゆらぎは小さいと仮定して $\langle S_{jx}\rangle\cong 1/2$ とする．運動方程式 $dS_{jy}/dt=\sum J_{jl}S_{jz}S_{lx}$ および S_{jz} にたいする同様な式においてスピンの x 成分をその期待値で近似することによって，運動方程式が線形化される(いわゆる RPA)．同様にスピン成分の交換関係も

$$[S_{jy}, S_{lz}] = i\delta_{jl}S_{jx} \cong (i/2)\delta_{jl} \tag{4.6.2}$$

と近似する．Fourier 変換(*4.2.4*)において

$$\left.\begin{aligned} S_y(\boldsymbol{k}) &= \left[\frac{\varepsilon(\boldsymbol{k})}{J(0)-J(\boldsymbol{k})}\right]^{1/2}(b_{\boldsymbol{k}}+b_{-\boldsymbol{k}}{}^\dagger) \\ S_z(\boldsymbol{k}) &= \left[\frac{\varepsilon(\boldsymbol{k})}{J(0)}\right]^{1/2} i(b_{-\boldsymbol{k}}{}^\dagger-b_{\boldsymbol{k}}) \end{aligned}\right\} \tag{4.6.3}$$

$$\varepsilon(\boldsymbol{k}) = \left[\frac{1}{2}J(0)(J(0)-J(\boldsymbol{k}))\right]^{1/2} \tag{4.6.4}$$

とおく．交換関係(*4.6.2*)は $b_{\boldsymbol{k}}, b_{\boldsymbol{k}}{}^\dagger$ が近似的に Bose 型交換関係をみたし，この場合の素励起の消滅・生成演算子と見てよいことを意味する．実際，運動方程式は

$$\hbar\frac{d}{dt}b_{\boldsymbol{k}} = -i\varepsilon(\boldsymbol{k})b_{\boldsymbol{k}} \tag{4.6.5}$$

となり，(*4.6.4*)が素励起の励起エネルギーをあたえる．$\boldsymbol{k}$ が小さいとき $\varepsilon(\boldsymbol{k})\propto k$ であり，これが液体 ^{4}He のフォノン(本講座第6巻『物性 I』第3章)に対応すると考えることができる．なお，(*4.6.3*)の b 演算子の係数はスピンの零点運動の振幅をあたえるが，$k\to 0$ で y 方向のモードの振幅は $k^{1/2}$ に逆比例して発散する．つまり，長波長の素励起の本質は位相 α のゆらぎ(**位相モード**)である．もちろん"スピン欠陥"$\langle S_{jy}{}^2\rangle=N^{-1}\sum\langle S_y(\boldsymbol{k})S_y(-\boldsymbol{k})\rangle$ は k 空間の積分があるので3次元系で収束するが，有限温度の2次元系では発散してしまう．この場合，$\langle\sum S_{j\pm}\rangle$ が0であるという意味で長距離秩序が存在しないことを，もっと厳密な形で証明することもできる．しかし，Heisenberg モデルのときとちがって，2次元の XY モデルあるいは2次元の Bose 流体には，ある種の相転移の存在することが最近明らかにされつつある(このことは，非常に薄い ^{4}He の膜が低温で超流動を示すという実験事実とも符合する)．

この場合の相転移は渦糸と関係がある．3次元系の渦糸は長さに比例するエネルギーをもち，結晶中の転位と同様，熱的に励起されうる素励起とは見なしがたい．2次元系の渦糸は長さをもたない(したがって"糸"とよぶのはおかしいが)．しかし(液体 ^{4}He のような中性超流体では)渦の速度場は中心からの距離に逆比例してゆっくり減少するため，そのエネルギーは系の寸法の対数に比例し，やはり素励起とは見なしがたい．ただし，渦の中心がランダムに分布することによるエントロピーも系の寸法の対数に比例するから，ある程度以上の高温になれば"自由な"渦が熱的に励起される．低温になると，たがいに逆向きに回転する**渦のペア**が一種の束縛状態を作ると考えられる．渦のペアは系の寸法にはよらない励起エネルギーをもち，素励起と見なせる．2次元 Bose 流体あるいは XY モデルの相転移の本質は，渦ペアの解離と考えられるが，その詳細はまだ十分明らかになっていない．

c) 古典結晶

各格子点の近くに1個ずつ原子があるという素朴な描像があてはまる結晶を考える．原子の平衡位置は結晶全体の重心の位置 $\boldsymbol{X}$ と格子の基本周期ベクトルを与えればきまるから，これらのベクトルを秩序パラメーターと見なしてもよい．

XY スピン・モデルの場合と同様 $\boldsymbol{X}$ はハミルトニアンと交換可能でなく，運動の定数ではない．運動の定数は $\boldsymbol{X}$ に共役な重心運動量 $\boldsymbol{P}$ である．$\boldsymbol{P}$ の確定し

た状態は $\boldsymbol{X}$ の平面波であり，この状態について(*4.2.2*)の期待値をとると，$\boldsymbol{q}\neq 0$ ならば，0になってしまう．現実の固体はもちろんこのような平面波状態にあるわけではなく，$\boldsymbol{X}$ がほぼ確定するような波束で表わされる．結晶の全質量が巨視的であるために，$\boldsymbol{X}$ の不確定度が仮に原子自身の大きさの程度であっても，波束の群速度およびこれにともなう運動エネルギーは問題にならないほど小さい．

結晶の長波長音響型フォノンも，原子系が最低状態で失われた並進対称性を回復すべく行う集団運動と見ることができる．零点振動による格子点からの原子変位を ξ とすると，振動数 ω_k のノーマル・モードは $\langle\xi^2\rangle$ にたいし $\hbar/2NM\omega_k$ だけ寄与する(§1.4)．音響型フォノンの場合，この寄与は $k\to 0$ で k に逆比例して発散する．この発散は重心を空間的に一様に分布させるように零点振動がおこっている，と解釈できよう．$\langle\xi^2\rangle$ を $\boldsymbol{k}$ について積分すれば，3次元系，2次元系では収束するが，1次元系では発散する．1次元結晶は $T=0$ でも安定でないと考えられる．2次元系の $\langle\xi^2\rangle$ も，$T>0$ なら発散してしまう．しかし，2次元 Bose 流体と同様，この場合にも融解に対応する相転移の存在することが，電子計算機実験やグラファイトのへき開面に吸着された不活性原子系の実験によって示されている．

§4.7 Goldstone の定理

前節で実例を示した対称性の破れと素励起の関係は，**Goldstone の定理**とよばれることがある．相対論的場の量子論における同名の定理の非相対論版というわけであるが，前節(a)項で強調しておいたように，k 空間における連続性を仮定すれば定理は最低状態の縮退と同義異語になってしまうし，連続性を一般的に証明することはできない．しかし，とにかくまず定理を抽象的な形で説明し，しかるのち定理(つまり連続性)の成立しない例として超伝導について述べる．

a) 定理の成立条件

巨視系のハミルトニアン $\mathcal{H}$ が対称性を表わす変換 $\mathcal{H}\to G\mathcal{H}G^{-1}$ に対して不変——つまり G と交換可能とする．G は連続群を形成するものとし，その無限小変換を $1+i\epsilon D$ としよう．ϵ は無限小パラメーター，D は生成演算子であって並進の場合なら全運動量，空間回転の場合なら全角運動量にほかならない．D は

$\mathcal{H}$ と交換可能であり，運動の定数である．

系の1組の力学変数 $\phi_1, \phi_2, \cdots, \phi_n$ が G の既約表現の基底であって，無限小変換に際し1次変換 $[D, \phi_\alpha]=\sum C_{\alpha\beta}\phi_\beta$ を受けるものとすると，変換係数 $C_{\alpha\beta}$ の作る行列式は0でない．$|0\rangle$ を $\mathcal{H}$ の最低状態(のひとつ)として

$$\sum_n \{\langle 0|D|n\rangle\langle n|\phi_\alpha|0\rangle-\langle 0|\phi_\alpha|n\rangle\langle n|D|0\rangle\}$$
$$=\sum_\beta C_{\alpha\beta}\langle 0|\phi_\beta|0\rangle \qquad (4.7.1)$$

左辺の中間状態 $|n\rangle$ も $\mathcal{H}$ の固有値 E_n にぞくする固有状態であるが，$[D, \mathcal{H}]=0$ であるから，$E_n=E_0$ をみたすものだけが和に寄与する．したがって最低状態に縮退がなければ $n=0$ のみがゆるされ，左辺は0，右辺で $\langle 0|\phi_\beta|0\rangle$ はすべて0ということになる．逆に $\langle 0|\phi_\alpha|0\rangle$ の少なくともひとつが0でない，という意味で対称性が破れているならば，最低状態に縮退がある．

さて，D は各格子点で定義された演算子 D_j の和，または各点で定義された演算子 $D(\boldsymbol{r})$ の空間積分としてあたえられるものとし，その Fourier 変換を $D(\boldsymbol{k})$ と書こう．Heisenberg 表示 $D(\boldsymbol{k}, t)=\exp(it\mathcal{H}/\hbar)D(\boldsymbol{k})\exp(-it\mathcal{H}/\hbar)$ を使って

$$L_\alpha(\boldsymbol{k}, \omega)=\int_{-\infty}^{\infty}dte^{i\omega t}\langle 0|[D(\boldsymbol{k}, t), \phi_\alpha]|0\rangle \qquad (4.7.2)$$

とおく．右辺の被積分関数を(4.7.1)の左辺と同様の形に書いて積分すれば

$$L_\alpha(\boldsymbol{k}, \omega)=2\pi\hbar\sum_n\{\langle 0|D(\boldsymbol{k})|n\rangle\langle n|\phi_\alpha|0\rangle\delta(\hbar\omega-E_{n0})$$
$$-\langle 0|\phi_\alpha|n\rangle\langle n|D(\boldsymbol{k})|0\rangle\delta(\hbar\omega+E_{n0})\} \qquad (4.7.3)$$

ただし $E_{n0}=E_n-E_0$ である．他方，$\boldsymbol{k}=0$ のとき $D(\boldsymbol{k})$ は D であるから，(4.7.1)により

$$L_\alpha(0, \omega)=2\pi\hbar\delta(\hbar\omega)\sum C_{\alpha\beta}\langle 0|\phi_\beta|0\rangle \qquad (4.7.4)$$

したがって(4.7.3)が $\boldsymbol{k}=0$ で連続であると仮定すれば，状態 $|0\rangle$ から演算子 $D(\boldsymbol{k})$ によって励起され，$\boldsymbol{k}\to 0$ のとき励起エネルギーが0に収束するような中間状態 n が(4.7.3)にふくまれていることを結論できる．これが非相対論的な Goldstone の定理であり，定理の証明は連続性の証明に帰着する．$\boldsymbol{k}=0$ における連続性は，熱力学的極限を考えて系の全体積 $V\to\infty$ とするとき，表面の効果が無視できるか否かの問題である．実際，系の内部に体積 $V_0(<V)$ を考え，V_0

にぞくする j について D_j を加え合せた和を $D^{(0)}$ と書くと，はじめに $V_0\to V$ しかるのち $V\to\infty$ とすれば $D^{(0)}$ はもちろん D そのものに等しく，保存量である．他方，まず $V\to\infty$ しかるのち $V_0\to\infty$ とすれば $D^{(0)}$ は $\boldsymbol{k}\to 0$ のときの $D(\boldsymbol{k})$ の極限値に等しい．この場合，$dD^{(0)}/dt$ にたいする V_0 より外側の粒子の寄与が 0 に収束しなければ，$D^{(0)}$ は保存量にはならない．

b）超伝導の場合

その実例は金属電子系の電荷のゆらぎであって，電子間の Coulomb 力がロング・レンジであるために，系の寸法と同程度の波長のゆらぎを問題とする場合，表面電荷を考えに入れてはじめて電荷保存則が成立する．この結果として，以下示すように，Goldstone の定理が超伝導体に対して成立しないのである．

コヒーレンスの長さより波長の長いゆらぎを問題とする場合には，超伝導秩序パラメーターの絶対値は近似的に一定と考えて，位相 α のゆらぎに注目すればよい．空間の点 $\boldsymbol{r}$ における位相をここでは $\alpha(\boldsymbol{r})=(2/\hbar)\varphi(\boldsymbol{r})$ と書こう．電子密度の平衡値を n_0，点 $\boldsymbol{r}$ におけるそのゆらぎを $\nu(\boldsymbol{r})$ と書くと，§4.5 で述べたように $\nu(\boldsymbol{r})$ と $\varphi(\boldsymbol{r})$ とが正準共役である．

$$[\nu(\boldsymbol{r}),\varphi(\boldsymbol{r}')]=i\hbar\delta(\boldsymbol{r}-\boldsymbol{r}') \tag{4.7.5}$$

§4.5 の Josephson 効果の理論を超伝導体内部の位相のゆらぎに転用すると，有効ハミルトニアンとして次の形がえられる．

$$\begin{aligned}\mathscr{H}_{\text{eff}}=&\int\left[\frac{n_0}{2m}\left(\frac{\partial\varphi(\boldsymbol{r})}{\partial\boldsymbol{r}}-\frac{e}{c}\boldsymbol{A}(\boldsymbol{r})\right)^2+\frac{1}{2}\frac{m}{n_0}v^2\nu^2(\boldsymbol{r})\right]d\boldsymbol{r}\\&+\frac{1}{2}e^2\int\int\frac{\nu(\boldsymbol{r})\nu(\boldsymbol{r}')}{|\boldsymbol{r}-\boldsymbol{r}'|}d\boldsymbol{r}d\boldsymbol{r}'\end{aligned} \tag{4.7.6}$$

ただし $T=0$ で考えることにし，秩序パラメーターの絶対値の平方を $n_0/2$ に等しいとしてある．[…] の中の第 2 項は(外場がないときの)最低エネルギーを電子密度のゆらぎについてベキ展開したときの 2 次の項であり，自由電子気体モデルを採れば v は Fermi 速度 v_{F} の $3^{-1/2}$ 倍に等しい．電磁ポテンシャルについては Coulomb ゲージを採用してあるが，電磁場のハミルトニアンは省略した．[…] の中の第 1 項において，$\partial\varphi/\partial\boldsymbol{r}$ と $\boldsymbol{A}$ とのスカラー積は積分すれば 0 になる．A^2 に比例する項は，§4.5 で述べたように，Meissner 電流 $-c\delta\mathscr{H}/\delta\boldsymbol{A}=-(ne^2/mc^2)\boldsymbol{A}$ を与える．

以下 $\boldsymbol{A}=0$ の場合を考え，Fourier 展開

$$\nu(\boldsymbol{r}) = V^{-1/2}\sum \nu_{\boldsymbol{k}} e^{i\boldsymbol{k}\cdot\boldsymbol{r}}, \qquad \varphi(\boldsymbol{r}) = V^{-1/2}\sum \varphi_{\boldsymbol{k}} e^{-i\boldsymbol{k}\cdot\boldsymbol{r}} \tag{4.7.7}$$

を(4.7.5)に代入すると

$$\mathscr{H}_{\mathrm{eff}} = \sum_{k\neq 0}\left\{\frac{n_0}{2m}k^2\varphi_{\boldsymbol{k}}\varphi_{-\boldsymbol{k}} + \frac{1}{2}\left(\frac{m}{n_0}v^2 + \frac{4\pi e^2}{k^2}\right)\nu_{\boldsymbol{k}}\nu_{-\boldsymbol{k}}\right\} \tag{4.7.8}$$

$$\left.\begin{aligned}\nu_{\boldsymbol{k}} &= \left[\frac{\hbar n_0 k^2}{2m\omega(\boldsymbol{k})}\right]^{1/2}(b_{\boldsymbol{k}} + b_{-\boldsymbol{k}}{}^{\dagger}) \\ \varphi_{\boldsymbol{k}} &= \left[\frac{\hbar m\omega(\boldsymbol{k})}{2n_0 k^2}\right]^{1/2} i(b_{\boldsymbol{k}}{}^{\dagger} - b_{-\boldsymbol{k}})\end{aligned}\right\} \tag{4.7.9}$$

$$\omega(\boldsymbol{k}) = [(4\pi n_0 e^2/m) + v^2k^2]^{1/2} \tag{4.7.10}$$

とおき，$b_{\boldsymbol{k}}, b_{\boldsymbol{k}}{}^{\dagger}$ に対し Bose 型交換関係を仮定すれば，(4.7.5)がみたされ，ハミルトニアンは(1.4.13)と同じ対角形になる．(4.7.10)が位相モードの振動数であり，(4.6.4)と違って $\boldsymbol{k}\to 0$ でも有限な値 $\omega_p=[4\pi n_0e^2/m]^{1/2}$ をもつ．ω_p は電子電荷のゆらぎに特徴的なプラズマ振動数(§3.4)にほかならない．

ベクトル・ポテンシャル(の縦成分)を $\boldsymbol{A}=\partial\Lambda/\partial\boldsymbol{r}$ とえらんだ場合は，$\Lambda(\boldsymbol{r})$ の Fourier 変換を $\Lambda_{\boldsymbol{k}}$ として，(4.7.8)の $\varphi_{\boldsymbol{k}}$ は $\varphi_{\boldsymbol{k}}+(e/c)\Lambda_{\boldsymbol{k}}$ でおきかえる．このゲージ変換は，$\Lambda_{\boldsymbol{k}}$ が1次の無限小の場合，$D(\boldsymbol{k})=-(e/\hbar c)\Lambda_{\boldsymbol{k}}\nu_{\boldsymbol{k}}$ を生成演算子として $i[D(\boldsymbol{k}),\varphi_{\boldsymbol{k}}]=(e/c)\Lambda_{\boldsymbol{k}}$ のように生成される．$D(\boldsymbol{k})$ の Heisenberg 表示は，(4.7.9)により

$$D(\boldsymbol{k},t) \propto b_{\boldsymbol{k}}\exp[-i\omega(\boldsymbol{k})t] + b_{-\boldsymbol{k}}{}^{\dagger}\exp[i\omega(\boldsymbol{k})t] \tag{4.7.11}$$

となり，$\boldsymbol{k}\to 0$ の極限でもプラズマ振動数 ω_p で振動する．Goldstone の定理が成立しないのはこのためである．

これに対し，$e=0$ とおけば，$\omega(\boldsymbol{k})=vk$ となり，$\partial D(\boldsymbol{k},t)/\partial t$ は $\boldsymbol{k}\to 0$ で0となって Goldstone の定理が成立することはいうまでもない．$e=0$ のとき，(4.7.6)は，いわゆる Landau の**量子流体力学**のハミルトニアンにほかならないのであって，v は流体をつたわる音波の速度である．

§4.8 ソフト・モード

今度は有限温度 T_c でおこる2次相転移に注目しよう．ψ_j は各格子点 $\boldsymbol{R}_j$ で定義された力学変数とする(空間の各点で定義されたものでもよい)．その熱平衡

期待値 $\Psi_j=\langle\psi_j\rangle$ は $T>T_c$ で0，$T<T_c$ で0と異なり，したがって秩序パラメーターの資格をもつとしよう．以下，T_c で Ψ_j は連続，つまり転移は2次とするが，T_c におけるとびが小さい1次相転移を除外するものではない．

$T>T_c$ でも，適当な外場 h_j による摂動 $\sum h_j\psi_j$ を加えることにより，$\langle\psi_j\rangle\neq 0$ とすることができる．外場が弱いときの線形応答は $\langle\psi_j\rangle=\sum\chi_{jl}h_l$ の形であり，応答係数 χ_{jl} は磁性の場合の帯磁率の一般化である．あるいは(4.2.5)に相当する Fourier 変換を導入して，$\langle\psi(\boldsymbol{k})\rangle=\chi(\boldsymbol{k})h(\boldsymbol{k})$ と書いてもよい．χ_{jl} は $\boldsymbol{R}_j-\boldsymbol{R}_l$ にのみよるとして，$\chi(\boldsymbol{k})$ はその Fourier 変換である．もちろん波数ベクトル $\boldsymbol{k}$ で空間的に振動する外場を実験室内に実現する具体的方法はここでは問わない．また，超流動・超伝導の例では ψ は粒子または粒子ペアの生成・消滅演算子であるが，これと線形相互作用する具体的“外場”が何かも問わない．

さて，磁性の場合を一般化して長距離秩序の出現を述べれば，ある波数ベクトル $\boldsymbol{Q}$(および $-\boldsymbol{Q}$)にたいする応答係数 $\chi(\boldsymbol{Q})$ が $T\to T_c$ で発散し，系は無限小の外場にたいして有限な応答を示すようになるのである．つまり，外場 $h(\boldsymbol{Q})$ に対して旧い状態が不安定化し，新しい状態への“自発変形”がおこる．不安定化のモデルとして最もわかりやすいのは，$h(\boldsymbol{Q})$ によって励起される素励起に，$T\to T_c$ で励起エネルギーが0となるようなモードが存在することである．この種のモードを**ソフト・モード**とよぶ．この名称は，ある種の結晶の構造相転移に際して，特定のノーマル・モードの振動数が転移点に近づくにしたがって低くなり，文字通りソフトになるところから起ったものである．

a) 水素結合型強誘電体

ここでは KH_2PO_4 のような水素結合をふくむ誘電体の転移を例にとろう．本講座第6巻『物性 I』§5.4に述べられているように，水素結合中の陽子は古典力学的に考えた場合2つの等価な平衡位置をもち(同巻図5.19)，陽子がそのいずれに局在しているかを，大きさ1/2のスピンの成分 S_{jz} の固有値 ±1/2 で示すことができる(このスピンは§4.6(b)の超流動 ^{4}He のスピン・モデルと同様の数学的便宜で，陽子の核スピンとは無関係である)．陽子が軽いために，実は一方の平衡位置から他方へトンネル効果によって移動できる．この運動は，ハミルトニアンが S_{jx} に比例する項をふくむと仮定することで考えに入れることができる．また，転移温度 T_c 以下で出現する陽子の規則配列は，スピンの z 成分の間に

Ising 型の交換相互作用によってひき起こされると考えることができる．

$$\mathscr{H} = -\sum_j \Gamma S_{jx} - \frac{1}{2}\sum\sum_{j\neq l} J_{jl}S_{jz}S_{lz} \qquad (4.8.1)$$

$\Gamma>0$ と仮定してよい．また J_{jl} の Fourier 変換 $J(\boldsymbol{k})$ は $\boldsymbol{k}=0$ で正の最大値をもつとする．(4.8.1)の右辺第2項はスピンを z 軸方向にそろえるように働き，第1項がこれを妨げることになる．

第2項にいわゆる分子場近似(平均場近似)を適用することにし，スピンの z 成分のひとつをその熱平衡期待値 $\langle S_z\rangle$ でおきかえてしまう．ただし後者はどの格子点でも同じ値であるとする．結果は，"磁気モーメント"は1と考えて，各スピンには大きさ $H=[\Gamma^2+J^2\langle S_z\rangle^2]^{1/2}$ の"磁場"が x 軸と角 $\tan^{-1}(J\langle S_z\rangle/\Gamma)$ をなす方向に働いているのと同じになる．ただし $J(0)$ を J と略記した．したがって，温度 T における S_z, S_x の熱平衡期待値は

$$\left.\begin{aligned}\langle S_z\rangle &= (J\langle S_z\rangle/2H)\tanh(H/2k_{\mathrm{B}}T)\\ \langle S_x\rangle &= (\Gamma/2H)\tanh(H/2k_{\mathrm{B}}T)\end{aligned}\right\} \qquad (4.8.2)$$

第1式でセルフ・コンシステントに決められる $\langle S_z\rangle$ が0でないためには，$J>2\Gamma$，$T<T_{\mathrm{c}}$ が必要である．ただし T_{c} は分子場近似における転移温度で

$$1 = (J/2\Gamma)\tanh(\Gamma/2T_{\mathrm{c}}) \qquad (4.8.3)$$

であたえられる．

$T>T_{\mathrm{c}}$ で $\langle S_z\rangle=0$ であるが，S_z のゆらぎはもちろん0でない．スピン成分の Heisenberg 運動方程式を書き下して Fourier 変換すると

$$\begin{aligned}\hbar\frac{d}{dt}S_z(\boldsymbol{k}) &= -\Gamma S_y(\boldsymbol{k})\\ \hbar\frac{d}{dt}S_y(\boldsymbol{k}) &= \Gamma S_z(\boldsymbol{k}) - N^{-1/2}\sum J(\boldsymbol{k}-\boldsymbol{k}')S_x(\boldsymbol{k}')S_z(\boldsymbol{k}-\boldsymbol{k}')\\ &\cong \{\Gamma - J\langle S_x\rangle\}S_z(\boldsymbol{k})\end{aligned} \qquad (4.8.4)$$

第2式の近似は $S_x(\boldsymbol{k})$ を熱平衡期待値 $\langle S_x(\boldsymbol{k})\rangle=\delta_{\boldsymbol{k},0}N^{1/2}\langle S_x\rangle$ でおきかえたもので，これによって異なる $\boldsymbol{k}$ をもつモードの運動がたがいに独立になる．いわゆる **RPA**(random phase approximation)である．ゆらぎの振動数 $\omega(\boldsymbol{k})$ は

$$[\hbar\omega(\boldsymbol{k})]^2 = \Gamma[\Gamma-(J/2)\tanh(\Gamma/2k_{\mathrm{B}}T)] \qquad (4.8.5)$$

であたえられ，T が(4.8.3)で決められる T_{c} に近づくとき，$\omega(0)$ は $(T-T_{\mathrm{c}})^{1/2}$

に比例して0に近づくことがわかる.

b) ソフト・モードとセントラル・ピーク

水素結合型強誘電体の場合，水素結合中の陽子に規則配列が生ずるとまわりのイオン配列が変形し，自発電気分極が出現する．スピン・モデルでこの事情を表現するには，結晶の光学的振動モードと S_{jz} の間に線形相互作用を仮定すればよい．$T>T_c$ でも，陽子の運動のソフト化がこの相互作用を通じて格子振動に反映することになる．ただし，ここではハミルトニアン(*4. 8. 1*)から出発してスピンの運動を追跡することはやめ，§4.5で述べたGL理論を時間的に変動する現象に一般化した形式(**TDGL 理論**)を採用する．T_c 近傍では振動数の低下にともなって減衰(ダンピング)が重要度をますが，ハミルトニアン形式でこれを扱うと数学が複雑で物理的本質を見通しにくいからである．

さて，秩序パラメーター Ψ としてはFourier変換 $S_z(\boldsymbol{k})$ の期待値の $\boldsymbol{k}=0$ における値(に比例する量)をとればよい．$T>T_c$ だから Ψ の平衡値は0であり，この平衡値から Ψ のゆらぎがおこったときの自由エネルギーの増加を，Ψ の2次まで考えて，$\Delta F=(a/2)\Psi^2+vq\Psi$ と書く．(*4. 8. 1*)で $\Gamma=0$ とおいたIsingモデルに分子場近似を適用すると，T_c の近傍で $a=4k_B(T-T_c)$ であるが，ここでは a が $(T-T_c)$ に比例する正のパラメーターであるとだけ仮定しておこう．q は Ψ と相互作用する光学的格子振動のノーマル座標であり，v は結合定数である．Ψ が平衡値にもどる速さは $\partial\Delta F/\partial\Psi$ に比例すると考えられるので，Ψ の緩和方程式を

$$\frac{\partial\Psi}{\partial t}=-\gamma(a\Psi+vq)+f \qquad (4.8.6)$$

と仮定する．γ は温度によらない正のパラメーターであり，また Ψ のゆらぎをひき起こすランダムな力 $f(t)$ を右辺に加えてある(**Langevin 方程式**)．$f(t)$ のFourier変換は強度 $2\gamma k_B T$ の“白い”スペクトルをもつ(**揺動散逸定理**——本講座第5巻『統計物理学』§8.3)．一方，q の運動方程式は

$$\frac{d^2q}{dt^2}=-\Omega^2q-\frac{v}{M}\Psi \qquad (4.8.7)$$

Ω は $\Psi=0$ のときのイオン振動の振動数，M は還元質量である．T が T_c からかなり離れているときには，$\gamma a\gg\Omega$ であって Ψ はイオン振動に“断熱的”に追随

し，$\varPsi$ のソフト化がイオン振動に反映すると考える．しかし T が T_c に接近するとこの追随は不可能になり，スペクトルは異常におそくなってゆく $\varPsi$ の緩和に対応するピークと，この緩和との相互作用によって幅広くなったイオン振動のピークとに分裂する．前者を**セントラル・ピーク**とよぶ．

これを数学的に見るには，(*4.8.6*)，(*4.8.7*) を時間 t について Fourier 変換し，q, f の Fourier 変換の関係を求めて上述の揺動散逸定理を適用すればよい．結果を書くと，振動数 ω における q のスペクトル強度は

$$\langle|q_\omega|^2\rangle=(2\Omega k_{\rm B}T/v)|(x^2-1)(\varepsilon+\beta-ix)+\beta|^{-2} \qquad (4.8.8)$$

ただし $x=\omega/\Omega$, $\beta=(\gamma v^2/M\Omega^3)$, $\varepsilon=(\gamma/\Omega)a^*$, $a^*=a-(v^2/M\Omega^2)$ である．イオン振動との相互作用を考えに入れると，転移点は T_c から $a^*=0$ で定義される温度 $T_c{}^*$ にシフトする．ε は温度 T が $T_c{}^*$ からどれだけ離れているかを示す無次元パラメーターである．

$\varepsilon\gg1$ のとき (*4.8.8*) は $|x|\cong[\varepsilon/(\varepsilon+\beta)]^{1/2}\propto(T-T_c{}^*)^{1/2}$ でピークを示し，これをそのまま外插すればフォノン・エネルギーは $T\to T_c{}^*$ で0になる．しかし，実際 $\varepsilon\ll1$ になると，(*4.8.8*) は $x=1$ の近傍で $[(x-1+\delta)^2+\delta^2]^{-2}$ に比例し，フォノン・ピークは温度によらないシフトとダンピング $\delta=[\beta^2/2(1+\beta^2)]$ を示す．一方，$x=0$ の近傍で (*4.8.8*) は $(x^2+\varepsilon^2)^{-2}$ に比例し，幅 ε，高さ ε^{-2} のセントラル・ピークを表わす．

このようなソフト・モード-セントラル・ピークのふるまいは，いくつかの構造相転移について観測されているが，セントラル・ピークの表わす緩和過程の物理的内容は現象によって異なる．

§4.9　平均場近似

平均場近似(mean field approximation)の思想が，最初にしかも相転移の理論として登場したのは，強磁性の Weiss 理論であり，磁性学や統計力学では分子場近似の名で呼ばれてきた．量子力学の Hartree 近似，Hartree-Fock 近似が一種の平均場近似であることはいうまでもない．バンド理論はこれを結晶内電子に適用したものにほかならない．電子は結晶と同じ周期をもつ周期場を互いに独立に運動すると考えるわけであるが，この周期場は電子間に働く Coulomb 相互作用の効果を平均においてふくむ平均場である．つまり，ある電子に他の電子が

およぼす Coulomb 力は，後者の運動にともなって当然ゆらぐが，このゆらぎを無視する．周期場が(外部磁場がないときにも)電子のスピンに依存すると考えることによって，磁気的秩序の存在する金属，たとえば Fe, Co, Ni のような強磁性金属をバンド理論の対象とすることもできる．一般に，情況に応じて適当な柔軟性をもたせうることも平均場近似の特徴であり，これによってさまざまなタイプの物質の広い温度領域における物性の定性的記述に成功してきた．以下例を 2, 3 挙げる．

a）強磁性金属の Stoner モデル

遷移金属の磁性の担い手である 3d 電子はかなり局在した性格をもち，Coulomb 相互作用は 4s 電子によってスクリーンされる．この特徴を誇張して次のようなモデル・ハミルトニアンを考える．ただし，d 電子の軌道状態は独立なものが 1 原子あたり 5 個あるわけだが，ここでは簡単化して 1 個だけ考える．

$$\mathcal{H} = \sum t_{jl} A_{j\sigma}{}^{\dagger} A_{l\sigma} + U \sum N_{j\uparrow} N_{j\downarrow} \qquad (4.9.1)$$

$A_{j\sigma}$ は格子点 j 付近に局在するいわゆる Wannier 状態にある電子の消滅演算子で，σ はそのスピン，$N_{j\sigma}=A_{j\sigma}{}^{\dagger}A_{j\sigma}$ は電子数である．右辺第 1 項はトンネル効果によって電子が結晶中を動くことを表わし，第 2 項は同じ格子点に 2 個の電子がきたときにだけ Coulomb 反発($U>0$)が働くことを表わす．結晶全体にひろがったいわゆる Bloch 状態にある電子の消滅演算子を $a_{\boldsymbol{k}\sigma}$ と書くと

$$A_{j\sigma} = N^{-1/2} \sum_{\boldsymbol{k}} a_{\boldsymbol{k}\sigma} \exp(i\boldsymbol{k}\cdot\boldsymbol{R}_j) \qquad (4.9.2)$$

$\boldsymbol{k}$ は還元波数ベクトルである．(*4.9.1*)は Bloch 表示で次の形になる(**Hubbard ハミルトニアン**)．

$$\mathcal{H} = \sum \epsilon_{\boldsymbol{k}} a_{\boldsymbol{k}\sigma}{}^{\dagger} a_{\boldsymbol{k}\sigma} + N^{-1} U \sum \delta(\boldsymbol{k}_1+\boldsymbol{k}_2-\boldsymbol{k}_3-\boldsymbol{k}_4) \cdot a_{\boldsymbol{k}_1\uparrow}{}^{\dagger} a_{\boldsymbol{k}_2\downarrow}{}^{\dagger} a_{\boldsymbol{k}_3\downarrow} a_{\boldsymbol{k}_4\uparrow} \qquad (4.9.3)$$

ただし t_{jl} は相対位置 $\boldsymbol{R}_j-\boldsymbol{R}_l$ にのみ依存するとし，これについて Fourier 変換したものが $\epsilon_{\boldsymbol{k}}$ である．$\delta(\boldsymbol{Q})$ は $\boldsymbol{Q}$ が逆格子ベクトルのとき 1 でその他のときに 0 である．

さて，Hartree-Fock 近似(HF 近似)は(*4.9.3*)の右辺第 2 項の a 演算子の積を次のように置換える．

$$a_1{}^{\dagger} a_2{}^{\dagger} a_3 a_4 \cong \langle a_2{}^{\dagger} a_3 \rangle a_1{}^{\dagger} a_4 + \langle a_1{}^{\dagger} a_4 \rangle a_2{}^{\dagger} a_3$$

$$-\langle a_2{}^\dagger a_4\rangle a_1{}^\dagger a_3-\langle a_1{}^\dagger a_3\rangle a_2{}^\dagger a_4$$
$$-\langle a_1{}^\dagger a_4\rangle\langle a_2{}^\dagger a_3\rangle+\langle a_1{}^\dagger a_3\rangle\langle a_2{}^\dagger a_4\rangle \qquad (4.9.4)$$

ただし，最後の2項は，両辺の期待値をとってみればわかるように，相互作用の全エネルギーへの寄与を2重に算えないための配慮である．(4.9.3)の右辺第2項は次の表式で置換えられる．

$$\frac{U}{2N}\sum_{\boldsymbol{q}}\left\{\langle\rho_{-\boldsymbol{q}}\rangle\rho_{\boldsymbol{q}}-\langle\boldsymbol{\sigma}_{-\boldsymbol{q}}\rangle\cdot\boldsymbol{\sigma}_{\boldsymbol{q}}-\frac{1}{2}\langle\rho_{\boldsymbol{q}}\rangle\langle\rho_{-\boldsymbol{q}}\rangle+\frac{1}{2}\langle\boldsymbol{\sigma}_{\boldsymbol{q}}\rangle\cdot\langle\boldsymbol{\sigma}_{-\boldsymbol{q}}\rangle\right\} \qquad (4.9.5)$$

ただし

$$\rho_{\boldsymbol{q}}=\sum_{\boldsymbol{k}}a_{\boldsymbol{k}\sigma}{}^\dagger a_{\boldsymbol{k}+\boldsymbol{q}\sigma},\qquad \sigma_{\boldsymbol{q}}{}^{(\lambda)}=\sum_{\boldsymbol{k}}a_{\boldsymbol{k}\sigma}{}^\dagger\sigma_{\sigma\tau}{}^{(\lambda)}a_{\boldsymbol{k}+\boldsymbol{q}\tau} \qquad (4.9.6)$$

はそれぞれ電子数密度，スピン密度の Fourier 成分であり，$\sigma^{(x)}, \sigma^{(y)}, \sigma^{(z)}$ は Pauli 行列である．$\boldsymbol{q}\neq0$ にたいしこれら演算子の期待値が 0 でないと仮定すれば，CDW や SDW(あるいはらせんスピン)の存在する秩序状態を対象とすることができる．ここでは強磁性状態($\boldsymbol{q}=0$)を考えよう．秩序パラメーター $\langle\sigma_0\rangle$ の方向に z 軸をえらぶことにする．(4.9.5)の $\langle\rho_0\rangle$ の項は $\varepsilon_{\boldsymbol{k}}$ の原点をシフトさせるだけだから無視する．$\langle\sigma_0{}^{(z)}\rangle=N\zeta$, $\sigma=\pm1$ として，HF 近似のハミルトニアンは

$$\mathscr{H}_{\mathrm{m}}\cong\frac{1}{4}NU\zeta^2+\sum_{\boldsymbol{k}}\sum_{\sigma}\left(\varepsilon_{\boldsymbol{k}}-\frac{1}{2}\sigma U\zeta\right)a_{\boldsymbol{k}\sigma}{}^\dagger a_{\boldsymbol{k}\sigma} \qquad (4.9.7)$$

この1電子スペクトル $\varepsilon_{\boldsymbol{k}}-(\sigma/2)U\zeta$ を Fermi 分布に代入することによってスピン分極のパラメーター ζ がセルフ・コンシステントに決められる．あるいは，同じことであるが，(4.9.7)で記述される電子ガスの自由エネルギーを計算して ζ に関し極小値を求めてもよい．$T=0$ で考えることにし，$\varepsilon_{\boldsymbol{k}}$ は自由電子型($\hbar^2k^2/2m$)であるとすると，全エネルギーは次のようになる．

$$E_0=N\left[-\frac{1}{4}U\zeta^2+\frac{3}{10}\varepsilon_{\mathrm{F}}\{(1+\zeta)^{5/3}+(1-\zeta)^{5/3}\}\right]$$
$$=N\left[\frac{3}{5}\varepsilon_{\mathrm{F}}+\frac{1}{2}a\zeta^2+\frac{1}{4}b\zeta^4+\cdots\right] \qquad (4.9.8)$$

ただし，ε_{F} は $\zeta=0$ のときの Fermi エネルギー，$a=\chi_0{}^{-1}-(U/2)$, $b=(27\rho_{\mathrm{F}})^{-1}$ で，$\rho_{\mathrm{F}}=(3/4\varepsilon_{\mathrm{F}})$ は Fermi 面での状態密度，$\chi_0=2\rho_{\mathrm{F}}$ は Pauli 帯磁率である．

$1>\rho_F U$ なら E_0 は常磁性状態 $\zeta=0$ に対し極小であり，一様な外部磁場によるスピン Zeeman エネルギー $-NB\zeta$ を(4.9.8)に加えてはじめて $\zeta\neq 0$ となる．B が小さいとき ζ は B に比例し，比例定数(スピン磁気モーメントを1としたときの帯磁率) χ は a^{-1} で与えられる．つまり

$$\chi = \chi_0[1-\rho_F U]^{-1} \tag{4.9.9}$$

これは§3.5で述べた Fermi 液体効果の一例である．

U が増大して $\rho_F U=1$ に達すれば χ は発散し，無限小の外場で有限のスピン分極がおこりうること，つまり強磁性の発現ということになる．実際，(4.9.8)で $a<0$ となり，E_0 は($|a|$ がまださほど大きくないとして) $\zeta=[|a|/b]^{1/2}$ において極小である．1電子エネルギー・スペクトルはスピンの向きにより $\varDelta=U\zeta$ だけ相対的にシフトするが形は変らない．上向きスピンのバンドに空孔を作り，下向きスピンのバンドに電子を作るのに必要な励起エネルギー $\varepsilon_{\boldsymbol{k}+\boldsymbol{q}\downarrow}-\varepsilon_{\boldsymbol{k}\uparrow}$ は q が小

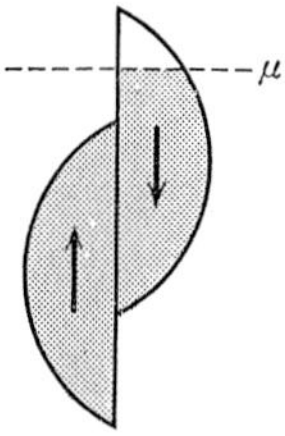

図4.8 強磁性金属のバンド構造

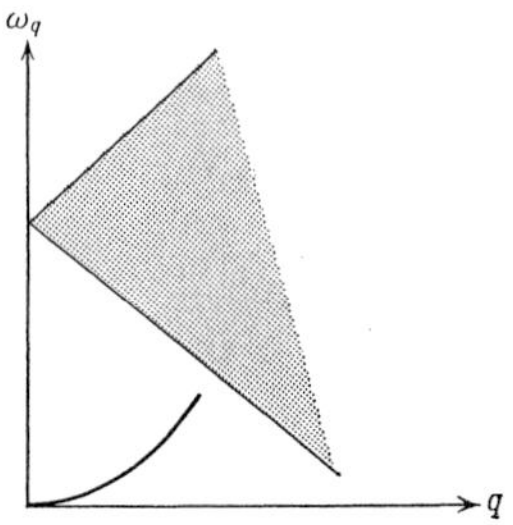

図4.9 個別スピン励起とスピン波のスペクトル

さいとき $\varDelta$ 程度の有限な大きさをもち，かつ連続スペクトルを形成する．これは第3章で述べた個別的運動の励起であり，いまの場合 **Stoner 励起**とよばれる．このほかにスピン反転をともなう集団運動，すなわちスピン波のモードが存在する．そのスペクトルを求める方法のひとつは RPA であって，演算子 $a_{\boldsymbol{k}+\boldsymbol{q}\downarrow}{}^{\dagger}a_{\boldsymbol{k}\uparrow}$ の Heisenberg 運動方程式を作り，そこに現れる a 演算子4個の積において2個の積を(HF 近似の最低状態に関する)期待値で置換えて線形化する．あるいは，同じことであるが，次のように考えてもよい．

自発磁化に垂直な方向に，空間的に波数ベクトル $\boldsymbol{q}$，時間的に角振動数 $\boldsymbol{\omega}$ で振動する弱い外部磁場を加えると，これによる摂動は $\sigma_{\boldsymbol{q}}{}^{(\pm)}=(1/2)(\sigma_{\boldsymbol{q}}{}^{(x)}\pm i\sigma_{\boldsymbol{q}}{}^{(y)})$

に比例するが，比例係数が外場の Fourier 成分 $h^{(\pm)}$ と考えるのは単純すぎる．外場による強制振動にともなって，平均場 (4. 9. 5) にも振動項が加わるはずであって，有効磁場は $\eta^{(\pm)}=h^{(\pm)}+N^{-1}U\langle\sigma_{-\boldsymbol{q}}{}^{(\pm)}\rangle$ と考えなくてはならない．摂動 $-\eta^{(\pm)}(t)\sigma_{\boldsymbol{q}}{}^{(\pm)}$ を (4. 9. 7) の右辺に加え，これに対するスピンの線形応答 $\langle\sigma_{\boldsymbol{q}}{}^{(\pm)}\rangle$ を §1. 7, §2. 2, §3. 3 で述べたのと同様の方法により計算すれば，“横”帯磁率 $\chi^{(t)}(\boldsymbol{q},\omega)=\langle\sigma_{\boldsymbol{q}}{}^{(+)}\rangle/Nh^{(+)}(t)$ が次の形で求まる．

$$\chi^{(t)}(\boldsymbol{q},\omega)=\chi_0{}^{(t)}(\boldsymbol{q},\omega)[1-U\chi_0{}^{(t)}(\boldsymbol{q},\omega)]^{-1} \tag{4.9.10}$$

$$\chi_0{}^{(t)}(\boldsymbol{q},\omega)=\frac{1}{N}\sum_{\boldsymbol{k}}\frac{n_{\boldsymbol{k}\uparrow}-n_{\boldsymbol{k}+\boldsymbol{q}\downarrow}}{\varepsilon_{\boldsymbol{k}+\boldsymbol{q}\downarrow}-\varepsilon_{\boldsymbol{k}\uparrow}-\hbar\omega-i0^+} \tag{4.9.11}$$

$n_{\boldsymbol{k}\sigma}=\langle a_{\boldsymbol{k}\sigma}{}^{\dagger}a_{\boldsymbol{k}\sigma}\rangle$ は HF 近似における期待値である．(4. 9. 11) の分母にある無限小の虚数 $i0^+$ は，$\hbar\omega$ が Stoner 励起スペクトルの外にあれば無視してよい．

スピン波は外場を無限小としても有限な振幅で存在しうる振動であるから，その振動数は (4. 9. 10) が発散という条件 $1=U\chi_0{}^{(t)}(\boldsymbol{q},\omega)$ で決まる．$q\to0$ でこれは $\Delta-\hbar\omega=U\zeta$，つまり $\omega=0$ に帰着し，Goldstone の定理が成立する．$\epsilon_{\boldsymbol{k}}$ は $\boldsymbol{k}\to-\boldsymbol{k}$ に対し不変であるから，スピン波の振動数も $\boldsymbol{q}\to-\boldsymbol{q}$ に対し不変であり，$\boldsymbol{q}$ の小さいところで $\omega_{\boldsymbol{q}}=(\hbar q^2/2m^*)$ の形に書くことができる．たとえば (4. 9. 8) と同じモデルで (4. 9. 11) を計算すると，$\rho_{\mathrm{F}}U$ が 1 に近く ζ が小さい極限で $(m^*/m)\cong(27/2\zeta)$ である．

b）超伝導の BCS モデル

超伝導電子系の最も単純なモデルとして，(4. 9. 3) の U を弱い引力 $-g\ (g>0)$ で置換えたものを考えよう．ただし §4. 5 で述べたように，電子系は大きな粒子源と接触していて，電子数を表わす演算子 $\mathcal{N}$ は期待値 N のまわりに $\sqrt{N}$ 程度のゆらぎをもってよいとする．統計力学で知られているように，μ を化学ポテンシャルとして，この場合 $\mathfrak{H}=\mathcal{H}-\mu\mathcal{N}$ をハミルトニアンのように扱えばよい．熱力学ポテンシャル Ω を $\exp[-\Omega/k_{\mathrm{B}}T]=\mathrm{tr}\,[\exp(-\mathfrak{H}/k_{\mathrm{B}}T)]$ で定義すると，電子数の期待値は $N=-(\partial\Omega/\partial\mu)$ であたえられる．

これから μ を逆に N で表わして $F=\Omega+\mu N$ に代入すれば通常の自由エネルギーがえられ，$T\to0$ で粒子数 N の系の最低エネルギー $E_0(N)$ に帰着する．n がせいぜい $\sqrt{N}$ 程度の電子数のゆらぎとして，$\mathfrak{H}$ の固有値は $E_0(N+n)-\mu(N+n)\cong E_0(N)-\mu N$ となって n に依存しない($T=0$ で $\mu=\partial E_0(N)/\partial N$ であることに注意). この縮退を利用して $\mathfrak{H}$ の固有状態を n に関し重ね合せ, 物質波のコヒーレンス状態を作るわけである.

$\mathfrak{H}$ の具体的表式をうるには, (4.9.3) の ε_k を $\xi_k=\varepsilon_k-\mu$ で置換えればよい. その上で相互作用の項に平均場近似を適用するのであるが, (4.9.4) の右辺に現れているタイプの期待値は超伝導状態に特有のものではないのでここでは無視してしまう. コヒーレント状態に特有な期待値だけ残して $a_1{}^\dagger a_2{}^\dagger a_3 a_4 \cong \langle a_1{}^\dagger a_2{}^\dagger\rangle a_3 a_4 + \langle a_3 a_4\rangle a_1{}^\dagger a_2{}^\dagger - \langle a_1{}^\dagger a_2{}^\dagger\rangle\langle a_3 a_4\rangle$ と近似する. さらに系は空間的に均一として $\langle a_k a_l\rangle$ は $\boldsymbol{k}+\boldsymbol{l}=0$ のときにのみ 0 でないとする. こうして, この場合の平均場近似のハミルトニアンは次の形をとる.

$$\mathfrak{H}_{\rm m} = \sum \{\xi_k a_{k\sigma}{}^\dagger a_{k\sigma} + \varDelta a_{k\uparrow}{}^\dagger a_{-k\downarrow}{}^\dagger + \varDelta^* a_{-k\downarrow} a_{k\uparrow}\} + g^{-1} N|\varDelta|^2 \tag{4.9.12}$$

$$\varDelta = -gN^{-1}\sum_k \langle a_{-k\downarrow} a_{k\uparrow}\rangle \tag{4.9.13}$$

$\varDelta$ は平均場という意味と同時に秩序パラメーターの意味をもち, ゲージ変換 $a_{k\sigma}\to a_{k\sigma}\exp[i\gamma]$ によって $\varDelta\to\varDelta\exp[2i\gamma]$ と変換される.

他の問題との対応を見やすくするには $a_{k\uparrow}, a_{-k\downarrow}{}^\dagger$ を 2 成分スピノル ϕ_k の成分 ϕ_{k1}, ϕ_{k2} と見なすのがよい(**南部表示**). このスピノルに作用する 2 行 2 列の Pauli 行列を(電子スピンを表わすものと区別して)

$$\hat{\tau}_1 = \begin{bmatrix} 0 & 1 \\ 1 & 0 \end{bmatrix}, \quad \hat{\tau}_2 = \begin{bmatrix} 0 & -i \\ i & 0 \end{bmatrix}, \quad \hat{\tau}_3 = \begin{bmatrix} 1 & 0 \\ 0 & -1 \end{bmatrix} \tag{4.9.14}$$

と書く. たとえば $\phi_k{}^\dagger\hat{\tau}_3\phi_k$ は

$$\phi_{k1}{}^\dagger\phi_{k1} - \phi_{k2}{}^\dagger\phi_{k2} = a_{k\uparrow}{}^\dagger a_{k\uparrow} - a_{-k\downarrow} a_{-k\downarrow}{}^\dagger$$

を意味する. (4.9.12) は次の形に書ける.

$$\mathfrak{H}_{\rm m} = \sum_k \xi_k + g^{-1}N|\varDelta|^2 + \sum_k \phi_k{}^\dagger \hat{E}_k \phi_k \tag{4.9.15}$$

$$\hat{E}_k = \xi_k\hat{\tau}_3 + \varDelta_1\hat{\tau}_1 + \varDelta_2\hat{\tau}_2, \qquad \varDelta_\lambda = -(2N)^{-1} g \sum_k \langle\phi_k{}^\dagger\hat{\tau}_\lambda\phi_k\rangle \tag{4.9.16}$$

つまり, 超伝導秩序は τ スピンの “XY” 面内での長距離秩序として表わされ, §4.5 の ^{4}He のスピン・モデルとの対応が明らかである. ゲージ変換は “Z” 軸のまわりの τ スピンの回転を意味し, ハミルトニアンはこれにたいし不変であるか

ら，秩序パラメーター $\vec{\Delta}=(\Delta_1, \Delta_2)$ は "XY" 面内のどの方向をむいていてもよい．たとえば "X" 軸方向をむいているとする ($\Delta_1=|\Delta|$, $\Delta_2=0$)．このとき，$\hat{E}_{\boldsymbol{k}}$ は τ 空間の座標軸を "Z" 軸のまわりに角 $\theta_{\boldsymbol{k}}=\tan^{-1}(|\Delta|/\xi_{\boldsymbol{k}})$ だけ回軸することによって対角化される．スピノルは $u_k=\cos(\theta_k/2)$, $v_k=\sin(\theta_k/2)$ として，$\phi_{\boldsymbol{k}1}=u_k\chi_{\boldsymbol{k}1}-v_k\chi_{\boldsymbol{k}2}$, $\phi_{\boldsymbol{k}2}=v_k\chi_{\boldsymbol{k}1}+u_k\chi_{\boldsymbol{k}2}$ のように変換され,

$$\mathfrak{H}_{\mathrm{m}} = \text{const.}+\sum_{\boldsymbol{k}} \chi_{\boldsymbol{k}}{}^{\dagger}E_{\boldsymbol{k}}\hat{\tau}_3\chi_{\boldsymbol{k}}, \qquad E_{\boldsymbol{k}} = [\xi_{\boldsymbol{k}}{}^2+|\Delta|^2]^{1/2} \tag{4.9.17}$$

となる.

したがって系の励起は，$\chi_{\boldsymbol{k}1}, \chi_{\boldsymbol{k}2}{}^{\dagger}$ を消滅演算子とする Fermi 粒子(**準粒子**)の励起として記述され，準粒子の励起エネルギーが $E_{\boldsymbol{k}}$ であたえられる．これは Fermi 面 $\xi_{\boldsymbol{k}}=0$ で有限な最小値 $|\Delta|$ をもつが，以下このエネルギー・ギャップが Fermi エネルギー $\mu=\hbar^2k_{\mathrm{F}}{}^2/2m$ にくらべて小さい弱結合系を考える．なお，準粒子が1個も存在しないという意味の "真空" は，(4.5.6) で $\alpha=0$ とおいた BCS 状態になるのである．温度 T における準粒子数の期待値 $\langle\chi_{\boldsymbol{k}1}{}^{\dagger}\chi_{\boldsymbol{k}1}\rangle$, $\langle\chi_{\boldsymbol{k}2}\chi_{\boldsymbol{k}2}{}^{\dagger}\rangle$ は Fermi 分布 $f(E_{\boldsymbol{k}})=[\exp(E_{\boldsymbol{k}}/k_{\mathrm{B}}T)+1]^{-1}$ で与えられ，これを Δ または Δ_1 の定義式へ代入することによってえられる次の式により $|\Delta|$ がセルフ・コンシステントに決められる.

$$1 = N^{-1}g\sum_{\boldsymbol{k}} (2E_{\boldsymbol{k}})^{-1}[1-2f(E_{\boldsymbol{k}})] \tag{4.9.18}$$

右辺の和はこのままでは発散するので，引力は Fermi 面近傍でのみ働くと考えて，$|\xi_{\boldsymbol{k}}|<\hbar\omega\,(\ll\mu)$ で切断する．すると $T=0$ の $|\Delta|$ は $\Delta_0=2\hbar\omega\exp[-(g\rho_{\mathrm{F}})^{-1}]$ であり，T が増すと減少して $T_{\mathrm{c}}=0.57(\Delta_0/k_{\mathrm{B}})$ で0となる．超伝導金属の場合，g はフォノンを仲介とする電子間引力と Coulomb 反発の差を表わし，$g\rho_{\mathrm{F}}$ は0.1のオーダー，$\hbar\omega$ は平均フォノン・エネルギーであって，$\Delta_0\ll\hbar\omega\ll\mu$ が成立する．なお Cooper ペアの状態関数 (4.5.7) を $T=0$ で計算すると，$\boldsymbol{r}=|\boldsymbol{r}_1-\boldsymbol{r}_2|$ の大きいところで $\exp[-r/\pi\xi_0]$ に比例し，ペアの空間的ひろがりは $\xi_0\equiv(\hbar^2k_{\mathrm{F}}/\pi m\Delta_0)$ で表わされる．$\xi_0k_{\mathrm{F}}\cong\mu/\Delta_0\gg1$ であるから，ξ_0 は金属中の電子の平均距離よりはるかに大きく，Cooper ペアを "2電子分子" とする描像は成立しない.

$\boldsymbol{q}$ を一定として $\langle a_{\boldsymbol{k}\uparrow}a_{\boldsymbol{l}\downarrow}\rangle$ が $\boldsymbol{k}+\boldsymbol{l}=\boldsymbol{q}$ のときに0でないと仮定すれば，Cooper

ペアが共通の重心運動量 $\hbar\boldsymbol{q}$, 速度 $\boldsymbol{v}_s=(\hbar\boldsymbol{q}/2m)$ で超流動をおこしている状態がえられる．このとき準粒子の励起エネルギーは (*4.9.17*) の E_k を Galilei 変換した $E_k+\hbar\boldsymbol{k}\cdot\boldsymbol{v}_s$ であたえられる．これがすべての $\boldsymbol{k}$ に対し正であるためには，$q<\mathrm{Min}(2m|\Delta|/\hbar^2k)$ が必要であり，$T=0$ で $q\lesssim\xi_0^{-1}$ をあたえる．また，T_c 付近で自由エネルギーを $|\Delta|$ について $|\Delta|^4$ まで，q について q^2 まで，ベキ級数展開すれば，§4.5 の GL 理論(ただし $\boldsymbol{A}=0$) を微視的立場から再現することができる．たとえばコヒーレンスの長さは，$\xi=0.74\xi_0[T_c/(T_c-T)]^{1/2}$ と表わされる．

ところで，準粒子スペクトル E_k はギャップをもち，最低状態がゲージ変換に対して縮退しているにもかかわらず，Goldstone の定理をみたさない．しかし，Stoner モデルのときと同様に，(*4.9.12*) を Δ が微小振動部分をもつ場合を考えて RPA を適用すると，$q\to0$ で $\omega\to0$ となるような集団運動 (**Anderson モード**) の存在することがわかる．当然のことながら，このモードは τ スピンを "Z" 軸のまわりにふらせる運動，秩序パラメーターでいえば位相の振動であり，^{4}He のスピン・モデルにおける位相モード (§4.6(b)) に対応する．実際 RPA の計算は，$q\xi_0\ll1$ をみたす長波長領域で，量子流体力学的ハミルトニアン (*4.7.5*) による記述と等価になるのである．ただし，そこにある Coulomb 反発の項は，(*4.9.1*) あるいは (*4.9.12*) に Coulomb 反発の長距離部分をあからさまに残しておくことによって，はじめてえられる．その結果 Goldstone の定理が再び破れる事情は，§4.7 で述べた通りである．

c) エクシトニック状態

通常のバンド理論によると，絶縁結晶の 1 電子エネルギー・スペクトルにはいわゆる価電子帯(以下 a バンドと呼ぶ)と伝導帯 (b バンド)の間に有限なエネルギー・ギャップ E_g が存在し，$T=0$ で前者は完全に占領され，後者は空席になっている(§2.3)．a バンドは k 空間の原点 $\boldsymbol{k}=0$ (A 点と呼ぼう)にただひとつの極大をもち，b バンドは $\boldsymbol{k}=\boldsymbol{w}$ $(\neq0)$ にただひとつの極小をもつという単純なモデルで考えよう．時間反転の対称性により，b バンドのエネルギーは $\boldsymbol{k}=\pm\boldsymbol{w}$ で等しくなければいけないので，$\boldsymbol{w}$ はある逆格子ベクトル $\boldsymbol{K}$ の 1/2 ということになる．

バンド理論によると，たとえば加圧によって格子定数，したがって E_g を減少させてゆくと，$E_\mathrm{g}=0$ で絶縁体から金属への転移がおこることになる(そのような高圧がいつも実現できるとは限らないが）．実際 $E_g<0$，つまりB点よりA点が高いエネルギーをもつようになると，A点付近に**正孔**，B点付近に同数の電子が生じて電流のはこび手，いわゆる自由**キャリヤー**（以下キャリヤーと略称）となる．ただし，はじめはその濃度 $2n$ が小さく，結晶は**半金属**と呼ばれる．

ところが電子間の Coulomb 相互作用をあからさまに考えに入れると，金属から絶縁体への転移に際し，$\boldsymbol{n}$ は有限な値から0に不連続にとぶ（1次転移）という結論になるのである．これを **Mott 転移**と呼び，バンド理論の与える連続な転移と区別する．この不連続転移は，いわゆるエクシトニック状態が介在する場合と，そうでない場合と，2つの可能性がある．前者から説明しよう．

まず $E_g>0$ とし，aバンドの電子を1個bバンドに励起すると，bバンドの電子とaバンドの正孔の間には Coulomb 引力が働くので，両者は水素原子類似の束縛状態，エクシトンを形成する（ここでは *(2.3.16)* で与えられる "Bohr" 半径 a が格子定数より大きい場合を考える）．E_g が減少してエクシトンの束縛エネルギー *(2.3.15)* より小さくなると，エクシトンの "励起" エネルギー E_g-R は負となり，巨視的な数のエクシトンの存在する状態の方が，バンド理論の与える絶縁状態よりむしろエネルギーが低くなる．この場合の秩序状態は超伝導の場合の Cooper ペアの凝縮に対応するエクシトンの凝縮状態であって，$\langle a_{k\sigma}{}^{\dagger} b_{k+Q\sigma'}\rangle$ というタイプの期待値が0でない値をもつことによって特徴づけられ，**エクシトニック状態** (excitonic state) と呼ばれる．$\boldsymbol{Q}$ は $\boldsymbol{w}$ に等しいかまたはこれに近い波数ベクトルであって，いずれにしてもはじめ考えた結晶の逆格子ベクトルの表わす周期とはちがった新しい周期の出現を示す．

$E_g<0$ の側から $|E_g|$ を減少させたときにも，エクシトニック状態の可能性が推論できる．電子・正孔間の Coulomb 引力はキャリヤーの存在によってスクリーンされ，到達距離はキャリヤーの平均間隔 $n^{-1/3}$ の程度であるが，これがエクシトン半径 $\boldsymbol{a}$ より大きくなれば，電子と正孔はやはりエクシトンを形成してしまうであろう．このときの $|E_g|$ はやはり R のオーダーである．

エクシトニック状態の簡単な理論として，BCS モデルを真似た平均場近似がある．まず，Coulomb 相互作用の長距離部分を残して

$$\mathcal{H}_{\rm int} \cong (2V)^{-1} \sum v(q) \{ a_{k\sigma}{}^{\dagger} a_{k'\sigma'}{}^{\dagger} a_{k'-q\sigma'} a_{k+q\sigma}$$
$$+ b_{w+k\sigma}{}^{\dagger} b_{w+k'\sigma'}{}^{\dagger} b_{w+k'-q\sigma'} b_{w+k+q\sigma}$$

$$+2a_{k\sigma}{}^\dagger b_{w+k'\sigma'}{}^\dagger b_{w+k'-q\sigma'}a_{k+q\sigma}\} \qquad (4.9.19)$$

と近似する．$v(q)=(4\pi e^2/\varepsilon q^2)$ は誘電率 ε の媒質中の Coulomb ポテンシャルの Fourier 変換であり，$q=0$ の項は電気的中性の条件により除かれる．(4.9.19) で無視した項は q が w と同程度の大きさをもち，$v(q)$ が小さいのである．(4.9.19) に Hartree-Fock 近似を適用し，$\langle a_{k\uparrow}{}^\dagger b_{w+k\downarrow}\rangle$ というタイプの期待値およびその共役複素数だけを残す(ここで考える近似ではスピン3重項を考えても同じ)．電子と正孔が同じ質量 m をもつ場合を考え，$\xi_k=(\hbar^2k^2/2m)+(E_g/2)$ とおく．秩序パラメーター $\Delta_k=V^{-1}\sum v(\boldsymbol{k}-\boldsymbol{k}')\langle a_{k'\uparrow}{}^\dagger b_{w+k'\downarrow}\rangle$ をセルフ・コンシステントに決める方程式は BCS モデルと同形になり，準粒子の励起エネルギーも $E_k=[\xi_k{}^2+|\Delta_k|^2]^{1/2}$ の形になる．$\Delta_k=2E_k\varphi_k$ とおけば

$$2E_k\varphi_k-V^{-1}\sum_{k'}v(\boldsymbol{k}-\boldsymbol{k}')\varphi_{k'}=0 \qquad (4.9.20)$$

とくに $E_g>0$ の場合，$\Delta\to0$ の極限でこの方程式は質量 $m/2$ の粒子が Coulomb 場 $-e^2/\varepsilon r$ を運動する場合，つまり1個のエクシトンにたいする Schrödinger 方程式に帰着する．

この HF 近似の当否は別として，上述の一般的定義にしたがえば，§4.2 で述べた金属の CDW 状態や SDW 状態も一種のエクシトニック状態と見なせる．金属 Cr の SDW 状態がその例である．常磁性 Cr は bcc 構造をもち，その単位立方の辺長を d とすると，Brillouin 域の中心 $\boldsymbol{k}=0$ を中心とする八面体的な形の電子の Fermi 面と，$\boldsymbol{w}=(2\pi/d)(1,0,0)\equiv\boldsymbol{K}/2$ を中心とするほぼ同形の正孔の Fermi 面をもち，後者の方がやや小さい．もし両者の大きさが完全に等しければ，k 空間での $\boldsymbol{K}/2$ だけの並進によって2つの Fermi 面は重なり合う(**nesting**)．電子系は，電子間相互作用を利用して，波数ベクトル $\boldsymbol{K}/2$ で特徴づけられる周期性をもった摂動を自発的に作り出し，並進対称性を体心立方から単純立方に低下させるであろう．実際には電子と正孔の Fermi 面の大きさがわずかに違うために，$\boldsymbol{K}/2$ とわずかに違う $\boldsymbol{Q}$ で特徴づけられる SDW 状態が出現する．

nesting という点からすれば，いわゆる**準1次元的導体**(たとえば TTF-TCNQ) が最も簡単であろう．結晶は平行に走る分子の鎖の集合であり，電子はほとんど鎖の方向にのみ運動して1次元 Fermi 流体を形成している．その k 空間も1次元，Fermi “面” も実は面でなくて2点 $\pm k_F$ であり，$2k_F$ だけの並進によ

って重なり合う．したがって $Q=2k_F$ を基本波数とする CDW, SDW が期待されるが，完全な1次元系では有限温度で長距離秩序の確立は不可能である．鎖間相互作用を考えに入れても，鎖間での電子交換が無視されるかぎり，SDW の長距離秩序は不可能である．しかし CDW の方は，鎖間の Coulomb 相互作用によって安定化され，3次元的秩序が確立される可能性がある．実際，有機導体 TTF-TCNQ ではこのメカニズムによる電子系の CDW 状態への転移(および電子・フォノン相互作用を通じての結晶構造の転移)がおこっていると考えられる．

d) 電子・正孔金属

典型的な半金属 As, Sb, Bi(本講座第6巻『物性 I』§5.6)のバンド・パラメーターを適当に制御してエクシトニック転移を見ようとする実験はあるが，エクシトニック状態が確認された例はまだない．単に**金属・絶縁体転移**が見えるだけでは十分といえない．電子・正孔系が，エクシトニック状態を経由せず，したがって結晶の並進対称性の変化無しに，金属・絶縁体の1次転移を行う可能性があるからである．

実際，半導体の Ge や Si をレーザー光で照射して巨視的な数の電子，正孔を作ることができるが，この“人工的”な電子・正孔物質が上述の1次転移を示すのである．電子と正孔の再結合は比較的ゆっくりおこるので，定常条件の下では，電子・正孔系は一定の全粒子数 $2N$ と一定体積 V をもつ熱平衡系として扱える．密度 $n=N/V$ が小さく，温度があまり高くないとき，系はエクシトン，または水素分子類似のエクシトン分子でできた古典気体である．n がある値に達すると系は2相分離をおこし，一定の高密度 n_0 をもつ電子・正孔の金属ドロップ(metallic electron-hole drop)がエクシトン気体中に発生し，平均密度 n が n_0 に等しくなったところで全系が電子・正孔金属になる．通常の気体を等温圧縮して液体への1次転移がおこるのと同様である．

理論的には，電子，正孔2成分 Fermi 流体のエネルギー $E_0=N\varepsilon(n)$ を密度 n，または $r_s=[3/4\pi na^3]^{1/3}$ の関数として§3.3の方法によって計算する．この E_0 には電子，正孔の生成エネルギー E_g はふくめないから，$n\to0$ で $\varepsilon(n)\to0$ であり，また高密度極限では零点運動エネルギーのために $n^{2/3}$ に比例して発散する．中間のある密度 n_0 で $\varepsilon(n)$ が負の極小値 ε_0 をもち，しかも $|\varepsilon_0|$ がエクシトンの束縛エネルギー R より大きければ，密度 n_0 の金属液滴の形成が可能ということ

になる．Ge の場合，RPA で計算された n_0, ε_0 ($r_s \cong 0.6$, $\varepsilon_0 \cong -2R$) は，観測値とよい一致を示す．ここに RPA というのは，(*3.3.12*) の誘電関数に RPA の表式を代入することに相当し，電子ガスの場合に Gell-Mann-Brueckner のエネルギー (*3.3.14*) を与えるものである．実際の計算に際して，Ge のバンド構造，とくに伝導帯が 4 個の valley をもつことを考えに入れる必要がある．この 4 重の縮退のために，RPA によって総和される摂動項(リング・グラフ)が，無視される項にくらべて，4 倍の重みをもつことになるからである．いずれにしても，Ge に関する計算は，いわゆる多電子理論が最も大きな実際的成果を収めた例といえる．

レーザー照射で作った電子・正孔物質でなく通常の半金属でも，同様の 1 次転移のおこる可能性がある．この場合には，E_g を加えて $\omega(n)=nE_g+n\varepsilon(n)$ を n の関数として考える．E_g が正で十分大きければ，ω は $n=0$(絶縁体)で最小であるが，E_g がある程度小さくなると $n\neq0$ に極小が現れる．$E_g=|\varepsilon_0|$ のとき，この極小は $n=n_0$ でおこり，$\omega(n_0)=\omega(0)$ となる．つまり，絶縁体から密度 n_0 の金属状態へ 1 次転移がおこることになる．

§4.10　ゆらぎの問題

相転移の存在および転移の結果出現する秩序のタイプが予めわかっているとき，平均場近似は定性的ではあるが有用なモデル(場合によっては定量的記述)を与える．しかし，平均場近似に限界があることも明らかである．

a) 低次元系

たとえば，有限温度では相転移がおこらないはずの低次元系にたいしても，この近似は有限な転移温度を与えてしまう．すでに見た通り，これら低次元系の特徴は**ゆらぎ** (fluctuation) の効果が非常に大きいことであった．たとえば 1 次元 Heisenberg 強磁性体の場合，最低状態としてスピンのそろった秩序状態を考えることはできるが，そのすぐ上に無秩序状態が圧倒的な重みで存在し，温度が有限になると熱的ゆらぎによってスピンの長距離秩序が破壊されてしまう．平均場近似はこのゆらぎを正しく反映できないために有限な Curie 温度を与える．

相転移のような不連続点がないという意味では，磁性希薄合金の示す**近藤効果**の問題も同様である．伝導電子の Fermi 気体中に大きさ 1/2 の不純物スピン $\boldsymbol{S}$

がおかれていて，伝導電子との間にいわゆる sd 相互作用 $\mathcal{H}_{sd}=-J\boldsymbol{S}\cdot A_0{}^{\dagger}\boldsymbol{\sigma}A_0$ が働くと考える．A_j は (*4.9.2*) を成分とする 2 次元スピノル，$j=0$ は不純物スピンのおかれている格子点である．弱結合 $\rho_F|J|\ll 1$ を仮定すると，$|J|/k_B<T<T_F$ (T_F は伝導電子の Fermi 温度) で $\boldsymbol{S}$ は近似的に自由スピンの Curie 帯磁率 $\chi_0(T)\propto T^{-1}$ を示し，電子系は Pauli 帯磁率を示す．$\mathcal{H}_{sd}$ を摂動と見なして $\boldsymbol{S}$ の帯磁率の補正を求めると，散乱体が $\boldsymbol{S}$ という内部自由度をもつために散乱が多電子効果を示し，

$$\Delta\chi/\chi_0(T)=\rho_F J[1-\rho_F J\log(T_F/T)+\cdots]\cong\rho_F J[1+\rho_F J\log(T_F/T)]^{-1}$$

のように対数的特異性が現れる．最右辺は対数的特異性の一番高い項のみ集めた部分和で，$J<0$(反強磁性的)の場合，T が近藤温度 $T_K=T_F\exp[(\rho_F J)^{-1}]$ に近づくとき発散する．しかし，ただ 1 個の不純物スピンによる(零次元の)摂動が有限温度で熱力学関数に特異点を与えるはずはなく，発散は近似の不備による．

実際 $T=0$ における理論(芳田-吉森理論)によれば，$J<0$ の場合，$\boldsymbol{S}$ が 1 個分の電子スピンをとらえてスピン 1 重項の束縛状態を形成し，$\chi_0(T_K)$ 程度の有限な帯磁率を示す．つまり不純物スピンは“非”磁性散乱体になるのであるが，しかし散乱の位相シフトが伝導電子の分布関数の汎関数になるという意味で(局在した) Fermi 液体効果 (§3.5) を与える．いずれにしても，$\boldsymbol{S}$ の磁性的ふるまいから非磁性的ふるまいへの，急激ではあるが連続的移行のおこる温度が T_K である．このような事情は，不純物をいわゆる Anderson モデルで記述することによってもっとはっきり見ることができるのであるが，これについては本講座第 6 巻『物性 I』補章 C に詳述されている．

b) 臨 界 現 象

同様に，転移温度が確かに有限であるような 2 次相転移の場合にも，転移点近傍のいわゆる臨界域で現れる大きなゆらぎを平均場近似は正しく記述できない．転移点 T_c より高温であっても，空間的に有限な距離 ξ，時間的に有限な寿命 τ をもって秩序状態が出現してよいが，系全体にわたる平均的な長距離秩序だけで転移を記述する素朴な平均場近似はそのようなゆらぎを無視してしまう．T_c 以下でも事情は同様である．RPA はダイナミカルな平均場近似であって，秩序パラメーターのゆらぎを一応は考えに入れるけれども，波長の異なるゆらぎモードの相互作用，いわゆる**モード・モード結合**を無視する．平均場近似のこのような

欠陥は，T_c の値ばかりでなく物理量の臨界指数も一般には正しく与えない，という結果となって現れる．温度 T が T_c に低温側から接近するとき，秩序パラメーターは $(T_c-T)^{\beta}$ に比例して 0 となり，高温側から近づくとき比熱は $(T-T_c)^{-\alpha}$，帯磁率は $(T-T_c)^{-\gamma}$，相関距離 ξ は $(T-T_c)^{-\nu}$ に比例して発散する．$\alpha, \beta, \gamma, \nu$ が**臨界指数**であるが，その値は空間の次元数とか秩序パラメーターの成分数のような系のごく一般的性質で決まっていて，T_c のように粒子間相互作用の強さによって敏感に左右されることはない．転移点付近のゆらぎのもつこのような普遍性を解析する有力な方法として**くり込み群**の理論があるが，これについては本講座第5巻『統計物理学』§4.7を参照されたい．ただ，くり込み群の思想は近藤効果の問題にも応用されていることを付記しておこう．上述のように，この場合 T_c に相当するものは $T=0$ であり，$T<T_K$ が臨界域に対応する．$T=0$ に近づくにしたがって，不純物スピンにたいする J の効果は $|J|$ の大きい強結合の場合と相似してくるのである．

c）超伝導体と超流動 ^{3}He

平均場近似あるいは RPA が定量的にも成功する例外的な場合として超伝導体がある．§4.5の GL 理論あるいは対応する微視的な BCS モデル（§4.9）は，T_c 以下の超伝導状態のみならず，$T>T_c$ でゆらぎとして現われる Cooper ペアの効果をも，定量的に記述することができる．たとえば電子比熱の観測値は T_c で有限なとびを示し，秩序パラメーターのゆらぎを全く無視したときの理論的温度依存性とよく一致する．その理由は，Cooper ペアの空間的ひろがりを表わす長さ ξ_0 と電子の平均間隔 $r_0 \sim k_F^{-1}$ との比が T_F/T_c のオーダーで1より非常に大きいことである．つまり，あるペアに注目すると，そのひろがりの中に多数のペアが存在して相関をおよぼすために，ゆらぎの効果が相殺されてしまうのである．臨界域が存在しないわけではないが，T_c 近傍のごくせまい温度域に限られ，特殊な条件下（たとえば薄膜の電気抵抗とか Josephson 接合のトンネル電流）でないとゆらぎを観測することがむずかしい．

ここでは，GL 自由エネルギー（*4.5.10*）にもとづいて，平均場近似の与える転移点がゆらぎを考えてもわずかしかシフトしないことを示そう．ただし $\boldsymbol{A}$ は0とおき，また BCS モデルの与える表式 $a \cong (\hbar^2/2m\xi_0^2)t$, $b \cong (\hbar^2/2mn\xi_0^2)$ を利用する．$t=(T-T_c)/T_c$ であり，この T_c は平均場近似の与える転移点（§4.9(b)）

である．転移点が $t=0$ で決まるということは，§4.5で述べたように，秩序パラメーター Ψ が(磁場がないときに)空間的に一様であるとはじめから考えて(4.5.10)の極小を求めることであり，$t>0$ なら $\Psi=0$ がえられる．もちろん実際には $\exp[-F/k_B T]$ に比例する確率で Ψ のゆらぎがおこりうるし，しかも Ψ は空間的に変動するものであってよい．これを $\Psi=V^{-1/2}\sum\Psi_{\boldsymbol{q}}\exp[i\boldsymbol{q}\cdot\boldsymbol{r}]$ と Fourier 展開する．ただし，GL 理論の性格にかんがみ，$q\xi\lesssim 1$ をみたす長波長のモードのみ考える．ξ は $[\hbar^2/4ma]^{1/2}\cong 0.7\xi_0 t^{-1/2}$ で与えられる GL のコヒーレンスの長さである．$|\Psi|^4$ の項を無視すれば $F\cong\sum a(1+(\xi q)^2)|\Psi_{\boldsymbol{q}}|^2$ であって，各モードは独立に Gauss 分布にしたがい，$\langle|\Psi_{\boldsymbol{q}}|^2\rangle_0=k_B T[a(1+(\xi q)^2)]^{-1}$ である．

$|\Psi|^4$ の項の Fourier 変換は4個の $\Psi_{\boldsymbol{q}}$ の積に比例するモード・モード結合を与えるが，これに平均場近似を適用して1組の $\Psi_{\boldsymbol{q}}$, $\Psi_{\boldsymbol{q}}{}^*$ の積は期待値でおきかえる．これによって4次の項の効果が2次の項にくり込まれ，$\boldsymbol{q}=0$ のモードの係数が a から

$$a^*=a+2bV^{-1}\sum\langle|\Psi_{\boldsymbol{q}}|^2\rangle \tag{4.10.1}$$

に修正されることになる．$a^*=0$ となる温度は T_c より低いことになる．ゆらぎの効果が小さいとすれば，右辺第2項の期待値は上述の $\langle|\Psi_{\boldsymbol{q}}|^2\rangle_0$ でおきかえてよい．数因子を別として，$(a^*-a)a^{-1}\sim(bk_B T_c/a^2\xi^3)\sim(r_0/\xi_0)^2 t^{-1/2}$ となる．したがって，t が $(r_0/\xi_0)^4$ にくらべて大きいかぎり，a^* と a の差は無視してよい．転移点は事実上 $a=0$ で与えられると考えてかまわないのである．

空間の次元数が d であるとして同様の計算をおこなえば，$(a^*-a)a^{-1}\sim(bk_B\cdot T_c/a^2\xi^d)\sim[r_0/\xi_0]^{d-1}/t^{(4-d)/2}$ がえられることを付記しておこう．

ところで，液体 ^{3}He の場合にも，T_F は1K程度であり，超流動状態への転移は 10^{-3} K 程度の温度でおこるのであるから，$\xi_0\gg r_0$ という事情は超伝導体と同じである．実際，正常な Fermi 液体状態から超流動状態への2次転移に際し，比熱は不連続なとびを示す．臨界域は非常にせまいと考えてよい．一方，液体 ^{4}He が正常状態から超流動状態へ2次転移(λ 転移)する場合には，臨界域における比熱の対数発散が観測されている．液体 ^{4}He の ξ_0 は "Compton" 波長 $(\hbar/m_4 c_s)$ に近く，r_0 より小さいくらいであることが，その理由と考えられる．ただし m_4 は ^{4}He 原子の質量，c_s は液体 ^{4}He の音速である．

超伝導体の場合，電子の個別運動より低い励起エネルギーをもつ集団運動は，

重いイオンの振動，つまりフォノンだけと考えられる．これが電子間に引力を与え，Cooper ペア形成の原因となるのであった．フォノン自身は，超伝導状態への転移に際してほとんど変化しない．フォノンへの影響を決める電子系の静電分極率がほとんど変化しないからである．したがって，超伝導状態を論ずるとき，フォノンを仲介とする電子間引力は正常状態で考えたものと同じであるとしてよい．

超流動 ^{3}He の場合は，事情がいささか異なる(本講座第6巻『物性 I』補章 A 参照)．液体 ^{3}He は単成分系で金属のイオン振動はないが，秩序パラメーターが，ゲージ変換の自由度のほかに，ペアのスピンおよび相対軌道運動の回転の自由度をもつために，超流動状態でさまざまな集団運動が可能である．もうひとつ重要な点は，正常状態における液体 ^{3}He の核スピン帯磁率が，同じ密度の Fermi 気体の Pauli 帯磁率にくらべてかなり大きな値をもつことである(§3.5(c))．少し誇張していえば，強磁性出現寸前の状態にあり，長波長のスピンのゆらぎが激しくおこっていると考えられる．強磁性状態のスピン波のように安定な集団運動ではないが寿命はかなり長いと考えられるので，これも一種の素励起と見て**パラマグノン**(paramagnon)と呼ぶ(この概念はスピン帯磁率の大きい Pd その他の金属にも適用される)．金属の場合のフォノンにこのパラマグノンを対応させてみると，液体 ^{3}He の場合，パラマグノンを仲介とする ^{3}He 原子間の有効相互作用というものが考えられる．もっとも，フォノンと違ってパラマグノンは系の内部運動であるから，有効相互作用という言葉に多少の註釈を必要としよう．

もともと ^{3}He 原子間には図1.1(§1.2)の形のポテンシャル(以下裸のポテンシャルと呼ぶ)で表わされる相互作用が働いているのであるが，ポテンシャルが近距離で剛体芯のようにふるまうので，摂動論で扱うにしても有限次数で摂動展開を打切ることはできない．たとえば，2粒子の多重散乱を無限次まで考えに入れて，裸のポテンシャルをいわゆる K 行列でおきかえる(本講座第9巻『原子核論』§4.3)．K 行列は剛体芯の特異性をもたないので，これを有効相互作用とする BCS モデルを作ることができる．弱結合の場合，Fermi 面上の波数ベクトル $\boldsymbol{k}, -\boldsymbol{k}$ をもつペアが Fermi 面上の波数ベクトル $\boldsymbol{k}', -\boldsymbol{k}'$ をもつペアに散乱される過程の K 行列成分 $\langle \boldsymbol{k}', -\boldsymbol{k}'|K|\boldsymbol{k}, -\boldsymbol{k}\rangle \equiv K(\boldsymbol{n}\cdot\boldsymbol{n}')$ が問題になる．$\boldsymbol{n}$ は $\boldsymbol{k}$ 方向の単位ベクトルである($\boldsymbol{k}=k_{\mathrm{F}}\boldsymbol{n}$)．$K(\boldsymbol{n}\cdot\boldsymbol{n}')$ を $\boldsymbol{n}\cdot\boldsymbol{n}'$ の Legendre 多項式に展開

(部分波展開)し，l 次の展開係数を $[(2l+1)/4\pi]K_l$ と書くと，$-K_l$ が§4.9(b)の g の役割を演ずる．K_l が負で最大の絶対値をもつような l の値を相対軌道角運動量とする Cooper ペアの凝縮が，転移点 $T_c=1.14T_0\exp[(\rho_F K_l)^{-1}]$ でおこるのである．k_BT_0 は§4.9(b)の $\hbar\omega$ に相当する切断エネルギーで，いまの場合 T_0 は Fermi 温度 T_F と同じオーダーであると考えられる．

液体 ^{3}He について計算された K_l は(飽和蒸気圧下の密度に対応する k_F の付近で)$l=2$ のとき負で最大の絶対値を示している($l=0,1$ のとき正)．したがって一応 ^{1}D のペアが期待されることになるが，現実には ^{3}P のペアの凝縮がおこるのである．これは，上述の K 行列と同程度あるいはそれ以上に，パラマグノンを仲介とする有効相互作用，つまり強磁性的不安定性を生むのと同じタイプの摂動項の部分和が重要であるためと考えられる．事実後者は，スピンのむきまで考えたペアの散乱 $(\boldsymbol{k}'\sigma', -\boldsymbol{k}'\tau')\to(\boldsymbol{k}\sigma, -\boldsymbol{k}\tau)$ に際して，$-\chi(k_F\boldsymbol{n}-k_F\boldsymbol{n}')\boldsymbol{S}_{\sigma\sigma'}\cdot\boldsymbol{S}_{\tau\tau'}$ に比例する"交換型"有効相互作用を与えるのである．ただし $\chi(\boldsymbol{q})$ は波数ベクトル $\boldsymbol{q}$ で空間的に振動する磁場にたいするスピン帯磁率であり，かりに RPA を使えば，Fermi 気体の帯磁率 $\chi_0(\boldsymbol{q})$ と $\chi(\boldsymbol{q})=\chi_0(\boldsymbol{q})[1-\rho_F U\chi_0(\boldsymbol{q})]^{-1}$ の関係にある．ここの U は原子間の有効反発エネルギーで，上述の K 行列でいえば K_0 と考えられよう．いずれにしても，パラマグノン効果はスピン 3 重項ペアにたいし引力，1 重項ペアにたいし反発力を与え，このえこひいきは $\chi(0)/\chi_0(0)$ が大きく，スピンのゆらぎが大きいほど，ひどくなる．これに助けられて，^{3}P ペアの凝縮がおこるものと考えられる．

弱結合の場合，Cooper ペアの巨視的振幅 $\langle a_{\boldsymbol{k}\sigma}a_{-\boldsymbol{k}\tau}\rangle$ は Fermi 面 $k=k_F$ の近傍でのみ 0 と異なるから，$\boldsymbol{k}$ の方向 $\boldsymbol{n}$ を固定したまま大きさについて和をとり，これを $\Psi_{\sigma\tau}(\boldsymbol{n})$ と書く．^{3}P ペアの場合，これはスピンに関し対称 $(\Psi_{\sigma\tau}=\Psi_{\tau\sigma})$ で，n_x, n_y, n_z の 1 次結合である．スピノル解析によれば，$\Psi_{\downarrow\downarrow}(\boldsymbol{n})-\Psi_{\uparrow\uparrow}(\boldsymbol{n})=2\Psi d_x(\boldsymbol{n})$, $\Psi_{\downarrow\downarrow}(\boldsymbol{n})+\Psi_{\uparrow\uparrow}(\boldsymbol{n})=2i\Psi d_y(\boldsymbol{n})$, $\Psi_{\uparrow\downarrow}(\boldsymbol{n})=\Psi d_z(\boldsymbol{n})$ とおくと，$\boldsymbol{d}(\boldsymbol{n})=(d_x(\boldsymbol{n}), d_y(\boldsymbol{n}), d_z(\boldsymbol{n}))$ はスピン回転にたいしベクトルとしてふるまう．ただし，Ψ は比例定数で，$|\boldsymbol{d}(\boldsymbol{n})|^2$ を Fermi 面上で平均したものが 1 に等しいようにえらぶものとする．一番簡単な可能性は，$\boldsymbol{d}(\boldsymbol{n})$ が Fermi 面上に球対称に分布した $\boldsymbol{d}(\boldsymbol{n})=\boldsymbol{n}$, いわゆる **BW** (Balian-Werthamer) **状態**であり，^{3}He の 2 つの超流動状態 (A 相と B 相) のうち B 相はこの秩序パラメーターで特徴づけられる．もっとも，核磁気モ

ーメントの間の弱い双極子相互作用を無視するかぎり，ハミルトニアンはスピンと軌道運動を独立に回転させても不変で，R を任意の回転として，$\boldsymbol{d}(R\boldsymbol{n})$ は $\boldsymbol{d}(\boldsymbol{n})$ と同じ自由エネルギーを与える．

一方 A 相は，Fermi 面上どこでも同じ方向をむいている $\boldsymbol{d}(\boldsymbol{n})=[3/2]^{1/2}[(\boldsymbol{e}_1+i\boldsymbol{e}_2)\cdot\boldsymbol{l}]\boldsymbol{d}$ で特徴づけられる．$\boldsymbol{e}_1, \boldsymbol{e}_2, \boldsymbol{l}$ は右手直交系をなす定単位ベクトル，$\boldsymbol{d}$ は別の定単位ベクトルである．この，いわゆる **ABM**(Anderson-Brinkman-Morel) **状態**のペアは，$\boldsymbol{l}$ のまわりに大きさ $\hbar$ の相対軌道角運動量をもつ．$\boldsymbol{d}$ も $\boldsymbol{l}$ も x 軸に平行(双極子相互作用を考えると $\boldsymbol{d}/\!/\boldsymbol{l}$ が安定)な場合を考えれば，もとの表示で $\Psi_{\uparrow\uparrow}\propto-(n_y+in_z)$，$\Psi_{\downarrow\downarrow}\propto(n_y+in_z)$，$\Psi_{\uparrow\downarrow}=0$ である．

ところで，かりに Cooper ペア形成に有効な相互作用が，超伝導体の場合のように，超流動状態になっても正常状態で考えたのと本質的に変らないとすると，さまざまな $\boldsymbol{d}(\boldsymbol{n})$ のうちで BW 状態が最低の自由エネルギーを与えることが証明されている．つまり，A 相は存在できないことになる．A 相が現実に，しかもスピンのゆらぎの大きい高圧域で存在するのは，やはりパラマグノン効果と考えられる．超流動状態のスピン帯磁率は $\boldsymbol{d}(\boldsymbol{n})$ のえらび方に依存するからである．スピン分極は上向きスピンと下向きスピンの Fermi 面が異なる大きさをもつことによって生ずるが，その結果 $\Psi_{\uparrow\downarrow}$ で記述されるペアの凝縮エネルギーは減少するので，弱磁場の下では，これらのペアはスピン分極を抑止する．超伝導体のスピン帯磁率が温度とともに減少し，$T=0$ で 0 となるのはこのためである．これに対し，上の Ψ 表示の形からも推測されるように，ABM 状態の帯磁率は $\boldsymbol{d}$ に垂直な方向では正常状態と同じ値を維持し，$\boldsymbol{d}$ 方向でのみ減少する．この減少は転移点近傍で $|\Psi|^2$ に比例する．一方，BW 状態の帯磁率はすべての方向で同様の減少を示す．したがって，パラマグノン効果は BW 状態より ABM 状態に有利に働くと考えられる．

パラマグノン効果に関して以上述べたことは，きわめて定性的な話である．BCS モデルに，Stoner モデルを RPA で扱うことに相当する形で，スピンのゆらぎを加味することはできるが，十分にコンシステントで定量的な理論とはいいがたい．

なお，スピンのゆらぎの大きな金属でも，電子が ^{3}P ペアを形成する可能性があるのではないかと考えられている．

d) 金属強磁性

§4.9(a)の Stoner モデルについて，温度が上昇して強磁性状態から常磁性状態へ転移のおこるメカニズムを考えてみよう．ただし，$\rho_F U$ は1よりわずかに大きく，$T=0$ の自発分極 ζ が1にくらべて小さい場合を仮定する．

まず，超伝導とのアナロジーで，転移を決定するものは個別運動の無秩序化，つまり Fermi 分布関数が Fermi 準位付近で階段関数から滑らかな関数になる効果であると考えてみる．Hartree-Fock 近似のハミルトニアン(*4.9.7*)にもとづいて，自由エネルギー F を T および ζ の関数として計算し，ζ についてベキ級数展開する．(*4.9.8*)と同様な形がえられるが，ただし展開係数は T に依存する．Fermi温度 T_F にくらべて十分低い T では，$a=\chi_0^{-1}-(U/2)$ で $\chi_0(T)=2\rho_F[1-(\pi^2/12)(T/T_F)^2]$ とおけばよい．GL 理論と同様に，Curie 温度はこの a が0となる温度として与えられる．

$$T_C = [12(\rho_F U-1)/\pi^2 \rho_F U]^{1/2} T_F \tag{4.10.2}$$

いまは $T_C \ll T_F$ と考えるのである．$T>T_C$ の帯磁率 χ は $[\partial^2 F/\partial\zeta^2]_{\zeta=0}$ の逆数であるから，$T\ll T_F$ として

$$\chi(T) \cong 12\chi_0(0)[T_F/\pi T]^2[T_C^2/(T^2-T_C^2)] \tag{4.10.3}$$

ところで，§4.9(a)の Stoner 励起とスピン波励起の関係を見てもわかるように，少なくも長波長域では，個別運動よりも集団運動——秩序パラメーター自身のゆらぎ——の方が，低エネルギー励起として重要である．しかし，§4.9(a)のスピン波理論は，波数ベクトル $\boldsymbol{q}$ の異なるモードの間の相互作用を無視した RPA であり，$\boldsymbol{q}\neq 0$ のモードの効果が $\boldsymbol{q}=0$ のモード(たとえば Curie 点の決定)にくり込まれることはない．このモード・モード結合を考えに入れる便法として，前項で述べた超伝導転移点のモード・モード結合によるシフトを真似てみよう．前項では自由エネルギーの GL 展開から出発したが，ここでは $T=0$ の展開(*4.9.8*)を出発点にえらぶ．つまり，係数 a, b は $T=0$ の値をとる．(*4.9.8*)と違って，秩序パラメーター ζ は(比較的長波長で)空間的にゆらいでいるものとする．したがって，$n=NV^{-1}$ として

$$E = \text{const.}+\int n d\boldsymbol{r}\left[\frac{1}{2}a\zeta^2+\frac{1}{4}b\zeta^4+\frac{1}{2}c(\nabla\zeta)^2\right] \tag{4.10.4}$$

係数 c を a, b と同じモデルで計算すると，電子気体の波数 $\boldsymbol{q}$ における帯磁率

$\chi_0(\boldsymbol{q})$ を使って $c=-\chi_0^{-2}(0)[d^2\chi_0(0)/dq^2]=[12\rho_F k_F^2]^{-1}$ と表わされる．GL のコヒーレンスの長さに対応するものは，この場合 $\xi=[c/|a|]^{1/2}=[6(\rho_F U-1)k_F^2]^{-1/2}$ である．

前項と同様，ζ を Fourier 展開し，ζ^4 の項からえられるモード・モード結合に平均場近似を適用して $\boldsymbol{q}=0$ のモードへくり込む．ζ のゆらぎは $\exp[-E/k_B T]$ に比例する確率で実現する（古典統計）と仮定すれば，計算は前項と同じで $\langle|\zeta_q|^2\rangle=k_B T[n(a^*+cq^2)]^{-1}$ となり，(4.10.1) に対応するくり込みは次の形になる．

$$X=-(T_C/T_0)+(T/T_0)[1-X^{1/2}\tan^{-1}X^{-1/2}] \qquad (4.10.5)$$

ただし，$X=(a^*/cq_m^2)$, $T_0=[2\pi^2c^2nq_m/3b]$, $T_C=[|a|/cq_m^2]T_0$, q_m は考えに入れる波数の上限である．T_C は (4.10.5) で $X=0$ とおいたときの T の値，つまり Curie 点である．Curie 点の近傍 $(4T_0/\pi^2T_C)\gg(T-T_C)/T_C>0$ では，$X\propto(T-T_C)$ であって，帯磁率は Curie-Weiss 則にしたがう．

$$\chi=[\chi_0(0)/(\rho_F U-1)][T_C/(T-T_C)] \qquad (4.10.6)$$

a, b, c として電子気体の値を代入すれば，T_C の値や Curie-Weiss 則の成立する温度域の幅は，切断波数 q_m で決まる．上に導入した ξ を使って表わすと，$T_C=[\rho_F U-1]^{1/2}[3\sqrt{6}\,q_m\xi]^{-1}T_F$, $(4T_0/\pi^2T_C)=16[q_m\xi/2\pi]^2$ である．常識的には $q_m\xi\cong2\pi$ とえらぶべきであろう．しかし，この理論 (Murata-Doniach 理論) であまり定量的な議論をしても意味がない．(4.10.4) から出発してゆらぎの効果を古典統計で論ずる方法は，励起エネルギーが $k_B T$ 程度でしかも k_F^{-1} よりずっと長波長の ζ_q が決定的な役割を果す場合にだけ有効だからである．むしろ，モード・モード結合の重要性を，定性的にではあるがわかりやすく示すモデルというべきである．なお，これと同様のメカニズムは変位型強誘電体について実はふるくから考えられていた．ζ_q に相当するものは，光学的分枝の振動を記述するノーマル座標であって，この振動にともなう電気モーメントの双極子相互作用を考えに入れると，a に対応するパラメーターはやはり負である．しかし高温では非調和項の効果が大きく，これをくり込んだ a^* は正になっている．これはまた§1.9 で述べたセルフ・コンシステント・フォノンの思想にも通ずるものである．

定量的なモデルを作るためには，もっと微視的な立場からの定式化が必要である．ひとつの方法として，§3.3 で述べた Feynman の定理を利用して自由エネルギーをダイナミカルなレスポンスで表現するやり方がある．モデル (4.9.3)

の場合には，(4.9.3)で定義されたスピン密度の演算子，あるいは$2\sigma^{(\pm)}(\boldsymbol{q})=\sigma_{\boldsymbol{q}}{}^{(x)}\pm i\sigma_{\boldsymbol{q}}{}^{(y)}$を使って，相互作用の項が$\mathscr{H}_{\rm int}(U)=(NU/2)\{1-N^{-1}\sum\{\sigma^{(+)}(\boldsymbol{q}),\sigma^{(-)}(-\boldsymbol{q})\}\}$と書けることを利用すると，$xy$方向のスピン帯磁率で自由エネルギーを表現することができる($\{a,b\}\equiv ab+ba$である)．その際，相互作用の強さUを0から現実の値まで動くパラメーターと見なすわけであるが，スピン分極$M=N\zeta$(および温度，電子数)は固定して考える．もう少し詳しくいうと，スピン分極を表わす演算子$\sigma_0{}^{(z)}=\sum a_{\boldsymbol{k}}{}^{\dagger}\sigma^{(z)}a_{\boldsymbol{k}}$の期待値が$M$に等しいという副条件下での熱力学ポテンシャル$\Omega$を$\exp[-\Omega/k_{\rm B}T]={\rm tr}[\exp[-(\mathscr{H}-B\sigma_0{}^{(z)})/k_{\rm B}T]]$で定義し，Lagrangeパラメーター$B$を$M=-(\partial\Omega/\partial B)$によって逆に$M$で表わし，$F=\Omega+BM$とおくと，これが$M$を熱力学変数としたときの自由エネルギーである．したがって一般的にいえば，BはUの値による．このことに注意してFをパラメーターUで微分すると，Feynmanの定理が$U(\partial F/\partial U)=\langle\mathscr{H}_{\rm int}(U)\rangle_M$の形にえられる．右辺は$M=$一定の下での期待値を意味する．たとえば，この期待値として$U=0$のときの値$(U/N)N_\uparrow N_\downarrow=(U/4N)(N^2-M^2)$を採って$U$について積分すれば，HF近似の自由エネルギー

$$F_{\rm HF}(M)=F_0(M)+(U/4N)(N^2-M^2) \tag{4.10.7}$$

がえられる．$F_0(M)$は$U=0$のときの自由エネルギーである．

一般の場合には，$\varDelta F=F(M)-F_0(M)$と書くことにして，

$$\varDelta F=\frac{N}{2}U-\frac{1}{2}\sum_{\boldsymbol{q}}\int_0^U dU\langle\{\sigma^{(+)}(\boldsymbol{q}),\sigma^{(-)}(-\boldsymbol{q})\}\rangle \tag{4.10.8}$$

(1.8.2)の$\Phi_\lambda,\Phi_{-\lambda}$の代りに$\sigma^{(+)}(\boldsymbol{q}),\sigma^{(-)}(-\boldsymbol{q})$とおいた温度Green関数を考え，(1.8.3)のように展開したFourier係数を$-\chi^{(t)}(\boldsymbol{q},i\nu_l)$，これを$i\nu_l\to\nu+i0^+$と実数軸直上に解析接続したものを$-\chi^{(t)}(\boldsymbol{q},\omega)$と書く．後者が横方向のダイナミカルなスピン帯磁率であり，§3.3の動的構造因子に対応する．ただし，いずれも$M=$一定の条件下で考えたものである．これらを使うと(本講座第5巻『統計物理学』§8.3)，

$$\frac{1}{2}\langle\{\sigma^{(+)}(\boldsymbol{q}),\sigma^{(-)}(-\boldsymbol{q})\}\rangle=k_{\rm B}T\sum_{l=-\infty}^{+\infty}\chi^{(t)}(\boldsymbol{q},i\nu_l)$$
$$=\int_{-\infty}^{\infty}\frac{d\omega}{2\pi}\coth\left(\frac{\omega}{2k_{\rm B}T}\right){\rm Im}\,\chi^{(t)}(\boldsymbol{q},\omega) \tag{4.10.9}$$

HF 近似の場合には，帯磁率として $U=0$ のときの表式 $\chi_0{}^{(t)}$ を代入するわけである．したがって，(4.10.8) を HF 近似の表式とこれに対する補正，つまりゆらぎの効果 $\Delta_2 F$ の和の形に書くことができる．

$$\Delta F=\frac{1}{4}U(N^2-M^2)+\Delta_2 F \tag{4.10.10}$$

$$\Delta_2 F=-k_{\mathrm{B}}T\sum\int_0^U dU\{\chi^{(t)}(\boldsymbol{q},i\nu_l)-\chi_0{}^{(t)}(\boldsymbol{q},i\nu_l)\} \tag{4.10.11}$$

たとえば，静的帯磁率 χ は $N\chi^{-1}=\partial^2 F/\partial M^2$ で与えられるのであるから，次の形に書ける．

$$\chi=\chi_0\left[1-\frac{1}{2}U\chi_0+\lambda\right]^{-1} \tag{4.10.12}$$

λ は $\Delta_2 F$ に由来する補正で

$$\begin{aligned}\lambda&=k_{\mathrm{B}}T\sum_l G(i\nu_l)\\&=-\chi_0 k_{\mathrm{B}}T\sum\int_0^U dU\frac{\partial^2}{\partial\zeta^2}\{\chi^{(t)}(\boldsymbol{q},i\nu_l)-\chi_0{}^{(t)}(\boldsymbol{q},i\nu_l)\}\end{aligned} \tag{4.10.13}$$

以上は一般論であって，$\chi^{(t)}$ に適当な近似を代入することによって具体的なモデルが設定される．まず，§3.3 の電子ガスの理論を真似て，RPA の表式 $\chi_{\mathrm{RPA}}{}^{(t)}=\chi_0{}^{(t)}[1-U\chi_0{}^{(t)}]^{-1}$ を採用することが考えられる．しかし，この表式で $\nu\to 0$, $q\to 0$ としたもの ($\chi_0{}^{(t)}\to(1/2)\chi_0$ に注意) は (4.10.12) と一致しない．この点で理論をコンシステントにするために，RPA を

$$\chi^{(t)}=\chi_0{}^{(t)}[1-U\chi_0{}^{(t)}+\lambda]^{-1} \tag{4.10.14}$$

と修正する．もちろん $\chi^{(t)}$ をいつもこの形に書くことは可能であるが，一般には λ はパラメーター U, M に依存し，$\boldsymbol{q}, \nu$ の関数でもある．いまはこれらの依存性を無視するのである．(4.10.14) を (4.10.13) へ代入して，λ をセルフ・コンシステントに決める方程式がえられる．したがって $\chi_0{}^{(t)}(\boldsymbol{q},i\nu_l)$ の関数形は $T=0$ のものを採用しても λ は T に依存し，(4.10.12) が Curie-Weiss 則を示す可能性がある．実際，低励起エネルギー，長波長のゆらぎが重要であることを誇張して，(4.10.13) で $\nu_l=0$ の項のみを残し，$\chi_0{}^{(t)}$ は q^2 の項まで展開すると，(4.10.13) は (4.10.5) の形に帰着するのである．つまり，(4.10.13) はモード・

モード結合の $\boldsymbol{q}=0$ モードへのくり込み効果を微視的立場から表現するものである.

実際，演算子 $a_{k\sigma}{}^{\dagger}a_{k+q\tau}$ の量子力学的運動方程式に現れる a 演算子4個の積において，適当な2個の積を(HF近似の最低状態に関する)期待値でおきかえるのがRPAであった．いわゆる運動方程式の連鎖を最低次で切断するのである(本講座第5巻『統計物理学』§9.2)．近似をもう一段進め，a 演算子4個の積の運動方程式において切断を行うことにすると，異なる $\boldsymbol{q}$ をもつモードの間の結合が最低次で考えに入れられることになる．その上で，低エネルギー，長波長のゆらぎが重要であると仮定すると，(*4.10.13*), (*4.10.14*) がえられるのである.

つまり，この理論(守谷-川端理論)は，従来慣用されてきたRPAを一歩進めて，スピンのゆらぎをセルフ・コンシステントに扱う途を拓いたものである．実際，$ZrZn_2$, Sc_2In 等の(Curie点が低く，$T=0$ の自発磁化の小さい)いわゆる弱い強磁性体の示す諸特性の説明に成功している．一般の波数ベクトル $\boldsymbol{Q}\neq 0$ で特徴づけられるスピン秩序も，スピンのゆらぎが $\boldsymbol{Q}$ に近い波数ベクトルの領域に集中しているかぎり，この理論の対象となりうる．さらに，この理論の基本的な思想は(磁気的転移以外の)他のタイプの相転移を示すFermi粒子系にたいしても，有効であるにちがいない.

第Ⅱ部　素励起の相互作用

第5章　線形相互作用と連成波

巨視系の最低エネルギー状態，すなわち完全秩序の状態を基準として考えると，それからのわずかのずれは古典的場の調和振動として記述できること，また量子論ではそれを素励起として粒子的にとらえることもできることを，第I部で多くの実例について学んだ．さて異種の場または素励起の間に相互作用があるときは，一方の場の振動には必然的に他方の場を伴い，その結果それぞれの場の振動数，あるいはそれぞれの素励起のエネルギーや質量が変化すると同時に，各素励起が有限の寿命で減衰して他の量子状態へ移るようになる．外からの電磁波に対する応答，すなわち光吸収，Raman 散乱，スピン共鳴，サイクロトロン共鳴などのスペクトルや，電子線，中性子線など粒子線のエネルギー損失スペクトルにより素励起を観測する場合，上にのべた2つの効果はそれぞれ，振動数(またはエネルギー)のずれおよび幅として現われる．金属内伝導電子の格子振動による散乱のように，減衰が電気抵抗，熱抵抗などの物性を支配する場合もある．また外からの電磁波により一方の場だけを励起しても，相互作用を通して他方の場も同時に励起されるため，光吸収または散乱スペクトルに多彩な構造が現われる．

このように巨視系の示すさまざまの性質や現象には，異なる素励起の間の相互作用の結果として理解されるものが極めて多い．それでは，種々の素励起の間には実際どのような相互作用が存在し，それがどのようなしくみによって巨視的性質または現象に現われてくるのであろうか．それをある程度系統的にとらえ，いくつかの典型的な場合について考察するのが第II部の目的であるが，本章では，最も簡単な場合である線形相互作用とその働きについてのべることにする．

§5.1　線形相互作用

相互作用は，その形式に着目して，線形のものおよび非線形のものに分類することができる．いま相互作用する2つの場 x, y を考えてみよう．x, y としては，たとえば格子振動，絶縁体の電子的分極，金属電子のプラズマ振動，磁性体の磁化揺動(スピン波)，電磁場などのように，ある程度古典的場として記述できるもの(量子論では近似的に Bose 粒子の集団として扱うことができる)を考えてもよいし，また古典的類似をもたない Fermi 粒子の場，たとえば電子の生成・消滅演算子を考えることもできるのであるが，説明の便宜上前者に限ることにし，場の古典的運動方程式を考えてみよう．

2つの場が共存するときのポテンシャル・エネルギーを $U(x, y)$ とし，その最小値および最小点をそれぞれ U および x, y の原点にとって，Taylor 展開を行なう．

$$U(x, y)=\frac{{\omega_1}^2}{2}x^2+\frac{{\omega_2}^2}{2}y^2+\gamma\omega_1\omega_2xy+(3\text{次以上の項}) \tag{5.1.1}$$

x, y の単位を適当にとると運動エネルギーは $T=(\dot{x}^2+\dot{y}^2)/2$ と書かれるから，この系のラグランジアンは

$$\mathscr{L}=T-U=\frac{1}{2}(\dot{x}^2-{\omega_1}^2x^2)+\frac{1}{2}(\dot{y}^2-{\omega_2}^2y^2)-\gamma\omega_1\omega_2xy$$
$$+(3\text{次以上の項}) \tag{5.1.2}$$

で与えられる．これから連立運動方程式

$$(\ddot{x}+{\omega_1}^2x)+\gamma\omega_1\omega_2y+(2\text{次以上の項})=0 \tag{5.1.3 a}$$
$$(\ddot{y}+{\omega_2}^2y)+\gamma\omega_1\omega_2x+(2\text{次以上の項})=0 \tag{5.1.3 b}$$

が得られる．

(5.1.3)で2次以上の項はしばらく無視することとし，γ をふくむ1次の相互作用項(エネルギーについていえば x, y について双1次の項)までを考慮すれば，固有振動として，x, y が一定の振幅比で同時に振動する**連成振動**(coupled oscillation)または**連成波**が得られる．x, y ともに $\exp(-i\omega t)$ に比例するとして(5.1.3)に入れると，0でない解をもつための条件として，永年方程式

$$\begin{vmatrix} {\omega_1}^2-\omega^2 & \gamma\omega_1\omega_2 \\ \gamma\omega_1\omega_2 & {\omega_2}^2-\omega^2 \end{vmatrix}=0 \tag{5.1.4}$$

が得られる．これから2つの固有振動数 $\omega_\pm$，およびそれぞれの固有解での x, y の振幅比がきまる．ω_2 を一定とし，ω_1 を変化させた場合の $\omega_\pm$ を図5.1に示し

た．$\omega_1 \approx \omega_2$ のときは，共鳴によって双方の成分が同程度にまじり合い($|x/y| \approx 1$)，もとの振動数は著しく変化を受ける．一方 $\omega_1 \gg \omega_2$ (または $\omega_1 \ll \omega_2$，以下同様)のとき，速い方の振動は相互作用の影響をほとんど受けないが，遅い方の振動は有限の影響を受けて振動数が低下する．実際，遅い方の固有振動 $\omega = \omega_-$ に対しては $\omega < \omega_2 \ll \omega_1$ であるから，(*5. 1. 3 a*)で慣性項 $\ddot{x}$ $(= -\omega^2 x)$ を無視でき，x は各瞬間の y の値に断熱的に追随して $x = -(\gamma\omega_2/\omega_1)y$ となる．これを(*5. 1. 3 b*)に入れると，y の振動に対する復元力 $-\omega_2{}^2 y$ が $1-\gamma^2$ 倍に減少するが，これを x による遮蔽効果と考えることもできる．このように，速い運動は遅い運動に追随してその復元力を遮蔽するが，その逆は起こらない．われわれは§2.1で，電子雲変形による分極とイオン変位による分極とを考察する際，前者が後者に断熱的に追随すると考えて問題をとり扱ったが，上記のような事情が暗黙の中に考慮されていたのである．

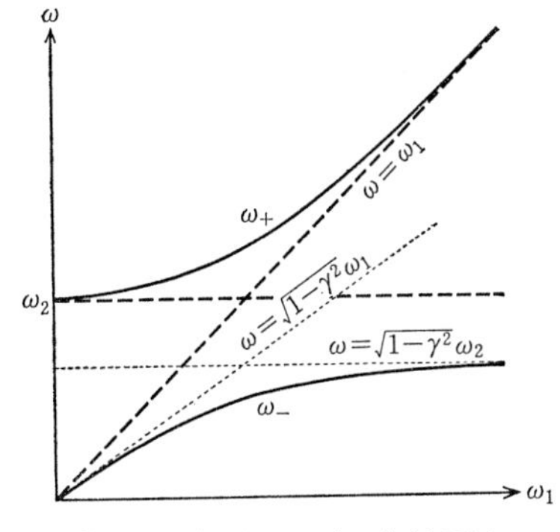

図5.1　2つの振動子($\omega = \omega_{1,2}$)の連成振動($\omega = \omega_\pm$)

永年方程式(*5. 1. 4*)を解いて固有振動解を求めることは，(x, y) 面で適当な直交変換を行なって(*5. 1. 2*)の2次形式を対角化することと同等である．この新しい座標系では，われわれの連成場は2つの独立な調和振動子の系とみなすことができる．すでに§2.2(c)でのべたように，このような系に対しては，古典力学と量子力学は同じ誘電率を与えるから，古典力学的考察だけで本質的なことは大体わかる．

これまで無視した(*5. 1. 3*)の非線形相互作用——(*5. 1. 1*)のエネルギーでいえば3次以上の相互作用項——がある場合には，2つの場の成分が単に入りまじるだけでなく，非線形特有の多彩な効果が現われ，また量子論と古典論との関係も単純でなくなる．それについては第6章および第7章でのべることとし，本章では次節以下で線形相互作用の典型的な実例を2,3あげてみよう．

§5.2 光学型格子振動とキャリヤー・プラズマの相互作用

2種の原子からなる化合物半導体は赤外活性の光学型格子振動をもつが，等方性結晶(たとえばGaAs)を考えることにして，その縦波および横波振動数を ω_l, ω_t とする．一方このような半導体に，母体構成原子より原子価の大きい(小さい)不純物原子をまぜると，化学結合上不要になった電子(または不足になった電子，すなわち正孔)が伝導帯(または価電子帯)に解放される．このようにしてできた**キャリヤー**(carrier，電流担体ともいう)の濃度 n が十分大きくなれば，それによるプラズマ振動も観測できるようになるが，これも縦波分極波として反電場を伴い，それを通して光学型縦波格子振動と相互作用する．不純物濃度を調節することにより(*2.2.29*)のプラズマ振動数 $\omega_{\rm p}$ を自在にかえることができるのは，半導体の1つの利点であるが，不純物濃度は母体原子のそれに比べてはるかに小さく，また多くの半導体では光学的誘電率 ϵ_∞ が1に比べて大きいから，$\omega_{\rm p}$ は金属電子のプラズマの場合よりずっと小さく，適当な不純物濃度で ω_l と同程度になる．図5.1のような共鳴効果を観測するには好適な対象であろう†.

簡単のため，波数 q の小さい極限で，2つの波の相互作用を考えてみよう．光学型格子振動による分極電荷 $\rho_2=-{\rm div}\,\boldsymbol{P}$ に対する運動方程式 $\ddot{\rho}_2+\omega_l^2\rho_2=0$ を，$\ddot{\rho}_2+\omega_{\rm t}^2\rho_2=-(\omega_l^2-\omega_{\rm t}^2)\rho_2$ と書くと，右辺は(*2.1.34*)からも明らかなように反電場による復元力を表わすから，キャリヤー・プラズマが共存するとき，それによる分極電荷 ρ_1 を右辺の ρ_2 に加えなければならない．一方キャリヤー・プラズマに対しては，復元力は反電場だけであるから，その運動方程式 $\ddot{\rho}_1=-\omega_{\rm p}^2\rho_1$ に対する光学型格子振動の影響をとり入れるには，右辺の ρ_1 に ρ_2 を加えればよい．このようにして連立運動方程式

$$\ddot{\rho}_1+\omega_{\rm p}^2\rho_1+\omega_{\rm p}^2\rho_2=0 \qquad (5.2.1\,a)$$

$$\ddot{\rho}_2+\omega_l^2\rho_2+(\omega_l^2-\omega_{\rm t}^2)\rho_1=0 \qquad (5.2.1\,b)$$

---

† 始めてこれを指摘し，理論的に取り扱った論文は Yokota, I.: *J. Phys. Soc. Japan*, **16**, 2075 (1961)である．

が得られ，$\omega_1=\omega_\mathrm{p}\propto\sqrt{n}$ の関数としての固有振動数は図 5.1 とまったく同様であって，図 5.2(a) の実線のようになる．低振動数側の分枝 ω_- は，$\omega_\mathrm{p}\ll\omega_l$ のとき，ϵ_∞ でなく静的誘電率 ϵ_0 で遮蔽されたキャリヤー・プラズマ振動をあらわし $(\omega_-{}^2\approx 4\pi ne^2/\epsilon_0 m)$，また $\omega_\mathrm{p}\gg\omega_l$ では，キャリヤー・プラズマによって反電場が完全に遮蔽された光学型縦波格子振動 $(\omega_-{}^2\approx\omega_\mathrm{t}{}^2)$ をあらわしている．それぞれの場合での，プラズマと格子振動との運動の遅速を考えれば，これらは当然の帰結である．

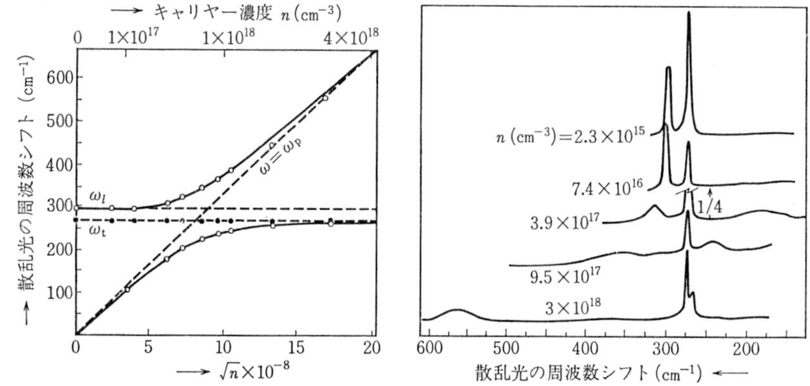

(a) 濃度 n のキャリヤーを含む GaAs 半導体でのプラズマ振動 (ω_p) と光学型縦波格子振動 (ω_l) との連成波，および光学型横波格子振動 (ω_t)．白丸と黒丸は Raman 散乱による観測（図(b)参照）

(b) 濃度 n のキャリヤーを含む GaAs 半導体の Raman 散乱スペクトル

図 5.2 (Mooradian, A. & Wright, G. B.: *Phys. Rev. Letters*, **16**, 999 (1966); Mooradian, A. & McWhorter, A. L.: *Light Scattering Spectra of Solids*, Springer (1969), p. 297 による)

このように 2 つの分極場は，それぞれのひき起こす反電場を通して相互作用することに注意して，この連成場の誘電率を §2.2(b) の (II) の考え方で求めてみよう．それによると，内部電場 $\boldsymbol{E}$ に対する格子振動系およびキャリヤー系の**有効分極率** α_eff を，単に加えあわせて誘電率を求めることができ，(*2. 1. 33′*), (*2. 1. 35*), (*2. 2. 27*) および (*2. 2. 29*) により

$$\epsilon(\omega)=\epsilon_\infty\left[1+\frac{\omega_l{}^2-\omega_\mathrm{t}{}^2}{\omega_\mathrm{t}{}^2-\omega^2}+\frac{\omega_\mathrm{p}{}^2}{-\omega^2}\right] \qquad (5.\,2.\,2)$$

が得られる．この系の縦波固有振動数を求める方程式 $\epsilon(\omega)=0$ が，(*5. 2. 1*) に対する永年方程式と一致することは容易にたしかめられる．一方 (*5. 2. 2*) は $\omega=\omega_\mathrm{t}$

に極をもち，横波格子振動はプラズマの影響をまったく受けないことがわかる．

強いレーザー光を入射光として用いた Raman 散乱によって，n 型 GaAs における上記3枝の固有振動，すなわち2つの縦波連成振動と1つの横波格子振動とが観測されているので，そのデータを示そう．図5.2(b)は反 Stokes 過程の Raman スペクトル，すなわち散乱光子と入射光子のエネルギー差(それは同時吸収される分極波量子のエネルギーに等しい)を左向き横軸にとった散乱強度のスペクトルで，キャリヤー濃度 n とともに位置の移動する2つのピークと，位置のかわらないピークとが認められる．これらのピークの位置を $\sqrt{n}$ の関数としてプロットしたのが図5.2(a)の白丸および黒丸であって，(*5. 2. 1*)または(*5. 2. 2*)から求めた理論値ときわめてよく一致する．なお入射光，散乱光の波数 q_1, q_2 は結晶の逆格子ベクトルに比べて十分小さいから，この Raman 散乱により励起または吸収される分極波の波数 $q=|\boldsymbol{q}_1-\boldsymbol{q}_2|$ もほとんど0とみなすことができるのである．

§5.3　金属中の電子プラズマとイオンの振動

金属を，数密度 n，質量がそれぞれ m, M の電子および正イオンの気体とみなすと，この系の集団運動としては，もとの振動数が $\omega_{\mathrm{p}}=(4\pi ne^2/m)^{1/2}$ であった電子プラズマと，$\omega_{\mathrm{P}}=(4\pi ne^2/M)^{1/2}$ であったイオン・プラズマとの連成波を考えればよい．波数 q の小さい極限での運動方程式は，(*5. 2. 1 a*)およびイオン・プラズマに対する同型の式とからなり，固有振動数は $\omega=0$ および $\omega=\sqrt{\omega_{\mathrm{p}}{}^2+\omega_{\mathrm{P}}{}^2}\approx\omega_{\mathrm{p}}$ で与えられる．$\omega=0$ の振動に対しては運動方程式から $\rho_1+\rho_2=0$ が得られ，2つの分極波が打ち消し合っていることがわかる．しかし q が有限の場合には，電子ガスによるイオン・プラズマの遮蔽は完全ではなくなり，低振動数側の固有振動に対しても復元力は有限となる．それを正しく扱うためには，同じ波数 $\boldsymbol{q}$ をもつ電子プラズマおよびイオン・プラズマの分極電荷をそれぞれ ρ_1, ρ_2 として，連立運動方程式を一般に次の形におかなければならない．

$$\ddot{\rho}_1+\omega_{\mathrm{p}}{}^2\rho_1=-\lambda_1\omega_{\mathrm{p}}{}^2\rho_2 \tag{5.3.1a}$$

$$\ddot{\rho}_2+\omega_{\mathrm{P}}{}^2\rho_2=-\lambda_2\omega_{\mathrm{P}}{}^2\rho_1 \tag{5.3.1b}$$

ここで λ_1, λ_2 は，一般に1とは異なる係数で，次のような考察から定めることができる．

(*5. 3. 1*)の固有振動解が振動数 ω をもつとし，第1式を，外場 $\rho_2 \propto \exp(i\boldsymbol{q}\cdot\boldsymbol{r}-i\omega t)$ による電子プラズマの強制振動の式と見たてると，電子ガスの誘電率を $\epsilon(q, \omega)$ として

$$\frac{\rho_1}{\rho_2}=\frac{-\lambda_1{\omega_\mathrm{p}}^2}{{\omega_\mathrm{p}}^2-\omega^2}=-\left(1-\frac{1}{\epsilon(q, \omega)}\right) \tag{5.3.2}$$

がなりたつ．イオン・プラズマによる電荷 ρ_2 は，電子プラズマによる電荷 ρ_1 によって，$\rho_2+\rho_1=\rho_2/\epsilon$ に遮蔽されなければならないからである．

さて縮退電子ガスの誘電率は，Fermi 面での速度を v_F として，$\omega \gtrless qv_\mathrm{F}$ の両極限で

$$\epsilon(q, \omega) \approx \begin{cases} \epsilon(0, \omega)=1-\dfrac{{\omega_\mathrm{p}}^2}{\omega^2} & (5.3.3\,a) \\[2ex] \epsilon(q, \omega)=1+\dfrac{{q_0}^2}{q^2} & (5.3.3\,b) \end{cases}$$

で与えられることを思い起こそう((*2. 2. 27*)および(*2. 2. 30*)参照)．$\omega \gg qv_\mathrm{F}$ の場合には(*5. 3. 3 a*), (*5. 3. 2*)より $\lambda_1=1$ となり，前にのべた方程式が得られるが，$\omega \ll qv_\mathrm{F}$ の場合には $\lambda_1 \neq 1$ である．これに対しイオン・プラズマでは，$M \gg m$ のため，v_F に相当する V_F はきわめて小さく，$\omega \gg qV_\mathrm{F}$ が常に成り立つと考えてよいので，(*5. 3. 1 b*)で $\lambda_2=1$ である．したがって(*5. 3. 2*)の ρ_1 を(*5. 3. 1 b*)に入れると

$$\ddot{\rho}_2+\frac{{\omega_\mathrm{P}}^2}{\epsilon(q, \omega)}\rho_2=0$$

が得られ，固有振動数は

$$\omega=\frac{\omega_\mathrm{P}}{\sqrt{\epsilon(q, \omega)}} \tag{5.3.4}$$

で与えられることがわかる．これは(*5. 3. 3*)により，$\omega \ll qv_\mathrm{F}$ の領域で

$$\omega=\frac{\omega_\mathrm{P} q}{\sqrt{{q_0}^2+q^2}} \tag{5.3.5}$$

$\omega \gg qv_\mathrm{F}$ の領域ではすでにのべた

$$\omega=\sqrt{{\omega_\mathrm{p}}^2+{\omega_\mathrm{P}}^2} \approx \omega_\mathrm{p} \tag{5.3.6}$$

を与える．速い方の電子プラズマはほとんどイオン・プラズマの影響を受けない

のに対して，後者は前者により強い遮蔽を受け，その遮蔽度が長波長の極限で完全となるため，$q\to 0$ で $\omega\propto q$ の分散関係をもつのである(図5.3参照)．その比例定数

$$c=\frac{\omega_{\mathrm{P}}}{q_0}=\sqrt{\frac{m}{3M}}v_{\mathrm{F}} \tag{5.3.7}$$

は，このモデルでの金属中縦波音速をあらわしている．

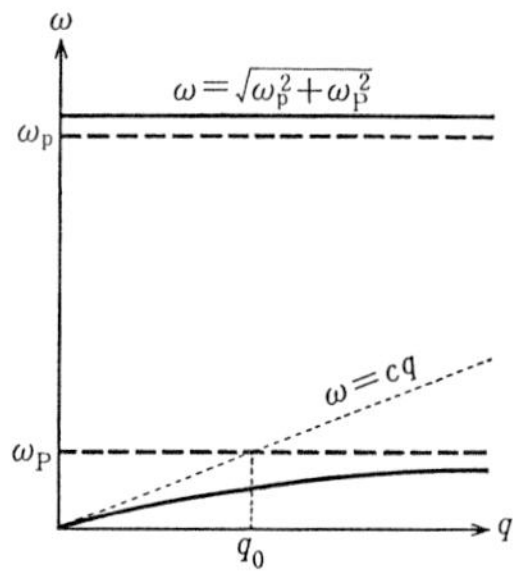

図5.3　金属中の電子プラズマ(ω_{p})とイオン・プラズマ(ω_{P})の相互作用．低周波数側の連成波は縦波格子振動に対応する

実際の金属では，ここで考慮した長距離型相互作用による反電場のほかに，イオン間の短距離型相互作用も働いているのであるが，アルカリ金属のようなものでは，(5.3.7)は実際に観測される縦波音速と同程度であり，上記のようなモデルがある程度現実をあらわしていると考えてよい．

なお(5.3.5)を導くに当って仮定した条件 $qV_{\mathrm{F}}\ll\omega\approx cq\ll qv_{\mathrm{F}}$ は，(5.3.7)および $V_{\mathrm{F}}/v_{\mathrm{F}}=m/M\ll 1$ により，みたされていることがわかる．

§5.2でのべた系においても，上記のような電子ガス誘電率の空間分散(q 依存性)を考慮すると，$\omega_{\mathrm{p}}\gg\omega_l$ の場合の縦波連成波の低振動数分枝に対し，$q\gg q_0$ では電子ガスによる遮蔽がきかず，もとどおり $\omega\to\omega_l$ となることが容易にわかる．

§5.4　ポラリトン

連成波は，物質内素励起間にばかりでなく，物質内素励起とそれを観測するための外場との間にも形成されることがある．その典型的な例として，分極場と電磁場との連成波であるポラリトンについてのべよう．

a) ポラリトンと誘電分散

簡単のため等方的物質を考え，その透磁率を1，誘電率を $\epsilon(\omega)$ とする．この

物質中での電磁波は，波動方程式

$$c^2\nabla^2\boldsymbol{E} = \frac{\partial^2\boldsymbol{D}}{\partial t^2} \tag{5.4.1}$$

をみたす．$\exp(i\boldsymbol{k}\cdot\boldsymbol{r}-i\omega t)$ の形の平面波に対し，これは

$$\frac{c^2k^2}{\omega^2} = \epsilon(\omega) = n(\omega)^2 \tag{5.4.2}$$

を与える．$n(\omega)$ は屈折率である．

$\boldsymbol{D}$ と $\boldsymbol{E}$ の差，すなわち物質の分極は，種々の振動子からの寄与をふくむが，そのうち特定の振動子(それは光学型格子振動でもエクシトンでもよい)だけをとり出してその分極への寄与を $\boldsymbol{P}$ とし，他の振動子による分極は残留誘電率 ϵ' (>0 とする) の中に現象論的にくりこむことにすると，

$$\boldsymbol{D} = \epsilon'\boldsymbol{E}+4\pi\boldsymbol{P} \tag{5.4.3}$$

と書くことができる．この特定の振動子に対する運動方程式と，電磁波の方程式(5.4.1)とを連立させて

$$\begin{cases} \ddot{\boldsymbol{P}}+\omega_{\mathrm{t}}{}^2\boldsymbol{P} = \omega_{\mathrm{t}}{}^2\alpha_0\boldsymbol{E} & (5.4.4) \\ \epsilon'\ddot{\boldsymbol{E}}-c^2\nabla^2\boldsymbol{E} = -4\pi\ddot{\boldsymbol{P}} & (5.4.5) \end{cases}$$

と書くことができる．ここで $\omega_{\mathrm{t}}{}^2$ および α_0 は，この振動子の復元力の係数および静的分極率をあらわす．

以後 $\boldsymbol{P}/\!/\boldsymbol{E}$ としてベクトル記号を省略しよう．上記の平面波を用いると，(5.4.4)，(5.4.5)は

$$\begin{bmatrix} -\omega^2+\omega_{\mathrm{t}}{}^2 & -\alpha_0\omega_{\mathrm{t}}{}^2 \\ -4\pi\omega^2 & -\epsilon'\omega^2+c^2k^2 \end{bmatrix}\begin{bmatrix} P \\ E \end{bmatrix} = 0 \tag{5.4.6}$$

を与える．係数の行列式が 0 になるという条件から ω を求めると，P と E の連成波の振動数が波数 k の関数として得られるが，ここでは逆に k について解いた形で書いておこう．

$$\frac{c^2k^2}{\omega^2} = \epsilon(\omega) = \epsilon'+\frac{4\pi\alpha_0\omega_{\mathrm{t}}{}^2}{\omega_{\mathrm{t}}{}^2-\omega^2} = \epsilon'\frac{\omega_l{}^2-\omega^2}{\omega_{\mathrm{t}}{}^2-\omega^2} \tag{5.4.7}$$

ただし

$$\omega_l = \omega_{\mathrm{t}}+\varDelta, \qquad \varDelta = \left[\left(1+\frac{4\pi\alpha_0}{\epsilon'}\right)^{1/2}-1\right]\omega_{\mathrm{t}} \tag{5.4.8}$$

である．ここで ϵ' は ω によらない定数としたが，以後考える ω_t の近傍領域に他の固有振動数がないとすると，この仮定は近似的に許されよう．

(5.4.7) は与えられた ω に対する誘電率と波数を求める式になっており，それを図示したものが図 5.4 の (b) および (a) である．すなわち図 (b) のような誘電分散をもつ電媒質中の電磁波は図 (a) のような $\omega(k)$ の分散を示すのであって，この連成波の量子を粒子としてとらえたものが**ポラリトン** (polariton) である．(2.1.17)～(2.1.22) におけると同様，この電磁波が外から入射した電磁波に由来するものか，分極波により誘起されたものであるかは，われわれの問うところではないのであって，物質中に必然的に存在する分極波と電磁場の連成振動として可能なモードを求めたまでのことである．(5.4.6) からも確かめられるように，図 (a) の上の分枝は $\omega-\omega_t \gg \Delta$ のとき $\boldsymbol{E}$ だけの電磁波（屈折率 $\sqrt{\epsilon'}$）となり，下の分枝は $0<\omega_t-\omega \ll \Delta$ のとき $\boldsymbol{P}$ だけの分極波となるが，その他の領域では $\boldsymbol{E}$ と $\boldsymbol{P}$ が多少ともまじり合っている．ただしそのうち $\omega_t-\omega \gg \Delta$ では ω/k はほぼ一定で，屈折率が $\sqrt{\epsilon'+4\pi\alpha_0}$ の電磁波とみなしてよい．上の分枝の下端付近，$k \ll \sqrt{\epsilon'}\,\omega/c$ の連成波は，その振動数での電磁波の波長に比べてはるかに大きい波長をもつため，自分が横波であることを力学的には感じない．実際この場合，(5.4.5) の左辺第 2 項が小さくなって反電場が $\boldsymbol{E}=-4\pi\boldsymbol{P}/\epsilon'$ となるため，この横波連成波の振動数が縦波分極波の振動数 ω_l と等しくなるのである．

さて以上を観測と結びつけるためには，物質内のポラリトンと外の電磁波とが，境界面でどうつながるかを考えなければならない．一般に振動数 ω の電磁波を

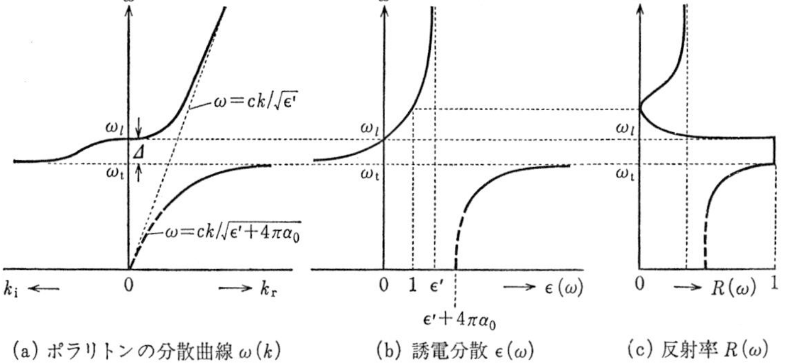

(a) ポラリトンの分散曲線 $\omega(k)$　(b) 誘電分散 $\epsilon(\omega)$　(c) 反射率 $R(\omega)$

図 5.4

物質にあてると，物質中には $\exp[ik(\omega)z-i\omega t]$ の形の連成波が励起される．ここで $k(\omega)$ は，物質の誘電率 $\epsilon(\omega)$ から (5.4.7) の第1式によって与えられる．われわれのモデルでいえば，図5.4(a) によって，与えられた ω に対する k を求めればよい．入射電磁波のエネルギーのうち，物質表面で反射される部分 R と，物質内に連成波として入る部分 $1-R$ との比は，Maxwell 方程式に付随した境界条件 ($\boldsymbol{E}, \boldsymbol{H}$ の接線成分と $\boldsymbol{D}, \boldsymbol{B}$ の法線成分の連続性) から求めることができる．特に垂直入射の場合の反射率は

$$R(\omega)=\left|\frac{n(\omega)-1}{n(\omega)+1}\right|^2=\frac{(n_\mathrm{r}-1)^2+n_\mathrm{i}^2}{(n_\mathrm{r}+1)^2+n_\mathrm{i}^2} \tag{5.4.9}$$

で与えられる．ここで $n(\omega)=n_\mathrm{r}(\omega)+in_\mathrm{i}(\omega)=\sqrt{\epsilon(\omega)}$ は複素屈折率である．図5.4(a), (b) に対応する反射率を同図 (c) に示した．

ω が ω_t と ω_l との間にあるときは，誘電率は負に，屈折率および波数は純虚数になる (図 (b) および (a) の左半分参照)．この領域では進行波型の連成波は存在せず，$\boldsymbol{E}$ および $\boldsymbol{P}$ は $\exp[-k_\mathrm{i}(\omega)z-i\omega t]$ の形で，したがって時間平均したエネルギー密度は物質表面から内部に向かい単位長さ当り

$$A(\omega)=2k_\mathrm{i}(\omega) \tag{5.4.10}$$

の割合で，指数関数的に減少してゆく．しかし今の場合，これは入射電磁波のエネルギーが物質に吸収されることを意味するのではない．図 (c) に示すようにこの領域では電磁波のエネルギーは全反射されるのであって，物質中へ $(2k_\mathrm{i})^{-1}$ 程度の深さでしみ込んでいる部分もエネルギー損失は受けない ((2.2.35) 参照．われわれのモデルでは虚数部分をもつのは $n(\omega)$ および $k(\omega)$ であって $\epsilon(\omega)$ ではない)．

しかし，ちょうど $\omega=\omega_\mathrm{t}$ のときには電磁波の共鳴吸収が起こるはずである．実際，実数部が (5.4.7) で与えられる $\epsilon(\omega)$ は，分散関係 (2.2.12) により $\delta(\omega-\omega_\mathrm{t})$ の形の虚数部分をもっている．現実の振動子には何らかの減衰機構が働いているから，これを現象論的にとり入れるため，(5.4.4) 右辺に $-\gamma\dot{\boldsymbol{P}}$ の形の減衰項をつけ加えてみよう．そのとき (5.4.7) の誘電率は

$$\epsilon(\omega)=\epsilon'+\frac{4\pi\alpha_0\omega_\mathrm{t}^2}{\omega_\mathrm{t}^2-\omega^2-i\gamma\omega} \tag{5.4.11}$$

となる．ここで，減衰率 γ が，(5.4.8) の縦横分裂 Δ に比べて大きい場合と小

さい場合とに分けて考えよう．まず

$$\Delta \ll \frac{\gamma}{2} \ll \omega_{\mathrm{t}} \tag{5.4.12}$$

のときは，(5.4.8)により $2\pi\alpha_0/\epsilon' \approx \Delta/\omega_{\mathrm{t}} \ll 1$ であり，また(5.4.11)の右辺第2項の絶対値は，それが最大となる $\omega \approx \omega_{\mathrm{t}}$ においても，第1項に比べて $\Delta/(\gamma/2)$ 程度で1よりはるかに小さいから，(5.4.10)，(5.4.2)により

$$A(\omega) = 2k_{\mathrm{i}}(\omega) \approx \frac{\omega}{c\sqrt{\epsilon'}} \operatorname{Im} \epsilon(\omega) \approx \frac{\omega\sqrt{\epsilon'}}{c} \Delta \frac{\gamma/2}{(\omega_{\mathrm{t}}-\omega)^2 + (\gamma/2)^2} \tag{5.4.13}$$

が得られ，電磁波の空間的減衰がもっぱら物質によるエネルギー吸収と結びついていることがわかる．このような状況のもとでは，空間的減衰係数 $A(\omega)$ を吸収係数とよんで差支えない．せまいエネルギー範囲ではそれは $\operatorname{Im} \epsilon(\omega)$ に比例する．吸収スペクトルは Lorentz 型となり，その半値全幅は振動の減衰率 γ に等しい．このように，振動子は分散にはほとんど寄与せず ($\epsilon(\omega) \approx \epsilon' =$ 定数)，吸収だけに寄与する．

したがってポラリトン効果が重要になるのは

$$\frac{\gamma}{2} \ll \Delta \tag{5.4.14}$$

の場合である．このとき，$|\omega-\omega_{\mathrm{t}}| \lesssim \gamma/2$ のせまい領域では $A(\omega)$ は吸収と結びついているが，$A(\omega) \approx (\sqrt{2}\,\omega/c)[\operatorname{Im} \epsilon(\omega)]^{1/2}$ であって $\operatorname{Im} \epsilon(\omega)$ とは比例関係にない．また $\gamma/2 \lesssim \omega-\omega_{\mathrm{t}} < \Delta$ の領域では，$A(\omega)$ はすでにのべたように全反射的な空間的減衰であり，いわゆる吸収ではない．

物質内素励起をしらべるのに，電磁波の透過率を測定して $A(\omega)$ のスペクトルを求める方法がしばしば使われる．しかし(5.4.12)の場合ならともかく，(5.4.14)のような事情の下では，より基本的な量である $\epsilon(\omega)$ に直ちには結びつかない．さらに，(5.4.14)は吸収の振動子強度 ($\propto \Delta$) が大きい場合に相当するため，透過率の測定には薄い試料を必要とし，薄膜特有の不均質なひずみを避けがたい，という難点もある．これらの理由により，より定量的な解析のためには，単結晶の反射スペクトル((5.4.9)参照)を測定し，これから Kramers-Kronig の分散公式を用いて複素誘電率を求める方法が用いられている．図2.9は，このようにして求められた $\operatorname{Im} \epsilon(\omega)$ に ω をかけたもので，(2.2.34)に相当し，特に(5.4.

12)の事情の下では(5.4.13)により $A(\omega)$ に比例すべきものであるが，少なくもこの図の最初の1対のエクシトン・ピーク($n=1$)はむしろ(5.4.14)に近い事情になっている．また光学型格子振動の場合，少数の赤外活性モード(2原子型立方結晶ではただ1つ)が大きな振動子強度をになっているので，なおさら $\epsilon(\omega)$ の分散が重要になる．このように，ポラリトン効果は，振動子強度の大きい吸収において特に留意すべき問題である．

すでにのべたように，ポラリトンは，観測の手段(電磁波)と対象(分極波)が分かちがたく結びついたものであって，誘電分散 $\epsilon(\omega)$ (図5.4(b))を測定すること自体が，ポラリトンの分散曲線 $\omega(k)$ (図5.4(a))を観測することと同等である．しかし別の観測媒体を用い，ポラリトン全体を観測対象としてしらべた実験があるので，それを紹介しよう．GaP は ZnS 型の結晶で，等方的ではあるが反転対称性をもたないため，その光学型格子振動は，(i) 赤外活性であると共に，(ii) Raman 活性である．(i)により，光学型横波格子振動は電磁波と相互作用して図5.4(a)のような分散 $\omega(\boldsymbol{k})$ をもつポラリトンになっているが，(ii)により，別の電磁波による Raman 散乱によってこのポラリトンを励起できる．入射光の振動数および(物質中での)波数を $\omega_1, \boldsymbol{k}_1$，散乱光のそれを $\omega_2, \boldsymbol{k}_2$ とすると，エネルギー・波数保存則 $\omega(\boldsymbol{k})=\omega_1-\omega_2$，$\boldsymbol{k}=\boldsymbol{k}_1-\boldsymbol{k}_2$ が成り立つから，振動数変化 $\omega_1-\omega_2$ を散乱角 $\theta=\angle\boldsymbol{k}_1,\boldsymbol{k}_2$ の関数として測定することにより，ポラリトンの分散 $\omega(\boldsymbol{k})$ を求めることができる．図5.5のプロットは，このようにして求められたポラリトンと縦波格子振動(ポラリトンを作らない)の分散であり，$\omega_t, \epsilon_0, \epsilon_\infty$ の測定値から計算された分散曲線(図の実線)と，当然のことながらよく一致する．

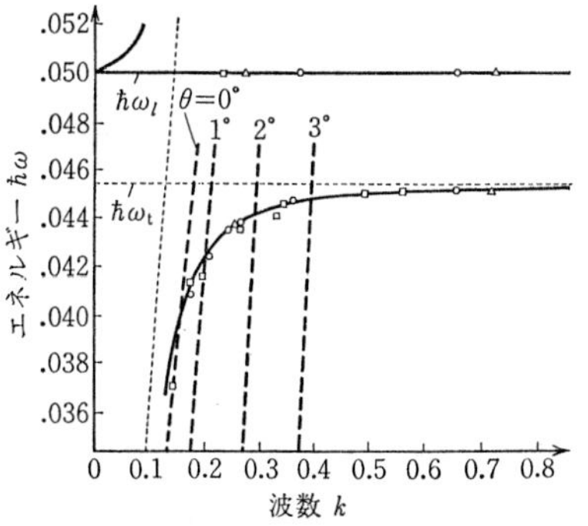

図5.5　Raman 散乱により観測された GaP のフォノン・ポラリトンの分散．横軸は波数 k を対応する光子のエネルギー $\hbar ck$ で表わしたもの．単位は縦，横軸とも eV (Henry, C. H. & Hopfield, J. J.: *Phys. Rev. Letters*, **15**, 964 (1965) による)

b) 空間分散と光学的素過程

以上の考察では，横波分極波の振動数 ω_{t} を定数と仮定したが，実際にはそれは波数 $\boldsymbol{k}$ に依存するから，(5.4.7) の誘電率は ω ばかりでなく $\boldsymbol{k}$ にも依存する．すなわち

$$\frac{c^2k^2}{\omega^2}=\epsilon(\omega,\boldsymbol{k})=\epsilon'+\frac{4\pi\alpha_0(\boldsymbol{k})\,\omega_{\mathrm{t}}(\boldsymbol{k})^2}{\omega_{\mathrm{t}}(\boldsymbol{k})^2-\omega^2} \tag{5.4.15}$$

このように ϵ が**空間分散** (spacial dispersion) をもつときは，(5.4.15) の解 $k(\omega)^2$ および $n(\omega)^2=c^2k(\omega)^2/\omega^2$ は，一般に ω の多価関数になる．このような場合，1つの入射波に対し複数個の透過波があらわれ，いわゆる複屈折の現象を起こす．これらの透過波および反射波の振幅を理論的にきめるには，Maxwell 方程式に付随した境界条件以外にも幾つかの付加的境界条件 (additional boundary conditions) が必要であり，それを求めるには，分極波の実体と物質表面におけるそのふるまいについてのミクロな考察まで掘り下げなければならない．そのような定量的問題にまで立ち入る余裕はないので，ここでは分極波がエクシトンである場合について，2, 3 の重要な事項を定性的にのべておこう．

エクシトンの重心質量 M が正の場合について考えると，ポラリトンの分散曲線は図 5.6 のようになる．相互作用のない電磁波とエクシトンの分散曲線が交わる点の波数 K_{p} は，エクシトンのエネルギーを 10 eV としても $10^6\,\mathrm{cm}^{-1}$ 程度で，逆格子ベクトル ($10^8\,\mathrm{cm}^{-1}$ 程度) よりもはるかに小さく，したがってポラリトン効果が重要になる波数領域ではエクシトンの分散を無視してよい．さて，入射光の振動数 ω_1 が $\varepsilon_{\mathrm{t}}(0)/\hbar$ と $\varepsilon_l(0)/\hbar$ の間にあるとき (図 5.6 参照) も，その一部のエネルギーはポラリトンの下の分枝として結晶中に入りこみ，したがって図 5.4(c) のような全反射領域はなくなる．しかし ω_1 がよほど $\varepsilon_{\mathrm{t}}(0)/\hbar$ に近くない限り，このポラリトンの波数 K_1 は K_{p} よりはるかに大きく，電磁波成分が少ないため，入射波に対するその振幅比も小さい．$\varepsilon_l(0)/\hbar$ より大きい振動数 ω_2 の入射光は，そのエネルギーのかなりの部分が物質内に入るが，その中大部分は上側の分枝のポラリトン (図 5.6 で K_2' と記したもの) となり，わずかの部分だけが下側の分枝のポラリトン (K_2 と記したもの) になる．これは複屈折である．いったんつくられたポラリトンは，それぞれの群速度 (ポラリトン分散曲線の勾配) で結晶中を伝播し，結晶表面に到達すると有限の確率で同じ振動数の光子に転換して外

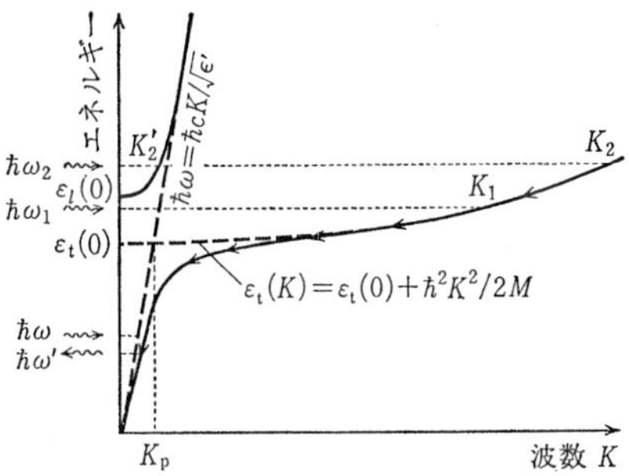

図5.6 入射(放出)電磁波(波線矢印)とポラリトン(実線)との相互転換，およびポラリトンの非弾性散乱によるエネルギー低下(実線矢印)

に出てゆくが，下側の分枝(K_2)は電磁波成分をわずかしか含まないため，この転換確率は小さい.

さて，(5.4.11)を導くとき，分極波を減衰させる散逸的な力として，現象論的に $-\gamma\dot{\boldsymbol{P}}$ の項をつけ加えた．分極波がエクシトンの場合，この散逸のミクロな機構として最も重要なものは，エクシトンと格子振動の相互作用である．この相互作用ハミルトニアン H_{eL} は，波数 $\boldsymbol{q}$ のフォノンを出し入れしてエクシトンが $\boldsymbol{K}$ から $\boldsymbol{K}\mp\boldsymbol{q}$ へ散乱される行列要素をもつ(波数保存則)．波数 $\boldsymbol{K}$ のエクシトンの単位時間当りの全散乱確率 $\gamma_{\boldsymbol{K}}$ が上記の γ に相当する．不確定性関係によりエクシトンは $\hbar\gamma_{\boldsymbol{K}}$ の準位幅をもち，ポラリトン効果が小さい(5.4.12)の場合には，これが光吸収のスペクトル幅を与える((5.4.13)式参照)．しかしここでは逆に H_{eL} が十分小さく，(5.4.14)が成り立つと仮定しておこう．その場合には当然の順序として，まずエクシトン-フォトン系のエネルギーを対角化させて図5.6のようなポラリトンを作り，後から H_{eL} を摂動論的にとり入れるのがよい．ポラリトンはそのエクシトン成分を通してフォノンと相互作用することにより，各分枝内および分枝間で散乱される(図5.6の矢印，ただし $\boldsymbol{K}$ 空間はこの図のように1次元ではなく3次元空間であることに注意)．結晶格子の温度 $k_{\mathrm{B}}T$ (フォノン系の温度)は，通常エクシトンのエネルギー $\varepsilon(K)$ に比べてはるかに小さいから，ポラリトンはほとんど一方的にフォノンを放出しながら，下側の分枝にそってどこまでも落ちて行くであろう．しかしその波数が K_{p} 程度にまで小さくなると，ポラリトンは次第に光子的様相をおび，エクシトン成分が少なくなる上に，その状態密度(ポラリトンのエネルギーを $\varepsilon_{\mathrm{p}}(K)$ とすると $K^2dK/d\varepsilon_{\mathrm{p}}(K)$ に比例する)が小さくなるから，フォノンによる散乱確率は急速に小さくなり，停滞する．一方ポラリトンは，たえず結晶の表面に衝突しては反射されるが，波数が K_p 程度に小さくなるとその電磁波成分が増大するため，結晶外へ光子として出るチャンスも増大する．これら2つの要因によって上と下をおさえられるため，ポラリトンは事実上，**ボトルネック**(bottleneck)とよばれる K 領域(ふつう K_p の数倍の所にあるせまい領域)にたまりこみ，そこから結晶外へ光子として放出される．これはエクシトンの発光消滅過程にほかならない．ポラリトン効果を考えず，エクシトンと光子の相互作用 H_{eR} を単に遷移を起こさせるための摂動として考慮する立場では，図5.6で2本の破線が交わる点 K_p(エネルギー・運動量保存則が成り立つ)で，エクシトンが光子に転換すると考えるのであるが，より正確なポラリトン・モデルによれば，エクシトンから光子への転換は，(少なくも結晶内部では)上記のように漸進的に起こるのである．

図5.6で $\varepsilon_t(0)$ より小さいエネルギー $\hbar\omega$ をもつ光子を結晶にあてると，それはある確率で同じエネルギーのポラリトンとなるが，後者はわずかながらもエクシトン成分をもつため，フォノンを放出してそれだけエネルギーの低い $\hbar\omega'$ のポラリトンになり再び結晶外に光子として放出される確率をもつ．これは結果として，$\hbar\omega$ の入射光子がフォノンを励起し，$\hbar\omega'$ の光子として放出される，いわゆる Raman 散乱過程に他ならない．

ポラリトン効果を考えず，H_{eR} を H_{eL} と同じく摂動として取り扱う立場からいえば，Raman 散乱は

$$\text{真空中の光子}\ (\hbar\omega) \longrightarrow \text{結晶内の光子}\ (\hbar\omega=\hbar cK/\epsilon') \xrightarrow[H_{eR}]{\bullet} \text{エクシトン}\ (\varepsilon(\boldsymbol{K}))$$

$$\xrightarrow[H_{eL}]{\bullet} \text{エクシトン}\ (\varepsilon(\boldsymbol{K}-\boldsymbol{q})) \xrightarrow[H_{eR}]{\bullet} \text{結晶内の光子}\ (\hbar\omega'=\hbar c|\boldsymbol{K}-\boldsymbol{q}|/\epsilon')$$

$$\searrow \text{フォノン}\ (\hbar\omega_{\boldsymbol{q}}) \qquad\qquad \longrightarrow \text{真空中の光子}\ (\hbar\omega')$$

となり，結晶内では $H_{eR}H_{eL}H_{eR}$ の3次摂動過程になる．この結晶内散乱過程の各段階で波数は常に保存されるが，エクシトンの存在する中間状態のエネルギー $\varepsilon(\boldsymbol{K})$ または $\varepsilon(\boldsymbol{K}-\boldsymbol{q})+\hbar\omega_{\boldsymbol{q}}$ は，一般に始状態のエネルギー $\hbar\omega$ と異なっており，その差が3次摂動のエネルギー分母としてあらわれる．

さて $\hbar\omega$ が中間状態のエネルギーに近づくと，このエネルギー分母が小さくなって摂動論は発散する．このような**共鳴 Raman 散乱** (resonance Raman scattering)の場合も，実際には中間状態のエネルギーに準位幅に相当する虚数部分

があるため発散はすくわれるのであるが，このことは，光吸収または光放出がエネルギーを保存するリアルな光学過程として起こったことを意味するのであろうか．一般に共鳴 Raman 散乱は，1次光子の吸収によっていったん励起された物質系がある変動を経過した後2次光子を放出する過程であるが，この1段の共鳴2次光学過程と，2段の1次光学過程——吸収と放出——とは，概念的に果して同一のものなのか，区別しうる(あるいはすべき)ものなのか，という疑問が当然起るであろう．素過程という概念の適用限界にもかかわるこの種の問題は，巨視系を扱う物性の分野ではしばしばあらわれるが，それに一般的な形で答えることは案外難しいのである．

ただここで強調しておきたいのは，摂動論を用いたためにこの問題が起るのであって，非摂動論的取扱いではこの問題は少くも見かけ上消滅してしまう，ということである．エクシトン-フォトン相互作用 H_{eR} を摂動として残すのでなく，最初から無摂動系に正しくとりこんで得られるポラリトン模型では，Raman 散乱は上記のようにポラリトンのフォノンによる1次散乱過程としてとらえられ，入射光子エネルギー $\hbar\omega$ が $\varepsilon_{\mathrm{t}}(0)$ に近づいてもそこは特異点ではなく発散も起らない．ただ $\hbar\omega$ が下から $\varepsilon_{\mathrm{t}}(0)$ に近づくときは，対応するポラリトンの中のエクシトン成分がふえるためフォノンとの相互作用が大きくなるという理由で，また上から近づくときは，入射光子が結晶表面でポラリトンの下の分枝——主としてエクシトンから成り，したがってフォノンとの相互作用が強い——に転換する確率が大きくなるという理由で，Raman 散乱断面積が急激に増大し，摂動論の場合の発散に相当することが起こってはいるのである．

以上の諸例からもわかるように，“素励起”あるいは“素過程”というものは，何を無摂動系にとるかによってその内容が変る相対的な概念なのである．全系のハミルトニアン H の固有状態がすべて既知なら何もいうことはなく，このような概念はそもそも不要であろう．現実の巨視系では，そのおびただしい自由度といりくんだ相互作用のために，H の固有状態は直観的にも到底把握し得ない複雑なものである場合が多いが，H を適当な無摂動系 H_0 と摂動系 H_1 とに分ければ，H_0 の固有状態は物理的にもとらえやすく(たとえば観測しようとする物理量と H_0 とが同時に対角化されるというような事情によって)，しかも H_1 は比較的小さい，ということがしばしば起こる．しかしこの分け方は必ずしも一義的ではない．我々がここで扱ったエクシトン-フォノン-フォトン系についていえば，物質系であるエクシトン-フォノン系とフォトン系とを無摂動系にとり，エクシトン-フォトン相互作用を摂動と考える立場が，たとえば(5.4.13)であるのに対し，エクシトン-フォトン系をまず対角化しておき，それとフォノン系との相互作用を後から摂動としてとり入れる立場が，本節でくわしく述べてきたポラリトン模型である．終局的には同じ結果に到達すべきものであるが，出発点の無摂動系としていずれをとるべきかは，取扱う物理量にもよる．たとえば吸収スペクトルに関しては(5.4.12)，(5.4.14)がその条件を与え，発光スペクトルについては上記のようなポラリトンのボトルネック効果が常に重要であることは明らかであろう．

第6章　くりこみとダンピング
——電子-フォノン相互作用を中心として

素励起間の相互作用が双1次形式の場合には，前章で示したように適当な1次変換によって問題が厳密に解ける．だが，そうでない一般の相互作用だと厳密解を求めるのは非常に難しい．このような一般的な場合，物理的に興味のある効果として，まず第1に素励起に付随した物理量，たとえば質量，音速などが相互作用のため変化する．この現象を**くりこみ**(renormalization)という．また第2に素励起は有限な平均寿命をもつ．これを**ダンピング**(damping)という．素励起間に相互作用があると，1つの素励起は他の量子状態に遷移し，これがダンピングの原因となる．この章では電子-フォノン相互作用を中心としてくりこみとダンピングの問題を論ずる．

§6.1　イオン結晶中の電子-フォノン相互作用

固体内の電子は格子点のつくるポテンシャルの場の中を運動する．もし格子点が整然とした結晶構造を構成すれば，このポテンシャルは結晶と同じ周期性をもち，いわゆる周期ポテンシャルを表わす．しかし，格子振動がおこるとこのポテンシャルは変化するので，電子とフォノンとの間にある種の相互作用が生ずる．これを**電子-フォノン相互作用**(electron-phonon interaction)とよぶ．この相互作用の具体的な形は固体の種類によって異なるが，この節ではイオン結晶を例にとり電子-フォノン相互作用を考察する．

a) 電子が存在するときの光学型格子振動

イオン結晶は通常の状態では絶縁体であるが，なんらかの方法により伝導電子をつくることができる．たとえば，適当な波長の光を結晶にあてると，充満帯の電子が伝導帯に励起されこれが伝導電子となる．最近の研究によると，伝導帯は等方的でしかも電子の運動量 $\boldsymbol{p}$ の大きさが小さいと，伝導電子のエネルギーは

$\boldsymbol{p}^2/2m$ と表わされる．ここで m はバンド質量で，一般に真空中の電子の質量 m_e とは異なる(次節参照)．以下，伝導電子のエネルギーは上述の式で与えられると仮定する．

さて，イオン結晶では正イオンと負イオンとが交互に並んで格子点を構成する．これらの格子点が振動すると電子に働く電場が変化する．この場合，正イオンと負イオンとの相対位置の変化が小さければ電場の変化も小さく，逆に前者が大きければ後者も大きい．したがって，イオン結晶の電子-フォノン相互作用を考えるさい，音響型格子振動を無視し光学型のものだけを考慮すればよい．光学型格子振動については既に§2.1で述べたので，同節の数式をこれから適宜に引用する．同節と同じく，考える波長は格子間隔にくらべて十分長いと仮定する．

結晶中に電子が存在するとある種の電荷分布ができる．場所 $\boldsymbol{r}$ における電荷密度を $\rho(\boldsymbol{r})$ としよう．これらの電子は電場を発生し，したがって格子振動にも影響を及ぼす．両者の関係を調べるため，Maxwell の式 $\operatorname{div}\boldsymbol{D}=4\pi\rho$ に注目する．$\boldsymbol{D}=\boldsymbol{E}+4\pi\boldsymbol{P}$ に(2. 1. 1)を代入すると

$$\operatorname{div}(\epsilon_\infty\boldsymbol{E}+4\pi N_0\sum_\nu e_\nu\boldsymbol{\xi}_\nu)=4\pi\rho$$

となる．この式は真空中に ρ の電荷密度があるとき，括弧内の電場が生ずると解釈される．したがって，発散をとると縦波の成分だけが残ることに注意し

$$\epsilon_\infty\boldsymbol{E}+4\pi N_0\sum_\nu(e_\nu\boldsymbol{\xi}_\nu)_{/\!/}=-\operatorname{grad}\int\frac{\rho(\boldsymbol{r}')}{|\boldsymbol{r}-\boldsymbol{r}'|}d\boldsymbol{r}'\equiv\boldsymbol{E}' \qquad (6.\ 1.\ 1)$$

と表わされる．あるいは

$$\boldsymbol{E}=-\frac{4\pi N_0}{\epsilon_\infty}\sum_\nu(e_\nu\boldsymbol{\xi}_\nu)_{/\!/}+\frac{1}{\epsilon_\infty}\boldsymbol{E}' \qquad (6.\ 1.\ 2)$$

と書ける．第1項は縦波のつくる電場，第2項は電子による電場である．

電子-フォノン相互作用を導くにはエネルギー保存則を利用するのが便利である．このため電子の電荷密度 ρ およびそれのつくる電流密度 $\boldsymbol{j}$ を考慮して，次の Maxwell の式を考える(ただし，$\boldsymbol{B}=\boldsymbol{H}$ とする)．

$$\left.\begin{aligned}&\operatorname{div}\boldsymbol{D}=4\pi\rho, \qquad \operatorname{div}\boldsymbol{H}=0\\&\operatorname{rot}\boldsymbol{E}=-\frac{1}{c}\dot{\boldsymbol{H}}, \qquad \operatorname{rot}\boldsymbol{H}=\frac{1}{c}(\dot{\boldsymbol{E}}+4\pi\dot{\boldsymbol{P}}+4\pi\boldsymbol{j})\end{aligned}\right\} \qquad (6.\ 1.\ 3)$$

電磁場のエネルギーの流れを表わす Poynting ベクトル $\boldsymbol{S}$ は $\boldsymbol{S}=(c/4\pi)(\boldsymbol{E}\times\boldsymbol{H})$ で与えられるが，この発散をとり *(6.1.3)* を用いると

$$\operatorname{div}\boldsymbol{S}=-\left[\frac{1}{4\pi}(\boldsymbol{E}\cdot\dot{\boldsymbol{E}}+\boldsymbol{H}\cdot\dot{\boldsymbol{H}})+\boldsymbol{E}\cdot\dot{\boldsymbol{P}}+\boldsymbol{E}\cdot\boldsymbol{j}\right]$$

となる．上式を微小な領域内(厳密にいうと $\boldsymbol{\xi}_{n\nu}$ が n によらないような領域内)で積分し Gauss の定理を使うと

$$-\int S_n dS=\int\left[\frac{1}{4\pi}(\boldsymbol{E}\cdot\dot{\boldsymbol{E}}+\boldsymbol{H}\cdot\dot{\boldsymbol{H}})+\boldsymbol{E}\cdot\dot{\boldsymbol{P}}+\boldsymbol{E}\cdot\boldsymbol{j}\right]dv$$

がえられる．上式の左辺は領域内に表面を通して単位時間中に流れこむエネルギーを表わす．エネルギー保存則により，右辺は単位時間中に同じ領域内で発生するエネルギーの増加分に等しい．このうち，$\boldsymbol{E}\cdot\boldsymbol{j}$ の項は Joule 熱を表わすので，今の問題では特に考慮しなくてもよい．こうして，電磁場，格子振動をあわせたエネルギー密度を U とすれば，

$$\dot{U}=\frac{1}{4\pi}(\boldsymbol{E}\cdot\dot{\boldsymbol{E}}+\boldsymbol{H}\cdot\dot{\boldsymbol{H}})+\boldsymbol{E}\cdot\dot{\boldsymbol{P}}$$

と書ける．この式を積分するため，*(2.1.1)*, *(2.1.10)* によって恒等的に 0 となる項を加え

$$\dot{U}=\frac{1}{4\pi}(\boldsymbol{E}\cdot\dot{\boldsymbol{E}}+\boldsymbol{H}\cdot\dot{\boldsymbol{H}})+\boldsymbol{E}\cdot\dot{\boldsymbol{P}}+\dot{\boldsymbol{E}}\cdot\left(\boldsymbol{P}-\frac{\epsilon_\infty-1}{4\pi}\boldsymbol{E}-N_0\sum_\nu e_\nu\boldsymbol{\xi}_\nu\right)$$
$$+N_0\sum_\nu\dot{\boldsymbol{\xi}}_\nu\cdot\left(M_\nu\ddot{\boldsymbol{\xi}}_\nu+\sum_\mu U_{\nu\mu}{}'\boldsymbol{\xi}_\mu-e_\nu\boldsymbol{E}\right)$$

とする．この式を積分し，*(2.1.1)* を用いて $\boldsymbol{P}$ を消去すると

$$U=\frac{1}{8\pi}(\epsilon_\infty\boldsymbol{E}^2+\boldsymbol{H}^2)+N_0\sum_\nu\left(\frac{1}{2}M_\nu\dot{\boldsymbol{\xi}}_\nu{}^2+\frac{1}{2}\sum_\mu\boldsymbol{\xi}_\nu U_{\nu\mu}{}'\boldsymbol{\xi}_\mu\right)$$

がえられる(定数項は 0 とおく)．ここで $\boldsymbol{H}^2$ の項は電子-フォノン相互作用と関係がないので以下の議論では省略する．

上式を結晶全体(体積 V)にわたって積分し，伝導電子のエネルギーを考慮すると，全系のハミルトニアンは

$$\mathcal{H}=\sum\frac{\boldsymbol{p}_i{}^2}{2m}+\mathcal{H}_{\mathrm{L}}+\frac{\epsilon_\infty}{8\pi}\int\boldsymbol{E}^2dv \qquad (6.1.4)$$

と表わされる．ここで $\mathscr{H}_{\mathrm{L}}$ は電場がないとしたときの格子振動のハミルトニアンで

$$\mathscr{H}_{\mathrm{L}}=N_0\int\sum_\nu\left(\frac{1}{2}M_\nu\dot{\boldsymbol{\xi}}_\nu{}^2+\frac{1}{2}\sum_\mu\boldsymbol{\xi}_\nu U_{\nu\mu}{}'\boldsymbol{\xi}_\mu\right)dv$$

で定義される．以下，NaCl 型，CsCl 型の 2 原子結晶を考え，また光学型格子振動だけに注目し，第 1 章で行なったのと同じようにフォノンの演算子を用いて

$$\boldsymbol{\xi}_\nu(\boldsymbol{r})=\sum_{\boldsymbol{q},s}\sqrt{\frac{\hbar}{2VN_0\Omega_s}}\boldsymbol{\xi}_\nu{}^{(s)}(\beta_{\boldsymbol{q}s}e^{i\boldsymbol{q}\cdot\boldsymbol{r}}+\beta_{\boldsymbol{q}s}{}^\dagger e^{-i\boldsymbol{q}\cdot\boldsymbol{r}}) \qquad (6.1.5\,a)$$

$$\dot{\boldsymbol{\xi}}_\nu(\boldsymbol{r})=\sum_{\boldsymbol{q},s}i\sqrt{\frac{\hbar\Omega_s}{2VN_0}}\boldsymbol{\xi}_\nu{}^{(s)}(-\beta_{\boldsymbol{q}s}e^{i\boldsymbol{q}\cdot\boldsymbol{r}}+\beta_{\boldsymbol{q}s}{}^\dagger e^{-i\boldsymbol{q}\cdot\boldsymbol{r}}) \qquad (6.1.5\,b)$$

と展開する．横波に対しては上の $\beta, \beta^\dagger$ がフォノンの消滅・生成演算子を表わすが，縦波では電場による復元力が働くため $\beta, \beta^\dagger$ が実際のフォノンを表わすのではない．この点についてはあとで述べる．(*6.1.5 a*), (*6.1.5 b*) を $\mathscr{H}_{\mathrm{L}}$ の式に代入し，(*2.1.14*), (*2.1.16*) の規格直交条件および対角性の性質

$$\sum_\nu M_\nu\boldsymbol{\xi}_\nu{}^{(s)}\cdot\boldsymbol{\xi}_\nu{}^{(s')}=\delta_{ss'},\qquad \sum_{\nu\mu}\boldsymbol{\xi}_\nu{}^{(s)}U_{\nu\mu}{}'\boldsymbol{\xi}_\mu{}^{(s')}=\delta_{ss'}\Omega_s^2$$

を用いると

$$\mathscr{H}_{\mathrm{L}}=\sum_{\boldsymbol{q},s}\frac{\hbar\Omega_s}{2}(\beta_{\boldsymbol{q}s}{}^\dagger\beta_{\boldsymbol{q}s}+\beta_{\boldsymbol{q}s}\beta_{\boldsymbol{q}s}{}^\dagger) \qquad (6.1.6)$$

となる．等方性の結晶では Ω_s は s によらず，$\Omega_s=\omega_{\mathrm{t}}$ と考えてよい．以下，こういう場合を考える．

ここで (*6.1.4*) に話を戻し，この式の第 3 項に (*6.1.2*) を代入すると

$$\frac{\epsilon_\infty}{8\pi}\int\boldsymbol{E}^2dv=\frac{2\pi N_0{}^2}{\epsilon_\infty}\sum_{\nu\nu'}\int(e_\nu\boldsymbol{\xi}_\nu)_{/\!/}\cdot(e_{\nu'}\boldsymbol{\xi}_{\nu'})_{/\!/}dv$$
$$-\frac{N_0}{\epsilon_\infty}\int\sum_\nu\boldsymbol{E}'\cdot(e_\nu\boldsymbol{\xi}_\nu)_{/\!/}dv+\frac{1}{\epsilon_\infty}\int\boldsymbol{E}'^2dv \qquad (6.1.7)$$

がえられる．上式の第 3 項は電子間の Coulomb 相互作用を表わすので，これからの議論では省略する．また，第 1 項は縦波に対する電場の復元力，第 2 項が電子-フォノン相互作用である．(*6.1.5 a*) と (*2.1.21*) により

$$\sum_{\nu}(e_\nu \boldsymbol{\xi}_\nu)_{/\!/} = \sum_{\boldsymbol{q}} \sqrt{\frac{\hbar}{2VN_0\omega_{\mathrm{t}}}}\,\boldsymbol{p}_{/\!/}(\beta_{\boldsymbol{q}} e^{i\boldsymbol{q}\cdot\boldsymbol{r}} + \beta_{\boldsymbol{q}}^\dagger e^{-i\boldsymbol{q}\cdot\boldsymbol{r}}) \tag{6.1.8}$$

となり(ただし縦波だけを考える)，(6.1.8)を(6.1.7)の第1項に代入すると，この項は

$$\frac{\hbar\pi N_0}{\epsilon_\infty\omega_{\mathrm{t}}}(\boldsymbol{p}_{/\!/})^2 \sum_{\boldsymbol{q}} (\beta_{\boldsymbol{q}}\beta_{\boldsymbol{q}}^\dagger + \beta_{\boldsymbol{q}}^\dagger\beta_{\boldsymbol{q}} + \beta_{\boldsymbol{q}}\beta_{-\boldsymbol{q}} + \beta_{-\boldsymbol{q}}^\dagger\beta_{\boldsymbol{q}}^\dagger) \tag{6.1.9}$$

と表わされる．(2.1.33)の上で述べた関係 $|\boldsymbol{p}_{/\!/}| = e_+/\sqrt{M_{\mathrm{r}}}$ と(2.1.34)を用いて，(6.1.9)と(6.1.6)の縦波の部分との和をとると，縦波のハミルトニアン $\mathcal{H}_l$ は

$$\mathcal{H}_l = \sum_{\boldsymbol{q}} \left[\frac{\hbar(\omega_l^2 + \omega_{\mathrm{t}}^2)}{4\omega_{\mathrm{t}}}(\beta_{\boldsymbol{q}}^\dagger\beta_{\boldsymbol{q}} + \beta_{\boldsymbol{q}}\beta_{\boldsymbol{q}}^\dagger) + \frac{\hbar(\omega_l^2 - \omega_{\mathrm{t}}^2)}{4\omega_{\mathrm{t}}}(\beta_{\boldsymbol{q}}\beta_{-\boldsymbol{q}} + \beta_{-\boldsymbol{q}}^\dagger\beta_{\boldsymbol{q}}^\dagger) \right]$$

で与えられる．この式を対角化するため，Bogoliubov 変換

$$\beta_{\boldsymbol{q}} = \frac{1}{2\sqrt{\omega_l\omega_{\mathrm{t}}}}[(\omega_l + \omega_{\mathrm{t}})b_{\boldsymbol{q}} - (\omega_l - \omega_{\mathrm{t}})b_{-\boldsymbol{q}}^\dagger] \tag{6.1.10}$$

を導入すると，$\mathcal{H}_l$ は

$$\mathcal{H}_l = \sum_{\boldsymbol{q}} \frac{\hbar\omega_l}{2}(b_{\boldsymbol{q}}^\dagger b_{\boldsymbol{q}} + b_{\boldsymbol{q}} b_{\boldsymbol{q}}^\dagger) \tag{6.1.11}$$

と表わされる．これからわかるように，$b, b^\dagger$ が縦波のフォノンに対する消滅・生成演算子である．

b) 電子-フォノン相互作用

電子-フォノン相互作用を表わすハミルトニアン $\mathcal{H}'$ は(6.1.7)の第2項で与えられる．すなわち

$$\mathcal{H}' = -\frac{N_0}{\epsilon_\infty}\int \sum_{\nu} \boldsymbol{E}'\cdot(e_\nu\boldsymbol{\xi}_\nu)_{/\!/} dv \tag{6.1.12}$$

である．この式から電子は縦波だけと相互作用をもつことがわかる．(6.1.12)の具体的な表式を導くため，伝導電子は1個であるとしその位置を $\boldsymbol{r}_{\mathrm{e}}$ とする．電子の電荷を $-e$ とすれば $\rho(\boldsymbol{r}') = -e\delta(\boldsymbol{r}' - \boldsymbol{r}_{\mathrm{e}})$ となり，これを(6.1.1)に代入して Fourier 展開を行なうと

$$\boldsymbol{E}'(\boldsymbol{r}) = e\,\mathrm{grad}\frac{1}{|\boldsymbol{r} - \boldsymbol{r}_{\mathrm{e}}|} = -\frac{4\pi e i}{V}\sum_{\boldsymbol{k}} \frac{\boldsymbol{k} e^{-i\boldsymbol{k}\cdot(\boldsymbol{r} - \boldsymbol{r}_{\mathrm{e}})}}{k^2} \tag{6.1.13}$$

となる．また(6.1.8)に(6.1.10)を代入すると

$$\sum_{\nu} (e_\nu \boldsymbol{\xi}_\nu)_{/\!/} = \sum_{\boldsymbol{q}} \sqrt{\frac{\hbar}{2VN_0\omega_l}} \boldsymbol{p}_{/\!/} (b_{\boldsymbol{q}} e^{i\boldsymbol{q}\cdot\boldsymbol{r}} + b_{\boldsymbol{q}}^\dagger e^{-i\boldsymbol{q}\cdot\boldsymbol{r}}) \qquad (6.1.14)$$

がえられる．したがって，(6.1.13)，(6.1.14) を (6.1.12) に代入し体積積分を実行すると

$$\mathcal{H}' = \frac{4\pi e i N_0}{\epsilon_\infty} \sqrt{\frac{\hbar}{2VN_0\omega_l}} \sum_{\boldsymbol{q}} \frac{\boldsymbol{p}_{/\!/}\cdot\boldsymbol{q}}{q^2} (b_{\boldsymbol{q}} e^{i\boldsymbol{q}\cdot\boldsymbol{r}_e} - b_{\boldsymbol{q}}^\dagger e^{-i\boldsymbol{q}\cdot\boldsymbol{r}_e})$$

と計算される．$\boldsymbol{p}_{/\!/}$ は縦波方向のベクトルであるから，(6.1.9) のすぐ下で述べた関係により

$$\boldsymbol{p}_{/\!/}\cdot\boldsymbol{q} = \frac{e_+}{\sqrt{M_r}} q$$

とおける．これと (2.1.34) を使うと $\mathcal{H}'$ は

$$\mathcal{H}' = 4\pi e i \left(\frac{\hbar}{2V}\right)^{1/2} \left(\frac{\omega_l^2 - \omega_t^2}{4\pi\epsilon_\infty\omega_l}\right)^{1/2} \sum_{\boldsymbol{q}} \frac{1}{q} (b_{\boldsymbol{q}} e^{i\boldsymbol{q}\cdot\boldsymbol{r}_e} - b_{\boldsymbol{q}}^\dagger e^{-i\boldsymbol{q}\cdot\boldsymbol{r}_e})$$

とあらわされる．さらに (2.1.35) の Lyddane-Sachs-Teller の関係式 $\omega_l^2/\omega_t^2 = \epsilon_0/\epsilon_\infty$ を使うと

$$\mathcal{H}' = \sum_{\boldsymbol{q}} (V_{\boldsymbol{q}} b_{\boldsymbol{q}} e^{i\boldsymbol{q}\cdot\boldsymbol{r}} + V_{\boldsymbol{q}}^* b_{\boldsymbol{q}}^\dagger e^{-i\boldsymbol{q}\cdot\boldsymbol{r}}) \qquad (6.1.15)$$

と書ける．ただし，記号を簡単にするために電子の位置を $\boldsymbol{r}$ とおいた．また $V_{\boldsymbol{q}}$ は

$$V_{\boldsymbol{q}} = 4\pi e i \omega \left[\frac{1}{4\pi}\left(\frac{1}{\epsilon_\infty} - \frac{1}{\epsilon_0}\right)\right]^{1/2} \left(\frac{\hbar}{2V\omega}\right)^{1/2} \frac{1}{q}$$

で与えられる．ここで ω_l を簡単のため ω とした．あるいは

$$\alpha = \frac{1}{2}\left(\frac{1}{\epsilon_\infty} - \frac{1}{\epsilon_0}\right) \frac{e^2}{\hbar\omega} \left(\frac{2m\omega}{\hbar}\right)^{1/2} \qquad (6.1.16)$$

で定義される α を導入すると，$V_{\boldsymbol{q}}$ は

$$V_{\boldsymbol{q}} = \frac{i\hbar\omega}{q} \left(\frac{\hbar}{2m\omega}\right)^{1/4} \left(\frac{4\pi\alpha}{V}\right)^{1/2} \qquad (6.1.17)$$

と表わされる．α は無次元の量で電子とフォノンの結合の強さを示す結合定数である．これは次節で述べるポーラロンの問題で重要な役割を演じる．

§6.2 ポーラロン

前節でイオン結晶の伝導帯に励起された電子は縦波の光学型格子振動と相互作用をもつことを示した．この物理的な理由は，電子の及ぼす電場が正，負イオンに変位をひきおこし，その結果縦波に対する復元力が変化するためである．一方，電子がつくる結晶中の電気的分極は逆に電子の運動に影響を与える．直観的にいえば，電子はその周辺にフォノンの雲をともないながら運動すると考えてよい．ゴム膜の上を玉がころがっていくとき，膜のくぼみが玉と一緒に運動するのと同じようなものである(図6.1)．こうして，電子とフォノンの雲とはある種の複合粒子を構成する．これを**ポーラロン**(polaron)とよぶ．ポーラロンは固体中における素励起の1種である．フォノンの雲のためポーラロンの質量はバンド質量より大きくなる．すなわち，質量のくりこみがおこる．本節では簡単な摂動計算を用いてポーラロンの問題を論ずる．

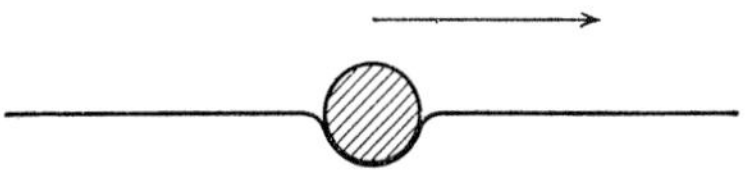

図6.1 ゴム膜の上を玉(電子)が運動するとき，ゴム膜のくぼみ(フォノン)も玉と一緒に運動する

a) 質量のくりこみ(2次の摂動計算)

ポーラロンを記述するハミルトニアン $\mathcal{H}$ は零点振動を無視し

$$\mathcal{H} = \frac{\boldsymbol{p}^2}{2m}+\sum_q \hbar\omega b_q{}^\dagger b_q+\sum_q (V_q b_q e^{i\boldsymbol{q}\cdot\boldsymbol{r}}+V_q{}^* b_q{}^\dagger e^{-i\boldsymbol{q}\cdot\boldsymbol{r}}) \qquad (6.2.1)$$

と書ける．第1項，第2項を非摂動系のハミルトニアン $\mathcal{H}_0$，また第3項 $\mathcal{H}'$ を小さな摂動項と考えて摂動計算を行なう．$\mathcal{H}_0$ の固有関数は，電子の波数 $\boldsymbol{k}$ とフォノンの数 n_q により，一般に $|\boldsymbol{k}\,;n_1,\cdots,n_q,\cdots\rangle$ で与えられる．しかし，ここではとくにフォノンの真空状態に注目し，$\mathcal{H}_0$ の固有関数として $|\boldsymbol{k}\,;0_1,\cdots,0_q,\cdots\rangle$ を考える．体積 V 内で規格化された電子の固有関数 $|\boldsymbol{k}\rangle$ は $|\boldsymbol{k}\rangle=V^{-1/2}e^{i\boldsymbol{k}\cdot\boldsymbol{r}}$ の平面波であるが，これに対して $(\boldsymbol{p}^2/2m)|\boldsymbol{k}\rangle=\varepsilon_{\boldsymbol{k}}|\boldsymbol{k}\rangle$ がなりたつ．$\varepsilon_{\boldsymbol{k}}=\hbar^2\boldsymbol{k}^2/2m$ は波数 $\boldsymbol{k}$ の電子のエネルギーである．いうまでもなく，非摂動系のエネルギー E_0 は $E_0=\varepsilon_{\boldsymbol{k}}$ で与えられる．

(6.2.1) で $b^\dagger, b$ はフォノンの数を1つ増減する演算子であるから，$\mathcal{H}'$ は対角

要素をもたない．このためエネルギーに対する1次の摂動項は0となる．つぎに2次の摂動項 E' は量子力学の公式により

$$E' = \sum_{n\neq 0} \frac{\langle 0|\mathcal{H}'|n\rangle\langle n|\mathcal{H}'|0\rangle}{E_0 - E_n}$$

で与えられる．$b_{\boldsymbol{q}}|0_{\boldsymbol{q}}\rangle=0$, $b_{\boldsymbol{q}}^{\dagger}|0_{\boldsymbol{q}}\rangle=|1_{\boldsymbol{q}}\rangle$, $\langle \boldsymbol{k}-\boldsymbol{q}|e^{-i\boldsymbol{q}\cdot\boldsymbol{r}}|\boldsymbol{k}\rangle=1$ に注意すると，今の場合，中間状態では $\boldsymbol{q}$ のフォノンが励起されまた電子の波数が $\boldsymbol{k}-\boldsymbol{q}$ になることがわかる．あるいは図で書くと，$\mathcal{H}'$ の第2項は図6.2(a)のように，$\boldsymbol{k}$ の電子が $\boldsymbol{q}$ のフォノンを放出し $\boldsymbol{k}-\boldsymbol{q}$ の状態に散乱されるという過程を表わす．同様に第1項は同図(b)で表わされる．こうして E' は

$$E' = \sum_{\boldsymbol{q}} \frac{|V_{\boldsymbol{q}}|^2}{\varepsilon_{\boldsymbol{k}} - \varepsilon_{\boldsymbol{k}-\boldsymbol{q}} - \hbar\omega} \tag{6.2.2}$$

となる．この式に(6.1.17)を代入し $\boldsymbol{q}$ に関する和を積分で表わすと

$$E' = \frac{\alpha\hbar\omega\gamma}{2\pi^2}\int \frac{1}{\boldsymbol{k}^2-(\boldsymbol{k}-\boldsymbol{q})^2-\gamma^2}\frac{d\boldsymbol{q}}{q^2} \tag{6.2.3}$$

がえられる．ただし，γ は $\gamma=(2m\omega/\hbar)^{1/2}$ で定義される．γ はフォノンのエネルギーを電子の波数に換算したものである $(\hbar\omega=\hbar^2\gamma^2/2m)$．

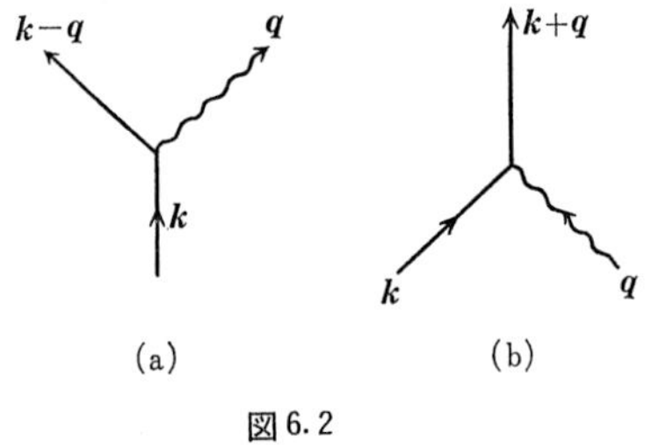

図6.2

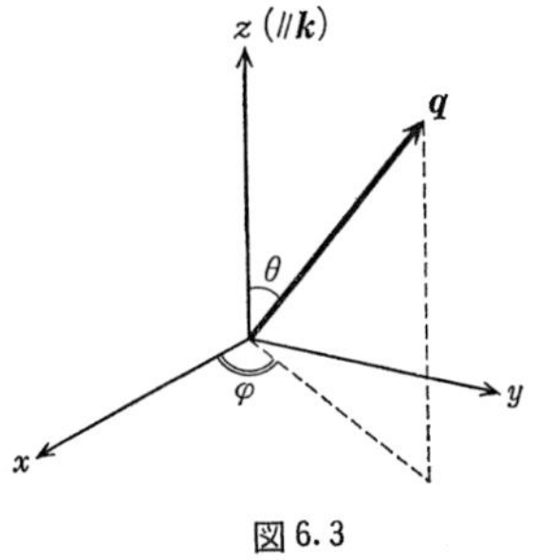

図6.3

(6.2.3)の積分を行なうため $\boldsymbol{k}$ 方向を z 軸にとり極座標を導入する(図6.3)．φ, θ に関して積分を実行し

$$E' = \frac{\alpha\hbar\omega\gamma}{4\pi k}\int_{-\infty}^{\infty}\frac{1}{q}\ln\left|\frac{2kq-q^2-\gamma^2}{2kq+q^2+\gamma^2}\right|dq \tag{6.2.4}$$

と表わされる．ただし，被積分関数が q の偶関数であること，またそれが $q\to\infty$ で急速に0となるためフォノンの切断波数(たとえば Debye 波数)を ∞ としてよ

いことを用いた．(6.2.4)の q に関する積分を I と書きそれを k の関数とみなして微分すると

$$\frac{dI}{dk} = -\int_{-\infty}^{\infty}\left(\frac{2}{q^2-2kq+\gamma^2}+\frac{2}{q^2+2kq+\gamma^2}\right)dq$$

となる．公式

$$\int_{-\infty}^{\infty}\frac{dx}{ax^2+2bx+c} = \frac{\pi}{\sqrt{ac-b^2}} \qquad (a>0,\ ac>b^2)$$

および $k=0$ で $I=0$ である点に注意すれば，$k<\gamma$ で

$$I = -4\pi\int_0^k \frac{dx}{\sqrt{\gamma^2-x^2}} = -4\pi\sin^{-1}\frac{k}{\gamma}$$

と計算される．したがって E' は

$$E' = -\alpha\hbar\omega\frac{\sin^{-1}(k/\gamma)}{k/\gamma} \tag{6.2.5}$$

と表わされる．$\sin^{-1}x = x+(1/6)x^3+(3/40)x^5+\cdots$ の展開式を使い，非摂動系のエネルギー $\hbar^2k^2/2m$ を考慮すると，全体のエネルギー E は $k\ll\gamma$ のとき

$$E = -\alpha\hbar\omega+\frac{\hbar^2k^2}{2m}\left(1-\frac{\alpha}{6}\right)+O(k^4) \tag{6.2.6}$$

となる．第2項を $\hbar^2k^2/2m^*$ と書けば m^* がポーラロンの質量を表わし

$$m^* = \frac{m}{1-(\alpha/6)} \quad \text{あるいは} \quad \frac{m^*}{m} = 1+\frac{\alpha}{6} \qquad (\alpha\ll 1) \tag{6.2.7}$$

がえられる．

b) フォノンの雲

ポーラロンの周辺に生ずるフォノンの雲を考察するため，(a)項と同じく摂動計算によってフォノンの総数の期待値を論ずる．1次の摂動項を考慮した波動関数 $|\boldsymbol{k};0\rangle_1$ は量子力学の公式により

$$|\boldsymbol{k};0\rangle_1 = |\boldsymbol{k};0\rangle+\sum_{\boldsymbol{q}}\frac{\langle\boldsymbol{k}-\boldsymbol{q};1_{\boldsymbol{q}}|\mathcal{H}'|\boldsymbol{k};0_{\boldsymbol{q}}\rangle}{\varepsilon_{\boldsymbol{k}}-\varepsilon_{\boldsymbol{k}-\boldsymbol{q}}-\hbar\omega}|\boldsymbol{k}-\boldsymbol{q};1_{\boldsymbol{q}}\rangle$$

と表わされる．また，フォノンの総数 N は $N=\sum b_{\boldsymbol{q}}{}^\dagger b_{\boldsymbol{q}}$ で与えられるから，上の状態に対する N の期待値は

$$\langle N\rangle = {}_1\langle \boldsymbol{k}\,;0|N|\boldsymbol{k}\,;0\rangle_1 = \sum_{\boldsymbol{q}} \frac{|\langle \boldsymbol{k}-\boldsymbol{q}\,;1_{\boldsymbol{q}}|\mathcal{H}'|\boldsymbol{k}\,;0_{\boldsymbol{q}}\rangle|^2}{(\varepsilon_{\boldsymbol{k}}-\varepsilon_{\boldsymbol{k}-\boldsymbol{q}}-\hbar\omega)^2}$$

$$= \sum_{\boldsymbol{q}} \frac{|V_{\boldsymbol{q}}|^2}{(\varepsilon_{\boldsymbol{k}}-\varepsilon_{\boldsymbol{k}-\boldsymbol{q}}-\hbar\omega)^2} \tag{6.2.8}$$

となる．あるいは，これに(6.1.17)を代入すると

$$\langle N\rangle = \frac{\alpha\gamma^3}{2\pi^2}\int \frac{1}{[\boldsymbol{k}^2-(\boldsymbol{k}-\boldsymbol{q})^2-\gamma^2]^2}\frac{d\boldsymbol{q}}{q^2} \tag{6.2.9}$$

と書ける．この式を計算するため，電子はゆっくり動くと仮定し $k\to 0$ の極限をとる．そうすると $\langle N\rangle$ は

$$\langle N\rangle = \frac{2\alpha\gamma^3}{\pi}\int_0^\infty \frac{dq}{(q^2+\gamma^2)^2} = \frac{2\alpha\gamma^3}{\pi}\cdot\frac{\pi}{4\gamma^3} = \frac{\alpha}{2} \tag{6.2.10}$$

と表わされる．実際のイオン結晶では(d)項で説明するように α は1より大きな数値をもち，したがって(6.2.10)で $\langle N\rangle$ を求めると $\langle N\rangle$ が1より大きくなることがありうる．しかし，われわれはフォノンが高々1個励起されている状態を考えてきたのだからこれは矛盾である．すなわち，ポーラロンの問題を定量的に論ずるさい，簡単な摂動計算では不十分でより進んだ方法が必要となる．この点については節を改め§6.3で述べる．

c) ダンピング

前述の波動関数 $|\boldsymbol{k}\,;0\rangle_1$ は電子の波数として $\boldsymbol{k}$ 以外にさまざまな値を含み，したがって電子の波数は運動の定数になりえない．このため，最初 $|\boldsymbol{k}\rangle$ の状態にあった電子は他の状態に遷移し，状態 $|\boldsymbol{k}\rangle$ はある有限な平均寿命をもつ．すなわちダンピングがおこる．以下，始状態が $|\boldsymbol{k}\,;n_1,\cdots,n_{\boldsymbol{q}},\cdots\rangle$ であると仮定して電子の平均寿命 τ を考察する．量子力学によると，始状態 i から摂動ハミルトニアン $\mathcal{H}'$ により終状態 f に遷移する確率は，単位時間あたり $(2\pi/\hbar)|\mathcal{H}_{fi}'|^2\delta(E_i-E_f)$ と表わされる．τ は単位時間あたりの遷移確率 W の逆数に等しいから，図6.2の2つの過程を考慮し，

$$\frac{1}{\tau} = W = \frac{2\pi}{\hbar}\sum_{\boldsymbol{q}}|V_{\boldsymbol{q}}|^2[\delta(\varepsilon_{\boldsymbol{k}}-\varepsilon_{\boldsymbol{k}-\boldsymbol{q}}-\hbar\omega)(n_{\boldsymbol{q}}+1)+\delta(\varepsilon_{\boldsymbol{k}}-\varepsilon_{\boldsymbol{k}+\boldsymbol{q}}+\hbar\omega)n_{\boldsymbol{q}}] \tag{6.2.11}$$

と書ける．この式を計算するため $\boldsymbol{q}$ の和を積分で表わし，また(6.1.17)を代入

する．さらに n_q は温度 T における熱平衡値で与えられると仮定する．すなわち Planck 分布を用いて $(\beta=1/k_BT)$

$$\langle n_q\rangle=\frac{1}{e^{\beta\hbar\omega}-1}\equiv\langle n\rangle$$

とする．図 6.3 と同様，極座標を用い $\cos\theta=t$ とおけば

$$\frac{1}{\tau}=2\alpha\omega\gamma\int_0^\infty dq\int_{-1}^1 dt[\delta(2kqt-q^2-\gamma^2)(\langle n\rangle+1)+\delta(2kqt+q^2-\gamma^2)\langle n\rangle]$$

と表わされる．第 1 項の δ 関数中の変数が 0 になるためには $t=(q^2+\gamma^2)/2kq$ となり $-1\leqq t\leqq 1$ の不等式から $\gamma\leqq k$ の関係がえられる．逆にいえば，$k<\gamma$ なら第 1 項は 0 である．同様に，第 2 項が 0 にならないためには $\sqrt{k^2+\gamma^2}-k<q<\sqrt{k^2+\gamma^2}+k$ の条件が要求される．これが満足されると，t に関する積分は $1/2kq$ を与えるから，$k<\gamma$ のとき

$$\frac{1}{\tau}=2\alpha\omega\gamma\langle n\rangle\int_{\sqrt{k^2+\gamma^2}-k}^{\sqrt{k^2+\gamma^2}+k}\frac{dq}{2kq}=\frac{\alpha\omega\gamma\langle n\rangle}{k}\ln\frac{\sqrt{k^2+\gamma^2}+k}{\sqrt{k^2+\gamma^2}-k}$$

がえられる．とくに，おそい電子 $(k\ll\gamma)$ に対しては

$$\frac{1}{\tau}=\frac{2\alpha\omega}{e^{\beta\hbar\omega}-1}\qquad(6.2.12)$$

と表わされる．(6.2.12) の結果は，さきほどの $1/\tau$ に対する式で $k=0$ とおけばもっと簡単に計算される．

d) α の 数 値

最近，実験技術，試料作製などの進歩によってポーラロンの質量 m^* を実験的に測定することが可能になった．主としてサイクロトロン共鳴によって m^* を測定するが，最近の結果を表 6.1 に示す．この表の第 1 行目に，典型的なアルカリハライド，銀ハライドの m^*/m_e (m_e は真空中の電子の質量) の値がのせてある．一方，結合定数 α は (6.1.16) により $\alpha=(e^2/\hbar)(m/2\hbar\omega)^{1/2}[(\epsilon_0-\epsilon_\infty)/\epsilon_0\epsilon_\infty]$ と表わされる．この式で，ϵ_0, ϵ_∞, ω は適当な実験手段で測定できる (表 6.1 では ω 自身でなく波長 λ の逆数の値がのせてある．$\omega=2\pi c/\lambda$ (c は光速))．ところで，上式により α を求めるにはバンド質量 m の数値が必要となる．このため，つぎの 2 つの式

$$\frac{m^*}{m}=\frac{1-0.0008\alpha^2}{1-(\alpha/6)+0.0034\alpha^2} \qquad (6.2.13\,a)$$

$$\frac{m^*}{m}=1+\frac{1}{6}\alpha+0.0236276\alpha^2+0.0014\alpha^3 \qquad (6.2.13\,b)$$

がよく使われる．(6.2.13 a)は次節で述べる Feynman 理論にもとづく内挿式，(6.2.13 b)は6次までの摂動計算を行なった結果である．(6.2.13 a)あるいは(6.2.13 b)を用いて計算された m, α にそれぞれ，a あるいは b の添字をつけて表わすと，その数値は表6.1のようになる．これからわかるように，α は2～4の値をとる．したがって，α はオーダーとして1程度の量であると考えてよい．

表6.1 イオン結晶における α の数値

	$\frac{m^*}{m_e}$	ϵ_∞	ϵ_0	$\frac{1}{\lambda}(\mathrm{cm}^{-1})$	$\frac{m_a}{m_e}$	α_a	$\frac{m_b}{m_e}$	α_b
KCl	0.922 ± 0.04	2.20	4.49	212	0.432 ± 0.02	3.46	0.467 ± 0.02	3.60
KBr	0.700 ± 0.03	2.39	4.52	166	0.367 ± 0.02	3.07	0.388 ± 0.02	3.15
AgCl	0.431 ± 0.04	3.97	9.50	197	0.302 ± 0.03	1.90	0.305 ± 0.03	1.91
AgBr	0.289 ± 0.01	4.68	10.60	132	0.215 ± 0.01	1.59	0.217 ± 0.01	1.60

Hodby, J. W.: *J. Phys.* C, **4**, L8(1971)による

§6.3 中間結合法，経路積分の方法

ポーラロンの問題では結合定数 α が1程度の量であるから，単純な摂動計算では満足な結果がえられない．信頼できる結果を導くためには，摂動計算より進んだ数学的方法が要求される．本節ではそのような方法を2つ紹介する．いずれも変分原理にもとづく方法である．

a) 中間結合法

この方法は中間子理論における朝永理論をポーラロンに適用したもので，結合定数が中間的な値をとる場合にも使えるという意味で**中間結合法**(intermediate coupling method)とよばれている．以下，この方法について説明する．

前節の(c)項で述べたように，電子-フォノン相互作用があると電子の運動量は運動の定数でない．しかし，フォノンの部分をも考慮し，全運動量を表わす演算子 $\boldsymbol{P}_{\mathrm{op}}=\boldsymbol{p}+\sum\hbar\boldsymbol{q}b_{\boldsymbol{q}}^\dagger b_{\boldsymbol{q}}$ を導入すると，これはハミルトニアン $\mathcal{H}$ と可換になる．したがって，$\boldsymbol{P}_{\mathrm{op}}$ は運動の定数で c 数としてとり扱ってよい．この点をもっと明

確にするため次のような変換を考える．

一般に，Schrödinger 方程式 $\mathscr{H}|\Phi\rangle=E|\Phi\rangle$ にユニタリー変換 $|\Phi\rangle=S|\Psi\rangle$ をおこなうと，$S^{-1}\mathscr{H}S|\Psi\rangle=E|\Psi\rangle$ となる．すなわち，ハミルトニアンは $\mathscr{H}\to\overline{\mathscr{H}}=S^{-1}\mathscr{H}S$ と変換されるが，$\overline{\mathscr{H}}$ はもとと同じ物理的体系を記述すると考えてよい．とくに $\boldsymbol{P}$ を c 数のベクトルとし

$$S = \exp\left[\frac{i}{\hbar}(\boldsymbol{P}-\sum_{q}\hbar\boldsymbol{q}b_{q}^{\dagger}b_{q})\cdot\boldsymbol{r}\right]$$

とすれば，公式

$$e^{iX}Ae^{-iX} = A+i[X, A]+\frac{i^2}{2!}[X[X, A]]+\cdots$$

を用いると $\boldsymbol{P}_{\mathrm{op}}\to S^{-1}\boldsymbol{P}_{\mathrm{op}}S=\boldsymbol{P}+\boldsymbol{p}$, $\boldsymbol{p}\to S^{-1}\boldsymbol{p}S=\boldsymbol{P}-\sum\hbar\boldsymbol{q}b_{q}^{\dagger}b_{q}+\boldsymbol{p}$, $b_q\to S^{-1}b_qS=b_q\exp(-i\boldsymbol{q}\cdot\boldsymbol{r})$ となる．したがって，(6.2.1) からわかるように $\overline{\mathscr{H}}$ は電子の位置 $\boldsymbol{r}$ を含まない．このため電子の運動量 $\boldsymbol{p}$ を c 数と考えてよい．以下，これを0とおく．こうして $\overline{\mathscr{H}}$ は

$$\overline{\mathscr{H}} = \frac{1}{2m}(\boldsymbol{P}-\sum_{q}\hbar\boldsymbol{q}b_{q}^{\dagger}b_{q})^{2}+\sum_{q}\hbar\omega b_{q}^{\dagger}b_{q}+\sum_{q}(V_{q}b_{q}+V_{q}^{*}b_{q}^{\dagger}) \tag{6.3.1}$$

と表わされる．$\overline{\mathscr{H}}$ は全運動量 $\boldsymbol{P}$ をパラメーターとして含むので，そのエネルギー固有値は $\boldsymbol{P}$ の関数となる．これを $E(\boldsymbol{P})\approx E_0+(P^2/2m^*)+O(P^4)$ と展開したとき，m^* がポーラロンの質量を表わす．

さて，つぎに $\overline{\mathscr{H}}|\Psi\rangle=E|\Psi\rangle$ にもう1回ユニタリー変換

$$|\Psi\rangle = U|0\rangle, \qquad U = \exp[\sum_{q}(f_{q}b_{q}^{\dagger}-f_{q}^{*}b_{q})] \tag{6.3.2}$$

を行なう．ここで $|0\rangle$ はフォノンの真空を表わし $(\langle 0|0\rangle=1)$，また f_q は変分のパラメーターであとで決められる．簡単な計算からわかるように

$$U^{-1}b_{q}U = b_{q}+f_{q}, \qquad U^{-1}b_{q}^{\dagger}U = b_{q}^{\dagger}+f_{q}^{*} \tag{6.3.3}$$

がなりたつ．(6.3.2) からエネルギーの期待値は $E=\langle\Psi|\overline{\mathscr{H}}|\Psi\rangle=\langle 0|U^{-1}\overline{\mathscr{H}}U|0\rangle$ と書けるが，(6.3.1), (6.3.3) により E は

$$E = \frac{P^2}{2m}+\sum_{q}(V_{q}f_{q}+V_{q}^{*}f_{q}^{*})+\frac{\hbar^2}{2m}\left[\sum_{q}\boldsymbol{q}|f_{q}|^{2}\right]^{2}$$

$$+\sum_{q}\left(\hbar\omega-\frac{\hbar\boldsymbol{q}\cdot\boldsymbol{P}}{m}+\frac{\hbar^2q^2}{2m}\right)|f_q|^2 \tag{6.3.4}$$

と計算される．ここで変分原理にしたがい E が極小になるよう f_q をきめる．その条件は $\partial E/\partial f_q=\partial E/\partial f_q{}^*=0$ で (6.3.4) から

$$V_q+f_q{}^*\left(\hbar\omega-\frac{\hbar\boldsymbol{q}\cdot\boldsymbol{P}}{m}+\frac{\hbar^2q^2}{2m}\right)+\frac{\hbar^2}{m}\left(\sum_{q'}\boldsymbol{q}'|f_{q'}|^2\right)\cdot\boldsymbol{q}f_q{}^*=0 \tag{6.3.5}$$

がえられる．この方程式を解くため，現在の問題では $\boldsymbol{P}$ だけが特別な方向である点に注意し

$$\eta\boldsymbol{P}=\sum_{q}\hbar\boldsymbol{q}|f_q|^2 \tag{6.3.6}$$

とおく．(6.3.6) を (6.3.5) に代入し $f_q{}^*$ について解くと

$$f_q{}^*=-V_q\Big/\left[\hbar\omega-\frac{\hbar\boldsymbol{q}\cdot\boldsymbol{P}}{m}(1-\eta)+\frac{\hbar^2q^2}{2m}\right]$$

となる．したがって，(6.3.6) から η に対する式

$$\eta\boldsymbol{P}=\sum_{q}|V_q|^2\hbar\boldsymbol{q}\Big/\left[\hbar\omega-\frac{\hbar\boldsymbol{q}\cdot\boldsymbol{P}}{m}(1-\eta)+\frac{\hbar^2q^2}{2m}\right]^2 \tag{6.3.7}$$

が導かれる．

一方，(6.3.4) の E は，(6.3.5) および (6.3.6) により $E=(P^2/2m)(1-\eta^2)+\sum V_q{}^*f_q{}^*$ と書ける．すなわち

$$E=\frac{P^2}{2m}(1-\eta^2)+\sum_{q}\frac{|V_q|^2}{(\hbar\boldsymbol{q}\cdot\boldsymbol{P}/m)(1-\eta)-(\hbar^2q^2/2m)-\hbar\omega}$$

と表わされる．上式の第2項は (6.2.2) の E' に対する式で $\boldsymbol{k}=\boldsymbol{P}(1-\eta)/\hbar$ とおいたものに等しい．したがって，(6.2.5) により

$$E=\frac{P^2}{2m}(1-\eta^2)-\alpha\hbar\omega\frac{\sin^{-1}Q}{Q} \tag{6.3.8}$$

となる．ただし，$Q=P(1-\eta)/\hbar\gamma=P(1-\eta)(2m\hbar\omega)^{-1/2}$ である．あるいは (6.3.8) を P のベキ級数で展開すると

$$E=-\alpha\hbar\omega+\frac{P^2}{2m}\left[1-\eta^2-\frac{\alpha}{6}(1-\eta)^2\right]+O(P^4) \tag{6.3.9}$$

がえられる．上式からわかるように，m^* を求めるには $P\to0$ としたときの η を

計算すればよい．したがって，(6.3.7) の右辺を展開し

$$\eta \boldsymbol{P} = (1-\eta)\sum_{\boldsymbol{q}} |V_{\boldsymbol{q}}|^2 \hbar \boldsymbol{q} \frac{2\hbar \boldsymbol{q}\cdot \boldsymbol{P}}{m} \Big/ \left(\hbar\omega + \frac{\hbar^2 q^2}{2m}\right)^3$$

とすれば十分である．そこで $\boldsymbol{P}$ 方向を z 軸とする極座標を導入し，(6.1.17) を代入して具体的な積分を実行すると

$$\frac{\eta}{1-\eta} = \frac{8\alpha}{3\pi}\int_0^\infty \frac{x^2}{(1+x^2)^3}dx = \frac{\alpha}{6} \qquad \therefore \quad \eta = \frac{\alpha/6}{1+(\alpha/6)}$$

となる．この結果を (6.3.9) に代入すると

$$E = -\alpha\hbar\omega + \frac{P^2}{2m[1+(\alpha/6)]} + O(P^4)$$

となり，これからポーラロンの質量 m^* は

$$\frac{m^*}{m} = 1 + \frac{\alpha}{6} \tag{6.3.10}$$

と表わされる．すでに (6.2.7) で $\alpha \ll 1$ なら上式が導かれることを示したが，ここでの議論では $\alpha \ll 1$ をとくに仮定していないので，$\alpha \approx 1$ でも (6.3.10) がなりたつと考えてよい．

以上，中間結合法の数学的な面を説明してきたが，最後にその物理的な意味について一言しておく．このためフォノンの演算子に対するつぎの公式(Glauber の公式)

$$\exp(fb^\dagger - f^*b) = \exp\left(-\frac{1}{2}|f|^2\right)\exp(fb^\dagger)\exp(-f^*b) \tag{6.3.11}$$

に注意する．これを証明するため $\exp[x(fb^\dagger - f^*b)] = A(x)\exp(xfb^\dagger)\exp(-xf^*b)$ とおき，両辺を x で微分する．その結果，$\exp(xf^*b)b^\dagger\exp(-xf^*b) = b^\dagger + xf^*$，すなわち $b^\dagger\exp(-xf^*b) = \exp(-xf^*b)(b^\dagger + xf^*)$ を用いると，$A'(x) + x|f|^2 A = 0$ という方程式がえられる．$x=0$ で $A=1$ の条件を使ってこの微分方程式を解き，$x=1$ とおけば (6.3.11) が導かれる．(6.3.2) に (6.3.11) を適用し $\exp(-f^*b)|0\rangle = |0\rangle$ に注意すると，$|\Psi\rangle$ は

$$|\Psi\rangle = \exp\left(-\frac{1}{2}\sum_{\boldsymbol{q}} |f_{\boldsymbol{q}}|^2\right)\prod_{\boldsymbol{q}} \exp(f_{\boldsymbol{q}} b_{\boldsymbol{q}}^\dagger)|0\rangle \tag{6.3.12}$$

と表わされる．ここで，$(b^\dagger)^n|0\rangle=\sqrt{n!}|n\rangle$ を使うと，いまの試行関数でフォノンの数が $n_1, n_2, \cdots, n_q, \cdots$ であるような確率は

$$P(n_1, n_2, \cdots, n_q, \cdots) = \exp\left(-\sum_q |f_q|^2\right)\prod_q \frac{(|f_q|^2)^{n_q}}{n_q!}$$

で与えられる．すなわち，$P=g_1(n_1)g_2(n_2)\cdots g_q(n_q)\cdots$ という積の形になっていて，フォノンの励起を独立事象としていることがわかる．いいかえると，中間結合法では，励起されるフォノン間の相関を無視しているのである．

b) 経路積分†

上で説明した中間結合法は物理的にも数学的にも比較的簡単な性格をもつが，それに比べると経路積分の方法ははるかに複雑である．しかし，それだけ精度はよい．この方法の特徴は，フォノンの変数を消去してしまって問題を1電子系に帰着しうる点である．これを説明するにはかなりの準備が必要なのでまずそれから始めよう．

本講座第4巻『量子力学II』の第17章で述べたように，$\langle \boldsymbol{r}'|\exp(-i\mathcal{H}t/\hbar)|\boldsymbol{r}\rangle$ という確率振幅(時刻0で粒子が位置 $\boldsymbol{r}$ にいるとき，時刻 t で $\boldsymbol{r}'$ という位置に粒子の存在する確率振幅)は，Feynman によると $\boldsymbol{r}$ から $\boldsymbol{r}'$ へいたる経路に関する積分として表わされる．古典力学では $\boldsymbol{r}$ から $\boldsymbol{r}'$ に運動する粒子の軌道は一義的にきまるが，量子力学では粒子という立場にたったとき，$\boldsymbol{r}$ から $\boldsymbol{r}'$ へいたるすべての軌道を考慮せねばならない．ところで，上の $\exp(-i\mathcal{H}t/\hbar)$ という演算子で時間 t が純虚数であるとすれば，これは $\exp(-\beta\mathcal{H})$ という形になり，統計力学における密度行列となる．このため，経路積分という概念は統計力学の問題にも適用しうるのである．

一般に，カノニカル集合に対する密度行列 $\exp(-\beta\mathcal{H})$ を考えたとき，ハミルトニアン $\mathcal{H}$ が $\mathcal{H}=\mathcal{H}_0+\mathcal{H}'$ であれば

$$\exp[-\beta(\mathcal{H}_0+\mathcal{H}')] = \lim_{N\to\infty}\left[1-\frac{\beta}{N}(\mathcal{H}_0+\mathcal{H}')\right]^N = \lim_{N\to\infty}[1-\varepsilon(\mathcal{H}_0+\mathcal{H}')]^N$$

がなりたつ．ただし，ε は $\varepsilon=\beta/N$ で定義される．ここで，$1-\varepsilon(\mathcal{H}_0+\mathcal{H}')$ の項に ε^2 以上の誤差があってもそれらは全体として $\varepsilon^2\times N=\varepsilon\beta$ の誤差を生ずるだけで

† この節のこれから以後の部分はかなり難解なところを含むので，初学者はとばして次の節へ進んでもよい．それでも本書全体の理解にはさしつかえがない．

あるから $\varepsilon\to 0$ の極限で無視できる．このため

$$\exp[-\beta(\mathcal{H}_0+\mathcal{H}')] = \lim_{N\to\infty}[\exp(-\varepsilon\mathcal{H}_0)\exp(-\varepsilon\mathcal{H}')]^N \tag{6.3.13}$$

の関係がなりたつ．これは $\mathcal{H}_0$ と $\mathcal{H}'$ とが非可換な場合でも正しい式で，ときには Trotter の公式とよばれることがある．

(6.3.13)をポーラロンの問題に適用するさい，$\mathcal{H}_0$ を電子系と自由なフォノン系とし，$\mathcal{H}'$ を電子-フォノン相互作用とするのが自然である．また，記号を簡単にするためフォノンの波動関数を $|\boldsymbol{n}\rangle=|n_1, n_2, \cdots, n_q, \cdots\rangle$ と書く．そうすると，(6.3.13)の行列要素をとり

$$\begin{aligned}
&\langle \boldsymbol{r}';\boldsymbol{n}'|\exp[-\beta(\mathcal{H}_0+\mathcal{H}')]|\boldsymbol{r};\boldsymbol{n}\rangle \\
&\quad = \lim \sum_{\boldsymbol{n}_1,\cdots,\boldsymbol{n}_{N-1}} \int \langle \boldsymbol{r}';\boldsymbol{n}'|\exp(-\varepsilon\mathcal{H}_0)\exp(-\varepsilon\mathcal{H}')|\boldsymbol{r}_{N-1};\boldsymbol{n}_{N-1}\rangle\cdots \\
&\qquad \cdot\langle \boldsymbol{r}_2;\boldsymbol{n}_2|\exp(-\varepsilon\mathcal{H}_0)\exp(-\varepsilon\mathcal{H}')|\boldsymbol{r}_1;\boldsymbol{n}_1\rangle \\
&\qquad \cdot\langle \boldsymbol{r}_1;\boldsymbol{n}_1|\exp(-\varepsilon\mathcal{H}_0)\exp(-\varepsilon\mathcal{H}')|\boldsymbol{r};\boldsymbol{n}\rangle d\boldsymbol{r}_1 d\boldsymbol{r}_2\cdots d\boldsymbol{r}_{N-1}
\end{aligned} \tag{6.3.14}$$

がえられる．この式を直観的に理解するため，簡単のため $\boldsymbol{r};\boldsymbol{n}$ を一まとめにして x で表わし，また β を仮想的な時間であると考える．その結果，図6.4のように0と β との間を N 等分し各時刻における x を指定すれば(6.3.14)の被積分関数がきまる．あるいは，x から x' にいたる1つの経路をきめれば被積分関数がきまるといってもよい．(6.3.14)はこのような経路のすべてに関する積分を表わすので**経路積分** (path integral) とよばれる．

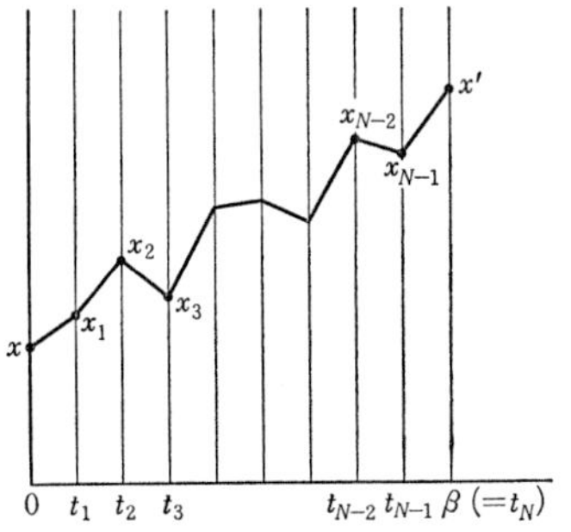

図6.4

前に述べたように，ε^2 以上の誤差は無視しうるから，$\mathscr{H}'$ が電子の運動量を含まないこと，また $|\boldsymbol{r}_j\rangle$ は $\boldsymbol{r}$ の固有関数であること $(\boldsymbol{r}|\boldsymbol{r}_j\rangle=\boldsymbol{r}_j|\boldsymbol{r}_j\rangle)$ に注意すると $\exp(-\varepsilon\mathscr{H}')|\boldsymbol{r}_j;\boldsymbol{n}_j\rangle\approx(1-\varepsilon\mathscr{H}')|\boldsymbol{r}_j;\boldsymbol{n}_j\rangle=|\boldsymbol{r}_j\rangle(1-\varepsilon\mathscr{H}_j')|\boldsymbol{n}_j\rangle\approx|\boldsymbol{r}_j\rangle\exp(-\varepsilon\mathscr{H}_j')|\boldsymbol{n}_j\rangle$ としてよい．ただし，$\mathscr{H}_j'$ は $\mathscr{H}'$ 中に含まれる電子の位置 $\boldsymbol{r}$ を $\boldsymbol{r}_j$ とおいたものである．一方，$\mathscr{H}_0$ は電子の部分 $\mathscr{H}_\mathrm{e}$ とフォノンの部分 $\mathscr{H}_\mathrm{p}$ との和$(\mathscr{H}_0=\mathscr{H}_\mathrm{e}+\mathscr{H}_\mathrm{p})$ である点に注意すると，(6.3.14) の右辺は

$$\begin{aligned}\lim\int&\langle\boldsymbol{r}'|\exp(-\varepsilon\mathscr{H}_\mathrm{e})|\boldsymbol{r}_{N-1}\rangle\cdots\langle\boldsymbol{r}_2|\exp(-\varepsilon\mathscr{H}_\mathrm{e})|\boldsymbol{r}_1\rangle\\&\cdot\langle\boldsymbol{r}_1|\exp(-\varepsilon\mathscr{H}_\mathrm{e})|\boldsymbol{r}\rangle d\boldsymbol{r}_1\cdots d\boldsymbol{r}_{N-1}\\&\cdot\sum_{\boldsymbol{n}_1\cdots\boldsymbol{n}_{N-1}}\langle\boldsymbol{n}|\exp(-\varepsilon\mathscr{H}_\mathrm{p})\exp(-\varepsilon\mathscr{H}_{N-1}')|\boldsymbol{n}_{N-1}\rangle\cdots\\&\cdot\langle\boldsymbol{n}_2|\exp(-\varepsilon\mathscr{H}_\mathrm{p})\exp(-\varepsilon\mathscr{H}_1')|\boldsymbol{n}_1\rangle\langle\boldsymbol{n}_1|\exp(-\varepsilon\mathscr{H}_\mathrm{p})\exp(-\varepsilon\mathscr{H}')|\boldsymbol{n}\rangle\end{aligned}\tag{6.3.15}$$

と表わされる．ここで $\mathscr{H}_\mathrm{e}=\boldsymbol{p}^2/2m$ を使うと

$$\begin{aligned}\langle\boldsymbol{r}_j|\exp(-\varepsilon\mathscr{H}_\mathrm{e})|\boldsymbol{r}_{j-1}\rangle&=\langle\boldsymbol{r}_j|\exp\left(-\frac{\varepsilon\boldsymbol{p}^2}{2m}\right)|\boldsymbol{r}_{j-1}\rangle\\&=\int\langle\boldsymbol{r}_j|\boldsymbol{p}'\rangle\exp\left(-\frac{\varepsilon\boldsymbol{p}'^2}{2m}\right)\langle\boldsymbol{p}'|\boldsymbol{r}_{j-1}\rangle d\boldsymbol{p}'\end{aligned}$$

となり，$\langle\boldsymbol{r}_j|\boldsymbol{p}'\rangle=h^{-3/2}\exp(i\boldsymbol{p}'\cdot\boldsymbol{r}_j/\hbar)$ に注意すると

$$\left.\begin{aligned}\langle\boldsymbol{r}_j|\exp(-\varepsilon\mathscr{H}_\mathrm{e})|\boldsymbol{r}_{j-1}\rangle&=\frac{1}{A}\exp\left[-\frac{m}{2\varepsilon\hbar^2}(\boldsymbol{r}_j-\boldsymbol{r}_{j-1})^2\right]\\\frac{1}{A}&\equiv\frac{1}{h^3}\left(\frac{2m\pi}{\varepsilon}\right)^{3/2}\end{aligned}\right\}\tag{6.3.16}$$

がえられる．

c) フォノン変数の消去

さて，ここでフォノン状態に関する総和をとり，つぎの縮約された密度行列 (reduced density matrix) を考える．

$$\rho(\boldsymbol{r}',\boldsymbol{r})=\sum_{\boldsymbol{n}}\langle\boldsymbol{r}';\boldsymbol{n}|\exp[-\beta(\mathscr{H}_0+\mathscr{H}')]|\boldsymbol{r};\boldsymbol{n}\rangle\tag{6.3.17}$$

(6.3.14), (6.3.15), (6.3.16) により

$$\rho(\boldsymbol{r}', \boldsymbol{r}) = \lim \int \exp\left[-\sum_{j=0}^{N-1} \frac{m}{2\varepsilon\hbar^2}(\boldsymbol{r}_{j+1}-\boldsymbol{r}_j)^2\right]\frac{1}{A}d\boldsymbol{r}_1\frac{1}{A}\cdots d\boldsymbol{r}_{N-1}\frac{1}{A}$$
$$\cdot\sum_{\boldsymbol{n}} \langle \boldsymbol{n}|\exp(-\varepsilon\mathscr{H}_{\mathrm{p}})\exp(-\varepsilon\mathscr{H}_{N-1}')\cdots$$
$$\cdot\exp(-\varepsilon\mathscr{H}_{\mathrm{p}})\exp(-\varepsilon\mathscr{H}_1')\exp(-\varepsilon\mathscr{H}_{\mathrm{p}})\exp(-\varepsilon\mathscr{H}')|\boldsymbol{n}\rangle \tag{6.3.18}$$

と表わされる．以後，記号を簡単にするため

$$\lim\frac{1}{A}d\boldsymbol{r}_1\frac{1}{A}\cdots d\boldsymbol{r}_{N-1}\frac{1}{A} \longrightarrow \mathscr{D}\boldsymbol{r}(t)$$

と書く．(6.3.18) で $\boldsymbol{n}$ に関する和はフォノンに対するトレースであるが，この部分を Ψ とおく．すなわち

$$\Psi = \lim \mathrm{tr}[\exp(-\varepsilon\mathscr{H}_{\mathrm{p}})\exp(-\varepsilon\mathscr{H}_{N-1}')\cdots$$
$$\cdot\exp(-\varepsilon\mathscr{H}_{\mathrm{p}})\exp(-\varepsilon\mathscr{H}_1')\exp(-\varepsilon\mathscr{H}_{\mathrm{p}})\exp(-\varepsilon\mathscr{H}')]$$

とする．上式の最後の 4 項に注目しこれを $\exp(-2\varepsilon\mathscr{H}_{\mathrm{p}})[\exp(\varepsilon\mathscr{H}_{\mathrm{p}})\exp(-\varepsilon\mathscr{H}_1')\cdot\exp(-\varepsilon\mathscr{H}_{\mathrm{p}})]\exp(-\varepsilon\mathscr{H}')$ と書き替える．同様な書替えを右から左へと実行し，また $\exp(j\varepsilon\mathscr{H}_{\mathrm{p}})\mathscr{H}_j'\exp(-j\varepsilon\mathscr{H}_{\mathrm{p}})=\mathscr{H}'(j)$ とおけば

$$\Psi = \lim \mathrm{tr}[\exp(-\beta\mathscr{H}_{\mathrm{p}})\exp(-\varepsilon\mathscr{H}'(N-1))\cdots$$
$$\cdot\exp(-\varepsilon\mathscr{H}'(1))\exp(-\varepsilon\mathscr{H}'(0))] \tag{6.3.19}$$

となる．ここで $j\varepsilon$ を一般の時間 t であると考えれば，(6.3.19) の演算子は時間が大きくなるにしたがい右から左へと並んでいる．このため $\exp(-\beta\mathscr{H}_{\mathrm{p}})$ のあとに Wick の記号 T を挿入してよい．またいまの問題ではフォノンの演算子を扱っているので，T 記号の下ですべての演算子は可換になる．例えば $\mathrm{T}[b(t)b^\dagger(s)]$ は $t>s$ なら $b(t)b^\dagger(s)$，$t<s$ だと $b^\dagger(s)b(t)$ に等しいが，$\mathrm{T}[b^\dagger(s)b(t)]$ もまったく同じ結果を与える．こうして

$$\Psi = \lim \mathrm{tr}[\exp(-\beta\mathscr{H}_{\mathrm{p}})\,\mathrm{T}\exp(-\varepsilon\textstyle\sum\mathscr{H}'(j))]$$
$$= \mathrm{tr}\left[\exp(-\beta\mathscr{H}_{\mathrm{p}})\,\mathrm{T}\exp\left(-\int_0^\beta\mathscr{H}'(t)\,dt\right)\right]$$

がえられる．$\mathscr{H}'(t)$ は $\mathscr{H}'(t)=\sum\varphi_{\boldsymbol{q}}(t)$ の形をとり $\varphi_{\boldsymbol{q}}(t)$ は

$$\varphi_{\boldsymbol{q}}(t) = V_{\boldsymbol{q}}b_{\boldsymbol{q}}(t)\exp[i\boldsymbol{q}\cdot\boldsymbol{r}(t)]+V_{\boldsymbol{q}}^*b_{\boldsymbol{q}}^\dagger(t)\exp[-i\boldsymbol{q}\cdot\boldsymbol{r}(t)] \tag{6.3.20}$$

で与えられる．ここで $b_{\boldsymbol{q}}(t), b_{\boldsymbol{q}}^\dagger(t)$ は $b_{\boldsymbol{q}}(t)=\exp(t\mathscr{H}_{\mathrm{p}})b_{\boldsymbol{q}}\exp(-t\mathscr{H}_{\mathrm{p}}),\ b_{\boldsymbol{q}}^\dagger(t)=$

$\exp(t\mathscr{H}_{\rm p})b_{\boldsymbol q}^{\dagger}\exp(-t\mathscr{H}_{\rm p})$ の相互作用表示における演算子である．

上の Ψ を計算するため，自由なフォノン系の状態和 $Z_{\rm p}={\rm tr}[\exp(-\beta\mathscr{H}_{\rm p})]$ で全体を割る．$\varphi_{\boldsymbol q}(t)$ は $\boldsymbol q$ が異なると互いに可換であることに注意し

$$\frac{\Psi}{Z_{\rm p}}=\left\langle {\rm T}\exp\left[-\int_0^\beta \mathscr{H}'(t)\,dt\right]\right\rangle_0=\left\langle \prod_{\boldsymbol q}{\rm T}\exp\left[-\int_0^\beta \varphi_{\boldsymbol q}(t)\,dt\right]\right\rangle_0 \tag{6.3.21}$$

をうる．ただし，$\langle\ \rangle_0$ は自由なフォノン系に対する統計力学的な平均を意味する．簡単のため添字 $\boldsymbol q$ を省略し，(6.3.21) の指数関数を展開すると

$$\left\langle {\rm T}\exp\left[-\int_0^\beta \varphi(t)\,dt\right]\right\rangle_0$$
$$=\left\langle 1-\int_0^\beta \varphi(t)\,dt+\frac{1}{2!}{\rm T}\int_0^\beta\int_0^\beta \varphi(t_1)\varphi(t_2)\,dt_1dt_2-\cdots\right\rangle_0 \tag{6.3.22}$$

となる．(6.3.22) に現われる期待値は，§1.5 で Mössbauer 効果を考察したとき扱ったのと本質的に同じであり，そこでの方法がそのまま適用できる．すなわち，(6.3.22) で奇数次の項は 0 になり，また，例として 4 次の項をとると，t_1, t_2, … などを 1, 2, … と書き

$$\langle{\rm T}\,\varphi(1)\varphi(2)\varphi(3)\varphi(4)\rangle_0=\langle{\rm T}\,\varphi(1)\varphi(2)\rangle_0\langle{\rm T}\,\varphi(3)\varphi(4)\rangle_0$$
$$+\langle{\rm T}\,\varphi(1)\varphi(3)\rangle_0\langle{\rm T}\,\varphi(2)\varphi(4)\rangle_0+\langle{\rm T}\,\varphi(1)\varphi(4)\rangle_0\langle{\rm T}\,\varphi(2)\varphi(3)\rangle_0 \tag{6.3.23}$$

と表わされる．これを t_1, t_2, t_3, t_4 で積分すると，右辺の各項は同じ寄与を与え 3 個同じ項がでてくる．同じことが (6.3.22) の一般項でもなりたつ．$2m$ 次の項では同じ項の数は $(2m-1)\cdot(2m-3)\cdots3\cdot1$ である (1 つの φ に注目するとペアをつくる相手は $(2m-1)$ 個，残りの 1 つの φ をとると相手は $(2m-3)$ 個で以下，同様の議論をすればよい)．$2m$ 次の項の係数 $1/(2m)!$ を考慮し $(2m-1)\cdot(2m-3)\cdots3\cdot1/(2m)!=1/2^m m!$ を用いると

$$\left\langle {\rm T}\exp\left[-\int_0^\beta \varphi(t)\,dt\right]\right\rangle_0=\sum_{m=0}^{\infty}\frac{1}{2^m m!}\left[{\rm T}\int_0^\beta\int_0^\beta\langle\varphi(t_1)\varphi(t_2)\rangle_0 dt_1dt_2\right]^m$$
$$=\exp\left[\frac{1}{2}\int_0^\beta\int_0^\beta D(t,s)\,dtds\right] \tag{6.3.24}$$

がえられる．ここで $D(t,s)$ はフォノンの温度 Green 関数に相当し添字 $\boldsymbol q$ を復

活させると

$$D_{\boldsymbol{q}}(t, s) = \langle \mathrm{T}\,\varphi_{\boldsymbol{q}}(t)\,\varphi_{\boldsymbol{q}}(s)\rangle_0 \tag{6.3.25}$$

で与えられる．

以上の結果をまとめると，結局 $\rho(\mathbf{r}', \mathbf{r})$ は

$$\rho(\mathbf{r}', \mathbf{r}) = Z_{\mathrm{p}}\int \exp\left[-\int_0^\beta \frac{m}{2\hbar^2}\left(\frac{d\mathbf{r}}{dt}\right)^2 dt + \frac{1}{2}\int_0^\beta\int_0^\beta \sum_{\boldsymbol{q}} D_{\boldsymbol{q}}(t, s)\,dtds\right]\mathscr{D}\mathbf{r}(t) \tag{6.3.26}$$

と表わされる．これからわかるように，フォノンの変数が完全に消去された代りに，電子間には異なった時刻間の相互作用，すなわち遅延効果が働く．$D_{\boldsymbol{q}}(t, s)$ はこの効果を記述する関数で $b_{\boldsymbol{q}}(t) = e^{-\hbar\omega t}b_{\boldsymbol{q}}$, $b_{\boldsymbol{q}}{}^\dagger(t) = e^{\hbar\omega t}b_{\boldsymbol{q}}{}^\dagger$ を使うと (6.3.20), (6.3.25) から

$$D_{\boldsymbol{q}}(t, s) = |V_{\boldsymbol{q}}|^2\left\{e^{i\boldsymbol{q}\cdot[\mathbf{r}(t)-\mathbf{r}(s)]-\hbar\omega(t-s)}\begin{bmatrix}\langle n_{\boldsymbol{q}}\rangle+1\\ \langle n_{\boldsymbol{q}}\rangle\end{bmatrix}\right.$$
$$\left.+e^{-i\boldsymbol{q}\cdot[\mathbf{r}(t)-\mathbf{r}(s)]+\hbar\omega(t-s)}\begin{bmatrix}\langle n_{\boldsymbol{q}}\rangle\\ \langle n_{\boldsymbol{q}}\rangle+1\end{bmatrix}\right\} \tag{6.3.27}$$

と計算される．ただし，[　] 内の量は上が $t>s$, 下が $t<s$ の場合に対応する．また，$\langle n_{\boldsymbol{q}}\rangle$ は $\langle n_{\boldsymbol{q}}\rangle = 1/(e^{\beta\hbar\omega}-1)$ の Planck 分布である．

上述の結果をポーラロンの問題に応用するさい，$\hbar=m=\omega=1$ の単位系を使うと便利である．そうすると (6.1.17) により $|V_{\boldsymbol{q}}|^2 = 4\pi\alpha/2^{1/2}q^2V$ となり，これから

$$\sum_{\boldsymbol{q}} |V_{\boldsymbol{q}}|^2 e^{i\boldsymbol{q}\cdot[\mathbf{r}(t)-\mathbf{r}(s)]} = \frac{4\pi\alpha}{2^{1/2}V}\sum_{\boldsymbol{q}}\frac{e^{i\boldsymbol{q}\cdot[\mathbf{r}(t)-\mathbf{r}(s)]}}{q^2} = \frac{\alpha}{2^{1/2}|\mathbf{r}(t)-\mathbf{r}(s)|}$$

がえられる．また，$\beta\to\infty$ の極限を考えると，(6.3.27) で $\langle n_{\boldsymbol{q}}\rangle = 0$ とおけるので，$\theta(x)$ を階段関数 [$\theta(x)=1$ $(x>0)$ また $\theta(x)=0$ $(x<0)$] とすれば

$$\sum_{\boldsymbol{q}} D_{\boldsymbol{q}}(t, s) = \frac{\alpha}{2^{1/2}|\mathbf{r}(t)-\mathbf{r}(s)|}[e^{-(t-s)}\theta(t-s)+e^{(t-s)}\theta(s-t)]$$
$$= \frac{\alpha e^{-|t-s|}}{2^{1/2}|\mathbf{r}(t)-\mathbf{r}(s)|}$$

と表わされる．一方，$\beta\to\infty$ で $Z_{\mathrm{p}}=1$ となるため，(6.3.26) はこの極限で

$$\rho(\mathbf{r}',\mathbf{r})=\int e^{S}\mathcal{D}\mathbf{r}(t) \qquad (6.3.28\,a)$$

$$S=-\frac{1}{2}\int\left(\frac{d\mathbf{r}}{dt}\right)^2 dt+\frac{\alpha}{2^{3/2}}\int\int\frac{e^{-|t-s|}}{|\mathbf{r}(t)-\mathbf{r}(s)|}dtds \qquad (6.3.28\,b)$$

となる．Sは力学における作用に相当する量で，今後Sを便宜上作用とよぶことにする．また(6.3.28 b)でtあるいはsに関する積分は0からβまでを意味する．とくに断わらない限りこれから同じ記号を使う．

d) Feynmanの変分原理

上で述べた経路積分の方法は，Feynmanによりポーラロンの具体的な問題に応用された(Feynman, R. P.: *Phys. Rev.* **97**, 660(1955))．以下，この理論の概要を紹介する．まず，(6.3.17)で$\mathcal{H}_0+\mathcal{H}'$の$l$番目の固有値，固有関数をそれぞれ$E_l$, $|\psi_l\rangle$とすれば

$$\rho(\mathbf{r}',\mathbf{r})=\sum_{\mathbf{n},l}e^{-\beta E_l}\langle\mathbf{r}';\mathbf{n}|\psi_l\rangle\langle\psi_l|\mathbf{r};\mathbf{n}\rangle$$

となる．したがって，基底状態のエネルギーをE_0とすれば，$\beta\to\infty$の極限で

$$\rho(\mathbf{r}',\mathbf{r})\approx Ae^{-\beta E_0} \qquad (6.3.29)$$

とあらわされる．ここでAはβによらない，$\mathbf{r}, \mathbf{r}'$だけの関数である．つぎに，(6.3.28 a)を書き替え，適当な試行作用S_1を用いて$\rho(\mathbf{r}',\mathbf{r})$を

$$\rho(\mathbf{r}',\mathbf{r})=\int e^{S-S_1}e^{S_1}\mathcal{D}\mathbf{r}(t) \qquad (6.3.30)$$

と書き，また任意の関数Fに関し

$$\langle F\rangle=\int Fe^{S_1}\mathcal{D}\mathbf{r}(t)\Big/\int e^{S_1}\mathcal{D}\mathbf{r}(t) \qquad (6.3.31)$$

でFの平均を定義する．そうすると(6.3.30)は

$$\rho(\mathbf{r}',\mathbf{r})=\langle e^{S-S_1}\rangle\int e^{S_1}\mathcal{D}\mathbf{r}(t) \qquad (6.3.32)$$

となる．いま，$e^F=e^{\langle F\rangle}e^{F-\langle F\rangle}=e^{\langle F\rangle}[1+F-\langle F\rangle+R]$とし，$R\geqq 0$の関係に注意してこの式の平均をとると

$$\langle e^F\rangle\geqq e^{\langle F\rangle} \qquad (6.3.33)$$

という不等式が導かれる．また，$\beta\to\infty$で

$$\int e^{\langle S-S_1\rangle}e^{S_1}\mathscr{D}\boldsymbol{r}(t)\approx Be^{-\beta E}\tag{6.3.34}$$

であると仮定する．(6.3.29), (6.3.32), (6.3.33)を使うと $Ae^{-\beta E_0}\geqq Be^{-\beta E}$ となり，$\beta\to\infty$ の極限でこの関係が成立するためには，$E_0\leqq E$ の不等式が要求される．すなわち，量子力学における変分原理と同様に，E は真のエネルギー固有値の上限を与える．実際に(6.3.34)から E を計算するとき $\beta\to\infty$ で

$$\langle S-S_1\rangle=\beta E',\qquad \int e^{S_1}\mathscr{D}\boldsymbol{r}(t)\propto e^{-\beta E_1}\tag{6.3.35}$$

と表わすのが便利である．その結果，E は

$$E=E_1-E'\tag{6.3.36}$$

で与えられる．

e) ポーラロンへの応用

上述の変分原理を利用しポーラロンに対して基底状態のエネルギーを求める場合，よい結果をうるには試行作用としてできるだけ真の作用に近いものを選ぶことが望ましい．だが，経路積分が厳密に計算できるのはきわめて少数の例に限られる．このため，試行作用の具体的な形はどうしてもある制限をうけざるをえない．Feynman が実際に用いた試行作用についてはあとで述べることにし，ここでは説明を簡単にするためそれの特別な場合について論ずる．それでも，Feynman 理論の本質的な点は十分に反映されているはずである．

いま S_1 として

$$S_1=-\frac{1}{2}\int\left(\frac{d\boldsymbol{r}}{dt}\right)^2dt-\frac{C}{2}\int\int[\boldsymbol{r}(t)-\boldsymbol{r}(s)]^2dtds\tag{6.3.37}$$

を考える(C は定数)．この S_1 は真の作用(6.3.28 b)における Coulomb ポテンシャルを調和振動子のポテンシャルでおきかえ，また $e^{-|t-s|}$ の項を1とおいた作用である．(6.3.28 b), (6.3.35), (6.3.37)から E' は

$$E'=A+B\tag{6.3.38 a}$$

$$A=\frac{\alpha}{2^{3/2}\beta}\int\int\left\langle\frac{1}{|\boldsymbol{r}(t)-\boldsymbol{r}(s)|}\right\rangle e^{-|t-s|}dtds\tag{6.3.38 b}$$

$$B=\frac{C}{2\beta}\int\int\langle[\boldsymbol{r}(t)-\boldsymbol{r}(s)]^2\rangle dtds\tag{6.3.38 c}$$

と表わされる．(6.3.38 b)を計算するには，Fourier 変換の式

$$\frac{1}{|\boldsymbol{r}(t)-\boldsymbol{r}(s)|}=\frac{1}{2\pi^2}\int\frac{e^{i\boldsymbol{k}\cdot[\boldsymbol{r}(t)-\boldsymbol{r}(s)]}}{k^2}d\boldsymbol{k} \tag{6.3.39}$$

を使うのが便利である．記号の混乱を避けるため t を τ，s を σ と書けば(6.3.31)により

$$\langle e^{i\boldsymbol{k}\cdot[\boldsymbol{r}(\tau)-\boldsymbol{r}(\sigma)]}\rangle=\int e^{i\boldsymbol{k}\cdot[\boldsymbol{r}(\tau)-\boldsymbol{r}(\sigma)]}e^{S_1}\mathscr{D}\boldsymbol{r}(t)\Big/\int e^{S_1}\mathscr{D}\boldsymbol{r}(t) \tag{6.3.40}$$

がえられる．あるいは上式右辺の分子を I とすれば

$$I=\int\exp\left[-\frac{1}{2}\int\left(\frac{d\boldsymbol{r}}{dt}\right)^2dt-\frac{C}{2}\int\int[\boldsymbol{r}(t)-\boldsymbol{r}(s)]^2dtds\right.$$
$$\left.+\int\boldsymbol{f}(t)\cdot\boldsymbol{r}(t)\,dt\right]\mathscr{D}\boldsymbol{r}(t) \tag{6.3.41}$$

と書ける．ただし，$\boldsymbol{f}(t)$ は次式で定義される．

$$\boldsymbol{f}(t)=i\boldsymbol{k}[\delta(t-\tau)-\delta(t-\sigma)] \tag{6.3.42}$$

(6.3.41)の指数関数は，x, y, z 成分に関して変数分離の形をもち，I は $I=I_xI_yI_z$ と書ける．I_y, I_z の計算は I_x と同じなので，以下 I_x だけに注目する．そうすると指数関数の肩は $x(t)$ の 2 次式になる．この肩を極大にするような $x(t)$ を $X(t)$ とし，$x=X+\delta x$ とおく．その結果，δx についての経路積分は Gauss 積分となり厳密に計算できる．これが調和振動子のポテンシャルを用いる理由である．また，(c)項でフォノンの変数が消去できたのも同じ理由による．さて，δx に関する経路積分の結果を A_x とおけば，I_x は

$$I_x=A_x\exp\left[-\frac{1}{2}\int\left(\frac{dX}{dt}\right)^2dt-\frac{C}{2}\int\int[X(t)-X(s)]^2dtds\right.$$
$$\left.+\int f_x(t)X(t)\,dt\right] \tag{6.3.43}$$

とあらわされる．あとでわかるが(6.3.40)では分母，分子で A_x の項がうち消しあい，結局 $A_x=1$ とおいても一般性を失わない．また(6.3.43)で $f_x(t)$ は $\boldsymbol{f}(t)$ の x 成分

$$f_x(t)=ik_x[\delta(t-\tau)-\delta(t-\sigma)] \tag{6.3.44}$$

を意味する．

仮定により $X(t)$ は指数関数の肩を極大にするような関数であるが，変分の方程式をたてると

$$\frac{d^2X}{dt^2} = 2C\int_0^\beta [X(t)-X(s)]ds - f_x(t) \tag{6.3.45}$$

が導かれる．また上式を利用すると I_x は

$$I_x = \exp\left[\frac{1}{2}\int f_x(t)\,X(t)\,dt\right] \tag{6.3.46}$$

と表わされる．(6.3.45) を解くには適当な境界条件が必要であるが，ここでは便宜上，$X(0)=X(\beta)=0$ とする．(6.3.45) を少し整理し

$$\frac{d^2X}{dt^2} = v^2X - 2CF - f_x(t), \qquad F = \int_0^\beta X(s)\,ds, \qquad v^2 = 2C\beta \tag{6.3.47}$$

と書く．v は本質的には C と同じであるが．変分のパラメーターとしては C 自身より v を用いる方が便利である．(6.3.47) で $X=(2CF/v^2)+Y$ とおけば $\ddot{Y}=v^2Y-f_x(t)$ がえられる．つぎの関係

$$\left(\frac{d^2}{dt^2}-v^2\right)e^{-v|t-s|} = -2v\delta(t-s)$$

に注意すれば，方程式の特解がただちに求まる．したがって，一般解を加えると (6.3.47) の解として

$$X(t) = \frac{2CF}{v^2} + Pe^{-vt} + Qe^{vt} + \frac{1}{2v}\int_0^\beta f_x(s)\,e^{-v|t-s|}ds \tag{6.3.48}$$

をうる．上式で任意定数 P, Q は境界条件からきまる．(6.3.44) を使うと

$$P+Q = -\frac{2CF}{v^2} - \frac{ik_x}{2v}(e^{-v\tau}-e^{-v\sigma})$$

$$Pe^{-v\beta}+Qe^{v\beta} = -\frac{2CF}{v^2} - \frac{ik_x}{2v}[e^{-v(\beta-\tau)}-e^{-v(\beta-\sigma)}]$$

がえられ，これから Q は

$$Q = -\frac{CF(1-e^{-v\beta})}{v^2\sinh v\beta} - \frac{ik_x e^{-v\beta}(\sinh v\tau - \sinh v\sigma)}{2v\sinh v\beta}$$

と計算される．上式で $\beta\to\infty$ の極限をとると $Q\to 0$ となるので $Q=0$ としてよい．

したがって P は

$$P = -\frac{2CF}{v^2} - \frac{ik_x}{2v}(e^{-v\tau} - e^{-v\sigma}) \tag{6.3.49}$$

と表わされる．

ここまで F をあたかも既知数のように扱ってきたが，実をいうと (6.3.47) の定義式から F をきめねばならない．このための条件は簡単な計算により $\beta\to\infty$ の極限で

$$P + \frac{1}{2}\int_0^\infty dt \int_0^\infty ds\, ik_x[\delta(s-\tau) - \delta(s-\sigma)]e^{-v|t-s|} = 0$$

となる．上の積分を実行し，また (6.3.49) を使うと

$$P = -\frac{ik_x}{2v}(e^{-v\sigma} - e^{-v\tau}), \qquad \frac{2CF}{v^2} = \frac{ik_x}{v}(e^{-v\sigma} - e^{-v\tau})$$

と計算され，その結果 $X(t)$ は

$$X(t) = \frac{ik_x}{v}(e^{-v\sigma} - e^{-v\tau}) - \frac{ik_x}{2v}(e^{-v\sigma} - e^{-v\tau})e^{-vt} + \frac{1}{2v}\int_0^\infty f_x(s)e^{-v|t-s|}ds \tag{6.3.50}$$

で与えられる．

(6.3.46) に $f_x(t)$ の定義式を代入すると $I_x = \exp\{(ik_x/2)[X(\tau) - X(\sigma)]\}$ と書けるが (6.3.50) から

$$X(\tau) - X(\sigma) = \frac{ik_x}{2v}(e^{-v\sigma} - e^{-v\tau})^2 + \frac{ik_x}{v}(1 - e^{-v|\tau-\sigma|})$$

がなりたつ．I_y, I_z についても同様で，結局

$$\langle e^{i\boldsymbol{k}\cdot[\boldsymbol{r}(\tau) - \boldsymbol{r}(\sigma)]}\rangle = \exp\left[-\frac{k^2}{4v}(e^{-v\sigma} - e^{-v\tau})^2 - \frac{k^2}{2v}(1 - e^{-v|\tau-\sigma|})\right] \tag{6.3.51}$$

となる．上式で $k\to 0$ とすれば $\langle 1\rangle = 1$ となり，前述の A_x を 1 とおいたことの正当性が確かめられる．(6.3.51) を (6.3.39) に代入し積分を行なうと

$$\left\langle \frac{1}{|\boldsymbol{r}(t) - \boldsymbol{r}(s)|} \right\rangle = \frac{1}{\pi^{1/2}}\left[\frac{1}{4v}(e^{-vs} - e^{-vt})^2 + \frac{1 - e^{-v|t-s|}}{2v}\right]^{-1/2} \tag{6.3.52}$$

がえられ，さらに(6.3.38 b)から

$$A=\frac{2\alpha}{2^{3/2}\pi^{1/2}\beta}\int_0^\beta dt\int_t^\beta ds\left[\frac{1}{4v}(e^{-vs}-e^{-vt})^2+\frac{1-e^{-v(s-t)}}{2v}\right]^{-1/2}e^{-(s-t)}$$

と表わされる．ここで $s=t+x$ と変数変換を行なうと［ ］内の第1項は $\beta\to\infty$ の極限で無視でき，A は

$$A=\frac{\alpha v^{1/2}}{\pi^{1/2}}\int_0^\infty\frac{e^{-x}dx}{(1-e^{-vx})^{1/2}} \tag{6.3.53}$$

で与えられる．

つぎに B を求めるには(6.3.51)の両辺を展開し，k^2 の項の係数を等しいとおけばよい．$\langle[x(\tau)-x(\sigma)]^2\rangle=\langle[\boldsymbol{r}(\tau)-\boldsymbol{r}(\sigma)]^2\rangle/3$ を使うと

$$\frac{1}{6}\langle[\boldsymbol{r}(\tau)-\boldsymbol{r}(\sigma)]^2\rangle=\frac{1}{4v}(e^{-v\sigma}-e^{-v\tau})^2+\frac{1}{2v}(1-e^{-v|\tau-\sigma|})$$

となり，これを(6.3.38 c)に代入し $B=3v/4$ をうる．さらに E_1 を計算するため，(6.3.35)の右側の式で両辺の対数をとり C で微分した式

$$C\frac{dE_1}{dC}=B$$

を使う．$C=0$ で $E_1=0$ という初期条件のもとでこの式を解くと $E_1=3v/2$ がえられる．こうして E は $E=E_1-E'=(3/2)v-(3/4)v-A$，すなわち

$$E=\frac{3}{4}v-A \tag{6.3.54}$$

と表わされる．

(6.3.54)の具体的な応用例として $v\gg1$ の場合を考える．この極限だと(6.3.53)で e^{-vx} の項が無視でき A は

$$A\approx\frac{\alpha v^{1/2}}{\pi^{1/2}}\int_0^\infty e^{-x}dx=\frac{\alpha v^{1/2}}{\pi^{1/2}}$$

と計算され，E は

$$E=\frac{3}{4}v-\frac{\alpha v^{1/2}}{\pi^{1/2}}$$

で与えられる．これが最小になるよう v をきめると，$v=4\alpha^2/9\pi$ となる．またそのときのエネルギーは

$$E=-\frac{\alpha^2}{3\pi} \tag{6.3.55}$$

と表わされる．上の v の式から $v\gg1$ は $\alpha\gg1$ を意味することがわかる．§6.2で論じた摂動論は弱結合 $(\alpha\ll1)$ のとき正しい結果を導くが，(6.3.55) はそれと反対の強結合の場合になりたつ式である．

ところで，Feynman が実際に用いた試行作用は

$$S_1=-\frac{1}{2}\int\left(\frac{d\boldsymbol{r}}{dt}\right)^2dt-\frac{C}{2}\int\int[\boldsymbol{r}(t)-\boldsymbol{r}(s)]^2e^{-w|t-s|}dtds$$

である．ここで論じたのは $w=0$ の場合であるが，同様な計算により上の S_1 に対して

$$E=\frac{3}{4v}(v-w)^2-A$$

$$A=\frac{\alpha v}{\pi^{1/2}}\int_0^\infty\left[w^2x+\frac{v^2-w^2}{v}(1-e^{-vx})\right]^{-1/2}e^{-x}dx$$

の式がえられる．上式で v, w は変分のパラメーターであるが，$w=0$ とおけば，(6.3.54)，(6.3.53) が導かれる．A はかなり面倒な積分を含むため，E を最小にする v, w をきめるには数値計算が必要になる．そのような計算の結果を表6.2に示す．この表で $E_{\rm p}$ は上式から計算された値，また $E_{\rm i}$ は(a)項の中間結合法から求まる値を意味する．両者とも変分原理を用いた方法であるから，より低いエネルギーを与える方が近似はよい．表からわかるように，経路積分の方法は中間結合法より常によい結果を導く．なお，基底状態ほど数学的には明確でないが，ポーラロンの質量を経路積分の方法で求めることも試みられている．さらに，移動度，電子が電場のため結晶中を運動するときうける抵抗力などポーラロンの動的性質も，同様な方法により研究されている．

表6.2　ポーラロンの基底状態エネルギー

α	3	5	7	9	11
$E_{\rm p}$	−3.1333	−5.4401	−8.1127	−11.486	−15.710
$E_{\rm i}$	−3.0000	−5.0000	−7.0000	−9.000	−11.000

Schultz, T. D.: *Phys. Rev.*, **116**, 526 (1959) による

§6.4 金属の電子-フォノン相互作用

以下この章の後半で温度 Green 関数法による素励起概念の把握，素励起間相互作用の扱い方を説明する．この方法の一般形式や基本定理の証明は本講座第5巻『統計物理学』の第9章に述べられているが，これだけでは実際問題を処理するに当って十分とはいえない．ここでは金属中の電子-フォノン相互作用という具体例について，近似のやり方，物理的結論の導き方を示す．前節で述べた中間結合法や経路積分法とちがって，温度 Green 関数法は一般性があり，さまざまなタイプの多体系に応用されているのであるが，ここでは話を金属内の電子-フォノン相互作用に限ることにした．これは Green 関数法がきわめて有効に働く典型的な例である．ただし，数学的な方法を説明する前に，この相互作用について物理的描像を少し述べておく方がわかりやすいであろう．

a) ハミルトニアン

§6.1 に述べたイオン結晶とのちがいは，伝導電子が $n\approx10^{22}\,\mathrm{cm}^{-3}$ というような高密度で存在し，Fermi 分布していることである．伝導帯が sp バンドであるいわゆる単純金属(simple metals. アルカリ金属，アルミニウムその他)を考えることにすると，諸定数のおよその大きさは自由電子モデル(もっと正確には nearly free electron model)で与えられる．Fermi 波数は $k_{\mathrm{F}}=(3\pi^2n)^{1/3}\approx10^8\,\mathrm{cm}^{-1}$ であり，Fermi エネルギーは，m を電子の質量として，$\varepsilon_{\mathrm{F}}=\hbar^2k_{\mathrm{F}}{}^2/2m\approx5\,\mathrm{eV}$ である．イオン結晶とちがい，金属内の静電相互作用は電子の零点運動によってシールドされる．イオンは電子よりずっとゆっくり運動するから，イオン振動にたいするシールド作用は，第3章で考えた電子ガスの誘電率のうち，波数ベクトルの大きさ q が有限で振動数が0の外場にたいするもの $\epsilon(q)$ で表わされると考えられる．この効果は q の小さいところで重要であり，RPA 近似によると $q\to0$ で $\epsilon(q)\approx6\pi ne^2/\varepsilon_{\mathrm{F}}q^2$ である．ただし電子の電荷を $-e$ とする．密度 $-ne$ で一様に分布した負電荷の中で電荷 Ze，質量 M のイオンが振動するとすれば，プラズマ振動数 $\Omega_{\mathrm{p}}=(4\pi Ze^2n/M)^{1/2}$ が得られる．電子ガスの誘電率を考えに入れると，波数ベクトル $\boldsymbol{q}$ のイオン振動の振動数は $\omega_q=\Omega_{\mathrm{p}}/[\epsilon(q)]^{1/2}$ で与えられるであろう．$q\to0$ でこれは音波型のスペクトル $\omega_q=c_{\mathrm{s}}q$，$c_{\mathrm{s}}=(Zm/3M)^{1/2}v_{\mathrm{F}}$ を与える．ただし $v_{\mathrm{F}}=\hbar k_{\mathrm{F}}/m$ は電子の Fermi 速度であり，そのオーダーは $10^8\,\mathrm{cm\cdot s^{-1}}$ であるから，c_{s} は金属中をつたわる音波の速度のオーダー $10^5\,\mathrm{cm\cdot s^{-1}}$ を正しく与える(§5.

2参照).

電子-フォノン相互作用についても，イオン振動数および誘電率が q に依存することにさえ注意すれば，§6.1の表式がそのまま使える．量子力学的には電子によるフォノンの発射，吸収過程を表わすハミルトニアンになるが，ここでは電子系も生成・消滅演算子で記述する．こうして次の形の相互作用ハミルトニアンが得られる．

$$\mathscr{H}' = \sum_{q}\sum_{k}\sum_{\sigma}\frac{1}{\sqrt{N}}g_q a_{k+q\sigma}{}^{\dagger}a_{k\sigma}\phi_q \tag{6.4.1}$$

$$\phi_q = b_q + b_{-q}{}^{\dagger} \tag{6.4.2}$$

結合定数は $g_q = (\hbar^2/2M\omega_q)^{1/2}(4\pi Ze^2 n/q\epsilon(q))$ で与えられる．以下フォノン・エネルギー $\hbar\omega_q$ を改めて ω_q と書くことにする．上の g_q は§6.1の連続体モデルの値であるが，バンド構造を考えても大きさのオーダーは変わらないであろう．以下問題になるのは，q が平均原子間隔の逆数 $1/a$，したがって電子の Fermi 波数 k_F と同じオーダーの，比較的短波長のフォノンである．この場合シールド作用はさほど重要でないから $\epsilon(q)\approx 1$ とし，ω_q も適当な平均値 ω_0 ($\approx 10^{-2}$ eV) でおきかえると

$$g \approx \left(\frac{\hbar^2}{2M\omega_0 a^2}\right)^{1/2}\left(\frac{Ze^2}{a}\right) \tag{6.4.3}$$

Coulomb エネルギー Ze^2/a は金属の場合 Fermi エネルギー ε_F と同じオーダーになっているが，(6.4.3)の平方根はイオンの零点振動の振幅と格子定数の比になっているから，g は ε_F にくらべて小さい．一応摂動論が通用しそうにみえる．

b) 電子の自己エネルギー

電子はイオンよりずっと速く運動するから，電子の運動を考えるときイオンは静止した力の中心と見てよい(断熱近似)とテキストに書いてある．しかし，この近似は Fermi 面付近の電子のふるまいを考えるときにはあてはまらない．第1に，Fermi 面付近の電子の間にフォノンを仲介とする引力が働くという事実を見過すことになる．ある電子の発射したフォノンを別の電子が吸収することによっておこる2電子の散乱過程に2次の摂動論をあてはめてみる(図6.5)．電子の状態はすべて Fermi 面のごく近傍にあるとすると，中間状態と始状態のエネルギー差はほぼ発射されたフォノンのエネルギーに等しいと見てよく，散乱行列の

要素は $-(g^2/\omega_0)$ のオーダーになる．BCS 理論によると，この引力が原因となって超伝導状態が出現するのである．この理論に現われる無次元結合定数は，ρ_F を Fermi 面における1電子状態密度として

$$\lambda=\frac{2}{\omega_0}g^2\rho_F \tag{6.4.4}$$

であり，超伝導を示す金属でほぼ1の大きさをもっている．実際 (6.4.3) と $\rho_F\approx 1/\varepsilon_F$ を (6.4.4) に代入すると，$\lambda\approx(Ze^2/a\varepsilon_F)^2\approx 1$ である．

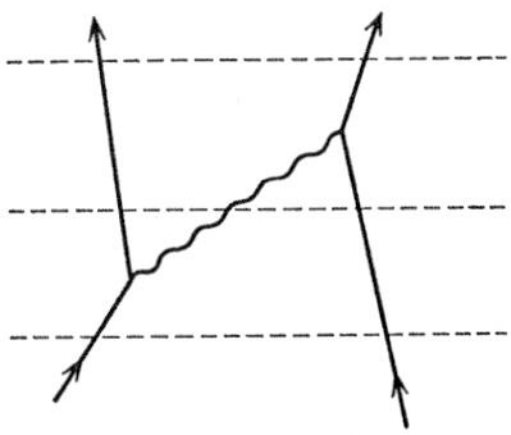

図 6.5 フォノンを仲介とする電子間引力

超伝導状態の出現は劇的であってイオンが振動していることの効果は誰の眼にも明らかであるが，同じ効果は正常状態の電子スペクトルにも現われるのである．これを見るために，相互作用 (6.4.1) を摂動と見なし，これによる電子-フォノン系のエネルギーのシフトを2次摂動論で考えてみる．ただし，見やすいように Einstein モデルを採り，ω_q, g_q が $\boldsymbol{q}$ に依存しないとする．

$$\omega_q=\omega_0, \qquad g_q=g \tag{6.4.5}$$

中性子散乱の実験で見ると，フォノン・スペクトルはかなり鋭いピークを示すので，この Einstein モデルはさほど非現実的なものではない．

無摂動状態としてフォノンが1個もなく電子が絶対零度の Fermi 分布をしている状態を考える．摂動 $\mathcal{H}'$ を加えると，Fermi 面内の電子がフォノンを1個発射して Fermi 面外の状態に転移し，フォノンを再吸収して始状態に戻る (図 6.6 (a))．この2次の過程によっておこる電子-フォノン系のエネルギー・シフトを ΔE_0 とする．次に Fermi 面外の波数ベクトル $\boldsymbol{k}$ $(k>k_F)$ をもつ電子を1個余分につけ加える．これによる無摂動エネルギーの増加を $\varepsilon_{\boldsymbol{k}}$ と書くと，もちろん，$\varepsilon_{\boldsymbol{k}}$ はフォノンとの相互作用を考えないときの1電子エネルギーであり，自由電子モデルを採れば $\hbar^2k^2/2m$ に等しい．余分に電子を加えたことによって，電子-フォノン相互作用のエネルギーは次のように変化する．第1に，つけ加えた電子が

フォノンを発射して Fermi 面外の状態 $\boldsymbol{k}'$ に移り，フォノンを再吸収して始状態に戻る過程がつけ加わる(図 6.6(b))．第2に，Fermi 面内の電子のフォノン発射・再吸収の過程が，状態 $\boldsymbol{k}$ が余分な電子によって占領されたために，制限を受ける．これら2つの効果の和が，余分に加えた電子のエネルギーの $\varepsilon_{\boldsymbol{k}}$ からのシフト，つまりフォノンとの相互作用による自己エネルギーであり，次のように書ける．

$$\varDelta\varepsilon_{\boldsymbol{k}} = \frac{g^2}{N}\sum_{\boldsymbol{k}'}\left\{\frac{1-n(\boldsymbol{k}')}{\varepsilon_{\boldsymbol{k}}-\varepsilon_{\boldsymbol{k}'}-\omega_0}-\frac{n(\boldsymbol{k}')}{\varepsilon_{\boldsymbol{k}'}-\varepsilon_{\boldsymbol{k}}-\omega_0}\right\} \tag{6.4.6}$$

$n(\boldsymbol{k})$ は絶対零度の Fermi 分布を表わす．分布関数が現われたのは，(§4.10 で述べた近藤効果と同様に)散乱が静的なポテンシャルではないからであって，実際に $\omega_0\to 0$ とすれば分布関数は (6.4.6) から消える．

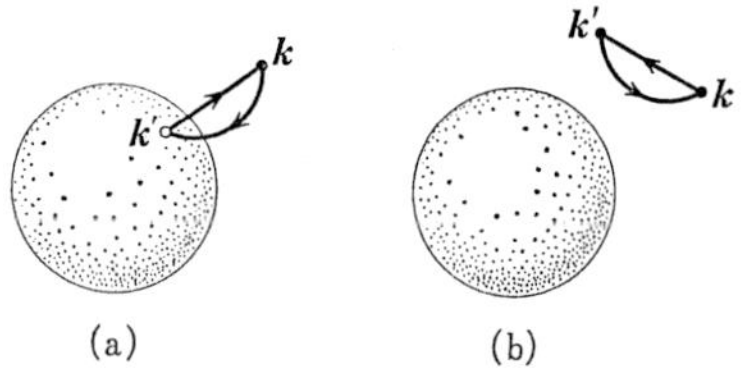

図 6.6 電子-フォノン相互作用による2次摂動

$\varepsilon_{\mathrm{F}}\gg D\gg\omega_0$ をみたす適当な D をとり，$\boldsymbol{k}'$ に関する和を Fermi 面から遠い部分，つまり $\xi_{\boldsymbol{k}}=\varepsilon_{\boldsymbol{k}}-\varepsilon_{\mathrm{F}}$ とおいて $|\xi_{\boldsymbol{k}'}|>D$ の部分と，近い部分に分ける．1電子状態密度 $\rho(\xi)$ は ξ が ε_{F} と同じオーダーだけ変化したときにはじめて値がひどく変化するとし，Fermi 面に近い部分では Fermi 面の値 $\rho(0)=\rho_{\mathrm{F}}$ で近似してしまう．Fermi 面から遠い部分では，(6.4.6) の分母で ω_0 を無視する．この部分からの寄与は

$$-2g^2\int_{|\xi'|>D}\frac{\rho(\xi')}{\xi'}d\xi' \approx -\lambda\omega_0\,\mathrm{P}\int\left[\frac{\rho(\xi')}{\rho_{\mathrm{F}}}\right]\frac{d\xi'}{\xi'} \tag{6.4.7}$$

積分記号につけた P は積分の主値を意味する．(6.4.7) は ω_0 のオーダーであって小さく，$\boldsymbol{k}$ によらない定数であるから重要でない．他方，Fermi 面に近い部分からの寄与は

$$\varDelta_{\boldsymbol{k}} = -g^2\rho_{\mathrm{F}}\left\{\int_0^D\frac{d\xi'}{\xi'-\xi+\omega_0}+\int_{-D}^0\frac{d\xi'}{\xi'-\xi-\omega_0}\right\}$$

$$= -\frac{1}{2}\lambda\omega_0 \ln\left|\frac{\omega_0+\xi}{\omega_0-\xi}\right| \qquad (6.4.8)$$

ここでは $\xi=\xi_{\boldsymbol{k}}$ と書き，また D にたいして $\omega_0, \xi_{\boldsymbol{k}}$ を無視した．

$\Delta_{\boldsymbol{k}}$ も大きさのオーダーからいえば ω_0 であるが，しかし Fermi 面付近での変化の勾配，したがって状態密度への影響は大きい．$\partial\Delta_{\boldsymbol{k}}/\partial k$ の Fermi 面における値は $\partial\varepsilon_{\boldsymbol{k}}/\partial k$ の Fermi 面における値の $-\lambda$ 倍である．状態密度は $\partial\varepsilon_{\boldsymbol{k}}/\partial k$ に反比例するから，自己エネルギー(6.4.8)を考えに入れることによって，ρ_{F} は $\rho_{\mathrm{F}}{}^*=\rho_{\mathrm{F}}(1-\lambda)^{-1}$ と修正されることになる．しかし，この表式は λ が 1 に近づくと発散してしまい，実際の金属を論ずるのに役立たない．つまり，単純な 2 次摂動論では処理できないのであって，もっと精密な解析が必要となる．それには Green 関数法が最適である．

§6.5　温度 Green 関数とスペクトル関数

この節と次の節の内容は一般の多体系にあてはまるものが多いが，話に具体性をもたせるために，電子-フォノン系について述べる．温度 T で熱平衡にある系を考え，これを大きなカノニカル分布で記述する．それには電子の総数をあらわす演算子を $\mathcal{N}$，化学ポテンシャルを μ として，通常のハミルトニアン $\mathcal{H}$ の代りに $\mathcal{H}-\mu\mathcal{N}$ をハミルトニアンと考えればよいが，新しい記号を導入しないで $\mathcal{H}-\mu\mathcal{N}$ を改めて $\mathcal{H}$ と書く．あるいは，無摂動 1 電子エネルギー $\varepsilon_{\boldsymbol{k}}$ の代りに，化学ポテンシャルから測った $\xi_{\boldsymbol{k}}=\varepsilon_{\boldsymbol{k}}-\mu$ を使うといってもよい．電子-フォノン系の全ハミルトニアンは次の形になる．

$$\left.\begin{aligned} \mathcal{H} &= \mathcal{H}_0+\mathcal{H}' \\ \mathcal{H}_0 &= \sum_{\boldsymbol{k}}\sum_{\sigma}\xi_{\boldsymbol{k}}a_{\boldsymbol{k}\sigma}{}^\dagger a_{\boldsymbol{k}\sigma}+\sum_{\boldsymbol{q}}\omega_{\boldsymbol{q}}b_{\boldsymbol{q}}{}^\dagger b_{\boldsymbol{q}} \end{aligned}\right\} \qquad (6.5.1)$$

第 1，3 章でも述べたように，温度 Green 関数を考えるために，形式的に"虚数時間"に相当するパラメーター $0\leqq\tau\leqq\beta$ を導入する．ただし，統計力学の慣用にしたがって $\beta=(k_{\mathrm{B}}T)^{-1}$ と書いた．$U(\tau)=\exp(\tau\mathcal{H})$ とおいて，"Heisenberg 表示"を $A_{\boldsymbol{k}\sigma}(\tau)=U(\tau)a_{\boldsymbol{k}\sigma}U(-\tau)$ で定義する．$\mathcal{H}$ の代りに無摂動ハミルトニアン $\mathcal{H}_0$ を採り，$U_0(\tau)=\exp(\tau\mathcal{H}_0)$ として，$a_{\boldsymbol{k}\sigma}(\tau)=U_0(\tau)a_{\boldsymbol{k}\sigma}U_0(-\tau)$ を"相互作用表示"と呼ぶが，要するにこれは他との相互作用のない自由な電子の"運動"

を表わす．a 演算子の反交換関数を使うと†

$$\frac{\partial}{\partial\tau}a_{k\sigma}(\tau) = U_0(\tau)[\mathscr{H}_0, a_{k\sigma}]U_0(-\tau) = -\xi_k a_{k\sigma}(\tau) \tag{6.5.2}$$

これを初期条件 $a_{k\sigma}(0)=a_{k\sigma}$ のもとで解いて

$$a_{k\sigma}(\tau) = a_{k\sigma}\exp(-\xi_k\tau) \tag{6.5.3}$$

同様の方法で

$$\frac{\partial}{\partial\tau}A_{k\sigma}(\tau) = -\xi_k A_{k\sigma}(\tau) - \frac{1}{\sqrt{N}}\sum_q g_q \Phi_q(\tau) A_{k-q\sigma}(\tau) \tag{6.5.4}$$

が得られるが，これは簡単には解けない．$\Phi_q(\tau)$ は (6.4.2) で定義したフォノン場の演算子の "Heisenberg 表示" である．ϕ_q の相互作用表示の運動方程式は簡単に解けて

$$\phi_q(\tau) = b_q\exp(-\tau\omega_q) + b_q^\dagger\exp(\tau\omega_q) \tag{6.5.5}$$

さて，1電子温度 Green 関数を次のように定義しよう．

$$\mathscr{G}(\boldsymbol{k};\tau-\tau') = -\langle \mathrm{T}_\tau A_{k\sigma}(\tau)A_{k\sigma}^\dagger(\tau')\rangle \tag{6.5.6}$$

ただし，Q を任意の物理量として，$\langle Q\rangle$ は熱平衡期待値 $\langle Q\rangle=\mathrm{tr}\{Q\exp[\beta(\Omega-\mathscr{H})]\}$ を表わし，Ω は次の式で与えられる熱力学ポテンシャルである．

$$\exp(-\beta\Omega) = \mathrm{tr}\{\exp(-\beta\mathscr{H})\} \tag{6.5.7}$$

また T_τ は Wick の記号で，演算子の順序をパラメーター τ の大きさに従って並べかえよ，という命令を表わす．ただし並べかえの際，Fermi 粒子の生成・消滅演算子は反可換として扱う．(6.5.6) の場合

$$\mathrm{T}_\tau A(\tau)A^\dagger(\tau') = \begin{cases} A(\tau)A^\dagger(\tau') & (\tau>\tau') \\ -A^\dagger(\tau')A(\tau) & (\tau<\tau') \end{cases} \tag{6.5.8}$$

したがって，$\tau>\tau'$ のとき，Green 関数は "時刻" τ' に1個余分の電子を系につけ加え，"時刻" τ に電子を取り去る演算子の期待値であり，その意味で電子の伝播を記述する．$\tau<\tau'$ のときは，"時刻" τ に系から電子を取り去り，"時刻" τ' につけ加える演算子の期待値であり，その意味で正孔の伝播を記述する．

$\mathscr{H}$ の固有値 E_α および規格化直交固有関数 $|\alpha\rangle$ を用いて (6.5.6) の行列表示を書き下すと

† §3.4 参照．

$$\mathcal{G}(\boldsymbol{k};\tau-\tau') = \sum_{\alpha}\sum_{\alpha'} \langle\alpha|a_{\boldsymbol{k}\sigma}{}^{\dagger}|\alpha'\rangle\langle\alpha'|a_{\boldsymbol{k}\sigma}|\alpha\rangle \exp[\beta(\Omega-E_{\alpha})]$$
$$\cdot\exp[(E_{\alpha'}-E_{\alpha})(\tau-\tau')]\{-\theta(\tau-\tau')\exp[\beta(E_{\alpha}-E_{\alpha'})]+\theta(\tau'-\tau)\} \tag{6.5.9}$$

$\theta(x)$ は $x>0$ で 1, $x<0$ で 0 に等しい階段関数である．1 電子スペクトル関数を

$$S(\boldsymbol{k},E) = \frac{1}{f(E)}\sum_{\alpha}\sum_{\alpha'}|\langle\alpha|a_{\boldsymbol{k}\sigma}{}^{\dagger}|\alpha'\rangle|^{2}\exp[\beta(\Omega-E_{\alpha})]$$
$$\cdot\delta(E_{\alpha}-E_{\alpha'}-E) \tag{6.5.10}$$

で定義すると，

$$\mathcal{G}(\boldsymbol{k};\tau-\tau') = \int_{-\infty}^{\infty} dES(\boldsymbol{k},E)\exp[-E(\tau-\tau')]$$
$$\cdot\{-\theta(\tau-\tau')[1-f(E)]+\theta(\tau'-\tau)f(E)\} \tag{6.5.11}$$

ただし $f(z)=\{\exp(\beta z)+1\}^{-1}$ は Fermi 分布関数である．絶対零度で f は階段関数 $\theta(-z)$ に帰着するから，(6.5.11) の右辺で $E>0$ の部分が電子，$E<0$ の部分が正孔のスペクトルを与えることになる．

(6.5.9) あるいは (6.5.11) により，Green 関数が差 $\tau-\tau'$ にのみ依存することがわかるばかりでなく，$0>\tau-\tau'>-\beta$ として，反周期性

$$\mathcal{G}(\boldsymbol{k};\tau-\tau'+\beta) = -\mathcal{G}(\boldsymbol{k};\tau-\tau') \tag{6.5.12}$$

をもっていることがわかる．したがって $\mathcal{G}(\boldsymbol{k};\tau)$ を区間 $\beta>\tau>0$ で Fourier 級数に展開したとき次の形になる．

$$\mathcal{G}(\boldsymbol{k};\tau) = \frac{1}{\beta}\sum_{n=-\infty}^{+\infty}\mathcal{G}(\boldsymbol{k},i\epsilon_n)\exp(-i\epsilon_n\tau) \tag{6.5.13}$$

$$\epsilon_n = \frac{\pi}{\beta}(2n+1) \qquad (n=0,\pm1,\pm2,\cdots) \tag{6.5.14}$$

Fourier 係数は (6.5.11) を用いると次の形に求まる．

$$\mathcal{G}(\boldsymbol{k},i\epsilon_n) = \int_0^{\beta} d\tau\,\mathcal{G}(\boldsymbol{k};\tau)\exp(i\epsilon_n\tau)$$
$$= \int_{-\infty}^{\infty}\frac{S(\boldsymbol{k},E)}{i\epsilon_n-E}dE \tag{6.5.15}$$

関数論によると，$S(\boldsymbol{k}, E)$ が E の連続関数として，

$$G(\boldsymbol{k}, z) = \int_{-\infty}^{\infty} \frac{S(\boldsymbol{k}, E)}{z-E} dE \tag{6.5.16}$$

は複素 z 平面の上半面，下半面でそれぞれ解析関数を与える．関数論の言葉でいうと，これらの関数は(6.5.15)の解析接続になっているのである．とくに実数軸の1点 E に上から近づくとき†，つまり遅延 Green 関数は，

$$G(\boldsymbol{k}, E+i0^+) = \mathrm{P}\int \frac{S(\boldsymbol{k}, E')}{E-E'} dE' - i\pi S(\boldsymbol{k}, E) \tag{6.5.17}$$

自由電子系の場合，a 演算子の"運動"は(6.5.3)で与えられ，熱平衡分布 $\exp(-\beta\mathcal{H}_0)$ に関する期待値 $\langle a_{\boldsymbol{k}\sigma}{}^\dagger a_{\boldsymbol{k}\sigma}\rangle_0$ はもちろん Fermi 分布 $f(\xi_{\boldsymbol{k}})$ で与えられる．よって自由電子の Green 関数は

$$\begin{aligned}\mathcal{G}_0(\boldsymbol{k}\,;\tau-\tau') = \exp[-\xi_{\boldsymbol{k}}(\tau-\tau')]\{-\theta(\tau-\tau')[1-f(\xi_{\boldsymbol{k}})]\\ +\theta(\tau'-\tau)f(\xi_{\boldsymbol{k}})\}\end{aligned} \tag{6.5.18}$$

一般式(6.5.11)と比較して，この場合のスペクトル関数は当然のことながら $E=\xi_{\boldsymbol{k}}$ に無限に鋭いピークをもつ．

$$S_0(\boldsymbol{k}, E) = \delta(E-\xi_{\boldsymbol{k}}) \tag{6.5.19}$$

(6.5.15)に代入して，(6.5.18)の Fourier 係数は

$$\mathcal{G}_0(\boldsymbol{k}, i\epsilon_n) = \frac{1}{i\epsilon_n-\xi_{\boldsymbol{k}}} \tag{6.5.20}$$

相互作用がある場合でも，もし $S(\boldsymbol{k}, E)$ がある $E=E_{\boldsymbol{k}}$ にかなり鋭いピークをもつならば，$E_{\boldsymbol{k}}$ は"準粒子"としての電子のエネルギーであり，ピークの幅を $\Gamma_{\boldsymbol{k}}$ として，$\hbar/\Gamma_{\boldsymbol{k}}$ はその寿命であると考えることができる††．スペクトル関数自身は，もし温度 Green 関数が適当な近似で知れていれば，これを解析接続し，(6.5.17)を適用して $S=-(1/\pi)\,\mathrm{Im}\,G(\boldsymbol{k}, E+i0^+)$ と求められる．

フォノンの Green 関数は次のように定義する．

$$\mathcal{D}(\boldsymbol{q}\,;\tau-\tau') = -\langle \mathrm{T}_\tau \Phi_{\boldsymbol{q}}(\tau)\Phi_{-\boldsymbol{q}}(\tau')\rangle \tag{6.5.21}$$

---

† $\dfrac{1}{x+i0^+}=\dfrac{\mathrm{P}}{x}-i\pi\delta(x)$．P は積分の主値をとれという記号．

†† 次の sum rule に注意しておこう．

$$\int_{-\infty}^{\infty} S(\boldsymbol{k}, E)dE = 1$$

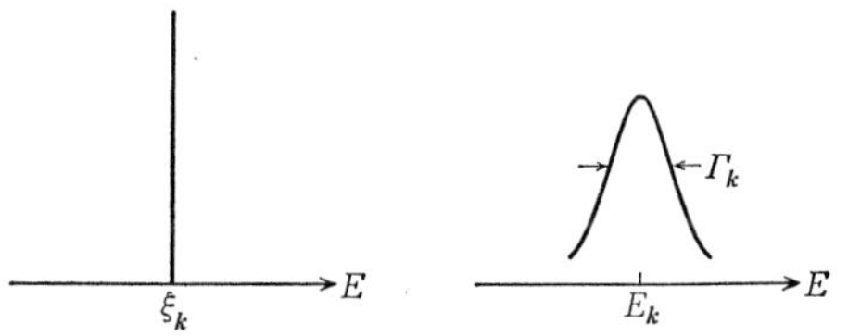

(a) 自由電子　(b) 相互作用のある場合

図 6.7 1電子スペクトル関数

フォノンは Bose 粒子だから，命令 T_τ に従って演算子を並べかえるとき符号の変化はない．その結果，$\mathscr{D}$ は反周期的でなく周期的であり，

$$\mathscr{D}(\boldsymbol{q}\,;\tau) = \frac{1}{\beta}\sum_{l=-\infty}^{+\infty}\mathscr{D}(\boldsymbol{q}, i\nu_l)\exp(-i\nu_l\tau) \tag{6.5.22}$$

$$\nu_l = \frac{\pi}{\beta}2l \qquad (l=0, \pm 1, \pm 2, \cdots) \tag{6.5.23}$$

と Fourier 級数に展開される．この場合もスペクトル関数 $\sigma(\boldsymbol{q}, E)$ と Planck 分布関数 $p(z)=[\exp(\beta z)-1]^{-1}$ を用いて

$$\mathscr{D}(\boldsymbol{q}\,;\tau) = \int_{-\infty}^{\infty} dE\,\sigma(\boldsymbol{q}, E)\exp(-E\tau) \cdot\{-\theta(\tau)[1+p(E)]-\theta(-\tau)p(E)\} \tag{6.5.24}$$

と表わすことができる．したがって Fourier 係数は

$$\mathscr{D}(\boldsymbol{q}, i\nu_l) = \int_{-\infty}^{\infty}\frac{\sigma(\boldsymbol{q}, E)}{i\nu_l - E}dE \tag{6.5.25}$$

自由フォノン系の場合，演算子 $\phi_{\boldsymbol{q}}$ の“運動”は (6.5.5) で与えられ，熱平衡期待値 $\langle b_{\boldsymbol{q}}^\dagger b_{\boldsymbol{q}}\rangle_0$ はもちろん Planck 分布 $p(\omega_q)$ で与えられるから，Green 関数は次のようになる．

$$\begin{aligned}\mathscr{D}_0(\boldsymbol{q}\,;\tau) = &-\theta(\tau)\{[1+p(\omega_q)]\exp(-\omega_q\tau)+p(\omega_q)\exp(\omega_q\tau)\}\\ &-\theta(-\tau)\{p(\omega_q)\exp(-\omega_q\tau)+[1+p(\omega_q)]\exp(\omega_q\tau)\}\end{aligned} \tag{6.5.26}$$

これの Fourier 係数は

$$\mathscr{D}_0(\boldsymbol{q}, i\nu_l) = \frac{1}{i\nu_l-\omega_q}-\frac{1}{i\nu_l+\omega_q} \tag{6.5.27}$$

したがって，この場合のスペクトル関数は

$$\sigma_0(\boldsymbol{q}, E) = \delta(E-\omega_q) - \delta(E+\omega_q) \qquad (6.5.28)$$

証明は省略するが†，一般に σ は E の奇関数であり，(6.5.25)は次のように書ける．

$$\mathscr{D}(\boldsymbol{q}, i\nu_l) = \int_0^\infty dE\, \sigma(\boldsymbol{q}, E)\left\{\frac{1}{i\nu_l - E} - \frac{1}{i\nu_l + E}\right\} \qquad (6.5.29)$$

§6.6　摂動展開と部分和

a) 図形と演算規則

多体系を扱うに当って，最も平凡であるが系統的な方法は摂動論である．(6.5.1)の $\mathscr{H}'$ を摂動と見てこれについてベキ展開を行なうのであるが，温度 Green 関数法の長所は，第1章でも述べたように，この展開が簡単な形をとることにある．1電子 Green 関数(6.5.6)について書くと

$$\mathscr{G}(\boldsymbol{k}\,;\tau-\tau') = -\sum_{n=0}^\infty \frac{(-1)^n}{n!}\int_0^\beta d\tau_1 \cdots \int_0^\beta d\tau_n \cdot \langle \mathrm{T}_\tau\, a_{\boldsymbol{k}\sigma}(\tau)\,\mathscr{H}'(\tau_1)\cdots\mathscr{H}'(\tau_n)\,a_{\boldsymbol{k}\sigma}{}^\dagger(\tau')\rangle_{0\mathrm{c}} \qquad (6.6.1)$$

右辺の演算子はすべて“相互作用表示”で考え，$\langle Q\rangle_0$ は相互作用がない系(ただし T, μ は同じ)の熱平衡期待値である．後者は Bloch-De Dominicis の定理によって自由電子および自由フォノンの Green 関数の積に因数分解される．電子の a 演算子を並べかえるとき反可換として扱うという点に注意すれば，第1章でフォノンについて述べた計算規則があてはまる．たとえば $\langle a_1{}^\dagger a_2{}^\dagger a_3 a_4\rangle_0 = \langle a_1{}^\dagger a_4\rangle_0 \cdot \langle a_2{}^\dagger a_3\rangle_0 - \langle a_1{}^\dagger a_3\rangle_0 \langle a_2{}^\dagger a_4\rangle_0$ である††．ここでは正常電子系を考えるから $\langle a_1{}^\dagger a_2{}^\dagger\rangle_0$, $\langle a_3 a_4\rangle_0$ は0である．また，奇数個の $\phi_{\boldsymbol{q}}$ の積の期待値は0だから，(6.6.1)で n が偶数の項だけ考えればよい．

因数分解の結果は，自由電子，自由フォノンの Geeen 関数 $\mathscr{G}_0, \mathscr{D}_0$ の積であり，これらの因子がどのようにふくまれるかは，図形で表示できる．たとえば，(6.6.1)の $n=2$ の項を因数分解すると，図6.8(a)，(b)およびこれらの図形で τ_1, τ_2 を交換した図形で表示される4個の項の和となる．(6.6.1)の記号 c は，(b)のように連結されない2つ以上の部分をふくむ図形はすべて無視してよいことを

† 時間反転にたいする対称性を利用する．
†† §3.4参照．

示す．また，(a)でτ_1, τ_2を交換した図形は，これらの変数について積分したとき(a)と同じ寄与を与えるから，無視することにし，その代り(*6.6.1*)の分母にある2! も無視する(一般にn次の場合も，$\tau_1\cdots\tau_n$を置換したという違いしかないn! 個の図形の1つだけとり，分母のn! を無視してよい)†.

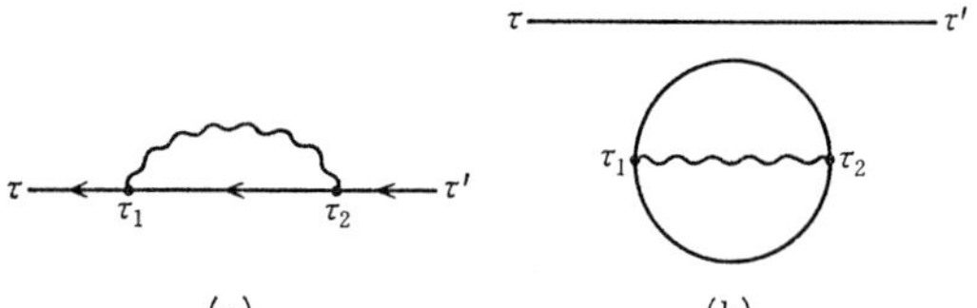

図6.8　温度 Green 関数$\mathscr{G}$の2次摂動

結局 Green 関数の2次の補正は図形(a)で表わされる．この図形で，たとえばバーテックス(vertex，頂点)τ, τ_1をむすぶ実線は因子$\mathscr{G}_0(\boldsymbol{k}\,;\tau-\tau_1)$を表わし，また波線は因子$\mathscr{D}_0(\boldsymbol{q}\,;\tau_1-\tau_2)$を表わす．後者に矢印をつけないのは$\mathscr{D}_0(\boldsymbol{q}\,;\tau)$が$\tau$の偶関数だからである．この図形全体は次の表式を表わしているのである．

$$\mathscr{G}_2(\boldsymbol{k}\,;\tau-\tau')=-\frac{1}{N}\sum_{\boldsymbol{q}} g_{\boldsymbol{q}}{}^2\int_0^\beta d\tau_1\int_0^\beta d\tau_2 \mathscr{G}_0(\boldsymbol{k}\,;\tau-\tau_1)$$
$$\cdot\mathscr{G}_0(\boldsymbol{k}-\boldsymbol{q}\,;\tau_1-\tau_2)\mathscr{D}_0(\boldsymbol{q}\,;\tau_1-\tau_2)\mathscr{G}_0(\boldsymbol{k}\,;\tau_2-\tau') \qquad (6.6.2)$$

この両辺に，(*6.5.13*)，(*6.5.22*)の形の Fourier 表示を代入して積分を実行してしまうと，Fourier 係数にたいする次の表式が得られる．

$$\mathscr{G}_2(\boldsymbol{k}, i\epsilon_n)=-\frac{1}{N\beta}\sum_{\boldsymbol{k}'}\sum_{m} g_{\boldsymbol{k}-\boldsymbol{k}'}{}^2\mathscr{G}_0(\boldsymbol{k}, i\epsilon_n)$$
$$\cdot\mathscr{G}_0(\boldsymbol{k}', i\epsilon_m)\mathscr{D}_0(\boldsymbol{k}-\boldsymbol{k}', i\epsilon_n-i\epsilon_m)\mathscr{G}_0(\boldsymbol{k}, i\epsilon_n) \qquad (6.6.3)$$

この右辺も図6.8(a)と同じ形の図形で表示できる．実線は$\mathscr{G}_0(\boldsymbol{k}, i\epsilon_n)$，波線は$\mathscr{D}_0(\boldsymbol{q}, i\nu_l)$を表わす．その際これらの線がエネルギー$\epsilon_n, \nu_l$を運んでいると考えると，各バーテックスで“エネルギー保存則”が成り立つことに注意しておこう(今考えているモデルでは，“運動量”$\hbar\boldsymbol{k}$,

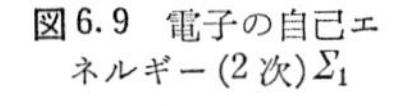

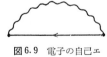

図6.9　電子の自己エネルギー(2次)Σ_1

† n! があからさまに現われないことは重要で，これによって後述の部分和が可能になる．

$\hbar \boldsymbol{q}$ についても保存則が成り立つ)．図 6.8(a) の左右両端にある実線を外線，残りの実線，波線を内線と呼ぶ．この図形から外線を取り去った残りの部分は図 6.9 のようになり，これが電子の自己エネルギーにたいする最低近似である．式で書けば，(*6.6.3*) の両端の $\mathcal{G}_0$ をとり去って

$$\Sigma_1(\boldsymbol{k}, i\epsilon_n) = -\frac{1}{N\beta}\sum_{\boldsymbol{k}'}\sum_m g_{\boldsymbol{k}-\boldsymbol{k}'}{}^2\mathcal{D}_0(\boldsymbol{k}-\boldsymbol{k}', i\epsilon_n - i\epsilon_m)\mathcal{G}_0(\boldsymbol{k}', i\epsilon_m) \tag{6.6.4}$$

一般に (*6.6.1*) の $n=2r$ の項は，次の規則にしたがって描いた，トポロジカルに異なるあらゆる図形の寄与の和で与えられる．(1) 紙上に $2r$ 個の点(バーテックスをとり，$2r+1$ 本の実線(電子線)と r 本の波線(フォノン線)でむすんで連結された図形を描く．その際各バーテックスで 1 本のフォノン線と 2 本の電子線 (1 本はその点に入り，1 本は出てゆく) が結ばれる．また電子線のうち 2 本は外線である．(2) 実線および波線にそれぞれ $\mathcal{G}_0$, $\mathcal{D}_0$ の Fourier 係数を対応させ，バーテックスには g_q を対応させる．これら因子の積を作り，さらに $(-1/N\beta)^r\cdot(-1)^L$ を掛ける．L は図形にふくまれる閉じた電子線ループの個数である (たとえば図 6.10(c) の場合 $L=1$)．(3) 最後に，外線の"エネルギー" ϵ_n,"運動量" $\boldsymbol{k}$ を固定しておいて内線のエネルギー，運動量について和をとるが，その際各バーテックスで"エネルギー・運動量保存則"がみたされていなければならない．

b) 自己エネルギー

Green 関数の 4 次の補正項は図 6.10(a)～(d) の 4 個の図形の和である．(a) の寄与は，上の計算規則から明らかなように，$\mathcal{G}_0\Sigma_1\mathcal{G}_0\Sigma_1\mathcal{G}_0$ である．ただし Σ_1 は (*6.6.4*) であり，また $\mathcal{G}_0$, Σ_1 はすべて共通の"エネルギー・運動量" $\epsilon_n, \boldsymbol{k}$ をもつ．つまり (a) は図 6.8(a) の単なるくり返しである．このタイプのくり返しはもっと高次の項にも現われ，かりに他のタイプの図形を全部無視することにすれば，Green 関数は図 6.11 のような摂動級数の部分和で近似されることになる．この部分和は初項 $\mathcal{G}_0$, 公比 $\mathcal{G}_0\Sigma_1$ の等比級数であるから，式で書くと

$$\left.\begin{aligned}\mathcal{G}(\boldsymbol{k}, i\epsilon_n) &\approx \frac{1}{1/\mathcal{G}_0(\boldsymbol{k}, i\epsilon_n) - \Sigma_1(\boldsymbol{k}, i\epsilon_n)}\\ &= \frac{1}{i\epsilon_n - \xi_{\boldsymbol{k}} - \Sigma_1(\boldsymbol{k}, i\epsilon_n)}\end{aligned}\right\} \tag{6.6.5}$$

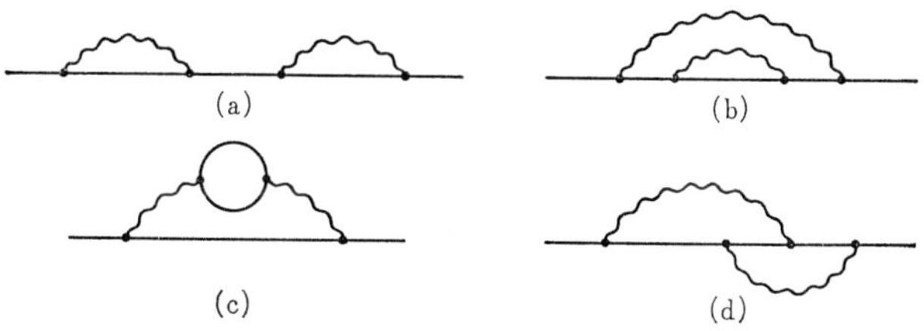

図 6.10 $\mathcal{G}$ の4次摂動

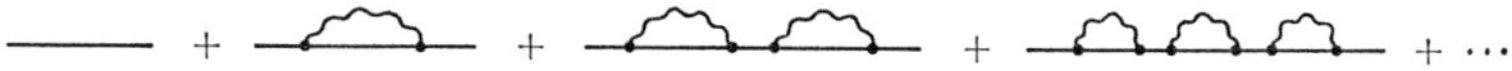

図 6.11 $\mathcal{G}$ の近似($\Sigma\approx\Sigma_1$)

一般に $\mathcal{G}$ の図形の両端の外線を除いた残りの部分に注目すると，図 6.10(a)の場合のように実線(または波線)のどれか1本に鋏を入れて連結されない2つの部分に分離できるものと，(b)～(d)の場合のようにそれのできないものとがある．後者のタイプの図形の総和を $\Sigma(\boldsymbol{k}, i\epsilon_n)$ と書き，電子の自己エネルギーとよぶのである．その最低近似がすでに述べたように図 6.9 の Σ_1 であり，次のオーダーの補正が図 6.12(a), (b), (c) の和 Σ_2 である．いま $\mathcal{G}$ の摂動展開において和をとる順序を変更し，まず自己エネルギー型の部分和を先にとると考えると，$\mathcal{G}$ は図 6.13 の形の級数で表わされる．これは近似(6.6.5)の Σ_1 を正確な Σ でおきかえることを意味し，これを式で書いたものを **Dyson 方程式**と呼ぶ．その“解”は

$$\mathcal{G}(\boldsymbol{k}, i\epsilon_n)=\frac{1}{i\epsilon_n-\xi_{\boldsymbol{k}}-\Sigma(\boldsymbol{k}, i\epsilon_n)} \qquad (6.6.6)$$

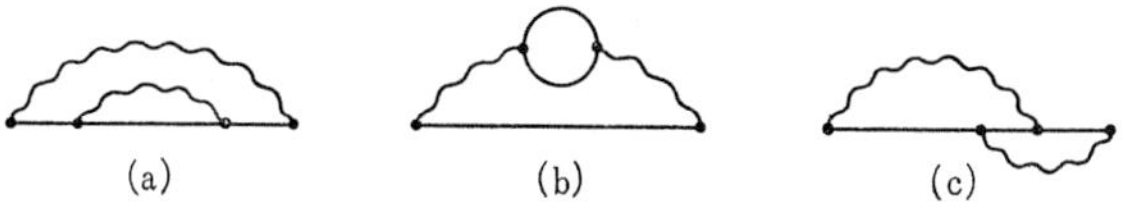

図 6.12 4次の自己エネルギー Σ_2

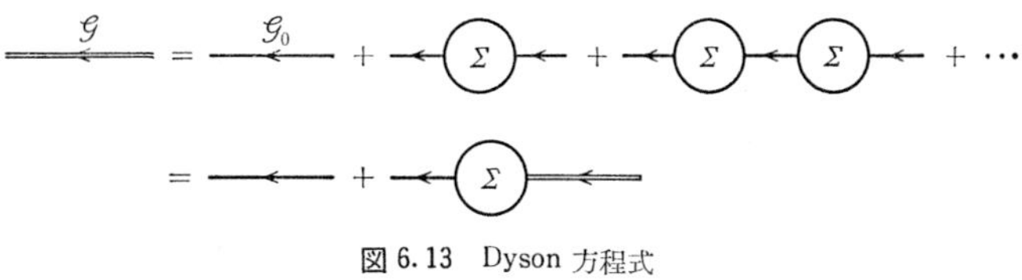

図 6.13 Dyson 方程式

以上述べた $\mathscr{G}$ についての解析は，フォノン Green 関数にもあてはまり，$\mathscr{D}$ は次の形に書ける．

$$\mathscr{D}(\boldsymbol{q}, i\nu_l) = \frac{1}{1/\mathscr{D}_0(\boldsymbol{q}, i\nu_l) - \Pi(\boldsymbol{q}, i\nu_l)} \tag{6.6.7}$$

Π はフォノンの自己エネルギーであって，図 6.14 のような図形の総和で与えられる．

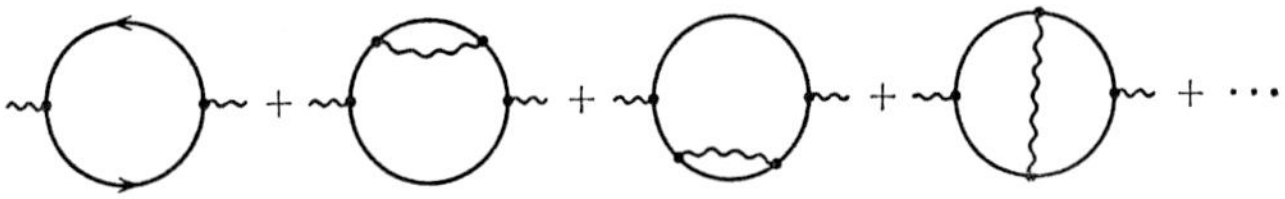

図 6.14　フォノンの自己エネルギー Π

ところで Σ_2 を表わす図 6.12(a), (b), (c) は，Σ_1 を表わす図 6.9 にそれぞれ次のような補正を加えたものと見ることができる．つまり Σ_1 の電子線に自己エネルギーの補正 Σ_1 を加えたものが (a) であり，フォノン線に最低次の自己エネルギー補正 Π_1 を加えたものが (b) であり，電子-フォノン相互作用を表わすバーテックスに最低次の補正を加えたものが (c) である．この分類は高次の自己エネルギー型図型すべてにあてはまる．それぞれのタイプについて部分和を実行したと考えると，自己エネルギー Σ は図 6.15 の構造をもつことがわかる．2 重の実線はすべての自己エネルギー補正をくり込んだ 1 電子 Green 関数 $\mathscr{G}$ を表わし，2 重の波線は $\mathscr{D}$ を表わし，斜線を施した 3 角形は図 6.16 のような図形の総和であって，バーテックス関数とよばれる．これを Γ と書くと

$$\Sigma(k) = -\frac{1}{N\beta}\sum_{k'} g_{\boldsymbol{k}-\boldsymbol{k}'}\mathscr{D}(k-k')\mathscr{G}(k')\Gamma(k', k, k-k') \tag{6.6.8}$$

ただし見やすいように $\boldsymbol{k}, i\epsilon_n$ をまとめて k と書いた．

同様にフォノンの自己エネルギー Π も図 6.17 のような構造をもち，式で書くと

$$\Pi(q) = \frac{2}{N\beta}g_{\boldsymbol{q}}\sum_{k} G(k+q)G(k)\Gamma(k+q, k, q) \tag{6.6.9}$$

である．

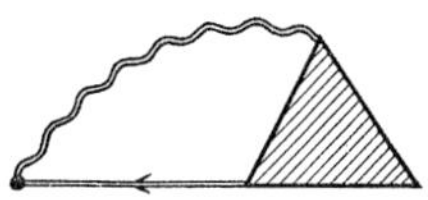

図 6.15　自己エネルギー Σ の構造

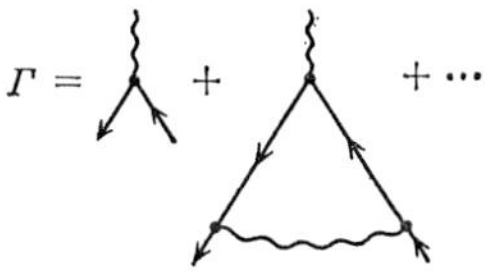

図 6.16　電子・フォノン・バーテックス

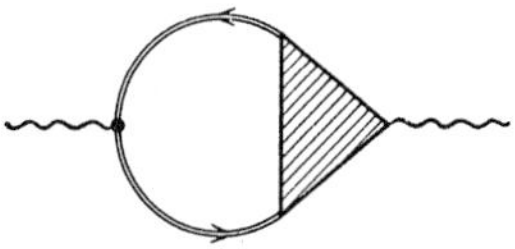

図 6.17　自己エネルギー Π の構造

§6.7　Migdal 近似と電子の自己エネルギー

以上2節にわたって述べたことは，摂動展開を整理するための一般形式であって，対象は必ずしも電子-フォノン系に限らない．この節では金属内の電子-フォノン相互作用に特徴的な近似を導入することによって，Σ や G の具体的表現を求める．

a）Migdal 近似

金属内の電子-フォノン相互作用の特徴は，(*6.6.8*)のバーテックス関数 Γ を最低次の項，つまり，$g_{\boldsymbol{k}-\boldsymbol{k}'}$ でおきかえてよい，ということであって，これを **Migdal 近似**と呼ぶ．この近似の相対誤差は，Γ の摂動展開(図 6.16)の第2項と第1項の比で与えられるが，以下に示すように，この比は平均フォノン・エネルギー ω_0 と電子系の Fermi エネルギー ε_{F} の比のオーダー，したがって 10^{-3} のオーダーである．つまり，この近似は電子の零点運動がイオン振動よりはるかに迅速であることにもとづくのであって，電子-フォノン相互作用が弱いことを仮定するものではない．また，通常のテキストに書かれている Born-Oppenheimer 近似でもない．この近似はイオンの運動を完全に無視して電子のエネルギー・スペクトルを考えるから，(*6.4.4*)のようなパラメーターがスペクトルを左右するはずがない．Migdal 近似は，イオンのダイナミカルな振動が電子の自己エネルギー Σ には微妙な構造を与え得るが，バーテックス Γ には本質的な影響を与えない，と主張しているのであって，このような解析を可能にしたところに，Green 関数法の効用がある．

さて，わかりやすいように Einstein モデル(6.4.5)について Migdal 近似が成立することを示そう．図 6.16 の第 2 項に“エネルギー・運動量”を書きこむと図 6.18 のようになる．式で書くと

$$\Gamma_1=\frac{g^3}{N\beta}\sum_{k_1}\mathcal{G}_0(k_1-q)\,\mathcal{G}_0(k_1)\,\mathcal{D}_0(k-k_1) \tag{6.7.1}$$

ただし前節と同様，$(\boldsymbol{k}, i\epsilon)=k$, $(\boldsymbol{k}_1, i\epsilon_1)=k_1$ のように“4 次元”記法を用いた．以下問題にするのは，$\boldsymbol{k}$ が Fermi 面近傍にあり，$|\epsilon|\lesssim\omega_0$ の場合である．(6.5.27) は $|\nu_l|\ll\omega_0$ で $-(2/\omega_0)$ に等しく，$|\nu_l|\gg\omega_0$ で ν_l^{-2} に比例して小さくなる．また波数ベクトル $\boldsymbol{q}$ の大きさには，格子定数の逆数のオーダー，したがって電子の Fermi 波数 k_{F} のオーダーの上限がある．よって，(6.7.1) の k_1 の動く領域は $|\epsilon_1-\epsilon|\lesssim\omega_0$, $|\boldsymbol{k}_1-\boldsymbol{k}|\lesssim k_{\mathrm{F}}$ のように制限されている．およその大きさを見積るために，この領域内で $\mathcal{D}_0$ を $-(2/\omega_0)$ で近似する．また，2 個の $\mathcal{G}_0$ の積が大きな値をとるのは，$\boldsymbol{k}_1, \boldsymbol{k}_1-\boldsymbol{q}$ の少なくも一方が Fermi 面近傍にある場合であって，たとえば $|\xi_{\boldsymbol{k}_1}|\lesssim\omega_0$ とすると，(6.7.1) の $\mathcal{G}_0$ の積はおよその大きさが $[\omega_0(\omega_0+\hbar v_{\mathrm{F}}q)]^{-1}$ である．ただし v_{F} は Fermi 面における電子速度であって，q が k_{F} のオーダーとすると $\hbar v_{\mathrm{F}}q\approx\varepsilon_{\mathrm{F}}$ である．したがって，ϵ_1 のとりうる値が約 $\beta\omega_0$ 個あり，$\boldsymbol{k}_1$ のとりうる値がおよそ $N\rho_{\mathrm{F}}\omega_0$ 個あることに注意して

$$\Gamma_1\approx g^3\rho_{\mathrm{F}}\omega_0{}^2\frac{2}{\omega_0}\frac{1}{\omega_0\varepsilon_{\mathrm{F}}}=g\lambda\left(\frac{\omega_0}{\varepsilon_{\mathrm{F}}}\right) \tag{6.7.2}$$

λ は (6.4.4) で与えられ，せいぜい 1 のオーダーであるから，

$$\Gamma=g\left[1+O\left(\frac{\omega_0}{\varepsilon_{\mathrm{F}}}\right)\right] \tag{6.7.3}$$

が成立することになる．

波数ベクトル $\boldsymbol{q}$ の大きさが $\omega_0/\hbar v_{\mathrm{F}}$ 以下である場合には評価 (6.7.2) は成立し

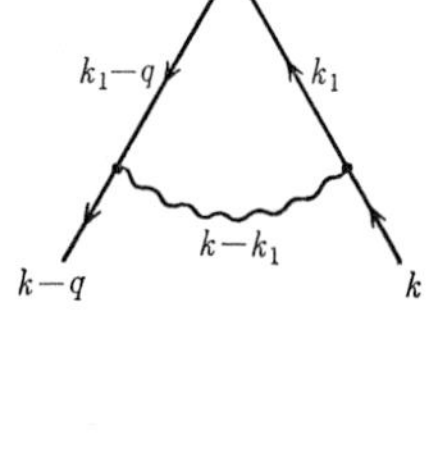

図 6.18　バーテックス補正(2 次)

ないことになるが，以下の解析でこのように小さな q が本質的役割を演ずることはないのである．

再び一般のフォノン・モデルに戻る．Migdal 近似を認めることにすると，(6. 6. 8) は次の形になる．

$$\Sigma(\boldsymbol{k}, i\epsilon_n) = -\frac{1}{N\beta}\sum_{\boldsymbol{k}'}\sum_m g_{\boldsymbol{k}-\boldsymbol{k}'}{}^2 \mathscr{D}(\boldsymbol{k}-\boldsymbol{k}_1', i\epsilon_n - i\epsilon_m)\mathscr{G}(\boldsymbol{k}', i\epsilon_m) \tag{6.7.4}$$

これを (6. 6. 6) と連立させて $\Sigma, \mathscr{G}$ を決定するのである．図形でいえば，図 6. 15 を図 6. 19 のように近似したことになる．あるいは，この図の 2 重の実線で表わされた $\mathscr{G}$ を摂動展開すれば，図 6. 20 のようになる．

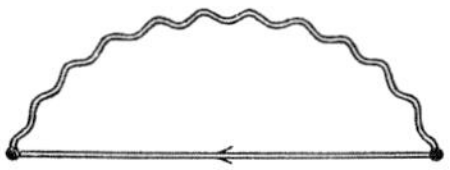

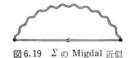

図 6. 19 Σ の Migdal 近似

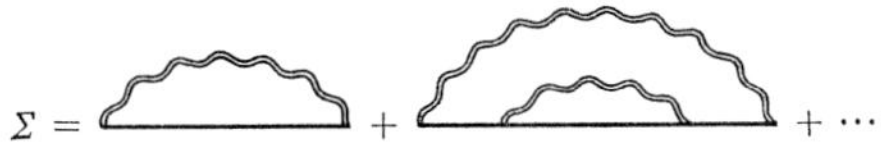

図 6. 20 Migdal 近似の摂動論的構造

純理論的な立場からすれば，フォノンの Green 関数 $\mathscr{D}$ にたいしても Dyson 方程式をたてるべきであるが，ここでは $\mathscr{D}$，あるいは (6. 5. 29) のスペクトル関数 σ が，たとえば中性子散乱の実験の与える情報によって，すでにわかっているものとする．

b) 1 電子スペクトル関数

スペクトル表示 (6. 5. 15), (6. 5. 29) を (6. 7. 4) の右辺に代入して

$$\Sigma(\boldsymbol{k}, i\epsilon_n) = -\frac{1}{N\beta}\sum_{\boldsymbol{k}'}\sum_m g_{\boldsymbol{k}-\boldsymbol{k}'}{}^2 \int_{-\infty}^{\infty} dx \int_0^{\infty} dy\, S(\boldsymbol{k}', x) \cdot\sigma(\boldsymbol{k}-\boldsymbol{k}', y)\left[\frac{1}{i\epsilon_m - i\epsilon_n - y} - \frac{1}{i\epsilon_m - i\epsilon_n + y}\right]\frac{1}{i\epsilon_m - x} \tag{6.7.5}$$

まず $\epsilon_m = (\pi/\beta)(2m+1)$ $(m=0, \pm 1, \pm 2, \cdots)$ について和をとろう．一般に $\beta^{-1}\cdot \sum\phi(i\epsilon_m)$ を求めるには，複素積分法の留数の定理を利用するとよい．Fermi 分

布関数 $f(z)=[\exp(\beta z)+1]^{-1}$ を複素 z 平面上で考えると，ちょうど $z=i\epsilon_m$ に1位の極をもち，$-\beta^{-1}$ がその留数である．よって，$\phi(z)$ が虚数軸に沿って解析的であるとすると，

$$\frac{1}{\beta}\sum_m \phi(i\epsilon_m)=\int\phi(z)f(z)\frac{dz}{2\pi i} \tag{6.7.6}$$

右辺の積分は図6.21のように虚数軸をつつむ積分路Cについて行なう．(6.7.5)の場合，$\phi(z)$ は $z=i\epsilon_n\pm y$, $z=x$ に1位の極をもつほか解析的であるから，Cを連続変形してこれらの極のまわりを1周させることにより，

$$\frac{1}{\beta}\sum_m\left[\frac{1}{i\epsilon_m-i\epsilon_n-y}-\frac{1}{i\epsilon_m-i\epsilon_n+y}\right]\frac{1}{i\epsilon_m-x}$$
$$=\frac{f(x)}{x-i\epsilon_n-y}+\frac{1-f(x)}{x-i\epsilon_n+y}+p(y)\left[\frac{1}{x-i\epsilon_n-y}+\frac{1}{x-i\epsilon_n+y}\right] \tag{6.7.7}$$

$p(y)$ は Planck 分布関数である．以下，絶対零度を考えることにすると，$p(y)=0$ であり，$f(x)$ は階段関数 $\theta(-x)$ に帰着する．

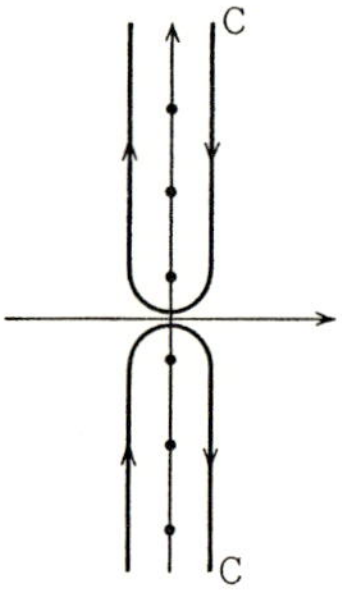

図6.21　複素積分路C
($i\epsilon_n$ をかこむ)

さて，§3.5の一般論でも述べたように，Green 関数と同様 Σ も変数 $i\epsilon_n$ について解析接続できる．それには，(6.7.7)のように m について和をとったあとで，$i\epsilon_n$ を一般の複素数 z におきかえればよい．以下注目するのは，ω_0 を平均フォノン・エネルギーとして，領域 $|z|\lesssim\omega_0$ である．あとで確かめられることであるが，この場合 Σ の z 依存性が重要であって，$\boldsymbol{k}$ 依存性は，$\boldsymbol{k}$ が Fermi 面付近にあるとするかぎり，さほど重要でない．以下自由電子モデル $\xi_k=\hbar^2k^2/2m-\mu$ を採用し，$\boldsymbol{k}$ は図6.22のように Fermi 球面 $k=k_F$ にのっているとしよう(電子

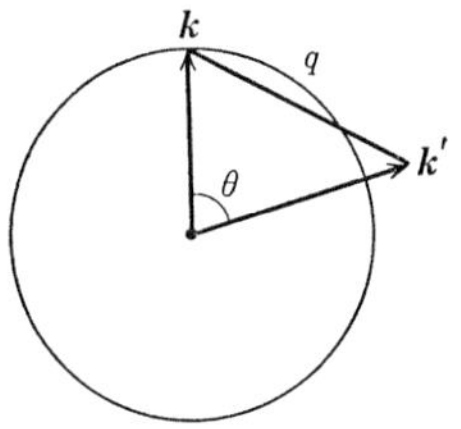

図 6.22　パラメーター q, θ の定義

密度を n として $k_F=(3\pi^2 n)^{1/3}$ である)．このときの $\Sigma(\boldsymbol{k}, z)$ を単に $\Sigma(z)$ と書くことにする．

さて，z が実数軸上の点 E に上から近づくときの極限 $\Sigma(E+i0^+)$ を実数部分と虚数部分にわけて $a(E)-ib(E)$ と書こう．第3章の Fermi 液体論(§3.5)で述べたように，また後で導く Σ の具体的表式を見てもわかるように，実数軸に下から近づくときの極限は $a(E)+ib(E)$ で与えられる．Green 関数(6.6.6)の解析接続 $G(\boldsymbol{k}, z)=[z-\xi_{\boldsymbol{k}}-\Sigma(z)]^{-1}$ は $z\to E+i0^+$ のときいわゆる遅延 Green 関数，つまり(6.5.17)の左辺に帰着する．

$$G(\boldsymbol{k}, E+i0^+)=\frac{1}{E-\xi_{\boldsymbol{k}}-a(E)+ib(E)} \tag{6.7.8}$$

したがって右辺にあるスペクトル関数は次のように表わされることになる．

$$S(\boldsymbol{k}, E)=\frac{1}{\pi}\frac{b(E)}{[E-\xi_{\boldsymbol{k}}-a(E)]^2+b^2(E)} \tag{6.7.9}$$

一般式(6.5.10)によると $S\geqq 0$ であるから，$b\geqq 0$ であるはずであるが，実際後で導く b の具体的表式はこの条件を満足している．また，§3.5の一般論によると，パラメーター b は電子の寿命を表わすものであって，正常 Fermi 液体の場合には Fermi レベル $E=0$ において $b=0$ となるはずである．後で導く b の具体的な表式はこの条件も満足している．したがって，電子系の低い励起に関し，Landau の意味の**準粒子像**(quasiparticle picture)が成立することになる．実際，後で導く a の表式によると，$|E|\ll\omega_0$ で $a(E)\approx a(0)-\lambda E$ の形になり，λ は Einstein モデルの場合に(6.4.4)で与えられるような無次元結合定数である．結局 $|E|$ の小さいところで(6.7.9)は次のように近似される†.

---

† $\displaystyle\lim_{b\to+0}\frac{1}{\pi}\frac{b}{x^2+b^2}=\delta(x)$

$$S(\boldsymbol{k}, E) = \frac{1}{1+\lambda}\delta(E-\zeta_{\boldsymbol{k}}) \tag{6.7.10}$$

ただし $\zeta_{\boldsymbol{k}}=(1+\lambda)^{-1}[\xi_{\boldsymbol{k}}+a(0)]$ は準粒子1個を励起するのに必要な(Fermi レベルから測った)励起エネルギーである．§3.5の一般論によると，この励起エネルギーは，$k=k_{\rm F}$ で定義される Fermi 面で0となるべきものである．よって

$$\mu = \frac{\hbar^2 k_{\rm F}{}^2}{2m}+a(0) \tag{6.7.11}$$

これは(電子密度を一定に保つとき)電子の化学ポテンシャルがフォノンとの相互作用によってどれだけシフトするかを示す式である．μ をこのように決めると

$$\zeta_{\boldsymbol{k}} = \frac{\hbar^2}{2m^*}(k^2-k_{\rm F}{}^2) \tag{6.7.12}$$

ただし

$$m^* = m(1+\lambda) \tag{6.7.13}$$

つまり，フォノンとの相互作用によって Fermi 面付近の電子の質量は $1+\lambda$ 倍になる．この効果は，カリウム，アルミニウム，鉛，水銀などの金属で観測されている．§3.5で述べたように，m^* は低温における電子系の比熱の測定から推定できる．あるいは，外部磁場 H を加えて電子にサイクロトロン運動させるとき，その角振動数は eH/m^*c で与えられるから，これをマイクロ波の共鳴吸収によって測定することにより m^* が得られる．これらの方法で測定された m^* は，バンド理論の与える値の1.5〜2倍になっており，このくい違いは $1+\lambda$ によるものとしてうまく説明できるのである．

c) Dyson 方程式の解

さて $\varDelta\Sigma(z)=\Sigma(z)-\Sigma(0)$ とおくと，(6.7.5)および(6.7.7)により

$$\varDelta\Sigma(z) = -\frac{1}{N}\sum_{\boldsymbol{k}'} g_{\boldsymbol{k}-\boldsymbol{k}'}{}^2\int_{-\infty}^{\infty}dx\int_0^{\infty}dy\, S(\boldsymbol{k}', x)\,\sigma(\boldsymbol{k}-\boldsymbol{k}', y)$$
$$\cdot\left[\theta(-x)\left(\frac{1}{x-z-y}-\frac{1}{x-y}\right)+\theta(x)\left(\frac{1}{x-z+y}-\frac{1}{x+y}\right)\right] \tag{6.7.14}$$

$|z|$ も y も ω_0 のオーダーであるから，右辺の x に関する積分に主として寄与するのは領域 $|x|\lesssim\omega_0$ である．また，a も b も ω_0 のオーダーであるから，$S(\boldsymbol{k}', x)$

が大きな値をもつのは $\boldsymbol{k}'$ が Fermi 面近傍 ($|\xi_{\boldsymbol{k}'}|\lesssim\omega_0$) にある場合である．$\boldsymbol{k}'$ に関する和を，その大きさ k' に関する積分と図 6.22 の角 θ に関する積分で表わし，後者は図の q に関する積分，前者は $\eta'=\eta_{\boldsymbol{k}'}$ に関する積分に変換する．$q^2=k^2+k'^2-2kk'\cos\theta$ であるから，$\sin\theta\,d\theta=(k_{\mathrm{F}}k')^{-1}qdq$ となることに注意しよう．また，(6.7.9) は $\xi_{\boldsymbol{k}}$ あるいは $\eta_{\boldsymbol{k}}$ の関数と見れば単純な Lorentz 分布であり，その積分は 1 に等しい．そこで，(6.7.14) においてまず η' に関する積分を実行する．積分に実質的寄与をするのは Fermi 面近傍であるから，変数 q は Fermi 面上の定点 $\boldsymbol{k}$ ともう 1 つの点をむすぶ線分の長さと考えておいてよい．関数 $I(y)$ およびパラメーター g^2 を次の 2 式で定義する．

$$2g^2I(y)=\frac{1}{k_{\mathrm{F}}{}^2}\int g_q{}^2\sigma(q,y)\,qdq \qquad (6.7.15)$$

$$\int_0^\infty I(y)\,dy=1 \qquad (6.7.16)$$

これと $\rho_{\mathrm{F}}=3m/2\hbar^2k_{\mathrm{F}}{}^2$ を使って

$$\begin{aligned}\varDelta\Sigma(z)&=-\rho_{\mathrm{F}}g^2\int_0^\infty dy\,I(y)\left\{\int_{-\infty}^0 dx\left[\frac{1}{x-z-y}-\frac{1}{x-y}\right]\right.\\&\qquad\left.+\int_0^\infty dx\left[\frac{1}{x-z+y}-\frac{1}{x+y}\right]\right\}\\&=-\rho_{\mathrm{F}}g^2\int_0^\infty dy\,I(y)\ln\left(\frac{y+z}{y-z}\right)\end{aligned} \qquad (6.7.17)$$

§3.5 で述べたとおり，$\Sigma(z)$ は実数軸を除く複素 z 平面で解析的であり，実数軸は (対数的) 分枝線になっている．

$z=E+i0^+$ とおき，両辺の実数部分，虚数部分を比較して $a_1(E)\equiv a(E)-a(0)$ および $b(E)$ にたいする表式が次のように得られる．

$$a_1(E)=-\rho_{\mathrm{F}}g^2\int_0^\infty dy\,I(y)\ln\left|\frac{E+y}{E-y}\right| \qquad (6.7.18)$$

$$b(E)=\pi\rho_{\mathrm{F}}g^2\int_0^{|E|}dy\,I(y) \qquad (6.7.19)$$

フォノンの平均エネルギー ω_0 を

$$\frac{1}{\omega_0}=\int_0^\infty \frac{I(y)}{y}dy \tag{6.7.20}$$

で定義すると，$|E|\ll\omega_0$ のとき $a_1(E)\approx-\lambda E$ となり，λ は(6.4.4)と形式的に一致する．

もし(6.7.11)で与えられる化学ポテンシャルのシフト $a(0)$ を無視するならば，上に得た Dyson 方程式の解は，自己エネルギーの2次摂動の表式(6.6.4)において，$\mathcal{D}_0$ を"観測された" $\mathcal{D}$ でおきかえたものと一致することに注意しておこう．後者は(6.7.14)のスペクトル関数 $S(\boldsymbol{k}',x)$ を"自由電子"のスペクトル関数 $\delta(x-\eta_{\boldsymbol{k}'})$ でおきかえたもので与えられ，上に得た Dyson 方程式の解と(1にたいし $\omega_0/\varepsilon_{\mathrm{F}}$ を無視する精度で)同じものになる．ただし

$$\eta_{\boldsymbol{k}}=\frac{\hbar^2}{2m}(k^2-k_{\mathrm{F}}{}^2) \tag{6.7.21}$$

は自由電子系における励起エネルギーである．

d) 準粒子像の適用限界

スペクトル関数

$$S(\boldsymbol{k},E)=\frac{1}{\pi}\frac{b(E)}{[E-\eta_{\boldsymbol{k}}-a_1(E)]^2+b^2(E)} \tag{6.7.22}$$

の定性的な特徴を見るには，Einstein モデル $I(y)=\delta(y-\omega_0)$ で十分である．このとき

$$\left.\begin{aligned} a_1(E) &= \frac{\lambda\omega_0}{2}\ln\left|\frac{E-\omega_0}{E+\omega_0}\right| \\ b(E) &= \frac{\pi\lambda\omega_0}{2}\theta(|E|-\omega_0) \end{aligned}\right\} \tag{6.7.23}$$

$\lambda=1$, $\eta_{\boldsymbol{k}}=0$, $2\omega_0$, $5\omega_0$ のときの S を E の関数として図6.23(a), (b), (c)にそれぞれ示してある．

図(a)の $E=0$ に現われている(無限に)鋭いピークがすなわち(6.7.10)で $\zeta_{\boldsymbol{k}}=0$ とおいたものである．$\eta_{\boldsymbol{k}}$ が増すとこのピークは右に動くが，$\eta_{\boldsymbol{k}}\ll\omega_0$ であるかぎり，その位置は $\zeta_{\boldsymbol{k}}=(m/m^*)\eta_{\boldsymbol{k}}$ で与えられる．Fermi 面近傍での1電子励起をきめるのはこの"準粒子ピーク"である．このピークは $\eta_{\boldsymbol{k}}$ が ω_0 以上になると $E=\omega_0$ に接近し(図(b), (c))，$\eta_{\boldsymbol{k}}\gg\omega_0$ のとき ω_0 との差 $\Delta\omega$ は $2\omega_0\exp[-(2\eta_{\boldsymbol{k}}/$

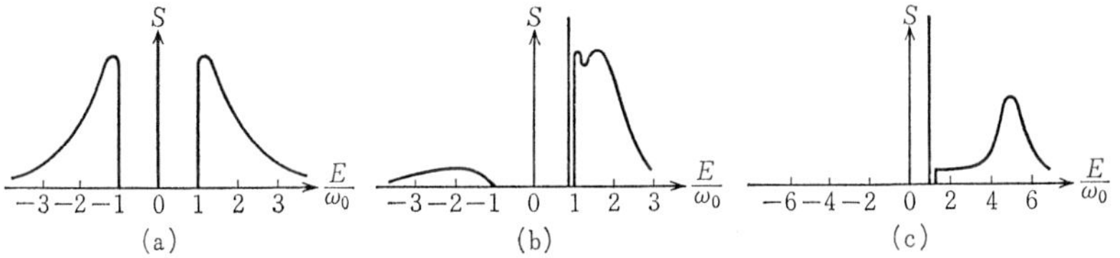

図6.23 1電子スペクトル関数(Einstein モデル)

$\omega_0)]$ の形で指数関数的に小さくなるばかりでなく，その強度も $\Delta\omega$ に比例して小さくなってしまうから，このピークは無視してよい†．他方 $E>\omega_0$ に現われている連続スペクトルの部分は，$\eta_{\boldsymbol{k}}>\omega_0$ のとき2つのピークを示し，$\eta_{\boldsymbol{k}}$ が増すとき，低エネルギー側のピークは ω_0 に接近し，高エネルギー側のピークは $\eta_{\boldsymbol{k}}$ に漸近するばかりでなく強度の大半がこのピークに集中する．したがって，$\eta_{\boldsymbol{k}}\gg\omega_0$ の場合の"準粒子ピーク"は，このいちばん高エネルギー側のピークなのである．

こうして，単純な準粒子像が成立するのは，$|\eta_{\boldsymbol{k}}|$ が ω_0 にくらべて非常に小さいか，あるいは非常に大きい極限にかぎることがわかる．$|\eta_{\boldsymbol{k}}|\approx\omega_0$ の場合にはスペクトル関数全体の構造を問題にしなければならないのである．

§6.8 電子-フォノン相互作用と超伝導

第4章で述べたように，金属の超伝導状態は，フォノンを仲介とする電子間の引力が原因となって出現する．この章の言葉でいうと，正常状態から超伝導状態への転移温度 T_c において，電子-フォノン相互作用のバーテックス関数 Γ にある種の発散がおこるのである．この発散のおこり方，したがってまた転移温度 T_c の値は，Γ をどのような近似で計算するかに依存する．ここでは第4章で述べた平均場近似(BCS 理論)に相当する計算を行なう．

a) バーテックス関数の発散

Γ の摂動展開において，図6.18よりもっと高次の補正項を考えると，その中には図6.24(a)のタイプの Feynman 図形で表示されるものがある．ただし，この図の K は図6.24(b)のような図形の和で表わされるものとする．その第1項を K_0 と書くことにしよう．以下 $q=0$ の項に注目する．また，フォノンにたい

† $\int_{-\infty}^{\infty} S(\boldsymbol{k},x)\,dx=1$ が一般に成立することに注意．

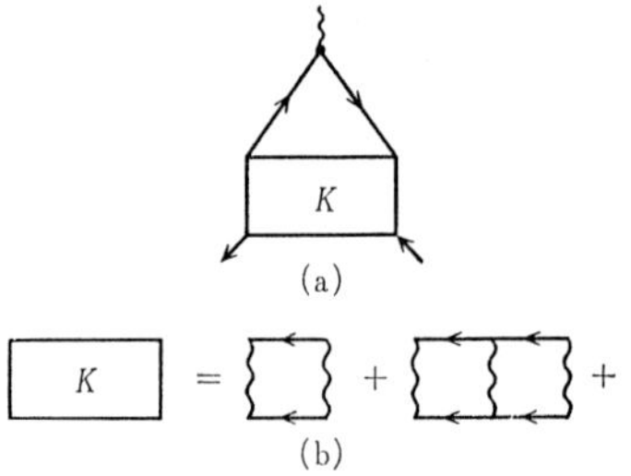

図6.24　バーテックス関数 K

し Einstein モデルを仮定する．すると K_0 は次のように書ける．

$$K_0(p, p') = \frac{1}{\beta N} g^4 \sum_{p_1} \mathscr{D}(p-p_1) G_0(p_1) G_0(-p_1) \mathscr{D}(p_1-p') \tag{6.8.1}$$

前節と同様に $\mathscr{D}$ を $-(2/\omega_0)$ で近似し，そのかわりに $p_1=(\boldsymbol{p}_1, i\epsilon_1)$ として ϵ_1 の動く領域を $|\epsilon_1|\lesssim\omega_0$ に制限する．$\boldsymbol{p}_1$ に関する和は自由電子のエネルギー ξ に関する積分であらわし，その際状態密度は Fermi 面における値 ρ_F で近似する．すると

$$\begin{aligned} K_0 &\approx \frac{2g^2}{\omega_0}\frac{\lambda}{\beta}\sum_{\epsilon_1}\int_{-\infty}^{\infty}\frac{d\xi}{(\xi+i\epsilon_1)(\xi-i\epsilon_1)} \\ &= \frac{2g^2}{\omega_0}\frac{\pi\lambda}{\beta}\sum_{\epsilon_1>0}\frac{1}{\epsilon_1} \end{aligned} \tag{6.8.2}$$

$(\pi/\beta)\sum\epsilon_1{}^{-1}=\sum(2n-1)^{-1}$ であり，n の最大値 N が十分大きいとすると，その漸近値は $(1/2)[\ln(4N)+\gamma]$ であることが知られている†．ただし，γ は Euler の定数 $(\gamma\approx0.577)$ である．よって，K_0 を図6.24(a)の K として代入した場合，Γ の補正項のオーダーは $g\varepsilon_F{}^{-1}K_0$，つまり $g\rho_F K_0$ であり，したがって g との比は $\lambda\Lambda$ の形に書ける．ただし，

$$\Lambda = \lambda\left[\ln\left(\frac{2\beta\omega_0}{\pi}\right)+\gamma\right] \tag{6.8.3}$$

---

† $$\sum_{n=1}^{N}\frac{1}{2n-1} = \psi(2N+1)-\frac{1}{2}\psi(N+1)+\frac{1}{2}\gamma$$

$\psi(x)$ は digamma 関数．$x\gg1$ で $\psi(x)\approx\ln(x-1)+O((x-1)^{-1})$．

同様の近似のもとでなら，図 6.24(b) の級数は公比 Λ の幾何級数であって，

$$\rho_{\mathrm{F}}K = \lambda\Lambda[1+\Lambda+\Lambda^2+\cdots] = \lambda\Lambda\frac{1}{1-\Lambda} \tag{6.8.4}$$

これは $\Lambda=1$ となる温度 T_{c} で発散してしまう．よって

$$k_{\mathrm{B}}T_{\mathrm{c}} = \frac{2C}{\pi}\omega_0 \exp\left(-\frac{1}{\lambda}\right) \tag{6.8.5}$$

ただし，$C=\exp(\gamma)\approx 1.78$ である．T が高温側から T_{c} に近づくとき，$\Lambda\approx 1-\lambda[(T-T_{\mathrm{c}})/T_{\mathrm{c}}]$ であって

$$\rho_{\mathrm{F}}K \approx \frac{T_{\mathrm{c}}}{T-T_{\mathrm{c}}} \tag{6.8.6}$$

バーテックス関数は "Curie-Weiss" の法則にしたがって発散することになる．第4章でも指摘しておいたように，超伝導体ではこの平均場近似が非常に良い近似になっているのである．

なお (6.8.3)，したがって (6.8.5) は $k_{\mathrm{B}}T_{\mathrm{c}}\ll\omega_0$ の意味で弱結合の場合に成立する近似式であることに注意しておこう．電子-フォノン相互作用による λ はさほど小さくないのであるが，電子間の Coulomb 反発力を考えに入れると，λ の効果が減殺され，多くの超伝導体は弱結合のカテゴリーにぞくする．

b) 南部表示

T_{c} 以下の温度では，粒子像に即していえば巨視的な数の Cooper ペアが形成され，波動像に即していえば電子対波がコヒーレント状態にある．§4.9(b) で述べたように，これを簡潔に表示するには，電子の消滅演算子 $a_{\boldsymbol{k}\uparrow}$，生成演算子 $a_{-\boldsymbol{k}\downarrow}{}^{\dagger}$ を2成分スピノルの成分と見なすのがよい．ここではこのスピノルを $\psi_{\boldsymbol{k}}$，その成分を $\psi_{\boldsymbol{k}1}, \psi_{\boldsymbol{k}2}$ と書くことにする(**南部表示**)．また，このスピノル $\psi_{\boldsymbol{k}}$ に作用する2行2列の Pauli 行列をここでは

$$\hat{\rho}_1 = \begin{bmatrix} 0 & 1 \\ 1 & 0 \end{bmatrix}, \quad \hat{\rho}_2 = \begin{bmatrix} 0 & -i \\ i & 0 \end{bmatrix}, \quad \hat{\rho}_3 = \begin{bmatrix} 1 & 0 \\ 0 & -1 \end{bmatrix} \tag{6.8.7}$$

と書くことにしよう．したがって，(6.5.1) の無摂動ハミルトニアン $\mathcal{H}_0$ は，定数項は別として

$$\mathcal{H}_0 = \sum_{\boldsymbol{k}} \psi_{\boldsymbol{k}}{}^{\dagger}\xi_{\boldsymbol{k}}\hat{\rho}_3\psi_{\boldsymbol{k}} + \sum_{\boldsymbol{q}} \omega_0 b_{\boldsymbol{q}}{}^{\dagger}b_{\boldsymbol{q}} \tag{6.8.8}$$

と書ける．同様に

$$\mathcal{H}'=\frac{g}{N}\sum_{k}\sum_{q}\psi_{k+q}{}^{\dagger}\hat{\rho}_3\psi_{k}\phi_{q} \tag{6.8.9}$$

1電子温度 Green 関数は次のように定義する．

$$\left.\begin{aligned}\mathcal{G}_{rr'}(\boldsymbol{k};\tau-\tau')&=-\langle \mathrm{T}_\tau\,\psi_{kr}(\tau)\psi_{kr'}{}^{\dagger}(\tau')\rangle\\(r,r'&=1,2)\end{aligned}\right\} \tag{6.8.10}$$

これは2行2列の行列 $\mathcal{G}(\boldsymbol{k};\tau-\tau')$ の rr' 要素と見なすことができる．その対角要素 $\mathcal{G}_{11},\mathcal{G}_{22}$ は，通常の記号で書けばそれぞれ $-\langle \mathrm{T}_\tau\,a_{k\uparrow}(\tau)a_{k\uparrow}{}^{\dagger}(\tau')\rangle$ および $-\langle \mathrm{T}_\tau\,a_{-k\downarrow}{}^{\dagger}(\tau)a_{-k\downarrow}(\tau')\rangle$ であり，もちろん正常状態でも0でない．これにたいし，超伝導状態に特徴的なものは非対角要素 $\mathcal{G}_{12}=-\langle \mathrm{T}_\tau\,a_{k\uparrow}(\tau)a_{-k\downarrow}(\tau')\rangle$ および $\mathcal{G}_{21}$ である．しかし，§6.5で述べた一般的性質，たとえば反周期性(*6.5.12*)，Fourier 展開(*6.5.13*)，が $\mathcal{G}$ にたいしても成立する．ただし Fourier 係数も2行2列の行列である．同様に，摂動展開(*6.6.1*)を形式的に導入し，項のくくり直しによって自己エネルギー $\hat{\Sigma}$ やバーテックス関数 $\hat{\Gamma}$ を定義できる．摂動展開そのものは超伝導状態で意味を失うが，しかしたとえば $\hat{\mathcal{G}}$ と $\hat{\Sigma}$ とを関係づける Dyson 方程式

$$\hat{\mathcal{G}}(p)=\frac{1}{i\epsilon_n-\xi_k\hat{\rho}_3-\hat{\Sigma}(p)} \tag{6.8.11}$$

は意味をもつ．右辺の $i\epsilon_n$ は，2行2列の単位行列を $\hat{1}$ として，$i\epsilon_n\hat{1}$ と書くべきであるが，以下誤解のおそれがないかぎり $\hat{1}$ を省略する．バーテックス関数について再び Migdal 近似が成立することを承認すれば，$\hat{\Gamma}\approx g\hat{\rho}_3$ となり

$$\hat{\Sigma}(p)=-\frac{g^2}{N\beta}\sum_{p'}\mathcal{D}(p-p')\hat{\rho}_3\hat{\mathcal{G}}(p')\hat{\rho}_3 \tag{6.8.12}$$

となる．(*6.8.11*)と(*6.8.12*)を連立させて解けばよい．

任意の2行2列の行列は $\hat{1}$, $\hat{\rho}_j\,(j=1,2,3)$ の1次結合として表わすことができるから，Dyson 方程式の解も次の形に仮定することができる．

$$\hat{\Sigma}(p)=\Sigma_0(p)\hat{1}+\Sigma_1(p)\hat{\rho}_1+\Sigma_2(p)\hat{\rho}_2+\Sigma_3(p)\hat{\rho}_3 \tag{6.8.13}$$

話を簡単にするため，Σ_2,Σ_3 は無視する．$\hat{\rho}_j\hat{\rho}_l+\hat{\rho}_l\hat{\rho}_j=2\delta_{jl}$ を使うと，(*6.8.11*)は次のように書ける．

$$\left.\begin{aligned}\hat{\mathscr{G}} &= \frac{1}{F}[i\epsilon_n - \Sigma_0 + \Sigma_1\hat{\rho}_1 + \xi_{\boldsymbol{k}}\hat{\rho}_3]\\ F &= (i\epsilon_n - \Sigma_0)^2 - \Sigma_1{}^2 - \xi_{\boldsymbol{k}}{}^2\end{aligned}\right\} \tag{6.8.14}$$

これを(6.8.12)に代入して $\hat{1}$ の係数を両辺で比較して

$$\Sigma_0(p) = -\frac{g^2}{N\beta}\sum_{p'}\mathscr{D}(p-p')\frac{1}{F(p')}[i\epsilon_n' - \Sigma_0(p')] \tag{6.8.15}$$

右辺で Σ_0, Σ_1 を 0 とおいてもこれは有限な Σ_0 を与え，その結果は前節で述べた正常状態での自己エネルギーを与える．つまり，Σ_0 にたいしては摂動展開が意味をもつ．これにたいし，超伝導状態に特有な Σ_1 については

$$\Sigma_1(p) = \frac{g^2}{N\beta}\sum_{p'}\mathscr{D}(p-p')\frac{1}{F(p')}\Sigma_1(p') \tag{6.8.16}$$

となり，右辺で Σ_0, Σ_1 を 0 とおくと左辺の Σ_1 も 0 となり，摂動展開は有限な Σ_1 を与えない．

弱結合の極限では，Σ_0 も無視する．Σ_1 に関しては，(6.8.16)において $\mathscr{D}$ を $-(2/\omega_0)$ でおきかえ，また Σ_1 は $|\epsilon| \leqq \omega_0$ で定数，$|\epsilon| \geqq \omega_0$ で 0 とする．すると，(6.8.16)は次のようになる．

$$1 = \frac{\lambda}{\beta}\sum_{\epsilon}\int d\xi \frac{1}{\xi^2+\epsilon^2+\Sigma_1{}^2} = \frac{\pi\lambda}{\beta}\sum_{\epsilon}\frac{1}{\sqrt{\epsilon^2+\Sigma_1{}^2}} \tag{6.8.17}$$

$\Sigma_1 = 0$ とおくと，これは(6.8.3)の $\Lambda = 1$，つまり転移温度(6.8.5)を与える式である．他方，絶対零度 $(\beta \to \infty)$ では，ϵ に関する和を積分でおきかえて

$$1 = \lambda\int_0^{\omega_0}\frac{d\epsilon}{\sqrt{\epsilon^2+\Sigma_1{}^2}} \approx \lambda \ln\left(\frac{2\omega_0}{\Sigma_1}\right) \tag{6.8.18}$$

よって $\Sigma_1 \approx 2\omega_0 \exp(-\lambda^{-1})$ が得られる．この場合の Green 関数の解析接続は，(6.8.14)の $i\epsilon_n$ を複素数 z でおきかえて

$$\begin{aligned}\hat{G}(z) &= \frac{1}{2}\left[1 + \frac{1}{E_{\boldsymbol{k}}}(\Sigma_1\hat{\rho}_1 + \xi_{\boldsymbol{k}}\hat{\rho}_3)\right]\frac{1}{z - E_{\boldsymbol{k}}}\\ &\quad + \frac{1}{2}\left[1 - \frac{1}{E_{\boldsymbol{k}}}(\Sigma_1\hat{\rho}_1 + \xi_{\boldsymbol{k}}\hat{\rho}_3)\right]\frac{1}{z + E_{\boldsymbol{k}}}\end{aligned} \tag{6.8.19}$$

$$E_{\boldsymbol{k}} = \sqrt{\xi_{\boldsymbol{k}}{}^2 + \Sigma_1{}^2} \tag{6.8.20}$$

$E_{\boldsymbol{k}}$ が超伝導状態における 1 電子励起スペクトル(正常状態における $|\xi_{\boldsymbol{k}}|$，つまり

Fermi 面外の電子あるいは Fermi 面内の正孔を励起するのに必要なエネルギー，に対応する）である．$E_{\boldsymbol{k}}$ は Fermi 面 $\xi_{\boldsymbol{k}}=0$ で有限な最小値 $|\Sigma_1|$ をもち，スペクトルにギャップがある（(*4. 9. 17*)参照）．

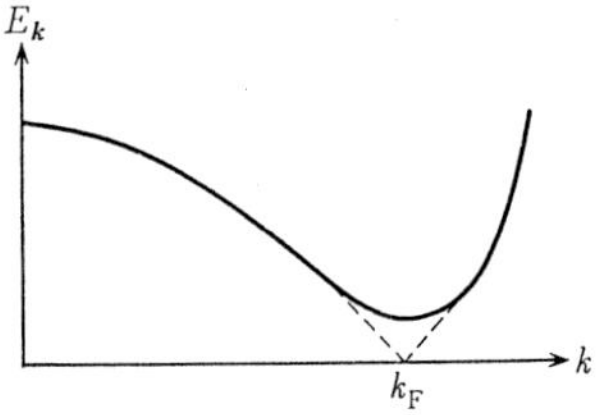

図 6.25 超伝導体の励起スペクトル

$k_{\mathrm{B}}T_{\mathrm{c}}$ が ω_0 にくらべてさほど小さくないような強結合系では，積分方程式(*6. 8. 15*)，(*6. 8. 16*)を数値的に解かなくてはならない．$\mathscr{D}$ として中性子散乱の実験で決められたフォノン・スペクトルを代入し，また電子間 Coulomb 反発を適当に加味すると，超伝導体の諸性質がよく説明できることが確かめられている．

第7章　素励起の相互作用とスペクトル形状論

第5章でのべたように，2種の素励起が線形相互作用をもつときは，適当な1次変換により，相互作用のない2つの素励起に分離できる．しかし非線形相互作用があるときは，このような分離が不可能となるばかりでなく，線形の場合とは本質的に異なる新しい現象があらわれる．本章では振動場に対する応答，とくに光吸収または放出，Raman 散乱などの光学スペクトルを考え，その構造や形状に，物質内の非線形相互作用がどのように反映するかを考えてみよう．§7.1ではその概観を，簡単な2振動子模型を用いて行ない，§7.2以下では，おもに電子(または励起子)-フォノン系を対象として，スペクトル形状論を展開する．

§7.1　非線形相互作用の働き

2つの場 x, y を簡単な古典的振動子模型で考え，その間には双1次より高次，たとえば x^2y 型の相互作用エネルギーがあるとしよう．その係数を $\gamma\omega_1{}^2/2$ とかくと，(5.1.3)にかわる運動方程式として

$$\ddot{x}+\omega_1{}^2x+\gamma\omega_1{}^2xy=0 \qquad (7.1.1\,a)$$

$$\ddot{y}+\omega_2{}^2y+\frac{1}{2}\gamma\omega_1{}^2x^2=0 \qquad (7.1.1\,b)$$

が得られる．

(7.1.1) で非線形項が小さいと仮定し，第0近似の解 $x=X\exp(\pm i\omega_1 t)$, $y=Y\exp(\pm i\omega_2 t)$ を (7.1.1 a) の非線形項に入れると，x の振動には，振動数 ω_1 の主振動のほかに，振動数 $|\omega_1\pm\omega_2|$ の副振動があらわれる．新しくあらわれる副振動をくりかえし非線形項に代入することにより，一般に $|\omega_1+n\omega_2|$ (n は整数)の振動数成分があらわれる．

振動子 x を励起する振動外場として，$F\exp(-i\omega t)$ を (7.1.1 a) の右辺に加え

ると，上記の理由により，共鳴吸収は $\omega=\omega_1$ だけでなく，一般に $|\omega_1+n\omega_2|$ で起こる．外場は直接には x のエネルギー量子 $\hbar\omega_1$ しか励起できないが，非線形相互作用を媒介として，y のエネルギー量子 $\hbar\omega_2$ も同時に複数個励起することができる．光吸収などのスペクトルで，このような同時励起に対応する部分 $(\omega=\omega_1+n\omega_2)$ を，x の y **サイドバンド** (sideband) とよぶ．例としては，電子励起の光吸収スペクトルにあらわれるフォノン(またはマグノン，プラズモンなど)・サイドバンドがある．これに対し外場が直接作用する振動子 x だけが励起されることに対応するスペクトル線 $(n=0)$ を，**ゼロ・フォノン線** (zero phonon line) などとよぶ．

相互作用が小さくないときは，上記のように2種のエネルギー量子の同時励起としてスペクトルを分解するのは適切でない．1つの考え方は，(*7.1.1 a*) で第2および第3項をまとめ，$\Omega(t)^2=\omega_1{}^2(1+\gamma y(t))$ で与えられる $\Omega(t)=\omega_1+\delta\omega_1(t)$ を，瞬間的な振動数と解釈することである．$y(t)$ の運動が十分緩慢であれば，このような**断熱**近似が成り立ち，観測されるスペクトルは ω_1 のまわりに $\delta\omega_1(t)$ の時間的分布を静的統計分布としてそのまま反映した線幅を示すであろう．

しかし不確定性原理によると，$\delta\omega_1(t)$ がその瞬間における振動数シフトとして額面どおり観測されるためには，少なくとも $(\delta\omega_1)^{-1}$ 程度の時間内はその $\delta\omega_1(t)$ の値が持続しなければならない．$y(t)$ の平均的振動数を ω_2' (γ が小さいときにはほぼ ω_2 に等しい)，$\delta\omega_1(t)$ の平均振幅(たとえば2乗平均 $\langle\delta\omega_1(t)^2\rangle$ の平方根をとればよい)を単に δ と記すことにすると，$\omega_2'\gtrsim\delta$ の場合この条件はみたされなくなる．$\delta\omega_1(t)$ の値は，それを静的な振動数シフトとして受けとめるのに必要な時間 δ^{-1} より短い時間 $(\omega_2')^{-1}$ のうちに変動してしまうからである．この場合のスペクトル幅としては，$\delta\omega_1(t)$ の統計分布幅 δ がそのまま観測されるのではなく，それに上記の有効度因子 δ/ω_2' をかけた幅 δ^2/ω_2' が観測されることになる．これを**運動による**スペクトルの**尖鋭化** (motional narrowing) とよぶ．磁気共鳴吸収ではよく知られた現象であるが，§7.3 でもその実例をのべる．

x を系の電気分極と考え，$\gamma=0$ の場合の，静電場に対する分極率を α_0 とすると，振動電場 $E\exp(-i\omega t)$ は，外力としては $\alpha_0\omega_1{}^2E\exp(-i\omega t)$ と書ける．これを (*7.1.1 a*) の右辺におき，$y(t)$ の運動は十分おそい $(\omega_2\ll\omega,\omega_1)$ と仮定してこれを断熱パラメーターとみなすと，強制振動解は

$$x(t)=\alpha(\omega, y)E\exp(-i\omega t) \tag{7.1.2}$$

$$\alpha(\omega, y)=\frac{\alpha_0}{(1+\gamma y)-(\omega/\omega_1)^2} \tag{7.1.3}$$

で与えられる．しかしこの分極率 $\alpha(\omega, y)$ は断熱パラメーター $y(t)\approx Y\exp(\pm i\omega_2 t)$ を通して時間的に変動するから，(7.1.2) の解は $\omega-n\omega_2$ (n は整数) の振動数成分を含む．とくに 1 次の項 ($n=\pm1$) は

$$x^{(1)}(t)=\left[\frac{\partial}{\partial y}\alpha(\omega, y)\right]_{y=0}EY\exp[-i(\omega\mp\omega_2)t] \tag{7.1.4}$$

で与えられる．このような分極を源として，$\omega'=\omega-n\omega_2$ の振動数をもつ電磁波が放出されるであろう．これは量子論的にいえば，エネルギー $\hbar\omega$ の入射光子が，系内に $\hbar\omega_2$ のエネルギー量子を n 個同時に励起し，$\hbar\omega'=\hbar(\omega-n\omega_2)$ の光子として放出される素過程，すなわち n 次の **Raman 散乱** (Raman scattering) である．1 次の Raman 散乱の中，特に $\omega-\omega_2$ の散乱光を **Stokes 線**，$\omega+\omega_2$ のものを**反 Stokes 線**とよぶ．それに対し，$n=0$ の弾性散乱光は **Rayleigh 線**ともよばれる．巨視系のように $y(t)$ の固有振動数 ω_2' が連続分布をもつとき，Raman スペクトルもこれを反映したバンドになるが，Rayleigh 線は常に $\delta(\omega'-\omega)$ の線スペクトルである．光散乱における Rayleigh 線と Raman バンドの関係は，光吸収におけるゼロ・フォノン線とフォノン・サイドバンドの関係に似ているが，後者は電子遷移を伴うため，そのゼロ・フォノン線は有限の幅(自然幅をふくむ)をもっている．

Raman 散乱は，振動子 y が光で直接ゆすぶられるのではなく，系の分極率 α が y で変調されることによって起こるのであるから，たとえば，§2.1 でのべた意味で赤外不活性の格子振動も，Raman 散乱では励起できる場合 (**Raman 活性**とよぶ)がある．反転対称性をもつ系では，電気分極を伴う赤外活性の運動モード (上記の x) は反転に対し符号をかえるが，エネルギーにあらわれる x^2y は不変でなければならないから，Raman 活性のモード y は反転に対し不変である．すなわち反転対称のある系では，赤外活性のものは Raman 不活性，Raman 活性のものは赤外不活性(いずれにも不活性のものもある)であって，赤外吸収と Raman 散乱とは相補的な知見を与える．

通常，Raman 散乱に用いられる入射光は可視光であって，分極率 $\alpha(\omega)$ に寄

与するのは，事実上電子的分極だけである．磁性体では，低振動数モードとして，格子振動のほかにもスピン波があり，電子的分極率が，電子間の交換相互作用を通してスピン配向に依存するため，スピン波を Raman 散乱で観測することができる．

物質-電磁場相互作用の次数でいえば，光吸収または放出が，1光子だけの関与する1次の光学的素過程であるのに対して，Raman 散乱は2光子(入射光および散乱光)が関与する2次の光学的素過程であって，その断面積は前者のそれに比べてはるかに小さい．したがって，なるべく吸収を起こさない波長領域($\omega\neq\omega_1$)の強いレーザー光を入射光として用いるのが，観測には便利である．

一方，(*7.1.4*), (*7.1.3*) によると，$\omega\to\omega_1$ のとき，Raman 散乱の断面積は $(\omega-\omega_1)^{-4}$ に比例して大きくなる．量子論的には，$\hbar\omega$ の光子を吸収して $\hbar\omega'$ の光子を放出する2次摂動過程において，光子がなく振動子 $\hbar\omega_1$ だけが励起されている中間状態と，さらに $\pm\hbar\omega_2$ のエネルギー量子が励起されている中間状態とに由来するエネルギー分母 $(\hbar\omega-\hbar\omega_1)^2(\hbar\omega-\hbar\omega_1\mp\hbar\omega_2)^2$ が，この発散因子に対応する(上記の断熱的取扱いでは，ω_1 に対し ω_2 を無視している)．通常は断面積の極めて小さい Raman 散乱も，電子励起エネルギー $\hbar\omega_1$ に殆ど共鳴する入射光をえらぶことにより，通常光でも十分観測可能になる．

しかしこの共鳴 Raman 散乱には，別の重要な意味がある．電子励起エネルギー $\hbar\omega_1$ は一般に線スペクトルではなく，たとえば格子振動など別の場 $y(t)$ で変調を受ける結果有限のスペクトル幅をもつ．$|\hbar\omega-\hbar\omega_1|$ がこの幅の中に入ると，入射光吸収による電子励起がリアルな素過程として起り得る状況になる．励起された電子は y の場と相互作用しながら，それを新たな(基底状態でのそれとは異なる)平衡点——**緩和励起状態** (relaxed excited state)——に向け緩和させるが，そのどこかで第2の光子 $\hbar\omega'$ を自然放出して基底状態にもどるであろう．共鳴 Raman 散乱を，このように相次ぐ光吸収・緩和・光放出としてとらえることも，ある状況のもとでは可能である．自然放出の寿命に比し緩和時間が十分短ければ，吸収と放出の相関は消え，光散乱スペクトルは吸収スペクトルと(緩和励起状態からの)発光スペクトルの積に分解する．逆に光散乱スペクトルにおける ω と ω' の相関は，自然寿命内での緩和の未完了度をあらわす．緩和に到達する以前に放出する光は**熱い発光** (hot luminescence) ともよばれる．このように光の共鳴散

乱は，励起状態での緩和をしらべる極めて強力な手段となるのである．これに関連して，パルス光照射後の発光の**時間分解分光** (time resolved spectroscopy) は，この緩和の時間的追跡を可能にする．

Raman 散乱と同次数の光学的素過程として，**2 光子吸収**がある．電気分極 x を，振動数 ω，電場振幅 E の強い光で強制振動させると，(7.1.1 a) により $x\propto E\exp(-i\omega t)$ であり，これを (7.1.1 b) に入れると，y の運動には振動数 2ω の強制振動成分があらわれる．したがって，ω がちょうど $2\omega=\omega_2$ をみたすところで強い共鳴吸収が起こる．これは，エネルギー $\hbar\omega$ の光子が 2 つ同時に吸収されて，エネルギー $\hbar\omega_2$ の素励起が 1 つつくられる素過程である．容易にたしかめられるように，その確率は入射光の強度 $I(\propto E^2)$ の 2 乗に比例する．その係数は小さいが，レーザー光を用いれば十分観測できる．

より一般的な 2 光子吸収としては，エネルギーと強度がそれぞれ $\hbar\omega, I$ の光と，同じく $\hbar\omega', I'$ の光とを物質に照射することにより，両方の光子が同時に吸収されて，物質内に $\hbar(\omega+\omega')$ の素励起がつくられる過程を考えることができる．その確率は $I\cdot I'$ に比例するから，$\hbar\omega'$ 光子からみた吸収係数は I に比例する．$\hbar\omega$ の与えられたレーザー光と，$\hbar\omega'$ を自由にかえられる通常光を用い，後者の吸収係数を測定することによって，(Raman 散乱とは反対に) レーザー光よりエネルギーの大きい素励起をしらべることができる．

2 光子吸収の選択則は Raman 散乱のそれと同じであり，反転対称をもつ結晶では 1 光子吸収と相補的な知見を与える．2 種の光の偏光方向を結晶軸に関して種々の方向にえらび，2 光子吸収確率の方向依存性を測定することによって，遷移前後の状態の対称性をしらべる実験も行なわれている．

上の考察で，入射光が $2\omega=\omega_2$ の共鳴条件をみたさなくても，y は振動数 2ω の強制振動をするから，これが源となって 2ω の電磁波を放出する確率もある．またこれと x の強制振動 (ω) とが，非線形相互作用を通して x に 3ω の強制振動を誘起し，これが 3ω の電磁波を放出するであろう．一般に非線形物質に ω の電磁波を入れると $m\omega$ (m は整数) の電磁波が発生するが，これを**高調波発生** (higher harmonics generation) とよぶ．

しかしすでにのべたように，反転対称をもつ系で，不変量のラグランジアンに x^2y 型の項があらわれるためには，y が赤外不活性でなければならず，したがっ

て 2ω の電磁波は放出されない(もちろん 3 倍波は放出可能である). 一般に反転対称をもつ系では, 偶数次の高調波は発生しないことを証明することができる.

弱い非線形相互作用をもつ物質系で起こりうる光学的素過程の最も一般的な形は, エネルギー保存の式

$$n_1\omega_1+n_2\omega_2+\cdots+m\omega+m'\omega'+\cdots=0 \tag{7.1.5}$$

であらわされる. ここで $\omega_1, \omega_2, \cdots$ は物質内素励起の振動数, $\omega, \omega', \cdots$ は関与する電磁波の振動数であり, n, m などは整数である. 電磁波に着目すると, ($m=\mp1$, 他の m' などは 0, 以下同じ)は 1 光子吸収または放出であり, ($m=-1$, $m'=+1$) は Raman 散乱, ($m=-2$) または ($m=-1, m'=-1$) は 2 光子吸収, ($m<-1$, $m'=+1$, $\omega'=|m|\omega$, $n_1=n_2=\cdots=0$) は高調波発生をあらわす. 物質場に着目すると, たとえば $\omega_1\gg\omega_2$ のとき, ($n_1=1, n_2\neq0$) のスペクトルが ω_1 に対する ω_2 サイドバンド, ($n_1=1, n_2=0$) のものがゼロ ω_2 線である.

真空中では重ね合せの原理により互いに独立であるべき電磁波が, 物質中では (7.1.5) のように結合していわゆる非線形光学現象を起こすのであるが, それは物質に内在する非線形相互作用によるものであることを, いま一度強調しておこう.

§7.2　フォノン場における局在電子の光吸収・放出スペクトル

本節では, 絶縁体結晶内の格子不完全性(lattice imperfection)——異種原子, 格子間原子, 空格子点など——の近傍に局在した電子の, 光吸収または放出スペクトルの形状を考えよう. 遷移前後の電子準位はともに, ギャップ内(価電子帯と伝導帯の間をギャップという. 図 7.1 参照)の離散準位であるとしよう.

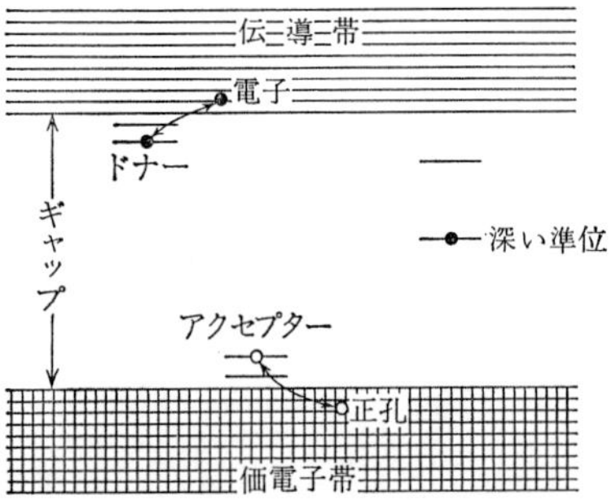

図 7.1　絶縁体のエネルギー構造と不純物準位

a) 局在電子のさまざま

局在電子で最もよく調べられているのは，半導体中のドナー電子であろう．Si, Ge などのⅣ族，InSb などのⅢ-Ⅴ族結晶では，各原子が4つの化学結合の手を出して隣接原子と結びついているが，たとえばSi(4価)中のP(5価)やB(3価)のように，母体原子を原子価が1だけ異なる不純物原子でおきかえると，化学結合にあずかれず余分になった電子(または結合に用いられて足りなくなった電子，すなわち正孔)は，伝導帯(または価電子帯)に解放されて，電気伝導を担う**キャリヤー**(carrier)となる．半導体の電気伝導率が，不純物濃度の調節によって大幅にかえられるのは，このためである．おきかえられる母体原子より原子価の大きい不純物原子は，電子を伝導帯に供与するので**ドナー**(donor)とよばれ，逆に原子価の小さい不純物原子は，電子を価電子帯から受けとる(正孔を価電子帯へ供与することと同じ)ので**アクセプター**(acceptor)とよばれる(図7.1参照).

しかし正確にいうと，残された不純物は $\pm e$ の電荷をもつイオンであり，$\mp e$ のキャリヤーに対し引力型の Coulomb ポテンシャル $-e^2/\epsilon r$ (ϵ は母体結晶の誘電率)をおよぼす．このため低温では，大部分のキャリヤーは各不純物のまわりにとらえられてしまうだろう(図7.1参照)．キャリヤーの有効質量 m^* が等方的であれば水素原子型の準位構造があらわれ，基底状態(1s)の結合エネルギーは $R=(m^*/m)\cdot\epsilon^{-2}\cdot R_{\mathrm{H}}$，軌道半径は $a=(m/m^*)\cdot\epsilon\cdot a_{\mathrm{H}}$ となる．ここで $R_{\mathrm{H}}\equiv me^4/2\hbar^2=13.6\ \mathrm{eV}$ および $a_{\mathrm{H}}\equiv\hbar^2/me^2=0.53\ \text{Å}$ は，それぞれ水素原子の Rydberg 定数および軌道半径である．Ⅳ族およびⅢ-Ⅴ族の半導体の多くは，ギャップが狭いため ϵ は10以上の大きい値をとり，m^* も平均的には電子の真質量 m に比べて小さいため，R は数ないし数十 meV ときわめて小さく，a は10 Å から100 Å にもわたっている．このように a が母体結晶の格子定数 d (数 Å)にくらべて大きいことが，上記の連続媒質モデル(ϵ を用いること)と有効質量近似(m^* を用いること)を正当化するのである.

空間的なひろがりに関してドナー電子と対照的なのは，イオン結晶内に，不完全 d 殻をもつ遷移金属イオン，または不完全 f 殻をもつ稀土類イオンを不純物として入れた場合である．光学的遷移にあずかる d または f 電子の軌道半径 a が格子定数 d に比べて小さいことがこの例の特長である．このような不純物イオンの電子状態は，周辺の母体イオンに由来する低い対称性の結晶場を考慮に入れさえすれば，あとは原子の問題とまったく同様に取り扱うことができる．光吸収・放出スペクトルとしては，殻内(d↔d, f↔f)および殻間(d↔f)の種々の遷移がくわしく調べられている．

上記両極端の中間的な場合として，アルカリハライドの**色中心**(color center)をあげよう．すでに知られている種々の色中心の中で最も基本的なものは**F中心**(F-center)，すなわち陰イオン欠陥(効果としては $+e$ の電荷をもつ)に電子がとらえられたものである(図7.2参照)．この電子の磁気共鳴吸収にあらわれる超微細構造の解析から，電子は大体最近接の6つの陽イオン付近まで広がっていることがわかっている．したがってこれは，$a \approx d$ の中間的な場合に相当する．さてこのF中心は，可視部付近に幅の広い釣鐘状の吸収スペクトルをもち，本来透明な結晶は，その補色を呈することになる．これが色中心の名の由来である．この吸収帯は，陰イオン欠陥を中心として全対称的(s型)な波動関数をもつ基底状態から，向い合う1対の陽イオンを結ぶ軸方向に反対称的(p型)にひろがった励起状態へ，電子が遷移することに対応する．

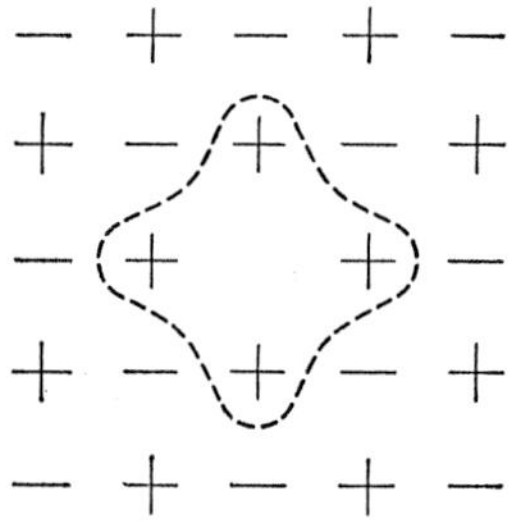

図7.2　アルカリハライドのF中心の構造．とらえられた電子は，ほぼ破線の所までひろがっている

このように局在電子には，その軌道半径 a が格子定数 d よりはるかに大きいものから，d より小さいものまで，さまざまのものがある．さて静止格子の下では，離散準位間の電子遷移の光スペクトルは線スペクトルであるが，実際には格子振動のため，スペクトルは幅や構造を示す．電子-フォノン相互作用のはたらきは，電子の空間的広がりによって著しく異なるため，それに応じてスペクトルも多彩なふるまいを見せる．次項以下ではそれについて考察しよう．

b) スペクトルの母関数と能率

不完全性をふくむ結晶の格子振動のエネルギーを，運動エネルギーと位置エネ

ルギーにわけて $H_L=K_L(p)+U_L(q)$ と書き，またこの不完全性に局在している電子のハミルトニアンを $\mathscr{H}_e(\boldsymbol{p},\boldsymbol{r};q)$ と書く．q および p は格子振動の座標および運動量を一括して書いたものであり，$\boldsymbol{r},\boldsymbol{p}$ は電子の座標および運動量である．不完全性の周辺の原子が変位すると，電子に対するポテンシャルも変わるから，$\mathscr{H}_e$ は q に依存する．電子-格子全系のハミルトニアンは $H_{tot}=\mathscr{H}_e+H_L$ で与えられる．

局在電子の準位間隔がフォノンのエネルギーにくらべて大きいときは，系の運動を次のように断熱近似で扱うことが許されよう．まず q を断熱パラメーターとみなして電子に対する固有値問題

$$\mathscr{H}_e(\boldsymbol{p},\boldsymbol{r};q)\Phi_\lambda(\boldsymbol{r};q)=\varepsilon_\lambda(q)\Phi_\lambda(\boldsymbol{r};q) \tag{7.2.1}$$

を解く．これから，電子状態ごとに断熱ポテンシャル $W_\lambda(q)\equiv\varepsilon_\lambda(q)+U_L(q)$ をつくり，格子振動に対する固有値問題

$$H_\lambda\chi_{\lambda n}(q)\equiv[K_L(p)+W_\lambda(q)]\chi_{\lambda n}(q)=E_{\lambda n}\chi_{\lambda n}(q) \tag{7.2.2}$$

を解くと，$E_{\lambda n}$ および $\Psi_{\lambda n}(\boldsymbol{r},q)=\Phi_\lambda(\boldsymbol{r};q)\chi_{\lambda n}(q)$ が，全系のエネルギーおよび固有関数を与える．各 λ に対し，n は格子の振動状態を指定する量子数である．以上を q の1次元座標で示したのが図7.3である．

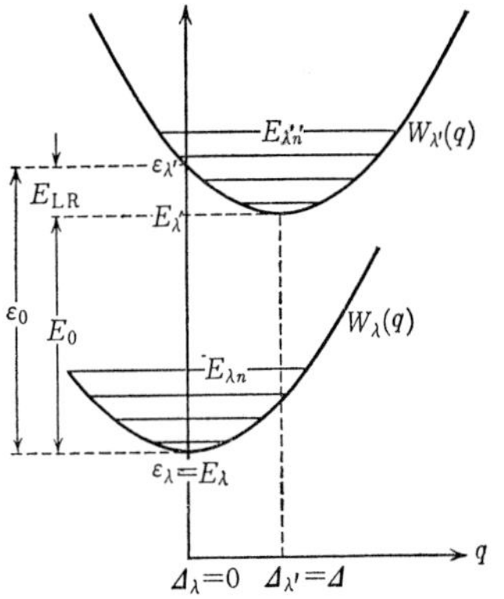

図7.3　局在電子による断熱ポテンシャルと振動準位

電子が最初状態 λ にあり，格子は熱平衡にあって種々の振動状態 n に $w_{\lambda n}\propto\exp(-\beta E_{\lambda n})$ の確率で分布していたとすると，電子的遷移 $\lambda\to\lambda'$ の光吸収スペクトルは，種々の振動状態間の遷移 $\lambda n\to\lambda' n'$ の線スペクトルの集りであるから，その形状は，重要でない因子を省略して

$$F(E) = \sum_n \sum_{n'} w_{\lambda n} |P_{\lambda n,\lambda' n'}|^2 \delta(E - E_{\lambda' n'} + E_{\lambda n}) \tag{7.2.3}$$

で与えられる．ここで E は入射光子のエネルギーであり，P は電子の双極子能率 $-e\boldsymbol{r}$ の偏光方向成分である．

スペクトル関数(7.2.3)のかわりに，Fourier 変換

$$f(t) \equiv \int_{-\infty}^{+\infty} dE\, F(E) \exp\left(-\frac{i}{\hbar}Et\right) \tag{7.2.4}$$

で定義される**母関数**(generating function) $f(t)$ を用いると便利である．(7.2.2)の H_λ を用いて密度行列 $\rho_\lambda(\beta) \equiv \exp(-\beta H_\lambda)$ を導入し，(7.2.3)を用いると，(7.2.4)は

$$\begin{aligned} f(t) &= \mathrm{tr_L}\left[\rho_\lambda(\beta)\left\{\exp\left(\frac{i}{\hbar}H_\lambda t\right)P_{\lambda\lambda'}\exp\left(-\frac{i}{\hbar}H_{\lambda'}t\right)\right\}P_{\lambda'\lambda}\right]\Big/\mathrm{tr_L}[\rho_\lambda(\beta)] \\ &= \mathrm{tr_L}\left[\rho_\lambda\left(\beta - \frac{i}{\hbar}t\right)P_{\lambda\lambda'}\rho_{\lambda'}\left(\frac{i}{\hbar}t\right)P_{\lambda'\lambda}\right]\Big/\mathrm{tr_L}[\rho_\lambda(\beta)] \end{aligned} \tag{7.2.5}$$

と書かれ，格子振動だけに関する跡 $\mathrm{tr_L}$ の計算に帰着する．右辺第1式の｛ ｝の中は P の Heisenberg 表示 $P(t)$ の (λ, λ') 成分であるから，吸収スペクトルの母関数は，双極子の遷移行列要素の相関関数で与えられることがわかる．右辺第2式は，力学変数のかわりに密度行列が時間変化すると考える Schrödinger 表示に対応する．なお $P_{\lambda\lambda'}(q) \equiv \int d\boldsymbol{r}\, \Phi_\lambda^*(\boldsymbol{r}; q) P \Phi_\lambda(\boldsymbol{r}; q)$ であって，一般には q をふくむ演算子である．

母関数 $f(t)$ がわかれば，その Fourier 逆変換から直ちに $F(E)$ がわかる．また(7.2.4)の両辺を t について m 回微分することにより，

$$\begin{aligned} \langle E^m \rangle &\equiv \int_{-\infty}^{+\infty} E^m F(E)\, dE \Big/ \int_{-\infty}^{+\infty} F(E)\, dE \\ &= \frac{(i\hbar)^m f^{(m)}(0)}{f(0)} \end{aligned} \tag{7.2.6}$$

が得られる．母関数の m 次の微係数は，スペクトルの m 次の**能率**(moment)を与えるのである．

c) 簡単なモデルによる母関数の計算

ここではモデルを簡単化(以下その条件を順次番号で示す)して，母関数 $f(t)$

を実際に計算してみよう．不完全性をふくむ格子の振動を，(i) 調和近似で扱うことにし，

$$H_{\mathrm{L}} = \sum_j \frac{1}{2}(p_j^2+\omega_j^2 q_j^2) = \sum_j \left(b_j^\dagger b_j+\frac{1}{2}\right)\hbar\omega_j \qquad (7.2.7)$$

とおく．$q_j\ (j=1,2,\cdots)$ は不完全格子の基準座標であり，また b_j はこの q_j, p_j を用いて(*1.4.7*)で定義されるフォノンの消滅演算子である．

次に(*7.2.1*)の $\mathcal{H}_{\mathrm{e}}(\boldsymbol{p},\boldsymbol{r};q)$ を $q_j=0$ のまわりで Taylor 展開し，(ii) 1次の項までをとって

$$\mathcal{H}_{\mathrm{e}} = H_{\mathrm{e}}(\boldsymbol{p},\boldsymbol{r})+H'(\boldsymbol{r},q) \qquad (7.2.8)$$

$$H' = -\sum_j c_j(\boldsymbol{r})q_j = -\sum_j \gamma_j(\boldsymbol{r})(b_j+b_j^\dagger) \qquad (7.2.9)$$

とおく．H' は1次の電子-フォノン相互作用をあらわす．係数の間には $\gamma_j(\boldsymbol{r})=(\hbar/2\omega_j)^{1/2}c_j(\boldsymbol{r})$ の関係がある．0次の項 H_{e} の固有値問題

$$H_{\mathrm{e}}\phi_\lambda(\boldsymbol{r}) = \varepsilon_\lambda\phi_\lambda(\boldsymbol{r}) \qquad (7.2.10)$$

はすでに解かれているとし，第2量子化した電子の消滅演算子 $\Psi(\boldsymbol{r})$ を $\phi_\lambda(\boldsymbol{r})$ について展開して $\sum_\lambda a_\lambda\phi_\lambda(\boldsymbol{r})$ とおくと，次のように書くこともできる．

$$H_{\mathrm{e}} = \sum_\lambda \varepsilon_\lambda a_\lambda^\dagger a_\lambda \qquad (7.2.11)$$

$$H' = -\sum_{\lambda,\lambda'}\gamma_{j\lambda\lambda'}a_\lambda^\dagger a_{\lambda'}(b_j+b_j^\dagger) \qquad (7.2.9')$$

H' を摂動として(*7.2.1*)のエネルギーを2次まで求め，$U_{\mathrm{L}}(q)$ を加えると，断熱ポテンシャルは

$$W_\lambda(q) = \varepsilon_\lambda+\sum_j\left(\frac{1}{2}\omega_j^2q_j^2-c_{j\lambda\lambda}q_j\right) + \sum_j\sum_{j'}\left(\sum_{\lambda'(\neq\lambda)}\frac{c_{j\lambda\lambda'}c_{j'\lambda'\lambda}}{\varepsilon_\lambda-\varepsilon_{\lambda'}}\right)q_jq_{j'} \qquad (7.2.12)$$

となる．H' が小さいとして，(*7.2.12*)で，(iii) c の2次の項を無視する(これを“1次近似”とよぶ)と，

$$W_\lambda(q) = E_\lambda+\sum_j\frac{1}{2}\omega_j^2(q_j-\Delta_{j\lambda})^2 \qquad (7.2.13)$$

が得られる．ただし

$$\varDelta_{j\lambda} \equiv \frac{c_{j\lambda\lambda}}{\omega_j{}^2}, \qquad E_\lambda = \varepsilon_\lambda - \sum_j \frac{1}{2}\omega_j{}^2 \varDelta_{j\lambda}{}^2 \tag{7.2.14}$$

は，それぞれ λ 状態における格子の平衡位置，およびその点での断熱ポテンシャルの値をあらわす．

この1次近似では，$\lambda \leftrightarrow \lambda'$ の光学的遷移のスペクトルは，平衡位置の差

$$\varDelta_j = \varDelta_{j\lambda'} - \varDelta_{j\lambda} = \left(\frac{2}{\hbar\omega_j{}^3}\right)^{1/2} \gamma_j, \qquad \gamma_j \equiv \gamma_{j\lambda'\lambda'} - \gamma_{j\lambda\lambda} \tag{7.2.15}$$

だけできまる．q_j の原点を基底状態 λ における格子の平衡位置にえらんでおくと $\varDelta_{j\lambda}=0$ であり，励起状態 λ' の断熱ポテンシャルは

$$W_{\lambda'}(q) = E_{\lambda'} + \sum_j \frac{1}{2}\omega_j{}^2 (q_j - \varDelta_j)^2 \tag{7.2.16}$$

$$E_0 \equiv E_{\lambda'} - E_\lambda = (\varepsilon_{\lambda'} - \varepsilon_\lambda) - \sum_j \frac{1}{2}\omega_j{}^2 \varDelta_j{}^2 \equiv \varepsilon_0 - E_{\mathrm{LR}} \tag{7.2.17}$$

で与えられる(図7.3参照)．ε_0 は Franck-Condon 近似((e)項参照)での**光学的励起エネルギー**，E_0 は**熱的励起エネルギー**をあらわし，その差 E_{LR} は光吸収後の励起状態内での**格子緩和エネルギー**である．今の1次近似では，E_{LR} は，緩和励起状態(λ'; $q_j=\varDelta_j$)から光を放出した後の基底状態での格子緩和エネルギーに等しく，したがって **Stokes シフト**(吸収と発光のエネルギー差)は $2E_{\mathrm{LR}}$ に等しい．

上記(ii), (iii)の近似に対応して，さらに，(iv) 波動関数 $\Phi_\lambda(\boldsymbol{r}\,;q)$ の q 依存性を無視すると，$P_{\lambda\lambda'}$ も q によらず定数になるから，母関数(7.2.5)で $|P_{\lambda\lambda'}|^2$ を $\mathrm{tr_L}$ の外に出すことができる．(7.2.13), (7.2.16)により，各電子状態での格子振動のハミルトニアン $H_\lambda, H_{\lambda'}$ は共通の p_j, q_j で対角化されているから，(7.2.5)の $\mathrm{tr_L}$ は，各 j の1次元調和振動子に対する同形の量の，j に関する積になっている．以下母関数の計算法を2通り示そう．

まずハミルトニアン $h=(p^2+\omega^2q^2)/2$ の1次元調和振動子の密度行列 $\rho(\beta) \equiv \exp(-\beta h)$ を q 表示で求めてみよう．ρ の満たす Bloch 方程式 $\partial\rho/\partial\beta + h\rho = 0$ を q 表示で書くと

$$\left[\frac{\partial}{\partial\beta} - \frac{\hbar^2}{2}\frac{\partial^2}{\partial q^2} + \frac{\omega^2}{2}q^2\right](q|\rho(\beta)|\bar{q}) = 0 \tag{7.2.18}$$

となるが，初期条件 $\lim_{\beta\to+0}(q|\rho(\beta)|\bar{q})=\delta(q-\bar{q})$ を満たすこの方程式の解が

$$(q|\rho(\beta)|\bar{q})=\left[\frac{2\pi\hbar}{\omega}\sinh(\beta\hbar\omega)\right]^{-1/2}$$

$$\cdot\exp\left[-\left(\frac{\omega}{4\hbar}\tanh\frac{\beta\hbar\omega}{2}\right)(q+\bar{q})^2-\left(\frac{\omega}{4\hbar}\coth\frac{\beta\hbar\omega}{2}\right)(q-\bar{q})^2\right] \quad (7.2.19)$$

で与えられることは，代入により容易にたしかめられる．λ, λ' 両状態で振動の原点が Δ_j だけずれていること，(7.2.5) の $\mathrm{tr_L}$ が q 表示では

$$\mathrm{tr_L}[\cdots]=\int dq(q|\cdots|q)$$

の積分を意味することに注意して計算すると，結局

$$f(t)=|P_{\lambda'\lambda}|^2\exp\left[-\frac{i}{\hbar}E_0t-S+S_+(t)+S_-(t)\right] \quad (7.2.20)$$

が得られる．ここで $S_\pm(t)$ および S は

$$S_\pm(t)\equiv\int_0^\infty dE's(E')\begin{bmatrix}N(E')+1\\N(E')\end{bmatrix}\exp\left(\mp\frac{i}{\hbar}E't\right) \quad (7.2.21)$$

$$S\equiv S_+(0)+S_-(0)=\int_0^\infty dE's(E')[2N(E')+1] \quad (7.2.22)$$

$$s(E')\equiv\sum\frac{1}{2\hbar}\omega_j\Delta_j{}^2\delta(E'-\hbar\omega_j)=\sum\frac{\gamma_j{}^2}{\hbar^2\omega_j{}^2}\delta(E'-\hbar\omega_j) \quad (7.2.23)$$

で与えられる．$N(E')\equiv[\exp(\beta E')-1]^{-1}$ は，エネルギー E' のフォノンの，熱平衡での数をあらわす．

第2の方法では，q 表示のかわりに，$b, b^\dagger$ の演算子代数を用いる．まずエネルギーの原点を適当にえらんで

$$H_\lambda=\sum\hbar\omega_jb_j{}^\dagger b_j,\qquad H_{\lambda'}=E_0+\sum\hbar\omega_j\left(b_j{}^\dagger-\frac{\gamma_j}{\hbar\omega_j}\right)\left(b_j-\frac{\gamma_j}{\hbar\omega_j}\right) \quad (7.2.24)$$

と書く．基底電子状態 λ での格子振動に関する統計平均を $\langle\ \rangle_\mathrm{L}$ であらわすと，(7.2.5) は

$$f(t)=|P_{\lambda'\lambda}|^2\left\langle\exp\left(\frac{i}{\hbar}H_\lambda t\right)\exp\left(-\frac{i}{\hbar}H_{\lambda'}t\right)\right\rangle_\mathrm{L} \quad (7.2.25)$$

と書ける．(6.3.2) と同型の変換

$$U \equiv \exp\left[\sum \frac{\gamma_j}{\hbar\omega_j}(b_j^\dagger - b_j)\right] \qquad (7.2.26)$$

を用いることにより，b_j は $U^{-1}b_jU = b_j + \gamma_j/\hbar\omega_j$ に変換され，(7.2.24) の $H_{\lambda'}$ は $U^{-1}H_{\lambda'}U = E_0 + H_\lambda$ に変換される．このことを利用し，また U の H_λ による Heisenberg 表示 $U(t)$ を用いると

$$f(t) = |P_{\lambda'\lambda}|^2 \exp\left(-\frac{i}{\hbar}E_0 t\right)\langle U(t)\, U^{-1}(0)\rangle_{\mathrm{L}} \qquad (7.2.27)$$

が得られる．$\langle\ \rangle_{\mathrm{L}}$ は (1.5.3) と同形の量であり，そこで得られた結果 (1.5.12)，(1.5.10) を利用すれば，ただちに (7.2.20) が得られる．

Mössbauer 効果の場合は，不安定核の γ 線放出における反跳エネルギーおよび運動量を，結晶格子がどのように受けとめるかという問題であったが，いまの場合も，局在電子の光学的遷移により，結晶格子の受ける力——断熱ポテンシャルの勾配——が突然変わり，そのさい生ずるエネルギーを結晶格子がどう処理するかが問題であって，スペクトルが同じ形式で与えられるのは当然といえる．

d) フォノン・サイドバンドとゼロ・フォノン線

母関数 (7.2.20) の $S_\pm(t)$ に関するベキ展開で，$S_+(t)^{n'}S_-(t)^n$ の項は，電子の光学的遷移と同時に n' 個のフォノンが放出され，n 個のフォノンが吸収される $n+n'$ 次摂動過程をあらわしている．実際，この項の Fourier 変換は，$E = E_0 + \sum^{n'} \hbar\omega_{j'} - \sum^{n} \hbar\omega_j$ の吸収線に，(相互作用の強さ $\gamma_j^2/(\hbar\omega_j)^2$) × ($N(\hbar\omega_j)+1$ または $N(\hbar\omega_j)$) の，$(n+n')$ フォノンについての積を重率としてかけ，すべてのモードについて加え合わせたものになっている．特に $n=n'=0$ の項は温度によらず常に線スペクトル ($E=E_0$) を与え，ただ全体の中でそれが占める強度 $\exp(-S)$† は温度上昇とともに減少する ((7.2.22) 参照)．残りの $1-\exp(-S)$ は，フォノンの出し入れを伴う広がったスペクトルとなる．前者がゼロ・フォノン線，後者がフォノン・サイドバンドである．

特に絶対零度では $N(\hbar\omega)=0$ であるから，フォノン放出のサイドバンドだけが，ゼロ・フォノン線の高エネルギー側にあらわれる．ゼロ・フォノン線をエネ

---

† このことから，両電子状態における零点振動状態の波動関数の重なり積分 $(\chi_{\lambda 0}, \chi_{\lambda' 0})$ は絶対零度における $\exp(-S/2)$ に等しいことがわかる．もちろんそれは，調和振動子の波動関数を用いた計算で直接証明することもできる．

ルギーの原点としてはかったサイドバンドの形は，1フォノン成分が $\exp(-S)\cdot s(E')$ で，2フォノン成分が $\exp(-S)/2!\cdot\int s(E'')s(E'-E'')dE''$ で，一般に n' フォノン成分は $s(E')$ の n' 次の“たたみこみ”に $\exp(-S)/n'!$ をかけたもので与えられる(図7.4参照)．(7.2.22)により，各成分の積分強度は Poisson 分布 $\exp(-S)S^{n'}/n'!$ で与えられ，これは $n'\approx S$ で最大になる．すなわち，0K では平均として S 個のフォノンが同時放出される．

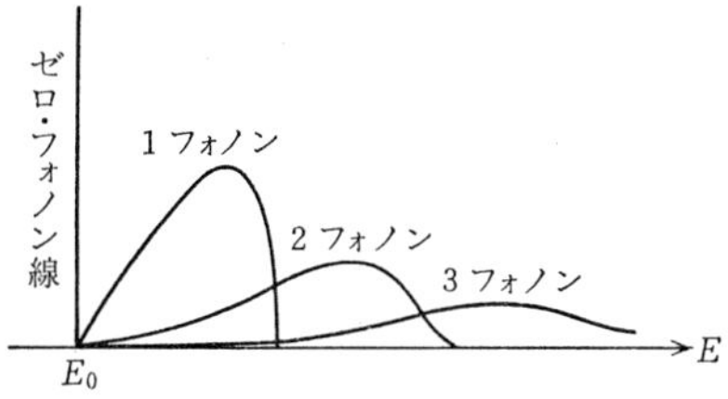

図7.4　ゼロ・フォノン線とフォノン・サイドバンド

このように S および $s(E')$ は，フォノン・サイドバンドの形をきめる基本的な量である．それぞれを，**相互作用強度**および**相互作用スペクトル関数**とよぶことにしよう．

これまでは吸収スペクトルについて述べてきたが，電子がエネルギーの高い状態 λ' から低い状態 λ に落ちるときに放出される光，すなわち放出スペクトルの形を求めるには，(7.2.3)で λn と $\lambda' n'$ とを，また E を $-E$ におきかえればよい．その結果，(7.2.21)の $S_{\pm}(t)$ の定義で，$\exp(\mp iE't/\hbar)$ を $\exp(\pm iE't/\hbar)$ におきかえさえすれば，(7.2.20)，(7.2.4)はそのままでよいことがわかる．われわれの1次近似では，サイドバンドの形を与える(7.2.23)の $s(E')$ が，平衡点のずれ $(\Delta_{j\lambda'}-\Delta_{j\lambda})$ の2乗できまり，λ, λ' の入れかえに対して不変である．したがって任意の温度で，放出スペクトルと吸収スペクトルとは，$E=E_0$ のゼロ・フォノン線を中心として鏡映対称になる．

e) 強結合と配位座標モデル

相互作用強度 S が1にくらべて大きいときは，ゼロ・フォノン線の強度 $\exp(-S)$ は極めて小さく，次数の高いサイドバンドが互いに強く重なり合って，全体として幅の広いなめらかな吸収帯になることが予想される．まず(7.2.21)を t でベキ展開して(7.2.20)に入れ，(7.2.17)，(7.2.22)，(7.2.23)を用いると

$$f(t) = |P_{\lambda'\lambda}|^2 \exp\left[-\frac{i}{\hbar}\varepsilon_0 t - \frac{D^2 t^2}{2\hbar^2} + O(t^3)\right] \tag{7.2.28}$$

$$D^2 \equiv \int_0^\infty dE' s(E')[2N(E')+1]E'^2 \tag{7.2.29}$$

が得られる．(7.2.28)で t^3 以上の項を無視すると，その Fourier 変換は Gauss 型の吸収帯

$$F(E) = \frac{|P_{\lambda'\lambda}|^2}{\sqrt{2\pi}D} \exp\left[-\frac{(E-\varepsilon_0)^2}{2D^2}\right] \tag{7.2.30}$$

を与え，その半値全幅は $2(2\ln 2)^{1/2}D$ である．このように t^3 の項が無視できるためには，関与するフォノンの平均エネルギー $\hbar\bar{\omega}$ にくらべて D が十分大であればよいことが，容易にたしかめられる．(7.2.29)により，$k_{\mathrm{B}}T \gg \hbar\bar{\omega}$ の高温領域では，幅は $\sqrt{T}$ に比例する．

(7.2.30)の結果は，次にのべる**配位座標モデル**からも容易に導かれる．励起状態の断熱ポテンシャル(7.2.16)で，$\omega_j q_j \equiv q_j'$ $(j=1, 2, \cdots)$ から直交変換で Q_l $(l=1, 2, \cdots)$ にうつり，その中特に Q_1 は

$$cQ_1 = \sum_j \omega_j \Delta_j q_j', \qquad c^2 \equiv \sum_j \omega_j^2 \Delta_j^2 \tag{7.2.31}$$

となるようにえらぼう．新しい座標を用いると，励起および基底電子状態の断熱ポテンシャルは，それぞれ

$$W_{\lambda'} = \varepsilon_{\lambda'} + \sum \frac{1}{2} Q_l^2 - cQ_1, \qquad W_\lambda = \varepsilon_\lambda + \sum \frac{1}{2} Q_l^2$$

と書かれる．電子が光学的に遷移する間格子座標は動かないとみなす(Franck-Condon 近似，図7.5参照)と，光吸収スペクトルは

$$\begin{aligned} F(E) &\propto \prod_j \int dq_j \exp[-\beta W_\lambda(q)]\delta[W_{\lambda'}(q) - W_\lambda(q) - E] \\ &\propto \int dQ_1 \exp\left[-\frac{1}{2}\beta Q_1^2\right]\delta(\varepsilon_0 - cQ_1 - E) \end{aligned} \tag{7.2.32}$$

となって，(7.2.30)の高温極限が得られる．

このように q 空間から Q 空間にうつることによって，光吸収は Q_1 だけの1次元配位座標空間の問題に帰着する．Q_1 を**相互作用モード**とよぶ．それは局在

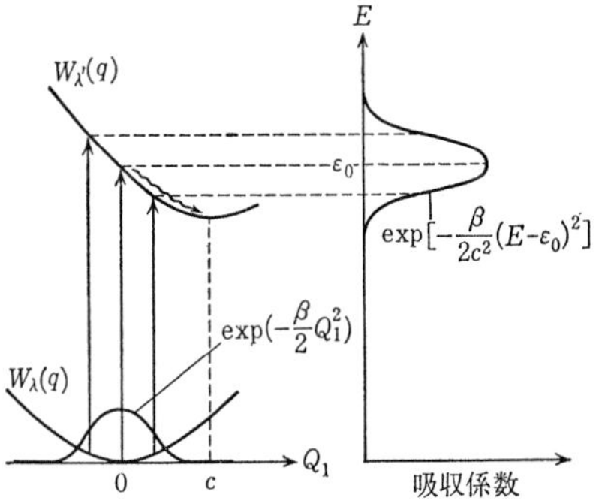

図7.5 配位座標モデルと，Franck-Condon 近似による吸収曲線．左図の横軸 Q_1 は相互作用モード

したモードであるが，q_j のような基準座標ではない．実際 $t=0$, $Q_1=0$ において電子が励起されたとすると，その後の Q_1 の古典力学的運動は

$$Q_1(t) = \sum_j \frac{1}{c}\omega_j{}^2 \Delta_j{}^2 (1-\cos\omega_j t)$$

で与えられ，振動的に減衰しながら平衡点 c（緩和励起状態）に近づいてゆく（図7.5参照．$t\to\infty$ では上式の cos 項の和は，位相相関を失って 0 に近づく）．格子エネルギーに非調和項がなくても，Q_1 のエネルギーは $Q_2, Q_3, \cdots$ すべてに散逸し，結晶全体に広がってしまうのである．

f) 相互作用強度のモデル計算と実験との比較

本節(a)項でのべたように，不完全結晶中の局在電子には，その軌道半径 a が格子定数 d に比べて大きいものから小さいものまで，さまざまのものがある．ここでは光吸収または放出スペクトルの性格を支配する相互作用強度 S，およびそのスペクトル関数 $s(E')$ が，a と d の比にどのように依存するかを，定性的に考察してみよう．

格子の不完全性およびそこに局在する電子のため，格子の基準振動はその付近で振幅の変化を受けるばかりでなく，局在モードがあらわれることもある．しかしここではそのような事情を無視し，(7.2.7)，(7.2.9) の q_j, ω_j として完全結晶の基準振動を用いることにする．一方，局在電子（または正孔）の波動関数は，近似的に伝導帯（または価電子帯）の Bloch 関数の 1 次結合であらわされると仮定し，まず伝導帯電子と格子振動との相互作用を考えることにすると，それは(*6. 1. 15*)の形に書かれ，(*7. 2. 9*)の $\gamma_j(\boldsymbol{r})$ に相当するものは

$$\gamma_{\boldsymbol{q}}(\boldsymbol{r}) = -V_{\boldsymbol{q}} \exp(i\boldsymbol{q}\cdot\boldsymbol{r}) \tag{7.2.33}$$

で与えられる．ただし基準振動として複素数の進行波座標を用いるため，(*7. 2. 9*)の最右辺は

$$-\sum [\gamma_{\boldsymbol{q}}(\boldsymbol{r}) b_{\boldsymbol{q}} + \gamma_{\boldsymbol{q}}{}^*(\boldsymbol{r}) b_{\boldsymbol{q}}{}^\dagger]$$

とおきかえなければならない．相互作用係数 $V_{\boldsymbol{q}}$ は，イオン結晶の光学型格子振動の場合(*6. 1. 17*)または(*2. 2. 23*)で与えられる．

音響型格子振動は，長波長の極限では弾性波に相当するから，それと伝導帯電子との相互作用は，次のようにして導き出すことができる．弾性体中の点 $\boldsymbol{r}=(r_1, r_2, r_3)$ における局所的変位を $\boldsymbol{\xi}(\boldsymbol{r})$ とすると，ひずみのテンソルは $\epsilon_{ij}(\boldsymbol{r}) \equiv (\partial\xi_i/\partial r_j + \partial\xi_j/\partial r_i)/2$ $(i, j=1, 2, 3)$ で与えられる．ひずみが起こると伝導帯の底のエネルギーは変化するから，それをひずみで展開して1次までとり，

$$\delta E_{\mathrm{c}}(\boldsymbol{r}) = \sum_{i,j} E_{ij}\epsilon_{ij}(\boldsymbol{r}) \tag{7.2.34}$$

と書く．$\boldsymbol{\xi}$ に(*1. 4. 15*)，(*1. 4. 16*)を入れると，ϵ_{ij} はフォノン演算子 $b_{\boldsymbol{q}}, b_{\boldsymbol{q}}{}^\dagger$ の1次関数となる．(*7. 2. 34*)を，点 $\boldsymbol{r}$ における伝導帯電子が格子ひずみから受けるポテンシャル，すなわち電子-フォノン相互作用と考えることができる(図7.6参照)．ただしそのためには，ひずみ $\epsilon_{ij}(\boldsymbol{r})$ が格子定数 d に比べて十分大きな距離にわたってゆっくりと変化し，$\epsilon_{ij}(\boldsymbol{r})$ に対する“局所的なバンド”が定義できるようになっていなければならない．いいかえると，波数 q の小さな成分に対してだけ，このようなマクロな考え方が許される．(*7. 2. 34*)の $\delta E_{\mathrm{c}}(\boldsymbol{r})$，またはその展開数 E_{ij} を，**変形ポテンシャル**(deformation potential)とよぶ．

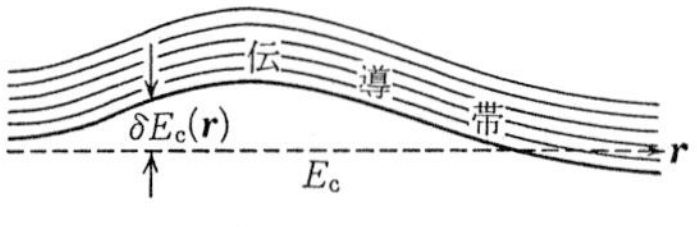

図7.6　変形ポテンシャル

特に，立方対称で，しかも伝導帯の底が $\boldsymbol{k}=0$ にある結晶では，対称性により $E_{11}=E_{22}=E_{33}\equiv E_{\mathrm{d}}$ となる．一方，ϵ_{12} は x, y 両軸を2辺とする正方形を菱形に変形させるようなひずみであるが，立方対称の場合 ϵ_{12} の符号をかえても δE_{c}

は不変のはずであるから，$E_{12}\,(=E_{23}=E_{31})=0$ がなり立つ．膨張度を $\varDelta(\boldsymbol{r})\equiv \mathrm{div}\,\boldsymbol{\xi}(\boldsymbol{r})=\epsilon_{11}+\epsilon_{22}+\epsilon_{33}$ と書くと，電子-フォノン相互作用は

$$H'=E_{\mathrm{d}}\varDelta(\boldsymbol{r}) \tag{7.2.35}$$

で与えられる．音響型格子振動が純粋の縦波と横波であると仮定して(*1.4.15*)，(*1.4.16*)を(*7.2.35*)に入れると，div 演算子のため横波からの寄与はなく，縦波との相互作用だけが残る．このようにして，相互作用係数は

$$V_q=-i\left(\frac{\hbar E_{\mathrm{d}}{}^2}{2NMc_{\mathrm{s}}}\right)^{1/2}q^{1/2} \tag{7.2.36}$$

で与えられることがわかる．これは金属における電子-フォノン相互作用と同形である((*6.4.1*)およびそれに続く部分を参照)．

局在電子の光吸収(放出)スペクトルにおける相互作用強度 S を計算するには，遷移前後の電子状態を知らなければならない．簡単のため基底状態 λ は 1s 型 $\phi_\lambda=(\pi R_{\mathrm{s}}{}^3)^{-1/2}\exp(-r/R_{\mathrm{s}})$，励起状態 λ' は 2p 型 $\phi_{\lambda'}=(\pi R_{\mathrm{p}}{}^5)^{-1/2}r\cos\theta\exp(-r/R_{\mathrm{p}})$ であると仮定し，(I) $R_{\mathrm{s}}<R_{\mathrm{p}}\ll d$，および(II) $d\ll R_{\mathrm{s}}<R_{\mathrm{p}}$ の場合について，(*7.2.15*)，(*7.2.33*)，(*6.1.17*)または(*7.2.36*)から $\gamma_q=\gamma_{q\lambda'\lambda'}-\gamma_{q\lambda\lambda}$ を計算すると，軌道半径が格子定数に近い状態((I)では λ'，(II)では λ)の方が大きい寄与をすることがわかる．そこで，大きい項だけを残して(*7.2.23*)に入れ，(*7.2.22*)から $T=0\,\mathrm{K}$ での S を音響型および光学型モードについて計算すると，2乗平均軌道半径 $a\equiv[\langle r^2\rangle]^{1/2}$ ($a_{\mathrm{p}}=\sqrt{15/2}R_{\mathrm{p}}$，$a_{\mathrm{s}}=\sqrt{3}\,R_{\mathrm{s}}$) の関数として，次の結果が得られる．

$$S_{\mathrm{ac}}=\frac{E_{\mathrm{d}}{}^2d}{\hbar Mc_{\mathrm{s}}{}^3}\times\begin{cases}0.46\left(\dfrac{a_{\mathrm{p}}}{d}\right)^4 & (\mathrm{I})\\[2ex] 0.051\left(\dfrac{a_{\mathrm{s}}}{d}\right)^{-2} & (\mathrm{II})\end{cases}$$

$$S_{\mathrm{op}}=\frac{e^2}{\hbar\omega_l d}\left(\frac{1}{\epsilon_\infty}-\frac{1}{\epsilon_0}\right)\times\begin{cases}1.8\left(\dfrac{a_{\mathrm{p}}}{d}\right)^4 & (\mathrm{I})\\[2ex] 0.54\left(\dfrac{a_{\mathrm{s}}}{d}\right)^{-1} & (\mathrm{II})\end{cases}$$

ただし単位胞の体積を d^3 とおいた．物質定数として典型的な値を入れると，図7.7のようになる．局在電子はその軌道半径と同程度の波長をもつフォノンと最

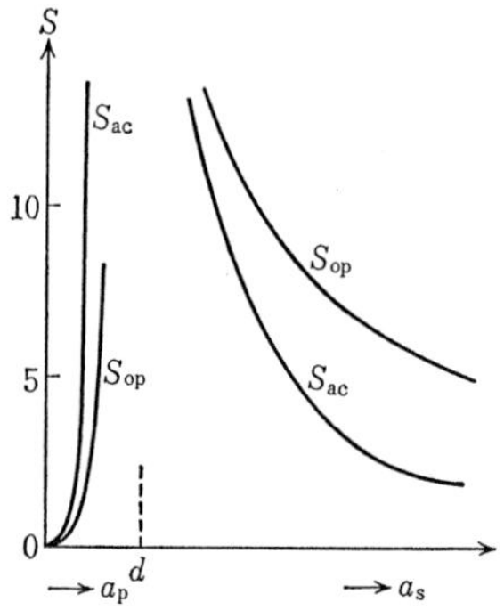

図 7.7　局在電子の軌道半径(a)と音響型(ac)および光学型(op)格子振動との相互作用強度(S)．用いた物質定数の値は，$d^3=0.7\times 10^{-22}\,cm^3$, $M/d^3=3\,g\cdot cm^{-3}$, $E_d=6\,eV$, $c_s=3\times 10^5\,cm\cdot s^{-1}$, $\hbar\omega_l=0.015\,eV$, $\epsilon_\infty=3$, $\epsilon_0=6$

も強く相互作用するから，$a\approx d$ のときに最も多くのフォノンが効果的に寄与して S が大きくなるのである．

光学的遷移の前後で電子軌道半径がほとんど変わらない場合，特に後で例としてあげる殻内遷移の場合には，(7. 2. 15) で両項がほとんど打ち消し合い，a/d の大きさの割には S は小さくなることが期待される．

上記のモデルで，相互作用スペクトル関数 $s(E')$ ((7. 2. 23) 参照) をしらべると，(I), (II) それぞれの場合について図 7. 8 のような傾向になる．説明はもはや不要であろう．

(I), (II) およびその中間の場合に相当する，典型的なスペクトルの観測例をあげよう．図 7. 9 は MgO 結晶中に不純物として含まれる V^{2+} イオンの放出

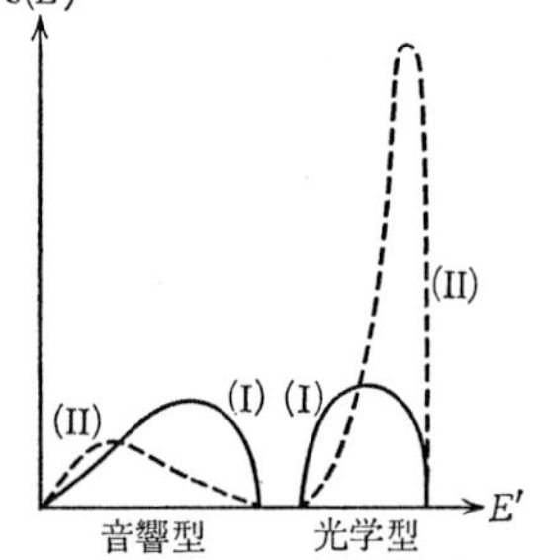

図 7.8　局在電子と格子振動の相互作用スペクトル関数．(I), (II) はそれぞれ，(電子軌道半径) ≶ (格子定数) の場合

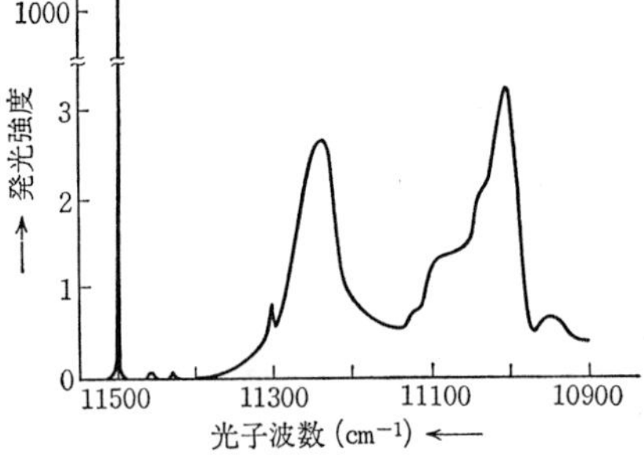

図 7.9　MgO 中の V^{2+} イオンによる光放出スペクトル (Sturge, M. D.: *Phys. Rev.*, **130**, 639 (1963) による)

スペクトルで，光子エネルギーは左向きにとってある．これは V^{2+} の不完全 d 殻内での d-d 遷移によるもので，(I) の場合に相当する．純電子的には双極子型の許容遷移でない点が上記と異なっているが，スペクトルには鋭いゼロ・フォノン線と連続的な1フォノン・サイドバンドがあらわれ，後者が音響的および光学的分枝に相当する2つのピークからできていることも明瞭にみとめられる．2フォノン・サイドバンドは弱く，S に相当する量は1より小さいと思われる．これは a/d が小さいためでもあるが，殻内遷移であることも重要な理由である．実際，やはり (I) の場合に属するアルカリハライド中の稀土類イオンの (4f)⇄(5d) 遷移のスペクトルには，構造に富む多フォノン・サイドバンドがあらわれ，$S\approx5$ の程度である．

図 7.10 は，AgBr 結晶中の Br^- に置きかわって入っている I^- イオンの吸収および放出スペクトルで，I^- に**束縛された励起子** (bound exciton) が生成または消滅する過程に対応する．基底状態ではすべてのイオンが閉殻をつくっているが，電子・正孔対のある励起状態では，Br 原子と I 原子の電子親和力の差のため，正孔は I^- イオンのまわりにゆるくとらえられて格子定数 d より大きい軌道をえがき，電子はその正孔に静電的にひかれてさらに大きい軌道をまわっていると考えられる．したがってこれは上記の (II) の場合に相当する (1 電子的にいうと，λ が正孔の，λ' が電子の波動関数に対応する)．図 7.10 の放出スペクトルに注目する

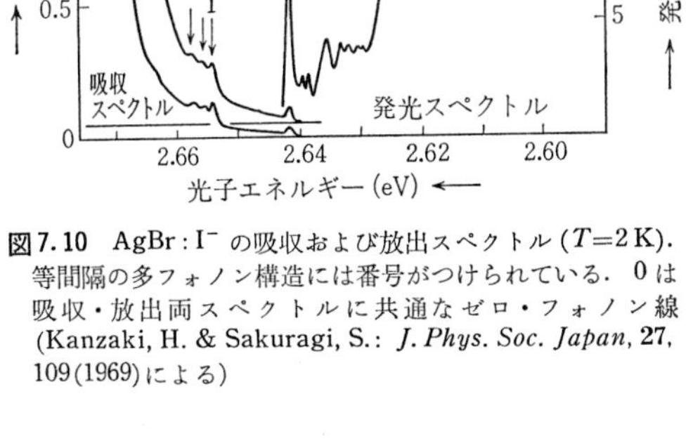

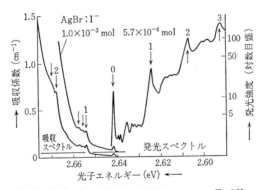

図 7.10 AgBr : I^- の吸収および放出スペクトル ($T=2$ K)．等間隔の多フォノン構造には番号がつけられている．0 は吸収・放出両スペクトルに共通なゼロ・フォノン線 (Kanzaki, H. & Sakuragi, S.: *J. Phys. Soc. Japan*, **27**, 109 (1969) による)

と，ゼロ・フォノン線のすぐ右から始まる1フォノン・サイドバンドは，弱く広い音響型サイドバンドと強く鋭い光学型サイドバンドからなり，以後 $\hbar\omega_{ac}+n\hbar\omega_{op}$ の形で，光学型モードだけがくりかえしあらわれる．これは $S_{op}>S_{ac}$ (図7.7参照)であることのほかに，スペクトル関数 $s(E')$ の鋭いピークだけが，(d)項で述べた“たたみこみ”に対してもピークとして生きのこるからでもある．

(a)項の図7.2に構造を示したF中心は，$a\approx d$ の典型的な例であるが，図7.7によれば $S=S_{ac}+S_{op}$ は数十程度の大きな値となり，(e)項で述べた強結合の場合に相当する．実際F吸収および放出スペクトルは，図7.11に示すように，なめらかなGauss型のバンドであり，その半値幅は高温で絶対温度の平方根に比例する．Stokesシフトが大きく，ゼロ・フォノン線は観測されない．

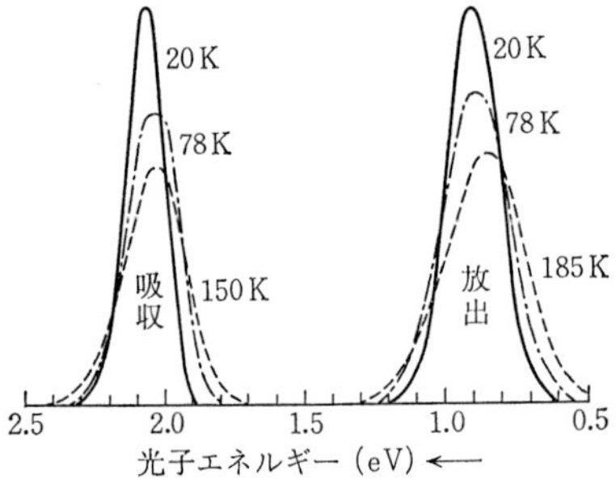

図7.11　KBrのF中心による光吸収および放出スペクトルとその温度依存性 (Gebhardt, W. u. Kühnert, H.: *Phys. Letters*, **11**, 15(1964)による)

g)　断熱ポテンシャルの曲率差の効果

(c)項(iii)の1次近似を用いる限り，任意の温度で，(1) ゼロ・フォノン線は線スペクトルであり，(2) それを中心として吸収および放出スペクトルは互いに鏡映対称になっている．しかし断熱ポテンシャル(*7.2.12*)で2次摂動の項まで考慮すると，固有振動数および基準座標軸が電子状態ごとにちがってくるため，この2つの性質はやぶれる．ここではゼロ・フォノン線の幅の問題に立ち入る余裕はないが，鏡映対称のやぶれについては，後節(§7.4)との関係もあるので，簡単にのべておこう．

q を1次元空間に限り，平衡点と曲率がともに異なる図7.12(a)のような断熱ポテンシャルをもつ2状態の間での，$T=0\,\mathrm{K}$ における光学的遷移を考えると，吸収スペクトルでは励起状態における格子振動数 (ω') が，放出スペクトルでは基底状態におけるそれ (ω) が，フォノン構造の間隔としてあらわれるため，同図(b)のように鏡映対称がやぶれることが直ちにわかる．実際図7.10の例では，放出スペクトルの顕著なピーク (0, 1, 2, … の番号をつけたもの) の間隔 $\hbar\omega$ (これは母体結晶の光学型縦波フォノンのエネルギー $\hbar\omega_l$ にほぼ等しい) にくらべて，吸収スペクトルでのこれに対応する間隔 $\hbar\omega'$ は20%程度も小さくなっている．

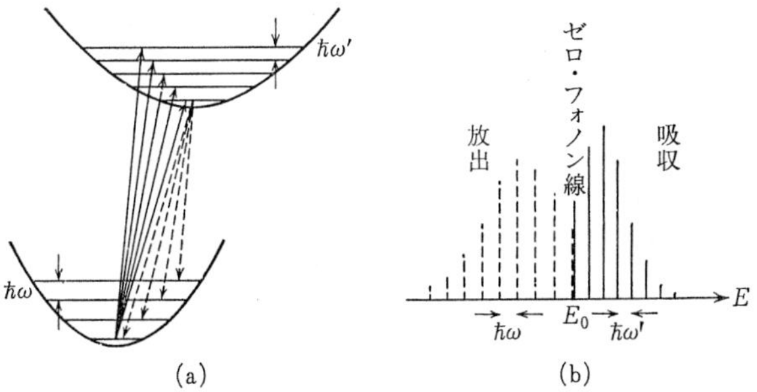

図7.12 断熱ポテンシャルの曲率が異なる場合の吸収および放出スペクトル(絶対零度)．鏡映対称性が破れる

AgBr : I の束縛励起子でも，またF中心の励起状態でも，そのすぐ高エネルギー側には，より大きい軌道半径をもつ離散準位やイオン化連続準位(伝導帯)が近接して並んでいるから，(7.2.12) の2次摂動項で分母が小さな負値をとるものが多数ある．それ故 $q_j q_{j'}$ の係数は行列として負の性向が強く，大局的には曲率，したがって振動数を減らす方向に働く．これに対し基底状態は，いずれの例でも他の電子状態から遠くはなれているため，2次摂動項は小さい．一般に局在電子の光学的遷移では，不完全殻内での電子遷移の場合を除き，このような状況になっている場合が多い．図7.10の場合，吸収スペクトルの等間隔構造としてあらわれるエネルギー $\hbar\omega' \approx 0.8\hbar\omega_l$ のフォノンは，(7.2.12) の2次摂動項によって，母体結晶の光学型格子振動の連続スペクトルから下側に剝離した局在モードであると思われる．

束縛されない自由な励起子についても同様の現象があるが，それについては§7.4(a)を参照されたい．

§7.3 エクシトン-フォノン相互作用と基礎吸収スペクトル

前節では，不完全結晶の局在電子による光吸収スペクトルを考察した．完全結晶(前と同様，絶縁体としておく)では，母体原子の電子が励起されることによって始めて光吸収が起こる(基礎吸収)．この場合，すべての格子点に同等な局在電子が存在するため，その間の共鳴効果で，励起エネルギー――エクシトン――は結晶内を自由に動きまわることができる(§2.3参照)．局所的にみれば，エクシトンも局在電子と同様にフォノンと相互作用しているが，上記の運動効果のためエクシトンはこの相互作用をある程度受け流し，基礎吸収スペクトルの各ピークは運動による尖鋭化を起こす場合が多い．

エクシトンの内部自由度――電子・正孔の相対運動――を無視すれば，エクシトン-フォノン相互作用系のダイナミックスは，前章でのべた電子-フォノン系のそれとほとんど同じである．エクシトンは電気的に中性であり，また短い寿命で消滅するため，集団としての輸送現象を観測することは難しいが，以下のべるように，基礎吸収スペクトルという“窓”を通して，遷移の終状態としてのエクシトン-フォノン系のダイナミックスを直接みることができる，という点で興味がある．数学的にいえば，フォノン場でのエクシトンの Green 関数――より正確にいえばスペクトル関数――が，吸収スペクトルの形として直接観測できるのである．

a) エクシトン-フォノン系のハミルトニアンと基礎吸収スペクトルの母関数

絶縁体結晶全系のハミルトニアンを H_{tot} とする．それは格子を構成するすべての原子心の平衡位置からのずれ(総括的に q と書く)と，原子心以外のすべての電子の座標(総括的に r と書く)とを含んでいる．絶縁体の基底電子状態は励起状態と十分離れたエネルギー(このエネルギー差は通常フォノンのエネルギーよりずっと大きい)をもつ離散状態であるから，前節と同様の断熱近似を用いることができる．

H_{tot} は原子心の運動エネルギー K_{L} を含むが，それ以外の部分は原子心の運動量演算子を含まない．そこでまず，q を断熱的に固定して $(H_{\mathrm{tot}}-K_{\mathrm{L}})$ の固有値問題を解き，その最低固有値と固有関数を $U_{\mathrm{L}}(q)$ および $\Psi_{\mathrm{g}}(r;q)$ としよう．$U_{\mathrm{L}}(q)$ は結晶の基底電子状態に対する断熱ポテンシャルであり，それに K_{L} を加えたものが格子振動のハミルトニアン $H_{\mathrm{L}}=K_{\mathrm{L}}+U_{\mathrm{L}}$ である．いま

$$H_{\text{tot}} = \mathscr{H}_{\text{e}} + H_{\text{L}} \tag{7.3.1}$$

によって $\mathscr{H}_{\text{e}}(\boldsymbol{r}, q)$ を定義すると，上記の Ψ_{g} は $\mathscr{H}_{\text{e}}\Psi_{\text{g}} = [(H_{\text{tot}} - K_{\text{L}}) - U_{\text{L}}(q)]\Psi_{\text{g}} = 0$ をみたすことがわかる．

このように $\mathscr{H}_{\text{e}}(\boldsymbol{r}, q)$ は，パラメーター q を固定したときの電子励起のハミルトニアンをあらわしている．特に $q=0$ の剛体格子を考えると，励起状態の中で比較的低いエネルギーをもつものは，§2.3で述べた1電子励起の状態 $|\lambda\boldsymbol{K}\rangle$ である．励起エネルギー $E_{\lambda\boldsymbol{K}}$ (例えば(2.3.12)参照)は，本節では $\varepsilon_{\lambda\boldsymbol{K}}$ と書くことにしよう．λ は電子・正孔の相対運動の量子数であり，$\boldsymbol{K}$ は並進運動の波数である．与えられた $\boldsymbol{K}$ に対し，$\varepsilon_{\lambda\boldsymbol{K}}$ は，電子・正孔のイオン化状態に相当する連続スペクトルと，電子・正孔の束縛状態(エクシトン)に相当する離散スペクトルとから成る．与えられた λ に対しては，$\varepsilon_{\lambda\boldsymbol{K}}$ は $\boldsymbol{K}$ の連続関数であり，特に離散的な λ は励起子帯を形成する(図7.13参照)．

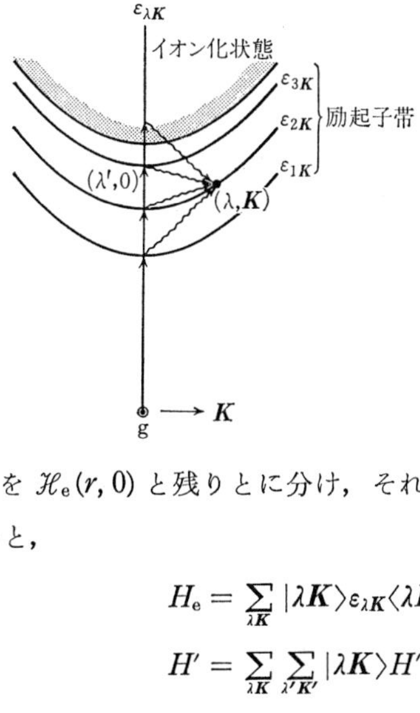

図7.13 絶縁体の1電子励起状態のエネルギー構造と，間接遷移 (g)→(λ′, 0)⇝(λ, K)

$\mathscr{H}_{\text{e}}(\boldsymbol{r}, q)$ を $\mathscr{H}_{\text{e}}(\boldsymbol{r}, 0)$ と残りとに分け，それぞれを，この1電子励起の部分空間に投影すると，

$$H_{\text{e}} = \sum_{\lambda\boldsymbol{K}} |\lambda\boldsymbol{K}\rangle\varepsilon_{\lambda\boldsymbol{K}}\langle\lambda\boldsymbol{K}| \tag{7.3.2}$$

$$H' = \sum_{\lambda\boldsymbol{K}}\sum_{\lambda'\boldsymbol{K}'} |\lambda\boldsymbol{K}\rangle H'_{\lambda\boldsymbol{K},\lambda'\boldsymbol{K}'}\langle\lambda'\boldsymbol{K}'| \tag{7.3.3}$$

と書くことができる．(7.3.1)～(7.3.3)により，1電子励起状態での電子-フォノン系のハミルトニアンは

$$H = H_{\text{e}} + H_{\text{L}} + H' \equiv H_0 + H' \tag{7.3.4}$$

で，また基底電子状態でのハミルトニアンは単に H_{L} で与えられる．

H_L の固有値および固有関数を，振動量子数 n を用いて E_{Ln} および $\langle q|n\rangle\equiv\chi_n(q)$ と書くと，断熱近似による基底電子状態での全系の波動関数は，$\Psi_g(r;q)\cdot\chi_n(q)$ で与えられる．$\Psi_g(r;q)$ が q に依存するため，$\mathcal{H}_{tot}$ は基底状態と1電子励起状態の間に"非断熱"の行列要素(K_L に由来する)をもつのであるが，これは通常，両状態のエネルギー差($\approx\varepsilon_{\lambda\boldsymbol{K}}$)にくらべて小さいので，無視することにしよう．$\Psi_g(r;q)$ の q 依存性を無視して，これを電子空間の固有ベクトル $|g\rangle$ であらわすと，基底電子状態での全系の固有ベクトルは $|gn\rangle=|g\rangle|n\rangle$ のように直積であらわされる．

同じ記法を用いると，1電子励起の部分空間は直積ベクトル $|\lambda\boldsymbol{K}n\rangle\equiv|\lambda\boldsymbol{K}\rangle|n\rangle$ で張られる．(7.3.4)の固有値および固有ベクトルを，それぞれ E_j および $|j\rangle$ と書くと，$|j\rangle$ は $|\lambda\boldsymbol{K}n\rangle$ の1次結合であらわされる．

§2.3でのべたように，基底電子状態 $|g\rangle$ からの光学的遷移は，波数保存則により $|\lambda 0\rangle$ ($\boldsymbol{K}=0$) の状態へだけ許されるので，その行列要素を $P_{g\lambda}$ と書くと，電子-フォノン系での $|gn\rangle\rightarrow|j\rangle$ の遷移行列要素は

$$P_{gn,j}=\sum_{\lambda}P_{g\lambda}\langle\lambda 0n|j\rangle$$

と書くことができる．したがって基礎吸収スペクトルは，重要でない因子を省略すると，(7.2.3)と同じ形

$$\begin{aligned}F(E)&=\sum_{n,j}w_n|P_{gn,j}|^2\delta(E-E_j+E_{Ln})\\&=\sum_{nj\lambda\lambda'}w_nP_{g\lambda}\langle\lambda 0n|j\rangle\delta(E-E_j+E_{Ln})\langle j|\lambda'0n\rangle P_{\lambda'g}\end{aligned}\qquad(7.3.5)$$

に書ける．これに対する母関数((7.2.4)の定義参照)は，(7.2.5)または(7.2.25)と同形の

$$\begin{aligned}f(t)&=\sum_{n\lambda\lambda'}w_nP_{g\lambda}\langle\lambda 0n|\exp\left(\frac{i}{\hbar}H_Lt\right)\exp\left(-\frac{i}{\hbar}Ht\right)|\lambda'0n\rangle P_{\lambda'g}\\&=\sum_{\lambda\lambda'}P_{g\lambda}\langle\!\langle\lambda 0|\exp\left(\frac{i}{\hbar}H_Lt\right)\exp\left(-\frac{i}{\hbar}Ht\right)|\lambda'0\rangle\!\rangle_LP_{\lambda'g}\end{aligned}\qquad(7.3.6)$$

で与えられる．ここで $\langle\!\langle\lambda 0|\cdots|\lambda'0\rangle\!\rangle_L$ は，まず電子状態について $(\lambda 0,\lambda'0)$ 行列要素をとり，次に格子振動状態についての統計平均をとることを意味する．

電子-フォノン相互作用(7.3.3)の行列要素 $H'_{\lambda\boldsymbol{K},\lambda'\boldsymbol{K}'}$ を，q について展開して

1次の項だけを考慮することにすると，フォノンの生成・消滅演算子を用いて

$$H'_{\lambda\boldsymbol{K},\lambda'\boldsymbol{K}'}=V_{\lambda\boldsymbol{K},\lambda'\boldsymbol{K}'}(b_{-\boldsymbol{K}+\boldsymbol{K}'}{}^{\dagger}+b_{\boldsymbol{K}-\boldsymbol{K}'}) \qquad (7.3.7)$$

と書くことができる．ただし H' が Hermite 演算子であるためには，$V_{\lambda K,\lambda' K'}=V_{\lambda' K',\lambda K}{}^*$ でなければならない．H_{L} としては，エネルギーの原点を適当にえらび，調和近似 $H_{\mathrm{L}}=\sum\hbar\omega_q b_q{}^{\dagger}b_q$ を用いることにする．

b) エクシトンの並進運動によるスペクトルの尖鋭化

基礎吸収が局在電子の光吸収と異なる重要な点は，遷移の終状態であるエクシトンが並進運動の自由度 $\boldsymbol{K}$ をもつことである．その効果を調べるため，(7.3.6) の λ としてはただ1つのエクシトン・バンドをとり，添字 λ を省略しよう．$H_{\mathrm{L}}=-H_{\mathrm{e}}+H_0$ を (7.3.6) に入れ，(7.3.2) を用いると

$$f(t)=|P|^2\exp\left(-\frac{i}{\hbar}\varepsilon_0 t\right)\langle\!\langle 0|U(t)|0\rangle\!\rangle_{\mathrm{L}} \qquad (7.3.8)$$

が得られる．ここで $U(t)$ は

$$U(t)\equiv\exp\left(\frac{i}{\hbar}H_0 t\right)\exp\left(-\frac{i}{\hbar}(H_0+H')t\right) \qquad (7.3.9)$$

で定義されるユニタリー演算子である．

時刻 $t=0$ に $|gn\rangle$ から光で励起された電子-フォノン系は状態 $|0n\rangle$ にあり，以後 (7.3.4) のハミルトニアンで運動するから，時刻 t での状態は $\exp(-i(H_0+H')t/\hbar)|0n\rangle$ で与えられる．もし相互作用 H' がないとすると，エクシトンとフォノンとはそれぞれの固有状態に留まったまま，$\exp(-iH_0t/\hbar)|0n\rangle=\exp(-i(\varepsilon_0+E_{\mathrm{L}n})t/\hbar)|0n\rangle$ に従って位相だけが変化する．それ故，$\langle 0n|U(t)|0n\rangle$ は，$t=0$ に $|0n\rangle$ にあったエクシトン-フォノン系が，時刻 t にもとの状態に留まっている確率振幅をあらわす．同様に $\langle\boldsymbol{K}n'|U(t)|0n\rangle$ は，時刻 t にエクシトン-フォノン系が状態 $|\boldsymbol{K}n'\rangle$ に散乱されている確率振幅をあらわす．このように，$U(t)$ は散乱の時間的経過を記述するユニタリー演算子である．

さて (7.3.9) の $U(t)$ は，微分方程式

$$\frac{dU(t)}{dt}=-\frac{i}{\hbar}H'(t)U(t) \qquad (7.3.10)$$

をみたすことが容易にわかる．ここで $H'(t)$ は，相互作用のない系 $H_0=H_{\mathrm{e}}+H_{\mathrm{L}}$ での，H' の Heisenberg 運動

$$H'(t) \equiv \exp\left(\frac{i}{\hbar}H_0 t\right)H' \exp\left(-\frac{i}{\hbar}H_0 t\right) \tag{7.3.11}$$

をあらわす.

(7.3.10) を t_i から t_{i+1} までの微小時間にわたって積分し，$t_{i+1}-t_i$ の 2 次以上の微小量を無視すると

$$\begin{aligned} U(t_{i+1}) &\approx U(t_i) + \left(-\frac{i}{\hbar}\right)(t_{i+1}-t_i)H'(t_i)U(t_i) \\ &\approx \exp\left[-\frac{i}{\hbar}\int_{t_i}^{t_{i+1}} dt' H'(t')\right]U(t_i) \end{aligned} \tag{7.3.12}$$

が得られる．演算子の非可換性に注意して，(7.3.12) の操作を時刻 0 から $t\ (>0$ とする) までつみ重ね，初期条件 $U(0)=1$ を用いると，

$$U(t) = \mathrm{T}\exp\left[-\frac{i}{\hbar}\int_0^t dt' H'(t')\right] \tag{7.3.13}$$

が得られる．ここで T は§1.8 で導入した Wick の記号である．すなわち，(7.3.13) の右辺は，(7.3.12) にでてくる微小時間での積分の exp を，時間進展の順序に従って右から左へと並べて掛け合わせたものである．異なる時刻における $H'(t')$ は交換可能でないから，T exp は通常の exp と異なっている．

(7.3.10) は逐次近似で解くこともできる．すなわち

$$\begin{aligned} U(t) &= 1 + \left(-\frac{i}{\hbar}\right)\int_0^t dt' H'(t')U(t') \\ &= 1 + \left(-\frac{i}{\hbar}\right)\int_0^t dt_1 H'(t_1) + \left(-\frac{i}{\hbar}\right)^2 \int_0^t dt_1 \int_0^{t_1} dt_2 H'(t_1)H'(t_2) + \cdots \end{aligned} \tag{7.3.14}$$

n 次の項では，n 個の $H'(t_j)$ が，時刻 $t_1>t_2>\cdots>t_n>0$ の順序で左から右に並んでいる．$H'(t_j)$ のこの積に Wick の T 記号をつけた上で，積分領域を正 n 方体 $0<t_j<t\ (j=1,2,\cdots,n)$ に拡げると，これは同じ被積分関数を $n!$ 個の同等な領域でくりかえし積分したことになる．したがって (7.3.14) の一般項は

$$\frac{(-i/\hbar)^n}{n!}\int_0^t dt_1 \int_0^t dt_2 \cdots \int_0^t dt_n\, \mathrm{T}[H'(t_1)H'(t_2)\cdots H'(t_n)]$$

と書くこともでき，その和は (7.3.13) のベキ展開にほかならない．

さて(7. 3. 8), (7. 3. 13)によると，各瞬間での光学的励起のエネルギーは $\varepsilon_0+H'(t)$ で与えられ，ε_0 からのエネルギーのずれ $H'(t)$ は，(7. 3. 11)に従って時間的に変動している((7. 3. 13)の exp が T 積であるからこそこのような解釈が成り立つことに注意しよう)．それでは，$H'(t)$ の時間的分布——これはエルゴード性により統計集団の分布に等しい——がそのまま吸収スペクトルの幅として観測されるであろうか．

それを調べるため，(7. 3. 14)の展開式を用いて(7. 3. 8)の期待値を計算してみよう．(7. 3. 11)で $H_0 \equiv H_e + H_L$ は相互作用のない系をあらわすから，(7. 3. 3), (7. 3. 7)で与えられる H' は，時刻 t において

$$H'(t) = \sum_{\boldsymbol{K}\boldsymbol{K}'} |\boldsymbol{K}\rangle \exp\left[\frac{i}{\hbar}(\varepsilon_{\boldsymbol{K}} - \varepsilon_{\boldsymbol{K}'})t\right]\langle \boldsymbol{K}'| \cdot V_{\boldsymbol{K}\boldsymbol{K}'}[b_{-\boldsymbol{K}+\boldsymbol{K}'}{}^{\dagger} \exp(i\omega_{-\boldsymbol{K}+\boldsymbol{K}'}t) + b_{\boldsymbol{K}-\boldsymbol{K}'} \exp(-i\omega_{\boldsymbol{K}-\boldsymbol{K}'}t)] \tag{7. 3. 15}$$

となる．したがって(7. 3. 14)の奇数次の項は，フォノンに関する期待値をとると消える．2 次の項では，積分変数を (t_1, t_2) から $(t_1, \tau \equiv t_1 - t_2)$ に書きかえ，積分順序を入れかえてみよう．その際あらわれる $H'(t)$ の自己相関関数は，(7. 3. 15)により

$$\langle\!\langle 0|H'(t_1)H'(t_1-\tau)|0\rangle\!\rangle_L = \langle\!\langle 0|(H')^2|0\rangle\!\rangle_L g(\tau) = \sum_{\boldsymbol{K}\pm} |V_{\boldsymbol{K}0}|^2 \left(N(\hbar\omega_{\mp\boldsymbol{K}}) + \frac{1}{2} \pm \frac{1}{2}\right) \exp\left[\frac{i}{\hbar}(\varepsilon_0 - \varepsilon_{\boldsymbol{K}} \mp \hbar\omega_{\mp\boldsymbol{K}})\tau\right] \tag{7. 3. 16}$$

となる．このように定義された $g(\tau)$ を用いると，2 次の項の期待値は

$$-\frac{1}{\hbar^2}\langle\!\langle 0|(H')^2|0\rangle\!\rangle_L \int_0^t (t-\tau) g(\tau) d\tau \equiv -L(t) \tag{7. 3. 17}$$

となる．したがって(7. 3. 8)は，期待値を exp の中で展開することにより

$$f(t) = |P|^2 \exp\left[-\frac{i}{\hbar}\varepsilon_0 t - L(t) + O(H'^4)\right] \tag{7. 3. 18}$$

と書くことができる．

(7. 3. 18)の exp の中で H' の 4 次以上の項が小さいという一般的保証はないのであるが，当面それを無視することにしよう．(7. 3. 16)の相関関数(一般に複

素数)が $\tau\to\infty$ で十分すみやかに0に近づくと仮定し，

$$\int_0^\infty g(\tau)\,d\tau=\tau_c+i\tau_c' \qquad (7.3.19)$$

とおく．(7.3.16)により $g(0)=1$ であるから，τ_c および τ_c' が，H' の自己相関の持続時間すなわち相関時間をあらわす．(7.3.17)の積分でそれを考慮すると，$t\ll\tau_c$ のときは $g(\tau)\approx g(0)=1$ とおき，$t\gg\tau_c$ のときは $t-\tau\approx t$ とおいて積分上限を ∞ にとることができる．このようにして次の結果が得られる．

$$L(t)=\begin{cases}\dfrac{t^2}{2\hbar^2}D^2 & (t\ll\tau_c) \qquad (7.3.20)\\[2ex] \dfrac{i}{\hbar}t(\varDelta_0-i\varGamma_0) & (t\gg\tau_c) \qquad (7.3.21)\end{cases}$$

ここで D および $\varDelta_0-i\varGamma_0$ は

$$D^2\equiv\langle\!\langle 0|(H')^2|0\rangle\!\rangle_{\rm L}=\sum_{K}|V_{K0}|^2(2N(\hbar\omega_K)+1) \qquad (7.3.22)$$

$$\varDelta_0-i\varGamma_0\equiv\frac{1}{i\hbar}\int_0^\infty\langle\!\langle 0|H'(\tau)H'|0\rangle\!\rangle_{\rm L}d\tau=\frac{D^2}{\hbar}(\tau_c'-i\tau_c)$$
$$=\sum_{K\pm}|V_{K0}|^2\left(N(\hbar\omega_{\mp K})+\frac{1}{2}\pm\frac{1}{2}\right)\left[\frac{\rm P}{\varepsilon_0-\varepsilon_K\mp\hbar\omega_{\mp K}}-i\pi\delta(\varepsilon_0-\varepsilon_K\mp\hbar\omega_{\mp K})\right] \qquad (7.3.23)$$

で定義される．両式の最右辺は(7.3.16)を用いて導き出すことができる．Pは積分主値をとることを示す．(7.3.23)の τ に関する積分では，公式

$$\lim_{\eta\to+0}\int_0^\infty\exp(i\omega\tau-\eta\tau)\,d\tau=i\,{\rm P}\frac{1}{\omega}+\pi\delta(\omega)$$

を用いた．

(7.3.20), (7.3.21)により，$L(t)$ の実数部は最初 t^2 に比例して立ち上り，充分後には $\varGamma_0t/\hbar$ で増加する($\varGamma_0$ は(7.3.23)最右辺[　]の中の δ 関数からくる項で，常に正)．$L(t)$ が1より十分大きくなれば P の相関関数(7.3.18)は減衰してしまう．したがって $L(t)\approx1$ になる時間 $\tau_{\rm R}$(P の緩和時間)と，H' の相関時間 τ_c とをくらべて，(a) $\tau_c\gg\tau_{\rm R}$ であれば(7.3.18)の $L(t)$ には(7.3.20)を，逆に，(b) $\tau_c\ll\tau_{\rm R}$ であれば(7.3.21)を用いなければならない(図7.14(a)および(b)参照)．$\tau_c\gtreqless\tau_{\rm R}$ の条件は，(7.3.20), (7.3.21), (7.3.23)により，種々の形

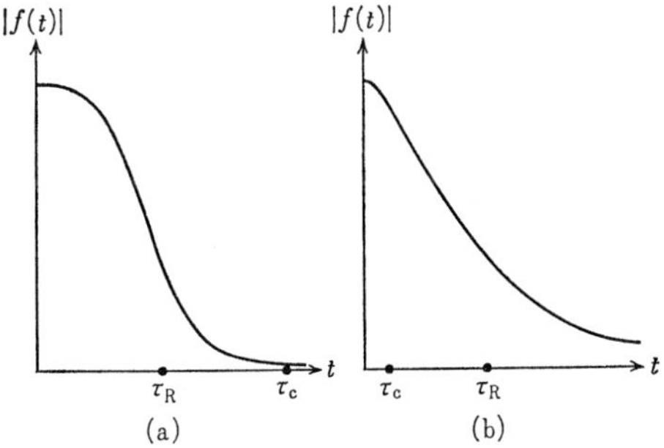

図 7.14　遷移双極子能率の緩和関数．(a), (b) は $\tau_c \gtrless \tau_R$ の両極限を示す

に書くことができる．すなわち

$$\tau_c \gtrless \tau_R \longleftrightarrow \frac{\tau_c D}{\hbar} \gtrless 1 \longleftrightarrow \frac{\tau_c \Gamma_0}{\hbar} \gtrless 1 \longleftrightarrow \Gamma_0 \gtrless D \qquad (7.3.24)$$

(7.3.8) 以下では $t>0$ として $f(t)$ を求めた．一方，(7.2.4) の定義と $F(E)$ が実数であることから，$f(-t)=f^*(t)$ がなり立つ．これを用い逆変換(7.2.4)で吸収スペクトルを求めると，$\tau_c \gtrless \tau_R$ のそれぞれの場合について

(a)
$$F(E) = \frac{|P|^2}{\sqrt{2\pi}D}\exp\left[-\frac{(E-\varepsilon_0)^2}{2D^2}\right] \qquad (7.3.25)$$

(b)
$$F(E) = \frac{|P|^2}{\pi}\frac{\Gamma_0}{(E-\varepsilon_0-\Delta_0)^2+\Gamma_0{}^2} \qquad (7.3.26)$$

が得られる．

以上の結果を物理的に考察してみよう．光学的励起エネルギーの，ε_0 からの瞬間的なずれ $H'(t)$ は，(7.3.22) により D 程度の振幅でゆらいでいる．$H'(t)$ が額面どおりその瞬間での吸収スペクトルのずれとして観測され，したがって，ゆらぎの振幅 D がそのまま吸収スペクトルの幅として観測されるためには，不確定性原理により，少なくとも $\Delta t \approx \hbar/D$ の間は $H'(t)$ がその値を保たなければならない．

(7.3.16) によれば，ゆらぎ $H'(t)$ の相関時間 τ_c は

$$\frac{\hbar}{\tau_c} \approx \{|\varepsilon_0-\varepsilon_K| \text{ と } \hbar\overline{\omega}_K \text{ との大きい方}\} \qquad (7.3.27)$$

で与えられる．フォノン場でエクシトンが受けるポテンシャル $H'(t)$ は，エクシトンが次の格子点に移ったり格子が一ゆれしたりする間にかわってしまう，というのが(7.3.27)の意味である．

この τ_c が上記の Δt よりずっと大きければ，$H'(t)$ を静的に扱い，単にその統計分布から吸収スペクトルを求めることができる．それが(7.3.25)の Gauss 型吸収帯である．これは，エクシトン・バンドの幅 $|\varepsilon_0-\varepsilon_{\boldsymbol{K}}|$ が極めて小さく，また $D\gg\hbar\overline{\omega}_{\boldsymbol{K}}$ の場合に相当するから，§7.2の(e)項で求めた強結合の場合の局在電子の光吸収スペクトル(7.2.30)と同形になるのは当然である．幅として登場する D も，(7.2.29)，(7.2.23)，(7.2.33)と(7.3.22)との比較から，相対応する量であることがわかる．同時に，(7.3.14)の無限級数の期待値を(7.3.18)の形にまとめて $O(H'^4)$ の項を無視することが，この極限では正しいこともわかった．

逆の極限 $(\tau_c\ll\Delta t)$ では，$H'(t)\approx O(D)$ を瞬間的な吸収スペクトルのずれとして感ずるに要する時間 $\Delta t\approx\hbar/D$ よりはるかに短い時定数 τ_c で $H'(t)$ が記憶を失ってしまうから，観測されるスペクトル幅は D そのものではなく，それに時間的な有効度 $\tau_c/\Delta t$ $(\ll1)$ をかけたもの $\Gamma_0=(D^2/\hbar)\tau_c$ となる((7.3.23)，(7.3.26)参照)．これが，§7.1でのべた“運動によるスペクトルの尖鋭化”の一例である．

簡単な無機結晶の励起子エネルギー帯の幅は，正孔の属する価電子帯のそれと同程度で eV 程度の大きさをもち，フォノンのエネルギーよりはるかに大きいから，(7.3.27)で τ_c をきめるものはエクシトンの運動である．一方 D は 0.1 eV 程度またはそれ以下であるから，吸収スペクトルはエクシトンの運動によって尖鋭化され，(7.3.26)の場合になっている．

(7.3.23)によると，この吸収スペクトルのピークのずれ Δ_0 および半値全幅 $2\Gamma_0$ は，$\boldsymbol{K}=0$ のエクシトンの，フォノン場での散乱によるエネルギーのずれおよび寿命幅 $\hbar/\tau_0$ をあらわす((6.2.2)および(6.2.11)参照)．零点振動が問題になる低温域を別にすると，これらはともにフォノン密度 $N(\hbar\omega)$，したがって絶対温度 T に比例する．Γ_0 を局在電子の吸収幅(強結合の場合) $D\propto\sqrt{T}$ とくらべると，前者には D に比例する尖鋭化因子が含まれているため，$\Gamma_0\propto D^2\propto T$ となるのである．

c) 間接遷移と直接遷移，その干渉効果

前項では，基礎吸収スペクトルにおける電子-フォノン相互作用の効果を，

スペクトル幅という見地から調べた．本項では同じ問題を間接吸収という立場から調べ，それを手掛りとして，スペクトルのより厳密な理論をさぐってみよう．それによってわれわれは，摂動展開の高次の項がどのようにまとめられ，まとめられた各部分がいかなる物理的内容をもち，いかにして観測にかかるか，という問題を，より見通しのよいかたちでときほぐすことができる．

(7.3.4)で $H'=0$ であれば，光は電子系だけを励起し，吸収スペクトルは

$$F^{(0)}(E) = \sum_{\lambda} |P_{\lambda g}|^2 \delta(E-\varepsilon_{\lambda 0}) \qquad (7.3.28)$$

で与えられる．$H'\neq 0$ のときまず可能になるのは，電子系が光を吸収して $|g\rangle$ から $|\lambda' 0\rangle$ へ励起され，フォノン場との相互作用 H' で $|\lambda' 0\rangle$ から $|\lambda \boldsymbol{K}\rangle$ へ散乱される2次摂動過程である．図7.13に示したように，電子系が同じ終局状態 $|\lambda \boldsymbol{K}\rangle$ へ到達するのに種々の中間状態 $|\lambda' 0\rangle$ を経由することができるから，この過程による吸収スペクトルは，(7.3.3), (7.3.7)により

$$F^{(2)}(E) = \sum_{\lambda \boldsymbol{K} \pm} \left| \sum_{\lambda'} \frac{V_{\lambda \boldsymbol{K}, \lambda' 0} P_{\lambda' g}}{E-\varepsilon_{\lambda' 0}} \right|^2 \left[N(\hbar\omega_{\mp \boldsymbol{K}}) + \frac{1}{2} \pm \frac{1}{2} \right] \cdot \delta(E-\varepsilon_{\lambda \boldsymbol{K}} \mp \hbar\omega_{\mp \boldsymbol{K}}) \qquad (7.3.29)$$

で与えられる．このようにフォノンを1つ出し入れすることにより，$\boldsymbol{K}\neq 0$ の電子・正孔対が作られる過程を**間接遷移**(indirect transition)とよび，(7.3.28)のようにフォノンを介さず $\boldsymbol{K}=0$ の電子・正孔対だけが作られる過程を**直接遷移**(direct transition)とよぶ．(7.3.28)および(7.3.29)がそれぞれ，(7.3.14)の0次および2次の項に対応していることは容易にたしかめられる．

(7.3.29)をより簡潔な形に書くため，(7.3.23)のずれ $\Delta_{\boldsymbol{K}}$ とぼけ $\Gamma_{\boldsymbol{K}}$ とを，内部量子数 λ についての行列の形に一般化したものを導入する．

$$\Delta_{\lambda' \lambda'' \boldsymbol{K}'}(E) - i\Gamma_{\lambda' \lambda'' \boldsymbol{K}'}(E) \equiv \sum_{\lambda \boldsymbol{K} \pm} V_{\lambda' \boldsymbol{K}', \lambda \boldsymbol{K}} V_{\lambda \boldsymbol{K}, \lambda'' \boldsymbol{K}'} \left[N(\hbar\omega_{\mp(\boldsymbol{K}-\boldsymbol{K}')}) + \frac{1}{2} \pm \frac{1}{2} \right] \cdot \left[\frac{\mathrm{P}}{E-\varepsilon_{\lambda \boldsymbol{K}} \mp \hbar\omega_{\mp(\boldsymbol{K}-\boldsymbol{K}')}} - i\pi\delta(E-\varepsilon_{\lambda \boldsymbol{K}} \mp \hbar\omega_{\mp(\boldsymbol{K}-\boldsymbol{K}')}) \right] \qquad (7.3.30)$$

ここで $\lambda'=\lambda''$, $E=\varepsilon_{\lambda' \boldsymbol{K}'}$ とおくと，状態 $|\lambda' \boldsymbol{K}'\rangle$ のエネルギーのずれとぼけとが得られる．(7.3.30)の各部分を (λ', λ'') 要素とする行列を $\Delta_{\boldsymbol{K}}(E)$, $\Gamma_{\boldsymbol{K}}(E)$ とかくと，それらはともにHermite行列になっている($\Delta_{\boldsymbol{K}}=\Delta_{\boldsymbol{K}}^{\dagger}$, $\Gamma_{\boldsymbol{K}}=\Gamma_{\boldsymbol{K}}^{\dagger}$)．これに

対応して，(λ,λ) 要素が $\varepsilon_{\lambda K}$ で与えられる対角行列 $H_K{}^{\mathrm{e}}$ と，λ 行目の要素が $P_{\lambda \mathrm{g}}$ で与えられる1列行列 P，およびその Hermite 共役である1行行列 $P^\dagger$ を導入すると，(7.3.29) は次のような簡潔な形に書きかえることができる．

$$F^{(2)}(E)=\frac{1}{\pi}\sum_{\lambda'\lambda''}P_{\mathrm{g}\lambda'}\frac{1}{E-\varepsilon_{\lambda'0}}\Gamma_{\lambda'\lambda''0}(E)\frac{1}{E-\varepsilon_{\lambda''0}}P_{\lambda''\mathrm{g}} \qquad (7.3.31)$$

$$=\frac{1}{\pi}P^\dagger\frac{1}{E-H_0{}^{\mathrm{e}}}\Gamma_0(E)\frac{1}{E-H_0{}^{\mathrm{e}}}P \qquad (7.3.31')$$

(7.3.31) で $\lambda'\neq\lambda''$ の項を

$$\frac{1}{E-\varepsilon_{\lambda'0}}\frac{1}{E-\varepsilon_{\lambda''0}}=\frac{1}{\varepsilon_{\lambda'0}-\varepsilon_{\lambda''0}}\left(\frac{1}{E-\varepsilon_{\lambda'0}}-\frac{1}{E-\varepsilon_{\lambda''0}}\right)$$

の形に分解すると，2重和の各項は極ごとに整理することができ，

$$F^{(2)}(E)=\frac{1}{\pi}\sum_{\lambda}f_\lambda\frac{\Gamma_{\lambda\lambda0}(E)+A_\lambda(E)(E-\varepsilon_{\lambda0})}{(E-\varepsilon_{\lambda0})^2} \qquad (7.3.32)$$

が得られる．ここで

$$f_\lambda\equiv|P_{\lambda\mathrm{g}}|^2 \qquad (7.3.33)$$

$$f_\lambda A_\lambda(E)\equiv\sum_{\lambda'(\neq\lambda)}\frac{2\,\mathrm{Re}[P_{\mathrm{g}\lambda}\Gamma_{\lambda\lambda'0}(E)P_{\lambda'\mathrm{g}}]}{\varepsilon_{\lambda0}-\varepsilon_{\lambda'0}} \qquad (7.3.34)$$

である．

(7.3.32) で，当面 $A_\lambda(E)$ の項を無視することにすると，各項は，入射光子のエネルギー E がいずれかの中間状態のエネルギー $\varepsilon_{\lambda0}$ に近づくと $(E-\varepsilon_{\lambda0})^{-2}$ で発散する．これは2次摂動理論では常に起こる発散であって，正確な理論では，1次摂動過程である (7.3.28) の直接遷移のスペクトルとなめらかにつながるべきものである．いいかえると，(7.3.28) の各線スペクトル(エクシトン部分)は，電子-フォノン相互作用のため有限幅 $\Gamma_{\lambda\lambda0}$ をもつ Lorentz 型吸収帯 (7.3.26) となるのであって，(7.3.32) はその裾野を与える式である，と解釈するのが妥当であろう．したがって，$F^{(0)}, F^{(2)}, \cdots$ などをすべて加え合わせた $F(E)$ の正しい式は，(7.3.32) において，分母 $(E-\varepsilon_{\lambda0})^2$ をエネルギーのずれ Δ とぼけ Γ とを考慮した式

$$(E-\varepsilon_{\lambda0}-\Delta_{\lambda\lambda0}(E))^2+(\Gamma_{\lambda\lambda0}(E))^2$$

におきかえたものになっていて，発散が起こらないしくみになっているものと想

像される．ただし(7.3.26)自身も，$1-L(t)+\cdots$ を $\exp[-L(t)+\cdots]$ におきかえるという便法から得られた，いわば推測式であることを，忘れてはならない．

一方，(7.3.32)の分子にあらわれる $A_\lambda(E)$ を含む項は，(7.3.26)にはなかった新しい項である．(7.3.34)からわかるように，$A_\lambda(E)$ は，前項(b)では考慮しなかったほかのエクシトン・バンド $\lambda'\,(\neq\lambda)$ からの影響をあらわす項であり，$\Gamma_0(E)$ の非対角要素 $\Gamma_{\lambda\lambda'0}(E)\ (\lambda'\neq\lambda)$ に由来する．これから得られる教訓は，エネルギー分母修正の際にも，$\Delta_0(E)$ および $\Gamma_0(E)$ を(上記のように対角要素だけくりこむのではなく)行列として取り扱うべきであるということである．そのためには，行列表示(7.3.31′)をとり，これを

$$\begin{aligned}F(E) &= \frac{1}{\pi}P^\dagger\frac{1}{E-H_0{}^{\mathrm{e}}-\Delta_0(E)+i\Gamma_0(E)}\Gamma_0(E)\frac{1}{E-H_0{}^{\mathrm{e}}-\Delta_0(E)-i\Gamma_0(E)}P\\ &= \frac{i}{2\pi}P^\dagger\left[\frac{1}{E-H_0{}^{\mathrm{e}}-\Delta_0(E)+i\Gamma_0(E)}-\frac{1}{E-H_0{}^{\mathrm{e}}-\Delta_0(E)-i\Gamma_0(E)}\right]P\end{aligned} \tag{7.3.35}$$

と修正するのが妥当であろう．実際，次項で示すように，(7.3.30)のずれとぼけの行列の定義を完全なものにしさえすれば，(7.3.35)は H' に関する摂動展開の無限次までをまとめた厳密な表式になっているのである．

スペクトルの行列表示(7.3.35)が正しいことを一応みとめた上で，それを普通の表示に書きなおしてみよう．まず，ずれとぼけを考慮したエネルギー行列 $H_{\boldsymbol{K}}{}^{\mathrm{e}}+\Delta_{\boldsymbol{K}}(E)-i\Gamma_{\boldsymbol{K}}(E)$ を，変換 $T_{\boldsymbol{K}}(E)$ (一般にユニタリーではない)で対角化し，それを実部と虚部に分ける．すなわち

$$T_{\boldsymbol{K}}(E)[H_{\boldsymbol{K}}{}^{\mathrm{e}}+\Delta_{\boldsymbol{K}}(E)-i\Gamma_{\boldsymbol{K}}(E)]T_{\boldsymbol{K}}(E)^{-1} = \tilde{H}_{\boldsymbol{K}}(E)-i\tilde{\Gamma}_{\boldsymbol{K}}(E) \tag{7.3.36}$$

対角行列 $\tilde{H}_{\boldsymbol{K}}(E), \tilde{\Gamma}_{\boldsymbol{K}}(E)$ の λ 番目の行列要素を $\tilde{\varepsilon}_{\lambda\boldsymbol{K}}(E)$ および $\tilde{\Gamma}_{\lambda\boldsymbol{K}}(E)$ とおこう($H'\to0$ のとき $\tilde{\varepsilon}_{\lambda\boldsymbol{K}}(E)\to\varepsilon_{\lambda\boldsymbol{K}}$ となるように番号づけを行なうものとする)．(7.3.36)を用いると(7.3.35)は

$$\begin{aligned}F(E) &= \frac{i}{2\pi}\sum_\lambda\left[\frac{(P^\dagger T_0{}^{-1})_\lambda(T_0P)_\lambda}{E-\tilde{\varepsilon}_{\lambda0}+i\tilde{\Gamma}_{\lambda0}}-(\mathrm{c.\,c.})\right]\\ &= \sum_\lambda\tilde{f}_\lambda\frac{1}{\pi}\frac{\tilde{\Gamma}_{\lambda0}+\tilde{A}_\lambda(E-\tilde{\varepsilon}_{\lambda0})}{(E-\tilde{\varepsilon}_{\lambda0})^2+\tilde{\Gamma}_{\lambda0}{}^2}\end{aligned} \tag{7.3.37}$$

と書かれる．ここで $\tilde{f}_\lambda, \tilde{A}_\lambda$ は

$$(P^\dagger T_0^{-1})_\lambda (T_0 P)_\lambda = \tilde{f}_\lambda - i\tilde{f}_\lambda \tilde{A}_\lambda \qquad (7.3.38)$$

で定義される．上に ~ をつけた量は，H' の効果が摂動の無限次まで“くりこまれた”量であって，すべて，エネルギー E の実関数になっている．

(7.3.37) が最終的な結果であるが，この式は種々の内容をふくんでいる．まず第1に，くりこまれた量のエネルギー依存性を無視してよい場合には，吸収スペクトルのエクシトン部分は，非対称 Lorentz 型の成分に分解することができる．各成分は，A_λ をふくむ非対称項によりピークの片側で負になるため，他の成分の裾野の集まりである比較的なめらかな背景スペクトル(間接遷移)の上に，ピークと“くぼみ”をつくる．その典型的な観測例としては，図 2.10 に示した Cu_2O の吸収スペクトルを参照されたい．

$\tilde{A}$ の近似式 (7.3.34) からもわかるように，このような“くぼみ”は，(7.3.31) の $\lambda' \neq \lambda''$ の項に由来し，2次摂動過程で異なる中間状態 $|\lambda' 0\rangle$ と $|\lambda'' 0\rangle$ とからくる波の干渉効果である．一般に，線スペクトルとこれに重なる連続スペクトルとの間に何らかの相互作用があるとき常に起こる，**Fano 効果**とよばれるものの一種であって，原子スペクトルではよく知られた現象である．今の場合は，線状スペクトルである直接遷移と，連続スペクトルである間接遷移との干渉効果であるといってよい．

低温領域では，吸収ピークの近傍にも，それから遠くはずれた間接遷移のスペクトルにも，フォノンによる種々の構造があらわれる．これは，くりこまれた量(特に $\tilde{\Gamma}$)の“エネルギー依存性”が主役を演ずる現象であるが，それについては (e) 項でのべよう．

d) くりこみ理論

前項では，直接遷移のスペクトル幅の裾野が間接遷移のスペクトルにつながる，ということを手掛りに，基礎吸収スペクトルの式が (7.3.35) で与えられるものと推定し，それから (7.3.37) を導いた．本項では，最初の一般式 (7.3.5) から出発して，(7.3.35) が摂動展開の無限次まで含めた厳密な式であることを示そう．

まず内部自由度をもたないエクシトンをとり，それとフォノンとの相互作用系を考える．そのハミルトニアンは

$$H = H_0 + H' = H_e + H_L + H' \qquad (7.3.39)$$

$$H_{\mathrm{e}} = \sum_{\boldsymbol{K}} |\boldsymbol{K}\rangle \varepsilon_{\boldsymbol{K}} \langle \boldsymbol{K}|, \qquad H_{\mathrm{L}} = \sum \hbar\omega_{\boldsymbol{K}} b_{\boldsymbol{K}}{}^{\dagger} b_{\boldsymbol{K}} \tag{7.3.40}$$

$$H' = \sum_{\boldsymbol{K}\boldsymbol{K}'} |\boldsymbol{K}\rangle V_{\boldsymbol{K}\boldsymbol{K}'} (b_{-\boldsymbol{K}+\boldsymbol{K}'}{}^{\dagger} + b_{\boldsymbol{K}-\boldsymbol{K}'}) \langle \boldsymbol{K}'| \tag{7.3.41}$$

で与えられる．z を複素数として，解核(resolvent)演算子

$$R(z) \equiv \frac{1}{z-H} \tag{7.3.42}$$

と，その対角部分だけから成る演算子 $D(z) \equiv \{R(z)\}_d$，すなわち

$$\langle \boldsymbol{K}n|D(z)|\boldsymbol{K}'n'\rangle \equiv \delta_{\boldsymbol{K}\boldsymbol{K}'}\delta_{nn'}\langle \boldsymbol{K}n|R(z)|\boldsymbol{K}n\rangle \tag{7.3.43}$$

を調べてみよう．(7.3.42), (7.3.43) で H のかわりに H_0 とおいたものを，右肩の添字 (0) で示すと，H_0 が対角演算子であるため

$$R^{(0)}(z) \equiv \frac{1}{z-H_0} = D^{(0)}(z) \tag{7.3.44}$$

となる．

(7.3.42) を，H' について無限級数 $R=R^{(0)}+R^{(0)}H'R^{(0)}+R^{(0)}H'R^{(0)}H'R^{(0)}+\cdots$ に展開し，両辺の対角要素をとると

$$D(z) = D^{(0)}(z) + D^{(0)}(z) S(z) D^{(0)}(z) \tag{7.3.45}$$

$$S(z) \equiv \{H'D^{(0)}H' + H'D^{(0)}H'D^{(0)}H'D^{(0)}H' + \cdots\}_d \tag{7.3.46}$$

が得られる．H' が $b, b^{\dagger}$ の 1 次関数であるため，それを奇数個含む積は対角要素をもたないからである．(7.3.46) で最低次の項を具体的に書くと，次のようになる．

$$\begin{aligned}
&\langle \boldsymbol{K}n|H'D^{(0)}H'|\boldsymbol{K}n\rangle \\
&\quad = \sum_{\boldsymbol{K}'n'} V_{\boldsymbol{K}\boldsymbol{K}'} \langle n|b_{-\boldsymbol{K}+\boldsymbol{K}'}{}^{\dagger} + b_{\boldsymbol{K}-\boldsymbol{K}'}|n'\rangle \frac{1}{z-E_{\boldsymbol{K}'n'}{}^{(0)}} \langle n'|b_{-\boldsymbol{K}'+\boldsymbol{K}}{}^{\dagger} + b_{\boldsymbol{K}'-\boldsymbol{K}}|n\rangle V_{\boldsymbol{K}'\boldsymbol{K}} \\
&\quad = \sum_{\boldsymbol{K}'\pm} \frac{|V_{\boldsymbol{K}\boldsymbol{K}'}|^2 (n_{\mp(\boldsymbol{K}'-\boldsymbol{K})} + 1/2 \pm 1/2)}{z-E_{\boldsymbol{K}'n'}{}^{(0)}}
\end{aligned} \tag{7.3.47}$$

エクシトンを実線で，フォノンを点線で，相互作用の働く頂点を黒点で示すと，(7.3.47) は図 7.15(a) のような図形であらわすことができる．それは状態 $|\boldsymbol{K}n\rangle$ から，$\mp(\boldsymbol{K}'-\boldsymbol{K})$ のフォノンを出し入れして中間状態 $|\boldsymbol{K}'n'\rangle$ にうつり，同じフォノンを再びもとのさやにおさめて $|\boldsymbol{K}n\rangle$ にもどることを意味している．頂点には V の行列要素を，フォノン線には $(n_{\boldsymbol{K}-\boldsymbol{K}'}+1)$ または $n_{-\boldsymbol{K}+\boldsymbol{K}'}$ を，中間状態

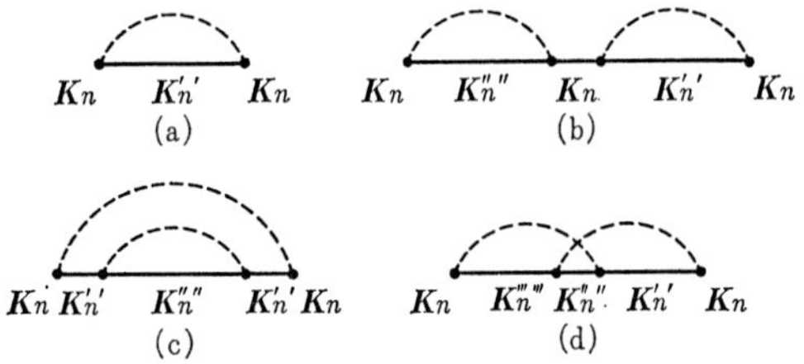

図 7.15　(7.3.46) の $S(z)$ に寄与する図形(ただし H' について 4 次の項まで)

$|\boldsymbol{K}'n'\rangle$ には $D^{(0)}(z)_{\boldsymbol{K}'n'}=(z-E_{\boldsymbol{K}'n'}{}^{(0)})^{-1}$ を対応させて，中間状態に関する和をとったものが (7.3.47) である.

このような図形であらわすと，(7.3.46) の $S(z)$ の中で，H' の 4 次の項には，図 7.15 の (b), (c), (d) の 3 種の寄与があることがわかる．一般の次数について考えると，たとえば (b) のように，1 本のエクシトン線を切るだけで 2 つの図形に分れてしまうもの(いいかえると中間状態の中に初期状態と同じものがあるもの)と，(a), (c), (d) のようにそうでないものとがある．後者の型の寄与をすべて集めたものを，記号としては $\Sigma(z)$ で，図形としては白丸で表わし，総和 $S(z)$ を黒丸であらわすと，前者の型の寄与は，後者を実線，すなわち $D^{(0)}(z)$ でつなぎ合わせることによって作ることができるから，すべての寄与を集めたものは

$$S(z)=\Sigma+\Sigma D^{(0)}\Sigma+\Sigma D^{(0)}\Sigma D^{(0)}\Sigma+\cdots=\frac{1}{1-\Sigma D^{(0)}}\Sigma$$

の形にまとめることができる(図 7.16(a) 参照)．これを (7.3.45) に入れ，(7.3.44) を用いると，

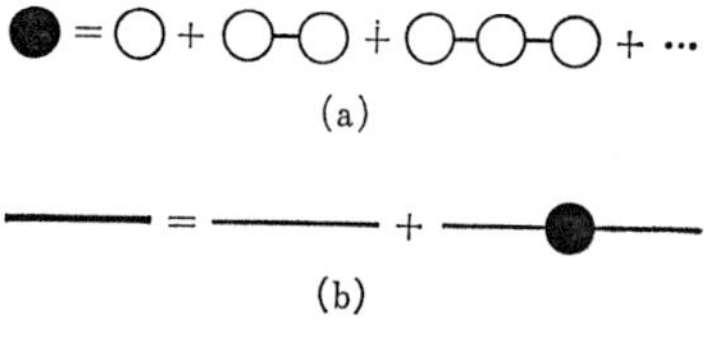

ただし　● $=S(z)$,　○ $=\Sigma(z)$

── $=D^{(0)}(z)$,　━━ $=D(z)$

図 7.16

$$D(z) = \frac{1}{z - H_0 - \Sigma(z)} \tag{7.3.48}$$

が得られる.

さて，$\Sigma(z)$ に寄与する図形の中には，たとえば図 7.15(c) のように，1 組のフォノン線が，それより外側の 1 組のフォノン線の間にすっぽりと入ってしまう(互いに交錯しないで)ものがある．これは，中間状態の中に同一のもの((c)図の場合 $|\boldsymbol{K}'n'\rangle$) がある場合に相当するが，これらの間にはさまれうるすべての図形を集めたものは，上記の $S(z)$ にほかならない．したがって $\Sigma(z)$ を，図 7.15 の (a), (d) のようにもはや分解できない図形と，(c) のように分解できる図形に分けると，後者は，前者において各実線 $D^{(0)}(z)$ を $D^{(0)}(z)S(z)D^{(0)}(z)$ におきかえることによって得られる．(7.3.45) または図 7.16(b) により，両者を合わせたものは，前者ですべての $D^{(0)}(z)$ を $D(z)$ でおきかえたものに等しい．このようにして

$$\Sigma(z) = [H'D(z)H' + H'D(z)H'D(z)H'D(z)H' + \cdots]_{\mathrm{id}} \tag{7.3.49}$$

が得られる．ここで添字 id は，図 7.15(a), (d) のような**非可約** (irreducible) な図形だけを加え合わせて作られた対角 (diagonal) 演算子であることを示す(あるいは，"中間状態として，相互にもまた初期状態とも異なるものだけをとる" といってもよい)．ただし (a), (d) などの図形で実線 $D^{(0)}(z)$ を太線 $D(z)$ におきかえなければならない．参考のため，(7.3.49) の 2 次，4 次，6 次の項に寄与する図形を図 7.17 に示しておこう．

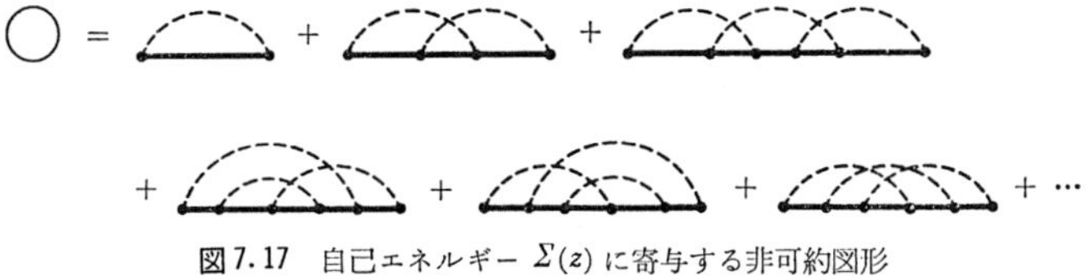

図 7.17 自己エネルギー $\Sigma(z)$ に寄与する非可約図形

(7.3.48) と (7.3.49) とは，与えられた $H = H_0 + H'$ に対し，$D(z)$ と $\Sigma(z)$ を求めるための連立方程式になっている．両式の $\boldsymbol{K}n$ 要素をとり，また

$$z = E + E_{\mathrm{L}n} + i\eta \tag{7.3.50}$$

とおくと，

$$\langle \boldsymbol{K}n|D(z)|\boldsymbol{K}n\rangle = \frac{1}{E+i\eta-\varepsilon_{\boldsymbol{K}}-\langle \boldsymbol{K}n|\Sigma(z)|\boldsymbol{K}n\rangle} \tag{7.3.51}$$

$$\langle \boldsymbol{K}n|\Sigma(z)|\boldsymbol{K}n\rangle = \sum_{\boldsymbol{K}'\pm} \frac{|V_{\boldsymbol{K}\boldsymbol{K}'}|^2 (n_{\mp(\boldsymbol{K}'-\boldsymbol{K})}+1/2\pm 1/2)}{E+i\eta-\varepsilon_{\boldsymbol{K}'}\mp\hbar\omega_{\mp(\boldsymbol{K}'-\boldsymbol{K})}-\langle \boldsymbol{K}'n'|\Sigma(z)|\boldsymbol{K}'n'\rangle}+\cdots \tag{7.3.52}$$

が得られる．(7.3.52)でフォノン系の中間状態 n' は，始状態 n に $\mp(\boldsymbol{K}'-\boldsymbol{K})$ のフォノンだけを1つ増減させたもので，$\langle \boldsymbol{K}'n'|\Sigma(z)|\boldsymbol{K}'n'\rangle$ と $\langle \boldsymbol{K}'n|\Sigma(z\mp\hbar\omega_{\mp(\boldsymbol{K}'-\boldsymbol{K})})|\boldsymbol{K}'n\rangle$ の差は $O(N^{-1})$ (N は巨視的結晶にふくまれる原子の総数)であるから，前者を後者におきかえよう．

(7.3.51), (7.3.52)の両辺で，フォノン系に関する統計平均をとり，さらに $\eta\to+0$ の極限をとったものを，それぞれ $D_{\boldsymbol{K}}(E), \Sigma_{\boldsymbol{K}}(E)$ であらわすと，次の関係式が得られる．

$$D_{\boldsymbol{K}}(E) \equiv \lim_{\eta\to+0} \langle\!\langle \boldsymbol{K}n|D(z)|\boldsymbol{K}n\rangle\!\rangle_{\mathrm{L}} = \frac{1}{E-\varepsilon_{\boldsymbol{K}}-\Sigma_{\boldsymbol{K}}(E)} \tag{7.3.51'}$$

$$\begin{aligned}\Sigma_{\boldsymbol{K}}(E) &\equiv \lim_{\eta\to+0} \langle\!\langle \boldsymbol{K}n|\Sigma(z)|\boldsymbol{K}n\rangle\!\rangle \\ &= \sum_{\boldsymbol{K}'\pm} \frac{|V_{\boldsymbol{K}\boldsymbol{K}'}|^2 (N(\hbar\omega_{\mp(\boldsymbol{K}'-\boldsymbol{K})})+1/2\pm 1/2)}{E-\varepsilon_{\boldsymbol{K}'}\mp\hbar\omega_{\mp(\boldsymbol{K}'-\boldsymbol{K})}-\Sigma_{\boldsymbol{K}'}(E\mp\hbar\omega_{\mp(\boldsymbol{K}'-\boldsymbol{K})})}+\cdots\end{aligned} \tag{7.3.52'}$$

ただし(7.3.51), (7.3.52)の両辺の統計平均をとるとき，右辺分母にあらわれる $\langle \boldsymbol{K}n|\Sigma|\boldsymbol{K}n\rangle$ も統計平均でおきかえた．(7.3.52)にあるように，Σ は $O(N^{-1})$ の項を N 個集めたものであり，その統計的ゆらぎは $O(N^{-1/2})$ で無視できるために，このような平均操作が許されるのである．$\Sigma_{\boldsymbol{K}}(E)$ を実部と虚部に分けて

$$\Sigma_{\boldsymbol{K}}(E) = \Delta_{\boldsymbol{K}}(E) - i\Gamma_{\boldsymbol{K}}(E) \tag{7.3.53}$$

とおくと，$\Gamma_{\boldsymbol{K}}(E)$ は正であることが証明できる．Σ がエクシトンの自己エネルギーである．上記で $\eta\to-0$ とおくと，$\Sigma_{\boldsymbol{K}}(E)$ として，(7.3.53)のかわりに $\Delta_{\boldsymbol{K}}+i\Gamma_{\boldsymbol{K}}$ が得られる．このようにエネルギーの実数軸の上下で $\Sigma_{\boldsymbol{K}}(E), D_{\boldsymbol{K}}(E)$ に差ができるのは，H の固有値，したがって(7.3.42)の特異点が，実数軸上に連続的に分布しているからである．

吸収スペクトル(7.3.5)は，今のように λ をただ1つに限ると

$$-\frac{1}{\pi}\lim_{\eta\to+0}\sum_{n,j} w_n \langle 0n|j\rangle\,\mathrm{Im}\left(\frac{1}{E+E_{\mathrm{L}n}+i\eta-E_j}\right)\langle j|0n\rangle$$

$$= -\frac{1}{\pi}\lim_{\eta\to+0}\mathrm{Im}\langle\!\langle 0n|R(z)|0n\rangle\!\rangle_{\mathrm{L}}$$

$$= -\frac{1}{\pi}\mathrm{Im}\left(\frac{1}{E-\varepsilon_0-\Delta_0(E)+i\Gamma_0(E)}\right)$$

で与えられる．ただし(7.3.42), (7.3.43), (7.3.50), (7.3.51′)を用いた．これは，(7.3.35)で λ をただ1つに限った場合の式になっている．λ の自由度をとり入れると，対角演算子であった $D(z)$, $\Sigma(z)$ は，λ に関しては必ずしも対角でない行列となり，また $\varepsilon_{\boldsymbol{K}}$ も対角行列 $H_{\boldsymbol{K}}{}^{\mathrm{e}}$ におきかえなければならないが，これらの行列の非可換性を考慮しても，上記の考察はそのまま成り立つことが容易に確かめられ，最終結果として行列表示(7.3.35)が導かれる．

ただし $\Sigma_{\boldsymbol{K}}(E)=\Delta_{\boldsymbol{K}}(E)-i\Gamma_{\boldsymbol{K}}(E)$ としては，近似式(7.3.30)でなく，(7.3.49), (7.3.52′)に示されるように，高次の非可約過程をすべて取り入れるとともに，中間状態では裸のエクシトンのエネルギー $H_{\boldsymbol{K}}{}^{\mathrm{e}}$ のかわりに，くりこまれたエネルギー $H_{\boldsymbol{K}}{}^{\mathrm{e}}+\Sigma_{\boldsymbol{K}}(E')$ を用いなければならない．ここで E' は，その中間状態で増減しているフォノンのエネルギーを E から差し引いたものである．なお，フォノンのエネルギーにくりこみ効果があらわれなかったのは，大きな結晶の中にただ1つのエクシトンがある場合を考えているからである．

e) スペクトルのフォノン構造

エクシトンの内部自由度を無視すると(7.3.37)で $\tilde{A}_\lambda=0$ となり，吸収スペクトルは Lorentz 型関数

$$F(E) = \frac{1}{\pi}\frac{\Gamma_0(E)}{[E-\varepsilon_0-\Delta_0(E)]^2+[\Gamma_0(E)]^2} \qquad (7.3.54)$$

で与えられる．本項では，$\Gamma_0(E)$, $\Delta_0(E)$ の E 依存性からくるスペクトル構造をしらべよう．

$\Gamma_{\boldsymbol{K}}(E)$ が十分小さければ，(7.3.51′)の極は

$$\varepsilon_{\boldsymbol{K}}+\Delta_{\boldsymbol{K}}(E)=E \text{ の解：}\quad E_{\boldsymbol{K}} \qquad (7.3.55)$$

で与えられる．これが"くりこまれたエクシトンのエネルギー"であり，さらに

$$E_{\boldsymbol{K}} = E_0+\frac{\hbar^2K^2}{2\bar{M}}+\cdots \qquad (7.3.56)$$

と展開すると，$\bar{M}$ が"くりこまれた質量"をあらわす．

同様に，(7. 3. 52′)の右辺で $\Gamma_{\boldsymbol{K}}(E')$ が十分小さいとし，また $T\to 0\,\mathrm{K}$ の極限を考えると，$\boldsymbol{K}=0$ の状態のぼけ関数は，最低次の近似で

$$\Gamma_0(E)=\pi\sum_{\boldsymbol{K}}|V_{0\boldsymbol{K}}|^2\delta(\varepsilon_{\boldsymbol{K}}+\varDelta_{\boldsymbol{K}}(E-\hbar\omega_{-\boldsymbol{K}})+\hbar\omega_{-\boldsymbol{K}}-E) \quad (7.3.57)$$

となる．(7. 3. 55)を用いると，(7. 3. 57)の δ 関数の中の式は，値 0 をとる近傍で

$$(E_{\boldsymbol{K}}+\hbar\omega_{-\boldsymbol{K}}-E)\left[1-\frac{d\varDelta_{\boldsymbol{K}}(E_{\boldsymbol{K}})}{dE_{\boldsymbol{K}}}\right]$$

となるが，$\Gamma_0(E)$ 自身がすでに 2 次の量なので $d\varDelta_{\boldsymbol{K}}/dE_{\boldsymbol{K}}$ を無視することにし，また

$$E-E_0\equiv E' \quad (7.3.58)$$

によって光子エネルギーを E_0 からはかることにすると，

$$\Gamma_0(E)=\pi\sum_{\boldsymbol{K}}|V_{0\boldsymbol{K}}|^2\delta\left[\hbar\omega_{-\boldsymbol{K}}+\frac{\hbar^2K^2}{2\bar{M}}-E'\right] \quad (7.3.59)$$

が得られる．後にのべるように，$T=0\,\mathrm{K}$ では $E'<0$ で $\Gamma(E)=0$，$E'\to+0$ のとき $\Gamma_0(E)$ は E'^3 に比例し，$E-\varepsilon_0-\varDelta_0(E)\approx[1-d\varDelta_0(E_0)/dE_0]E'$ よりすみやかに 0 に近づくから，電子-フォノン相互作用が十分小さいとして，$E'>0$ の全領域で(7. 3. 54)の分母の第 2 項を無視することにしよう．

有限温度では，(7. 3. 52′)のフォノン吸収項のため，$E'=0$ においても $\Gamma_0(E)$ は正の値をもち，$T\to 0\,\mathrm{K}$ とともに $\Gamma_0(E_0)\to+0$ となるのであるから，(7. 3. 54)は $E'=0$ において線スペクトルを与える．$d\varDelta_{\boldsymbol{K}}/dE_{\boldsymbol{K}}$ の高次の項を無視して，以上の結果をまとめると

$$F(E)=\left(1+\frac{d\varDelta_0(E_0)}{dE_0}\right)\delta(E')+\hat{s}(E') \quad (7.3.60)$$

$$\hat{s}(E')=\frac{1}{\pi}\frac{\Gamma_0(E)}{E'^2} \quad (7.3.61)$$

$$=\sum_{\boldsymbol{K}}\frac{|V_{0\boldsymbol{K}}|^2}{[\hbar\omega_{-\boldsymbol{K}}+(\hbar^2K^2/2\bar{M})]^2}\delta\left[\hbar\omega_{-\boldsymbol{K}}+\frac{\hbar^2K^2}{2\bar{M}}-E'\right] \quad (7.3.61')$$

と書くことができる．

(7. 3. 60)の第 1 項は，$\boldsymbol{K}=0$ のエクシトンをつくる直接遷移のゼロ・フォノ

ン線であるが，そのエネルギーが ε_0 よりも $\Delta_0(E_0)=E_0-\varepsilon_0$ だけずれ，強度が $-d\Delta_0(E_0)/dE_0$ (>0) だけ減少しているのは，エクシトンがフォノンの着物を着るためである．失われた強度は，(7.3.60) 第2項に，サイドバンドとしてあらわれる．実際，$\Delta_{\boldsymbol{K}}(E)$ と $\Gamma_{\boldsymbol{K}}(E)$ の間に (2.2.12) の分散公式が成り立つことを利用すると，(7.3.61) を積分したものは $-d\Delta_0(E_0)/dE_0$ に等しいことがわかる．

さてこのサイドバンドは，エクシトンとフォノンを同時につくる間接遷移に対応し，ゼロ・フォノン線よりも，フォノンのエネルギーとエクシトンの反跳エネルギーとの和

$$\hbar\omega_{\boldsymbol{K}}+\frac{\hbar^2K^2}{2\bar{M}}=\hbar\Omega_{\boldsymbol{K}} \tag{7.3.62}$$

だけ余分のエネルギーを必要とする．(7.3.61′) は，局在電子の光吸収におけるフォノン・サイドバンドの式 (7.2.23) ($j\to\boldsymbol{K}$, $\gamma_j\to V_{0\boldsymbol{K}}$) で，反跳効果を入れて $\hbar\omega_{\boldsymbol{K}}\to\hbar\Omega_{\boldsymbol{K}}$ とおきかえたものになっている．(7.3.62) を $\hbar\omega_{\boldsymbol{K}}$ について解いたものを

$$\hbar\omega_{\boldsymbol{K}}=\hat{E}(\hbar\Omega_{\boldsymbol{K}}) \tag{7.3.63}$$

とおくと，(7.3.61) は，$\bar{M}=\infty$ の場合のフォノン・サイドバンド $s(E)$ と

$$\hat{s}(E')=s(\hat{E}(E'))\frac{d\hat{E}(E')}{dE'}\left[\frac{\hat{E}(E')}{E'}\right]^2 \tag{7.3.64}$$

によって関係づけられる．

図7.18から，音響型および光学型フォノンの場合について，$\boldsymbol{K}$ をパラメーターとする $\omega_{\boldsymbol{K}}$ と $\Omega_{\boldsymbol{K}}$ の関数関係を読みとることができる．これを用い，エクシトンの反跳効果のために $\hat{s}(E')$ が $s(E')$ とどのように異なるかをしらべると，大体の傾向は図7.19のようになる．サイドバンドの面積 $\int\hat{s}(E')\,dE'\equiv\hat{S}$，すなわち相互作用強度は，(7.3.64) 右辺の因子 $[\hat{E}/E']^2$ (<1) のため，$\bar{M}=\infty$ のときの S よりずっと小さくなり，特に音響型フォノンの場合に著しい．また音響型フォノンのサイドバンドのピークは，ゼロ・フォノン線と $\bar{M}c_s^2$ 程度 ($\sim10^{-4}$ eV) しか離れていないため，ゼロ・フォノン線が何かの原因(格子の不完全性，より低いエクシトン状態への散乱，有限温度など)でわずかの幅をもつだけで，両者は重なり合って分離できなくなるだろう．実際，エクシトンのゼロ・フォノン線を分離して観測した例はまだない．

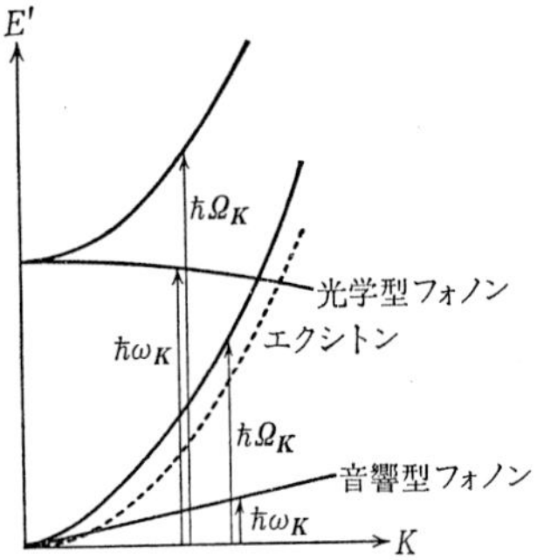

図 7.18　音響型または光学型フォノンのエネルギー $\hbar\omega_K$ と，エクシトンの反跳エネルギー $\hbar^2K^2/2\overline{M}$，および両者の和 $\hbar\Omega_K$

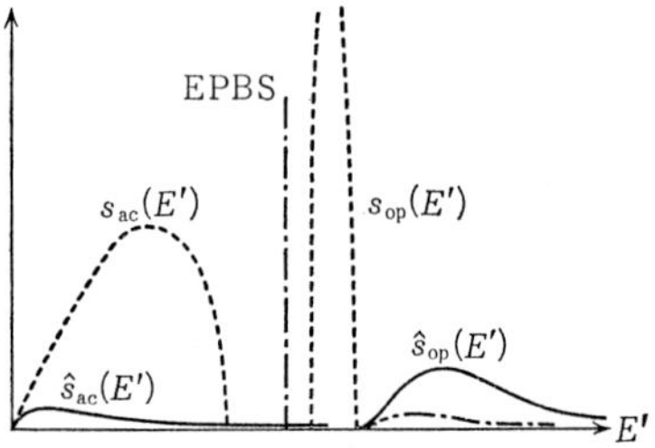

図 7.19　相互作用スペクトル関数に対する運動効果．点線 $(s(E'))$ は局在電子，実線 $(\hat{s}(E'))$ はエクシトン，鎖線はエクシトン-フォノンの終状態相互作用を考慮した場合

これに対し，光学型フォノン・サイドバンドは，エクシトンの質量 $\overline{M}$ が正である限り，光学型フォノンのエネルギー以上へだたったところにあらわれるから，分離して観測することは困難ではない．図 7.20 は，種々の温度における NaI の基礎吸収スペクトルである．低温のスペクトルで大きいピークが 1s エクシトン，その高エネルギー側にある小さいピークが光学型縦波フォノン (LO フォノンと略記する) のサイドバンドであって，その間隔は，$\boldsymbol{k}=0$ の LO フォノンのエネルギー $\hbar\omega_l$ より少し大きい (反跳効果)．高温になり，$\Gamma_0(E)$ が $\hbar\omega_l$ より十分大きくなると，このようなフォノン構造は幅の中にかくれてしまい，全体として非対

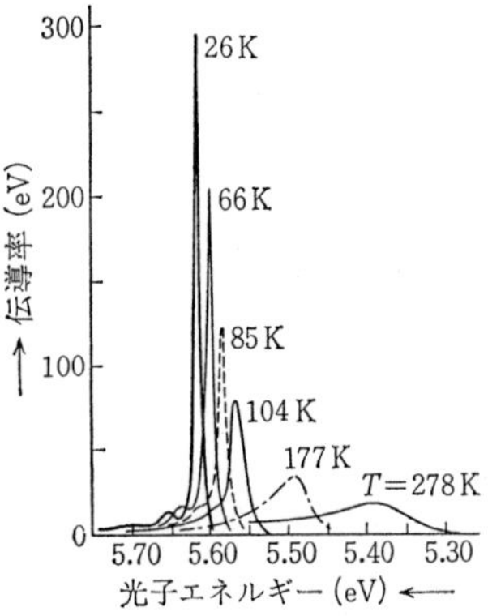

図 7.20　NaI の基礎吸収スペクトル．縦軸の単位については図 2.9 参照 (Miyata, T.: *J. Phys. Soc. Japan*, **31**, 529 (1971) による)

称 Lorentz 型になる．このように，一般式(7. 3. 37)のもつ2つの側面が，この実験ではよくとらえられている．

§7.4　終状態相互作用

光の吸収や Raman 散乱によって，物質中に2つの準粒子を同時に励起する過程を考えよう．通常，光子の運動量は無視できるから，同時励起された2つの準粒子は，反対向きの運動量 $\boldsymbol{p}$ と $-\boldsymbol{p}$ とをもち，この励起に要するエネルギーは，それぞれの準粒子のエネルギーの和

$$E(\boldsymbol{p}) = \varepsilon_1(\boldsymbol{p}) + \varepsilon_2(-\boldsymbol{p}) \tag{7.4.1}$$

で与えられる．$\boldsymbol{p}$ は連続値をとりうるから，光吸収または散乱スペクトルも，(7. 4. 1)を反映した連続スペクトルとなるであろう．

そもそも素励起(または準粒子)とは，(7. 4. 1)に示されるような“独立性”の上に立てられた概念であった．しかしこの独立性は近似的なものであり，すでに熱平衡状態で素励起の濃度が高い場合はもちろん，今のように2つの素励起が光学的に同時生成され，その瞬間は互いに至近距離にある場合にはそれらの間に働く相互作用の効果を無視できない．このような**終状態相互作用**(final state interaction)は，同時励起の光スペクトルに重要な効果をもつ．

終状態相互作用の典型的な例は，§2. 3でのべたエクシトンである．絶縁体結晶の基礎吸収スペクトルは，1電子のバンド間遷移として取り扱う限り

$$F(E) = \sum_{\boldsymbol{k}} |P_{\mathrm{cv}}(\boldsymbol{k})|^2 \delta[\varepsilon_{\mathrm{c}}(\boldsymbol{k}) - \varepsilon_{\mathrm{v}}(\boldsymbol{k}) - E] \tag{7.4.2}$$

で与えられる((2. 4. 6)参照)．$\varepsilon_{\mathrm{c,v}}(\boldsymbol{k})$ は伝導帯または価電子帯のエネルギー，$P_{\mathrm{cv}}(\boldsymbol{k})$ はその間の双極子遷移行列要素である．この過程は，運動量 $\hbar\boldsymbol{k}$，エネルギー $\varepsilon_{\mathrm{c}}(\boldsymbol{k})$ の電子と，運動量 $-\hbar\boldsymbol{k}$，エネルギー $-\varepsilon_{\mathrm{v}}(-(-\boldsymbol{k}))$ の正孔との同時生成とみることができ，(7. 4. 1)の一例である．しかし実際には，この電子・正孔間には Coulomb 型の引力が働き，その結果(7. 4. 2)の連続スペクトルが，下端付近で著しく強められるばかりでなく，さらにその低エネルギー側に，電子・正孔の束縛状態——エクシトン——に対応する線スペクトルがあらわれることを，§2. 3でくわしくのべた．

本節では，同時励起の光スペクトルにおける終状態相互作用のさまざまなあら

われ方についてのべよう．(a)項でのべるのは，複合粒子がその内部自由度を“てこ”としてさらに高次の複合粒子を形成するという，いわば粒子の階層構造を示す例であり，(b)項は同時励起で発生した 2 体間の力が，始めから存在する他の同種粒子にも働いて N 体の問題になる例である．(c)項では同時励起スペクトルのその他の例をあげ，そこで終状態相互作用がどのような役割を演じているかについてのべる．

a) エクシトン-フォノン複合体

前節でのべたエクシトンのフォノン・サイドバンド((7. 3. 61′)参照)は，エネルギー $E_{\boldsymbol{K}}=E_0+(\hbar^2K^2/2\bar{M})$ のエクシトンと $\hbar\omega_{-\boldsymbol{K}}$ のフォノンとの同時励起の吸収スペクトルである．図 7. 20 のような LO フォノン・サイドバンドは，アルカリハライド以外にも種々のイオン結晶で観測されている．

(7. 3. 62)の考え方によると，LO フォノン・サイドバンドと主ピーク(ゼロ・フォノン線と音響型フォノン・サイドバンドが分離されず 1 つになったもの)との間隔 δ は，エクシトンの反跳効果のため，$\boldsymbol{K}=0$ の LO フォノンのエネルギー $\hbar\omega_l$ より大きいことが期待される(図 7. 19 の実線参照)．実際アルカリハライドではそのようになっているのであるが，その他の多くの物質，特にエクシトンの(電子・正孔間の)結合エネルギー R が小さい物質では，観測された間隔 $\hbar\omega'$ は，$\hbar\omega_l$ より逆に数 % から十数 % 程度小さくなっている．その一例として，図 7. 21 に MgO の吸収スペクトルを示した．このような事実はフォノン・サイドバンドに対応する終状態が，エクシトンとフォノンの自由な対ではなく，両者が結合した複合体(exciton-phonon bound state または exciton-phonon complex)であることを示唆している．$\hbar\omega_l-\hbar\omega'$ をその結合エネルギーと考える

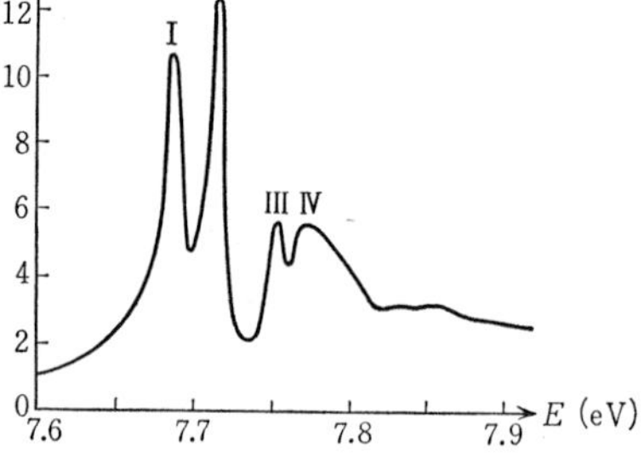

図 7. 21　MgO の基礎吸収スペクトル(T=20 K)．I，II はスピン-軌道相互作用により分裂した価電子帯の各成分に対する 1s エクシトン．III は I に，IV は II に対応するエクシトン-フォノン複合体 (Whited, R. C. & Walker, W. C.: *Phys. Rev. Letters*, **22**, 1428(1969)による)

のである．

しかし，エクシトンと LO フォノンとをこのように結びつける引力の実体は何であろうか．イオン結晶中の光学型縦波格子振動は，その分極電場を通して電子や正孔と強く相互作用する(§6.1参照)．電子・正孔の複合体であるエクシトンを考えると，相対運動の軌道半径 a よりずっと長波長の分極波からみればそれは中性の粒子に過ぎないし，逆に短波長の分極波の電場は軌道内部で平均されて打ち消し合うため，a と同程度の波長のフォノンが最も強くエクシトンと相互作用する．a の大きいエクシトンほど，有効なフォノンが小さな波数領域に限られてしまうから，相互作用の全体的効果も小さいと考えなければならない．実際この効果の1つの目安となるエクシトンのスペクトル幅(§7.3によるとフォノン場でのエクシトンの散乱確率できまる)は，a が大きく，したがって結合エネルギー R が小さい物質ほど小さくなっている．このことは，R の小さい物質の方がエクシトン-フォノン複合体を作りやすいという観測事実と，一見矛盾している．

しかしエクシトンの内部自由度，すなわち電子・正孔の相対運動に着目すると，これは a が大きく R が小さいほど外場に対し敏感である(エクシトンの分極率は a^2/R に比例する)．さて局所的格子ひずみにより，相対運動波動関数は，電子格子系のエネルギーを最低にするように変化する．これは，結果としてエクシトン・フォノン間の引力をひきおこすであろう．実際，原子(または分子)間の Van der Waals 引力も類似の機構で起こるが，今の場合は片方の粒子だけが内部自由度をもつ点で異なっている．格子振動によるエクシトンの内部状態 λ の変化は，他の状態 λ' が，(7.3.7)の非対角要素 $V_{\lambda\boldsymbol{K},\lambda'\boldsymbol{K}'}$ を通して入りまじることによって起こる．R の小さいエクシトンほど，摂動項のエネルギー分母($\varepsilon_{\lambda\boldsymbol{K}}-\varepsilon_{\lambda'\boldsymbol{K}'}$)が小さく，したがって波動関数やエネルギーの変化が大きい．

このような考え方にそってエクシトン・フォノン間の引力を導きだす前に，この問題をやや異なった角度から考えてみよう．§7.2の(g)項でのべたように，局在電子の一群の励起状態がエネルギー的に互いに近接している場合，その最低励起状態の断熱ポテンシャルは，(7.2.12)の最終項(2次摂動項)のため小さい曲率，したがって小さいフォノン・エネルギーをもつことが期待される．その実例としてあげた AgBr : I (図7.10参照)の場合，この2次摂動項にあらわれる $c_{j\lambda\lambda'}$ ($\lambda\neq\lambda'$)は，束縛励起子の相異なる内部状態を結びつける H' の行列要素であり，(7.

3.7) の $V_{\lambda \boldsymbol{K},\lambda' \boldsymbol{K}'}$ $(\lambda \neq \lambda')$ に相当する．AgBr : I では，このため $\hbar\omega' \approx 0.8\hbar\omega_l$ のエネルギーをもつ LO フォノンの局在モードがあらわれた．1 つの思考実験として，不純物の I^- イオンを突然 Br^- イオンにおきかえたとすると，この励起子は特定の場所に局在する理由を失い，自由に動き始めるだろう．その次の励起状態，すなわち，(束縛励起子)＋(1 つの局在 LO フォノン) という状態は，もともとこの局在モードが，不純物 I^- によってではなく，束縛励起子の内部自由度によってできたものである(それは，図 7.10 で放出スペクトルのフォノン構造の間隔がほとんど $\hbar\omega_l$ に等しいことからも裏づけられる．光放出の終状態では励起子はなく，閉殻の不純物イオン I^- があるだけである)から，励起子が動き出すとこのフォノンもそれに結合したまま動くだろう．

これを“運動する粒子に相対的に局在したモード”として定式化することも可能であろうが，今の場合は必ずしも適切ではない．これからおもに取り扱う物質では，内部状態のエネルギー差 (R 程度) が $\hbar\omega_l$ と同程度であるため，§7.2 のような断熱近似が使えないからである．むしろエクシトン-フォノン複合体という粒子的な考え方が適切であろう．

(7.3.4) のハミルトニアンで電子-フォノン全系の波数 $\boldsymbol{K}_{\rm tot}$ が運動の恒量であることに注意し，基底状態 $|{\rm g}, 0\rangle$ から光で遷移できる $\boldsymbol{K}_{\rm tot}=0$ の励起状態を考える．その中でエネルギー最低のものは，(a) $\boldsymbol{K}=0$ の 1s ($\lambda=1$ とする) エクシトンだけがある状態 $|10, 0\rangle$ であるが，その次に低い状態としては，(b) 1s エクシトンと 1 つのフォノンがある状態 $b_{-\boldsymbol{K}}^\dagger|1\boldsymbol{K}, 0\rangle$ と，(c) フォノンがなくてより高い量子数 ($\lambda>1$) のエクシトンだけがある状態 $|\lambda 0, 0\rangle$ が考えられる．(7.3.3)，(7.3.7) の電子-フォノン相互作用は，(a) と (b)，(b) と (c) をつなぐ行列要素をもつが，R が小さく $\hbar\omega_l$ と同程度である場合は，固有値問題を解くに当たって (a) はそのままとし，次にくる状態として部分空間 (b)，(c) 内での 1 次結合

$$\Psi = \sum_{\boldsymbol{K}} u_{\boldsymbol{K}} b_{-\boldsymbol{K}}^\dagger |1\boldsymbol{K}, 0\rangle + \sum_{\lambda>1} v_\lambda |\lambda 0, 0\rangle \qquad (7.4.3)$$

を考えることが許されるであろう(本項ではこれ以外の“くりこみ”効果は無視することにする)．(7.4.3) がみたすべき方程式 $(H-E)\Psi=0$ (H については (7.3.2)～(7.3.4)，(7.3.7) 参照) の左から $\langle 1\boldsymbol{K};0|b_{-\boldsymbol{K}}$，または $\langle \lambda 0;0|$ をかけることによって，係数 $u_{\boldsymbol{K}}, v_\lambda$ に対する連立方程式が得られるが，これからさらに v_λ

を消去すると

$$(\varepsilon_{\boldsymbol{K}}+\hbar\omega_{-\boldsymbol{K}})u_{\boldsymbol{K}}+\sum_{\boldsymbol{K}'}\left(\sum_{\lambda>1}\frac{V_{1\boldsymbol{K},\lambda0}V_{\lambda0,1\boldsymbol{K}'}}{E-\varepsilon_{\lambda0}}\right)u_{\boldsymbol{K}'}=Eu_{\boldsymbol{K}} \qquad (7.4.4)$$

が得られる．これは $\boldsymbol{K}_{\text{tot}}=0$ の下での，エクシトンとフォノンの相対運動に対する波動方程式である．左辺第1項の係数は，(7.4.1)と同様エクシトンとフォノンのエネルギーの和であり，第2項の係数はその間の相互作用である．

$\lambda>1$ のどの $\varepsilon_{\lambda0}$ に対しても $E<\varepsilon_{\lambda0}$ であるような解に対しては，この相互作用は引力型となる．この引力ポテンシャルが十分大きいときは，連続準位 $\varepsilon_{1\boldsymbol{K}}+\hbar\omega_{-\boldsymbol{K}}$ の下端 ($\bar{M}>0$ とし $\hbar\omega_{-\boldsymbol{K}}$ の分散を無視すると $\varepsilon_{10}+\hbar\omega_l$) より下側に離散的準位ができ，これが吸収スペクトルで観測されるであろう (図7.19で EPBS と記した線スペクトル)．これがエクシトン-フォノン複合体である．(7.4.4)左辺の相互作用項が，局在電子の場合の断熱ポテンシャル(7.2.12)の最終項に対応すること，およびその物理的意味は明白であろう．

結合の強いエクシトン ($R\gg\hbar\omega_l$) では，(7.4.4)の相互作用は極めて小さい引力しか与えない．結合の弱いエクシトン，特に R と $\hbar\omega_l$ とが同程度のものでは，種々の内部励起状態 $\varepsilon_{\lambda0}$ ($\lambda>1$ の離散状態およびイオン化状態をふくむ) との共鳴が強く起こるが，$\varepsilon_{\lambda0}$ は高エネルギー側に向かって連続的に分布しているから，

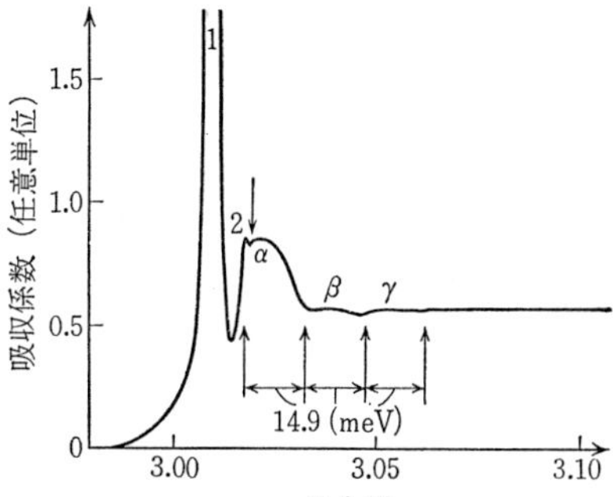

図7.22　TlBr の基礎吸収スペクトル．1, 2 はそれぞれ 1s, 2s エクシトン．イオン化状態は事実上 2 から始まる．2 のすぐ右側にある幅の広いこぶ α が，1s に対応するエクシトン-フォノン複合体によるもので，その左裾は 2 の位置で鋭くけずりとられている (Kurita, S. & Kobayashi, K.: *J. Phys. Soc. Japan*, 28, 1097 (1970) による)

相互作用は強い引力型となるであろう．実際，エクシトン-フォノン複合体が観測されているのは，R が $\hbar\omega_l$ と同程度またはそれ以下の物質に限られている．

R が $\hbar\omega_l$ より小さい場合には，エクシトン-フォノン複合体のエネルギー $\varepsilon_{10}+\hbar\omega'$ が，バンド・ギャップ $\varepsilon_g=\varepsilon_{10}+R$ より大きくなることがある．このような場合の複合体は，連続準位に重なった離散状態となるから，吸収スペクトルは(7. 3. 54)と同様の Lorentz 型関数で与えられるだろう．ここで $2\Gamma(E)$ は，エクシトン-フォノン複合体が自己内部のフォノンを吸収して自由な電子・正孔対になるためのエネルギーのぼけであるが，これは終状態のスペクトル密度に比例するため，図 2. 8(a) と同様に $E\approx\varepsilon_g$ で階段型になる．図 7. 22 は TlBr の基礎吸収スペクトルであるが，エクシトン-フォノン複合体が，このような“けずり取られた Lorentz 型”のピークとしてあらわれている．さらに，この階段自体も 3 次までの LO フォノン・サイドバンドを伴っており，その間隔は完全結晶の $\hbar\omega_l$ に等しい．

最後に，上記のフォノンがマグノンにおきかわった例を 1 つあげておこう．図 7. 23 は，反強磁性体 MnF_2 でエクシトンとマグノンを同時に励起する吸収スペクトル——エクシトンのマグノン・サイドバンド——であるが，その連続スペク

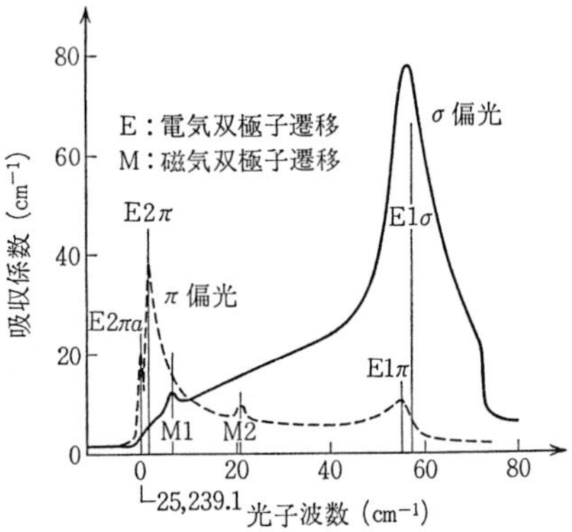

図 7. 23　MnF_2 の磁気双極子遷移 ${}^6A_{1g}\to{}^4A_{1g}{}^4E_g(I)$ 付近の吸収スペクトル．連続スペクトルはエクシトンのマグノン・サイドバンド．25,239.1 cm^{-1} にある小さく鋭いピークがエクシトンとマグノンの結合状態と考えられている (Meltzer, R. S., Chen, M. Y., McClure, D. S. & Lowe-Pariseau, M.: *Phys. Rev. Letters*, **21**, 913(1968) による)

トルの下端よりさらにわずか下側に，“エクシトンとマグノンの複合体”によると思われる鋭い線スペクトルが観測されている．

b) 金属の軟 X 線吸収端異常

結晶の内殻電子を伝導帯に励起するためのエネルギーは通常軟 X 線領域にあるが，内殻準位(エネルギーを ε_i とする)のエネルギー帯はきわめて狭くその幅を無視することができるから，このような光学的遷移の終状態において，正孔は特定の原子内に局在していると考えてよい．さて金属の場合，伝導帯は Fermi エネルギー ε_F まで電子がつまっている(図 7.24(a) 参照)から，遷移の終状態として許されるのは ε_F 以上の準位であり，軟 X 線吸収スペクトルは $E_0=\varepsilon_F-\varepsilon_i$ から階段状に立ち上ることが期待される(図(b)参照)．また，何らかの励起によって内殻に正孔ができたとき，伝導帯電子がこれと再結合することによって放出する光は，Fermi 分布を反映し E_0 を上端とする階段型スペクトルとなるであろう(図(c)参照)．

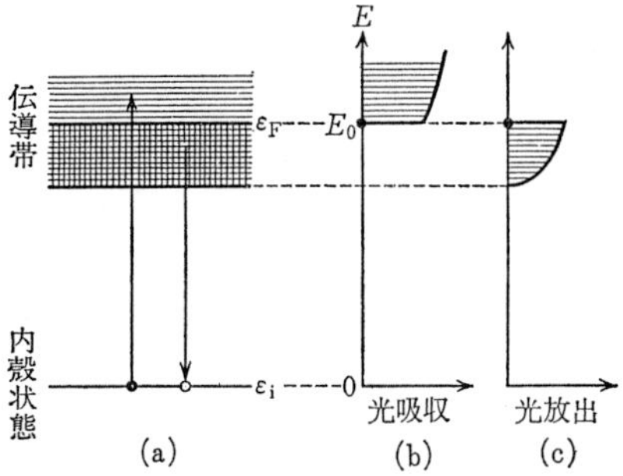

図 7.24 金属のエネルギー準位と軟 X 線吸収および放出

しかしこれは，(*7.4.2*) と同様に，電子・正孔間相互作用を無視した場合のことである．金属の軟 X 線吸収(または放出)における電子・正孔間終状態(または始状態)相互作用は，絶縁体の基礎吸収におけるそれよりも複雑なはたらきをする．以下吸収の場合についてのべることにしよう．

まず第 1 に，金属内には余剰電荷を遮蔽する伝導帯電子が多数存在するため，電子・正孔間の引力は Coulomb 型 $-e^2/r$ ではなく，短距離型——$V(\boldsymbol{r})$ とする——になってしまう((*2.2.33*)参照)．第 2 に，始状態では，N 個の伝導帯電子が周期的ポテンシャルのもとで運動しているが，終状態では，内殻から励起された電子もふくめて $N+1$ 個の伝導帯電子が，すべて正孔による散乱ポテンシャル $V(\boldsymbol{r})$ を受ける．各伝導帯電子は，突然あらわれた $V(\boldsymbol{r})$ によって波動関数が N^{-1} 程度の変化を受ける(束縛状態はできないとしておく)．実際それによる電荷分布の変化が N 電子分蓄積することによって，正孔からの Coulomb ポテンシャルを遮蔽してこれを短距離型の $V(\boldsymbol{r})$ にしてしまうのである．この意味で $V(\boldsymbol{r})$ は，第 1 原理から自己無撞着的に定めるべきものである．

以上の理由により，この光学的遷移は，1 電子問題というより $N+1$ 電子問題である．始めから伝導帯にあった N 電子系の電荷分布が遷移のさい有限の変化を起こすのであるから，$N+1$ 電子系の双極子遷移行列要素は，1 電子だけが内殻から励起されると考えた場合とは当然異なる．しかも Fermi 縮退電子系には，低エネルギーの 1 電子励起状態が高い密度で存在する(これは 1 電子準位密度が Fermi 面付近で有限であることにもとづいている)という特長があり，この電子系が内殻電子の光励起にともなって同時励起される効果を考えると，吸収スペクトルの Fermi 端付近に異常があらわれることが十分予想されよう．

簡単のため，電子間相互作用の効果は，結晶の周期的 1 電子ポテンシャルと $V(\boldsymbol{r})$ とをきめる手続の中におりこみずみであると考え，このようにして $V(\boldsymbol{r})$ がすでに与えられているものとしよう．そうすると，力学的には 1 体の散乱問題を解きさえすればよいのであるが，問題は，$N+1$ 電子の大きな Slater 行列の間で双極子演算子をはさむ計算を，どのように実行するかである．

このような複雑な数学的操作によって物理的見通しを失うことを避けるため，ここではサイドバンドの理論(§7.2)を用いた直観的なアプローチを紹介しよう．まず仮想的な系を考えることにして，内殻から励起される電子と伝導帯にもとからある N 電子とを区別し，さらに前者はエネルギーがそれぞれ ε_{i} および ε_{F} で与えられる 2 つの離散的な準位の間で遷移を起こすものとしよう．このようにすりかえられた系は，フォノン場における局在電子の系と対応がつけやすい．内殻電子の励起に伴い，突然生じた正孔ポテンシャル $V(\boldsymbol{r})$ によって，伝導帯電子(フォノン系に対応させる)も同時に励起される確率が存在する．伝導帯電子の励起とは，Fermi 面より下の状態 $\boldsymbol{k}_1$ から上の状態 $\boldsymbol{k}_2$ へ電子が移ることを意味する．簡単のため $V(\boldsymbol{r})$ が十分短距離型で，その行列要素 $V_{\boldsymbol{k}\boldsymbol{k}'}$ が $\boldsymbol{k}, \boldsymbol{k}'$ によらず定数

V_0 に等しいとしておこう．内殻電子だけが励起される確率を1とすると，1個の伝導帯電子がエネルギー E' だけ同時励起される確率は，2次摂動理論により

$$s(E') = \sum_{\boldsymbol{k}_1}^{\varepsilon(k_1)<\varepsilon_F} \sum_{\boldsymbol{k}_2}^{\varepsilon(k_2)>\varepsilon_F} \left| \frac{V_0}{\varepsilon(\boldsymbol{k}_2)-\varepsilon(\boldsymbol{k}_1)} \right|^2 \delta(E'-\varepsilon(\boldsymbol{k}_2)+\varepsilon(\boldsymbol{k}_1))$$

$$= \frac{[N(\varepsilon_F)V_0]^2}{E'} = \frac{A}{E'} \qquad (E'>0) \qquad (7.4.5)$$

で与えられる．ただし E' は十分小さく，$\boldsymbol{k}_1, \boldsymbol{k}_2$ の積分領域が Fermi 面近傍に限られるとして，Fermi 面での状態密度 $N(\varepsilon_F)$ を用いた．また

$$\delta \approx \tan\delta = -\pi N(\varepsilon_F)V_0 = \pi\sqrt{A} \qquad (7.4.6)$$

は，ポテンシャル $V(\boldsymbol{r})$ による S 波散乱の位相シフトをあらわす．

伝導帯電子の同時励起を，§7.2 におけるフォノンの同時励起に対応させるとすれば，(7.4.5) が (7.2.23) に対応する相互作用スペクトル関数であることも明らかであろう．実際，散乱の行列要素 $V_{\boldsymbol{k}\boldsymbol{k}'}=V_0$ が電子-フォノン相互作用係数 γ_j に，伝導帯電子の励起エネルギー $\varepsilon(\boldsymbol{k}_2)-\varepsilon(\boldsymbol{k}_1)$ がフォノン・エネルギー $\hbar\omega_j$ に対応する．この伝導帯電子系の励起を格子振動の場合と同様調和振動子系として扱うことが許されるとすると，全体の吸収スペクトルは，(7.2.20) と同形の母関数から Fourier 変換で求められる．

それではこの仮想的な系で，図 7.4 と同様に，内殻電子だけを励起する $E_0=\varepsilon_F-\varepsilon_i$ の線スペクトル（ゼロ・フォノン線に対応）と，伝導帯電子を同時に励起する連続スペクトル（フォノン・サイドバンドに対応）とが分離して観測されるであろうか．答はノーである．(7.4.5) の $s(E')$ は $E'\to 0$ で $(E')^{-1}$ に比例して無限大となり，フォノン・サイドバンドの場合に $(E')^{+1}$ またはそれより高いベキで 0 に近づくのと対照的である．

(7.4.5) で励起エネルギー E' が大きくなると，$V_{\boldsymbol{k}\boldsymbol{k}'}$ の $\boldsymbol{k}, \boldsymbol{k}'$ 依存性や伝導帯幅による積分領域の頭打ちなどのために $s(E')$ は急に小さくなるから，この事情を簡単化して $E'>E_c$ では $s(E')=0$ としよう．このように上限で切りとっても，$S=\int_0^{E_c} s(E')dE'$ ((7.2.22) 参照) で与えられる相互作用強度——同時励起されるペアの総数の期待値——は積分下限で対数的に発散する．これは**赤外発散** (infrared divergence) とよばれるものの一種である．そのためゼロ・フォノン線の強度をあらわす因子 $\exp(-S)$ は 0 になる．これは，$V(\boldsymbol{r})$ があるときとないと

きとの Fermi ガスの基底状態が直交することを意味し，orthogonality catastrophe ともよばれる．

§7.2(d)の"サイドバンドのたたみこみ"の規則によると，$E'\to 0$ で $s(E')$ が大きくなることは，エネルギーの小さい所ほど**多電子の同時励起**が重要になることを意味する．したがって高次摂動項からも，この発散に寄与する項をすべて集めてこなければならない．幸いなことにサイドバンドの理論では，(調和近似のもとで)摂動の無限次まで正しい，母関数の閉じた表式(*7.2.20*)が求められており，その exp の中で(S は発散しても)

$$-S+S_+(t) = -\int_0^{E_c} dE' s(E')\left\{1-\exp\left(-\frac{i}{\hbar}E't\right)\right\}$$

は収束するから，スペクトルの形が求められる．右辺の被積分関数は $|E't/\hbar|\leq 1$ ではほぼ一定となる((*7.4.5*)参照)ので積分領域の下限を $\hbar/|t|$ におきかえ，また $|E't/\hbar|\gg 1$ では $\exp(-iE't/\hbar)$ は激しく振動するのでその寄与を無視することにすると，この積分は $|t|\to\infty$ で漸近的に $-A\ln|E_c t/\hbar|$ となる．これを Fourier 変換すると，吸収スペクトルは，Fermi 端 $E\to E_0+0$ で漸近的に

$$F(E) \propto (E-E_0)^{-(1-A)} \tag{7.4.7}$$

の形の異常を示すことがわかる(もちろん $E<E_0$ では $F(E)=0$ である)．Friedel の定理により，$\sqrt{A}=\delta/\pi$ は $V(\boldsymbol{r})$ によって正孔の近傍にひきこまれた S 波成分の電子の数をあらわす．

以上の考察では，内殻から励起された電子を，もとからある N 個の伝導帯電子と区別して扱ったが，現実の系では，終状態における $N+1$ 個の伝導帯電子はいずれも散乱ポテンシャル $V(\boldsymbol{r})$ を受ける同等な粒子であるから，この $N+1$ 電子を Fermi 球の構成要素と考えるべきである．そのかわり始状態では，その中の1電子分を(内殻正孔のまわりに)強く局在させるような仮想的なポテンシャル $U(\boldsymbol{r})$ が働いていた，と考えかえればよい．Friedel の定理に照らしていえば，これは始状態で $+\pi$ の位相シフトがあったことを意味する．したがって(*7.4.6*)で $A=(\delta/\pi)^2$ の δ のかわりに，遷移後の $V(\boldsymbol{r})$ による位相シフト δ と遷移前の $U(\boldsymbol{r})$ による位相シフト π との"差"をとらなければならない(前の N 電子問題では $U(\boldsymbol{r})=0$ であった)．このようにして，吸収スペクトルは Fermi 端近傍で

$$F(E) \propto (E-E_0)^{-2(\delta/\pi)+(\delta/\pi)^2} \qquad (E > E_0) \qquad (7.4.8)$$

の形の異常を示すことがわかった．

電子のスピン自由度を考慮し，またS波以外の球面波の散乱も考慮して，それぞれの位相シフトを δ_l ($l=0, 1, 2, \cdots$ は軌道角運動量) と書くと，(7. 4. 8) のかわりに

$$F(E) = \sum_{l,m} |W_{lm}|^2 \left(\frac{E-E_0}{E_c}\right)^{-\alpha_l} \qquad (7.4.9)$$

$$\alpha_l = 2\frac{\delta_l}{\pi} - 2\sum_{l'} (2l'+1)\left(\frac{\delta_{l'}}{\pi}\right)^2 \qquad (7.4.10)$$

が得られる．ここで W_{lm} は内殻状態と伝導帯の (l, m) 波成分の状態とを結ぶ電子双極子の行列要素である．すでにのべたように δ_l/π は，正孔によってその近傍に引き込まれた伝導帯の (l, m) 波成分の電子数であり，その総和は，正孔電荷を中和するためには1でなければならない (Friedel の総和則)．すなわち

$$\sum_l 2(2l+1)\frac{\delta_l}{\pi} = 1 \qquad (7.4.11)$$

$V(\boldsymbol{r})$ が十分短距離型であれば，原点付近で振幅をもつS波だけが主に散乱され，δ_0 は δ_l ($l \neq 0$) に比べて大きいだろう．したがって (7. 4. 11)，(7. 4. 10) により $\alpha_0 > 0$, $\alpha_l < 0$ ($l \neq 0$) と推定される．それぞれの場合の吸収スペクトルの形状を，放出スペクトルと並べて図 7. 25 に示した．放出スペクトルの Fermi 端異常は，吸収スペクトルのそれを，ちょうど Fermi 端の位置で裏返した形になるのである．

図 7. 25 (a)，(b) のような異常は多くの金属で観測されている．内殻準位が p 状態の場合は，終状態として s 成分が許される ((7. 4. 9) で $W_{00} \neq 0$) ため，(a) 型の

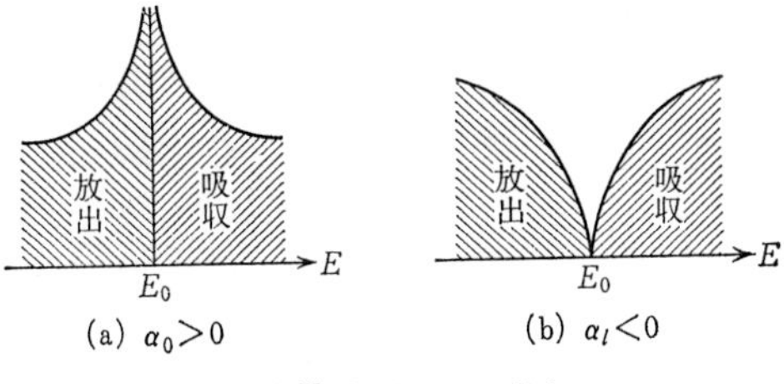

図 7. 25　金属の軟 X 線吸収および放出スペクトルの Fermi 端異常

スペクトルがあらわれるが，内殻準位がs状態の場合は終状態としてs成分が許されない($W_{00}=0$)ため，(b)型のスペクトルがあらわれることが期待される．実際NaのL$_{\rm II,III}$スペクトル(2p殻によるもの)では(a)型の異常が，LiのKスペクトル(1s殻によるもの)では(b)型の異常が，吸収，放出の両スペクトルについて観測されている．

c) 低エネルギー素励起の同時励起と終状態相互作用

光による同時励起としては，以上のべたもの以外にも種々の素励起の組合せが考えられ，また観測されてもいるが，ここでは，2つの素励起がともに低エネルギー領域(光でいえば赤外領域)にある場合——具体的にはフォノンとマグノンが対象となる——について，簡単にのべよう．

絶縁体の電子的分極波の固有振動数は，エクシトンおよびバンド間遷移のエネルギーに対応するが，これよりずっとゆっくり運動するフォノン，マグノンなどの効果は，断熱的に取り扱うことが許される．たとえば，i番目の原子の平衡位置からのずれをy_iとし，(y_i)の組を断熱パラメーターとして結晶の電気分極を

$$P=\sum_i P_i y_i+\sum_{i,j} P_{ij}y_i y_j+\cdots \qquad (7.4.12)$$

と展開することができる．個々のy_iは基準座標の1次結合であらわされるから，(7.4.12)の展開は基準座標についても昇べキ展開になっている．

イオン性結晶でi番目の原子の電荷を$Z_i e$とするとき，これが1次の項の係数P_iのすべてではないことに注意しなければならない．変位することによって誘起される電子的分極も1次の項に寄与するからである．P_iは両方の効果をふくめた“有効電荷”で，§2.1で述べたe_νに相当する．無極性結晶でもセレンのように対称性の低いものでは，$Z_i=0$であるにもかかわらず，赤外活性のモードすなわち1次分極を起こすモードがあるが，ダイヤモンド型結晶のように対称性の高いものでは，(7.4.12)は2次の項から始まる．これはたとえば，あるモードで電荷が誘起され，もう1つのモードでこれが分極につながる，と考えればよい．

光吸収スペクトルは，(7.4.12)で与えられる分極演算子の自己相関関数であらわすことができるから，1次分極項は1フォノン励起，2次分極項は2フォノン同時励起のスペクトルを与えることがわかる．たとえば，ダイヤモンド型結晶であるSiの赤外吸収には，不純物で誘起される1フォノン励起のスペクトルは

別として，母体固有のものとしては2フォノン励起のスペクトルが始めてあらわれ，音響型(A)，光学型(O)の縦波(L)，横波(T)各分枝のフォノン分散を(*7. 4. 1*)で種々に組み合わせた半定量的解析も行なわれている(図7. 26参照)．解析の1つの手がかりは，Brillouin領域の対称性の高い点では，フォノンのエネルギーが極値をとり，状態密度に特異性があらわれることである．しかし格子振動の非調和項によるフォノン間相互作用は(終状態相互作用として)この特異性の形をかえるであろうし，また散乱によるフォノンの準位幅のために，目だたない特異性はぼけてしまうかも知れない．なお，赤外活性モードをもつ結晶では，入射光によりまずそのモードが仮想的に励起され(中間状態)，非調和項(3次)によってこれが2つのフォノンに分裂する(終状態)，という2次摂動過程によって2フォノン励起が起こることも可能である．

Raman散乱の場合には，入射光に対する系の分極率$\alpha(\omega)$を，(*7. 4. 12*)のように断熱パラメーターy_iについて展開すればよい．$\alpha(\omega)$が系内の振動モードyに依存する場合，どのようにしてRaman散乱が起こるかについては，すでに§7. 1でのべた．1次，2次，… の展開項によって，それぞれ1フォノン，2フォ

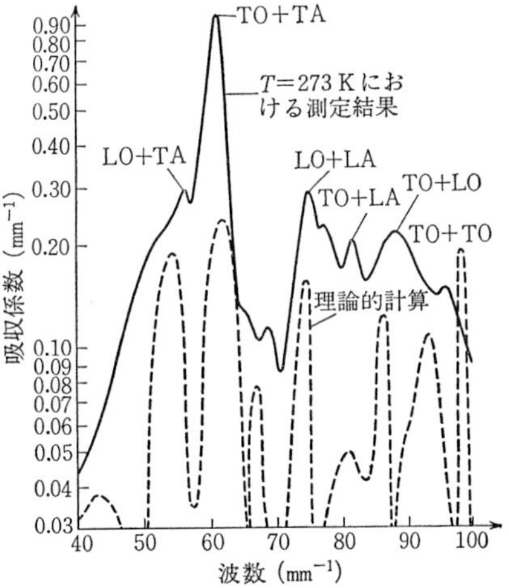

図7. 26 Siにおける2フォノン同時励起の赤外吸収スペクトル(Johnson, F. A.: *Proc. Phys. Soc.* (*London*), **73**, 265(1959)による)

ノン，… 励起の Raman 散乱が起こることはいうまでもない．

磁性体においてはマグノン励起による赤外吸収や Raman 散乱が観測されているが，これらに対しては，分極または分極率を (y_i のかわりに) スピン $\boldsymbol{S}_i$ に依存する量として取り扱うことにより，形式的には同様の考察ができる．ただ時間反転に対しスピンは符号をかえるが電気分極は不変であるから，後者は前者の 2 次から始まる．2 次の項として重要なものに，たとえば相隣る原子 i, j のスピンの内積 $\boldsymbol{S}_i \cdot \boldsymbol{S}_j$ を含む項がある．これはスピンが平行か反平行かにより，それぞれのスピンをになう電子の軌道が相手の原子までしみ出す度合が異なるため，電気分極もちがってくる (i, j の中点が反転対称性をもたない場合) からである．反強磁性体 MnF_2 では 2 マグノン励起の赤外吸収が観測されているが，これは上記の内積依存型の分極を通して，2 つの部分格子のそれぞれの上で主な振幅をもつ 2 つのスピン波が同時励起されることによるものと考えられている．$RbMnF_3$ でも 2 マグノン励起の赤外吸収が観測されているが，そのスペクトルの形状は，終状態相互作用を考慮することにより始めて説明できる (図 7.27 参照)．

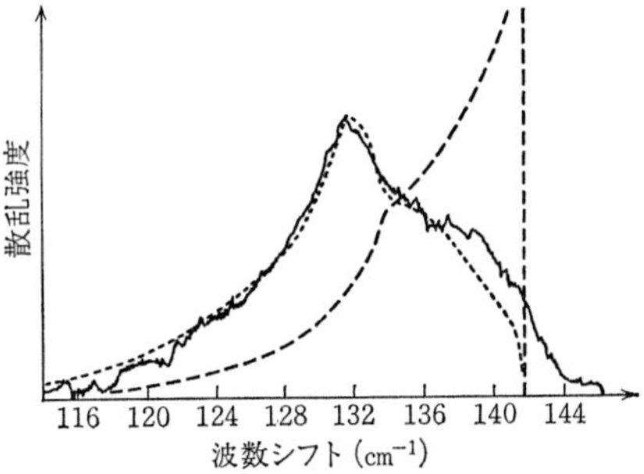

図 7.27　$RbMnF_3$ の 2 マグノン同時励起の Raman 散乱スペクトル．実線は観測結果，破線はマグノン間相互作用を考慮しない計算，点線は相互作用を考慮した計算 (Fleury, R. A.: *Phys. Rev. Letters*, 21, 151 (1968) による)

有限振動数での分極率 $\alpha(\omega)$ にはスピンの 1 次の項も含まれるので，Raman 散乱では 1 マグノン励起も可能である．実際 FeF_2 では，1 マグノンおよび 2 マグノンによる Raman 散乱がともに観測されている．

磁性体や強誘電体では，スピン配向またはイオン変位の長距離秩序が消える転移温度付近で，マグノンまたはフォノン励起に関係した光吸収・散乱スペクトルがどのように変化するかということも大へん興味深く，素励起概念の効用と限界にかかわる問題であるが，ここでは立ち入らないことにする．

低振動数領域での素励起の別の例として，液体ヘリウムにおける素励起，すなわち図7.28に示されたような分散をもつフォノン-ロトン系がある．このような素励起を2つ同時に励起するRaman散乱が最近観測された．液体であるから素励起のエネルギー $\varepsilon(\boldsymbol{p})$ は $p=|\boldsymbol{p}|$ だけの関数であり，(7.4.1)の $E(\boldsymbol{p})$ から計算される終状態の状態密度には，$\varepsilon(p)$ の極小値 $\varepsilon_{\mathrm{min}}$ および極大値 $\varepsilon_{\mathrm{max}}$ の2倍に相当する付近で，$(E-2\varepsilon_{\mathrm{min}})^{-1/2}$ および $(2\varepsilon_{\mathrm{max}}-E)^{-1/2}$ の形の片側発散があらわれる．しかし観測されたスペクトルはそれに相当する構造をもたず，まったく異なる形状を示す．この不一致も，終状態相互作用を考慮して始めて説明できることが示され，液体ヘリウム中の素励起間相互作用に関して新たな知見がつけ加えられることになった．

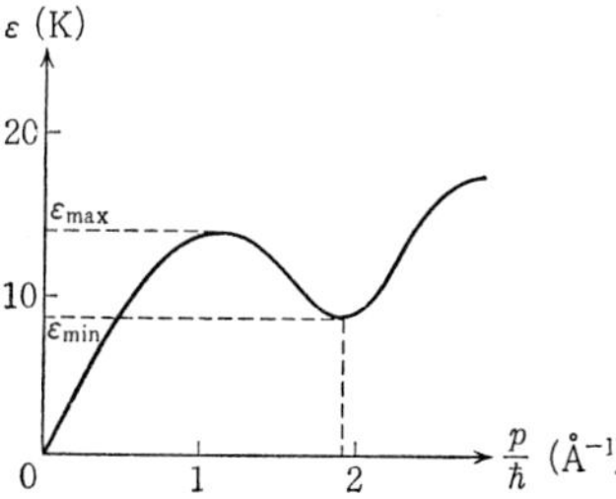

図7.28　液体ヘリウムの素励起の分散曲線

§7.5　自縄自縛状態

a)　ポーラロン状態と自縄自縛状態

前章および本章で述べてきたように，結晶格子内を動く電子，正孔または励起子は，フォノンの着物を着ることによってその有効質量が変化する(くりこみ)．特にイオン結晶においては，光学型フォノンとの電気的相互作用がかなり強く，くりこみ効果は場合により中間結合または強結合として取り扱う必要があった．しかしこの相互作用の場合には，結合定数を大きくするにつれて有効質量は連続的に増加するだけで，特に急激な変化が起こるわけではない．これに対し音響型フォノンとの変形ポテンシャルによる相互作用((7.2.35)および(7.2.36)参照)の場合には，結合定数がある臨界値を越すと有効質量が桁違いの大きさになり，電子は事実上動けなくなってしまう．みずからが惹き起こした厚いフォノンの雲——格子のひずみ——にとらえられてしまったこのような電子を**自縄自縛電子** (self-trapped electron) とよぶ．

自縄自縛の概念は最初 Landau により導入されたものであるが，注目されていた変位分極(光学型格子振動)との相互作用の場合には，その後のポーラロン理論の進展の中で，強結合の理想的極限状況としての意味しか持たなくなった．しかし音響型格子振動との相互作用の場合には，上記のように結合定数が臨界値の上下いずれにあるかによって自縄自縛するかしないかという決定的差異が生まれ，しかもこのことが現実的問題としても登場するのである．

2 種の相互作用の間のこのような相違は，分極波と電荷との相互作用が**長距離型**であるのに対して，(7. 2. 35) の変形ポテンシャルが，ひずみのある領域だけにあらわれる**短距離型**のものであることによる．いま絶縁体結晶中の 1 個の伝導帯電子を考え，その有効質量(剛体格子の下でのバンド質量)を m, 変形ポテンシャル係数を E_{d} としよう．音響型格子振動を考えるかわりに，結晶を連続的な弾性媒質におきかえ，各場所での膨張収縮の自由度 $\varDelta(\boldsymbol{r})$ だけを考慮する(これは横波成分に相当するずれモードを無視することを意味する)と，弾性エネルギーは，適当な弾性係数を C として

$$\frac{1}{2}C\int \varDelta(\boldsymbol{r})^2 d\boldsymbol{r} \tag{7.5.1}$$

で与えられるであろう．いま $\boldsymbol{r}=0$ を中心として，半径 R の球の内部だけで $\varDelta(\boldsymbol{r})=\varDelta\neq 0$ となるようなひずみがかりに起こったとすると，伝導帯電子は

$$V(\boldsymbol{r})=\begin{cases} E_{\mathrm{d}}\varDelta & (r<R) \\ 0 & (r>R) \end{cases} \tag{7.5.2}$$

のポテンシャルを受ける．$E_{\mathrm{d}}\varDelta<0$ となるように $\varDelta$ の符号をえらぶと，これは 3 次元の井戸型ポテンシャルとなるが，初等量子力学でよく知られているように，これは

$$\frac{2m}{\hbar^2}R^2(-E_{\mathrm{d}}\varDelta) > \left(\frac{\pi}{2}\right)^2 \tag{7.5.3}$$

のとき束縛状態をもつ(たとえば本講座第 3 巻『量子力学 I』§5. 4 (d) 参照)．(7. 5. 3) の不等号が $\gg$ となる極限では，この束縛エネルギー $E(\varDelta, R)$ は

$$E(\varDelta, R) = |E_{\rm d}\varDelta| - \frac{\hbar^2}{2m}\left(\frac{\pi}{R}\right)^2 \qquad (7.5.4)$$

すなわち井戸の深さから，不確定性関係による運動エネルギーを差し引いたものになり，また(7.5.3)の不等式が＜のときは $E(\varDelta, R)=0$ となる．

与えられた $\varDelta, R$ に対する電子の最低エネルギーは，伝導帯の底からはかって $-E(\varDelta, R)$ となるから，これに(7.5.1)を加えた

$$W(\varDelta, R) = \frac{1}{2}C\cdot\frac{4\pi}{3}R^3\varDelta^2 - E(\varDelta, R) \qquad (7.5.5)$$

が，電子格子系の断熱ポテンシャルを与える．これを $\varDelta, R$ の座標面での等ポテンシャル線として示したのが図7.29であって，エネルギーは矢印の方向に増大する．$W=0$ となる R 軸または $\varDelta$ 軸から右上に進むにつれて，まず弾性エネルギーだけが増加するが，(7.5.3)により，破線を越えると束縛状態があらわれる．そのため特に斜線をつけた領域では $W<0$ となるが，この谷は右下に進むにつれて無限に深くなる．

このように“連続”弾性体モデルでの電子格子系の安定状態は，常に，($R\to 0$, $|\varDelta|\to\infty$) の強い局所的ひずみに電子がとらえられた状態であるということになってしまうが，この結論はもちろん事実に反する．実際，結晶の原子的構造を考慮すると，格子定数を d として $R<d$ のひずみを考えることは無意味であるから，図7.29でエネルギーの最低点を求める際には，領域を $R>d$ に限っておかなければならない．したがって，斜線をつけた部分が $R=d$ より上にのぞき出すかどうかが問題であって，もし図の場合のようにのぞき出せば，のぞき出した部分の

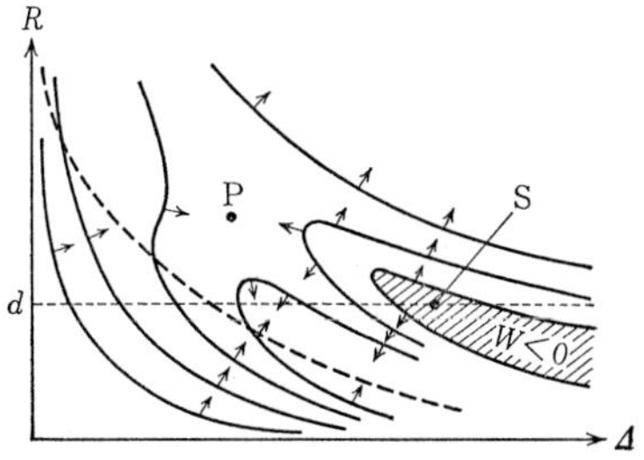

図7.29　連続弾性体中の電子に対する断熱ポテンシャル(実線は等ポテンシャル線)

最低点Sに相当する$(\varDelta, R=d)$の局所的ひずみに電子がとらえられた自縄自縛状態の方が，$(\varDelta=0,\ W=E=0)$の自由電子状態よりも安定になる．少々乱暴だが井戸が深い極限での式(7.5.4)を用いると，(7.5.5)で$R=d$とおいたものは

$$\varDelta=-\frac{E_{\mathrm{d}}}{C\cdot\dfrac{4\pi}{3}d^3} \tag{7.5.6}$$

において極小値

$$W_m=-\frac{{E_{\mathrm{d}}}^2}{2C\cdot\dfrac{4\pi}{3}d^3}+\frac{\hbar^2}{2m}\left(\frac{\pi}{d}\right)^2 \tag{7.5.7}$$

をとる．第1項が第2項に打ち勝てば，すなわち電子が格子をひずませてそこにとられることによるエネルギー低下の方がそのために生ずる電子の運動エネルギーより大きければ，自縄自縛状態の方が自由電子状態より安定になり，逆の場合には自由電子の方が安定になる．図7.29からも明らかなように，これら2種の状態は断熱ポテンシャルの障壁(鞍状点は図のP)で大きくへだてられ，したがって量子論的にも互いにほとんど直交する(後述)独立な状態である．(7.5.7)の第1項と第2項の比(絶対値)を結合定数と定義すると，それが臨界値1より小さいか大きいかが，自由電子が安定か自縄自縛電子が安定かの決定的な差異を生むことになる(しかし他方の状態も断熱ポテンシャルの局所的極小，すなわち準安定状態として存在はしており，高温では重要な役割を果たすこともある)．

このようなポテンシャル障壁の存在が変形ポテンシャル(7.2.35)の短距離性に由来することは，束縛状態存在の条件(7.5.3)が副条件$R\approx d$の下で有限の弾性エネルギーを要することからも明らかであろう．分極場と電子の電気的相互作用の場合には，たとえば$r<R$でだけ一定の分極電荷$-\mathrm{div}\,\boldsymbol{P}=\rho\ (>0)$が生ずるような求心的分極を考えると，電子に対するポテンシャルは$r>R$でCoulomb型となって束縛状態が常に存在するため，図7.29に対応する断熱ポテンシャルはρ, R面でただ1つの極小点(＝最小点)をもち，結合定数が0から増すにつれてその極小点は連続的に右(ρ増大)にずれてゆく．したがって安定状態の性格は連続的に変化するだけである．

もっとも，上記のような断熱的取扱いでは格子の運動エネルギーが無視されて

いるし，また結晶の並進対称性も正しく考慮されていない．変位分極場との相互作用については，すでに§6.2, §6.3で，これらを始めから考慮して固有状態を求めた．それによると，結合定数の小さいところでは自由電子から出発してフォノン散乱による自己エネルギーを摂動論的に計算するのでよいが，強結合の極限では実質的に上記の断熱近似に相当する状況があらわれる．しかし経路積分法による計算結果からもわかるように，その間のうつりゆきは連続的である．

短距離型相互作用である変形ポテンシャルの場合も，弱結合の場合は自由電子から出発した摂動計算で自己エネルギーを求めればよいが，それはポーラロンの自己エネルギーに比べて小さい．強結合の場合は，上記の断熱近似で求めた自縄自縛状態の波動関数 $\Psi_n=\phi_n(\boldsymbol{r})\chi_n(q)$ (χ_n は格子点 n の近傍だけがひずんだ格子全系の零点振動状態，ϕ_n はそこにとらえられた電子の状態をあらわす)から出発し，それがどの格子点で起こっても同等であることに注意して，系の並進対称性と両立するバンド型固有状態 $N^{-1/2}\sum_n \exp(i\boldsymbol{K}\cdot\boldsymbol{R}_n)\Psi_n$ をつくればよい．電子のハミルトニアンを H とするとき，最隣接格子点 n, m の間の遷移行列要素

$$(\Psi_n, H\Psi_m)=(\phi_n, H\phi_m)(\chi_n, \chi_m)$$

がこのエネルギー帯の幅をきめるが，これは剛体格子の場合のバンド幅に比し，振動状態の波動関数の重なり積分 $|(\chi_n, \chi_m)|$ (<1) だけ小さくなっている．

χ_n から χ_m にうつるには，n 格子点のまわりのひずみを取り去り，m 格子点のまわりに同形のひずみを作る，という2段の操作を行なえばよい．少々乱暴だが両方のひずみの空間的重なりを無視すると，ひずみのない完全格子の零点振動状態を $\chi^{(0)}$ として，$|(\chi_n, \chi_m)|\approx|(\chi_n, \chi^{(0)})(\chi^{(0)}, \chi_m)|=|(\chi_n, \chi^{(0)})|^2$ が成り立つ．さて $\chi^{(0)}$ と χ_n とを図7.3における2つの電子状態 λ, λ' の零点振動状態に対応させて考える(今の場合，λ, λ' の垂直方向のエネルギー差は意味をもたない)と，(7.5.7)の第1項がその図の格子緩和エネルギー $E_{\rm LR}$ に対応する．これを関与するフォノンの平均的エネルギーで割った量を S ((7.2.17)の $E_{\rm LR}$, (7.2.23), (7.2.22)を比較せよ．ただし絶対零度)であらわすと，$|(\chi_n, \chi^{(0)})|=\exp(-S/2)$ となることがわかる(p. 306の脚注参照)．こうして $|(\chi_n, \chi_m)|\approx\exp(-S)$ が得られる．

図7.29により自縄自縛電子の波動関数 $\phi_n(\boldsymbol{r})$ の空間的広がりは格子定数 d と同程度であるから，図7.7により S は数十程度の大きさをもつ．自縄自縛状態が結晶の並進対称性のためにバンドを作るとしても，$\exp(-S)$ 倍に縮んだその

バンド幅は無視しうるほどにせまく，また有効質量は exp(+S)倍になって莫大な値をもつ．したがって，普通の格子欠陥(ただし§1.9でのべた量子固体のデフェクトンは除く)と同様に，局在した自縄自縛状態を事実上の固有状態と考えて差支えないのである．

このように格子振動を量子論的に扱い，また結晶の並進対称性を考慮しても，短距離型相互作用の場合には，結合定数が臨界値より小さいか大きいかによって，性格をまったく異にする2つの状態が安定状態としてあらわれることには変りがない．両状態の格子波動関数の重なり積分は上記により exp(−S/2)程度となりほとんど直交するから，量子論的にも両者を独立別個の状態とみなすことができるのである．

イオン結晶中の電子または正孔は，音響型格子振動による変形ポテンシャルと光学型格子振動による分極電場とを同時に受ける．自由状態と自縄自縛状態の明確な区別を与えるのは前者であるが，自由状態ならばその自己エネルギーは主として後者できまり，§6.2,§6.3でのべたポーラロン状態になる．自縄自縛状態であれば(その引金となったのは前者であるにしても)両者は格子ひずみに同程度の寄与をするであろう(図7.7で $a \approx d$ のとき $S_{ac} \approx S_{op}$ であることに注意せよ)．現在までに行なわれた電気伝導，光吸収，常磁性共鳴吸収などの実験事実を総合的に考察すると，イオン結晶や半導体のキャリヤーは確かにこの2つのタイプにはっきりと区別できる．たとえばほとんどすべてのアルカリハライドで，伝導帯電子はポーラロン型であるのに対して価電子帯正孔は自縄自縛型である．この相異の原因としては，E_d の差異も考えられるが $\boldsymbol{m}$ (剛体格子でのバンド質量)の差異((7.5.7)参照)，すなわち伝導帯幅(数 eV)に比べて価電子帯幅がせまい(1 eV 程度)こともある．ただしこの自縄自縛状態は1中心型でなく，正常の距離より接近した2つの隣接ハロゲンイオンに正孔が分子軌道的にひろがった2中心型のもので，V_K 中心として知られている．ハロゲン化銀はやや微妙で，電子は常にポーラロン型であるのに対し，正孔は AgCl では自縄自縛型(Ag を中心とする1中心型)，AgBr ではポーラロン型になっている．この両物質は他の点では極めてよく似ているのであるが，(7.5.7)の右辺両項の大小関係がわずかのところで反対になっているためにこのような相違があらわれるのであろう．II-VI族やIII-V族化合物では，価電子帯も伝導帯と同程度に広く，正孔，電子ともすべてポーラロン型になっている．

b) 自由励起子と自縄自縛励起子

前項で述べたこと，すなわちフォノン場で運動するキャリヤーに2つの異なったタイプがあるという事実は，励起子にもそのままあてはまる．かりに，励起子の構成要素である電子と正孔とがそれぞれ独立にフォノンと相互作用すると考えると，いずれか一方が自縄自縛で安定化すれば，他方はそれからの Coulomb 引力によってやはり局在化するから，このような自縄自縛励起子が自由励起子(§7.3で述べたような状態，フォノンの着物は薄い)より安定となるであろう．半径の小さい励起子では電子，正孔のそれぞれが惹き起こすフォノンの雲は相互に干渉するから，このような単純な考え方は正確なものとはいえないが，例えばアルカリハライドおよび AgCl では励起子は自縄自縛型(しかもアルカリハライドでは単独の正孔の場合と同じく2中心型になっている)であるのに対して，AgBr や II-VI 族，III-V 族化合物では自由型であることがわかっている．

もちろん，光吸収によって作られた瞬間の励起子は，まだまわりの格子を緩和させるのに十分な時間を持たないから，吸収スペクトルには自縄自縛効果が顕著にあらわれることはないが，格子緩和後に起こる励起子消滅の発光スペクトルには，励起子が自縄自縛するかしないかの相違がはっきりとあらわれる．自由型が安定である場合の発光スペクトルは，例えば図2.13の CdS の場合のように，励起子吸収スペクトルと同位置にあらわれる鋭い共鳴線と少数個の光学型フォノン・サイドバンドから成っている(F 型とよぶ)が，自縄自縛型が安定な場合の発光スペクトルは，§7.2で述べた局在電子の発光スペクトル($S\gg 1$ の強結合の場合)のように極めて幅の広いなめらかな Gauss 型曲線になり(S 型とよぶ)，しかもそのピークの位置は吸収ピークから著しく低エネルギー側にずれる(Stokes shift)．その事情は図7.30からも明らかであろう．この図で横軸 Q は格子の局所的なひずみ，縦軸は励起子格子系の断熱ポテンシャルをあらわす．Q が大きくなると，影線をつけた励起子エネルギー帯から，離散的な局在励起子状態が分離する．この断熱ポテンシャルは，図7.29を $R\approx d$ にそって横に切った断面図であると思えばよい．自由な状態 F と自縄自縛状態 S のいずれがエネルギー的に低いか(それぞれ図の(a)と(b)に対応)によって，発光スペクトルが上記のような2つのタイプに分かれることは明らかであろう．

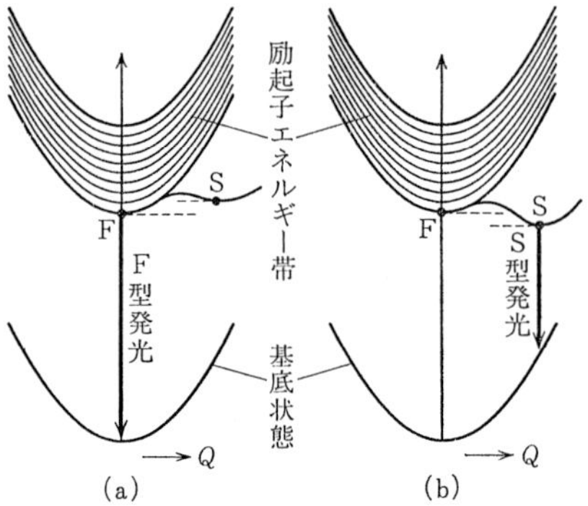

図 7.30　局所的ひずみ Q に対する励起子格子系の断熱ポテンシャルと発光のしくみ

これに関連して，F 型の AgBr と S 型の AgCl との混晶 $\mathrm{AgBr}_{1-x}\mathrm{Cl}_x$ で，励起子消滅による発光スペクトルの F 型から S 型への移りゆきを，モル濃度 x の関数としてしらべた実験を紹介しよう．図 7.31 がその結果であって，図(a)，(b)には各濃度での発光スペクトル(実線)が，間接遷移の吸収スペクトル端(破線)とともに示されている．x が 40% 以下では F 型のスペクトルだけが，x が 50% 以上では S 型のスペクトルだけが観測され，その中間濃度領域では両者が共存するが，図(c)からも明らかなように，この幅 10% 程度のせまい領域で F 型発光と S 型発光の相対強度(面積比)は x の関数として急激に入れかわる．

混晶では，(7.5.7)にあらわれる E_{d}, C, m などの物質定数が各成分物質(AgBr および AgCl)のそれの加重平均として x と共に単調，連続に変化するだけであると考えると，x のある値で発光スペクトルは F 型から S 型へ突然変化することが期待されるが，この実験結果は大局的にはそのようになっている．ただ F と S の強度比が，せまい中間領域で急激にではあるが連続的に変化することの，少なくとも 1 つの理由は，理想的な混晶でも必ず起こる局所的濃度のばらつきによって，空間的に F 領域と S 領域がある比率でいりまじっていることであろう．しかし $x=0.40$ から 0.45 に至る間に F スペクトル自体の様子，特に各 n フォノン・サイドバンド ($n=0, 1, 2, \cdots$) の強度比が急激に変化することを考えると，図 7.30 における F と S の両状態が(両方のエネルギーのほとんど等しいこの濃度領域で)量子力学的な共鳴を起こして相互にいりまじっていることも考えられる．

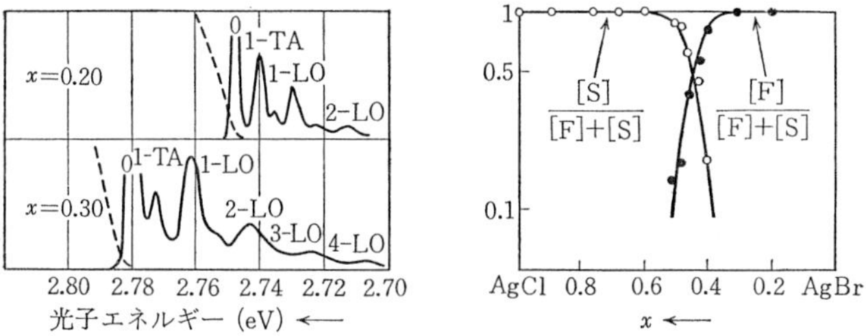

(a)　　(c)

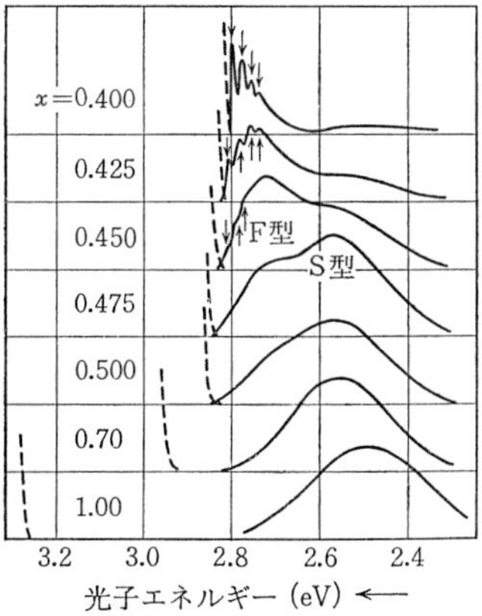

(b)

図7.31　$AgBr_{1-x}Cl_x$ 混晶 ($T=2$ K) の励起子消滅による発光スペクトルの，モル濃度による移りかわり．図(a)と(b)とでは横軸のスケールが違っていることに注意されたい．破線は吸収スペクトルを示す．図(c)はF(自由励起子)型発光とS(自縄自縛励起子)型発光の強度(スペクトル面積)配分を示す(Kanzaki, H., Sakuragi, S. & Sakamoto, K.: *Solid State Commun.*, **9**, 999 (1971) による)

もしそうだとすれば，断熱ポテンシャルにおけるFとSの横のへだたり，あるいは介在するポテンシャル障壁の高さが，前項で見積ったほど大きくはないのかも知れない．励起子のような内部自由度をもつ粒子とフォノンとの相互作用の場合には，このようなことも十分ありうると思われる．

詳細は別として，場との相互作用によって着物をきた準粒子に，本質的に異なった2つのタイプ——軽い粒子と重い粒子——があるのは，興味深い事実である．

c) 液体ヘリウム中の電子泡と励起子泡

液体ヘリウム中の余剰電子や励起子にも，(a), (b)でのべた自縄自縛状態に似たものがある．ヘリウム原子は極めて安定な閉殻 $(1s)^2$ をもつため，液体ヘリウム中に外から投入した余剰電子は各ヘリウム原子から弱い反発ポテンシャルを受け，伝導帯の底は真空中の0準位より $V\approx1.0$ eV だけ高くなっている．すなわち電子投入には最低 V だけのエネルギーを必要とするが，いったん内部に投入された以上は，電子はまわりの媒質を排除して空洞(球形と仮定してその半径を R とする)をつくり，位置エネルギーを V から真空の0準位まで下げようとするだろう．固体と異なり液体では変形を妨げるものはないが，表面張力 σ のため，空洞の表面エネルギー $4\pi R^2\sigma$ を必要とし，これが，空洞を拡げようとする電子の運動エネルギー $(\hbar^2/2m)(\pi/R)^2$ と拮抗して，**電子泡** (electronic bubble) の安定な半径 R が定まるであろう．図7.29との類似でいえば，井戸型ポテンシャルの深さ $-E_{\mathrm{d}}\varDelta=$一定$=V$ に相当する縦線にそってエネルギーの最低点 R を求めればよい．種々の実験的・理論的推定によると $R\approx 20$ Å である．空洞中の電子には励起状態もあり，基底状態との間に光学的遷移も考えられる．そのスペクトルの形は図7.5のような配位座標モデル(横軸は R)で取り扱うことができるが，濃度の制約のため電子泡の光吸収の実験はまだない．しかし光電子放出の実験は行なわれており，これが R の最も信頼できる推定値を与える．

電子泡よりさらに興味深いのは，励起子のふるまいである．液体ヘリウムは21 eV 付近に強い光吸収帯をもつが，強度と位置からみて，その終状態はヘリウム原子の (1s)(2p) 状態に対応する Frenkel 型励起子と考えられる．一方励起子消滅による発光帯は，5 eV もの Stokes シフトと極めて広い幅をもち，(b)項でのべたS型発光と考えられる．しかもその発光帯は，ヘリウム放電管中の He_2^* 分子(* は電子が励起状態にあることを示す)が非結合性の基底状態に落ちるときに出す発光帯とよく対応する．これらの事実から，液体ヘリウム中の励起子はアルカリハライドの場合と同様に，緩和後は He_2^* 分子を形成し，しかも分子としての独立性を失わせない程度の大きさの空洞をそのまわりにもつことが推定される(He_2^* 分子の原子間距離は，液体ヘリウム中の最近接原子間距離より大きい)．一方，λ 点以下の超流動ヘリウム中に放射性物質の板を入れ，その放出 α 粒子によって液体を電子的に励起すると，“中性のエネルギー担体”がほとんど散乱されず直進して液体表面に到達し，そこで He_2^+ イオンと電子とに分解して外部に放出されることが観測されている．この中性担体が Frenkel 型励起子であるか，緩和後形成される長寿命の3重項 He_2^* 分子であるかは，まだ明らかでない．

文献・参考書

一　般

この巻を読む上で参考となる単行書，および紙数の制約その他の理由で詳しい説明を省略した部分にたいする参考文献を挙げておく．ただし，筆者らがかなり主観的に選んだものであって，素励起物理に関する完全な文献リストというわけではない．

まず，この巻全体にたいする一般的な参考書としては次のものが恐らく最も標準的であろう．

(1)　Kittel, C.: *Quantum Theory of Solids*, Wiley (1963)

統計物理の名著として知られたものであるが

(2)　Ландау, Л. Д. и Лифшиц, Е. М.: *Статистическая Физика*, Наука (1964); *Statistical Physics*, Pergamon (1958) (小林秋男ほか訳:『ランダウ-リフシッツ統計物理学(第2版)(上・下)』, 岩波書店 (1966, 1967))

は素励起物理の立場から見てもすぐれた参考書である．

いわゆる多体問題の数学的方法を一般向けに解説した小冊子として次のものが読みやすい．

(3)　Thouless, D. J.: *The Quantum Mechanics of Many-Body Systems*, Academic Press (1961) (松原武生ほか訳:『多体系の量子力学』(物理学叢書 26), 吉岡書店 (1965))

もう少し程度の高いものとして

(4)　沢田克郎:『多体問題』(現代科学選書), 岩波書店 (1971)

はいわゆる RPA の思想でつらぬかれ，個性がにじみ出ている．

物理の掘下げの深さという点では

(5)　Peierls, R. E.: *Quantum Theory of Solids*, Clarendon Press (1954) (碓井恒丸ほか訳:『固体の量子論』(物理学叢書 6), 吉岡書店 (1957))

(6) Anderson, P. W.: *Concepts in Solids*, Benjamin (1963)
が名著である.

第 1 章

結晶の対称性に関する簡潔な記述は(2)に与えられている. フォノンに関してはこのテキストおよび(1), (5)を参照していただきたい. とくに(5)は非調和項, つまりフォノン間相互作用およびこれが結晶の熱伝導その他の性質に及ぼす効果を簡潔に論じている.

以下やや専門的な参考書を若干補足しておく. 格子振動の標準的なテキストは

(7) Born, M. & Huang, K.: *Dynamical Theory of Crystal Lattices*, Clarendon Press (1954)

比熱については

(8) Blackman, M.: *Handbuch der Physik*, Bd. VII, S. 325-382, Springer (1955)

熱伝導その他輸送現象については

(9) Ziman, J. M.: *Electrons and Phonons*, Clarendon Press (1960)

もっと新しいスタイルのものとして, オムニバス式の講義録

(10) Back, T. A. (ed.): *Phonons and Phonon Interactions*, Benjamin (1964)

を挙げておこう.

この章で使った温度 Green 関数法については, 本講座第 5 巻『統計物理学』第 9 章のほか, (3)の Thouless, また第 6 章の参考文献を見られたい.

量子固体については

(11) Guyer, J. P.: *Solid State Physics* (ed. by Seitz-Turnbull), vol. 23, p. 470, Academic Press (1969)

デフェクトン, とくに零点デフェクトンという概念を提唱しているのは

(12) Andreev, A. F. & Lifshitz, E. M.: *Soviet Phys.—JETP*, **29**, 1107 (1969)

第 2 章

光学型格子振動に関しては, 第 1 章にあげた文献(7)～(10)のほかに, 電媒質

内の有効電場について特にくわしく説いた教科書として

(13) Fröhlich, H.: *Theory of Dielectrics—Dielectric Constant and Dielectric Loss*, Oxford Univ. Press (1949) (永宮健夫ほか訳:『誘電体論』(物理学叢書16), 吉岡書店 (1959))

を挙げておこう. また §2.1(b), (c)でのべた誘電分散理論は

(14) Kurosawa, T.: *J. Phys. Soc. Japan*, **16**, 1299 (1961)

によるところが多い. なお電子的分極に関しては, "有効電荷" の概念をもう少し実体化したモデルで, 格子振動の分散の具体的計算にもしばしば用いられるものとして, 本書ではのべなかったシェル・モデルがある. それに関する解説もふくみ, さらに強誘電体にも説き及んだものとして,

(15) Cochran, W. & Cowley, R. A.: *Encyclopedia of Physics* (ed. by Flügge, S.), **25/2a**, p. 59, Springer (1967)

を挙げておこう.

エクシトンに関する標準的な教科書としては

(16) Knox, R. S.: *Theory of Excitons* (*Solid State Physics*, suppl. 5), Academic Press (1963)

(17) Davydov, A. S.: *Theory of Molecular Excitons* (translated from Russian by Dresner, S. B.), Plenum Press (1971)

があり, また講義録を編集したものに

(18) Kuper, C. G. & Whitfield, G. D. (ed.): *Polarons and Excitons*, Oliver & Boyd (1963)

がある. その後の発展については適当な単行書がないが,

(19) 『励起子 II』(新編物理学選集 50), 日本物理学会 (1972)

(20) Hanamura, E. & Haug, H.: Condensation Effects of Excitons, *Physics Reports*, vol. 33 C, No. 4 (1977)

によってある程度の概観が得られよう. なお分子性結晶の3重項エクシトンに関する最近の研究を解説したものとして次のものを挙げておく.

(21) Avakian, P. & Merrifield, R. E.: *Molecular Crystals*, **5**, 37 (1968)

第 3 章

この章全体に対する一般的な参考書としては，すでに一般の参考書として挙げておいた(1)のKittelが適当であろう．とくに，この本の第5章，第6章には電子ガスに対するかなり立ち入った説明がある．

Fermi 粒子系に限らず，多体問題のさらに詳しい勉強をしたい読者には

(22) Pines, D. (ed.) : *The Many-Body Problem*, Benjamin (1962)

を挙げておく．これは一種の論文選集であるが，Landau の Fermi 液体理論に関する原著もこれに集録されている．

Fermi 液体に関する次の著書

(23) Pines, D. & Nozières, P. : *The Theory of Quantum Liquids*, vol. I (*Normal Fermi Liquids*), Benjamin (1966)

は比較的，初学者にも読みやすい本であろう．

(24) Nozières, P. (transl. by Hone, D.) : *Theory of Interacting Fermi Systems*, Benjamin (1964)

には§3.5でざっと説明した Fermi 液体の一般的な性質に関する詳細な叙述がある．

液体 ^{4}He 中の ^{3}He 希薄溶液については本文中でごく簡単に触れただけであったが，この方面の最近の文献として

(25) Ebner, C. & Edwards, D. O. : *Physics Reports* (sec. C of *Physics Letters*), 2, 77 (1971)

に総合報告がある．

第 4 章

この章全体の参考書として，(2)の Landau-Lifshitz がやはり名著である．この章と類似の構成をとり，理論的方法を詳述したものとして

(26) Brout, R. : *Phase Transitions*, Benjamin (1965)

Forster, D. : *Hydrodynamic Fluctuations, Broken Symmetry, and Correlation Functions*, Benjamin (1975)

などがある．

磁気的秩序およびその模型に関するすぐれた解説は

(27) 金森順次郎:『磁性』(新物理学シリーズ7), 培風館(1969)

磁性理論をもっと詳しく学びたい読者には

(28) 芳田 奎:『磁性 I, II』(物性物理学シリーズ2, 3), 朝倉書店(1972)

を薦める.

巨視系の Hilbert 空間や準平均についてもっと数学的な説明の欲しい読者は本講座第4巻『量子力学II』第VI部および同巻巻末の参考書を参照されたい.

量子光学におけるコヒーレント状態の方法については

(29) Glauber, R. J.: *Quantum Optics* (ed. by Kay, S. M. & Maitland, A.), pp. 53~125, Academic Press (1970)

を挙げておく.

超伝導の解説は

(30) 中嶋貞雄:『超伝導入門』(新物理学シリーズ9), 培風館(1971)

Tinkham, M.: *Introduction to Superconductivity*, McGraw-Hill (1975)

百科辞典的なものとしては

(31) Parks, R. D. (ed.): *Superconductivity*, 2 vols., Marcel Dekker (1969)

BCS や GL 等の重要な原論文を集録したものとして (22) および

(32) 『超伝導』(物理学論文選集153), 日本物理学会(1966)

超流動に関しては

(33) Wilks, J.: *The Properties of Liquid and Solid Helium*, Clarendon Press (1967)

Keller, W. E.: *Helium-3 and Helium-4*, Plenum Press (1969)

(32)に対応するものは, (22)の一部および

(34) Galasiewicz, Z. M. (ed.): *Helium 4*, Pergamon (1971)

(35) 『超流動 ^{3}He』(物理学論文選集190), 日本物理学会(1975)

なお ^{4}He の格子モデルと超流動性については

Matsubara, T. & Matsuda, H.: *Progr. Theor. Phys.*, **16**, 569 (1956)

Nakajima, S.: *Physics of Highly Excited States in Solids* (ed. by Ueta, M. & Nishina, Y.), p. 130, Springer (1976)

物性物理における Goldstone の定理については

(36) 高橋 康:『物性研究者のための場の量子論II』(新物理学シリーズ17),

培風館(1976)

具体的な系については

Anderson, P. W.: *Phys. Rev.*, **112**, 1900(1958) ——BCS 超伝導体

Hugenholtz, N. & Pines, D.: *ibid.*, **116**, 489(1959) ——Bose 凝縮系

Nambu, Y.: *ibid.*, **117**, 648(1960) ——BCS 超伝導体

Lange, R. V.: *ibid.*, **146**, 301(1966) ——Heisenberg 強磁性体

水素結合型強誘電体のソフト・モード，セントラル・ピークおよびスピン表示の理論については次の総合報告を参照.

(37) Blinc, R. & Žekš, B.: *Advances in Physics*, **21**, 693(1972)

なお，格子力学的な立場から論じたものとして

(38) Krumhansl, J. A. & Schrieffer, J. R.: *Phys. Rev.*, **B 11**, 3535(1975)

Schneider, T. & Stoll, E.: *ibid.*, **B 13**, 1216(1976)

などがある. これに関連して TDGL(時間をふくむ GL)理論については，本講座第5巻『統計物理学』第5章のほか，たとえば次のものを参照されたい.

(39) Enz, C. P.: *Critical Phenomena*(ed. by Brey, J. & Jones, R. B.), p. 80, Springer(1976)

平均場近似や RPA については，(1), (3), (4), (22)に加えて，本章と比較的関連の深いものに

(40) Doniach, S. & Sondheimer, E. H.: *Green's Functions for Solid State Physicists*, Benjamin(1974)

がある. 金属強磁性の理論については(28)を参照されるのがよい. エクシトニック状態の平均場近似理論は，次の総合報告に詳しい.

(41) Halperin, B. I. & Rice, T. M.: *Solid State Physics*(ed. by Seitz-Turnbull), vol. 21, p. 116, Academic Press(1968)

Ge, Si 中の電子・正孔金属については

(42) Rice, T. M.: *Physics of Highly Excited States in Solids*(ed. by Ueta, M. & Nishina, Y.), p. 144, Springer(1976)

Mott 転移については

(43) Mott, N. F.: *Metal-Insulator Transitions*, Taylor & Francis(1974)

低次元系の長距離秩序を Bogoliubov 不等式で論じた論文は

(44) Wagner, H. : *Z. Physik*, **195**, 273(1966)——結晶

Mermin, N. D. & Wagner, H. : *Phys. Rev. Letters*, **17**, 1133(1966)——スピン系

Hohenberg, P. C. : *Phys. Rev.*, **158**, 383(1967)——超伝導

Mermin, N. D. : *ibid.*, **176**, 250(1968)——結晶

2次元系の相転移を素励起，渦と結びつけて論じたものは

Berezinskii, V. L. : *Soviet Phys.—JETP*, **32**, 493(1972)；*ibid.*, **34**, 610(1972)

Kosterlitz, J. M. & Thouless, D. J. : *J. Phys.* C, **6**, 1181(1973)

最近活発に研究されている低次元電子系については，次の解説を参照されたい．

福山秀敏：低次元電子系——パイエルス転移，日本物理学会誌，**31**, 614(1976)

山田安定：二次元金属の電子状態と構造相転移，日本物理学会誌，**32**, 18(1977)

くり込み群の方法については，本講座第5巻『統計物理学』を参照して頂くのがよいが，この方法の基本思想を近藤効果への応用もふくめてわかり易く説いた

(45) Pfeuty, P. & Toulouse, G. : *Introduction to the Renormalization Group and Critical Phenomena*, John Wiley(1977)

だけ挙げておく．近藤効果については本講座第6巻『物性 I』に詳しく述べられているが，念のため次の2つの解説を挙げておく．

(46) 芳田 奎：固体物理——その発展と現在の焦点(芳田 奎編)，第5章，岩波書店(1976)

芳田 奎：アンダーソン模型と近藤効果，日本物理学会誌，**31**, 116(1976)

超流動 ^{3}He のパラマグノン効果については(35)を参照されたい．

スピンのゆらぎをセルフ・コンシステントにくり込む金属強磁性の理論は

(47) Moriya, T. & Kawabata, A. : *J. Phys. Soc. Japan*, **34**, 639(1973)；**35**, 669(1973)

にはじまる．

Murata, K. K. & Doniach, S. : *Phys. Rev. Letters*, **29**, 285(1972)

はその高温近似に相当する．なお解説

守谷 亨：強磁性，反強磁性金属におけるスピンのゆらぎの理論――弱い強磁性，反強磁性を中心として，日本物理学会誌，**31**, 101(1976)

がある．

第 5 章

ポラリトンの解説としては

(48) Burstein, E.: *Comments on Solid State Phys.*, **1**, 202(1969)
Burstein, E. & Mills, D. L.: *ibid.*, **2**, 93(1969)；**2**, 111(1969)
Mills, D. L. & Burstein, E.: *ibid.*, **3**, 12(1970)

を挙げておく．ポラリトンの空間分散効果については

(49) Agranovich, V. M. & Ginzburg, V. L.: *Spacial Dispersion in Crystal Optics and the Theory of Excitons*, Interscience(1966)

が詳しい．

金属中の電子と格子振動の相互作用については第6章で詳細にのべられているので，ここでは文献を省略する．

第 6 章

電子-フォノン相互作用に関する一般的な参考書として，一般の部でも挙げた(1)の Kittel の第7章にまとまった解説がある．

ポーラロンの一般的な参考書としては(18)の Kuper-Whitfield のほか

(50) Appel, J.: *Solid State Physics*(ed. by Seitz-Turnbull), vol. 21, p. 193, Academic Press(1968)

がある．

また金属中の電子-フォノン相互作用については

(51) Schrieffer, J. R.: *Theory of Superconductivity*, Benjamin(1964)

に要領をえた解説がある．この本は題名のように超伝導を対象としているが，その中の電子-フォノン相互作用に関する部分は初学者にとっても理解しやすい．

なお，電子-フォノン相互作用や電子-電子相互作用が金属の性質にどんな効果を及ぼすかについての具体例に関しては

(52) Hedin, L. & Lundqvist, S.: *Solid State Physics*(ed. by Seitz-Turn-

bull), vol. 23, p. 1, Academic Press (1969)

を見よ.

§6.4以下でよく用いられる温度 Green 関数についてもっと勉強したい人は本文中の参考書以外に，たとえば

(53) Абрикосов, А. А., Горыков, Л. П. и Дзялошинский, И. Е.: *Методы квантовой теории поля в статистической физике*, Физматгиз (1962); *Methods of Quantum Field Theory in Statistical Physics*, Prentice-Hall (1963) (松原武生ほか訳:『統計物理学における場の量子論の方法』, 東京図書 (1970))

を参照せよ．また和書として

(54) 阿部龍蔵:『統計力学』, 東京大学出版会 (1966)

がある．なお

(55) Kadanoff, L. P. & Baym, G.: *Quantum Statistical Mechanics*, Benjamin (1962)

は Green 関数をさらに勉強したい人にとってすぐれた参考書である.

第 7 章

§7.1で簡単にのべた非線形光学の一般的な教科書としては

(56) Bloembergen, N.: *Nonlinear Optics*, Benjamin (1965)

がある．特に共鳴 Raman 散乱に関しては

(57) Balkanski, M. (ed.): *Proc. 2nd Internat. Conf. on Light Scattering in Solids*, chapt. II, Flammarion Sciences (1971)

により，最近の発展をある程度概観できる.

固体の光物性(ただし電子の関与するもの)についてのややまとまった教科書として

(58) Fan, H. Y.: *Encyclopedia of Physics* (ed. by Flügge, S.), **25/2a**, p. 157, Springer (1967)

がある．局在電子の関与する素過程については

(59) Fowler, W. B. (ed.): *Physics of Color Center*, Academic Press (1968)
(60) Stoneham, A. M.: *Theory of Defects in Solids*, Clarendon Press (1975)

を挙げておこう.

§7.3の内容は主として

(61) Toyozawa, Y.: *Progr. Theoret. Phys.*, **20**, 53(1958)
Toyozawa, Y.: *J. Phys. Chem. Solids*, **25**, 59(1964)
Rebane, K. K., Fedoseyev, V. G. & Hizhnyakov, V. V.: *Proc. 9th Internat. Conf. on Semiconductors*, p. 430, Nauka(1968)

によった. そこで用いたくりこみ理論(§7.3(d))の詳細については

(62) Van Hove, L.: *Physica*, **21**, 901(1955)

を参照されたい. また運動による尖鋭化(§7.3(b))の現象もふくめてスペクトルの形状を統計力学的観点から論じたものに

(63) Kubo, R.: *Fluctuation, Relaxation and Resonance in Magnetic Systems* (ed. by ter Haar, D.), Oliver & Boyd(1962)

がある.

終状態相互作用の簡潔な解説としては

(64) Hopfield, J. J.: *Comments on Solid State Phys.*, **1**, 198(1968)

がある. §7.4(a)のエクシトン-フォノン複合体は

(65) Toyozawa, Y. & Hermanson, J.: *Phys. Rev. Letters*, **21**, 1637(1968)

によった. §7.4(b)でのべた金属の軟X線吸収異常については

(66) Mahan, G. D.: *Solid State Physics*(ed. by Ehrenreich-Seitz-Turnbull), vol. 29, p. 75, Academic Press(1974)

に解説と文献がある.

マグノンの関与する光学的過程については本書でくわしく述べることができなかったが, 一般的解説として

(67) 守谷 亨: 日本物理学会誌, **23**, 654(1968)

を挙げておく. 液体ヘリウムのRaman散乱による2ロトン励起の終状態相互作用は

(68) Iwamoto, F.: *Progr. Theoret. Phys.*, **44**, 1135(1970)

により論じられている.

ポーラロン状態から自縄自縛状態への不連続な変化(§7.5(a))は

(69) Toyozawa, Y.: *Proc. 4th Internat. Conf. on Vacuum Ultraviolet Ra-*

diation Physics, p. 317, Pergamon-Vieweg (1974)
に解説と文献がある．液体ヘリウム中の電子泡の理論的考察については
(70) Jortner, J., Kestner, N. R., Rice, S. A. & Cohen, M. H.: *J. Chem. Phys.*, **43**, 2614 (1965)
Fowler, W. B. & Dexter, D. L.: *Phys. Rev.*, **176**, 337 (1968)
を，同じく液体ヘリウム中の励起子の実験については
(71) Surko, C. M. & Reif, F.: *Phys. Rev. Letters*, **20**, 582 (1968)
Surko, C. M., Dick, G. J. & Reif, F.: *ibid.*, **23**, 842 (1969)
Stockton, M., Keto, J. W. & Fitzsimmons, W. A.: *Phys. Rev.*, **A 5**, 372 (1972)
を参照されたい．

索　引

A

ABM 状態　211
アクセプター　299
Anderson モード　201
熱い発光　296

B

バンド模型　78
バンド理論　194
バンド質量　238
バンド端禁制型　92
バンド端許容型　91
バーテックス　275
——関数　279, 287
BCS 状態　177
BCS モデル　198
Bloch-De Dominicis の定理　25, 142
Bloch 方程式　304
Bloch 関数　81
Bogoliubov 変換　241
母関数　302
Bose 分布　19
Bose 凝縮　175
ボトルネック　234
Bragg 条件　13
Brillouin 域　8, 17
分極率　62
自由電子系の——　70
分散関係　143
分散公式　65
分子場近似　165
分子場理論　66
BW 状態　210

C

CDW (charge density wave)　161
commensurate——　162
incommensurate——　162
遅延 Green 関数　35, 126
遅延発光　104
秩序　3
——パラメーター　161
超伝導状態　160
超伝導性　175
直接遷移　325
超流動状態　160
超流動性　174
調和近似　4, 13
中間結合法　248
中性子非弾性散乱　17, 29
Cochran-黒沢の関係式　61
Cooper ペア　145, 177

D

第 2 音波　33
断熱近似　266, 294, 301
断熱ポテンシャル　301
ダンピング　153, 237, 246
弾性散乱　12
Davydov 分裂　99
Debye モデル　10
Debye の T^3 法則　20
Debye 温度　20
Debye-Waller 因子　31
デフェクトン　45
伝導電子　69
伝導帯(空帯)　78
電荷移動状態　78
伝播関数　36

電流担体 →キャリヤー
電子ガス模型 111
電子泡 360
電子・正孔金属 204
電子線 276
同時励起 294
　多電子の―― 346
ドメイン 184
ドナー 299
動的構造因子 30, 138
Dyson 方程式 41, 277, 290

E

Einstein モデル 10
液体 ^{4}He 160
エクシトン 74
　――・バンド(励起子帯) 76, 317
　――分子 102
　――・フォノン複合体 338
　――・フォノン相互作用 316
　――・マグノン複合体 343
　――の分裂 104
　――の並進運動 99
　――の自己エネルギー 332
　――の重心質量 79, 100
　――の還元質量 79
　――の軌道半径 80
　――の融合 104
　Frenkel 型―― 76
　1 重項―― 95
　3 重項―― 95
　縦波―― 78
　Wannier-Mott 型―― 80
　横波―― 78
エクシトニック状態 201
エネルギー・ギャップ 79
エネルギーのずれおよび幅 324
エネルギー・シフト 37
エネルギー損失スペクトル 72

F

Fano 効果 328
F 中心 300
Fermi 液体 109
　――理論(Landau の) 109, 151
Fermi エネルギー 265
Fermi 波数 113, 265
Fermi 球 113
Fermi 面 154
　真の―― 155
Fermi 速度 265
Feynman の変分原理 258
Feynman の定理 137
フォノン 5, 18
　――間の衝突 33
　――気体 19
　――の平均寿命 33
　――の雲 245
　――の消滅演算子 303
　――を仲介とする引力 266
　――・サイドバンド 306
　――線 39, 276
Fourier 変換 111
Franck-Condon 近似 304, 308
Friedel の総和則 347
Friedel の定理 346
不純物原子 44
付加的境界条件 232
複合粒子 80, 102
複屈折 232
複素屈折率 229

G

外線 40, 276
ゲージ変換 160
ゲージ対称性の破れ 175
擬ポテンシャル 119
Glauber の公式 251
GL (Ginzburg-Landau) 理論 178
Goldstone の定理 187

剛体球ポテンシャル　181
Green 関数　35
逆格子　10, 12
　——ベクトル　8, 13
ギャップ　298
凝縮　173

H

配位座標モデル　308
反跳エネルギー　24
反電場　53, 58
反強磁性　168
　——状態　43
反射率　229
反転過程(umklapp process)　33
発散のいちばん強い項　137
波数(ベクトル)の保存則　32, 33, 90, 111
平均場近似　165, 194
平均寿命　37
Heisenberg 表示　22, 125, 269
Heisenberg モデル　162
並進対称性　160
^{3}He 希薄溶液(液体 ^{4}He 中の)　155
変位型強誘電体　174
変形ポテンシャル　310, 352
非調和項　4, 32
非弾性散乱　12
非可約　331
非線形光学現象　298
Holstein-Primakoff 法　167
Hubbard ハミルトニアン　195

I

因果律　64
色中心　300
Ising モデル　184
位相モード　186
位相シフト　345

J

自発変形　174
自発磁化　159
自縄自縛電子　352
自縄自縛励起子　357
時間分解分光　297
時間反転　160
磁気光学効果　100
磁気的 Bragg ピーク　164
自己エネルギー　41, 266, 276, 332
　——部分　152
自己相関関数　321
磁束量子化　179
自由電子モデル　265
j-j 結合方式　96
Josephson 効果　181
　直流——　182
　交流——　182
状態密度　19
充満帯　→価電子帯
準平均　171
準1次元的導体　203
準粒子　151, 200
　——像　283

K

荷電密度波　161
価電子帯(充満帯)　78
化学ポテンシャル　19
解核演算子　329
解析接続　129
確率振幅　252
還元波数ベクトル　8, 17
間接遷移　100, 325
緩和時間　322
緩和励起状態　296, 304
経路積分　253
結晶　4
基準座標　303
金属強磁性　212

金属・絶縁体転移　204
基礎吸収スペクトル　89, 316
個別励起　139
高調波発生　297
光学型格子振動　51, 240
光学的分枝　10
コヒーレンス
　物質波の――　174
コヒーレント表示　173
コヒーレント状態　170
交換エネルギー　116
　電子ガスの――　113
近藤効果　205
格子　10
　――ベクトル　11
　――不完全性　298
　――間原子　44
　――緩和エネルギー　304
　――振動　7
　――定数　6
固体 ^{3}He　43
　――の核磁性　43
固体 ^{4}He　43
古典的固体　43
構造因子　30
Kramers-Kronig の関係式　65
空間分散　226, 232
空間格子　11
空格子点　44
くりこまれたエネルギー　333
くりこまれた質量　333
くりこみ　237, 328
　――群　207
空帯　→伝導帯
キャリヤー　222, 299
強磁性　5, 162
強結合　307
局在電子　299
局在モード　315
共鳴現象　127
巨視的波動関数　179
吸収スペクトル　72
吸収端　91
　――異常　343

L

λ 線　156
λ 点　160
λ 転移　176
Landau パラメーター　151
Lennard-Jones 型ポテンシャル　117
Lindemann の法則　29
Lorentz 型ピーク　37
L–S 結合方式　96
Lyddane-Sachs-Teller の関係式　61, 242

M

magneto-Stark effect　100
マグノン　5, 165
　――の凝縮　172
Meissner 効果　180
Migdal 近似　279
密度行列　252, 302
　縮約された――　254
モード・モード結合　206
守谷-川端理論　216
Mössbauer 効果　22
Mott 転移　202
無反跳 γ 線発射　24
Murata-Doniach 理論　213

N

内線　40, 276
南部表示　199, 289
熱力学の第3法則　3
熱力学的極限　5
熱的励起エネルギー　304
熱的質量　155
2次の光学的素過程　296
2光子吸収　297
2相分離　156
ノーマル・モード　7

O

温度 Green 関数　37, 127, 269
音響的分枝　10
orthogonality catastrophe　346

P

パラマグノン　209
Planck 分布　19, 247, 257
Poisson 分布　307
Poisson の式　112
ポラリトン　226
ポーラロン　243
Poynting ベクトル　239
プラズマ振動　70, 144
　——数　146, 265
プラズモン　70, 146

R

Raman 活性　231, 295
Raman 散乱　224, 234, 295, 349
乱雑位相近似　148
らせん型スピン構造　163
Rayleigh 線　295
励起子　→エクシトン
励起子泡　359
励起子帯　→エクシトン・バンド
零点欠陥　47
零点歳差運動　168
連結状態密度　91
連成波　220
連成振動　220
臨界現象　206
臨界指数　207
RPA (random phase approximation)　148, 192
r_s 展開　116
Rydberg　116
量子液体　43
量子凝縮　173
量子固体　43
量子流体力学　190

S

サイドバンド　294, 335
サイクロトロン共鳴　247
SDW (spin density wave)　163
正常過程　33
正孔　78
生成・消滅演算子(フォノンの)　20
　——(電子の)　81
赤外不活性モード　60
赤外発散　345
赤外活性モード　60
赤外吸収　348
線形応答　124
　——係数　62
線形相互作用　219
　非——　293
セントラル・ピーク　193
セルフ・コンシステント・フォノン　47
遮蔽　67, 88, 223, 225, 344
　——効果　221
　——効果(電子ガスの)　71
　——定数　71
　Debye-Hückel 型の——　71
　Thomas-Fermi 型の——　71
S 波散乱　345
試電荷　131
試行作用　264
質量のくりこみ　243
集団励起　139
周期的境界条件　7
Slater 行列　80
相　159
ソフト・モード　190
相互作用
　——表示　39, 269
　——強度　307
　——モード　308
　——スペクトル関数　307
　長距離型——　352

電子-フォノン―― 237, 265
磁気双極子―― 106
交換―― 5, 85, 97
モード間―― 16
終状態―― 337
双極子間―― 76
スピン-軌道―― 95
短距離型―― 352
相関エネルギー 117, 135
相関時間 322
束縛された励起子 313
即時発光 104
双極子電場 52
素励起 3
相転移 159
1次―― 159
2次―― 159
総和則 57
Stokes 線 295
反―― 295
Stokes シフト 304, 357
Stoner モデル 195
Stoner 励起 197
水素結合型強誘電体 191
スペクトル関数 30, 128, 269
スペクトルの能率 302
スピン波 5, 197
――近似 166
スピン密度波 163
ストレイン 7

T

対称性の破れ 160
――と素励起 183
単位胞 9
単一フォノン・ピーク 34
単純金属 265
縦波 61
TDGL 理論 193
低次元系 205
転位 44
点欠陥 44
Trotter の公式 253

U

運動によるスペクトルの尖鋭化 294, 324
渦糸 181

V

Van Hove の公式 29
V_K 中心 356

W

Wannier 関数 81
Wick の記号 38, 127, 255, 270

X

XY モデル 184

Y

揺動散逸定理 68
横波 61
芳田-吉森理論 206
Young 率 7
弱い強磁性 216
誘電分散 56, 226
誘電率 133
静的―― 61
有効電場 52
有効電荷 53, 348
Szigeti の―― 55
有効ハミルトニアン 66, 83
有効 Rydberg 定数 79～80
有効質量(近似) 79, 299
ゆらぎ 205

Z

ゼロ・フォノン線 294, 306, 334
ゼロ音波 144, 148

■岩波オンデマンドブックス■

現代物理学の基礎 7
物性 II—素励起の物理

2012 年 1 月25日　第 1 刷発行
2013 年 12月16日　第 3 刷発行
2024 年 12月10日　オンデマンド版発行

著　者　中嶋貞雄（なかじまさだお）　豊沢 豊（とよざわゆたか）　阿部龍蔵（あべりゅうぞう）

発行者　坂本政謙

発行所　株式会社 岩波書店
〒101-8002 東京都千代田区一ツ橋 2-5-5
電話案内 03-5210-4000
https://www.iwanami.co.jp/

印刷／製本・法令印刷

ISBN 978-4-00-731515-2　Printed in Japan